我的第一堂自然探索

家中的精灵

[美] 伊丽莎白·劳拉（Elizabeth Lawlor）◎ 著

[美] 帕特·阿彻（Pat Archer）◎ 绘

方伟 ◎ 译

Discover Nature
Around the
House
Things to Know and Things to Do

人民邮电出版社

北 京

图书在版编目（CIP）数据

我的第一堂自然探索课. 第一辑. 家中的精灵 /
(美) 伊丽莎白·劳拉 (Elizabeth Lawlor) 著；(美)
帕特·阿彻 (Pat Archer) 绘；方伟译. -- 北京：人
民邮电出版社, 2025. -- ISBN 978-7-115-66387-0

I. N49

中国国家版本馆 CIP 数据核字第 2025RB0763 号

- ◆ 著　　　[美]伊丽莎白·劳拉（Elizabeth Lawlor）
- 　　绘　　　[美]帕特·阿彻（Pat Archer）
- 　　译　　　方　伟
- 　　责任编辑　刘　朋
- 　　责任印制　陈　犇
- ◆ 人民邮电出版社出版发行　　北京市丰台区成寿寺路 11 号
- 　　邮编　100164　　电子邮件　315@ptpress.com.cn
- 　　网址　https://www.ptpress.com.cn
- 　　文畅阁印刷有限公司印刷
- ◆ 开本：720×960　1/16
- 　　印张：58.25　　　　　　　　2025 年 10 月第 1 版
- 　　字数：800 千字　　　　　　2025 年 10 月河北第 1 次印刷
- 　　著作权合同登记号　图字：01-2022-6596 号

定价：198.00 元（全 4 册）

读者服务热线：(010)81055410　印装质量热线：(010)81055316
反盗版热线：(010)81055315

内容提要

　　家是我们生活的地方，这里也生活着许多可爱的生物。如果你留心观察的话，就能发现很多有趣的事情。

　　本书是《我的第一堂自然探索课（第一辑）》中的一册，以生动有趣的文字描述了那些生活在我们家中及附近的有关植物和小动物，其中包括蕨类植物、仙人掌、马铃薯、盲蛛、螳螂、蚂蚁、瓢虫、胡蜂、家鼠、家猫和狗等。通过阅读这本书，你会发现这些常见的生物将带你走进一个神奇的世界，见识大自然造化的神奇。

　　走进大自然，体验探索的乐趣。

序

在当下的中国社会，"教育"是最具热度的话题之一，而且只要谈及孩子的教育、学业，几乎所有的家长都会出现一个明显的生理反应——语调升高、嗓门变大、情绪激动、血压飙升……仿佛大家都患上了一种不可抑制的"焦虑症"。好在近十年来，有一种自由轻松的教育形式在全国各地流行起来，给沉闷、内卷的教育环境带来了一股清新的空气，这就是"自然教育"。

那么，什么是自然教育呢？它在我国有什么特殊意义吗？首先，它必然是一类关于人们（特别是孩子）如何认识大自然的科学教育活动，而且这项活动如今已或浅或深地融入我们的社会、学校与家庭教育之中，比如由社会教育机构在寒暑假和周末组织的户外自然研学活动，以及中小学校和自然博物馆开展的有关天文、地理和生物的科学课程与讲座，当然也少不了父母带着孩子去植物园、动物园、风景区游玩时，教孩子领略祖国的大好河山，认识大自然的花草树木、虫鱼鸟兽。

其次，在我们身处的世界，大自然一直都是至真、至善、至美的存在。因此，在青少年的学习成长过程中，"以自然为师，追寻自然的真、善、美"是每个人都再自然不过的想法，甚至是其建立正确的世界观、人生观和价值观的必由之径，而这也正是所有教育工作者都期望达成的目标和愿景。

最后，我们人类历经数百万年从大自然中一路走来，一直都保留着自然的天性，从未割断过与大自然的联系。在如今快节奏的现代社会，无论是大人还是孩子，不管背负着多大的工作、生活和学业压力，哪怕只是短暂地投身于大自然的怀抱，也能立刻沉浸其中、呼吸畅快、身心俱泰……还有什么能比得上大自然的疗愈效果呢？只有放松了身心，我们才能全身心地融入大自然，在大自然中学习和感悟。换句话说，自然教育是一种顺应人类天性的教育方法和理念。

大家都知道，我们的祖国有着广袤的国土和辽阔的海疆，各具特色的自然环境和雄伟壮丽的地理景观不胜枚举。另外，悠久的地质历史、复杂的地形地貌和气候环境，使我国成为全世界少有的生物多样性最为丰富的国家之一。当然，更不必说我国自古以来都一直遵循"天人合一"的自然观念，如今更是衍生发展出了"人与自然和谐共生"的生态文明理念。有这么好的"天时、地利、人和"条件，自然教育真应该在咱们中国"大行其道"啊！

既然如此，面对我国方兴未艾的自然教育热潮，我们每个人该如何参与其中呢？我想，有两句俗语在此提及可能正合时宜。

"活到老，学到老"。自然教育具有广泛的群众基础，毕竟人人都爱大自然，都愿健康生活，因此从学龄前的孩童到耄耋之年的老人都可以接受自然教育，可谓是老少皆宜。这也从一个侧面说明自然教育具有很大的潜力，能够成为我们每个人践行终身教育的绝佳选择。

"读万卷书，行万里路"。阅读是最基础和重要的学习活动，主要是在家庭、学校和图书馆等环境中进行的，而自然教育最大的优势和特色就是它会强烈地"诱使"大家走到户外、走进大自然，在大自然中进行沉浸式学习和探索。将二者结合起来，于是就形成了一个良性的教育闭环：个人以阅读为始，在书籍中学习自然新知，然后走进大自然，利用所学的知识探索大自然的奥秘，而收获的喜悦和满足又激发自己进一步阅读的兴趣和求知的欲望，同时也驱使自己走向远方更宽广的世界，探索神奇而未知的大自然。这种

"学习—探索—再学习—再探索"的研学旅行一定会让所有读者和践行者受益终身。

"坐而论道，不如起而行之"，不如就从这套书来开始我们的自然之旅吧！

方伟[1]

2024 年 9 月 12 日于昆明

---

[1] 方伟，植物科学工作者，科普教育践行者，植物学硕士，中国科学院昆明植物研究所高级工程师，云南省青少年科技中心特邀科普专家，云南省图书馆自然博物分馆——博旅书馆发起人。

前言

　　这本书是为那些想要了解生活在我们身边的动植物的朋友而写的。就跟这个系列中的其他几本一样，这本书仍然关注对自然的求知和探索。它是一份礼物，是为那些想要亲近大自然的人，为学生和教师、孩子和父母，为所有那些对自然感兴趣或者准备重拾兴趣的人准备的礼物。作为一名自然爱好者，你需要一个友好、耐心的向导，而这正是我编写本书的意义所在，它会默默地指引你走上一条求知之路。为了获得更丰富的知识和经验，各种自然观察和实践指南对你来说也是必不可少的。当你读完这本书时，我希望你能去亲身感受和认识一下那些生活在你家周围的动植物朋友。

　　在每一章中，我都会向你介绍一种或一类生活在你家周围的常见动植物，以及一些你可能感兴趣的研究成果。你将学习了解这些生物在生态系统中的独特地位和作用，以及很值得探究的生存之道。每一章还给出了一些指导性建议，比如怎么识别那些动植物的形态特征，怎么了解它们在哪里生活以及如何生活。

　　在每一章的前一部分，你会获得关于某些动植物的基础知识，其中包括一些重要的科学发现；你还将学习一些动植物的俗名和学名（通常是拉丁文）。在每一章的后一部分，你会被引导进行一系列自然观察和探索实践。这种亲身的自然体验无疑将成为你的学习生涯中最为宝贵的经历，它会敦促你去真正发现和感知那些生活在你周围的各种生物，这是再多的阅读也没法给予你的。

如何使用本书

你可以从本书的任何一章开始阅读。比如，如果你对盲蛛很感兴趣，而且正好有机会去观察它们，那就直接去读"盲蛛"这一章。在阅读每一章时，你最好先了解一下"你需要什么"，然后重点阅读关于"自然观察"和"探索活动"的内容，里面还涉及一些需要掌握的科学技能。最后，强烈建议你准备一个野外观察笔记本。

我真心希望阅读这本书只是你的一个开始！你可以阅读其他一些参考读物，学习和掌握更多的知识。从某种意义上说，当开始探索大自然时，你就超越了所有的图书。一旦开始，大自然就成为了你的向导。

你需要什么

其实，你只需要准备很少的工具和器材，就完全能够开展书中建议的各种自然观察和探索活动。书中列出的基础工具都是一些必需品。野外观察笔记本肯定是必需的，我通常使用一种以螺旋方式装订的、大小约为 12 厘米 ×18 厘米的笔记本，然后配上几支圆珠笔、一些铅笔和一把卷尺。一个手持式放大镜也会常用到，商店里一般都有既便宜又好用的塑料放大镜出售。你可能还需要一个虫盒——一种小小的、透明的亚克力盒，盒盖上嵌着一个放大镜。用虫盒观察蜘蛛、甲虫或其他小动物很方便，而且可以在不接触和伤害小动物的情况下去捕捉和研究它们。此外，可以随身准备一把小刀和几个小号塑封袋，它们很有用。

所有这些工具和器材都能轻松地放入一个不大的塑封袋中，你随时可以将其塞进背包、自行车筐或储物箱里。

你可能还需要一台相机，用来拍照。做笔记时，你需要及时记录自己的所思所想以及提出的问题。如果需要了解更多的知识，你可以查阅各种参考书。

当你读完这本书并开启自己的自然探索之旅时，我相信你会逐渐理解生命是多么脆弱，而你必须面对人类对自然环境和野生动植物造成的破坏和伤害。我希望你能以更切实的行动去关注和保护大自然，并寻求各种社会帮助去改善身边的自然环境。我们的确还有很长的路要走。

目录

第一部分 植物

第二部分　动物

第一部分

植物

第一章　蕨类植物

维多利亚时代的风物

至今仍然有很多人迷恋英国维多利亚时代华丽的建筑和装饰风格。这一风潮兴起于 19 世纪的英格兰，当时的英格兰正处在维多利亚女王的统治之下，国力强盛，社会繁荣。直到现在，一些房主还热衷于翻修维多利亚时代的老宅，或者干脆新建一座维多利亚式豪宅。典型的维多利亚时代的房屋建筑，其室内装饰肯定少不了蕨类植物元素。一盆生机勃勃的波士顿蕨被精心地摆放在华丽的基座上，会顿时成为整个房间或门厅的视线焦点。事实上，现在仍然有很多人喜欢在室内种植这些精致而优美的植物。

蕨类植物早在石炭纪（始于距今 3.54 亿年前）就生长在当时湿热的森林中。得益于那时平坦的沼泽地、广阔的内陆海以及稳定的气候环境，这些早期陆生植物取得了非凡的成功，由（乔木状）蕨类植物构成的森林占据了地球上的大片陆地，其中包括如今已是冰天雪地的极地地区。在石炭纪之后，地球的气候逐渐转冷，蕨类植物随着环境变迁不断发展和演化，成为我们如今看到的样子。目前，世界上有大约 1.2 万种蕨类植物，其中美国约有 400 种[1]。这些蕨类植物形态各异，生活在各种各样的环境中——从热带雨林到极地苔原。在热带地区，有高达 2.4 米、茂盛而茁壮的树蕨；而在美国新泽西州南部的沼泽地，其酸性土壤中则生长着仅有 5 厘米高的细小莎草蕨（*Schizaea pusilla*）。此外，在一些看似蕨类植物无法生存的地方，如阿拉斯加北部的沼泽，甚至南极洲，也能发现它们的踪迹。不过，的确很少有蕨类植物能够在干旱的沙漠中存活。

蕨类植物是最早一批演化出维管系统的植物。维管系统能够将矿物质和水分输送到叶片中的"食物加工厂"，然后将生产出来的有机营养物质运送到植

---

[1] 中国约有 2000 种蕨类植物。——译者注

株的各个部位。维管系统还具有重要的支撑功能，能够维持植株的直立状态。

古代的神话故事还赋予了蕨类植物某些神奇的特性。当时的人们就已经注意到蕨类植物并没有明显的繁殖器官（比如花、果实和种子），但这似乎并不影响它们的正常繁殖——它们仍旧年复一年地出现。相对于其他植物，蕨类植物真可谓是"异类"。

1669 年，人们对蕨类植物的认知才有了初步进展，但当时的科学家仍然无法将"孢子"这种微小的细胞结构与繁殖联系在一起。直到 18 世纪中叶，二者之间的关系才逐渐明晰。但直到今天，对于普通人来说，蕨类植物的繁殖机制仍然是难以理解的，毕竟这里面充斥着各种陌生的专业术语。

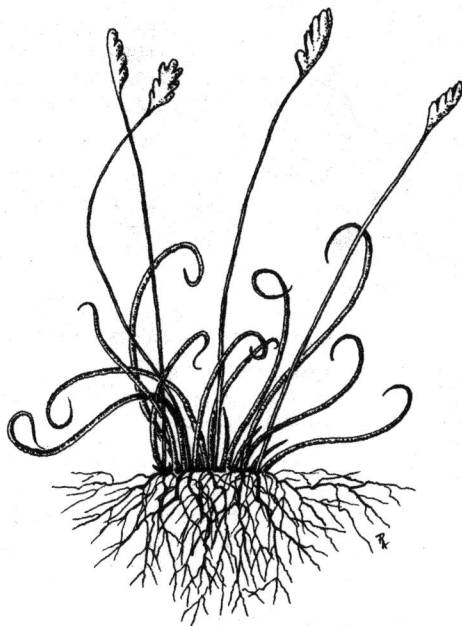

细小莎草蕨

孢子，实际上是一种特殊的细胞，而并非植物的幼苗或胚胎。它也无法直接发育成新的植株。不过，一旦落入适宜的土壤且有充足的水分，孢子就会开始分裂，逐渐形成一个小小的繁殖体（被称为原叶体）。原叶体通常是扁平的

心形结构，没有根、茎、叶和维管系统。它们的体形非常小，直径仅为 6～7
毫米。除了中心区域稍厚一些外，其他地方只有一层细胞。在中心区域的背
面，有两个由配子发育而成的微小结构，其中一个是颈卵器，里面包含一枚卵
子，而另一个是精子器，里面包含精子。原叶体直接从周围的水体中获取营养
物质，而所谓的水体可能仅仅是地表的一层薄薄的水膜。蕨类植物仍然需要有
水的环境，以便完成受精过程（精子必须借助水游到颈卵器中）。受精卵最终
发育长成新的植株，即我们常见的蕨类植物。在这一过程中，原叶体会逐渐萎
缩、凋亡，而幼小的植株将逐渐开始独立生活。植物学家通常会将蕨类植物的
生活史分为两个阶段，第一阶段（即上述过程）称为配子体世代。

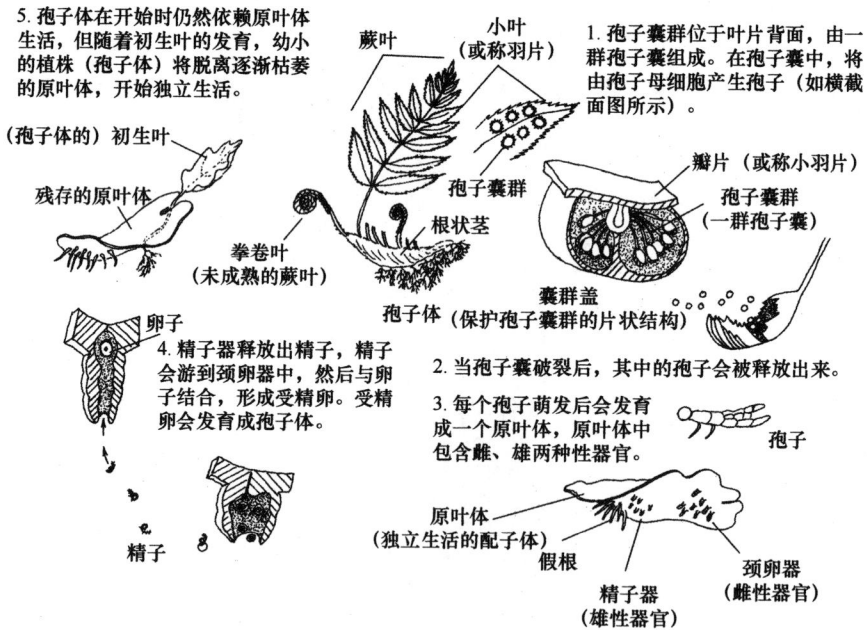

蕨类植物的生活史

独立生活的蕨类幼株会在春天破土而出，它具有拳卷的、亮绿色的嫩梢，
形如权杖或提琴的头部。等到植株个体成熟后，嫩梢挺直，并展开羽片。随着

羽片展开，它就进入生活史的第二阶段。这个阶段称为孢子体世代。在这一阶段，孢子体的任务就是生产孢子。一些种类的植株个体能产生几十万粒孢子，而另一些体形更大的种类的个体产生的孢子可达数百万粒。

每种蕨类植物都有其独特的孢子繁殖方式，这里只做一个简单的介绍。春天，蕨类植物的叶片背面会出现绿色的小疙瘩。到了夏天，这些小疙瘩会变成褐色的，此时的叶片看起来像发霉了一样。这些褐色的小疙瘩其实是孢子囊群，里面包含很多储存孢子的容器——孢子囊。有时孢子囊的外面还有一个薄薄的盖子，被称为囊群盖，能起到保护作用。

孢子成熟之后会被从孢子囊中释放出来，释放方式因种类而异。一些蕨类植物会通过某种机制将孢子弹射到空中。而另外一些蕨类植物的孢子囊只是简单地打开，任由流动的空气将孢子从母株上带走。不管蕨类植物采用哪种方式释放孢子，哪怕只有最轻微的风，甚至是难以察觉的气流，就能实现孢子在空气中的散播。

只有极少数的孢子能够幸运地在合适的时间落入合适的土壤中，也只有在温暖或阴凉、潮湿的环境中，孢子才会萌发和生长。如果它们所处的环境条件不合适，孢子也许还活着，但这一年肯定不会萌发了。

蕨类植物完整的生活史实际上比上面描述的要复杂得多，但你只要记住以下几点就可以很容易地掌握其生活史的核心内容：叶片产生孢子；孢子发育成原叶体；原叶体产生配子；配子融合，产生新的植株。在实践活动中，你将有机会去探索一些蕨类植物的生命历程。

在植物的生活史中，无性阶段（孢子体世代）和有性阶段（配子体世代）不断交替出现的现象称为世代交替。尽管这种有性繁殖方式在蕨类植物中很常见，但并不是所有蕨类植物只有这一种繁殖方式。某些种类还能够进行营养繁殖（而不依赖孢子或配子的参与），其中一种营养繁殖方式是通过根状茎（一种特殊的茎）的不断分株来实现的。这些根状茎的"触角"（茎尖）不断向外延伸，在远离母株的地方生根，形成新的植株。那里慢慢地就会出现一个新的居群。

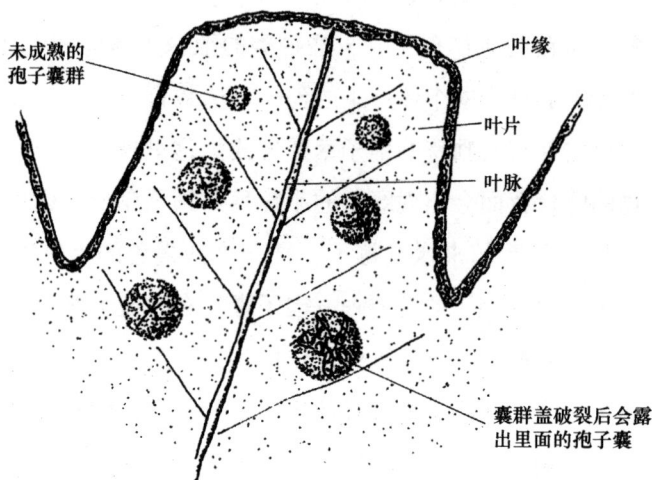

图中标注：
- 未成熟的孢子囊群
- 叶缘
- 叶片
- 叶脉
- 囊群盖破裂后会露出里面的孢子囊

孢子囊群可能散布在叶片背面或者集中分布在叶缘

蕨类植物可以借助叶、根或根状茎等营养器官进行无性繁殖。这种繁殖方式不需要孢子与配子结合，产生的后代都是母株的克隆体（遗传信息完全相同的复制品）。只要环境条件与母株的相符，这些克隆体及其居群就肯定能存活下来。

（在美国）难得一见的北美过山蕨[1]（*Camptosorus rhizophyllus*）向我们展示了另一种营养繁殖方式。它具有长长的披针形的叶片，叶片会像弯拱一样向四周伸展。叶尖接触土壤后，就会在接触的位置生根，然后长出新的植株。这些新的植株其实都是母株的克隆体。

波士顿蕨[2]（*Nephrolepis exaltata* 'Bostoniensis'）通常用于室内装饰，一般通过（从叶片中分出的）线状匍匐茎进行营养繁殖。这些匍匐茎一旦接触土壤就会长出根来，并扎入土壤中。

---

[1] 这个种只分布于北美东部地区，我国没有它的自然分布。——译者注
[2] 它是由高大肾蕨（*Nephrolepis exaltata*）培育出的一个著名园艺品种，这个品种在我国也被广泛栽培和利用。——译者注

鹿角蕨[1]（鹿角蕨属中的某个种，*Platycerium* sp.）的根上有不定芽，每个不定芽都能长成一个新的植株。虽然有一些种类与鹿角蕨长得不像，但它们的叶面上也能长出不定芽（珠芽）。这些珠芽会逐渐长大，长出根须和根状茎。最终，它们脱离母株，成为一个个可以独立存活的植株。

大部分蕨类植物都是多年生植物，不过当生长季即将结束、天气转冷时，它们的叶片就会变得枯黄而易碎。植株的地上部分都会枯死，但根状茎会活下来，以便过冬。等到来年春天来临，根状茎上的嫩芽将萌发出新的植株。到了秋天，你可以去找株蕨类植物观察一下。在植株的基部，你可能会摸到一团又圆又硬的东西，其实这是一丛拳卷的幼叶，它们会在来年春天展开。

有些蕨类植物，与某些松树、雪松和冬青一样是四季常绿的，为冬日大地增添了一抹绿色。（在北美东部地区）常见的圣诞耳蕨[2]（学名为 *Polystichum acrostichoides*，其英文名"Christmas fern"源自叶片上形如圣诞袜的小裂片）就是一种常绿的蕨类植物。在林间的小溪边、石墙边以及多石的林地中，你都可能发现它们的身影。此外，边缘鳞毛蕨[3]（*Dryopteris marginalis*）和（在美国）比较少见的多毛碎米蕨[4]（*Cheilanthes lanosa*）也会出现在上述的环境中。

无论蕨类植物长在哪里，它们都会给周围的环境平添一些荒野气息。相对于那些绚烂的野花，蕨类植物则显得低调得多，但它们也是丰饶、美丽的大自然的创造者。既然如此，我们为什么不将这些美丽的生灵带回家与自己做伴呢？多花些时间与它们相处，细心地观察它们，与它们进行"交流"，看看能否从它们那儿学到些什么。兴许你会由此爱上它们。

---

[1] 鹿角蕨是世界著名的观赏蕨类，鹿角蕨属在我国也有分布，其中的 *Platycerium wallichii* 已被列为国家二级保护植物。——译者注

[2] 这个种在我国没有分布，但同属（耳蕨属，*Polystichum*）的种类在我国分布有约170个种。——译者注

[3] 这个种在我国没有分布，但同属（鳞毛蕨属，*Dryopteris*）的种类在我国分布有127个种。——译者注

[4] 这个种在我国没有分布，但同属的种类在我国分布有7个种。该种没有正式的中文名，这里根据其拉丁名暂译为"多毛碎米蕨"：属名"*Cheilanthes*"在中文中称为"碎米蕨属"，种加词"*lanosa*"的意思是"多毛的"。——译者注

北美过山蕨

边缘鳞毛蕨

　　以下这些实践活动会给你提供全新且多样的视角，指导你去探索蕨类植物是如何适应室内生活的。

蕨类植物的世界

工具和器材	科学技能
基础工具	观察
漂白剂	比较
盆栽土	推理
多种规格的容器（带盖）	记录
加仑罐（广口玻璃瓶，容积约为 3.8 升）	
日光灯	

自然观察

现生的所有蕨类植物都是远古巨型蕨类植物的后代，它们曾经在地球的陆地表面占据显著地位。如今，它们却变得十分矮小，生活在一些不起眼的角落里，比如山坡上的石头缝或者溪岸的阴湿处。好在随着人们对野生蕨类植物越来越关注和喜爱，它们早已被引入室内进行栽培，供人观赏。那么，你怎么在家里还原它们的野外生境呢？什么样的蕨类植物能够忍受又干又热的室内环境？它们在缺少管养的情况下能在室内存活吗？

蕨类植物的形态结构。蕨类植物没有花、果实和种子，但以下这些特征使它有别于其他植物。你可以探究一下，看看能否增加一些其他的特征描述。

复叶（或叶片）：大多数蕨类植物具有平展的绿色叶片，复叶是蕨类植物最显著的特征。不同种类的复叶在大小和形状上各不相同。复叶通常由叶轴（或中脉）及其上的小叶共同组成。叶片可以进行光合作用，为植株制造养分。

小叶（或称羽片）：复叶的组成部分。瓣片（或称小羽片）是小叶的组成部分，羽裂片是小羽片的组成部分，而齿状叶缘是指小叶、小羽片和羽裂片边缘的锯齿状突起。

叶轴：叶片的中轴，由叶柄自然延伸而成并贯穿叶片，用以支撑小叶。它和树叶的中脉十分相似，但只有当小叶深裂至叶片的中脉时，中脉才会被称为叶轴。

茎秆（或称叶柄）：植株在叶轴以下、根以上的部分，起支撑作用。它通常有毛被或鳞片覆盖，一侧呈圆形，另一侧则为凹面或比较扁平；颜色为绿色、棕色、棕褐色、银灰色或黑色。

根状茎（或称根茎）：在地面或者土壤表层水平生长的茎。

根：通常为柔软的丝线状，但有时也很坚韧，能够固定植株，并从土壤中吸收水分和矿物质。蕨类植物的根系是从根状茎上长出来的。

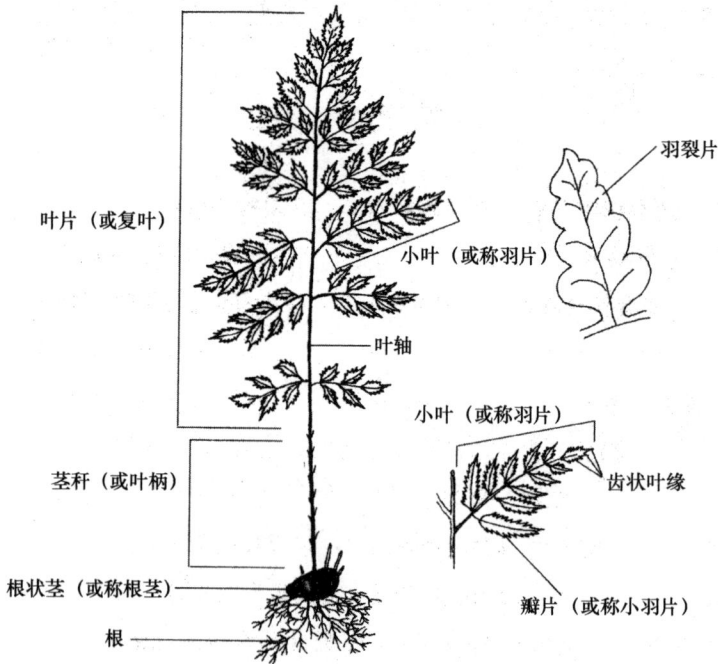

叶片（或复叶）

羽裂片

小叶（或称羽片）

叶轴

小叶（或称羽片）

齿状叶缘

茎秆（或叶柄）

根状茎（或称根茎）

根

瓣片（或称小羽片）

蕨类植物形态示意图

如何辨识蕨类植物。想要学会辨识蕨类植物，你可以注意观察自家周围的绿化带或者苗圃。就拿蕨类植物的叶片来说，它们的形状是上窄下宽的三角形还是两头尖的纺锤形，或者只是底部呈锥形？

蕨类植物种类之间的形态差异显著，一些种类特别纤弱，而另一些则较为粗壮。不同种类的羽片、小羽片和羽裂片都有所不同。虽然它们的叶片的结构比较相似，这让我们能够轻易地辨认出它们的种类，但植物学家还需要一套更加精细的专业术语，以便开展蕨类植物的分类研究。

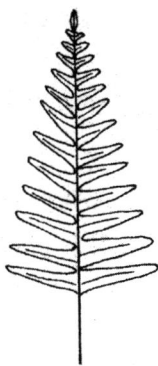 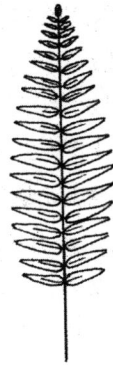 

叶基最宽　　　　　叶基呈半锥形　　　　　叶基呈锥形

叶片的形状

单叶　　　浅裂叶　一回羽状复叶　二回羽状复叶　三回羽状复叶

叶片的形状各异，可能是单叶，也可能是浅裂或深裂的复叶

具单叶的蕨类植物与常见的蕨类植物有很大的区别，它们的叶片呈简单的带状，并没有大多数种类所具有的羽状叶片。巢蕨[1]（*Asplenium nidus*）就是一种常见的单叶蕨类植物，它是室内园艺师的最爱。另一种不怎么常见的是革叶蕨[2]（*Rumohra adiantiformis*）。这个种的革质叶片具有光泽，呈暗绿色，它也很受欢迎。

具浅裂叶的蕨类植物的叶片两侧有羽状浅裂，但裂口并未深达中脉。北美多足蕨[3]（*Polypodium virginianum*）就属于这一类植物。

具复叶的蕨类植物的叶片已深裂至中脉，形成一系列明显的小叶（羽片）。复叶又分为以下几类。

一回羽状复叶：每个羽片都分裂至中脉。圣诞耳蕨就属于这一类。

二回羽状复叶：不仅叶片分裂出羽片，而且羽片继续分裂出小羽片。室内经常栽培的种类有井栏边草（*Pteris multifida*）和欧洲凤尾蕨（*Pteris cretica*）[4]。

三回羽状复叶：这是最为精致和复杂的复叶，叶片会分裂为羽片，羽片又分裂为小羽片，小羽片再分裂为羽裂片。适合室内栽培的有毛叶铁线蕨（*Adiantum hispidulum,*）、胡萝卜叶铁角蕨（*Asplenium daucifoium*）和斐济骨碎补（*Davallia fejeensis*）[5]。

在大多数情况下，同一株蕨类植物的叶片都是一模一样的，但对于某些种类，一个植株上会有两种不同类型的叶片。那些长有孢子囊的叶片称为孢子叶（可育叶），不长孢子囊的叶片称为营养叶（不育叶）。

在形态上，孢子叶通常与数量更多的营养叶长得并不一样。举例来说，非常喜阴的球子蕨[6]（*Onoclea sensibilis*）会长出呈细棍状且有分枝的孢子叶，上

---

[1] 巢蕨是世界著名的观赏蕨类，在我国热带地区有分布。——译者注
[2] 革叶蕨在园艺上被广泛应用，不过我国没有这个种的自然分布。——译者注
[3] 这个种在我国东北地区也有自然分布，中文名也称为"东北多足蕨"。——译者注
[4] 这两个种在我国均有自然分布，分布广泛且较为常见。——译者注
[5] 这三种蕨类植物在我国均没有自然分布，但在园艺上我国已有栽培和应用。——译者注
[6] 这个种在我国东北和华北地区也有自然分布，这个属（球子蕨属，*Onoclea*）只有这一个种。——译者注

面的孢子囊群看起来就像棕色的小串珠，点缀在孢子叶的小分枝上。在营养叶枯萎和死亡后，孢子叶还能继续存活较长的一段时间。

球子蕨

留心观察室内或花园里的蕨类植物，找一找哪些是它们的孢子叶。这些孢子叶是在什么时候长出来的？它们是一下子冒出来的吗？如果不是，这些孢子叶的生长过程会持续多久？孢子囊群是在什么时候开始出现的？那些看起来相似的叶片都是孢子叶吗？其中有没有营养叶？孢子叶和营养叶分别在什么时候开始枯萎？蕨叶的平均寿命有多长？一株蕨类植物在一个生长季内会长出多少片叶子？在笔记本上记录下你的发现。

当春天到来时，亮绿色的蕨类植物幼苗破土而出，你会发现它们的植株顶端都呈卷曲状。这一结构称为拳卷叶。

拳卷叶是由于蕨叶的上下表面异速生长而形成的。随着植株的生长，拳卷叶会慢慢地伸展开来，露出里面幼嫩的羽片。一些种类的拳卷叶会被密密麻麻的棕色鳞毛所覆盖，还有些种类的叶轴上会长出一层光滑的毛被。在合成纤维发明之前，人们常常从大型热带蕨类植物上割取这种毛被，作为室内装饰品的填充物。

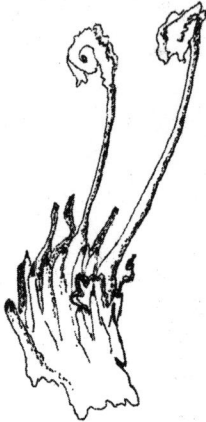

欧紫萁（*Osmunda regalis*）　　　　　　　北美多足蕨

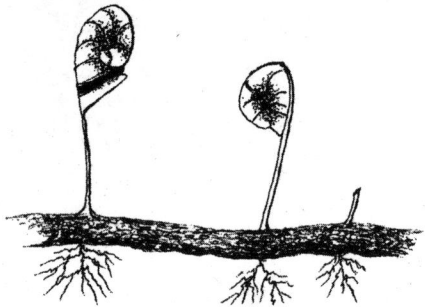

你可以在春天做一个观察，看看蕨类植物幼苗是在什么时候从土里冒出来的，它的拳卷叶是否覆盖着一层保护性的棕色、棕褐色或白色毛被，拳卷叶变为成熟的叶片需要多长时间。注意观察不同的种类，它们都有拳卷叶吗？还是说一些有，而另一些没有？

当你在秋天拨开一丛蕨类植物的基部时，会发现一些幼叶隐藏在下面。幼叶卷曲得很紧，也很坚实。它们围绕在根状茎四周，也许上面还覆盖着一层薄土。

夏天是观察成熟孢子的最佳季节，你可以根据孢子囊群的颜色判断孢子是否成熟。孢子成熟时，孢子囊群呈有光泽的深棕色。如果孢子囊群是白色或者绿色的，则表明孢子还没有成熟。如果孢子囊群早已破裂，则意味着孢子已经散发出去了。

一些种类的孢子囊群被一层薄膜覆盖着，这层薄膜称为囊群盖，它的形状可能是圆形、椭圆形或者较为狭长。对于不同种的蕨类植物来说，它们的孢子囊和囊群盖的大小、形状、颜色和位置都是不一样的，可以作为分类鉴定的依据。

分株紫萁（*Osmunda cinnamonea*）

荚果蕨（*Matteucchia struthiopteris*）

欧洲蕨（*Pteridium aquilinum*）

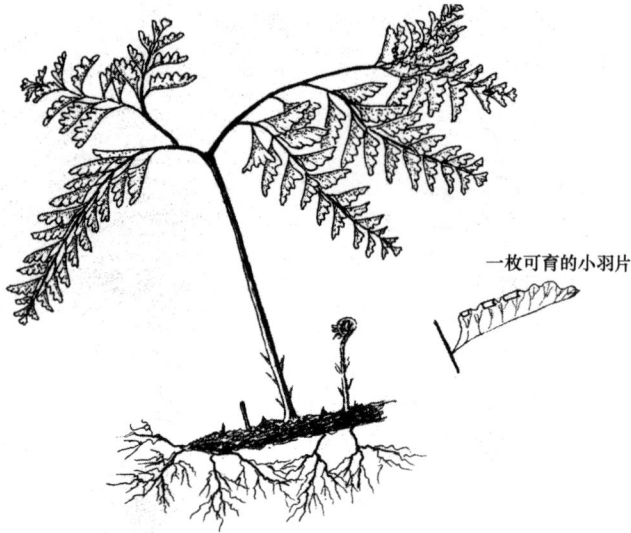

一枚可育的小羽片

掌叶铁线蕨（*Adiantum pedatum*）

那些作为室内观赏植物的蕨类植物的孢子囊群其实也各不相同。铁线蕨[1]（铁线蕨属的某个种，*Andiantum* sp.）的孢子囊群位于小羽片的边缘，藏在叶缘的褶皱里。圣诞耳蕨的孢子囊群则密集排布在靠近叶片顶端的羽片上。金背蕨[2]（*Pentagramma triangularis*）的孢子囊群生长在孢子叶的背面，被一种黄色粉末覆盖着，故而得名。

你养的蕨类植物的孢子在什么时候成熟？是所有叶片上都有孢子，还是有一部分叶片上有？孢子在叶片上是怎么分布的？是长在孢子叶上吗？孢子囊群上有没有囊群盖？描述一下孢子囊的形态。给它画一幅画，或者拍几张照片。别忘了从不同角度进行观察。在笔记本上记录你的发现。

用小刀将不同种类的植株的茎秆切开，并从横截面上观察维管束的类型，然后相互比较一下。同时，对比一下同一植株茎秆的基部和顶部的维管束，看

---

[1] 铁线蕨属植物广布于世界各地，我国现有 30 个种。——译者注
[2] 这个种以及它所在的属（铅背蕨属，*Pentagramma*）在我国均没有分布。——译者注

看有什么区别。在蕨类植物的分类研究中，维管束的类型可以作为物种划分的依据。

生长方式。蕨类植物都是多年生植物。在一个生长季结束后，地上的叶片会枯死，但根状茎会继续存活下去。每年春天，根状茎的一端会长出新生叶，而另一端则会逐渐枯死。为了观察这种生长方式，你可以在生长季围绕一棵植株在地上画个圈，第二年春天再去看看它所覆盖地表的面积和形状有没有变化。

室内栽培。每个打算在家里栽培蕨类植物的朋友都会问的第一个问题是到底哪些种类适合在室内栽培。从表面上看，蕨类植物的营养需求并不高，有光照、土壤、较高的温度和较高的湿度就够了。满足前三个条件不难，但要提供合适的湿度并不是那么容易。冬天，我们的家里虽然暖和，但很干燥。实际上，这种家居环境更适合仙人掌，而不适合蕨类植物生长。

那些在室内生长良好的蕨类植物通常是一些生长在热带雨林里的种类，它们往往是一些附生的种类（生长在其他植物上，但又不伤害被依附的植物）。相对于在地面上生长的蕨类植物，它们对湿度的要求较低。下面列出的是一些在室内生长良好的蕨类植物。

波士顿蕨：这是一种广受欢迎的蕨类，在园艺上被广泛栽培和应用。它有一系列品种，有些品种的叶片长达 1 米 [1]，有些品种具有羽毛状的复叶，笔直向上生长。

将波士顿蕨养一段时间之后，你会注意到它的根球周围新长出了一些棕色的幼叶，这意味着你需要把它换到一个更大的花盆里。当然，你也可以把根球分割成几部分，分别种在几个小花盆里。

与其他蕨类植物不同，波士顿蕨一般不用孢子进行繁殖。它的植株会长出细长而无叶片的绿色匍匐茎，这些匍匐茎会变成一株株小幼苗。你可以把它们剪断，移种在花盆里。

---

[1] 原文为 "10 feets"（10 英尺），也就是 3 米左右，显然有误。通过网络查询，一般认为叶片可长达 1 米。——译者注

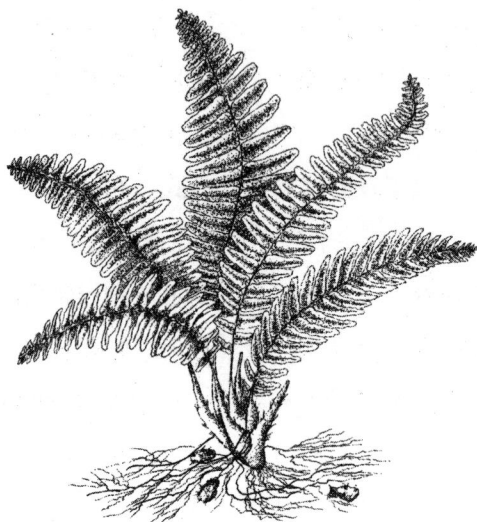

肾蕨（*Nephrolepis cordifolia*）具有块状的根茎，这个特点是其他肾蕨属植物（包括波士顿蕨）所没有的

"毛脚"蕨：这是一类很容易栽培的蕨类植物。它们的根状茎暴露在外，看起来很像动物的毛茸茸的脚。其实，这些"毛"是根状茎表面的有色鳞片。根状茎，或者说它们的"脚"，会在土壤里四处延伸。如果把它们种在网状容器里，这些"脚"就会从网孔中钻出来。随着"脚"的发育，它们还会长出新叶来。对于"毛脚"蕨来说，篮子是最佳的栽培容器。其中的一些种类，如"兔脚蕨"[1]（骨碎补属的某个种，*Davallia* sp.）、圆盖阴石蕨[2]（*Humata tyermannii*）和"野兔脚蕨"[3]（金水龙骨属的某个种，*Phlebodium* sp.），也是室内栽培的好选择。

---

[1] 该中文名是根据英文名直译而来的，其所在属在世界上有广泛分布，我国现有 8 个种。——译者注

[2] 这个种在我国台湾和云南有自然分布，其所在属（阴石蕨属，*Humata*）在我国约有 9 个种。——译者注

[3] 该中文名是根据英文名直译而来的，其所在属在我国没有分布。——译者注

"兔脚蕨"

鹿角蕨：它看起来和常见的蕨类植物一点也不像，巨大的革质孢子叶很像鹿角，而营养叶则聚集成盾状结构。种植者通常会将鹿角蕨高高挂在墙上作为装饰，你只需要找到一堵靠窗的墙就可以栽种它了。

二歧鹿角蕨（*Platycerium bifurcatum*）

圣诞耳蕨：这种常绿的蕨类植物是很受欢迎的室内植物。从夏末到秋初，它的孢子叶上都长有孢子。这种植物很容易辨识，你只要看看羽叶上是否有圣诞袜形状的小裂片就行了。虽然这种植物在北美的野外很常见，但你只要给它提供基本的生长条件，它就能在室内生长得很好。

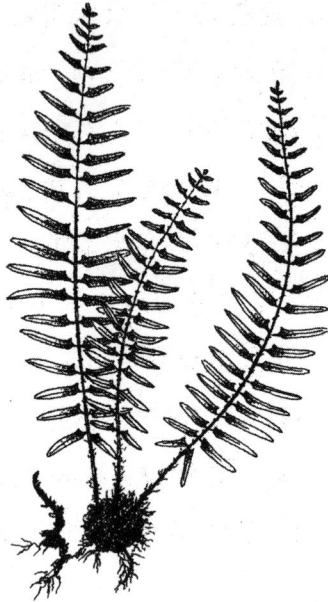

圣诞耳蕨

纽扣蕨[1]（*Pellaea rotundifolia*）：这个名字很贴切，它能为我们的室内花园增添一些多样性和趣味性。它的叶片长达 20 厘米，小叶呈纽扣状，叶片光滑且呈深绿色，非常容易辨识。

三角叶铅背蕨[2]（*Pentagramma triangularis*）：这种蕨类植物在室内生长良好，在室外也比较适合作为地被植物，有时还被种在岩石园里，高大的黑色叶柄使它具有十足的趣味。由于孢子叶背面覆盖着一层厚厚的黄色粉末，因此你

---

[1] 纽扣蕨原产于新西兰、澳大利亚大陆和诺福克岛，是美国的外来植物。——译者注
[2] 这个种在我国没有自然分布，也没有正式的中文名，这里根据其拉丁名暂译为"三角叶铅背蕨"。属名"*Pentagramma*"的中文名为"铅背蕨属"，种加词"*triangularis*"的意思是"三角叶的"。——译者注

只有擦去粉末，才能发现隐藏在下面的孢子囊。

巢蕨：和鹿角蕨一样，它也有革质的叶片。不过巢蕨的叶片是带状的，可以长到大约 30 厘米。

巢蕨

海金沙[1]（*Lygodium japonicum*）：只有少数几种藤本蕨类植物适合在室内生长，海金沙便是其中之一。它的茎细长而结实，叶片像手掌。

探索活动

栽培方法。蕨类植物有几种栽培方法。实际上，只要条件适宜，它的叶、根或者根状茎就能长出新的植株。下面介绍两种相对简单的栽培方法。

1. 对于那些具有明显根状茎的蕨类植物，它们的栽培较为容易。你只需将根状茎切下来一段，然后用细铁丝把它固定在土壤里就行了。不过要注意，

---

[1] 这个种在我国分布广泛，较为常见，其所在属（海金沙属，*Lygodium*）在我国有10个种。——译者注

切段只能有一半在土壤里，另一半要露出土壤。

2. 波士顿蕨一般通过匍匐茎进行繁殖。它的匍匐茎是从叶丛基部长出的线状茎，茎上长有细小的芽。如果你把一根长芽的匍匐茎拉到一旁的盆栽土中，再用细铁丝将它固定在土壤里，芽就会在与土壤接触的地方生根，并长出新的幼苗。这个过程不需要配子（性细胞）的结合，因此新的植株是与亲本植株一模一样的克隆体。

如果采用播种孢子的方式来栽培蕨类植物，你需要非常有耐心，愿意等待很长的一段时间（往往是几个月），然后才能看到你期望的结果。

第一步，做好准备。你需要准备几个能够盖紧的容器。如果没有盖子，你也可以用塑料膜封住容器口，然后用橡皮筋将其绷紧。这样的容器有两个用途：一是它能保证植株免受空气污染，因为真菌孢子、藻类、花粉和其他潜在的有害颗粒会危害蕨类植物的生长；二是良好的密封条件能够保持容器内部温暖和湿润，高湿环境有利于孢子萌发。

需要强调的是，一定要使用无菌容器和无菌土壤。你可以用浓度为 10% 的漂白液给容器灭菌。布鲁克林植物园建议使用两份珍珠岩和一份泥炭藓的无菌混合物，并添加缓释肥和微量营养素，而不使用无菌土壤。如果你需要自己准备复合营养土，记得必须用微波炉对土壤进行灭菌消毒。另外，在整个过程中使用的任何水都应该消毒。你可以将自来水煮沸 10 分钟，晾凉后再使用。当然，使用蒸馏水也是可以的。

容器最好放在朝北的窗户边，这样既可以保证有充足的光照，又可以避免阳光直射带来的伤害。如果你家没有朝北的窗户，则可以使用日光灯作为人工光源。灯泡与容器之间要保持 20 ～ 50 厘米的距离，而且每天需要持续照射 14 小时。

要将土壤的温度维持在 18 ～ 24 摄氏度，每天的温差变化不能超过 0.6 摄氏度。

第二步，收集孢子。可以按照前面介绍的方法判断孢子囊是否成熟。如果你发现一个具有成熟孢子囊的叶片，则可以将它放在一张干净的白纸上（也可以使用纸巾，它能够很好地吸收叶片中的水分，加快其干燥），然后用另一张干净的白纸盖住它。别忘了在纸上放一个有点分量的物品，防止纸张移动或被吹走。一两天后，孢子囊就会释放出孢子，你将看到白纸上有一些细小的深色颗粒。

抬起白纸向一边倾斜，然后轻轻弹几下，将残留的孢子囊碎壳等杂物弹落，此时还附着在纸上的东西就是孢子了。把这些孢子收集起来，装入信封里备用。

第三步，播撒孢子。将孢子均匀地撒在容器里的土壤表面，并把容器封盖好。大约两周后（也许更快），你会看到土壤表面有一层绿色的薄膜，这说明一切都很顺利。如果没有放大镜，你就没法看到正在发育的丝状原叶体。再过5 个月，土壤会被一层原叶体所覆盖。如果容器里看起来很拥挤，说明原叶体长得太多了，你可以用刀片切掉一些。专家建议，每次操作前都要用漂白液擦拭你需要使用的所有工具以及你的双手。

原叶体可能要在 12 个月后才能长出孢子体，不过通常在 6 个月后你就能看到一些孢子体发育的迹象。当孢子体开始出现时，你可能还需要削减原叶体。随着孢子体继续生长，你会看到它们长出了更多的叶片。这个时候，你就可以打开盖子了。

虫害防治。蚜虫、蚧壳虫、叶螨和粉蚧是对室内栽培的蕨类植物危害最大的一些昆虫。虽然可以使用化学农药来杀灭害虫，但如果能引入它们的天敌进行生物防治，效果将更加理想。

瓢虫特别喜欢捕食蚜虫。有一种瓢虫叫作集栖瓢虫（*Hippodamia convergens*），它特别适合用于清除蕨类植物上的蚜虫。蚜虫的另一个天敌是草蛉，它属于草蛉科。此外，草蛉还喜欢捕食成年和幼年的蚧壳虫。

对于叶螨的防治，可以考虑引入捕食性螨。这种螨虫甚至比它的猎物还要小。这种微小的蛛形纲动物能够吃掉那些成年叶螨和它们的卵。

还有一种有效控制粉蚧的方法，就是引入一种名为隐唇瓢虫的微小甲虫。

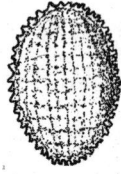
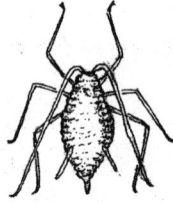
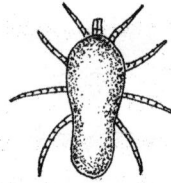

粉蚧（2毫米）　　蚜虫（1.5～4.9毫米）　　叶螨（微小）

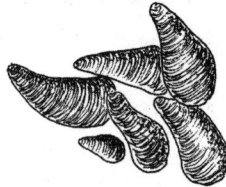

盾蚧　　　　　　蛎盾蚧

常见的室内植物害虫（非等比例）

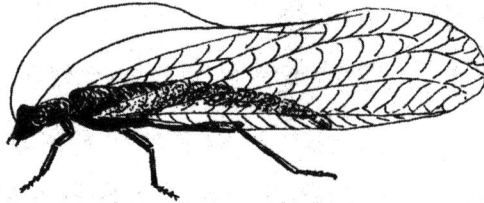

草蛉（草蛉科）

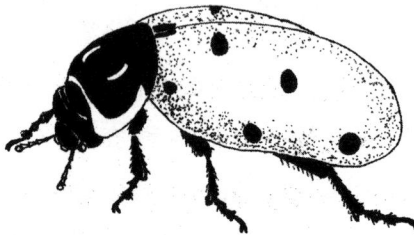

集栖瓢虫

搭建一个生态缸。生态缸其实是一种迷你温室，让你全年都能享受蕨类植物带来的乐趣。为此，你需要一些容易获得的简单材料。

首先，用滚烫的热水将一个 1 加仑（约 3.8 升）的广口玻璃罐清洗干净，然后冲洗一次，再把它晾干。为了保证排水通畅，在罐子的底部铺上一层砾石或小块黏土，厚度约为 2.5 厘米；再铺上一层 5 ～ 6 毫米厚的木炭，用于吸收土壤中因植物腐烂而产生的气体。将购买的无菌营养土倒入玻璃罐内，厚度大约为 5 厘米。土壤需要蓬松透气，因此营养土中通常都混有壤土。

那些最适合养在生态缸里的蕨类植物往往是些体形较小、生长缓慢的种类，如冷蕨[1]（*Cystopteris fragilis*）和北美多足蕨。

如何满足植物的基本需求，需要在多大程度上满足这些需求？这些要根据实际情况来确定。以下的建议源自爱德华·弗兰克尔的《蕨类植物》（*Ferns and Their Allies*）一书。

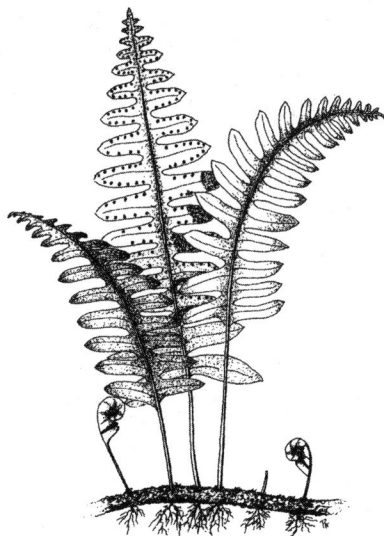

北美多足蕨

---

[1] 这个种在我国的分布广泛，其所在的冷蕨属（*Cystopteris*）在我国分布有 11 个种。——译者注

光照。把你的生态缸放在靠窗（朝北）的地方，这样它可以接收到充足的散射光。一定要避免阳光直射，因为这对蕨类植物来说是致命的。你也可以使用人工光源，如前所述。你需要通过不断试验，才能找到最适合蕨类植物生长的环境条件。

水分。生态缸所需的水量取决于容器的大小、摆放的位置以及植物的种类。缸里的土壤既不能太湿，也不能太干。如果植物看起来长得很健康，那么你浇的水大概是合适的。

空气。植物也需要空气，因此生态缸不能完全封闭，一定要留有通气孔。

如何学习更多的知识。要了解更多的蕨类植物知识，其中一个好方法是加入一个自然爱好者团体。

第二章　仙人掌

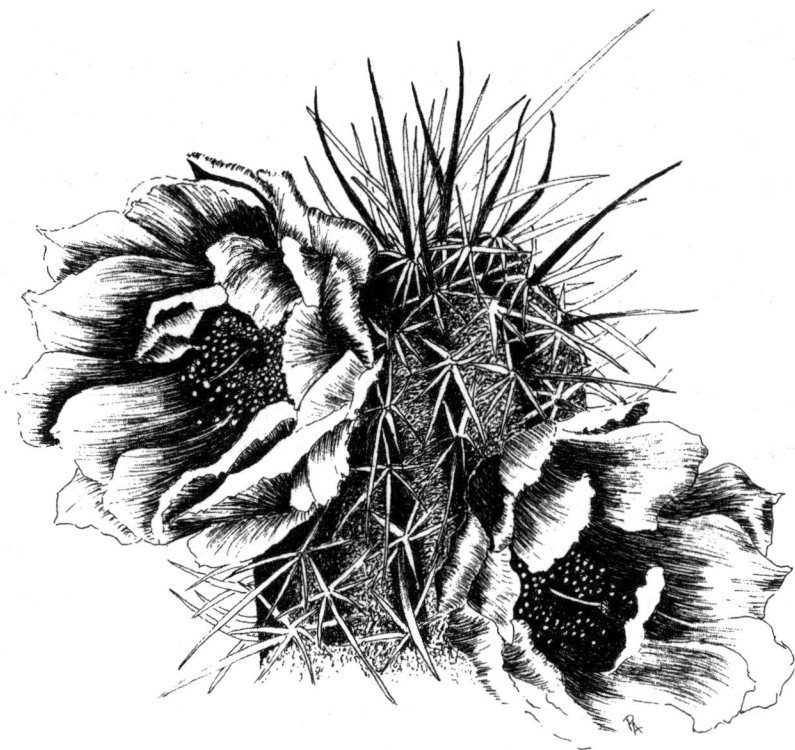

沙漠里的居民

干旱、艰苦、炎热、令人精疲力竭和让人失望透顶……这些就是人们常用来形容沙漠的词汇。许多人认为，沙漠是一个既枯燥又单调的地方，只有一些矮小的灌丛和干瘦的树木能够生长在那里，我们根本没法指望它们能够阻挡灼热的正午阳光，给我们提供些许阴凉。此外，沙漠里还生长着各种多刺的仙人掌，游客们一不留神就可能被扎伤。人们还认为，只有少数"不幸"的哺乳动物和爬行动物在沙漠里生存，而且它们只能躲在岩石下或地下藏身处勉强度日。

以上这些看法多是那些没去过沙漠的人所说的，而他们的这些"一知半解"又多来自电影、电视节目或小说，于是他们产生了这些对沙漠生物的狭隘认知。还有一些人对沙漠及生活在那里的生物的认知可能仅仅建立在以下简单的体验之上：开车经过一片沙漠，看见一只飞鸟从车窗前闪过，或者瞥见一只蜥蜴正在路边的石头上摆着姿势……仅此而已。就连一些词典也将沙漠定义为"一片广袤、干旱之地，只有稀疏的植被，或者没有植被"。所有这些都给人们留下了这样的印象：沙漠里的生存环境不说残酷无情，也肯定非常严峻。

没有人提到过在季节性的暴雨之后沙漠里发生的变化。它会突然变换一副模样，变成一块由各种植物组成的色彩斑斓的"挂毯"。在一场弥足珍贵的春雨之后，各种"短命"的野花在沙漠里打开了它们的调色板，而仙人掌则以靓丽的身姿成为这幅精美绝伦、让人叹为观止的风景画中最亮眼的一笔。午后的沙漠变成了鲜花的盛景，一些仙人掌的花鲜艳夺目，而另一些则比较温婉柔和；一些在白天开放，而另一些只在夜间绽放。

尽管绝大多数仙人掌原产于北美的沙漠地区[1]，但其实美国西部地区的

---

[1] 根据《中国植物志》的记载，我国引种栽培的仙人掌科植物有 60 多个属、600 个种以上，其中 4 个属 7 个种在南部及西南部归化。由于近年来人们对多肉植物的喜爱，目前我国已引种的仙人掌种类远不止上述这些。——译者注

生态环境在整个地质历史上并非一直都是如今这副模样。(见本章注解 1。)大约在 1 亿年前,这里的大部分地区曾被水淹没,其余小部分地区犹如一座座湿热的大温室,热带植物十分繁茂。太平洋暖湿气流带来的充沛水汽为该地区提供了丰沛的降水。仙人掌的祖先就生长在这样的环境中,并繁盛至今。

地质学证据表明,大约在 6000 万年前,由于一些重大地质事件的影响,这一地区的环境开始发生变化,地壳被缓慢地向上推挤,在当时的一片内陆海的西边耸立起了山脉。这一变化对该地区的动植物产生了巨大影响。前面提到的暖湿气流被迫沿着新的海岸山脉抬升。由于海拔升高,空气变冷,水汽凝结形成降水,并且集中降在了山脉的西坡。冷凉干燥的空气越过山顶,沿东坡下降。风仍然从西向东吹,但已变成了炎热干燥的空气,持续蒸发着内陆海的水体,使它逐渐干涸。曾经郁郁葱葱的"热带温室"逐渐凋零,变成了我们今天所知的沙漠。

如今,这些沙漠地区每年的降水量不超过 250 毫米。当然,世界上还有些沙漠的降水量甚至比这还要少。在美国莫哈韦沙漠里的死亡谷,年降水量只有约 50 毫米。

罕见的沙漠降雨会引起一系列突发事件。例如,在美国新墨西哥州的沙漠中,倾盆大雨经常会导致极其危险的山洪暴发。这些雨水汇入被称为"旱谷"的干涸水道中。众所周知,这些凶猛、湍急的奔流会摧毁沿途的一切,包括车辆和行人。不过,一旦天晴,水道里的水很快就会被晒干。如果你计划在沙漠地区旅行,一定要获得最新的、准确的天气报告,这样你就可以避免可能危及生命的事件。

在内陆海干涸之前,这里的气候环境还是有利于那些长有绿叶的植物生长的。但随着地表环境变得干旱,动植物的生存条件也在不断变化。为了生存,植物必须适应不断变化的环境。这些在地质剧变中幸存下来的植物就包括仙人掌的祖先,这也使得它们成为地球上最"年轻"的植物之一。具体来说,最早的陆地植物大约在 4 亿年前开始出现;今天的开花植物的祖先出现在大约 1.3

亿年前，而仙人掌只有区区 4000 万年的演化历史。

在环境变得恶劣之后，最后幸存下来的植物是一类多刺的常绿植物。它们的叶片具有蜡质层，茎干[1]为木质且非常厚实，树皮是绿色的。这类植物的根系能迅速吸收可触及范围内的水分，绿色树皮还可以通过光合作用制造养分。这些幸存者的后代一直存活到了今天，都被归入仙人掌科的木麒麟属（Pereskia）。与典型的仙人掌不同，木麒麟属植物有着宽大的绿叶，并且这些叶子一生都不会脱落。另一个特点是它们都生活在热带林地中。科学家认为，木麒麟属植物是在地质构造发生大规模变化后出现的第一批仙人掌的后代。今天，一些种类长得像灌木，而另一些则是善于攀爬的藤蔓。它们现在分布在北美洲的佛罗里达、中美洲的加勒比地区以及南美洲的东南部。其中一些种类很适合挂在门廊上，或者作为室内盆栽。

从此以后，那些地方有更多不同类型的仙人掌发展起来，它们与那些常绿的阔叶植物有很大的不同。要想了解仙人掌如何在沙漠里生存，就得先分析一下它们的生存策略。

在一个水分稀少且降雨蒸发迅速的生态系统中，仙人掌已经发展出高效且庞大的根系，这使得它们能够快速吸收一大片土地里蕴藏的水分。一棵巨人柱（Carnegiea gigantea，一种树形仙人掌）的根系可以延伸至 15 米开外，形成一个紧邻地表的地下根系网络。这一特点十分重要，因为沙漠中的降雨通常十分短暂，而且雨水会迅速从地表下渗到土层中。

仙人掌还演化出了一种有趣的储水结构。它们具有肉质茎，故而被看作一类"肉质植物"。（见本章注解 2。）肉质茎里面充满了可以存储大量水分的海绵状组织。雨季来临时，肉质茎内的海绵状组织会将根系吸收的水分储存起来，这也导致肉质结构膨胀变粗。雨季过后，储存的这些水分能够帮助仙人掌熬过漫长的旱季。一棵巨人柱能在海绵状组织中储存 4 ～ 5 吨水。为了支撑这一重量，巨人柱体内有一个木质的支柱系统，就像骨架一样。

---

[1] 草本植物的相应部分称为茎秆。——译者注

即便是超市售卖的迷你仙人掌，它们也有一系列垂直的手风琴般的褶皱。当仙人掌（几乎）吸饱水分后，这些褶皱就不那么明显了。随着仙人掌储存的水分被耗尽，褶皱又会变得非常明显。虽然仙人掌没有增加任何表面积，但它的体积能大幅扩大……它们真的太聪明了！

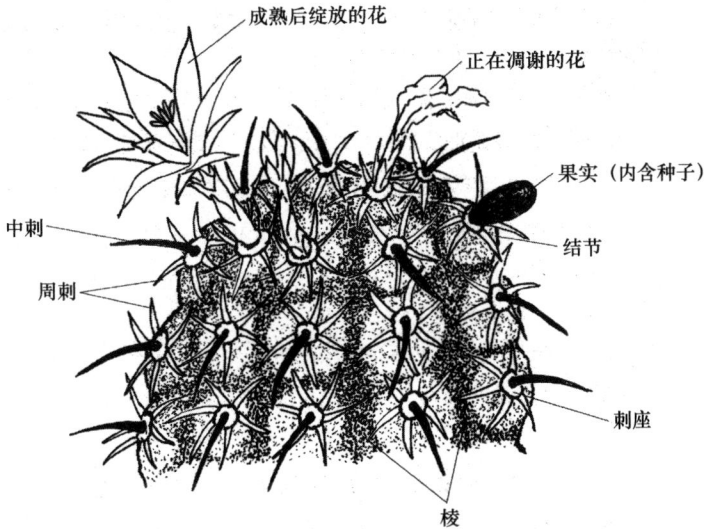

普通仙人掌的形态示意图

对任何植物来说，水分的过度丧失都是一场灾难。为了避免这样的灾难发生，仙人掌演化出了几种独特的适应性结构。除了木麒麟属植物之外，其他仙人掌都不长叶片。绿叶对大多数植物的生存至关重要，它们有很大的表面积来捕获太阳能，并制造养分，因此每一个叶片都是一座由太阳能驱动的微型工厂。宽大的叶片还有另一个功能：叶片上面有许多微小的气孔，这样植株内的水汽就可以通过气孔蒸发出去。在没有叶片的情况下，仙人掌只能通过绿色的茎干来捕获阳光，制造养分。水分会从根部一直输送到茎干的表皮，在那里与空气中的二氧化碳一起作为原料，合成营养物质。 这一过程中产生的多余水分会以水蒸气的形式通过茎干表皮上的气孔散发出去。不过，仙人掌茎干上的气孔微小且数量较少，分布很稀疏。那些绿叶植物的气孔不仅数量多，而且更大，集中分布在叶片上。

仙人掌的表皮具有蜡质，这与黄瓜的表皮类似。表皮上的这层蜡状物质称为角质层，有助于防止植物体内的水分流失。

刺也是一种保水结构，它们有各种大小、形状和颜色。沙漠里的风有时非常强劲，但这些刺可以使风向发生偏转，从而最大限度地减小风的影响。此外，刺还可以降低风力和风速，进一步减少水分的丧失。这又是一个聪明的解决办法，体现了仙人掌对干燥、多风的沙漠环境的良好适应性。

除了长刺之外，一些仙人掌还会长毛。黄刺翁柱[1]（*Cephalocereus chrysanthus*）具有灰色或白色的毛被，毛被又长又厚，几乎能把刺都盖住，而这正是仙人掌的另一种保水结构。毛被的功能与刺的大体相同，都用来减小阳光和风对植物的影响，减少水分丧失。哺乳动物的体毛和鸟类的羽毛也发挥着类似的作用。

当水分供应充足时，叶片能够快速制造营养物质，满足植物生长的需要。不过对于仙人掌来说，缺水几乎是常态，这意味着它们没法成为"快餐工厂"。因此，与绿叶植物相比，仙人掌的生长速度十分缓慢，通常6年才能长高15厘米。即便经过了25年，它们也只能长高90厘米。

在沙漠中，大型仙人掌通常远离其他植物。它们的植株周围只有沙土，或许还有些小石子和大石头。对于巨人柱这类仙人掌来说，这种情形更常见。它们之所以"离群索居"，主要还是因为它们的根系实在过于庞大。如果其他植物（包括仙人掌）离某株大型仙人掌太近，则对双方都没有好处。不过，"刺梨"仙人掌[2]（仙人掌属的某些种，*Opuntia* spp.）和乔利亚掌[3]（仙人掌属的某些种）是例外，它们与其他植物之间没有这种间隔限制。

---

[1] 这个种目前没有正式的中文名，这里根据拉丁名直译为"黄刺翁柱"。属名"*Cephalocereus*"的中文名为"翁柱属"，而加词"*chrysanthus*"的意思是"黄色的刺"。——译者注
[2] 中文名是根据英文名直译而来的。——译者注
[3] 乔利亚掌是指仙人掌属植物中有圆柱状茎节的种类。——译者注

除了仙人掌家族的成员，许多其他动植物，包括更格卢鼠[1]（更格卢鼠属，*Dipodomys*）、蜥蜴、响尾蛇和北美狐[2]（*Vulpes macrotis*），也都在沙漠中安家。仙人掌富含营养，因此大多数沙漠动物都以它们的茎干或其他部位为食。还有一种长得像猪一样、名为西貒[3]（西貒科）的动物，仙人掌扁平的茎节和果实是它们的食物和水分来源，其中"刺梨"仙人掌和乔利亚掌的占比最大。总共约有 40 种动物都会食用"刺梨"仙人掌，其中包括鹿、叉角羚[4]（*Antilocapra americana*）、牛等。一些啮齿动物也会啃食仙人掌的肉质茎，而散落的种子还会被地松鼠等动物迅速捡走（作为食物）。哈里斯羚羊松鼠[5]（*Ammospermophilus harrisii*）大约三分之二的食物和水分需求都依赖"刺梨"仙人掌。在沙漠里，成群的昆虫也以植物为食，其中自然也包括仙人掌。夜间出动的蝙蝠又以这些昆虫为食。于是，你会发现仙人掌是整个沙漠食物链中必不可少的基础环节。

巨人柱还是许多鸟儿的家。吉拉啄木鸟[6]（*Melanerpes uropygialis*）会在它们的茎干上啄出一个个洞作为巢穴；当巢穴被啄木鸟遗弃后，姬鸮[7]（*Micrathene whitneyi*）又会进驻这里。栗翅鹰[8]（*Parabuteo unicinctus*）则会在巨人柱弯曲的分杈上筑巢。

在沙漠里生存是一项艰巨的挑战，只有适应能力强的生物才能存活。令人

---

[1] "更格卢"其实是"袋鼠"一词的音译。它们的前肢短小，后肢发达，善于跳跃。这种动物主要生活在北美洲西部、中美洲至南美洲西北部较干旱的荒地和草原上。——译者注

[2] 北美狐是美洲最小的狐狸之一，生活在北美洲西部的干旱地区。——译者注

[3] 西貒科属于偶蹄目猪形亚目，它们只生活在美洲大陆，外形和习性与猪相似，但体形比猪小。——译者注

[4] 叉角羚是叉角羚科叉角羚属的一种动物，生活在墨西哥北部到加拿大南部的半干旱开阔草原。——译者注

[5] 该种正式的英文名应为"Harris's antelope squirrel"，直译为"哈里斯羚羊松鼠"，生活在美国西南部和墨西哥西北部的沙漠地区。——译者注

[6] 吉拉啄木鸟是一种中等体形的啄木鸟，生活在北美洲和中美洲的干旱、半干旱地区。——译者注

[7] 姬鸮是世界上最小的猫头鹰，生活在墨西哥和美国西南部的沙漠地区。——译者注

[8] 栗翅鹰是一种鹰科猛禽，主要生活在美洲地区有植被的开阔地带。——译者注

惊奇的是，仍然有如此多的植物、昆虫和其他动物适应了这里的环境。它们直面挑战，在这看似贫瘠的荒原上繁衍生息。

仙人掌的世界

工具和器材	科学技能
手套	观察
镊子	比较

注意： 在探究仙人掌时，务必戴上厚手套，以保护双手。

自然观察

仙人掌是一类肉质植物，这表明它们体内的汁液较多或充满水分。肉质植物的茎叶具有很强的储水功能，这也是它们区别于其他植物的一个显著特征。但是，仙人掌与龙舌兰、景天和芦荟等其他肉质植物不同。例如，大多数仙人掌没有叶片，因此它们只能把水分储存在肉质茎中，而这里也是它们的"食物加工厂"。仙人掌的茎干上还长有一种类似衣服补丁的特殊结构——刺座，而大家所熟悉的仙人掌刺便是从刺座中长出来的。虽然其他许多肉质植物也长有刺，但只有仙人掌的刺是从刺座上长出来的。此外，仙人掌还有一个独特之处——它们的原产地只有美洲。

对于那些少有绿意的住宅来说，仙人掌是室内绿化的不二之选。它们几乎不需要浇水，也不需要施肥。事实上，如果你不怎么照料它们，少折腾它们，它们反而会长得很好。作为回报，它们还会开出美丽的花朵，长出奇特的刺，而且寿命很长。室内的空气温暖干燥，可以为这些沙漠植物提供理想的生活条件。此外，你完全不必担心没有可供挑选的种类。实际上，仙人掌的品种可谓成百上千。

　　为了帮助你更好地了解它们，下面的实践活动需要你准备几种不同的仙人掌，但你千万不能去野外挖。你可以从苗木经销商那里购买，或者参观培育仙人掌的苗圃或温室。（见本章注解 3。）

　　下面介绍仙人掌的形态结构。

　　刺。当你观察一株仙人掌时，最先注意到的恐怕就是它的刺了。观察各种仙人掌时，你会发现它们的刺的形状、大小和颜色都不一样。许多园艺爱好者喜欢养仙人掌，他们既是为了欣赏美丽的花，也是为了观赏迷人的刺。下面的插图展示了一些仙人掌不同类型的刺[1]。

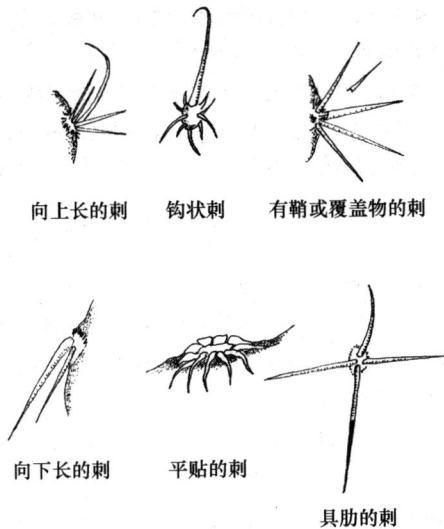

向上长的刺　　钩状刺　　有鞘或覆盖物的刺

向下长的刺　　平贴的刺

具肋的刺

仙人掌刺的类型

　　向上长的刺。刺猬仙人掌（鹿角柱属的某些种，*Echinocereus* spp.）的刺座中央有一枚向上弯曲的中刺，旁边环绕着一圈呈放射状排列的周刺。

　　钩状刺。乳突球属（*Mammillaria*）植物（如丰明殿，*Mammillaria grahammii*）

_____

[1]　在一些种类中，成熟个体与幼年个体的刺不一样，这增加了辨识的难度。——作者注

和强刺球属（*Ferocactus*）植物的中刺呈钩状。

有鞘或覆盖物的刺。泰迪熊仙人掌[1]（*Cylindropuntia bigelovii*）的刺有鞘。

向下长的刺。司虾（*Echinocereus engelmannii*）具有向下长的刺。

平贴的刺。紫金虾（*Echinocereus caespitosus*）的刺像梳子一样平贴在茎干上。

具肋的刺。金赤龙（*Ferocactus wislizeni*）具有长而坚硬的具肋中刺，而最长的刺呈钩状。

检查几种不同的仙人掌，你能辨认出多少种刺的类型？在一株仙人掌上，所有的刺都一样，还是有不止一种类型？比方说，有没有这种情况——中刺向下弯曲，而周刺是直的？刺是单生的还是簇生的？试着画出不同种类的仙人掌以及它们的刺。

仔细观察植株上长刺的部位，你会注意到一小块毛茸茸的白色垫状结构，它被称为"刺座"。这个名字来自一个拉丁词语，意思是"一小块区域"。使用放大镜，你会看得更清楚。你怎么形容这块"垫子"呢？试着把仙人掌的刺和刺座都画下来。

月季和黑莓皆因刺而闻名。你可能会认为植物的各种刺都是差不多的器官结构，其实不然。比如，上述这两种植物的刺是枝刺[2]（变态茎），而仙人掌的刺是叶刺（变态叶）。对它们的刺与仙人掌的刺进行比较，然后将其画下来。这些刺是单生的，还是像仙人掌的刺一样是簇生的？

仙人掌的刺有多种颜色。利刺仙人掌（*Ferocactus acanthodes*）呈放射状排列的周刺是灰色的，但刺座上的 4 枚中刺则是红色的。其他一些仙人掌的刺是白色的，也有黄色的刺以及混搭的橘红色的刺。你还能找到灰色和黑色的

---

[1] 原文使用的拉丁名"*Opuntia bigelovii*"已作为异名处理，一般不再被使用。——译者注

[2] 原文的这一表述有误，月季和黑莓的刺是皮刺（而非枝刺），皮刺是由植物表皮形成的尖锐突起。不同于枝刺，皮刺与茎之间没有维管组织相连。——译者注

刺。有些刺看起来就像蘸了颜料一样。

尽可能观察各种仙人掌，看看它们到底有多少种颜色的刺。对于某种仙人掌来说，它的刺都是一种颜色吗？你一共找到了多少种颜色的刺？最常见的颜色是什么？你觉得白色或浅色的刺对仙人掌来说有什么好处？（见本章注解4。）

芒刺（或称为钩毛）。这是一种从刺座上长出来的尖锐的、带倒钩的刚毛。它们看起来像没有伤害性的茸毛，但只要你伸手摸一下，它们就会刺入你的皮肤，而且很难清除。更糟糕的是，那些室内常见的仙人掌往往都长有钩毛。比如，"刺梨"仙人掌不仅有刺，还有钩毛。如果你在家里种了仙人掌，一定要非常小心，最好在手边准备一把镊子。那些钩毛很难被拔除，即使被拔除了，受伤部位仍然会持续疼痛。

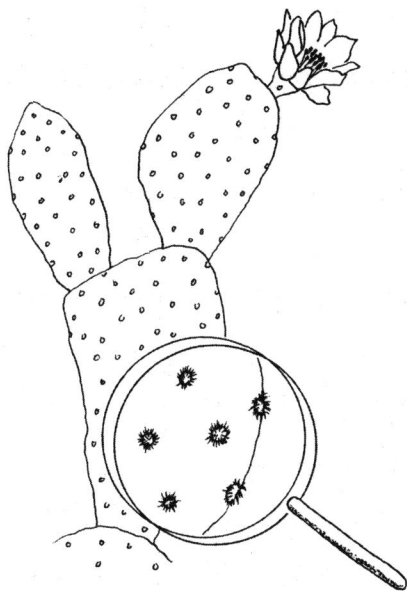

"刺梨"仙人掌的刺座上长有被称为芒刺的、带倒钩的刚毛

花。仙人掌会开出精致的花朵，这也是人们喜欢养仙人掌的一个原因。仙人掌的花呈漏斗状或者轮状。你会如何描述你家的仙人掌花的形状呢？

当仙人掌开花时，你会看到花是从刺座里长出来的。对于不同种类的仙人掌来说，花在茎干上的着生位置都不一样。花的着生位置是鉴别仙人掌种类的一个重要特征。花的着生位置通常有以下几种。

● 着生在茎的侧面，如白檀柱（*Chamaecereus silvestrii*）和刺猬仙人掌。

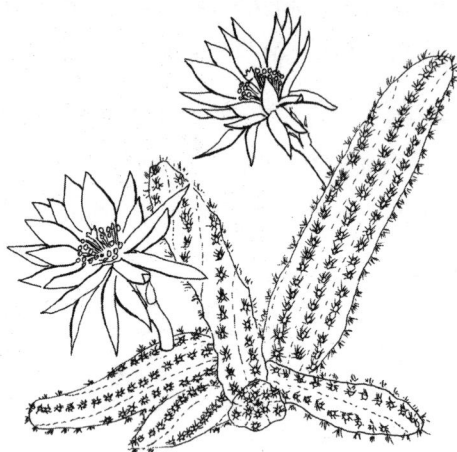

白檀柱

● 着生在茎的顶端并围成一圈，如玉翁（*Mammillaria hahniana*）。

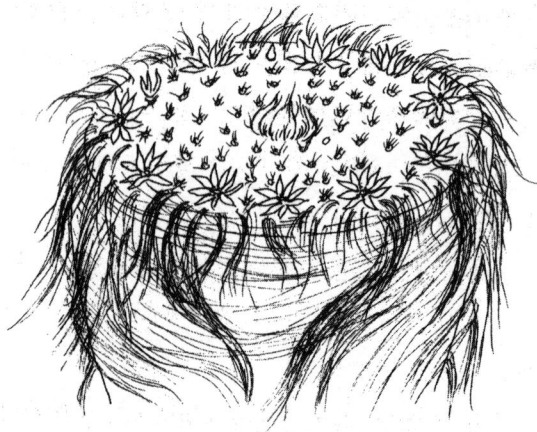

玉翁

● 单生于茎的顶端，如鸾凤玉（*Astrophytum myriostigma*）。

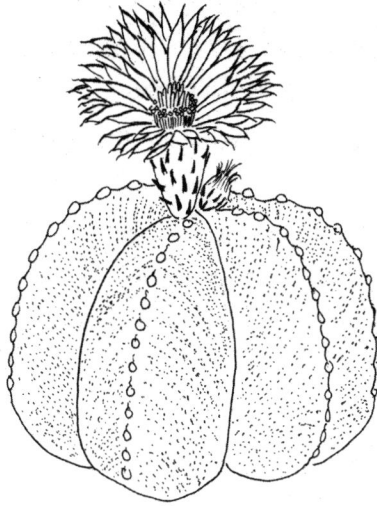

鸾凤玉

● 在茎的顶端着生有两朵或更多，如小町（*Notocactus scopa*）。

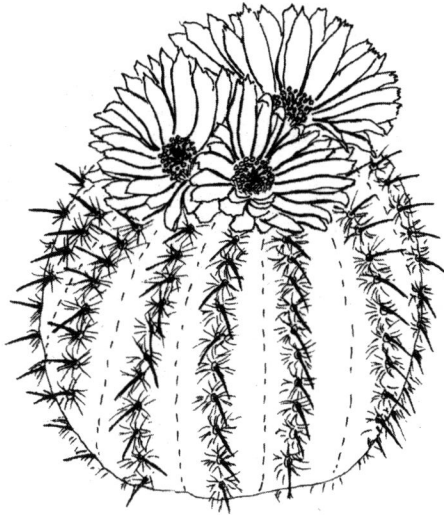

小町

虽然花有各种形状，但它们都有一些共同的组成部分。几乎所有开花植物的花都由四部分组成，即萼片、花瓣、雄蕊和雌蕊。与其他植物不同的是，仙人掌的花具有很多雄蕊、花瓣和萼片。

萼片。这是一种叶结构，位于花的外侧，担负着保护花芽的职责。萼片通常是绿色的，但也可能与花瓣的颜色一样。

雄蕊。花的雄性器官，由花药和花丝组成。花药产生花粉，花丝是支撑花药的细柄。仙人掌的花里有许多雄蕊。

雌蕊。花的雌性器官，由柱头、花柱和子房组成。柱头是雌蕊上具有黏性的、接收花粉的部位，被纤细的花柱托举着。在雌蕊的基部，花柱与子房相连。

在大多数植物的花中，子房位于花瓣和萼片之上（子房上位），但仙人掌的子房位于它们的下方（子房下位）。

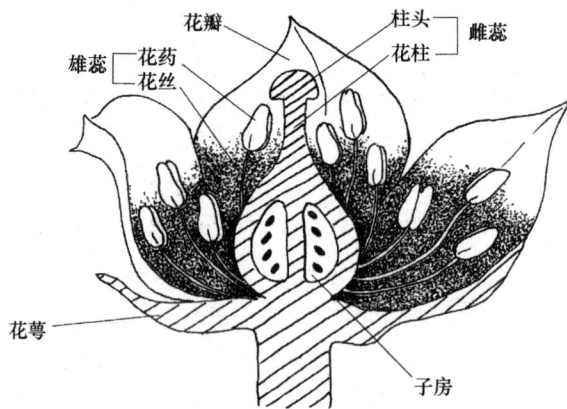

花的典型结构示意图

花药
花粉
花丝
精子

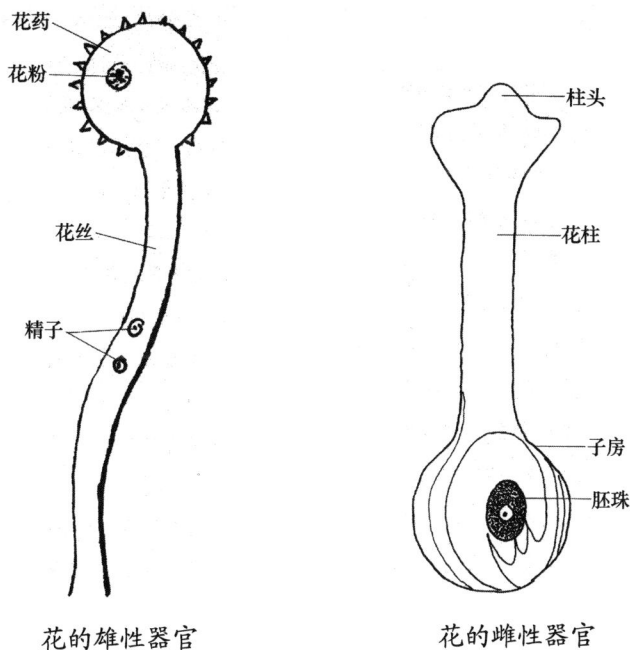

花的雄性器官

柱头
花柱
子房
胚珠

花的雌性器官

当开始探究仙人掌科植物时，你很快就会发现这个家族的成员非常庞杂。科学家将仙人掌科分为三个族[1]，它们分别代表仙人掌科植物演化的不同阶段。以下是三个族的简要描述，还列出了每一族中适合室内栽培的种类。

木麒麟族。木麒麟族是仙人掌科中最原始的一类植物，它们原产于美洲干旱的热带森林。它们的识别特征是宽大的肉质叶片、蔓性生长的植株以及整体木质化而内部为肉质的茎干。它们的刺、枝和轮状的花都是从刺座中长出来的。木麒麟族与其祖先的相似之处在于它们都具有绿色的茎干和叶片，可以进行光合作用并制造营养物质。目前这个族下面只有一个属——木麒麟属，也因此成为仙人掌科中最小的一个族。

木麒麟（*Pereskia aculeata*）是一种很适合悬挂起来观赏的植物，而且叶片还会散发柠檬香气，但你一定要小心隐藏在叶片下面的刺。不过它也有缺

---

[1] 在植物分类的阶层系统中，族是科与属之间的一个分类等级，科的下面是族，族的下面是属。——译者注

点，栽培的木麒麟一般是不会开花的，因此你也不大有机会看到它的黄色花
朵。在自然环境中，它不仅会开花，还会结出红色果实——人们常说的"巴巴
多斯醋栗"。

木麒麟

仙人掌族。这个族在个体发育的早期阶段跟它们的祖先一样，也会长出叶
片。它们是仙人掌科植物中最常见的一类，在室内绿化中的应用最为常见。在
仙人掌科植物中，只有仙人掌族具有钩毛。一丛丛带倒钩的刚毛是这个族的标
志性特征。如果有人不小心被这些钩毛扎到，疼痛在所难免。扁平的掌状茎节
是该族的另一个特征，这些茎节与其他仙人掌的茎一样，也具有储水功能。不
过，并不是仙人掌族的所有种类都具有掌状茎节，如乔利亚掌就没有。

泰迪熊仙人掌具有像腊肠一样的肉质茎，金毛掌（*Opuntia microdasys*）和
其他仙人掌属植物具有掌状茎节。这些变态茎在功能上已经取代了木麒麟族植
物的叶片。除了下面的两个种之外，仙人掌族植物都既有刺又有钩毛。灰熊团
扇仙人掌（*Opuntia polyacantha* var. *erinacea*）浑身都是刺，但无钩毛；海狸鼠

尾仙人掌（*Opuntia basilaris*）不长刺，但刺座上长有许多红色钩毛。

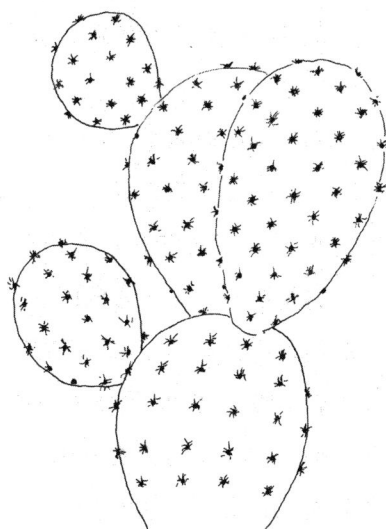

赤乌帽子（*Opuntia rufida*）

大多数仙人掌在新生的茎干上会长出细小的叶片。当茎干成熟后，这些叶片也就脱落了。

茎干上长有扁平的轮状花也是仙人掌族植物的特征，但我们应将其与仙人柱族植物的相似特征区分开来。有些仙人掌族植物能结出硕大而多汁的果实，这些可食用的果实在超市里有售。

仙人柱族。这个族是仙人掌科里演化最快的一类植物，其种类数量约占仙人掌科的 75%。植物学家把这个族分成 8 个亚族。这些亚族的特征既表明了它们属于仙人柱族，又便于互相区分。仙人柱族植物有一个或多个主干；一般不长钩毛，不过少数种类的刺座上会长出一两撮钩毛；所有种类的花都呈漏斗状。让初学者感到困惑的是，该族的不同种类在外观上的差别很大。比如，一些种类的主干是巨大的圆柱，一些种类的主干则呈小巧的球形，还有一些种类的主干是扁平的。从潮湿的热带丛林到干燥的沙漠，它们能适应各种环境，而且生长繁茂。

巨人柱亚族。这类仙人掌往往有很多刺，花沿着主干的两侧生长。在这个亚族中，巨人柱由于生长缓慢，因而很适合家养。虽然它在自然环境中可以长到 8 ~ 18 米高，但需要约 10 年时间才能长高 15 厘米。园艺爱好者对巨人柱很感兴趣，因为它的身上有两种明显不同的刺。那些靠近主干基部的刺呈灰色，是直的或弯曲的；而主干上部的刺则呈黄色，是直的。

在这个亚族中，另一种让大家感兴趣的仙人掌是管风琴仙人掌（*Stenocereus thurberi*）。在野外，它可以长到 6 米高。由于它的生长速度实在太慢，在室内绿化造景中它只能作为一种漂亮的陪衬。

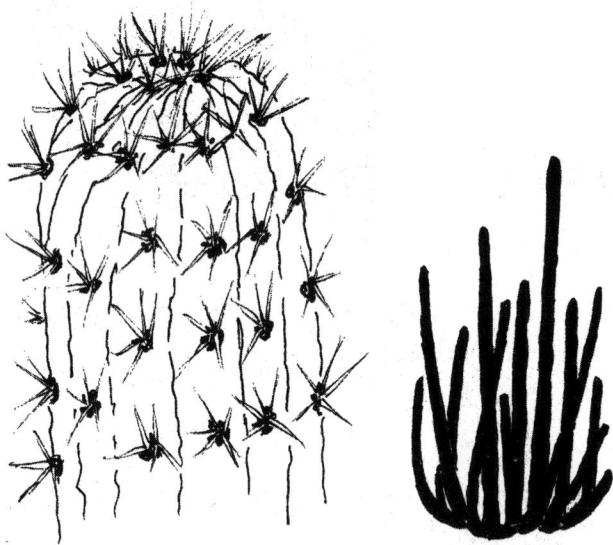

管风琴仙人掌

量天尺亚族。这个亚族中有一些令人瞩目的种类，其中之一就是夜间开花的大花蛇鞭柱（*Selenicereus grandiflorus*）。它的茎干具有纵棱，颜色从灰绿色到紫色都有。它可以长到 5 米高，但必须借助棚架才能攀爬上去。它的花呈长管状，着生在茎干的棱边上。花瓣内部是纯白色的，在尖端稍带点浅橙色。这些夜间开放的花能散发出浓郁的香味（还有人说这种气味略带香草味）。许多园艺爱好者会邀请朋友来家里观赏这种奇妙植物的开花过程，这个过程只会持续几小时。

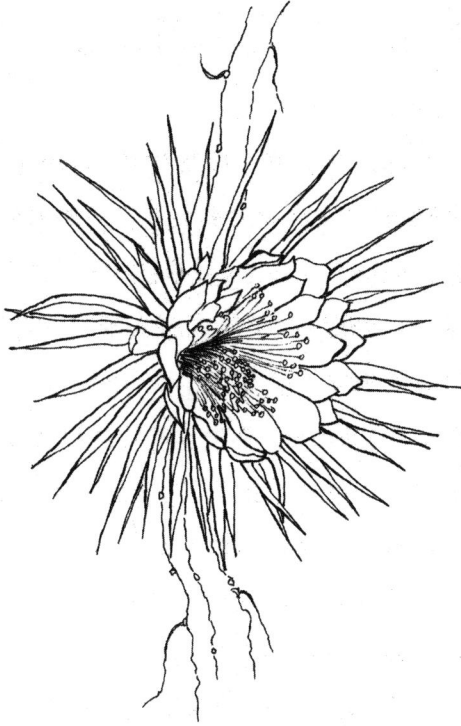

大花蛇鞭柱

　　鹿角柱亚族。鹿角柱属是这一亚族中种类数量最多的属。它们的刺都特别多，且茎上有棱；整体呈球形或圆柱形，茎干只有一节，不过长度超过30厘米的节很罕见。刺的颜色从玻璃白到不同深浅的黄色都有。尽管刺的形态繁多，但都不是钩状刺。花长在扁平的棱边上，凋谢后会长出带刺的果实。司虾是这个属中很受欢迎的种类。在这个亚族中，丽花球属（*Lobivia*）是窗台上最常见的仙人掌。

司虾

金琥亚族。人们所熟知的桶形仙人掌 ［包括金琥属（*Echinocactus*）和强刺球属的某些种类］就属于这一亚族。这个亚族的一些种类能长到约 3 米高，但也有一些很适合室内栽培的种类，如星球属（*Astrophytum*）和裸萼球属（*Gymnocalycium*）仙人掌的高度不会超过 60 厘米。这个亚族的仙人掌呈圆柱形，只有一节，茎上有棱，全身覆盖着钩状刺。它们的花像翘角帽一样，从刺座中长出来。花通常很小，花管也很短。般若（*Astrophytum ornatum*）的茎上有明显的棱和琥珀色的刺，这也是该属的特征。

般若

仙人掌亚族。它们是体形最小的桶形仙人掌，它们的花（很多人说像一顶小帽子）从一种特殊的刺座中长出。这种刺座隐藏在茎干顶端的羊毛状或毛刷状的突起内。土耳其帽仙人掌（*Melocactus communis*）只有 10 ～ 15 厘米高。这个亚族的种类具有多刺的纵棱，红褐色的刺和粉红色的花是它们的标志性特征。这些植物需要很多年才能开花，花的出现也标志着它们的营养生长期的结束。

土耳其帽仙人掌

顶花球亚族。这些仙人掌有球状或圆柱状的茎，茎上布满了突起或乳头，这些突起或乳头呈螺旋状着生，并取代了棱的位置。仙人掌的刺会从每个突起或乳头的顶部长出，而花则是从突起或乳头之间（或凹槽中）长出来的。这个亚族中有一些乳突球属植物，它们是窗台小花园中的常见种类。受伤后，它们的伤口会渗出水状或牛奶状的汁液。顶花球属（*Coryphantha*）是这个亚族中另一个很受欢迎的属。

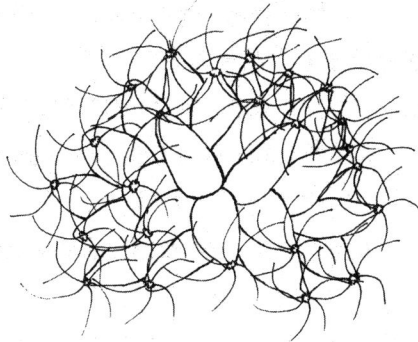

琴丝丸

　　蟹爪兰亚族。这是一群喜阴的植物，生长在中美洲和南美洲热带森林中的树上。它们会开出鲜艳的漏斗状花，而且很多种类会散发怡人的香气。它们的茎是扁平的，不过有时有棱，从而形成多个面。大多数种类没有棱和刺，有些种类只有刚毛和茸毛，不过在茎边缘的槽口里仍然有刺座这一结构，这表明它们的确是仙人掌科植物。这些植物非常适合种在吊篮里。蟹爪兰（*Zygocactus truncatus*）是这一亚族中的著名观赏植物。你可能听说过有些人特别会养蟹爪兰，他们养的蟹爪兰甚至可以长到 90 厘米。

　　丝苇亚族。与蟹爪兰亚族相似，这一亚族的植物在它们的原生地也是生长在树上的。它们没有棱，也没有刺。大多数种类在枝条上的刺座里长有一丛丛的茸毛或刚毛。它们常常处于悬挂或匍匐状态，是一类附生植物（附着在其他植物上，但不会伤害所附着的植物）。这类植物没有显眼的花，果实也非常小，它们的植株像瀑布一样向下倾泻生长，因此它们非常适合悬挂起来种植。

蟹爪兰

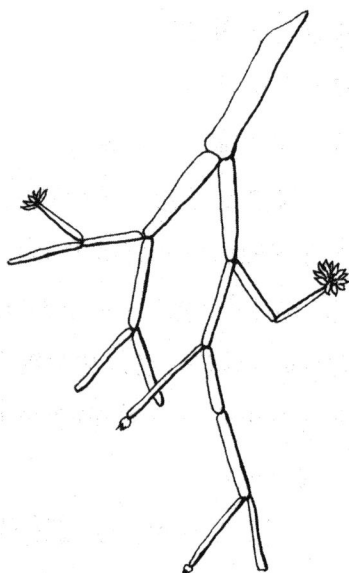

树栖仙人掌（丝苇亚族）

探索活动

盆栽方法。下面介绍仙人掌的盆栽方法。由于可供选择的种类很多，你必须提前了解盆栽仙人掌的种植信息。《室内景观》（*Landscaping Indoor*）这本书由斯科特·D.阿佩尔编辑，布鲁克林植物园出版。它会给你提供一些非常有用的内容。你需要了解哪种花盆适合种植哪种仙人掌，是选择宽盆还是选择窄盆。桶形仙人掌（如利刺仙人掌和乳突球属的某些种类）在仅比植株直径稍大的花盆中就能生长得很好。尽量不要购买那些花盆很小的迷你仙人掌，那些花盆里的土太少，水分会很快流失。你刚浇完水不久，盆土就会变干。如果方便的话，可以去参观专门种植仙人掌的苗圃，看看专家如何挑选合适的花盆。

花盆的材质多种多样。陶盆很漂亮，也很受欢迎，但比较昂贵。它们有各种尺寸，适用性很好。没上釉的陶盆上会有很多细小的孔隙，因此它们比其他材质的花盆更容易流失水分。塑料花盆很轻，无孔隙，也相对便宜，还有多种颜色可供选择。当然，也可以从你家的垃圾回收箱里找一些"免费"的金属罐，这也不失为一个务实的选择。

只要满足一些基本条件，几乎任何容器都可以用来种植仙人掌。最重要的一点在于这个容器必须具有良好的排水功能，才能保持土壤松散和透气。为此，通常需要在陶盆的底部开一个洞，然后将陶片盖在洞口上，这样盆土就不会被水冲走，还能保证正常排水。当然，也可以使用小石头、铁丝网或尼龙网来代替陶片。如果花盆没有排水孔，则可以在盆底铺上一层碎陶片或碎石。

选好花盆后，还要检查一下它是否干净。除非花盆是新的，否则最好将其仔细擦洗一下。可以用10份水和1份漂白液来配制洗涤液，然后用洗涤液对花盆进行冲洗，从而清除掉里面的各种真菌、害虫残骸，以及其他残留物。

在移栽仙人掌的时候，务必戴一副厚手套，最好是革质的，这样才不会被刺扎到。千万不要尝试不戴手套而徒手从花盆里拔出仙人掌。你可以去厨房找一把食物夹，将仙人掌从旧花盆里夹出来，或者将报纸折成长条，做成一根"吊索"，然后用其兜住仙人掌的底部，再用手抓住"吊索"的两头，将仙人掌从花盆里拔出来。如果旧盆里的土还有点湿，那么你应该很容易把仙人掌拔出来。

把仙人掌放入新花盆中，在它的根部周围倒上土，不要伤到根部。继续向盆中加土，一直加到距盆口 2.5 厘米处。这样在浇水时，水就不会溢出来。市面上有许多仙人掌专用的复合基质土售卖，这些土一般都很合适。有些基质土中含有大量泥炭藓，因此它们干了就会变硬。复合基质土的配方其实很简单，你完全可以自己配制，只需要将一份沙子（但不要用海滩上的沙子，因为其含盐量太高）、一份园土和一份泥炭藓混合好即可。这是一个经典配方，效果一直都很好。

有些仙人掌种植者建议在土壤上面覆盖一层砾石，以防止根系周围的土壤板结。他们还建议，在移栽后的几天内都不要给仙人掌浇水，同时避免阳光直射，这样在移栽时受损的根系才能逐渐恢复。

仙人掌的根系。要观察仙人掌的根系，你就必须将它从花盆中取出来，一定要遵照上文介绍的注意事项。

将仙人掌取出来后，轻轻抖掉其上面的土，才能看清它的根部特征。你怎样描述它的根系？它的根系是像胡萝卜一样的直根，还是由许多侧根和须根组成的？每条根上都长了许多根毛吗？这样的根系对植物来说有什么好处？给仙人掌（包括其根系）画一幅画。

现在，戴好手套，用一把锋利的小刀将仙人掌的顶部切下一块，然后使切面朝下，将切块平放在基质土上。每天检查一遍，看看它要花多长时间才能生根。

容器花园。如果你想要打造一个仿沙漠景观的容器花园，可以先用砾石将容器填充到三分之一高度，这样能保证正常排水。然后，在砾石上撒一层碎木炭，以保持容器洁净，不会发霉。最后，用复合基质土将容器填充到距沿口大约 2.5 厘米的位置。在这个容器花园里栽种仙人掌，它们对水分、温度和光照的需求应该与盆栽相似。为了让模拟的沙漠生态景观更别致一些，你还可以在容器花园里放一块浮木或者其他一些装饰。

繁殖方法。下面介绍仙人掌的两种繁殖方法。

扦插。你可以通过扦插的方式对仙人掌进行扩繁。为此，你需要从母株上剪取一些枝条作为插条，这样做还能顺便修整一下仙人掌的外形（特别是在母株外形不佳的时候）。记得一定要戴上厚手套，并使用锋利的小刀。下面是一些如何剪取插条的图示，可以作为参考。

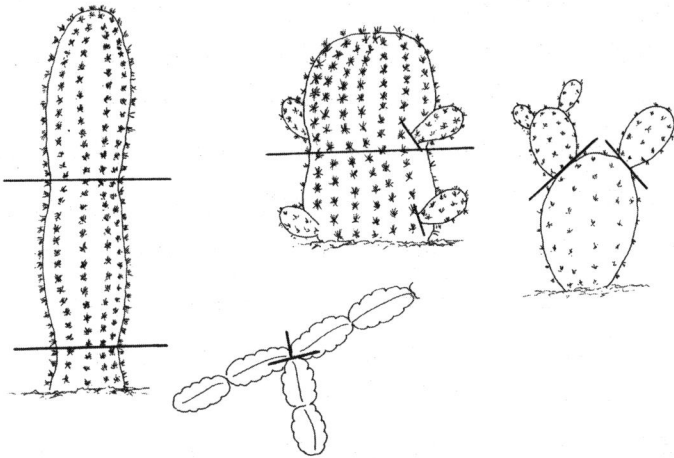

最好从茎分节的位置剪断，以获取插条

将剪下的新鲜插条放在阴凉、干燥的地方晾干，避免阳光直射，直到伤口变干变硬。根据切口的大小，插条的干燥过程可能需要几天到几周的时间。此后，你便可以在由复合基质土构成的苗床中进行扦插了。扦插前，需要检查一下苗床的排水情况。往苗床上浇水，水应该很快排干。如果排水不良，可以在土中加入一些鹅卵石。要确保插条竖直地插在土中。要做到这一点，你必须尝试不同的插入深度。

扦插后要立即浇水，但过度浇水往往是生根失败的主要原因，因为这很容易导致根部腐烂。所以，一定要避免土壤过于潮湿，要等到土壤干透了再浇水。不过，土壤干透到下次浇水的时间不能太长，一般不超过 3 天。对于室内种植的仙人掌，在浇完水后的 24 小时之内，土壤就可能完全干燥了。

在仙人掌的生长季进行扦插的效果最好。在通常情况下，扦插工作应在温暖的天气进行。

嫁接。你是否期望获得一株符合你的想象、造型奇特的仙人掌？或者只是想修剪一下窗台上那些长相难看的仙人掌？通过嫁接技术，这两个目标都可能实现。

在开始嫁接之前，你需要准备好接穗和砧木。接穗是从品种优良的植株上剪下的一段枝条，而砧木是一棵生长旺盛的植株，并且它与剪取接穗的植株是近亲关系。嫁接工作最好安排在春天或初秋进行，因为此时仙人掌的汁液流动比较活跃。作为砧木的植株必须有健康的根系，根系的颜色应较为均匀，摸起来比较硬实，而不是软绵绵的。砧木和接穗的粗细最好一致，不过接穗稍细一点也可以。嫁接完成后，接穗会保持自身的优良特性而继续生长，但会从砧木的根系中获取养分。

如下图所示，用一把干净、锋利的小刀，将接穗和砧木沿纵向切开（也有人建议最好采用斜切的方式，以增加二者的接触面积），使接穗和砧木的切口紧紧地贴合在一起，不留任何空隙。然后，用橡皮筋把它们牢牢地绑在一起。刚完成嫁接的仙人掌要避免阳光直射。在切口愈合之前，不要给它浇水。愈合过程可能会持续大约四周。

球形仙人掌（如金琥属）最适合作为砧木。子孙球属（*Rebutia*）的体形较小，也是很好的砧木。裸萼球属则很适合作为接穗。

记录下仙人掌的嫁接过程以及后续的生长情况。嫁接后的植株长得怎样？它有没有长出任何新芽（称为吸芽）？如果植株长出了吸芽，你可以将它们割取下来种在花盆里，然后静待它们长大。

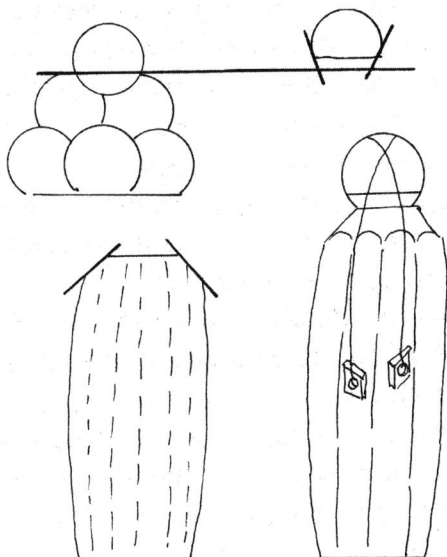

将接穗的切口平放在砧木的圆柱形主干顶部的切口上，这称为"平接法"，
是一种最简单的嫁接方法

本章注解

1. 美国西部地区有 4 个沙漠，每个沙漠都有其独特之处。

大盆地沙漠的海拔高达 1200 米，全年降雨稀少，但时空分配比较均匀。
这里冬季寒冷，夏季不太炎热，因而有许多仙人掌和低矮灌木（如蒿属和滨藜
属植物）在这里生长。它位于美国俄勒冈州、爱达荷州、内华达州、怀俄明州
和犹他州境内。

索诺拉沙漠的海拔相对较低，最高海拔只有 1000 米。这里的冬天很短，夏
天很热；降雨稀少，只在冬夏两季出现。巨人柱和乔利亚掌是这里最常见的仙
人掌。小果乳突球[1]（*Mammillaria microcarpa*）、利刺仙人掌等众多仙人掌都

[1]　中文名是根据拉丁名直译而来的，属名"*Mammillaria*"的中文名为"乳突球属"，
种加词"*microcarpa*"的意思是"小果的"。——译者注

将这片干旱的土地作为自己的家园。索诺拉沙漠主要分布在美国（亚利桑那州、加利福尼亚州东南部）和墨西哥的部分地区。

莫哈韦沙漠位于大盆地沙漠和索诺拉沙漠之间。与上面介绍的两个沙漠一样，莫哈韦沙漠的冬季冷凉，夏季几乎没有降水。像三齿团香木（*Larrea tridentata*）这样的灌木构成了这里主要的植被景观，不过在海拔较高的地方，约书亚树（又名小叶丝兰、短叶丝兰，*Yucca brevifolia*）则生长繁茂。

奇瓦瓦沙漠大部分位于墨西哥境内，一直延伸到美国亚利桑那州、新墨西哥州和得克萨斯州。它的海拔很高，超过了 1000 米。这片沙漠以其辽阔的高原而闻名，在夏冬两季的降雨之后，整个高原的面貌将焕然一新。沙漠中生长着各种野草、丝兰属（*Yucca*）、龙舌兰属（*Agave*）和一些小型仙人掌。

2. 所有肉质植物都有肉质的茎和根，用来储存水分。肉质植物的种类繁多，但不同种类之间可能并没有任何亲缘关系，这个词仅仅用来指代那些具有肉质结构的植物。许多肉质植物也长刺，但这些刺不像仙人掌的刺那样从刺座中长出来。

3. 如果你住在植物园附近，最好去那里参观，了解一下仙人掌是如何生长的。你还可以去参观花木市场或者专门栽培室内植物的温室。此外，园艺杂志也能提供很多有用的信息。

4. 在夏天，我们会穿着浅色衣服，这样可以反射更多的阳光，让自己保持凉爽。仙人掌浅色的刺也有着同样的作用。

第三章　马铃薯

周游世界的旅行者

在美国，马铃薯（中文名又称为土豆、洋芋等）随处可见，如快餐店里的炸薯条、供人们边看电视边享用的薯片……很难想象哪家餐馆的菜单上没有土豆泥。更让食客高兴的是土豆居然不含胆固醇[1]，至少在我们添加黄油和奶酪等配料之前是这样的。

一些科学家认为，我们现在食用的土豆的野生祖先来自13000年前智利的滨海地区。那时，地球的末次冰期即将结束，北美地区的大量冰川正在消融。大约到了7000年前，在南美洲的阿尔蒂普拉诺高原，马铃薯首次被驯化。这一成就着实令人瞩目，毕竟在海拔高达3600～4300米的极端环境中，马铃薯和驯化它们的人类都要面对极其严峻的挑战。这里的空气稀薄，夏季白天气温在15摄氏度以上，夜间气温则在冰点附近徘徊，而且此处几乎没有什么植被。此外，这里的降雨很少，而且难以预测。在其他地方作为主粮种植的农作物（如水稻、大豆、小麦和玉米等）在这里甚至无法存活。

但就是在这样崎岖复杂的山地环境中，居然有一些种类的野生马铃薯生存了下来。一山分四季，这里不同地区的日照、降雨、风力和土壤等条件的差别很大。多变的环境又塑造了不同颜色、大小和形状的马铃薯。它们的颜色多样，从白色到紫色，中间有许多其他色调，如黄色、蓝色以及杂色等。

尽管生活环境艰苦，但经过长期的观察和实践，当地人终于掌握了马铃薯的栽培技巧，以及收获、储存方法。马铃薯随之成为他们的主食。这件事看似难以置信，其实是有科学依据的。科学家已经证明：除了钙和维生素A、D之外，马铃薯能够提供人体必需的几乎所有营养物质（这让它能够成为主食）。

马铃薯出身"卑微"，却由此开启了一段持续至今且跌宕起伏的冒险之旅。

---

[1] 人体摄入过多的胆固醇，容易引起肥胖，还可能会引发多种疾病。——译者注

当年，由西班牙人组成的"探险队"侵入南美印加人的领地，妄图寻找传说中的大量黄金和白银。但谁也不会想到，他们当时在不经意间带走了一种当地植物（食物），其丰富、全面的营养如今让它成为世界上许多人的主食。在准备乘船返回西班牙时，水手们顺便把马铃薯也带上了船。出乎意料的是，但凡吃过它的人没有一个患上坏血病——这是一种饮食中缺乏维生素 C 所引起的恶性疾病。随后，马铃薯就被介绍给西班牙塞维利亚的一家医院，用来帮助治疗营养不良导致的疾病。

于是，马铃薯便出现在意大利、法国、希腊、荷兰以及俄国等国家。不过，它并没有很快就被端到中上阶层的餐桌上，这些人认为它只适合作为饲料，而不配作为他们这些"精英人士"的食物。但是，这种轻视态度无法阻止马铃薯向世界各地传播扩散。

这些来自阿尔蒂普拉诺高原的马铃薯当时也被带到了西印度群岛，又从那里被带到英格兰、苏格兰和爱尔兰。1719 年，来自苏格兰和爱尔兰的移民在新罕布什尔州定居，成为北美第一批种植马铃薯的农民。1845 年，爱尔兰的马铃薯遭遇了一场严重的真菌性疫病（晚疫病）的侵袭。这种致命的真菌最终摧毁了农民赖以为生的农作物，并在整个爱尔兰引发了一场大饥荒。在此期间，约有 100 万人被饿死，还有更多的人背井离乡去到美国。

晚疫病真菌的孢子会袭击马铃薯的叶片，并在叶片内部产生一种被称为菌丝体的薄薄的丝网状组织。一旦真菌菌丝开始在叶片内渗透、蔓延，人们即使采用化学喷雾的手段也无济于事。唯一有效的办法就是在孢子萌发前喷洒农药。当然，在晚疫病肆虐爱尔兰的时候，人们还完全不具备这些知识。

被引入北美地区之后，人们很快就认识到了马铃薯的重要价值。爱德华王子岛、新斯科舍以及加拿大的其他一些省份都成了马铃薯的主要产地。在美国，缅因州、华盛顿州、爱达荷州等地广泛种植马铃薯，这使得美国在过去很长一段时间内都是世界最大的马铃薯生产国。后来，俄罗斯的马铃薯产量升至世界第一，中国则紧随其后，美国排在第三位，印度排名第四[1]。如今，马铃薯不仅在世界各地的小菜园里长得很好，而且成了盆栽植物爱好者的最爱。人们不难在城市的各个角落（比如门廊、露台甚至窗台）发现它的身影。

与烟草、番茄、茄子、辣椒、曼陀罗[2]（*Datura stramonium*）、少花龙葵[3]（*Solanum americanum*）、北美刺龙葵[4]（*Solanum carolinense*）以及矮牵牛[5]（碧冬茄属的某些种，*Petunia* spp.）一样，马铃薯也是茄科植物。然而茄科植物的名声似乎不是太好，因为其中有一些种类（如曼陀罗）对人类来说有毒。如果有人误食了马铃薯植株的地上部分，也同样会中毒。另外，还有一些茄科植物是重要的药材，如颠茄[6]。许多不同种类的茄科植物从整体外观上看差异很大，但其实它们在细节上的形态特征是相似的。

以矮牵牛为例，它有着艳丽的花朵，而且养护简单，是广受欢迎的露台盆栽植物，也会被种在房前屋后的各个角落。其他茄科植物的花虽然不像矮牵牛的花那样柔软下垂，但都属于合瓣花[7]（这种花的花瓣相互联结）。不仅如此，在茄科植物的花中，雄蕊的花丝与花冠（花瓣的统称）也会部分愈合。如果仔细观察，你就会发现这些茄科植物的特征。

---

[1] 根据最新的统计数据，目前马铃薯产量排在前三名的国家分别是中国、印度和俄罗斯，而美国只排在第六名。——译者注

[2] 曼陀罗广布于世界各大洲，我国的多个省区都有分布。由于全株有毒，我们一定要避免误食。——译者注

[3] 少花龙葵在我国南方各省区的分布较为广泛，是一种常见植物。——译者注

[4] 北美刺龙葵原产于墨西哥湾沿岸地区，是一种外来入侵植物，目前已被列入《中华人民共和国进境植物检疫性有害生物名录》。——译者注

[5] 矮牵牛不是指"矮"的牵牛花，只是它的花与牵牛花比较形似而已。事实上，矮牵牛是茄科植物，而牵牛花属于旋花科，二者相去甚远。——译者注

[6] 原文中还列举了"*digitalis*（毛地黄属）"和"*atropine*（阿托品）"，但毛地黄属是玄参科（或车前科）植物，阿托品是一种药品而非植物。——译者注

[7] 与此相对的是离瓣花，它的花瓣相互分离。——译者注

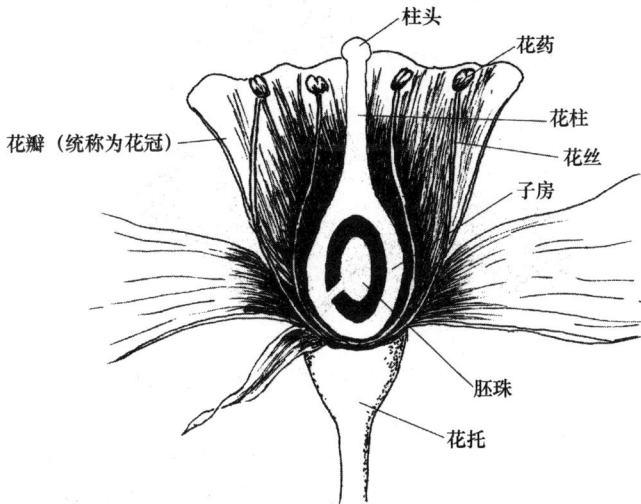

柱头

花药

花柱

花丝

子房

花瓣（统称为花冠）

胚珠

花托

典型的花器官结构示意图（非马铃薯的花）

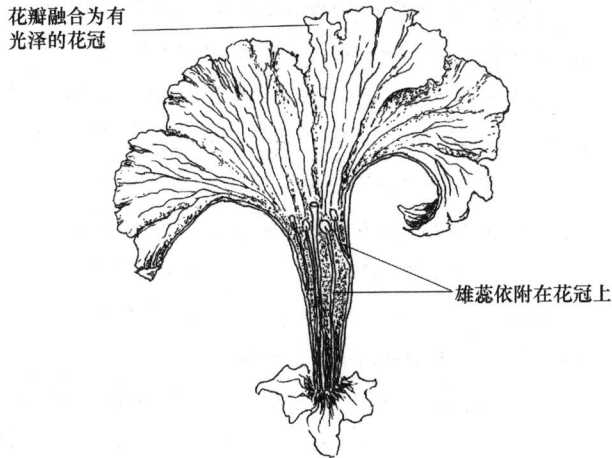

花瓣融合为有
光泽的花冠

雄蕊依附在花冠上

矮牵牛的花

　　另一种茄科植物——曼陀罗经常在野外被成片发现，比如它会出现在那些被撂荒的田地上，甚至出现在有人管理的花园里。它的花相对较大，呈漏斗状，但与矮牵牛的那种软塌塌的花不一样；而且花冠呈长管状，顶部比底部要宽，这与番茄和马铃薯的花冠也不太一样。

在类似的生境以及开阔的林间空地上，还生长着其他野生茄科植物，如北美刺龙葵和少花龙葵。这些植物的花与马铃薯和番茄的花非常相似，有5枚向后（外侧）弯曲的花瓣，从而露出内侧的鲜黄色花药。

在马铃薯的花中，花药和花丝共同组成了雄蕊，雄蕊比雌蕊短，而且包围着雌蕊。这种结构设计有助于防止自花授粉（在同一朵花中，雄蕊的花粉直接落到雌蕊的柱头上）。花药上的黄色花粉会吸引各种昆虫来访花取食，在这个过程中，昆虫会将一株马铃薯的花粉带到其他植株的花上。

完成授粉后，雌蕊的一部分（即子房）会逐渐膨大，最终发育成充满种子的浆果，看起来就像一个绿色的小番茄。浆果成熟后掉在地上，其中的种子随之释放出来，落入土壤之中。一段时间后，如果环境条件适宜，这些种子就会萌发，长出新的马铃薯植株。

番茄的果实

由种子发育而成的实生苗通常与亲本植株[1]有很大的不同。这些子代植株可能具有它们的上一代或上几代的形态特征，甚至是那些生长在安第斯高地

---

[1] 提供花粉的是父本植株，接受花粉的是母本植株。——译者注

的"远祖"的特征。这些植株结出的马铃薯可能有各种颜色和形状。如果在市场上看到五颜六色的螺旋形马铃薯，你可能想知道它们是该蒸着吃、煮着吃或者烤着吃，甚至怀疑它们到底能不能吃……而马铃薯食品加工行业的从业者则只会考虑一点：这些奇形怪状的马铃薯究竟能不能做成薯片或薯条？如今，植物学家已经能够通过操纵基因组成来"改良"马铃薯的品质，甚至还能"设计"出含有抗生素或其他药物成分的转基因食品，为人们治疗多种疾病。

　　马铃薯还可以进行营养繁殖，这一现象在植物世界非常普遍。这意味着繁殖的后代在遗传上不仅彼此相同，而且与母株也完全相同。一枝黄花[1]（一枝黄花属的某些种，*Solidago* ssp.）是北美地区的一类常见植物，它们就采用营养繁殖方式。你经常会在野地里看到一丛一丛大小不一的一枝黄花，实际上每一丛中的每一棵植株都是母株的克隆体。与种子繁殖相比，营养繁殖的速度更快，培育目标更明确。

根状茎

一枝黄花

---

[1]　一枝黄花属在我国也有本土种类，并不会造成本地的生态灾害，但来自北美地区的加拿大一枝黄花（*Solidago canadensis*）在我国已成为一种危害极大的外来入侵植物。——译者注

商业种植者充分发挥营养繁殖方式的优势，对市场上那些广受欢迎的马铃薯品种进行批量扩繁。只要市场需求还在，他们就能种出"想要的"马铃薯。为了生产优质的马铃薯，种植者会使用"种薯"，这在后面的章节中会做进一步介绍。不过，这种繁殖方式也有缺点：一旦这些品种遭到病毒侵染，就很可能会给农民带来巨大灾难。由于某个品种的所有植株都具有相同的遗传抗病机制，因此只要其中一株马铃薯无法抵御某种特定病毒，其他所有植株就都会遭殃，农民可能会因此颗粒无收。

除病毒和真菌外，很多害虫也会对马铃薯植株造成巨大损害，其中包括蚜虫和叶蝉。在美国，最可怕的害虫是马铃薯叶甲[1]（*Leptinotarsa decemlineata*）。它原本以蒺藜草（蒺藜属的某个种，*Tribulus* sp.）为食，而蒺藜草只分布在美国科罗拉多州东部和南部。随着马铃薯的引入，这种甲虫便转向这种更有吸引力的植物，开始以马铃薯的叶子为食。它们可以迅速将一整块土地上的马铃薯啃食得只剩下茎秆。更可怕的是，这种害虫不论是在幼虫期还是在成虫期都以马铃薯的叶子为食。

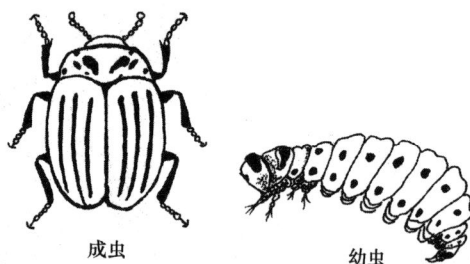

成虫　　幼虫

马铃薯叶甲

如今，农民广泛使用化学农药来灭杀这种害虫，但必须在它们形成规模之前进行灭杀。尽管"化学战"是一个解决方案，但害虫终究会对化学农药产生耐药性。庆幸的是，一些甲虫观察者已经发现，不仅某些昆虫喜欢猎食

---

[1] 目前这种害虫已成为我国重要的外来入侵物种，每年都对我国造成了巨大的经济损失。——译者注

马铃薯叶甲，而且山齿鹑（*Colinus virginianus*）和玫胸白斑翅雀（*Pheucticus ludovicianus*）等鸟类也喜欢把它们当作"零食"。

另一个名字中带"薯"字的作物是甘薯[1]（中文名又称为红薯、甜薯、番薯等，学名为 *Ipomoea batatas*）。与马铃薯的地下块茎不同，甘薯的地下部分是块根[2]。甘薯属于旋花科（Convolvulaceae），这个词来自拉丁语"*convolvere*"，意思是"缠绕"。如果你种了一棵甘薯，就会发现它的藤蔓像牵牛花的一样。

旋花科植物中也有一些常见的野生种类，如田旋花（*Convolvulus arvensis*）和欧旋花（*Convolvulus sepium*）[3]。

甘薯在其野生发源地——安第斯山脉以东地区生长繁茂，后来通过贸易运输，被印第安人带到了墨西哥和加勒比群岛。到了 15 世纪晚期，（一般认为）甘薯被哥伦布从美洲带到了西班牙。然后过了 50 多年，在欧洲温暖的气候环境中，甘薯逐渐得到了推广种植。没多久，远在中国、日本和菲律宾的人们也开始种植并享用这种甘甜的食物了。

马铃薯的世界

工具和器材	科学技能
多个品种的马铃薯	观察
植物容器	分类
盆栽土	推断
花盆	
碘酒	

[1] 目前我国大多数地区都普遍栽培。——译者注
[2] 块根是一种变态根，主要起储藏养分的作用。——译者注
[3] 这两个种在我国也有广泛分布，较为常见。——译者注

自然观察

马铃薯的花。当地下的块茎开始发育膨大时，马铃薯植株上会开出有 5 枚花瓣的花，每枚花瓣都向后弯拱。马铃薯花的另一个显著特征是，位于中央的雌蕊与围绕它的雄蕊共同组成一个黄色"突尖"。你在花盆里种的马铃薯可能不会开花，但你在田里可以看到开花的植株。一块田中通常有数千棵马铃薯植株，但其中只有少数植株会开花。

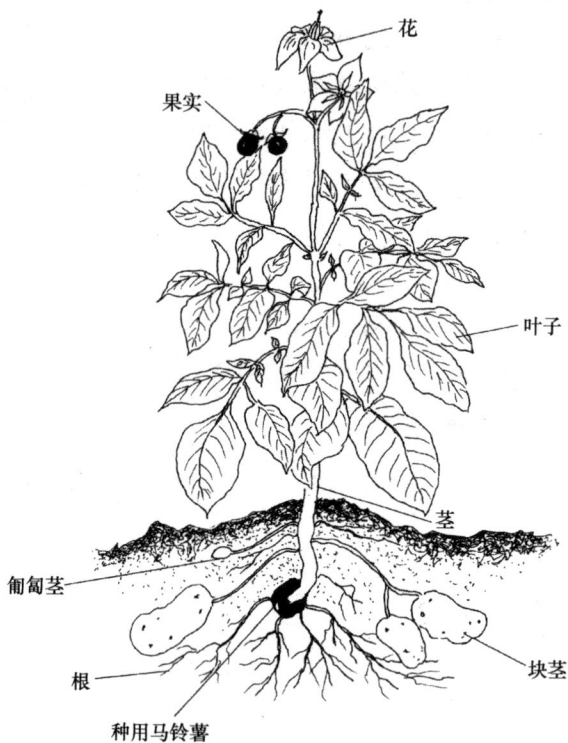

花

果实

叶子

茎

匍匐茎

根

块茎

种用马铃薯

马铃薯

马铃薯的花通常是白色的，但也可能带有蓝色或紫色。到了收获季节，花自然枯萎，茎和叶也变得不那么绿了。如果你找不到一朵马铃薯的花来观察，也可以用番茄的花来代替，二者的构造基本相似。

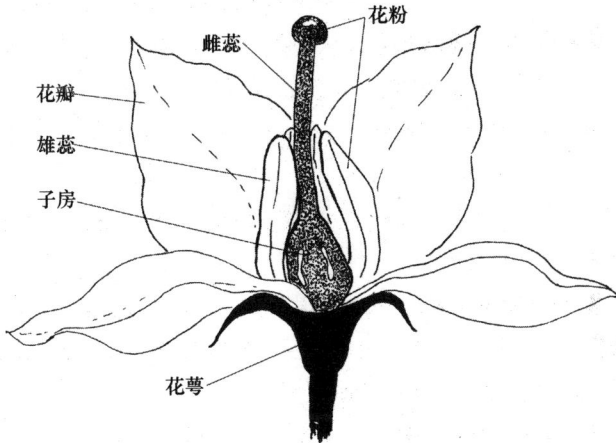

马铃薯花的构成

为了对植物进行分类，植物学家将一个有趣的特征作为了观察对象，那就是花中子房与萼片（统称为花萼）的相对位置关系。茄科植物的子房位于花萼上方，称为上位子房。其他科的植物则有所不同。例如，苹果是下位子房，而樱桃是半下位子房。找一找马铃薯和番茄的子房在哪里，看一看它们的子房与花萼的位置关系如何。检查一下其他植物的花，看看能否判断每朵花的类型——子房上位、子房下位或子房半下位。你最常看到的是哪种类型？

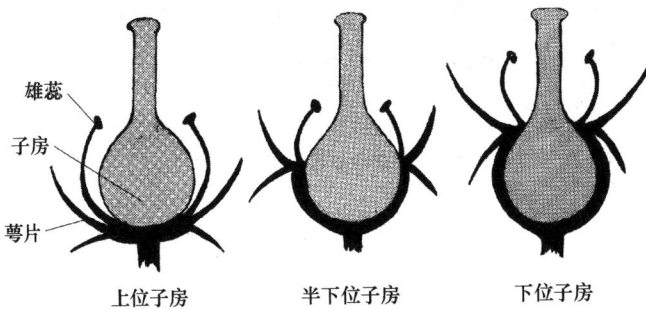

子房的位置

家族谱系。植物学家根据科、属和种的层级，对各种植物进行分类。科指的是一群基因特征相似而不能杂交的物种。尽管矮牵牛、马铃薯、曼陀罗、北美刺龙葵、少花龙葵和茄子都是茄科植物，但它们彼此之间没有基因交流。在植物分类阶层系统中，科下面的一个层级是属，属由一些更加相似（相对于同一科植物而言）的物种组成。属下面的一个层级是种，如马铃薯就是一个种，它的学名是 *Solanum tuberosum*。一个种可能会经由人工选育，产生若干个品种。马铃薯就被选育出了很多品种，如褐皮伯班克马铃薯（"russet Burbanks"）、诺戈尔德褐皮马铃薯（"Norgold russets"）和诺戈尔德红皮马铃薯（"Norgold reds"）。

马铃薯的特点。最常见的马铃薯有白皮、红皮和褐皮三种，它们通常可以被烤着吃，煮着吃，捣成土豆泥，或者炸成薯条和薯片。

去当地的农贸市场逛一逛，买几个白皮、红皮和褐皮的马铃薯。在这个市场里，哪个品种的马铃薯最常见？再去另一个市场转一转，看看那里的马铃薯品种是不是一样。在一年中的不同季节，留心看一看存放马铃薯的货架。某个品种是否只在某个季节上架出售，它的上架时间有没有规律？

在家里辨识一下这些品种的特征。它们的表皮是什么颜色？你会怎样描述它们的质感——是光滑的还是粗糙的？表皮上有纹路吗？描述一下马铃薯的形状，它们是圆形的、椭圆形的还是长圆形的？把你的观察结果记录在下面的表格里。

不同品种的马铃薯的特征

品种	表皮颜色	表皮质感	个体形状	出现频率

从每个品种中都挑选一个马铃薯并将其切成两半，检查一下每个马铃薯切面的情况，然后描述下来。注意观察不同品种之间有哪些相同和不同之处。

马铃薯的大小。你可能会注意到超市里卖的马铃薯的个头都差不多。这是为什么？

商业种植者通常会采用各种方法对马铃薯进行分级，其中一种方法是根据单个的重量进行分级。根据这种分级标准，大号马铃薯的单个重量为280～450克，中号马铃薯为140～280克，小号马铃薯则低于140克。将各个品种的马铃薯都称3千克，看看分别有多少个，并称一下其中单个马铃薯的重量。你有什么发现？

马铃薯的芽眼。每个芽眼其实都是变态茎（块茎）的节，节是茎上长叶的部位。挑选一个马铃薯，数数它有多少个芽眼。仔细观察所有芽眼，你能否看到萌芽的迹象或者已长出的嫩叶？其他马铃薯是不是也有同样数量的芽眼？是更多还是更少？在每个芽眼中，你能看到多少个芽？虽然一个种薯只要有一个芽眼就符合要求，但有多个芽眼最为理想。

你会发现芽眼往往都集中在马铃薯的一头，这一头称为芽端。另一头则叫作茎端。在茎端上找一找，看能否找到"疤痕"——那是块茎与匍匐茎[1]的连接处。

有些马铃薯的芽眼很浅，有些则很深。从事薯片加工行业的人更喜欢芽眼很浅的品种。你手上的马铃薯的芽眼是深还是浅？

芽眼边上有一道像眉毛的痕迹，你可能从来没注意过。仔细观察一下"眉毛"朝哪个方向长，还是都往一个方向长。

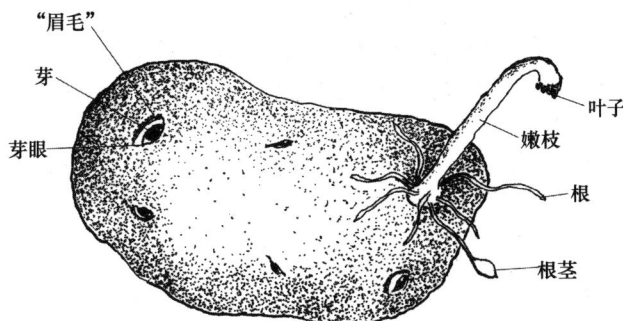

一个发芽的马铃薯

---

[1] 块茎和匍匐茎是变态茎的两种类型，这两种变态茎在马铃薯植株上都存在。——译者注

马铃薯发芽。检查你的马铃薯有没有发芽，有没有一小撮又粗又密的黄白色组织从芽眼中鼓起。仔细观察，你可能还会发现其中有褶皱的嫩叶。有时看到的芽不是很长，就像表皮上的一个小肿包。继续检查一下芽的基部有没有长出细小的根茎[1]和根。借助放大镜，你也许还能看到根的表面有纤细的根毛。随着时间的推移，匍匐茎的顶端会膨大变成块茎——也就是新的土豆。所有的芽眼都会发芽吗？

马铃薯害虫。马铃薯叶甲是北美地区危害最严重的马铃薯害虫，但如果你只是在室内的容器中种植马铃薯，就大可不必担心它了，反倒是一些同翅目昆虫（如蚜虫、叶蝉以及其他刺吸式昆虫）会成为你的麻烦。这些昆虫会将锋利的口器刺入马铃薯的茎叶，吸取其中的汁液。此外，还有一种害虫叫马铃薯木虱（*Paratrioza cockerelli*），它也会给室内种植的马铃薯带来危害。

探索活动

种薯。如果你希望像商业种植者那样种植马铃薯，那么就需要获得种薯。这其实不难，你只需要留意一下最近买的马铃薯，就会发现有些已经开始发芽了。如果在袋子里找不到发芽的马铃薯，还有一种"万无一失"的办法（获得发芽的马铃薯）。在日常生活中，时不时总有那么一两个马铃薯从袋子里漏出来，落到食品柜的深处。某一天，你把手伸进柜子里摸一摸，可能就把"丢失"的马铃薯找了回来，然后发现它们竟然长出了一些奇怪的黄色嫩芽和像细线一样的茎。在通常情况下，一个马铃薯会长出很多芽。这就是所谓的"种薯"，尽管它实际上不产生任何种子。之所以这样称呼它，是因为在生产上可以用它繁育出许多克隆植株。

找到一个种薯，把它切成几块，在每块上面留 2 ～ 3 个芽眼。再切两三块没有芽眼的。将每一个切块都种在一个大花盆里，埋在 7 ～ 8 厘米深的土壤中。

---

[1] 原文表述有误，其实不是根茎，而是匍匐茎。——译者注

最好使用无菌的盆栽土，这种土可以从花木市场或超市买到。植株的嫩芽或者嫩茎需要多长时间才能破土而出？所有的切块都长出新植株了吗？

当马铃薯植株继续长高并长出叶子时，将它连根带土一起从花盆中取出。你会看到地下的匍匐茎，上面可能还结着一两个小马铃薯。找一找最初埋进去的那个切块，看看它有什么变化没有。

如果你想让植株继续生长，就需要将它们移栽到一个更大的花盆里，或者移栽到室外。这样，它们就有更大的生长空间。说不定你还真能吃上自己种的马铃薯呢。

马铃薯的烹饪。一般来说，对于不同品种的马铃薯，人们会用不同的方法进行烹饪。褐皮品种适合烤制，红皮品种适合蒸煮，白皮品种需要捣碎。你可以对不同品种按照各自首选的烹饪方法进行烹饪，但不要添加任何东西，如黄油和牛奶等。比较一下每个品种在烹饪前后的外观。不同品种有什么不同和相同之处吗？每个品种烹饪熟了之后，你都要品尝一下。如何描述每个品种的味道和口感？味道是微甜还是淡而无味？口感是顺滑、干涩还是绵软？邀请朋友们和你一起来做这个马铃薯风味品鉴实验吧。

熟的红皮马铃薯一般微甜，褐皮马铃薯则味淡而绵软，白皮马铃薯味淡而干涩。你的品鉴结果与上述一般性评价相比有何不同？

每个马铃薯品种的烹饪方式取决于它的葡萄糖和干物质的含量。红皮品种的葡萄糖含量高，是煮马铃薯和做马铃薯沙拉的首选，但是它不够硬实，所以不适合炸薯条和薯片。褐皮品种的葡萄糖含量为中等，最适合炸薯条。白皮品种的葡萄糖含量低，但干物质含量高，因此它很适合做薯片。

你有没有试过用褐皮马铃薯做沙拉，或者烤红皮马铃薯？尝试的结果如何？烹饪手册上有没有这类信息？

葡萄糖含量。在药店购买一盒测量尿糖或者血糖的试纸，然后找几个红皮、白皮和褐皮马铃薯。

把每个马铃薯都沿纵向切开，再将一张试纸贴在其中一半的切面上（注意手指只能捏着试纸的一端，不要碰到测验区），然后将另一半盖在上面，两半合在一起压紧。再取出试纸，等一分钟后看结果。

如果马铃薯的葡萄糖含量低，那么试纸仍然会保持黄色。对于薯片加工行业来说，这个品种经过油炸后呈浅白色。如果发现试纸变成绿色，就需要将试纸的颜色与随包装附赠的图表对照一下，确定葡萄糖含量是多少。如果某个品种的葡萄糖含量大于或等于 0.2%，那么该品种油炸后的颜色较深。关于这三个马铃薯品种，你还有哪些发现？这些信息对薯片加工行业的人来说是非常重要的。那么，你喜欢吃什么样的薯片呢？

马铃薯变绿。 挑选 8 个相同品种和大小的马铃薯，把其中 4 个放在有阳光的地方，另外 4 个放在暗处。在随后的几周内，定期检查它们的状况。当你发现放在阳光下的马铃薯开始变绿时，从它们的上面切下一块进行检查，了解变绿的程度。马铃薯放置多长时间才会变绿？再检查一下那些放在暗处的马铃薯，看看它们有没有变绿的迹象。切开所有马铃薯，检查一下它们是否变绿以及变绿的程度。

马铃薯呈绿色是因为其内部含有叶绿素。如果马铃薯还有活性，在阳光的照射下，它就会继续进行光合作用，这会激发那些本来储藏养分和水分的薄壁细胞重新开始合成叶绿素。

甘薯的种植。 为了种植甘薯，首先你需要一个正在发芽的甘薯。在市场里仔细搜寻一下，看看能不能发现有生命活动迹象的甘薯，比如芽眼已经萌发的甘薯。或许有些甘薯已经长出了根，或许没有。通常很难找到这样的甘薯，因为市场上售卖的甘薯都经过了加热干燥、脱水处理，这样可以防止它们腐烂变质。不过，如果你坚持寻找，最终总能找到一个"活"的甘薯。甘薯的种植方法主要有以下两种。

1. 在一个大花盆里，把整个甘薯平放在湿沙上，再用沙子掩埋大约 2.5 厘米深，然后给它浇水。浇水要充分，但不能在沙子上形成积水。几周过后，甘薯就会长出新芽。当植株长到大约 15 厘米高的时候，把甘薯从沙里挖出来，然后将它上面的每个嫩芽切下来，再将它们分别种在独立的花盆中。

2. 需要准备一杯水、三根牙签以及一个甘薯。分别将三根牙签从三个方向插入甘薯圆圆的那头，不过牙签要留出约三分之一在外面。在玻璃杯里倒满水，然后将甘薯的另一头朝下放入杯中，用牙签将甘薯架在杯口上。

甘薯需要多长时间才能发芽？甘薯是一种藤本植物，它的藤蔓长得有多快？每隔一天测量一次藤蔓的长度，计算藤蔓平均每天会长多长。

本章注解

本章提到的许多实践活动都来自亚历山大·D. 帕夫利斯塔博士在《美国生物教师》（*The American Biology Teacher*）（1997 年 1 月版，第 59 期第 1 卷，第 30 ～ 34 页）上发表的两篇文章。

第二部分

动物

第四章　盲蛛

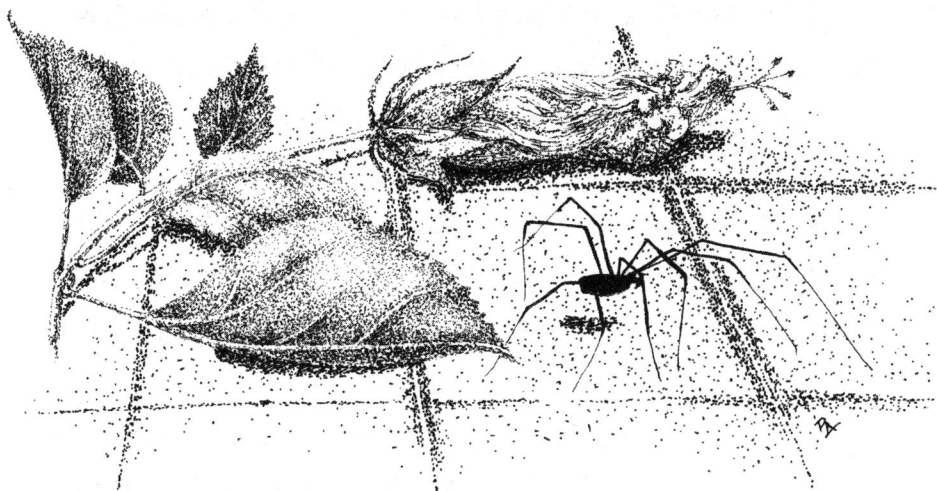

纤巧的舞者

夏末的一个夜晚，一位六岁的小朋友来我家做客。她非常兴奋地向我报告在我家的"最新发现"：在露台的地板上出现了一只"长腿蜘蛛"，它居然还爬上了她的手臂。显然，这个时候最应该做的事就是赶紧拿个罐子和放大镜过来。好不容易将这只怪异的"蜘蛛"装进罐子里，盖好盖子，扎好气孔，这位好奇心十足的小客人便立即连珠炮似的问个没完。

由于盲蛛（中文名又称为盲蜘蛛、长腿蛛）的外表像蜘蛛，人们经常将其与蜘蛛混淆，有人甚至直接把盲蛛叫作"假蜘蛛"。如果我们仔细观察这两种长相相似的生物，就不难理解为什么大家分不清它们。

蜘蛛和盲蛛都属于一个非常大的生物门类——节肢动物门。节肢动物具有坚硬的外壳或外骨骼，以保护柔软的内部结构。节肢动物还有一个共同特征：具有重复分节的腿。这个特征在蜘蛛和盲蛛身上都很明显，于是人们会误认为它们有很近的亲缘关系。节肢动物包括甲壳纲、昆虫纲和蛛形纲等。龙虾和螃蟹属于甲壳纲，苍蝇、蚊子、蚱蜢和蝴蝶属于昆虫纲，而蛛形纲则包括蜘蛛、盲蛛、螨虫和蜱虫等。

蛛形纲动物有一些显而易见的特征：没有触角，身体通常分为腹部和头胸部（头部和胸部融合在一起）两部分。蛛形纲分为 10 多个目，其中蜘蛛目包括蜘蛛，盲蛛目包括盲蛛。（见本章注解 1。）

蜘蛛有一个腹柄（或称为"腰部"），将头胸部和腹部分隔开，而盲蛛的这两部分完全融合在一起，让它看起来像一粒有着像铁丝一样细长的腿、蹦蹦跳跳的爆米花。盲蛛有两对小的口器（其中一对是触肢，另一对是螯肢），没有毒牙。而蜘蛛的触肢分为两节，其中第二节形成中空的毒牙。借助毒牙，蜘蛛可以将毒液注入猎物体内。

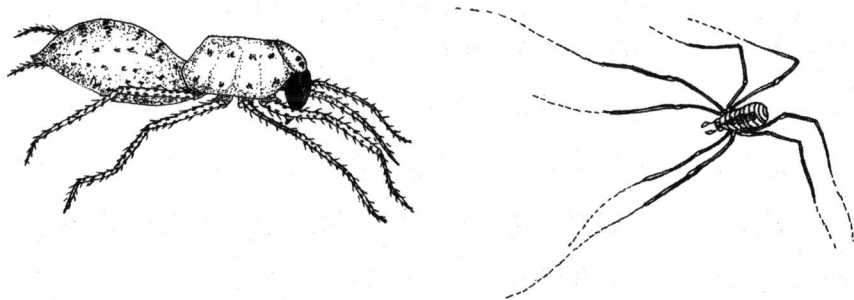

蜘蛛（左图）有腰部，腰部将头胸部和腹部分隔开；盲蛛（右图）的头胸部和腹部融合在一起，没有腰部（非等比例绘制）

一旦猎物瘫痪不动了，蜘蛛就会向其体内注入一种酶，将其内部组织转化为一团营养丰富的组织液，然后吸食干净。而盲蛛没有这种特殊能力，它只能猎捕那些较为柔软的猎物，然后用那对灵巧的螯肢夹碎猎物，并将其塞进"嘴"（仅仅是头胸部前端的一条小缝）里。

现在你知道蜘蛛和盲蛛的区别了，自然也就知道为什么你不会被盲蛛咬了。很少人见过盲蛛袭击昆虫，因此它没有蜘蛛的那些"可怕"名声。即使它没有带毒牙的口器，而且几乎不可能对人类构成威胁，它也是肉食动物。盲蛛喜欢吃没有翅膀的弹尾虫（弹尾目，俗称跳虫，见本章注解2）。如果没有弹尾虫，它也会吃其他软体的昆虫（包括幼虫）。盲蛛还会捕食蜗牛、苍蝇和蚜虫，这些植物害虫一直很让园丁们头疼。在食物特别匮乏的情况下，盲蛛也会捕食同类，但它很少攻击蜘蛛。研究人员发现，盲蛛还喜欢在大豆和马铃薯田里捕食小蚯蚓和各种昆虫的卵。此外，土壤里的垃圾也为饥饿的盲蛛提供了额外的食物来源。其实，只要食物是柔软的，对盲蛛来说，它们的死活并不重要，只要是蛋白质就行。

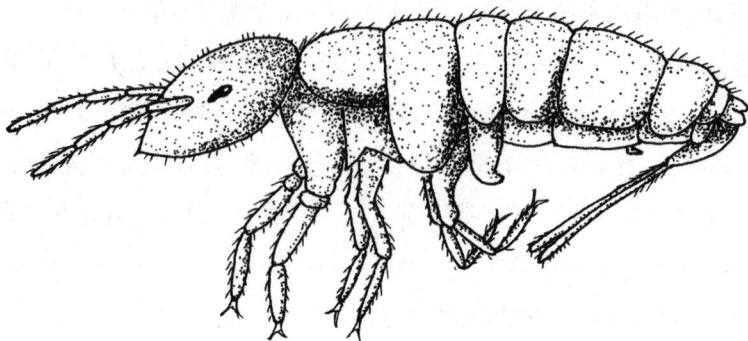

弹尾虫是一种微小的无翅昆虫（身长不超过 6 毫米），生活在土壤中、
落叶堆里、树皮下以及类似环境中

蜘蛛最典型的特征莫过于会结网，盲蛛则完全不同，它没有丝腺，自然也没法吐丝结网。

大多数蜘蛛有 4 ～ 8 只单眼，有些种类只有两只单眼，一些生活在洞穴中的种类甚至没有眼睛。多数蜘蛛不需要良好的视力，因为它们基本上在夜晚捕猎。那些在白天活动的蜘蛛的视力会好一些。

盲蛛只有一对眼睛，每只眼睛都长在头顶的柄状结构上。它的视力很差，顶多只能看到物体的阴影和移动，但它有一项特殊技能来弥补视力的不足。它有 8 条腿，其中两条相当于触须。触须集三种感官功能（触觉、味觉和嗅觉）于一体，因此盲蛛可能是通过脚来感受和了解周遭世界的。

盲蛛与蜘蛛最明显的共同特征是都有 4 对分节的步足（腿），这使得它们既灵活又敏捷，但盲蛛的步足还具有其他功能。仔细观察一只盲蛛，你会发现它的第二对步足明显比其他步足要长。这对步足极其重要，因为它们还是触觉、味觉和嗅觉的感受器。除了奔跑的时候，盲蛛几乎不停地挥动这对步足，以获取周围环境的信息。

这对步足太重要了，以至于盲蛛每天都会清洁它们好几次。如果你花些时间观察盲蛛，就会看到这一现象。

如果不幸被捕食者抓住一条步足，盲蛛就会主动舍弃它。这条步足在敌人那里会继续抽搐，以分散其注意力，让盲蛛有时间逃走。在与这种无害的小动物玩耍时，孩子们往往很快就会发现它的这种"断腿"行为。

与狼蛛、棕色隐遁蛛[1]（*Loxosceles reclusa*）等蜘蛛不同的是盲蛛没法再长出新的步足。它的体内到底缺少哪种化学物质而导致步足无法再生，目前我们还不得而知。对于盲蛛来说，只要第二对步足中有一条保持完整就好，如果这两条步足都没了，它的末日也就到了——盲蛛将无法察觉捕食者靠近，很快就会变成对方的一顿美餐。大型昆虫、鸟类和蟾蜍都把盲蛛放在自己的美食榜单之中。好在盲蛛拥有非凡的速度，加上它具有保护色，能够逃脱众多捕食者的猎杀。此外，盲蛛的前足后侧有一种特殊的气味腺，能够释放令人不快的气味，有效驱避一些捕食者。一般来说，人类无法察觉这种气味，但那些长期研究盲蛛的科学家说，他们不仅可以闻到这种气味，还能根据气味的差别来分辨盲蛛的种类。

盲蛛也要喝水，但它对水的需求很小，所以你在家里或周围的一些干燥的地方发现它并不奇怪。它通常从食物和露水中获取水分，不过你有时也会看到它在水坑里喝水。如果你仔细观察，就会发现它实际上是一边在水面上行走一边喝水。

盲蛛在秋季进行交配。在正式交配之前，雄性和雌性会用它们的第二对步足互相触碰。冬季来临之前，成年雌性会产下多达 40 枚微小的淡绿色的卵。对盲蛛来说，找一个能够抵御严寒的地方产卵是非常重要的。柴堆、落叶堆，甚至你家车库中的一堆旧衣服，都是这些卵安全越冬的理想场所。刚从卵中孵化出来的幼虫只有大头针的针头那么大，到第二年春天，幼虫会发育成熟。兴许你能在门廊边的柴堆或者窗台下的落叶堆中找到它们的安乐窝，它们会在那里一直待到冬天结束。随着春天的天气变暖，你会看到它们在落水管旁的地面

---

[1]　棕色隐遁蛛是世界上最毒的蜘蛛之一，主要分布在美国南部的大草原上。——译者注

上、地窖的窗户上，甚至你的家里窜来窜去。

这些小动物需要在很短的时间内完成繁衍后代的重任，所以它们生长得很快。它们在出生后大约 1 小时就开始蜕皮。在长成成虫前，它们还会再蜕几次皮。具体蜕皮次数依种类而定，一般在 7 次左右。虽然蜕掉的皮很难被发现，不过你无意间碰到的话，很可能会误认为那只是一只死去的盲蛛。仔细观察一下，你可能会很吃惊。

并不是所有的盲蛛都会在当年秋天死去。有一种在美国南方生活的盲蛛能挨过整个冬季，不过它必须躲在落叶堆中取暖，然后在春天产卵。在美国较温暖的南方地区，"长腿"的盲蛛种类会被"短腿"种类所替代。因此，那些生活在温暖气候中的盲蛛没法像它们的北方"表亲"那样快速移动。

盲蛛在美国也被称为"收获者"，法国人称之为"采收工"，英国人则称之为"收获蜘蛛"。这些名字的由来是它会在夏末秋初的收获季节囤积大量食物。在这个季节，你能在落叶堆里和树干基部发现一大群盲蛛，场面极为壮观。有时许多盲蛛会聚集在一起，步足互相缠成一团。人们认为这是一种集体保暖行为。

盲蛛其实很常见，在美国全境和加拿大的部分地区生活着大约 200 种盲蛛[1]，但如此丰富的种类并没有促进人们对盲蛛的了解。实际上，我们对盲蛛知之甚少。那些投入时间和精力来研究盲蛛的科学家几乎得不到任何资金来支持他们的科研工作，这可能是因为盲蛛既不会给我们、宠物以及农作物带来任何疾病，也无法帮助我们治疗任何疾病。

当发现一只盲蛛从你家门前的草丛、门廊或车库里匆匆爬过时，你可能很想知道它到底藏着什么秘密（需要如此躲躲闪闪）。当然，你也可以轻松地享受这一观察过程，看看这种敏捷的小动物要赶往哪里——兴许只有它自己才知道。

---

[1] 目前全世界已记录的盲蛛种类有 6600 余种，而我国有 119 种。——译者注

```
盲蛛的世界

工具和器材              科学技能

基础工具                观察

                        比较

                        推理
```

自然观察

在秋天凉爽的夜晚和温暖的白天，盲蛛将不再四处躲藏，因为此时是最佳的狩猎时机。盲蛛不像蜘蛛那样容易追踪。（见本章注解3。）大多数时候，它会突然出现在你的眼前。有时，你正在花园里或桌案前工作，突然发现旁边有一只盲蛛。盲蛛总是悄无声息，可能还会吓你一跳。如果想找到一只盲蛛，你可以去车库或谷仓里寻找，也可以去门廊或露台上寻找，甚至可以去卧室里寻找。盲蛛总是在房子周围的灌丛（以及其他植物）上疾行，或者在满是蜘蛛网的地下室和车库角落里穿行。在成功捉到一只盲蛛后，一定要把它装在一个足够大的容器中，确保它的那些又细又长的步足都能装进去。

盲蛛的种类。 盲蛛的种类很多，在你家周围最常见的是盲长奇盲蛛（*Phalangium opilio*）[1]。它的个头很小，躯干呈红褐色，长度为0.6～0.7厘米。头胸部的背甲上有一个黑色的、形如炮台的眼丘，上面长有两只眼睛。尽管盲蛛的眼睛只能看到物体的阴影和移动，不过两只眼睛可以同时分别向左和向右看。盲蛛不太挑剔居住环境，即使在被我们弄得乱糟糟的地方，它也住得很舒服。

---

[1]　中文名"盲长奇盲蛛"应读作"盲 - 长奇盲蛛"，属于长奇盲蛛属（*Phalangium*），在我国也较为常见。——译者注

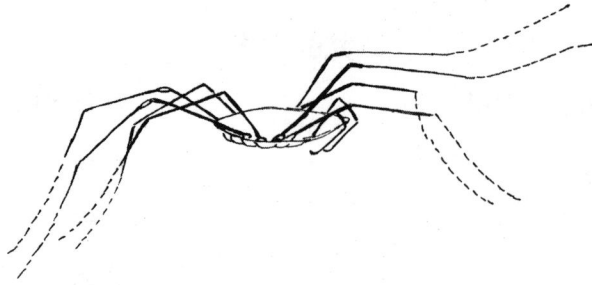

盲长奇盲蛛

　　平丘盲蛛[1]（平丘盲蛛属的某些种，*Leiobunum* spp.）也很常见。你可以在建筑的阴影下找到它。据记载，它的第二对步足的长度有时甚至达到躯干长度的 15 倍。它的躯干呈棕色，并带有一些黄绿色。

　　另一种在美国常见且分布广泛的盲蛛是绣色线脚[2]（*Mitopus morio*），这种盲蛛可以通过头胸部顶端的黑色条纹来识别。美国的其他常见种类还包括在美国各地都有分布的镶边平丘盲蛛（*Leiobunum vittatum*），以及主要生活在美国东北部、呈深褐色的斑状硬体盲蛛（*Hadrobunus maculosus*）[3]。

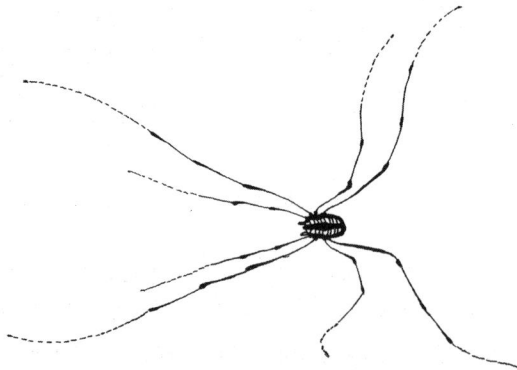

镶边平丘盲蛛

---

　　[1]　平丘盲蛛属在我国分布有 6 个种。——译者注
　　[2]　绣色线脚在我国也有分布。——译者注
　　[3]　这两种盲蛛在我国没有分布，也没有正式的中文名称。上述中文名是根据拉丁名直译而来的。——译者注

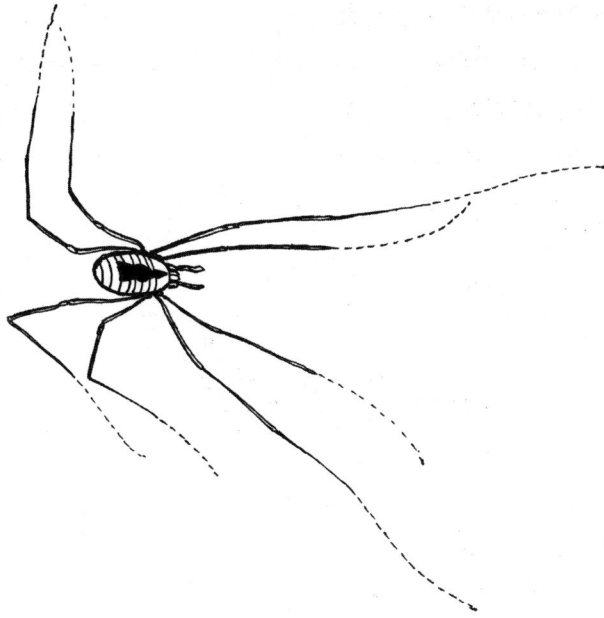

绣色线脚

找几只盲蛛比较一下,看看它们有什么相同和不同之处。你能捉到几只不同种类的盲蛛吗?

盲蛛的藏身之处。描述一下你找到的盲蛛藏身处,这些地方是干燥、有点湿还是很潮湿?是有阳光直射的地方还是有阴影或黑暗的地方?盲蛛藏身处的环境温度是多少?对于不同种类的盲蛛,它们藏身处的情况相似吗?

盲蛛与蜘蛛的对比。借助下面的示意图,比较一下你抓到的盲蛛和蜘蛛(将它们保存在不同的容器中)。查找一下这两种蛛形纲动物之间的异同,并在笔记本上记录你的观察结果。下面的表格可能对你有所帮助,你也可以添加一些需要对比的项目。

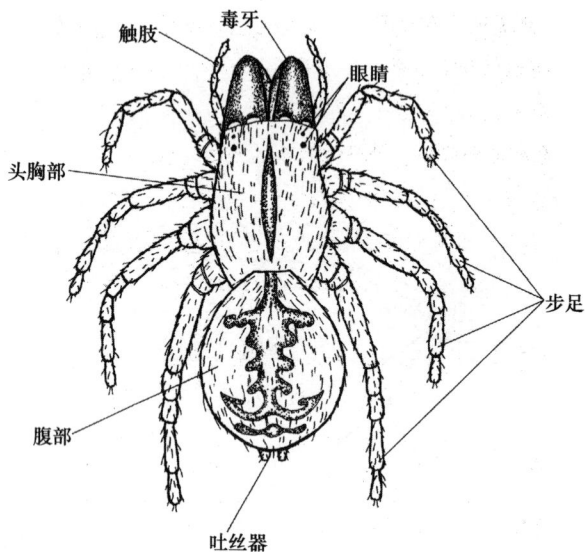

蜘蛛的形态结构示意图

蜘蛛与盲蛛的比较

比较项目		蜘蛛	盲蛛
步足	腿节		
	关节		
	毛		
	连接部位		
腹部（或躯干）	颜色（背面和腹面）		
	体节		
	腹柄（腰部）		
	毛		
头胸部	眼睛		
	毛		
	口器		

　　当你检查盲蛛时，请务必记住：它的步足一旦脱落，就再也长不出来了。因此，一定要小心操作。对比盲蛛和蜘蛛的步足与躯干连接的地方，二者看起

来一样吗？每条步足由几部分组成？每部分又分为几节？各节的长度都相等吗？蜘蛛与盲蛛的步足有何相同和不同之处？

你如何描述盲蛛的第二对步足？它们比其他步足长多少？当盲蛛休息时，它的这对步足会有些什么动作？

你可能会发现盲蛛少了一条或几条步足。那条或几条步足是从什么位置断掉的？是在离身体最近的关节或最远的关节处，还是在二者之间的某个部位？

你怎么描述盲蛛躯干的形态？它是什么颜色？这种体色如何为盲蛛提供保护？背面和腹面的颜色是一样的吗？躯干上有没有纹饰？如果有的话，请你描述一下。对蜘蛛进行类似的观察。

在盲蛛的腹面找一找，看看有没有 4 对小肿块。实际上，盲蛛的每条步足都是连接在肿块上的，而且盲蛛的感受器也在这个区域。

盲蛛的行为习性。在休息时，盲蛛是什么姿态？那么蜘蛛呢？给正在休息的蜘蛛和盲蛛各画一幅画，然后描述它们走路或奔跑时的状态，以及躯干相对于步足的高低。它们的躯干与"膝盖"总是齐平的吗？当你仔细观察盲蛛时，就会发现它的躯干位于"膝盖"之下。当处于这种姿态时，它的身体有时还会上下颤动。一些科学家认为，这可能是因为盲蛛受到了惊吓或正处于交配状态。

盲蛛特别爱干净。它必须保持腿部的清洁，不能沾染一丁点灰尘、花粉和其他碎屑，否则就可能影响它的正常活动。因此，它会经常清理身体。为了完成这项工作，盲蛛会将步足衔在嘴里来回拖动，清理完后再把步足放开，步足会自动弹回原位。这个过程能够清理步足上的那些重要的感受器，还能保持步足的湿润。想要观察到这一行为，你需要有足够的耐心和毅力，有时还需要一点运气。尽可能把这个过程记录下来，并将其画出来。

蜕皮。盲蛛在孵化后大约 1 小时就会蜕掉第一层皮。在接收到体内发出的化学信号后，它会找一个合适的物体，把自己的步足挂上去。按照正常的蜕皮程序，首先表皮从背部裂开，然后每条步足依次慢慢地从旧皮中抽出。蜕皮完成后，旧皮就空荡荡地悬挂在那里。盲蛛每 10 天就要蜕一次皮，在完全成熟前，总共要蜕皮 5～9 次。这些蜕掉的皮都很小，又很脆弱，所以很难找到。如果你真的找到了一个，最好在你的笔记本中及时描述它的形态以及发现的地点。

探索活动

群体行为。 在一个容积约为 240 毫升的小罐子里放入两三只盲蛛，观察它们一段时间，看看它们有什么举动。然后把它们放入一个更大一点的罐子里，好让它们有足够的自由活动空间。这个时候，它们又有哪些行为表现？盲蛛是愿意聚在一起还是分散开来？它们花了多长时间才安定下来？它们会在一个位置上待多久？

当盲蛛被放进小罐子里时，你会注意到它们乱窜一阵后就开始"装死"。这就是所谓的"装死效应"。当你把它们移到一个更大的罐子里时，它们立刻就"复活"了，而且变得非常活跃。对于这种现象，有些初步解释，但确切原因仍然不得而知。

饲养盲蛛。 为了近距离观察盲蛛，你可以找一个容积为 20 升或 40 升的玻璃容器作为饲养缸，将它暂时养在里面。在饲养缸底部铺上十几厘米厚的土壤和一些腐叶。如果你是从林地或花园里收集材料的，其中含有的微小生物就足够盲蛛吃一段时间了，而且它们只需要很少的水。它们大部分的生存所需可以从土壤中获取。可以通过喷雾来保持缸内湿润，并用保鲜膜或纸板盖住饲养缸，在上面扎出透气孔。

不要把饲养缸放在有阳光直射的地方，否则缸内温度很快就会上升到危险水平，盲蛛将会严重脱水，一会儿就死掉了。

盲蛛经常捕食同类，所以我们不建议在一个饲养缸里养多只盲蛛。为了方便观察，你可以暂时把另一只盲蛛也放进缸里，与原来的那一只做伴。那么，老"房客"面对新"房客"时有什么反应？

当你观察这只被"圈养"的盲蛛时，一定要记录下它的各种行为。它大部分时间都在做什么？是在吃东西、喝水还是在清理身体？

活动和反应。当你伸手去摸一只盲蛛时，它是会躲开、装死还是不为所动？盲蛛对噪声有什么反应？对暗室里的亮光有什么反应？

盲蛛的下颚可以撕碎食物。盲蛛头部前方（第一对步足之前）长有一对触肢（其实是分节的附肢），用来托住柔软的食物。此外，还有一对颚状结构（螯肢），用于将食物送入口器中。将一只盲蛛放在手上，再加点水或一些食物，然后你会看到它不断用口器去试探水或食物。需要说明的是，它这样做不会对你造成伤害。在笔记本中记录下你的观察结果。

当盲蛛在空中挥动它的第二对步足时，你可以用一个柔软的东西（如一团棉花）触碰这对步足，还可以让这对步足接触一小团熟肉末。盲蛛对这些东西有什么反应？

能跑多快？任何见过盲蛛奔跑的人都不会质疑它的速度，但它究竟能跑多快？没有人知道。

在露台或道路中央放上一只盲蛛。它一动起来，你就开始计时（最好使用秒表）。用卷尺测量它在 15 秒和 30 秒内移动的距离，并重复测量几次。它每分钟的平均速度是多少？它的运动路线是直线吗？

你可能需要多试几次，才能了解盲蛛的行为和速度。

本章注解

1. 螨虫、蜱虫和蝎子都是盲蛛的"近亲"，但其实它们与蜘蛛的亲缘关系还要更近一些。它们都没有触角，而有 8 条步足，身体分为两部分。

2. 在 2 月的某个温暖的日子，连树干周围的积雪都显得生机勃勃。有时，积雪上面会突然出现像胡椒粒一样的小斑点，然后又消失了。这一变化发生得如此迅速，以至于你可能误认为是积雪在流动。其实，你看到的忽隐忽现的斑点是一种弹尾虫。

这种没有翅膀的雪地跳虫（*Achorutes nivicola*）属于一个非常古老的昆虫家族，称为弹尾目。它们在昆虫还没有演化出翅膀的时候就已经出现在地球上了。从演化的角度来看，弹尾目无疑是非常成功的。其实，对任何一种生物而言，衡量成功的标准很简单：它的每一代都能活着完成繁衍。也许每一代的生存时间都很短，但如果这样短暂的生活史不断重复，而且持续了很长一段时间（比如1亿年），那么我们就可以说这个物种是非常成功的。

3. 尽管蜘蛛几乎无处不在，但找寻蜘蛛最简单的方法是找蜘蛛网。蜘蛛通常会待在蜘蛛网的附近。因此，只要你有耐心，并准备一个带盖的罐子和一个放大镜，就可以对它好好观察一番了。

蜘蛛网的样式各不相同，这取决于结网的蜘蛛的种类。

草蛛会编织漏斗状的网。这种蜘蛛网的顶部平展，底部的形状则像漏斗，整体上就是一头大一头小。你可以在清晨去草丛和小灌丛中搜寻蜘蛛网。

圆网是大多数人最熟悉的一种蜘蛛网，经常挂在房屋内外和灌丛中。数百种蜘蛛结的网都是圆网，其中最常见的是黑黄相间的金蛛属（*Argiope*）所结的网。

在美国，人们在房屋里看到的蜘蛛丝通常都是缠结成团的。在你家的地下室里找一找，说不定就会有所发现。

第五章　螳螂

善于伏击的猎手

你第一次见到它可能是在宁静的夏末，它正静静地停在你的卧室窗台上，或者当时你正坐在门廊下自在地看书，它在不经意间爬上了你的衣袖。无论你在哪里第一次与它邂逅，它看起来都像一个来自遥远星球、从星际飞船里走出来的外星人。它总是保持着前臂收拢、举起的姿态，犹如正在祈祷。在怪异的三角形脸上，一双大眼睛紧盯着你，仿佛对你了如指掌。这种不期而遇如此令人不安，让你不禁产生重重疑问。它是谁？它从哪里来？它去过哪里？它为什么来到这里？

这种"外星生物"其实就是螳螂。每年春天它们从卵中孵化出来后，就一直生活在我们周围。这些卵早已在野外或花园里的树枝上度过了整个严冬，但直到此时我们才会意识到它们的存在。即便如此，由于螳螂具有保护色（如绿色、棕褐色和棕色），它们与植物的叶片浑然一体，在多数时间里也不会被注意到。除了伪装，螳螂会采用一种"隐藏姿态"来隐匿自己的行踪。螳螂会伸直前腿，抓住一根（片）颜色相近的树枝或草叶，这样就不容易被发现了。在自然界中，这种保护机制罕见，具有这种能力的动物很少。

螳螂是一种行动迟缓的昆虫，它的腿不适合跳跃和快速奔跑。不过，它另辟蹊径，演化出了一些特别有效的生存手段，成为地球上一流的捕食者。

作为一种昆虫，螳螂有三对足（腿）。它的前足（即前臂）比其他两对足都要大，并分为5节，其中两节（腿节和胫节）上有利刺。当前臂收拢时，这些刺刚好能互相咬合。螳螂捕捉猎物时，前臂上的利刺会发挥重要的作用。如果被这些刺夹住，猎物无论如何挣扎都无法逃脱。前臂的另一个特征是基节（即腿与躯干的连接部分）显著拉长。这使得螳螂不仅可以自如地移动前臂，而且前臂可以触及更远的地方。当然，其他昆虫的腿也有基节这一结构，但往往更短更粗一些。

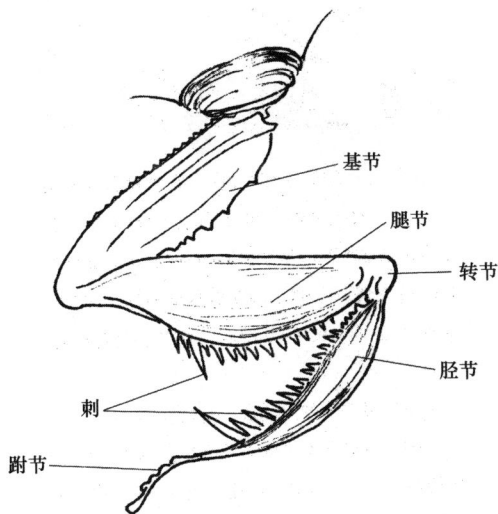

基节

腿节

转节

胫节

刺

跗节

螳螂的前足

螳螂还有一个独有的特征，就是它的长颈状结构——其实是被拉长的第一胸节。这一特征同样有助于在捕食时有效扩大伏击范围。有了这些身体结构上的优势，螳螂在捕食时只需要静静地守候。等到一只昆虫飞到伏击圈内，它就会迅速发起攻击，将猎物从空中截获。

大眼睛也是螳螂的特征之一。由于眼睛位于头部两侧的突出位置，因此螳螂具有双眼视觉，这使它能够判断猎物的距离。对捕食者来说，这是一个显著的优势。

此外，螳螂还有一个区别于其他昆虫的特征，那就是它的头部几乎可以旋转 180 度，这在搜寻猎物时又是一个优势，螳螂也因此成为少数能够像我们人类一样转动头部的昆虫之一。

有时，有些昆虫和蜘蛛并不"配合"，它们会在螳螂的前臂够不着的地方停下来。为了捕捉它们，螳螂会"表演"一场非常值得一看的"舞蹈"。螳螂先用凶狠的目光锁定猎物，然后开始缓慢地摇晃身体。在摇晃的同时，它会慢慢地向毫无戒备的猎物靠近。当离得足够近时，它突然伸出前臂，迅速抓住猎物，将其紧紧地夹在利刺之间，一顿美餐就这样到手了。

第一胸节

螳螂具有拉长的第一胸节和可以自由旋转的头部，这样它可以始终紧盯着移动的猎物

螳螂被归类为伏击型捕食者。伏击是猎食性昆虫的三种捕食策略之一。另一种伏击型猎食性昆虫螳足蝽（瘤蝽科）的捕猎行为与螳螂相似，它也是静静地埋伏着，等待猎物出现。它的硕大的前臂上也有刺。另一种捕食策略称为搜捕。蜻蜓就采用这种捕食策略，它在空中飞行，搜捕蚊子和其他飞虫。最后一种捕食策略叫作诱捕，蚁狮是最好的例证。在幼虫阶段，蚁狮会用巨大的镰刀状下颚建造一个又陡又滑的陷阱。蚂蚁或其他昆虫一旦不小心掉进陷阱，就别想再爬出来了，自然就成了蚁狮的美餐。

螳足蝽借助形态、颜色和造型方面的伪装，埋伏在一枝黄花等开黄花的植物上，等待前来采蜜的昆虫

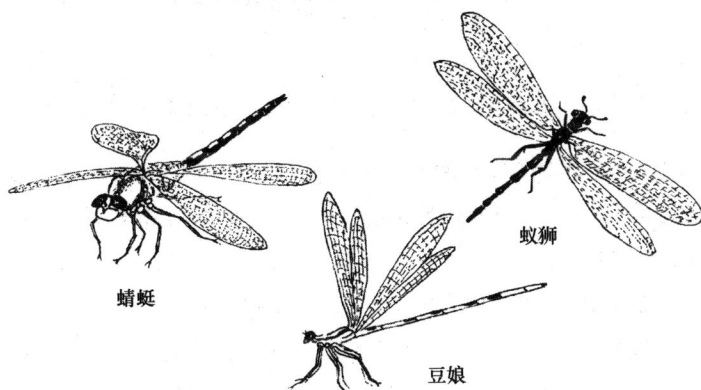

蜻蜓

蚁狮

豆娘

蜻蜓、豆娘和蚁狮（非等比例绘制）

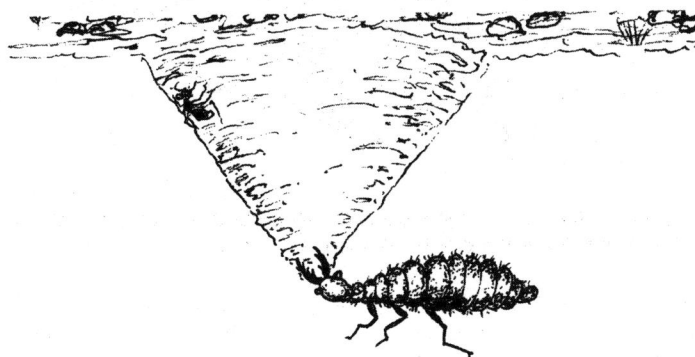

蚁狮的幼虫正埋伏在陷阱底部，等待粗心的昆虫跌落进来

如果花些时间观察螳螂，你就会意识到它虽然行动缓慢，却是一种能力突出、异常狡猾的强大捕食者。螳螂不会伤害人类。除了昆虫和蜘蛛外，它还会捕食其他动物。据报道，在热带雨林中，一只 10 厘米左右的螳螂居然捕捉了一条约 25 厘米长的小蛇。其他看似不可能的猎物还有蜂鸟和小老鼠，一旦被螳螂的前臂抓住，它们就难逃厄运了。蝙蝠也曾被列入螳螂的食谱。

如果你有机会观察几次螳螂的捕食过程，就会注意到，不管猎物的大小如何，这个过程都有固定的"套路"：螳螂一旦将猎物牢牢抓住，就会一口咬住猎物的后颈，切断其神经中枢，战斗便结束了。不过，螳螂可能需要花些时间和精力来调整猎物"入口"的角度，确保能精准地执行致命一"咬"。

随着夏季的结束，螳螂会陷入极度饥饿之中。那些之前经常被螳螂捕食的昆虫现在越来越少，已经无法满足它的胃口。据说在这个困难时期，螳螂甚至会吃掉自己的腿。

螳螂也不是没有天敌。埃德温·韦·蒂尔（又译作艾温·威·蒂尔）在《美国山川风物四记》（*Circle of the Season*）中描述了他观察到的一只冠蓝鸦（*Cyanocitta cristata*）攻击螳螂的过程。螳螂用后足站立，挥舞着多刺的前臂，以抵御鸟儿的靠近。坚持不懈的冠蓝鸦则一直试图接近螳螂，它从不同的角度尝试攻击了几次，但螳螂一直高举着致命的"武器"，随时准备回击。最终，冠蓝鸦无功而返，而取得胜利的螳螂则安然无恙。

螳螂通常在秋天产卵。雄性和雌性螳螂之间的交配时间有时长达 24 小时。无论需要多长时间，交配结束后，雌性螳螂都会将雄性螳螂吞食。（见本章注解。）两三周后，雌性螳螂会分泌一种泡沫状物质，并在其中产卵，大约会产下 150 枚卵。然后，泡沫状物质会逐渐硬化成一种类似泡沫塑料的卵鞘。根据种类的不同，有的雌性螳螂需要耗费 5 小时才能完成这一筑巢工作。有的雌性螳螂在短暂的一生中筑的巢可以多达 20 个。这些裹挟着"房客"的卵鞘会附着在植物的枝条和茎秆上越冬，有时你甚至能在户外设施上发现它们。卵鞘最初是白色的，但随着时间的推移，它们会变成黄色，最后变成棕色。基因决定了螳螂的寿命很短，每年 6 月才变为成虫的螳螂都会在当年入冬的时候死去。

对于卵鞘内的卵来说，哪里都不安全。虽然卵鞘很坚韧，但并不能百分之百地保护这些卵不会受到饥饿的老鼠或啄木鸟的咬食。尽管卵鞘会遭到各种攻击，但多数卵能活到春天。足够幸运的话，你可能会在冬天散步的时候，在树枝上发现一个核桃大小的螳螂卵鞘。

随着春天气温回暖，卵鞘变得潮湿而松软，此时小螳螂（若虫）刚刚孵化出来，身上还包裹着一层薄薄的鞘膜。它们仅凭一根细丝头朝下挂在卵鞘上。在这段时间里，它们很容易遭受捕食者的攻击。但不需多久，它们就会用强有力的下颚撕开鞘膜，从中挣脱出来，然后四散而去，开始各自孤独的捕猎生活。

在离开卵鞘三四十分钟后，它们的体色就变得跟成虫一样了。这些若虫在行为上与成虫相似；除了没有翅膀外，在外观上与成虫也很相似。

贪婪的小螳螂以苍蝇和蚊子为食。如果食物匮乏，它们也会捕食同类。几周后，它们就开始猎捕毛毛虫和蝴蝶了。年幼的螳螂很容易被饥饿的青蛙、蟾蜍和蜥蜴捕食。如果它们能活过第一周，就有机会顺利进入成年期。

在美国和加拿大，大约生活着20种螳螂[1]。其中，卡罗利纳螳（*Stagmomantis carolina*）原产于美国，它的原产地在美国南方，现在已经向西扩展到了加利福尼亚州。体形较小的薄翅螳（*Mantis religiosa*）生活在美国东部的大部分州以及加拿大（目前在安大略省已有发现）。大约在 75 年前[2]，中华大刀螳（*Tenodera sinensis*）从中国引入美国，并且在美国各地安家落户。如今，它已经是美国东部最常见的螳螂了。

螳螂的世界

工具和器材	科学技能
基础工具	观察
	比较

---

[1]　目前全世界已记录的螳螂目昆虫超过 2400 种，我国约有 164 种。——译者注

[2]　根据本书原著出版时间（2003 年）倒推 75 年，中华大刀螳最早被引入美国的时间是 20 世纪 20 年代，不过也有资料介绍最早是在 19 世纪末。——译者注

自然观察

捕捉螳螂。每年从仲夏到 10 月、11 月都有螳螂出没。幸运的话，你在家里就能发现螳螂。虽然螳螂有时会出现在窗台、纱门或露台的盆栽植物上，但通常我们在野外环境中发现螳螂的概率比较大。

螳螂行动缓慢，捉起来比较容易。捕虫网会有所帮助，但也不是必需的，因为你用手就可以轻松地抓住螳螂，不过动作一定要轻。螳螂不会咬你，但如果你的动作粗暴，它会用"钳子"夹你。

如果在野外捉不到螳螂，你可以去园艺商店或生物实验用品店购买，它们只在一年中的特定时段有供应。

螳螂的形态结构。如何描述一只螳螂？这种昆虫有哪些不同寻常的特征？它全身上下都是一种颜色吗？前翅与后翅有什么不同？你能分得清螳螂的头部、胸部和腹部吗？螳螂的三对足有什么相同和不同之处？请描述一下螳螂的眼睛。它的眼睛是位于头部的前方还是位于两侧？

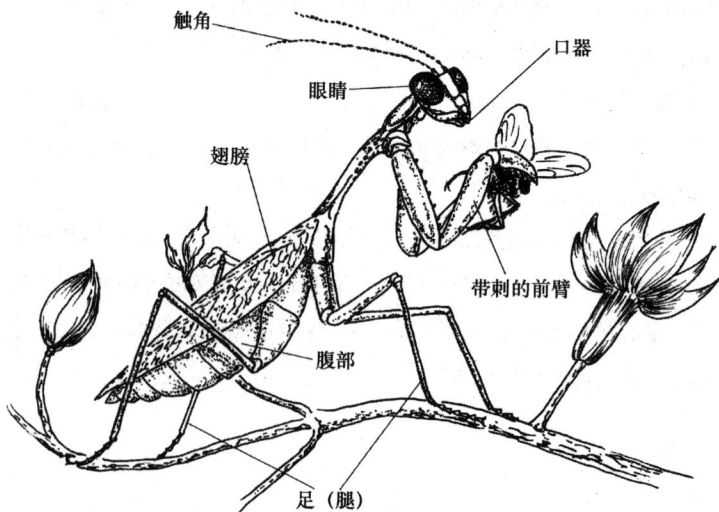

螳螂的形态结构示意图

螳螂的行为习性。将一只螳螂放在手掌上，让它自由活动，看看它会不会沿着你的手臂一直往上爬。它会爬到你的肩膀或头上吗？请记录这一过程中螳螂的行为。

尽管我们无法确定螳螂是否已经"认识"你了，但它的确在逐渐习惯被你摆布。"习惯化"是生物最为简单的学习行为，我们在昆虫中经常可以见到。在"习惯化"之后，昆虫会忽视那些反复的刺激，或变得不那么敏感。举例来说，科学家发现蚁群中的工蚁一开始会攻击插入蚁穴中的玻璃棒，但如果我们频繁重复这一行为，工蚁的反应就会逐渐减弱。许多昆虫（包括螳螂）会慢慢习惯"任人摆布"，就像被"驯服"了一样。

螳螂有一种特殊的自我清洁行为。观察一下它是如何操作的，并记录你的观察结果。观察几次之后，你怎么描述它的这一行为习性？

螳螂的领地。有人曾经观察到一只螳螂在一盆植株上连续待了好几天，而且它从头到尾只移动了几厘米。你见过类似的情形吗？你确定连续几天见到的是同一只螳螂吗？你是怎么确定的？为了确认那是同一只螳螂，你可以抓住它，然后用记号笔在它的腹部做上标记。如果有不止一只螳螂，你可以用不同颜色的记号笔分别给它们做上标记，这样就方便区分了。当你第一次观察螳螂时，在地图上标记最初发现它的位置。在接下来的几天里，记录它的活动情况，看看有什么发现。

只要家里没有养猫和狗之类的动物，你就可以放心让螳螂在家中四处活动。螳螂会把窗帘、椅子、灯具等地方作为栖息地。不过，盆栽植物才是它们最中意的栖息地。它是否更偏爱某类栖息地？它通常会在一个地方停留多久？

探索活动

饲养箱的制作。在大自然中，螳螂是一种益虫，它们以植食昆虫为食。如果想近距离观察它们，你可以试着养一只。螳螂对食物从不挑剔，只要是活的昆虫就行。它们也不怎么动，所以也不需要多大的空间。一个带盖的透明塑料容器就可以作为饲养箱，但你要记着在盖子上打透气孔。用鱼缸来饲养螳螂也可以，不过你需要在上面加个盖子，也可以用金属丝做个罩子罩在鱼缸上。虽然加仑罐对其他昆虫来说足够大，但不适合螳螂，因为这种罐子的直径太小，没法让螳螂在里面自由活动。

不要在饲养箱底部铺沙子、泥土或其他覆盖物，否则你投喂给螳螂的小昆虫会躲进那些地方。可以在容器里放一根带几片叶子的结实枝条作为螳螂的栖木，上面有两个枝杈就够了。如果枝杈太多，螳螂很容易被缠住。

持续观察几天。你看到它有多少次待在树枝上？盖子上呢？如果你放进不同植物的枝条作为栖木，它更喜欢哪种栖木？它是否更喜欢爬到盖子上，而不是待在树枝上？把你的观察结果记录下来。

水和食物的供应。螳螂是贪婪的食客，尤其喜欢蚱蜢、蛾、苍蝇、蟋蟀和螽斯等。只要捉得到，螳螂就连从眼前飞过的胡蜂也不放过。你可以装一个捕虫器，捉一些活的昆虫作为螳螂的食物。把一些生肉放在罐子的底部，然后在罐口插一个漏斗。漏斗的大小要合适，太小的话会掉进去。把这个捕虫器做好后，将它放到外面，应该能捉到一些诸如苍蝇、甲虫之类的昆虫。

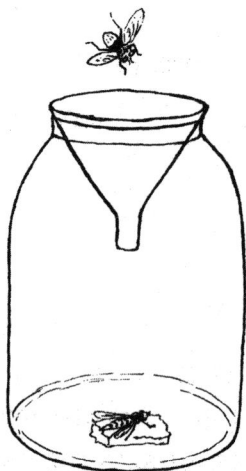

在罐子底部放一些生肉，
在罐口插个漏斗，就得到
了一个简单有效的捕虫器

到了秋天，捉些蟋蟀比较容易。你可以在枯枝败叶里面或其他潮湿的地方（比如草堆里）找，它们也经常光顾你家。只要循着叫声，你就很容易找到它们。你可以徒手捉蟋蟀，但它们的体表光滑，很容易从你的手里滑脱，所以你最好找个罐子作为工具。一旦发现蟋蟀，就赶快把罐子扣上去，然后将手或卡牌慢慢插到罐口下面，封住罐口，最后将罐子翻过来。这样就能成功地抓住一只蟋蟀了。你可能需要抓很多只，因此最好再准备一个大一点的罐子。

也可以试试给螳螂喂一些其他昆虫。若实在抓不到昆虫，你还可以去宠物店里买果蝇。

设计一个实验，看看螳螂最喜欢的食物是什么。是蟋蟀、果蝇、蛾、苍蝇还是其他昆虫？你需要用各种食物多喂几次，才能得出结论。观察螳螂的进食过程，在笔记本上做好记录。你发现什么规律了吗？如何判断投喂的食物是否受欢迎？对于投喂的各种昆虫，螳螂分别需要多久才能吃掉一只？在饲养箱里放几只蟋蟀，看看螳螂一小时能吃掉几只。两小时呢？在下面的表格中记录螳螂已食用过的和未食用过的食物。仔细观察，然后根据螳螂对食物的偏好程度，对食物进行排序。

螳螂的食物偏好

日期	食物类别	已食用过的	未食用过的

螳螂也要喝水，你可以在容器内壁上时不时地喷洒一些水。也有研究人员用滴管给螳螂喂牛奶。你能训练螳螂用滴管喝水吗？记录下你的操作以及螳螂的反应。你用了多长时间才让它习惯用滴管喝水？

螳螂的防御。在受到惊吓时，螳螂会摆出一副威胁恐吓对方的站立姿势。在向猎物或领地入侵者发动攻击之前，它会张开翅膀并收紧上半身。你可以试着突然向它伸手，就好像要捉它一样，看看它有什么反应。它会攻击你的手吗？还是仅仅试图将你的手拨开？这个动作与它在捕食前的摇摆动作相同吗？

螳螂的交配。如果你把同种的雄性和雌性螳螂养在一起，它们通常会在夏末秋初的几天内完成交配。交配过程可能会持续几小时甚至更长时间。雄性螳螂在交配后会被雌性螳螂吃掉，甚至在交配过程中被吃掉。雌性螳螂在产卵后的某个时刻会停止进食。不久之后，它也会死掉。

如果雌性螳螂在饲养箱内的树枝上留下了一团包裹着卵的泡沫，你需要把这团泡沫放到室外去，等待这些卵在第二年春天孵化出来。如果留在室内，卵就会在当年冬天孵化出来。除非你提前有所准备，否则在冬天很难给它们找到食物。

卵的孵化。如果你的螳螂没有产卵，那么你就不得不去野外找螳螂的卵鞘。留心观察那些比较坚韧的草茎和光秃秃的枝条，看看它们的上面有没有挂着一团有着弯曲接缝的泡沫。螳螂喜欢把卵产在一枝黄花、月桂、水蜡树、漆树、忍冬以及一些草茎上。卵鞘的大小和形状因螳螂的种类而异。如果在野外发现了螳螂的卵鞘，你要连同它黏附的那段枝条或草茎一起带回来。如果实在找不到卵鞘，你也可以去生物实验用品商店购买。

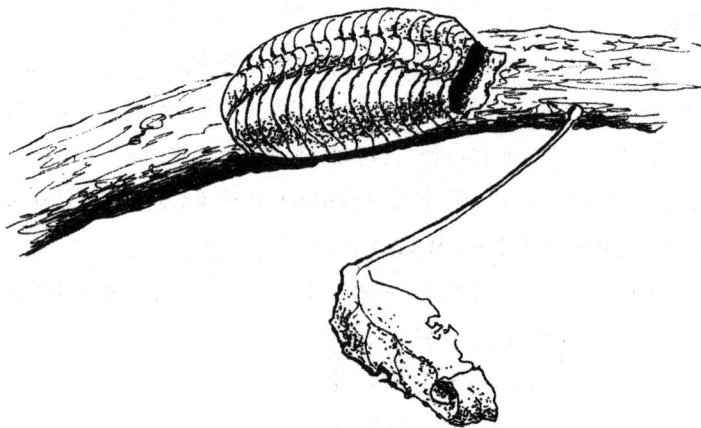

螳螂的卵鞘

你需要一个空的玻璃罐——装蛋黄酱、泡菜或调味品的那种。找不到的话，你可以去食品店买一个，然后把它清洗干净。把卵鞘连同附着的植物材料一起放进罐子里，再用一块尼龙布或棉布封住罐口，并用橡皮筋固定好。在封口布上划一个十字切口，塞入一团棉花，然后将棉花浸湿，这就是螳螂的水源。你需要一直让棉花保持湿润。

卵在什么时候开始孵化？孵出了多少只小螳螂？如果它们太活跃，你就很难清点它们的数量。你可以把罐子放进冰箱中。大约 5 分钟后，低温会让它们安静下来。它们的翅膀需要多久才能投入使用？

由于螳螂只吃活的昆虫，除非你能够繁殖果蝇作为螳螂若虫的食物，否则你只能把它们放到户外。如果没有充足的食物，它们就会开始互相捕食。

本章注解

当一只雌性螳螂与一只雄性螳螂完成交配并将后者吃掉后，它还会继续与其他雄性螳螂交配并以其为食吗？这是个有趣的问题，其实很早以前就有答案了。与查尔斯·达尔文同时代的一位法国博物学家决心一探究竟。他将 6 只雄性螳螂放进一个饲养箱中，里面有一只已完成交配并吃掉配偶的雌性螳螂。令他惊讶的是，那只雌性螳螂照例开始与这些雄性螳螂交配，继而吃掉它们。

第六章　蚂蚁

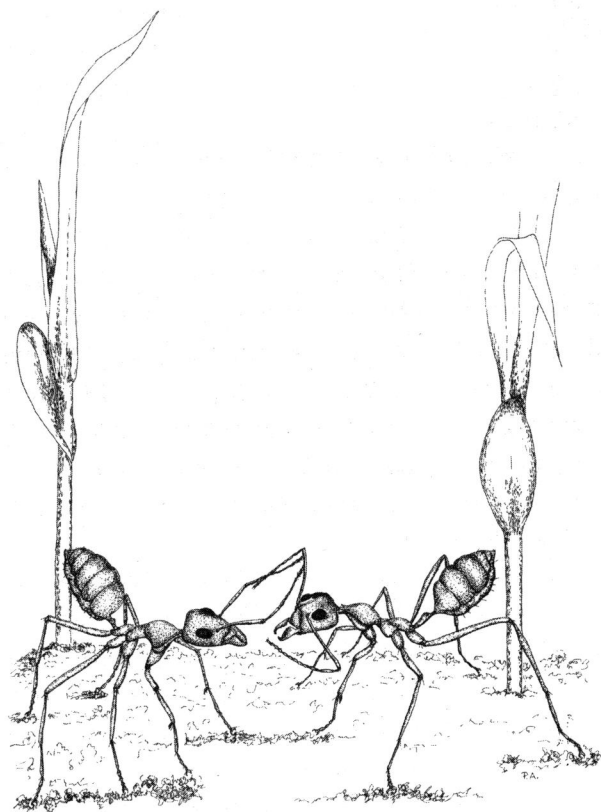

勤劳的隧道工

全世界已记录的蚂蚁约有 9500 种，分别隶属约 300 个不同的属。蚁类学家（即研究蚂蚁的科学家）研究后认为，蚂蚁实际上可能有 15000 种之多[1]。这意味着还有五六千种蚂蚁未被发现。根据之前发现新种的经验，这些未知的蚂蚁大多数可能生活在热带地区。

蚂蚁在地球上如此普遍，我们很难想象有人不认识它们，但大多数人可能并不知道这些移动迅速、不起眼的小生物是如何参与构建地球上庞大的生命网络的。

蚂蚁在地质历史上已经存在了很长时间。大约在 2 亿年前的三叠纪，昆虫演化史中最原始的一个目——膜翅目（包括蜜蜂、胡蜂和蚂蚁等）就已经出现。蚂蚁的祖先被认为是由非社会性的胡蜂演化而来的。已知最古老的蚂蚁出现在大约 9000 万年前，与恐龙同时代。科学家之所以知道这些是因为他们在一种叫作琥珀的树脂化石中发现了许多保存完好的古老蚂蚁。亿万年前，当这种黏稠的树脂从树干中渗出时，就像今天仍在发生的情况一样，昆虫常常陷在里面被包裹住，从而被保存了下来。随着时间推移，树脂变得像石头一样硬。如今，人们会四处搜寻这种半透明的、散发着金色光芒的琥珀，并将它们加工成戒指、项链和手镯上的宝石。

保存在琥珀中的昆虫自然与那些产生树脂的植物一样古老，这些植物可能是大约 3.6 亿年前就已存在的种子蕨[2]。由于早期的琥珀过于破碎而缺乏研究价值，因此常被用来研究的琥珀只有 2500 万年到 1.3 亿年的历史。通过研究这些琥珀中的昆虫，科学家了解到在特定地质历史时期地球上生活着哪些物种

---

[1] 目前全世界已记录的蚂蚁有 15690 余种（含亚种），中国记录有 1363 种。——译者注

[2] 种子蕨是一种已灭绝的古老植物，最早出现在泥盆纪晚期，它具有种子和类似蕨类植物的叶子。——译者注

以及它们分布在哪里。

1967 年，一对夫妇（岩石收藏爱好者）在美国新泽西州搜寻岩石时，在一块琥珀中发现了一种被科学家称为"蜂蚁"的生物，它被认为是蚂蚁演化过程中缺失的一环，将现代蚂蚁和非社会性胡蜂联系在了一起。这件蚂蚁化石标本可以追溯到白垩纪晚期。如果仔细观察的话，你会发现这件化石标本与现代蚂蚁相似，但胸部较小；它有一个向下收窄的细腰（或称为腹柄），连接着下端的腹部，这也跟今天的蚂蚁相近。它的颚看起来与胡蜂很像，尾部有一根突出的尖刺，触角兼具蚂蚁和胡蜂的特征，但它没有翅膀。这件标本最重要的特征可能是具有分泌抗生素的后胸侧腺，这是现代蚂蚁的关键识别特征之一。这个腺体的分泌物能够帮助蚂蚁抵御侵入巢穴的寄生虫。这种腺体及其分泌物的存在以及蚂蚁的社会习性被科学家认为是蚂蚁演化成功的关键所在。爱德华·O.威尔逊和威廉·L.布朗是著名的野外生物学家，他们认为这个已灭绝的物种属于一个非常古老、之前未知的亚科 [1] ——蜂蚁亚科。同时，他们将该物种命名为 *Sphecomyrma freyi* [2]，以纪念发现它的弗雷夫妇。

此外，科学家还在多米尼加琥珀 [3] 中发现了一些生活在数百万年前的蚂蚁种类，而且相同的种类今天仍然生活在地球上，只不过它们已经从（多米尼加共和国所在的）西印度群岛迁移到了北美和南美地区。

对于那些闯入家中的蚂蚁，我们看不到它们长着翅膀，但雄蚁其实长有两对翅膀，而且能与同样有翅膀的蚁后在空中进行短暂的飞行交配。在蚂蚁的两对翅膀中，后翅主导飞行，但较小；后翅的前缘与前翅的后缘各长有一排钩子，能够互相配对、连接起来。相同的构造在胡蜂和蜜蜂中也有发现。当胡蜂开始向蚂蚁演化时，它们便在土壤中定居了下来，这时翅膀就是一种累赘。因此，演化的结果就是大多数蚂蚁丢失了翅膀。

---

　　[1]　亚科是科与属之间的一个分类等级。——译者注
　　[2]　*Sphecomyrma* 为拉丁属名，即蜂蚁属；*freyi* 为种加词，是"Frey"（弗雷）这个姓氏的拉丁化拼写方式。——译者注
　　[3]　多米尼加共和国是全球著名的琥珀产地。——译者注

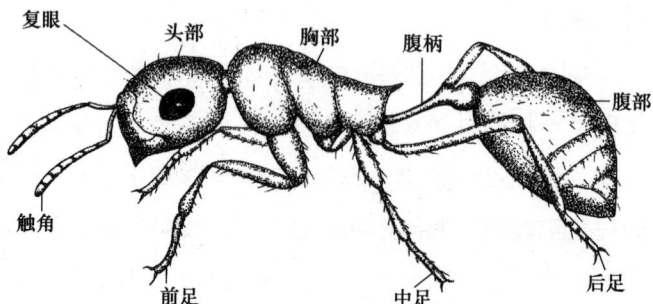

蚂蚁的典型形态结构，清晰地展示了连接胸部和腹部的腹柄[1]

蚂蚁属于蚁科，虽然它们生活在不同的栖息地，但温暖潮湿的热带地区特别适合它们。因此，科学家花了很多时间在这些低纬度的热带地区开展蚂蚁调查和研究。爱德华·O.威尔逊和他的团队在秘鲁的一个保护区内的一棵树上竟然发现了43种蚂蚁，这甚至比整个不列颠群岛上的蚂蚁种类还要多。不过，你越过赤道往北走时就会发现蚂蚁种类明显在迅速减少。也就是说，随着距离赤道越来越远，蚂蚁的种类在相应减少。目前，人们发现只有三种蚂蚁能够在北极地区的树线[2]以上生存。在南半球，随着从赤道向南的距离增加，上述规律也同样存在，只是目前人们在南极洲还没有发现任何种类的蚂蚁。

与所有膜翅目昆虫一样，蚂蚁的发育过程要经历4个完全变态阶段——卵、幼虫、蛹和成虫。不同种类的蚂蚁在各个阶段的生长时长各不相同。

蚂蚁的生活史是从卵开始的，一个蚁群中的卵都是由一只有繁殖能力的蚁后产生的。蚁卵非常小，很容易被忽略掉。在蚁巢中，这些卵由不育的雌性工蚁守护和照看。工蚁的一项具体工作就是用口器来舔舐蚁卵，从而保证它们不受真菌侵染。

当蚂蚁的幼虫从卵中孵化出来后，它们就进入了生活史的第二个阶段。就像其他昆虫的幼虫一样，它们的主要任务是进食和长大。在幼虫的整个发育过

---

[1] 图中仅画出了蚂蚁的部分足，但从研究的角度看，由于蚂蚁身体的对称性，此图是完整的。后同。——译者注

[2] 树线是指天然森林垂直分布的海拔上限，树线以上为灌丛和草甸。——译者注

程中，工蚁的主要工作是照顾幼蚁，包括喂养、清洁以及保护幼蚁。这些正在发育的幼蚁只有依赖工蚁才能存活。此外，它们的生存还受到温度和湿度等环境因素影响。每个发育阶段持续的时间取决于具体物种。在某个合适的时期，幼蚁的发育过程会进入蛹期，不过这主要是由基因决定的。当蛹期结束后，它们就成为蚁群中承担某项工作的成年蚁了。

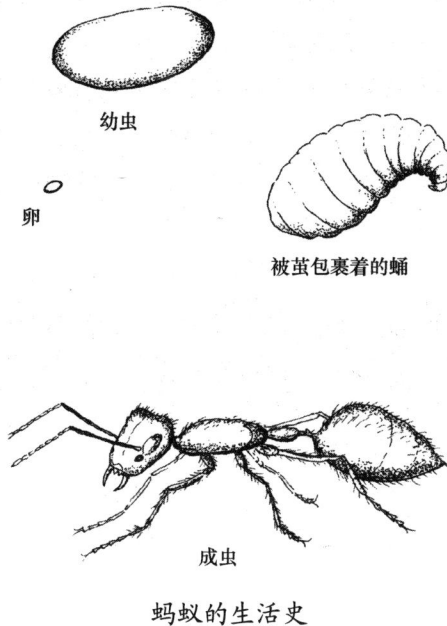

卵

幼虫

被茧包裹着的蛹

成虫

蚂蚁的生活史

在幼蚁发育的过程中，蚁后还会继续产下更多的卵。这是它一生唯一的工作，它自始至终就是一台"产卵机器"。

当一窝蚂蚁的数量达到稳定的规模时，蚁群会释放一些化学物质，向现有的一个或多个蚁后（一个蚁群中可能不止一个蚁后）发出信号，让它们产下未受精的卵，这些卵将发育成新的有翅膀的蚁后和雄蚁。当时机成熟时，在一片区域内的各个蚁巢中，这些具有繁殖能力的蚂蚁将同时离开蚁巢，因此你能看到数十万只蚂蚁同时在飞行。它们飞得很高，以至于一般情况下我们无法看到。有报道称，这样大规模的蚁群在空中飞舞的景象用"壮观"一词来形容都显得有些苍白无力。

这种一年一度的仪式往往会让工蚁们异常兴奋，以至于你会看到它们在蚁巢外漫无目的地爬来爬去，似乎只是为了见证蚁群的这一重大时刻。

雄蚁交配后就会死掉，蚁后则会另寻一个地方建立新的蚁群。有时它会加入一个已有的蚁群，这个蚁群可能与它属于同一个物种，也可能不是。在这种情况下，它的后代将永久（或暂时）寄生在别的蚁巢之中。

在这种高度仪式化的交配过程结束后，蚁后会咬掉自己的翅膀，或者在岩石、树皮等上摩擦来蹭掉翅膀，然后去寻找合适的巢址。不同种类的蚂蚁对巢址的偏好是不一样的，尽管你经常能在石头下面和人行道的缝隙中发现它们的巢穴。蚁巢可能非常简单，而且只有为数不多的蚂蚁居住；也可能像迷宫一样复杂，布满了地道和洞穴，有成千上万只蚂蚁居住。蚁巢中有各种功能不同的"房间"，如食物储藏室、卵室、幼虫室和蛹室等。有些蚁巢位于地下很浅的地方，还有一些能够在地下绵延几米。在温暖的季节，负责修筑蚁丘[1]的蚂蚁会在地面上生活，但当寒冷天气到来时，它们就会退回到霜线[2]以下的巢穴深处。某些种类的蚁后还会在一些奇怪的地方筑巢，比如植物的瘿瘤、橡子、茎的里面或者树皮下面。蚁后的寿命因种类而异，切叶蚁的蚁后寿命长达15～20年，而行军蚁的蚁后寿命只有5年左右。

新蚁后产下的第一批卵将发育为工蚁。它们是一群没有繁殖能力和翅膀的雌蚁，其工作就是采集食物和饲喂蚁后。蚁后的体形通常是个头最大的工蚁的两倍。作为回报，蚁后会给工蚁喂食蚁卵，或将食物反刍给工蚁。此外，养育后代也是工蚁的工作。实际上，整个蚁群的生存维系都是它们的责任。在工蚁中，通常由最年轻的工蚁来承担"护士"的角色，负责照料卵、幼虫和蛹。它们一生中大部分时间在忙着把那些未成熟的个体从巢穴的一个地方转移到另一

---

[1] 蚁丘是蚁巢露出地面的部分，一般呈圆锥形，高度通常为几十厘米，也有的高达数米。——译者注

[2] 霜线是指霜在土壤中向下渗透的深度。——译者注

个地方，以便为其发育提供最适宜的温度和湿度。在工蚁喂养幼虫的同时，幼虫也会分泌一种甜味的营养液回报工蚁。

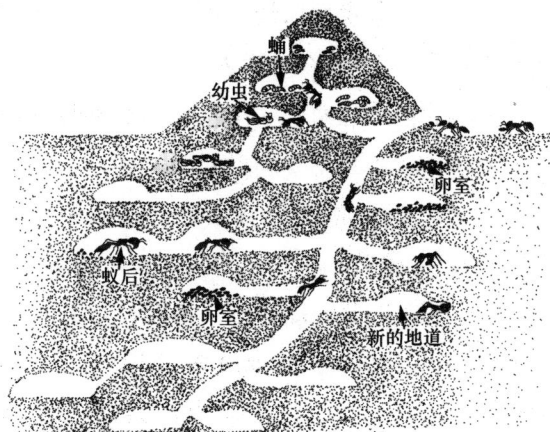

收获蚁巢穴的剖面示意图

一旦蚁巢受到惊扰，蚂蚁就会四处乱窜。你可能会看到一些工蚁口中衔着白色物体，那不是卵，而是幼虫和蛹。假如没有工蚁将它们转移到安全的地方，它们很可能会死掉。

工蚁还承担着清理巢穴、埋葬死者、保护巢穴、抵御入侵的责任。随着蚁群规模不断扩大，工蚁需要建造更多的巢穴和地道。蚁群的成员之间不会发生攻击和打斗，所有工作都在有条不紊地进行着。正因如此，蚁群通常被称为"超个体"—— 一个整体运转的功能实体。打个比喻，每只蚂蚁相当于这个生命体的一个细胞。

蚁群是一个等级社会，其中的蚂蚁都有明确的分工。一些蚁群中有专门的兵蚁，它们往往有比工蚁更大的个头，还有更大的颚。切叶蚁群中有一种专门的小工蚁，它们的工作是"站"在叶片上，协助那些搬运叶片的工蚁抵御寄生蝇的"侵犯"（这些寄生蝇会将卵直接产在切叶蚁的头部里面）。

蚂蚁群居生活的组织主要依赖化学信号的传递。蚁群内释放的各种化学物质能够让工蚁做出反应，从而引导和保持它们的合作与利他行为，维持蚁群的稳定。一只落单的蚂蚁是无法生存的。蚂蚁之间通过腺体分泌物的气味（化学信号）实现信息交流。这些化学分泌物与环境因素（如筑巢材料）相结合，使得每个蚁巢都有一种独特的气味。这让蚂蚁不仅能够识别自己的巢穴，还能识别那些气味陌生的入侵者。这些气味中的大多数是我们无法察觉的。科学家告诉我们，有些气味与烟液、苦杏仁油、马铃薯的花、腐烂的椰子或腐臭的黄油等的气味相似。蚂蚁的触角对这些化学物质非常敏感。如果一只蚂蚁失去了触角，就意味着它受到了严重损伤，活不了多久。

交换食物和相互喂食也是维系蚁群团结的社会性行为。不管在什么时候，同一蚁群中的蚂蚁相遇时，它们都会停下来，用触角触碰对方，并相互交换一滴特殊的食物液。蚂蚁（分节的）触角的构造非常独特，每一节在生活中都发挥着专门的作用。其中一节用来探测蚁巢的气味，避免蚂蚁误入别的蚁群；一节通过触碰别的蚂蚁，能够探知对方与自己是不是同一个蚁后的后代；还有一节能够探测这只蚂蚁走过后留下的气味，确保它能够沿着原来的路线返回；甚至还有一节能够探明一只发育中的蚂蚁有什么需求。此外，触角还可以帮助蚂蚁探测物体的大小和形状，从而识别出那是什么东西。

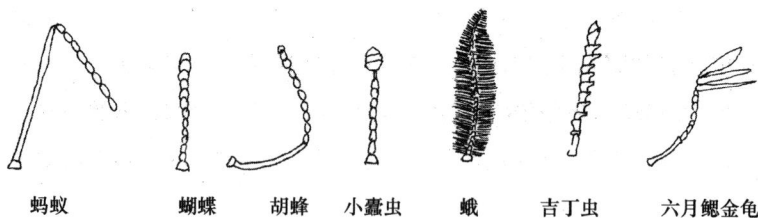

| 蚂蚁 | 蝴蝶 | 胡蜂 | 小蠹虫 | 蛾 | 吉丁虫 | 六月鳃金龟 |

一些昆虫的触角

虽然触角是蚂蚁感知周围环境的主要器官，但蚂蚁也有复眼。每只复眼看起来都像由六边形小眼组成的马赛克，这些小眼组合在一起形成一个整体结构。每只小眼都包含一个单独的晶状体和几个感光细胞，每只小眼都能成像，但成像的画面只是整个画面的一个局部。一般来说，蚂蚁的视力并不好。有些蚂蚁（如切叶蚁的工蚁和兵蚁）有较大的复眼，会对距离它们头部 2.5 厘米以内的物体的移动做出反应，而一些种类的蚂蚁则完全看不到东西。

蚂蚁还能依靠太阳的偏振光进行导航。它们可以朝向或背离太阳行进，行进路线也可以与光线成一定的角度。研究表明，蚂蚁甚至可以根据太阳的运动轨迹来修正自己的行进方向。

关于蚂蚁，我们还有许多知识需要学习和掌握。如果想对这些令人着迷的生物有更多的了解，可以阅读有关书籍。人们有时会对蚁群与人类社会进行比较。它们也有等级，会与别的蚁群进行斗争。不过，蚂蚁的数量远远超过人类，而且它们存在的时间比人类要长得多。或许从它们的身上，我们能够学会如何在地球上与其他生物和谐相处。

蚂蚁的世界

工具和器材	科学技能
基础工具	观察
带盖的小罐子	记录
手套	推理
带衬垫的镊子	
浅色的布	

注意： 为了防止蚂蚁叮咬，最好采取一些防护措施，比如戴上手套。另外，可以使用带有衬垫的镊子，这样不仅能方便地夹起蚂蚁，而且不会伤害它们。

自然观察

何时何地能找到蚂蚁？ 如果去问一栋房屋的主人，他会告诉你他的家里全年都有蚂蚁。蚂蚁在一年中出现最频繁的季节是春天，因为这个时候它们在忙着扩建或新建自己的家园。在这段时间，你能看到来自不同蚁群的蚂蚁为争夺领地而进行斗争，或者做一些有趣的事情，比如列队行进、觅食、清洁自身以及相互喂食。

夏天往往是蚂蚁较为活跃的时候，但也有些种类会变得不那么活跃，它们会在炎热的 8 月躲到地下凉爽的巢穴中。9 月和 10 月气温下降，蚂蚁的行动会变得迟缓，之后就一起挤在巢穴里过冬。到那时，它们将不再进食，也没法像它们的"表亲"——蜜蜂一样通过提高自身体温来御寒。

蚂蚁可能出现在各种环境中。在柴堆的腐木里、后院的土堆中以及水泥路面的裂缝中，你都可以找到它们。当然，找到蚂蚁最好的方法就是组织一次野餐。请记录发现蚂蚁的地点及周围环境，同时记录发现的日期。

蚂蚁的形态结构。蚂蚁的身体分为三部分——头部、胸部和腹部，这一典型特征表明它们是一种昆虫。头部通过细细的"颈部"与胸部相连，不过"颈部"通常很难看到。胸部通过茎状的腹柄与腹部相连。一些种类的腹柄只有一节，另一些种类则有两节，每节上都有结节状突起。较为原始的蚂蚁［如火蚁和收获蚁（切叶蚁亚科）］有两个这样的突起，而进一步演化的种类［如木蚁和田蚁（蚁亚科）］则只有一个突起。借助放大镜观察一只蚂蚁，给它画一幅画，并指出它的头部、胸部和腹部。你能看到腹柄上的突起吗？有几个？

蚂蚁的触角很长，由很多节组成，第一节和第二节之间的膝状弯曲结构是蚂蚁独有的特征。每根触角的节数从 5 到 13 不等。在蚂蚁的生活中，每一节都承担着不同的功能。对蚂蚁的触角与蝴蝶、蛾等鳞翅目昆虫的触角进行比较，看看它们之间有什么不同。

蚂蚁的互动。蚁类学家告诉我们，蚂蚁之间的交流互动有几个层次。如果你花时间观察蚂蚁在蚁巢周围的活动，也许能看到这样一些行为：一只蚂蚁用触角的前端去触碰另一只蚂蚁的身体；而在另一种更亲密的互动（称为舔舐）中，一只蚂蚁会用"嘴"去舔舐另一只蚂蚁的身体。在这个过程中，被舔舐的蚂蚁通常会保持不动。

其他形式的互动行为往往与攻击性有关。当来自不同蚁群的蚂蚁（可能是相同或不同种类）相遇时，可能会发生攻击性行为。比如，一只蚂蚁用它的颚钳住另一只蚂蚁的身体，并将其拖走。如果你把一只蚂蚁从它的蚁群中转移到另一个蚁群，就能看到这样的行为。你观察到了多少种互动行为？在你的笔记本上将其记录下来。

蚂蚁家族。科学家根据蚂蚁的身体特征、行为、栖息地和巢穴类型，将这个庞大的家族（蚁科）分为若干亚科。

切叶蚁亚科。这是蚁科中最大的一个亚科，包括大约 300 个种 [1]。这个亚科里的每种蚂蚁都有着不同的栖息地和习性，其中一些种类会培育并食用真菌，而另一些则是肉食性的，还有一些是寄生性的。一些种类的蚂蚁生活在庞大的蚁群中，而另一些种类的蚁群规模很小，只有几十只蚂蚁一起生活。切叶蚁的腹柄都分为两节，这使得柄后腹（腹柄后面连接的腹部膨大部分）具有更大的灵活性，从而提高了其螯针的攻击能力。下面列出了一些比较常见的种类。

- 收获蚁［须蚁属的某些种（*Pogonomyrmex* ssp.）和大头蚁属的某些种（*Pheidole* ssp.）］[2]。收获蚁通常生活在野外，它们的主要食物是种子，但它们也会以白蚁以及其他昆虫、果实、花为食。收获蚁会把种子嚼碎，再将种子内含物与唾液混合，从而得到一种黏性混合物并将其储存在嗉囊 [3] 中。它们可以自己消化这团食物，也可以将其分享给蚁群中的其他蚂蚁。它们还会把种子储藏在巢穴中。收获蚁的巢穴位于地下，但巢穴的入口很容易被发现。巢穴入口更像一个凹坑，而不

---

[1]　原文表述与最新的研究报道的出入较大。目前切叶蚁亚科在全世界约有 7560 个种，我国约有 480 个种。——译者注

[2]　须蚁属仅分布在美洲，我国没有分布；大头蚁属在我国分布有 62 个种。——译者注

[3]　蚂蚁的消化道内有两个胃——前胃和嗉囊，其中嗉囊位于腹部，是储存食物的器官。——译者注

是土丘，这会成为你找寻收获蚁的线索。在收获蚁的蚁群中，兵蚁长有强壮的大颚，它们的职责是保卫巢穴。如果你在巢穴入口制造一些混乱，就会看到兵蚁从巢穴中涌出来进行防卫。一个蚁群中收获蚁的数量从 5 万只到 9 万只不等。

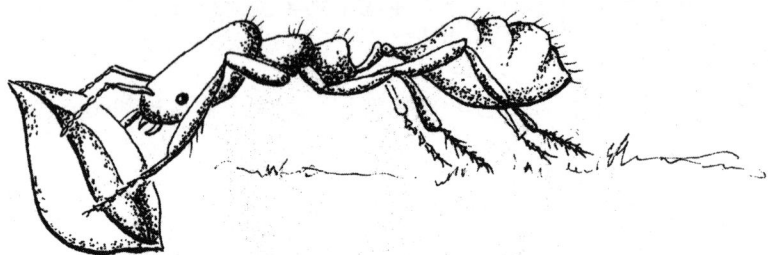

收获蚁

- 培菌蚁［糙切叶蚁属的某些种（*Trachymyrmex* ssp.）］[1]。这种蚂蚁会在蚁巢中培植真菌（真菌不同于植物，它们缺乏叶绿素，无法利用阳光进行光合作用），并以真菌为食。

- 切叶蚁［芭切叶蚁属的某些种（*Atta* ssp.）］[2]。这种蚂蚁会将切碎的树叶带回蚁巢作为培植真菌的基质，并以碎叶上长出的真菌为食。蚂蚁和真菌之间的这种关系称为"共生"，这个专业术语通常用来描述不同生物在一起生活而形成的互利关系。切叶蚁会将其他昆虫（尤其是毛毛虫）的排泄物作为肥料覆盖在碎叶上，如同施肥一般。蚁后产下的第一批卵孵化出的蚂蚁是体形最小的工蚁，称为"微型工蚁"。最初，它们需要出去采集树叶，但随着其他更大的工蚁孵化出来，这些小工蚁就只能在黑暗、巨大的巢穴里工作，度过余生。这些蚂蚁通常生活在中美洲和南美洲的热带地区，但也有一些生活在美国西南部。它们有箭头形状的头部，背上还有像叉子一样的尖刺。切叶蚁大

---

[1] 糙切叶蚁属分布于南美洲，我国没有分布。——译者注
[2] 芭切叶蚁属分布于美洲，我国没有分布。——译者注

军排成长长一队返回巢穴，每只切叶蚁都高举着一小块树叶切片，这真是一幅有趣的景象。

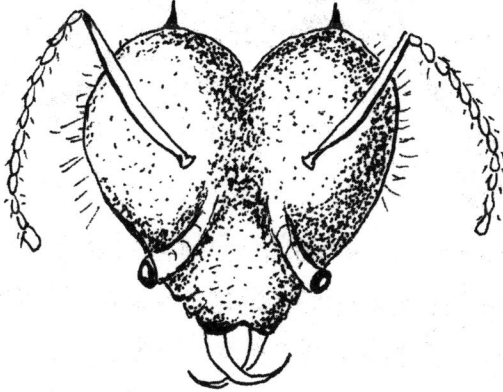

切叶蚁的头部

- 火蚁［火蚁属的某些种（*Solenopsis* ssp.）］[1]。1918 年，两种火蚁被意外地从南美洲带到了美国亚拉巴马州，由此造成了美国的一个非常棘手的问题。它们具有很强的攻击性，会凶猛地攻击其他动物，而且伤口令其疼痛难忍。据了解，火蚁具有毒性的螫针能够杀死鸟类和小型哺乳动物。它们会先用颚紧紧地钳住对方的皮肤，然后用腹部末端的螫针一阵乱刺——可谓"左右开弓"。

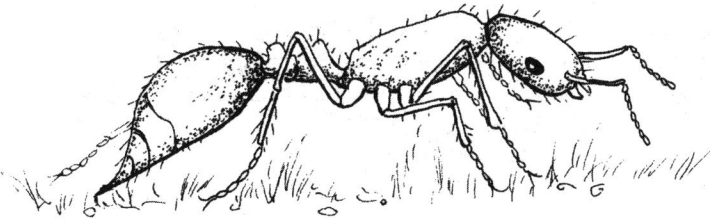

火蚁

[1] 火蚁属在我国分布有 7 个种。——译者注

红火蚁（*Solenopsis wagneri*）[1]是上述两种火蚁中较常见的一种，在美国东南部有大量发现。

黑火蚁（*Solenopsis richteri*）[2]只分布在美国东南部的几个州。它们的巢穴犹如一座土丘，通常还有坚硬的外壳，宽度和深度都能达到1米左右，其中居住着数万只黑火蚁。野外、庭院、露天休闲区和运动场（如球场）是它们首选的筑巢地点。每英亩（约4047平方米）土地上可能有上百个蚁巢，这些蚁巢有时还会损坏农业机械。黑火蚁的触角有10节，这与切叶蚁亚科的其他蚂蚁不同。如果你想近距离观察它们的触角，请务必小心。

蚁亚科。这是蚂蚁家族中的第二大亚科，约有200个种[3]，但比切叶蚁亚科的分布更广。蚁亚科的蚂蚁不会蜇人，但它们的叮咬也会令人非常不快，尤其是它们在叮咬时还会注入一种蚁酸——"双管齐下"。

● 木蚁［弓背蚁属的某些种（*Camponotus* ssp.）］[4]。这类蚂蚁包含了一些北美地区体形最大的种类。它们在美国东部各州都有分布，并向西一直延伸到得克萨斯州。你几乎可以在北美地区任何不太冷的地方看到它们的身影。木蚁会在枯死和濒死的树木、树桩、倒木以及木屋等中筑巢。它们以各种活的或死的昆虫为食，也喜欢各种各样的甜食。一个蚁巢中可能有2500只工蚁、几只雄蚁和一只蚁后。一种名为宾夕法尼亚弓背蚁（*Camponotus pennsylvanicus*）的木蚁会将木头嚼碎作为筑巢材料，但并不以木头为食。这就是它们与白蚁的区别。哪里有枯木，哪里就有木蚁。

---

[1] 红火蚁是目前全世界最危险的蚂蚁，在我国南方多个省区已造成严重的入侵危害。——译者注

[2] 黑火蚁同样是我国重点防范的外来入侵物种。——译者注

[3] 原文表述与最新的研究报道的出入较大。目前蚁亚科在全世界约有2500个种，我国约有300个种。——译者注

[4] 弓背蚁属在我国分布有86个种（含亚种）。——译者注

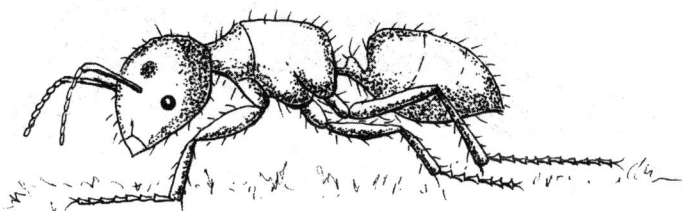

木蚁[1]

- 蓄奴蚁［悍蚁属的某些种（*Polyergus* ssp.）］[2]。这类蚂蚁有时称为亚马孙蚁，以镰刀状的颚而闻名。这种刀颚可以有效地刺穿对手的头部，但没法用来搬运蚁卵和喂养后代。这一"障碍"导致蚁群的生活完全依赖"奴隶"。当一只蚁后开始着手建立一个新蚁群时，它会先袭击另一种悍蚁的巢穴，并杀死在位的蚁后。于是，被袭击的蚁群的工蚁会自然拥立它为新蚁后，并倾力为它服务，照顾它的卵和后代。在美国东部地区，一种亮红色的蓄奴蚁——光亮悍蚁（*Polyergus lucidus*）在当地很常见。

蓄奴蚁

- 丘蚁［蚁属的某些种（*Formica* ssp.）］[3]。这类蚂蚁在美国东部很常见。你能在地上的蚁丘里发现浅褐林蚁（*Formica pallidefulva*）[4]，这就

---

　　[1]　图中仅画出了木蚁的三条足，不完整。——译者注
　　[2]　悍蚁属在我国分布有两个种，其中一种悍蚁——武士悍蚁（*Polyergus samurai*）在北方地区常见。——译者注
　　[3]　蚁属在我国分布有 45 个种（含亚种）。——译者注
　　[4]　该种在我国没有分布。——译者注

是一种丘蚁。它们的巢穴用泥土和植物材料（如腐烂的树叶和草）筑成，高60～90厘米，宽30～60厘米。你可以在美国东部山区的林间空地上发现这种巢穴。这种丘蚁经常劫掠那些胆小的亚丝山蚁[1]（*Formica fusca subsericea*）的蛹，以此闻名。孵化出的亚丝山蚁将成为它们的奴隶。

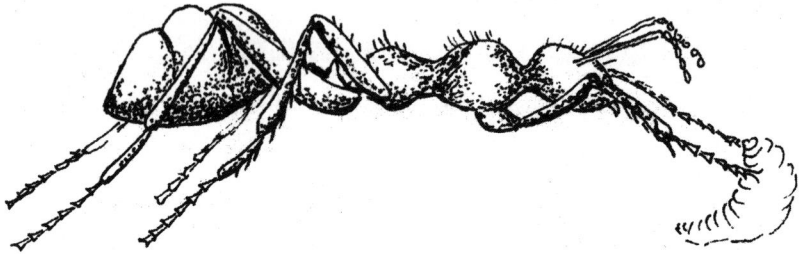

丘蚁

● 血红林蚁（*Formica sanguinea*）[2]。这种蚂蚁遍布美国各地，通常生活在灌丛中。在美国西部地区，它们偏爱在蒿属（*Artemisia*）植物中生活。血红林蚁会集结成一支行军队伍，入侵胆小的丝光褐林蚁（*Formica fusca*）的领地，在击垮对方的同时，捕获它们的幼蚁和蛹，甚至连那些刚成熟的蚂蚁也会成为它们的奴隶。

白蚁。白蚁的等级制度比蚂蚁、蜜蜂和胡蜂更完善。它们的蚁群是由一群具有繁殖能力的雌性和雄性白蚁组成的。一些白蚁有翅膀，而另一些白蚁的翅膀则没有发育好。白蚁巢穴中也有兵蚁。我们可以在腐烂的木头中找到白蚁。你可以捕捉一只白蚁，将它与蚂蚁进行比较，看看它们有什么相似之处，又有什么不同。（见本章注解1。）

人们有时会把木蚁与白蚁混淆起来。我们经常能够看到排成队列的又大又

---

[1] 它是丝光褐林蚁的一个亚种。在我国，丝光褐林蚁是极为常见的一种黑色蚂蚁。——译者注

[2] 血红林蚁在中国也较常见，分布于我国西北和东北地区。——译者注

黑的蚂蚁在枯树或倒木中进进出出。看到这一景象时，你就可以掰开树皮，观察里面的情况。你会发现一系列由隧道相连的巢室。在一些比较老的巢穴中，巢室会相互连通，扩展成大厅等，如同迷宫一般。白蚁的隧道通常与木材的纹理平行，但它们不会像木蚁的巢穴那样形成一系列纵横交错的复杂通道。白蚁巢穴的搭建材料其实是用白蚁的排泄物制成的浅灰色砂浆状物质。

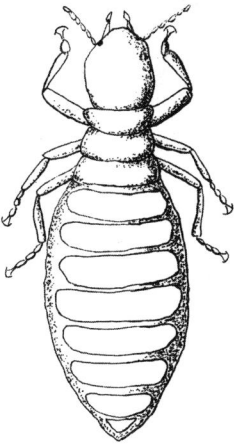

白蚁的工蚁

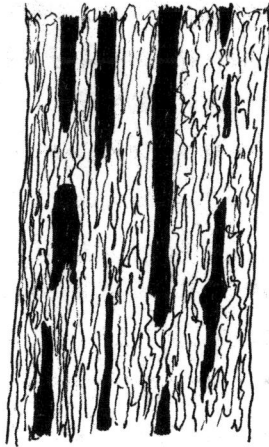

白蚁的隧道

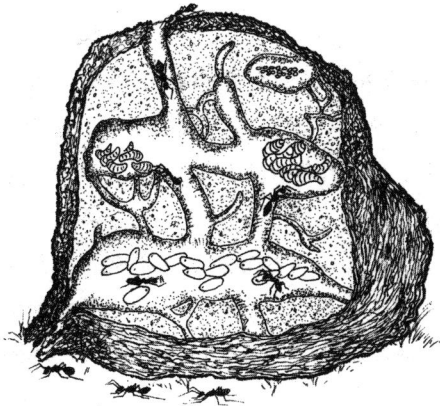

一截腐烂的木头里的白蚁巢穴的横截面示意图，
展示了与隧道相连的巢室

　　其他方面的比较。对蚁群中的蚁后与其他蚂蚁进行比较。它们有什么相同之处？又有什么不同？

蚁后[1]是唯一具有繁殖能力的雌性蚂蚁，其体重是工蚁的数千倍

　　接下来，找一些其他昆虫（比如蛾、瓢虫），对其进行比较，再分别与蚂蚁进行比较，看看它们有什么相同和不同之处。给每种昆虫画一幅画，并在画上标出它们的相同和不同之处。

　　自我清洁。触角对每只蚂蚁和整个蚁群的生存都非常重要。通过自我清洁，蚂蚁可以清除触角和其他身体部位的污垢与碎屑。

　　如果你抓到了一只个头比较大的蚂蚁，而且有一个高倍放大镜，就能看到蚂蚁用于清洁的工具，即位于每条足的前端、像梳子一样的毛[2]。请描述一下这种清洁工具，看看它所在的部位与足的其他部位有什么不同。

　　由于蚂蚁每天都要花很多时间来做清洁工作，你有机会看到这个过程，那将是一场很有观赏性的表演。蚂蚁清洁触角的方法是：用前足上的"梳子"划拉每根触角，并用口器清除那些梳洗下来的污垢。蚂蚁会用前足上的"梳子"清洁中足，然后用中足上的"梳子"清洁后足。那么。前足该怎么清洁呢？

---

　　[1]　图中仅画出了蚁后的 5 条足，但此图在科学研究上是完整的。——译者注
　　[2]　这一特殊构造称为胚梳。——译者注

蚂蚁的聚集。有时你会看到草地或路面上聚集着大量蚂蚁。它们都有翅膀，因而还经常被误认为是白蚁。其实，它们是具有繁殖能力的雄性和雌性蚂蚁，刚从巢穴中爬出来，正准备进行交配。你可以试着找一找它们丢弃的翅膀。

有时，你能看到两群不同体形的蚂蚁打成一团。这可能是来自两个蚁群的蚂蚁正在争夺巢址。争斗的结果如何？两群蚂蚁最后分别去了哪里？

探索活动

捕捉蚂蚁。搜寻蚂蚁的最佳时间是从晚春到秋季。你需要准备一个空罐子、一些蜂蜜、一副手套、一把带衬垫的镊子，以及一个塑封袋。在罐子里放一些蜂蜜，然后把它放在室外。蚂蚁经过多长时间才被引诱过来？当蚂蚁聚集在罐口时，你就可以戴上手套，用镊子夹起蚂蚁，将它们放进塑封袋中。

另一种方法是挖开一个蚁巢来收集蚂蚁。在后院里找一个可能是蚁丘的小土堆，戴上手套，将一块浅色的布铺在小土堆旁，然后用小铲子将小土堆挖开，将土都倒在布上。如果这确实是一个蚁丘，你很快就能看到泥土中的蚂蚁。如果想找到蚁后，那就要挖得更深一些。用镊子夹起蚂蚁，将它们放入罐子中，然后将盖子盖好。蚁后要单独放在一个容器里。别忘了在盖子上扎一些透气孔。

刚放进塑封袋或罐子里的蚂蚁很活跃。你可以把塑封袋或罐子放在冰箱里20分钟左右，让它们"冷静"下来。所有的昆虫都会对周围环境的气温做出反应，因为它们没有哺乳动物的那种内部体温调节系统。

蚂蚁的行迹。蚂蚁会采取多种办法找到回家的路。对蚂蚁来说，周围环境中的一些特殊之处（如一块突出的岩石以及太阳的偏振光）都是很有用的视觉线索。不过，它们最常用的办法还是留下气味标记。蚂蚁会分泌一种信息素，在经过的地方留下标记。

除了火蚁，其他蚂蚁都可以安全地作为你的试验对象。在与蚂蚁打交道时，最好戴上手套，毕竟它们可能叮咬你。最好在晚春到秋天这段时间做试验，这时比较容易发现蚁群。在你家后院中、马路边和人行道周围好好搜寻一下，看看有什么发现。

看到一群蚂蚁排着队行进时，你可以用手指挡在路的前方，看看这支队伍会如何反应。等这群蚂蚁经过这里原路返回时，它们又会有什么行为？它们还是绕着走吗？（此时手指已经移开。）后面的蚂蚁需要多长时间才能恢复原来的（直行）路线？是不是一定要等到它们找到食源之后，行进线才能恢复？

将一茶匙蜂蜜或糖浆放在离蚁巢1米远的地方，并在蚁巢四周放4块纸板。这样的话，只要蚂蚁想去食源那里，就肯定会在纸板上留下行迹。观察蚂蚁如何从一个地方爬到另一个地方。它们的行进路线是直线吗？它们如何利用触角追寻前面那批发现食物的蚂蚁留下的气味（一种化学踪迹）？等到三四十只蚂蚁完成了（蚁巢与食源之间的）往返，把离食源最近的纸板原地旋转45度，看看会发生什么事。接下来，将这块纸板原地旋转135度。这些蚂蚁又会有什么反应？那些新入队的蚂蚁有什么样的行为？在笔记本上记录它们的行为和反应。在其他地方，用其他蚂蚁做类似的试验。比较一下观察结果，你有什么发现？（见本章注解2。）

觅食。如果发现的食物太大，比如一只死了的昆虫，蚂蚁就会返回巢穴召集更多的工蚁前来帮忙，一起把食物搬回家。好好观察一下一大群蚂蚁如何通力协作，一起把毛毛虫、死蟋蟀或面包屑带回蚁巢。这非常有意思。一位观察者注意到，在开始搬运食物前，蚂蚁大约会在10分钟内完成各项前期工作的部署。一旦开始工作，它们就会尽全力将食物拉回蚁巢。有一段时间，一些蚂蚁可能会向反方向拉食物，随后它们又会回到同一方向上。有几种常见的蚂蚁，它们不会将大块食物整个拖回蚁巢，而是将食物撕成小块，一块一块地搬回家。在蚁巢附近放一大块食物（如一块面包或一只死了的昆虫），观察蚂蚁的行为。它们是把食物整个搬走还是先把它撕成碎块？蚂蚁花了多长时间才组建起一支搬运队伍？

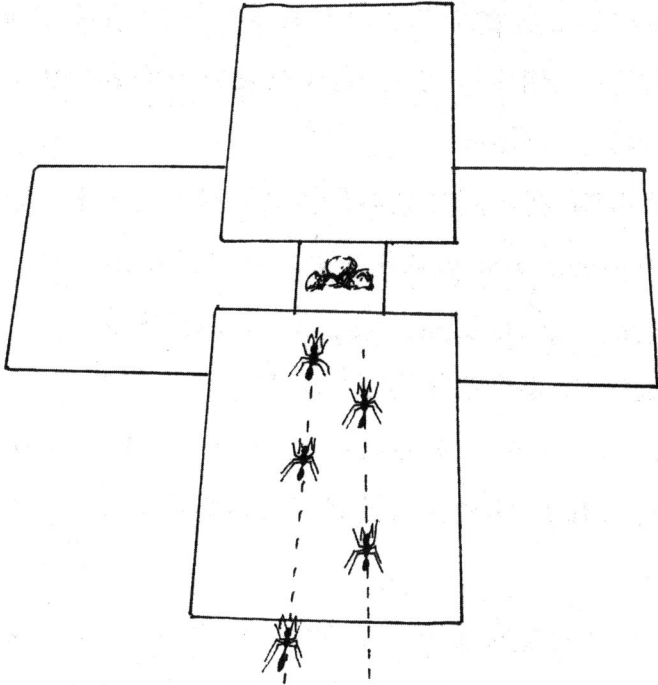

这个装置有助于你研究蚂蚁的气味踪迹

　　蚂蚁有偏爱的食物吗？将各种食物（如蜂蜜、黄油、果酱、酸奶、牛奶，以及切成小块的各种水果和蔬菜）都放在室外的平台上，作为蚂蚁的喂食站。每隔30分钟左右检查一次喂食站。蚂蚁看起来更喜欢哪一种食物？在其他几个地方也做这种试验。这些试验结果是相同的还是不同的？

　　蚂蚁农场。蚂蚁农场是一套供人们观察蚂蚁在巢穴中生活的绝佳装置。你可以去玩具店、宠物店、自然科学用品商店购买，也可以自己制作一个。

本章注解

1. 与蚂蚁不同，白蚁的身体是柔软的，也没有"腰"；它们的触角是直的，不像蚂蚁的那样弯曲。白蚁的眼睛很小或者根本没有眼睛，而蚂蚁的眼睛很大，发育良好。兵白蚁的头部很大，还长有强壮的颚，能够咬碎各种木头。美国境内生活着两种白蚁，其中欧美散白蚁（*Reticulitermes flavipes*）生活在美国东部地区，美国散白蚁（*Reticulitermes hesperus*）在美国的整个西部地区都能发现[1]。人们从多米尼加琥珀中发现了一种已灭绝的白蚁，表明白蚁早在 3000 万年前就已经出现在地球上。

2. 内容出处：H.史蒂文•达舍夫斯基的《昆虫生物学：49 个科学展览项目》（*Insect Biology: 49 Science Fair Projects*）（麦格劳－希尔教育出版公司，1992 年，第 35 ～ 37 页）。

---

[1] 目前全世界已知的白蚁种类有 3000 余种，我国有 476 种。欧美散白蚁在我国分布广泛，但美国散白蚁在我国没有自然分布。——译者注

第七章　瓢虫

可爱的小昆虫

人人都喜欢瓢虫。在园艺商店中，你能找到各种带瓢虫形象的装饰品来装点你的花园。随便走进一家书店，你也能找到以瓢虫为主题的儿童读物。文创商店里则满是关于瓢虫的文创用品。从运动衫到灯具，从珠宝到防烫套垫，到处可见瓢虫的身影。

这些可爱的小昆虫有好几个不同的英文俗名，如"ladybird beetle""lady beetle"等，这可能会引起一些混淆。不过在美国，人们通常只是管它们叫"ladybug"。

瓢虫有 6 条腿，身体分为头部、胸部和腹部，是名副其实的昆虫。瓢虫属于鞘翅目，鞘翅目也就是人们常说的甲虫，包括大家熟知的许多种类（如日本丽金龟、象鼻虫和萤火虫等），但没有哪一种像瓢虫这样受欢迎。你可能很惊讶，全世界居然有 35 万多种甲虫。这一数字约占所有昆虫种类的 40%。更让人吃惊的是，全世界有 5000 多种瓢虫，其中 370 种生活在北美地区[1]。

瓢虫会捕食那些有害昆虫，食量巨大，并因此闻名于世。在欧洲的民间传说中，它甚至被赋予了超自然的力量。人们曾经认为瓢虫的出现预示着风调雨顺、五谷丰登。很多人相信，瓢虫会给那些发现它的人带来好运。

作为贪婪的捕食者，瓢虫是我们对付植物害虫的好帮手。当它们从一棵植物飞到另一棵植物时，也为花完成了授粉。这种昆虫在美国还有一段有趣的历史。自殖民时代以来，它们就以消灭农业害虫的能力而闻名。但直到 19 世纪末，这种能力才在美国得到大范围应用。当时，原产于澳大利亚的一种害虫——吹绵蚧（*Icerya purchasi*）被意外带到了美国，侵袭了加利福尼亚州的柑橘园，造成大量柑橘树病死，带来了严重的经济损失。于是，科学家就在澳大

---

[1] 中国已知的瓢虫种类高达 530 种。——译者注

利亚本土展开搜寻，最终发现了一种瓢虫——澳洲瓢虫（*Rodolia cardinalis*）[1]恰是这种入侵害虫的天敌。科学家将数百万只澳洲瓢虫投放到柑橘园中。它们大快朵颐，很快就将害虫消灭殆尽，从而拯救了规模庞大的柑橘种植产业。

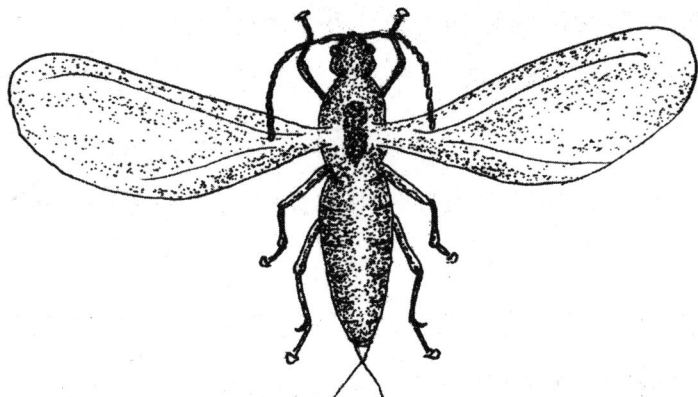

吹绵蚧

近年来，来自澳大利亚的小黑瓢虫（*Delphastus pusillus*）也被引入美国，用来防治那些威胁柑橘园及各种温室作物的粉虱。

此外，异色瓢虫（*Harmonia axyridis*）也被引入美国，用于蚜虫的生物防治。这种瓢虫喜欢待在树上，并且已被证实能有效控制蚜虫的数量。这些蚜虫会侵害加利福尼亚州、康涅狄格州、佐治亚州、路易斯安那州和马里兰州的山核桃树及其他果树。

眼下，北美东海岸的铁杉林正在遭受一种名为球蚜的刺吸式害虫的侵袭。瓢虫再一次出来"救场"，一种来自日本的瓢虫——日本瓢虫（*Pseudoscymus tsugae*）正在奋力拯救这些优美的树木。这些勤勤恳恳的瓢虫会在球蚜的各个发育阶段对它们展开捕食，而且它们的繁殖速度很快，能够与球蚜保持同步。

---

[1] 澳洲瓢虫原产于澳大利亚、新西兰等地区，在 1955 年被引入我国，目前在南方的柑橘产区均有分布。——译者注

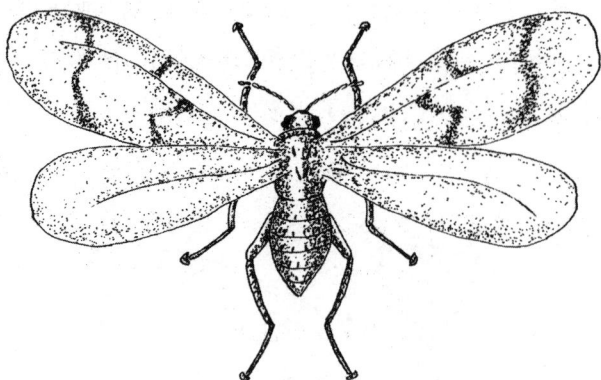

粉虱非常小，呈白色，身体和翅膀上均覆盖着一层白色粉末

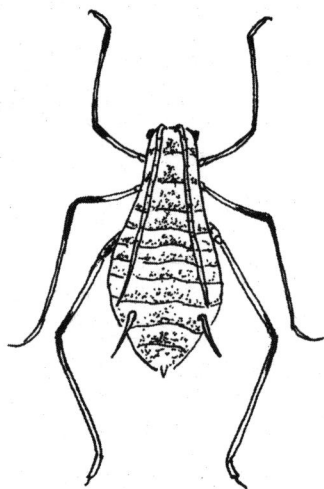

蚜虫是全球公认的害虫，它们会吸食植物汁液，还会导致植物病害

  这段简短的历史说明了人类和瓢虫之间存在着特殊关系，也许再也不会有另一种昆虫能给我们带来如此的保护，甚至是关爱了。然而，除了给人类带来的这些实际益处之外，瓢虫还有一种不那么具体的品质——能够激发人类保护这些小可爱的天性。即使不知道瓢虫对农作物的益处，孩子们也会被它们迷住。他们发现这样一只带着黑点的橘红色小昆虫时，别提有多高兴了。

  在 20 世纪中叶，美国人对瓢虫的痴迷达到了前所未有的程度。到了 1973 年，已有包括特拉华州、马萨诸塞州和田纳西州在内的 29 个州宣布瓢虫为"州虫"。1989 年，经过一番折腾，纽约州宣布九星瓢虫（*Coccinella novemnotata*）为该州的"州虫"。这种瓢虫的两只橙色鞘翅上各有 4 个黑斑，颈部附近还有一个黑斑。但如今，在纽约州已发现的大约 70 种瓢虫中，没有一种有这样的标记。如果你仍然不死心，想要找到九星瓢虫，那么可能永远也找不到。虽然自 1970 年以来，它就没有在纽约州再出现过，但它仍然保留着作为"州虫"的这份荣誉。

瓢虫会对一年四季的节律变化做出反应。夏去秋来，天气逐渐转冷。气温的下降会影响瓢虫的行为，它们的新陈代谢速度随着体温下降而减慢。为了度过寒冷的季节，一些种类的瓢虫会大量聚集在松散的树皮下、工具房里、屋顶的木瓦下，以及其他能帮助它们抵御寒冬的隐蔽之所。瓢虫的这种行为有时对农民来说非常有利。在内华达山脉，那些迁徙而来的瓢虫会大规模聚集在树木的基部。这些成群的瓢虫会被人们专门收集起来，按体积出售给农民。

在冬末或早春，气温变暖，瓢虫从休眠中苏醒，然后从庇护所中爬出来。这个时候，我们往往才发现它们其实一直与我们生活在一起。一位朋友告诉我，随着冬季结束，她家二楼的一个阴凉的储物间被一大群瓢虫"相中"了，成为了它们的新住所。

到了春天，瓢虫的首要任务就是寻找配偶。它们的视力不佳，但这并不妨碍它们求偶，因为它们主要用触角来辨识食物、其他瓢虫以及不相关的昆虫。在春季完成交配后，雌性瓢虫每隔一段时间就会产一次卵，并继续觅食。

对于瓢虫来说，交配是一种周期性行为，而不是在春季一次做完了事。通常雌性瓢虫在交配的时候可以继续进食，但雄性瓢虫做不到，因为它们在交配时要趴在雌性瓢虫的背上，没法够到食物。精子会储存在雌性瓢虫体内一个叫作受精囊的特殊器官中。因此，虽然只进行了一次交配，但雌性瓢虫可以分批产卵。在产下一批卵之前，一只雌性瓢虫还能与多只雄性瓢虫进行交配。

在从卵到成虫的发育过程中，昆虫会经历一些奇妙的变化阶段。一些昆虫（如蟋蟀）的发育过程有 3 个阶段（卵、若虫和成虫），这种现象称为不完全变态。若虫看起来像微小的成虫。这样的话，在从若虫到成虫的发育过程中，昆虫身体的变化不会那么剧烈。随着这类昆虫发育成熟，它们的体形会发生变化，但整体上变化不大。

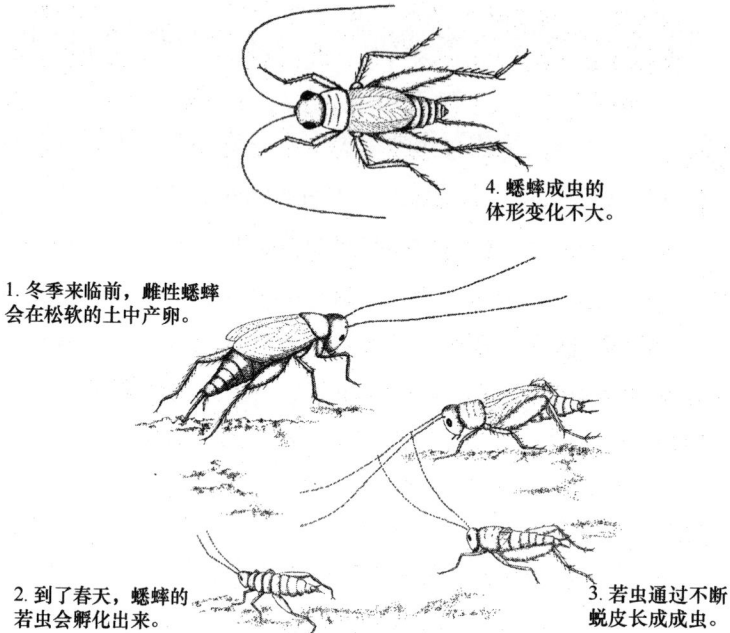

4. 蟋蟀成虫的体形变化不大。

1. 冬季来临前，雌性蟋蟀会在松软的土中产卵。

2. 到了春天，蟋蟀的若虫会孵化出来。

3. 若虫通过不断蜕皮长成成虫。

蟋蟀的生活史

其他昆虫（如蝴蝶和蛾）要经历 4 个阶段的完全变态。在每个阶段（卵、幼虫、蛹和成虫），这类昆虫会呈现完全不同的外观形态。瓢虫的发育过程属于完全变态。

瓢虫会在有大量蚜虫、蓟马、螨虫、粉蚧和介壳虫的植物枝干和叶片上产下橙黄色的椭圆形卵。这些昆虫以及其他软体昆虫将成为几天后孵化出来的幼虫的食物，而这些卵会被一种胶状物质粘在植株的合适位置。如果你碰巧在室内植物的枝叶上发现了一些瓢虫卵，那么可以好好观察几天，你会发现卵在孵化前会变得暗淡。

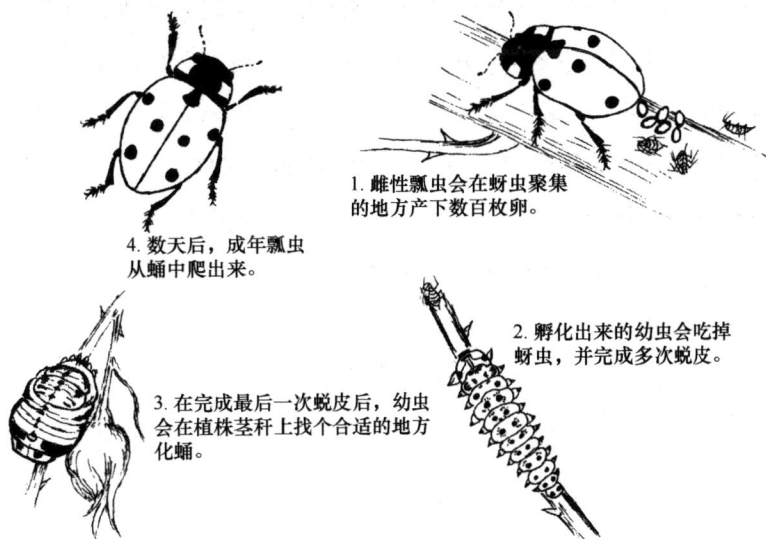

1. 雌性瓢虫会在蚜虫聚集的地方产下数百枚卵。

2. 孵化出来的幼虫会吃掉蚜虫，并完成多次蜕皮。

3. 在完成最后一次蜕皮后，幼虫会在植株茎秆上找个合适的地方化蛹。

4. 数天后，成年瓢虫从蛹中爬出来。

七星瓢虫（*Coccinella septempunctata*）的生活史

尽管刚孵化出来的幼虫注定会蜕变成一只可爱的瓢虫，但它们的表皮粗糙，整个看起来居然有点像小鳄鱼。它那黑色的、分节的长条形身体长 1.6～3.2 毫米，上面还有红色、橙色或黄色斑点。每个腹节都有 6 个瘤状突起，上面长有刚毛，可能起保护作用。幼虫不仅具有刚毛这种防御武器，它本身的气味也非常令人不快，以至于许多捕食者（如蚂蚁）宁愿去别处觅食也不想吃它。

所有昆虫的幼虫都十分贪吃，甚至可以说它们的生活就是不停地吃。一些营养物质被转化为蛋白质，以满足幼虫的生存所需；其他营养物质会以脂肪的形式储存起来，以备蛹期使用。瓢虫幼虫用强壮的颚捕捉蚜虫，然后吸取其富含营养的体液。研究表明，一些瓢虫幼虫每天能吃掉 500 只蚜虫，这比它们成年后吃掉的要多得多。

伴随着生长和发育，瓢虫幼虫要经历三四次蜕皮，这个阶段称为龄期。每当幼虫长得更大时，外皮会变得很紧，便会沿背部裂开，然后幼虫就从皮壳中挣脱出来，继续进食、长大。在完成最后一次蜕皮后，瓢虫将面对整个生活史中最危险的一段时间，并不是所有幼虫都能幸运地活下来。瓢虫的天敌有草蛉幼虫，而这种幼虫也总是在不停地觅食。

到了最后一个龄期，幼虫会在植物茎叶上寻找一个合适的地方，借助尾端吸盘状的圆盘以及分泌的胶状物质将自己"粘"上去。几小时后，旧的外皮裂开，露出里面的蛹。蛹会逐渐干燥变硬，颜色也变成深黑色。幼虫会附着在那些食源丰富的植物上化蛹，这也为将羽化的成虫准备了充足的食物。

蛹期看起来只是一段休眠期，但其实在这一时期发生了令人难以置信的变化。如果我们能看到蛹壳内部，就会发现里面的生物与其曾经的毛毛虫形态毫无相似之处。在蛹期，幼虫会经历一系列生物化学反应，其身体结构会完全分解成一团由脂肪、蛋白质等营养物质和细胞组成的混合物。蛹壳裂开后，露出来的居然是孱弱无力的成虫。它们会用腿尽力从蛹壳中挣脱出来。蛹期的长短因瓢虫的种类而异，但一般为 5 ~ 7 天。

刚刚破蛹而出的瓢虫还不会飞，柔软的翅膀需要几小时才能变干变硬。瓢虫的成虫一开始是黄色的，然后慢慢地变成大家最终看到的颜色。每种瓢虫所特有的斑点将逐渐显露，而鞘翅也会慢慢变硬、展开，以保护下面脆弱的膜翅。

在儿童故事书中，瓢虫往往有着红色鞘翅，并且上面还均匀地分布着几个黑色圆点。实际上，成年瓢虫的外形与书中的描述不一致。根据种类的不同，瓢虫的颜色可以是黄色、橙色、黑色、棕色或灰色等。一些种类的鞘翅上有圆形黑斑，另一些则有黑色大斑块、条纹或者许多小斑点，还有一些种类根本没有任何图案。

成年瓢虫几乎没有捕食者或天敌。然而，在房屋和花园中喷施的杀虫剂在杀灭害虫的同时，也会杀死这些可爱的益虫。瓢虫具有鲜艳的颜色，其实是在警告那些饥饿的鸟类和哺乳动物——"我可不怎么好吃"。当受到威胁时，瓢虫会从关节处分泌一种苦涩的液体。如果捕食者没有理解瓢虫"请勿靠近"的警示颜色，还想继续吃它，这种苦味恐怕会令其"没齿难忘"，从而避免了之后其他瓢虫被吃掉。当然，对于人类来说，瓢虫鲜艳的颜色可不是什么警告；相反，我们会认为这特别有吸引力。

当看到这些鲜艳的小虫子时，我们往往会不自觉地伸出手来，让它们爬到手上。过一会儿，它们就会飞走，继续为人类做好事。

瓢虫的世界

工具和器材	科学技能
基础工具	观察
带盖的小罐子	对比
方格纸	推理

注意：如果你想拥有一群活的瓢虫，只需要养一些能吸引蚜虫的室内或庭院植物就可以了。蚜虫是瓢虫最喜欢的食物。一些能够吸引蚜虫的植物包括木槿、三色堇、月季和香豌豆等，而且这些植物非常适合在室内或庭院的花盆中种植。

自然观察

捕捉瓢虫。你需要提前准备一个罐子，要么是带盖子的，要么配一块塑料膜（或铝箔）和一根用来封住罐口的橡皮筋。无论你打算用哪种方式封口，都一定要记得在上面戳几个小孔来透气。

你可以在很多地方找到瓢虫。在早春时节，你甚至可能发现它们正在家里的窗台上爬行。想抓一只瓢虫时，可以在它的必经之路上放一张约 8 厘米 ×13

厘米的硬纸片。瓢虫会毫不犹豫地爬上去，继续向前爬行。这样用硬纸片就很容易将瓢虫转移到罐子里。如果你在一株植物上发现了瓢虫，那么可以在它所在的叶子或嫩枝下面放一个罐子，然后轻轻拍打枝叶，瓢虫就会掉进罐子里。

瓢虫的形态结构。借助放大镜，参考下图，你可以学到很多关于瓢虫的知识。你看到的瓢虫是什么颜色？它的身上有圆点、斑块或条纹吗？如果有，有多少？它们是怎么排列的？圆点、斑块或条纹是在鞘翅上还是在膜翅上，或者二者上面都有？

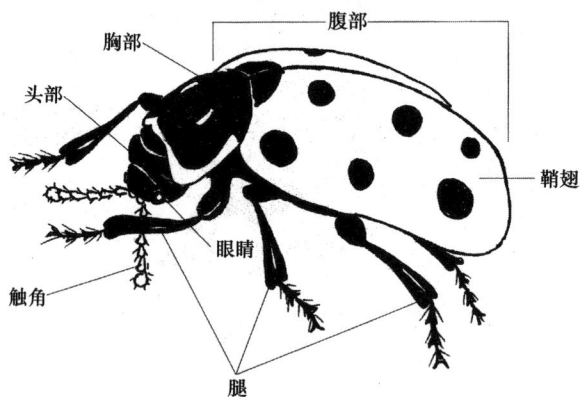

瓢虫的形态结构示意图

仔细检查瓢虫，看看它的身体由几部分组成。你能辨认出它的头部、胸部和腹部吗？瓢虫的头部和胸部加起来大概只有身长的四分之一，而身体的其余部分由闪亮的外壳（称为鞘翅）以及腹部、触角、腿组成。它有几只触角？触角是和腿一样长，还是与胸部的宽度一致？

瓢虫有几条腿？它是如何行走的？是一侧的 3 条腿先向前移动，然后另一侧的 3 条腿跟着移动，还是两侧的腿交替前行？

当瓢虫刚刚降落下来时，它是怎么收起翅膀的？在休息的时候，它的膜翅通常都是折叠着的，并被上面的鞘翅盖住。不过，有时你也能看到膜翅的尖端从鞘翅下面露出来。在放飞瓢虫的时候，观察它的起飞姿态。瓢虫在飞行时，你能看到它的鞘翅处于什么状态吗？

准备起飞时，瓢虫会
张开红色的鞘翅，然
后快速扇动膜翅

　　给你的瓢虫画一幅画，然后进行标注，这有助于你将它与其他种类的瓢虫区分开来，还能鉴别出它的种类。注意观察它与其他种类的瓢虫的共同特征。

　　瓢虫的体形。瓢虫非常小，我们很难用普通的直尺或卷尺进行测量。为了描述它的大小，你可以用一些熟悉的东西与它比较，比如豌豆、扁豆或者图钉。有了这样的参照物，就能了解瓢虫有多大。你可以在玻璃杯底部放多少只瓢虫？你还可以用铅笔绕着一只瓢虫画个小圈，这样就可以记录它的大小，以便进行后面的比较。

　　自我清洁。瓢虫会花很多时间用口器和腿进行自我清洁。观察这个过程，有规律可循吗？在你的笔记本上将其描述下来。（见本章注解1。）

　　瓢虫的幼虫。在玫瑰、茴香、罗勒、豆类或莴苣等植物的叶片上仔细搜寻，就能找到像毛毛虫一样的瓢虫幼虫。捉一只幼虫，将它与植物枝叶和一些蚜虫放在一起，用放大镜观察幼虫的样子。描述一下它的形状、表皮和体色。瓢虫幼虫与其他昆虫的幼虫有什么区别？

　　观察瓢虫幼虫的进食行为。幼虫会用尖利的口器将唾液注入蚜虫体内，然后吸出里面的内含物。大龄幼虫甚至可以咀嚼整只蚜虫。它是如何用腿来辅助进食的？随着不断长大，它还能吃掉那些比蚜虫、介壳虫和粉蚧等大很多倍的猎物。当你抓住一只瓢虫时，能分辨出它在吃什么吗？

幸运的话，你能观察到被捕获的瓢虫幼虫会继续发育并进入蛹期。详细记录你的观察结果，同时记下你在观察过程中产生的疑问。

瓢虫种类的鉴别。瓢虫的种类众多，你很可能会捕捉到不同的种类，因此绘图工作就变得格外重要。科学家是根据瓢虫的形态、腿长以及鞘翅的颜色和斑纹（样式、位置和数量）对它们进行分类的。参考以下描述，鉴别你抓到的瓢虫属于哪个种类。（见本章注解 2。）

二星瓢虫（*Adalia bipunctata*）[1]。顾名思义，这种卵形瓢虫闪亮的橙红色鞘翅上通常有两个黑斑。它们是蚜虫的重要捕食者，通常栖息在乔木或灌木上。它们常常在秋天闯入我们的家中，但没有异色瓢虫多。

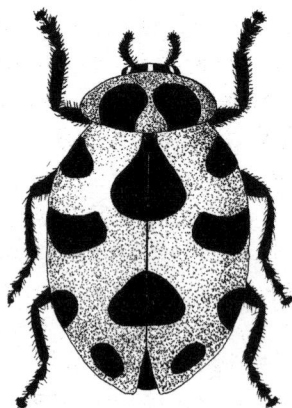

大斑长足瓢虫（*Coleomegilla maculata*）[2]。这种瓢虫身体修长（能长到 0.7 ~ 0.8 厘米），腿也长，粉色或红色的鞘翅上有一些很大的黑斑。我们在北美大部分地区能发现它们。

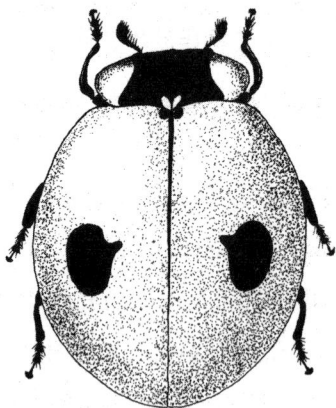

二星瓢虫　　　　　　　　　　大斑长足瓢虫

---

[1]　二星瓢虫在我国有分布且分布广泛。——译者注
[2]　大斑长足瓢虫原产于北美地区，在我国没有分布。——译者注

集栖瓢虫。这种身体修长、有斑点的瓢虫是北美地区最常见、数量最多的种类之一，因此一般被称为"普通瓢虫"。它们的胸部有两条白色斜纹，如同"散列标识符"一样[1]。虽然它们的幼虫也以蚜虫为食，但食量取决于幼虫的龄期和种类。在内华达山脉和加利福尼亚的海岸山脉，这种瓢虫的成虫会大量聚集，然后成群结队地飞往温暖的峡谷地区，并在那里过冬。

澳洲瓢虫。这种瓢虫主要分布在加利福尼亚州和佛罗里达州。我们之所以在这里提到它们，是因为它们在人类与入侵生物吹绵蚧的战斗中发挥了巨大作用。它们通体呈红色，并带有形状不一的黑色斑纹。与上面介绍的种类不同，它们全身覆盖着非常纤细的丝状毛。

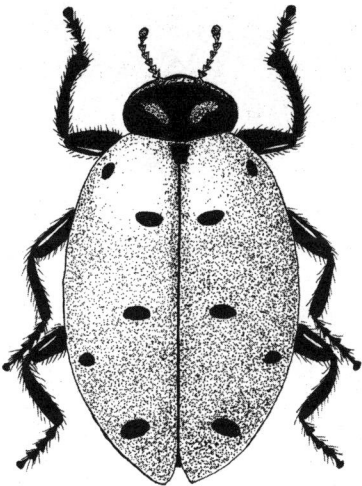

集栖瓢虫

澳洲瓢虫

楔斑溜瓢虫（*Olla v-nigrum*）[2]。你可以在美国大部分地区发现这种瓢虫，它们的体形接近圆形。有些个体的体色是带有很多黑斑的淡黄色，有些个体呈

[1]　集栖瓢虫在我国没有分布。散列标识符是一套数学符号，其中表示汇集的符号与这种瓢虫头上的两条斜纹组成的图案很相似。——译者注

[2]　楔斑溜瓢虫在我国台湾有自然分布。——译者注

灰色或米色，还有一些个体的体色是带有两个红斑的黑色。核桃蚜虫是它们最喜欢的食物，不过它们也会吃其他蚜虫、木虱和白粉虱。

二刺唇瓢虫（*Chilocorus stigma*）[1]。这种闪亮的黑色圆形瓢虫的鞘翅上有两个明亮的红色斑块，它们因此而得名。这个种类在美国各地都有发现。

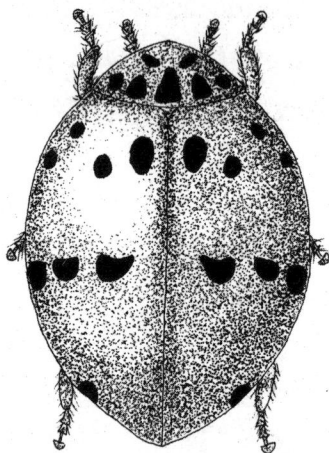 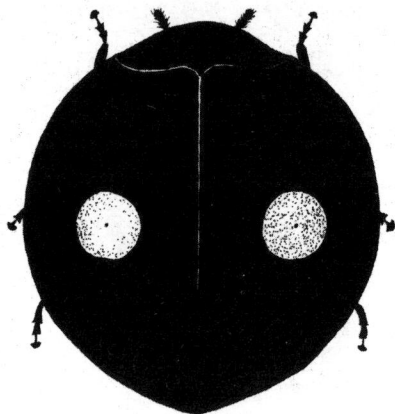

楔斑溜瓢虫　　　　　　　　　　　　二刺唇瓢虫

黄斑显盾瓢虫（*Hyperaspis signata*）[2]。这种微小的椭圆形瓢虫几乎通体是黑色的，并带有橙色至深红色的斑点或条纹。你可以在北美东海岸（从纽约州到佛罗里达州，最西到得克萨斯州）找到它们。

异色瓢虫和七星瓢虫[3]。这两个外来物种现在是美国最常见的瓢虫。

瓢虫的食谱。有些种类的瓢虫食性比较专一，而其他种类的食性则比较广

---

[1]　该种在我国没有分布，也没有正式中文名。暂定中文名"二刺唇瓢虫"是根据英文名"twice-stabbed lady beetle"直译而来的，"twice-stabbed"是指"被刺了两次"，于是在身上留下两个红色伤口，与这种瓢虫身上的两个红斑相似；属名"*Chilocorus*"的中文名为"唇瓢虫属"。——译者注

[2]　该种没有正式中文名，暂定中文名"黄斑显盾瓢虫"是根据英文名"yellow-spotted lady beetle"直译而来的，属名"*Hyperaspis*"的中文名为"显盾瓢虫属"。——译者注

[3]　异色瓢虫和七星瓢虫在我国有自然分布且分布广泛。——译者注

泛。同翅目的几种昆虫（如蚜虫、白粉虱、介壳虫和粉蚧等）都是瓢虫的常见食物，而螨虫、蓟马、新孵化的毛虫以及各种甲虫的幼虫更丰富了它们的食谱和蛋白质来源。

　　在观察瓢虫的时候，你可能会发现一种臭名昭著的植物害虫——蚜虫，它们是瓢虫的主要食物之一。你可以在各种植物的枝叶和花上搜寻它们，一旦有所发现，就用放大镜对它们进行观察，还可以将它们画下来。请描述一下蚜虫的眼睛、触角和腿。蚜虫有翅膀吗？一只蚜虫是怎么从一群蚜虫中穿过去的？你看到蚜虫背上的两根针管（见本章注解3）了吗？蚜虫是什么颜色的？虽然有些蚜虫是其他颜色（如红色）的，但大多数是绿色的。绿色是它们的一种保护色，用来隐藏自己，躲避捕食者。蚜虫个体有多大？是像一个针头那么大还是像两个针头那么大？

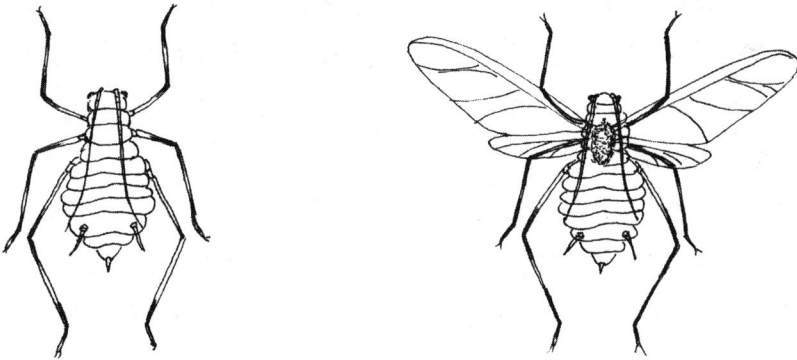

有的蚜虫有翅膀，有的没有翅膀，但它们都有刺吸式口器，
不用时就将口器藏在身体下面

　　蚜虫会用中空的针状口器刺穿植物的茎叶，然后吸食其中含糖的汁液。你能看到这个针状口器吗？吸食植物汁液后，蚜虫会分泌一种黏稠的蜜汁（称为蜜露）。蚜虫既有蜜露又有蛋白质，两道美味搭配在一起，使之成为瓢虫最喜爱的食物。

注意观察蚜虫是否在进食。它们的口器是不是刺入了植物的茎叶中？碰一下蚜虫，让它动起来。当它移动的时候，它的口器处于什么状态？当蚜虫在植株上爬行时，它的触角是怎么活动的？

探索活动

生存技巧。你可以小心地从植物上抓一只瓢虫下来，把它背朝下放在一个平面上，然后摆弄一下。它通常会立即把腿都收起来，像死了一样。它其实是在装死。对它的天敌或捕食者来说，这种行为极具欺骗性。它会保持这种僵硬的假死状态几秒到一两分钟，然后 6 条腿开始使劲在空中蹬来蹬去，想翻过身来。根据你的观察，看看瓢虫装死了多久。你觉得这种行为对瓢虫有什么好处？它是怎么翻身的？需要多长时间？再找几只瓢虫重复这个试验，看看它们平均需要多长时间才能翻身。

碰一下瓢虫的触角，看看它有什么反应。在笔记本上记录你的观察结果。

瓢虫还有一种化学防御手段。你看到过一小滴黄色或橙色液体了吗？那是从瓢虫腿部关节处分泌出来的，味道十分糟糕，能够阻止天敌吃掉瓢虫。

运动轨迹。把一只瓢虫放在一大张白纸上。当它在纸上爬行时，将一支绘图笔的笔尖放在其身后的纸上，并跟着它在纸上移动，这样就可以画出瓢虫的运动轨迹了。用其他瓢虫重复做这个试验，并用不同颜色的笔画出每只瓢虫的运动轨迹。这些轨迹是否相似？瓢虫是沿直线移动还是不停地拐弯？

攀爬行为。找一根小树枝，然后将几只瓢虫放在其上的不同位置。它们有什么举动？多观察几次，并记录每次发生的情况。你可以把树枝插进一团橡皮泥中，以便固定。

觅食行为。瓢虫如何在植物上搜寻蚜虫，这是一个让昆虫学家困惑了许久的问题。通过观察，他们得出了一些有趣的结论。蚜虫通常出现在叶脉周围、枝梢或者植株上的狭窄之处（如分枝处、叶腋），并在这些地方吸食植物的汁液。而瓢虫似乎天生就知道要在这些地方投入更多时间，进行重点搜寻。仔细观察一株生有蚜虫的植物，看看蚜虫是否聚集在叶片上某个特别的部位。既然瓢虫以蚜虫为食，那么瓢虫最有效的捕食策略是什么呢？

摘一片生了蚜虫的叶子，把它放在一大张纸上，轻轻地对着它吹气（不要用力吹，而是像对着窗户玻璃或眼镜哈气一样）。一些蚜虫会从叶子上掉下来，最后散落在纸上。在纸的中央放两三只瓢虫，观察它们的搜索路径（爬行路径）。它们要花多长时间才能找到蚜虫？一只瓢虫吃完蚜虫后会做什么？通常来说，这只瓢虫会返回发现第一只蚜虫的地方，再在附近仔细搜索一遍。这是一种有效的搜索策略，因为在自然界中蚜虫通常成群出现，如果某个地方出现了一只蚜虫，就意味着附近还有更多的蚜虫。

将瓢虫招引到你的花园中。如果你想吸引瓢虫来到你的花园中，可以种一些莳萝、茴香、蒲公英、野胡萝卜或蓍草，这些都是很适合在花园里栽培的植物。有了瓢虫的帮忙，杀虫剂的使用量会明显减少。

在家里饲养瓢虫。找一盆长了蚜虫的植物，用细铁丝网给它做个笼子。在这盆植物上放一些瓢虫，然后把整个花盆搬到明亮的地方，但要避免阳光直射。过一段时间，瓢虫就会开始交配、产卵。

你可以观察瓢虫从卵到幼虫再到成虫的整个发育过程。在笔记本上记录这个过程，并画出瓢虫在不同阶段的体形变化。

新孵化出来的瓢虫需要大量食物。你可以从其他植物上剪下被蚜虫感染的枝叶，然后投喂给笼子里的瓢虫。

瓢虫对蚜虫种群的影响。找一棵生了蚜虫的植物，数一数蚜虫的数量，然后用塑料袋将这棵植物罩起来。这棵植物上的蚜虫数量每天都会增加吗？请连续观察三周，每天清点一遍蚜虫的数量。绘制一幅像下面这样的图来记录你的观察结果。推测一下，在 3 个月、6 个月甚至一年后，这棵植物上可能会有多少只蚜虫。

现在在这棵植物上放两只瓢虫，然后每天清点一遍蚜虫的数量，持续三周。将你的观察结果记录在第二幅图上。对比这两幅图，你能描述瓢虫和蚜虫之间的关系吗？

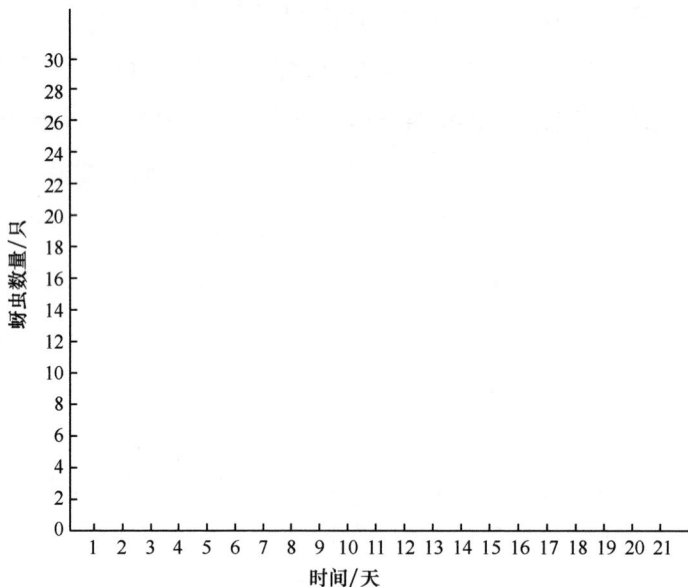

本章注解

1. 瓢虫会用颚清洁前足和触角，清除上面的灰尘和花粉颗粒。同侧的中足和后足会相互摩擦，从而实现对中足和后足的清洁。此外，它们还会用鞘翅的边缘和后足的下部剐蹭膜翅，以达到清洁膜翅的目的。

2. 文中描述的大多数瓢虫种类在美国各地都有发现。还有许多其他种类，主要分布在加利福尼亚州、新墨西哥州、亚利桑那州和佛罗里达州。

3. 蚜虫背部的针管状器官能够分泌一种蜡状物质，可以用来封堵攻击者的口器。

第八章　胡蜂

阁楼上的建筑师

在 10 月温暖的一天，当你走进一间车库或工具房中时，可能会瞧见一只腰肢纤细、身披金色条纹的胡蜂（或称为黄蜂、马蜂）正沐浴在秋日和煦的阳光之中，或者听到房梁、门廊或阁楼上有几只胡蜂在嗡嗡地飞舞。你也许还会发现墙角或屋檐下黏附着一些奇怪的管状泥巴。这些泥管要么单独排列，要么几个排列在一起，就像管风琴的琴管一样。你偶尔还会遇见一个篮球大小的纸质蜂巢挂在树上。在天气好的时候，在蜂巢周围还能见到飞舞的胡蜂，它们似乎随时都在准备攻击入侵者，保护自己的巢穴免遭破坏。我们常常把这种昆虫称为"虎头蜂"（英文名为 hornet），尽管这个名字只适用于一类胡蜂[1]。

胡蜂不像蝴蝶、蜻蜓和萤火虫等昆虫那样可以作为一种既有趣又安全的研究对象，这导致人们对它们的研究并不深入。人们对胡蜂的普遍看法是它们会蜇人，会建造各种奇奇怪怪的巢穴，有时还会成为人们在夏天野餐时的不速之客。到底什么是胡蜂呢？我们见过许多长着翅膀、嗡嗡叫的虫子，其中哪些是胡蜂？所有的胡蜂都会蜇人吗？它们能活多久？难道胡蜂对人类没有一点好处吗？

胡蜂是一种昆虫，它们的身体可分为头部、胸部和腹部三部分。它们还有两对透明的翅膀，只是后翅比前翅要小一些，因而被归为膜翅目昆虫。膜翅目的其他昆虫（如蜜蜂和蚂蚁）可能在外形和（或）行为特征上与胡蜂相似，但胡蜂与它们的这些"表亲"有明显的区别。蜜蜂身上的毛呈分叉的羽毛状，而胡蜂的体毛简单且不分叉。所有种类的蚂蚁都具有明显的膝状触角。

---

[1]　这里遵循原文的用意，将"hornet"一词翻译为"虎头蜂"，特指一类体形较大的胡蜂，它们具有黑白或黑黄相间的条纹，常在树上营建大型巢穴。美国常见两个种：黄边胡蜂（*Vespa crabro*）和白斑大黄蜂（*Dolichovespula maculata*）。黄边胡蜂在我国也有分布且分布广泛。——译者注

全世界的胡蜂大约有 18000 种[1]。种类如此丰富，导致胡蜂的物种鉴定工作非常困难，即便对专家来说也是如此，而且还有新种不断被发现。有些昆虫的外形与胡蜂的相似，比如一些蝇会模仿胡蜂的体色，将这作为一种防御手段。（见本章注解 1。）

昆虫学家将胡蜂分为两类：一类的翅膀在静止时像折扇一样纵向折叠，另一类的翅膀在背部展开而不折叠。大多数蜜蜂和有翅的蚂蚁与后一类相同。

根据不同的生活方式，人们将胡蜂分为两大类：群居性胡蜂（群居蜂）和独居性胡蜂（独居蜂）。群居蜂属于胡蜂科，这个家族包括我们熟悉的黄胡蜂[2]［黄胡蜂属的某些种（*Vespula* ssp.）］、虎头蜂和纸胡蜂［或称纸蜂、造纸胡蜂，指马蜂属的某些种（*Polistes* ssp.）］。有些种类的群居蜂的蜂群规模较小，但对于大多数种类来说，单个蜂群的规模可达数千只。

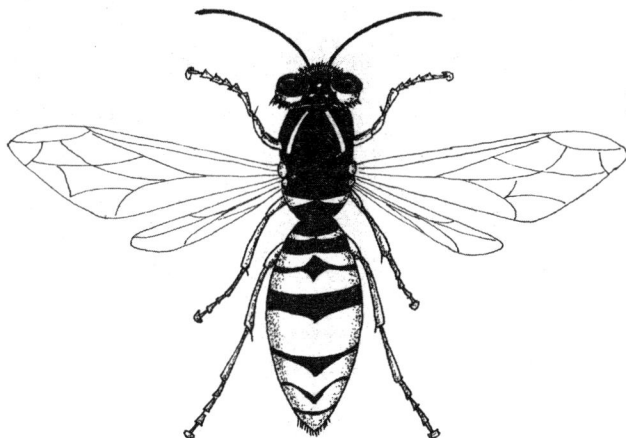

额斑黄胡蜂（*Vespula maculifrons*）

---

[1] 原文数据与新近发表的数据的差别较大。目前的研究表明，全世界已知的胡蜂种类约为 5000 种，中国已知约 290 种。——译者注

[2] 特指黄胡蜂属的某些种类，它们是胡蜂家族里体形最小的一类，仅约 1.5 厘米长，有黑黄相间的条纹。美国常见的种有两个：额斑黄胡蜂和南方黄胡蜂（*Vespula squamosa*）。我国也有额斑黄胡蜂分布且分布较为广泛。——译者注

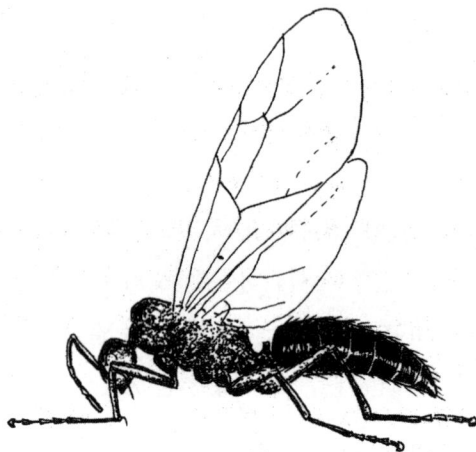

蚂蚁有独特的膝状触角，因此带翅的蚂蚁与胡蜂的区别也很明显

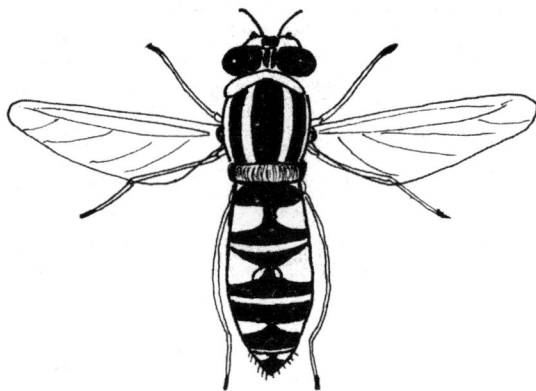

食蚜蝇（食蚜蝇科）具有与胡蜂类似的花纹，虽然身上没有螫针，但能够欺骗天敌，使它们不敢靠近

　　黄胡蜂和虎头蜂都具有攻击性。虎头蜂，尤其是白斑大黄蜂[1]，在整个北美地区都有发现。它们的翅膀为烟熏色，头部有黑白相间的斑纹，这些特征使它们很容易辨识。虎头蜂以巨大的球形纸巢而闻名，这些纸巢由木浆和它们的唾液混合而成，开口位于底部，通常悬挂在树上或附着在建筑物上。它们的唾液中含有一种胶状物质，在咀嚼时可以将木纤维胶合在一起。

――――――――

　　[1] "Dolichovespula maculata" 为该种目前的接受名（即学术界认可的名字），原文中使用的拉丁名 "Vespula maculata" 已作为异名处理（即不再被认可和使用）。——译者注

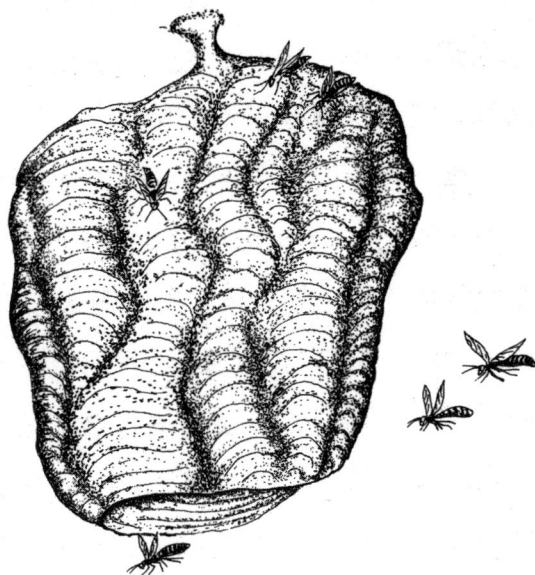

黄胡蜂和虎头蜂的典型蜂巢

当交配过的雌蜂[1]被温暖的春天唤醒时，胡蜂（黄胡蜂和虎头蜂等群居蜂）的群居生活便拉开了序幕。雌蜂在落叶、木柴堆或石墙缝里冬眠，它们苏醒后的第一项任务是寻找一个合适的巢址，并立即着手营建巢穴。接下来，从春天到秋天，雌蜂会不断产卵，孵出一代又一代工蜂。这些工蜂会积极参与巢穴的修缮，并照料幼蜂。进入夏天以后，一些大龄工蜂只负责内务而不再出去觅食，它们将由一群被称为觅食蜂的特殊工蜂喂养。如果不仔细观察，你是无法区分觅食蜂和普通工蜂的，因为它们的外形相似。觅食蜂主要吸食花蜜和果实的汁液，这些食物被储存在它们的嗉囊里。回到巢穴后，觅食蜂会将食物反刍给其他工蜂，再由其他工蜂去喂养幼虫。胡蜂幼虫被喂食或受到刺激后，会分泌蜜露作为回报。有时，一些工蜂会在没有喂食的情况下刺激幼虫，诱骗其分泌蜜露。这可能会导致处于发育期的幼虫死亡。这种行为称为"群居寄生"。

---

　　[1] 意思是雌性胡蜂早在冬眠之前就已完成了交配和受精，将在苏醒之后成为新一代的蜂后。——译者注

到了秋季，夜间气温开始下降，蜂后产的卵就会孵化出雄蜂。随着冬季临近，年轻的雌蜂和雄蜂会离开巢穴，在高空中跳起求偶的舞蹈。交配后，雌蜂会杀死雄蜂，然后寻找冬季庇护所。只有雌蜂能活过冬季，而所有的工蜂和其他雄蜂都会在寒冷季节到来之前相继死去。第二年春天，雌蜂重新开始筑巢和产卵，周而复始。

另一类会在人类居所周围筑巢的胡蜂是纸胡蜂。它们也属于胡蜂科的群居蜂，但它们的巢穴与前面介绍的蜂巢很不一样。它们的巢穴是由纸质蜂房组成的，通常位于住宅屋檐、车库、棚屋或其他附属建筑的隐蔽处。这是一种敞口的蜂巢，如果外形完整，看起来就像一个倒置的高脚杯。

纸胡蜂有时被称为伞蜂，因为它们的蜂巢通过一根细柄与所附着的主体相连，形如一把撑开的伞

纸胡蜂的巢穴也是群居式巢穴，但跟黄胡蜂和虎头蜂的巢穴相比，其结构要简单得多。一个纸胡蜂的蜂群全部由相互协作的雌蜂组成。有些人认为，纸胡蜂对人类更加包容，轻易不会打扰我们，除非我们"惹到"它们。黄胡蜂属的胡蜂喜欢萦绕在满身是汗的人周围，或者出现在野餐的人群周围，从而伺机从人类那里获取水分和糖分，而马蜂属的胡蜂则不会这么做。马蜂属中的加拿

大纸胡蜂（*Polistes canadensis*）是一种有着红褐色躯干和棕色翅膀的大型胡蜂，其雌蜂会展现出强烈的防御性攻击行为，也会攻击人类。

其他种类的胡蜂一般都是独居蜂。泥匠壁泥蜂（*Sceliphron caementarium*）和加州蓝泥蜂（*Chalybion californicum*）[1] 是泥蜂科中的独居蜂，它们是隐居者。胡蜂的大多数种类隶属泥蜂科。

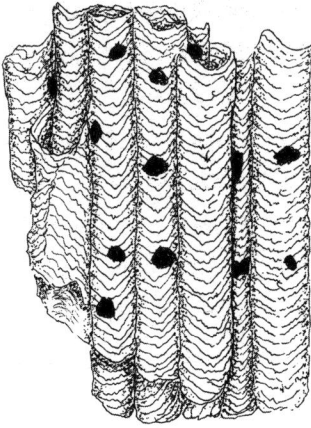

位于屋檐等隐蔽处的废弃的泥蜂巢穴

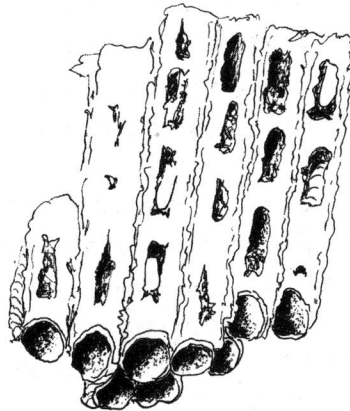

从墙上将泥蜂巢穴取下来后，可以看到它的另一面呈扁平状

---

[1] 这两个种在我国都没有分布，也没有正式的中文名。暂定的中文名"泥匠壁泥蜂"和"加州蓝泥蜂"是根据拉丁名直译而来的。属名"*Sceliphron*"的中文名为"壁泥蜂属"，种加词"*caementarium*"的意思是"（泥匠）用灰泥等材料进行黏合"。属名"*Chalybion*"的中文名为"蓝泥蜂属"，种加词"*californicum*"的意思是"（美国）加利福尼亚州的"。——译者注

管风琴泥蜂[1]（*Trypoxylon politum*）在美国各地都很常见。就像其他独居蜂一样，它们所有的行为目的都是繁衍后代，尽管它们从未见过自己的后代。与群居蜂相比，它们的生活十分简单：没有蜂后，只有雄蜂和雌蜂。

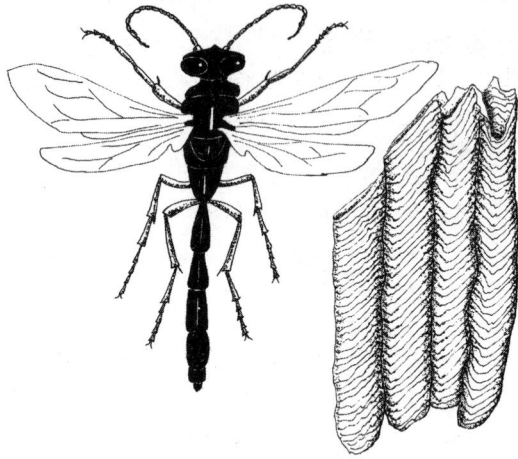

管风琴泥蜂及其巢穴

初秋，雌性泥蜂在完成交配后就开始忙着寻找合适的地方筑巢，比如车库、工具房、阁楼等可以庇护蜂巢的地方（特别是在潮湿的天气里）。一旦找到合适的巢址，它们就开始筑巢了。

为了收集所需的筑巢材料，这些长翅膀的"泥瓦匠"会频繁地飞到一些水洼边衔泥巴。如果找不到泥巴，那就只能用干泥块代替了。胡蜂会将这些材料塞进嘴巴里与唾液混合，不停地咀嚼（"搅拌"），直到产生一种类似水泥的物质。在通常情况下，一个完整的蜂巢往往呈现出从浅灰色到黑色的一系列过渡颜色，这是因为泥土里面掺杂了各种颜色的物质。巢穴表面的颜色差异也表明那些作为筑巢材料的泥土有着不同的来源。经过多次往返取材，蜂巢的"地基"就建成了。

---

[1] 这个种在我国没有分布，也没有正式的中文名，暂定的中文名"管风琴泥蜂"是根据英文名"organ-pipe mud danber"直译而来的。——译者注

现在，泥蜂开始建造管状蜂房。它们会用颚将泥巴滚成泥球，将其堆放在"地基"上，然后用瓦刀一般的下颚边推边砌这些泥球，筑成一根根泥管。这便是孵卵的蜂房。这些蜂房长短不一，平均长约2.5厘米，厚约0.3厘米。有时，一只泥蜂会在另一只泥蜂旧巢的基础上添建新巢，于是就形成一排排管状巢室，犹如管风琴的琴管。

当蜂巢建成后，泥蜂才开始搜寻猎物——蜘蛛（实际上，独居蜂的种类不同，它们的猎物也不同）。一旦发现蜘蛛，泥蜂就会用螫针对它发动攻击，直到它无法动弹，不过它并没有死。然后，泥蜂就可以将"瘫痪"的蜘蛛带回巢穴，塞进开口的蜂房中。

泥蜂会不断重复这一狩猎过程，直到每间蜂房中都塞满了蜘蛛，为即将孵化的幼虫提供既丰富又新鲜的食物。这种为后代囤积大量食物的行为称为"茋饲"，这些泥蜂也称为"狩猎蜂"。

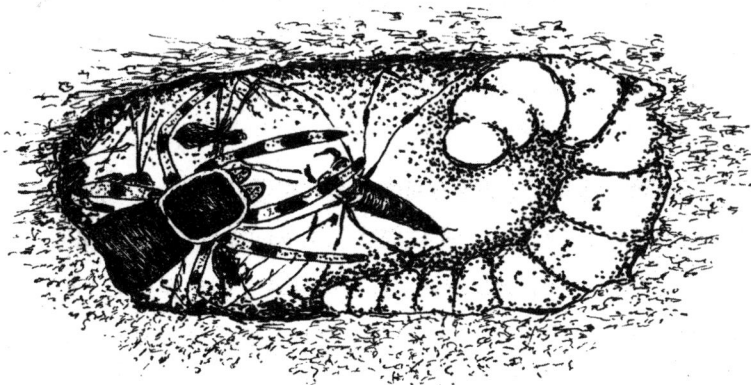

管风琴泥蜂在蜂房里为后代囤积大量食物

泥蜂在往蜂房里塞蜘蛛的同时，会伺机在蜘蛛身上产卵，但确切的产卵时间无人知晓。一些观察者发现泥蜂会在第一只被带进蜂房的蜘蛛身上产卵，而另一些观察结果表明泥蜂是在第二只或第三只蜘蛛身上产卵的。还有记录显示，泥蜂是在最后一只被带进蜂房的蜘蛛身上产卵的。一旦泥蜂往蜂房里塞满了食物，并且顺利地完成了产卵，蜂房就会被封闭起来。在完成筑巢、产卵和封闭蜂房之后，大多数雌蜂就再也不会回巢了，这也意味着它们将永远看不到自己的后代。

如果忙碌了一天后还有哪个蜂房没有被填满，泥蜂就会用一层薄膜暂时封住入口。等休息好后，它会打开封口，继续装填食物。对于其他蜂房，泥蜂也会如法炮制，确保每个蜂房里都有一枚卵和充足的食物。令人惊奇的是，这些工作是由一只雌蜂单独完成的，而它从没见过（也就没法学习）别的泥蜂是怎么做的。

刚孵出的幼蜂像蛆虫一样，与成年胡蜂没有任何相似之处。在这个发育阶段，幼蜂没有复眼、翅膀和腿，但它们的身体依然是分节的[1]。幼虫会咬穿蜘蛛的表皮，并吸干它们的身体。在发育后期，幼虫还会吃掉蜘蛛剩余的躯壳。

此时，幼虫的那对发育良好的大颚已经具备啃食坚硬食物的强度。幼虫大约需要三周时间才能吃光蜂房里的食物储备。之后，它会继续在里面待上七八个月（10月至次年5月），直至幼虫期结束。

每年的5月份，随着气温升高，幼虫的身体会快速变化，并进入下一个发育阶段——蛹期。在这一时期，蜂蛹被紧紧地包裹在丝质茧房中，而茧房又被牢牢地固定在蜂房内。蛹将发育为成虫。与需要贪婪进食的幼虫阶段不同，蛹期似乎是一个毫无动静的时期。但实际上，泥蜂正在经历着一系列令人难以置信的变化，这与瓢虫十分相似。在经历了蛹期的惊人变化之后，幼虫完全蜕变为一只翅膀皱折、软弱无助的成虫[2]。从蛹到成虫的发育周期大约需要4天，之后成虫会从茧房中挣脱出来，并继续在蜂房中驻留大约一周。然后，它会咬破封盖，飞出蜂巢，去探索周围的世界。此时，它便正式成为一位拥有建造许可证的"建筑师"了。

泥蜂在第一次飞行时可能会飞到远离巢穴的地方，而且大多数泥蜂再也不

---

[1] 身体分节是节肢动物的基本特征之一。——译者注
[2] 这里描述的是刚完成变态发育的成虫形态。——译者注

会回来了。不过，由于原来蜂巢的位置比较安全，一些泥蜂可能还会回来，将其作为暂避之所。如果你发现一只返巢的泥蜂，而且希望它能留下来，那么可以在蜂巢附近放一个小碟子，然后在小碟子里面放点蜂蜜。这样，你就可以争取一些近距离观察它们的时间。

这些返巢的泥蜂之间没有任何交流，甚至不知道是谁给它们筑的巢和提供的食物。在完成几次初步探索之后，雌蜂便开始正式寻找新的巢址。数百万年来，这样的生命周期一直在重复进行。

在每个生命周期结束后，巢穴通常就被泥蜂遗弃了，不过经常还会有几种较小的胡蜂搬到这些旧巢中居住。这些新住户会用唾液将"墙壁"软化后打碎，把废料从这里扔出去，然后重新修葺巢穴，在巢穴中储备食物。这里便成了它们的新家。

还有几种存活时间较长的独居蜂，即便卵已经孵化出幼虫，它们还会继续捕捉已经少得可怜的猎物并将其带回蜂巢，喂养这些幼虫。这种策略称为"累进供食"，就像亲鸟给幼鸟喂食一样。

根据化石证据，昆虫学家得知，在生命演化史中，独居蜂的存在时间要比群居蜂的长得多。他们认为，独居蜂向群居方向演化的第一步是成年的独居蜂会继续捕猎，并将猎物储存在已产卵的蜂房里，而下一步演化的可能性是独居蜂为那些孵化出来的幼虫提供极少量的食物，而且雌蜂每次都尽可能多带些食物回来。有些种类的雌蜂只会给自己的后代喂食，而另一些种类的雌蜂会将食物咀嚼成糊状，然后给所有的幼虫喂食。

这些行为的出现被视为胡蜂社群性行为演化的开端，但独居蜂的种类并没有因此而减少。从事野外工作的昆虫学家告诉我们，世界上有几千种独居蜂，其中一些属于狩猎蜂，你很可能在房屋里及其周围发现它们。

从大的方面来看，胡蜂的存在有助于控制蜘蛛的数量，甚至还能影响庞大的植食昆虫的数量，而这些植食昆虫是农作物的大敌。

胡蜂的世界

工具和器材   科学技能

基础工具   观察

推理

注意： 在靠近胡蜂和它们的巢穴时，一定要非常小心，尽可能佩戴手套，并使用镊子捕捉胡蜂。要记住，即使一只已经死去的胡蜂也能蜇人。

自然观察

胡蜂的种类。下面介绍一些常见的胡蜂。

胡蜂科。一般认为，胡蜂科的所有种类都属于群居性胡蜂。

● 纸胡蜂。这类胡蜂呈红黑色或棕色，头部和躯干上有黄色环纹。它们在美国各地都很常见。你可以在屋檐、门廊、天花板等隐蔽处找到它们的巢穴。蜂巢通过一根细柄连接在建筑物上，而且蜂房是开放的，蜂巢也没有遮盖。

纸胡蜂

- 白斑大黄蜂。这种胡蜂的脸上有黑白相间的斑纹。它的蜂巢为梨形，悬挂在乔木上或灌丛中。它们可能是最知名的虎头蜂了，遍布整个北美地区。事实上，它们是"外来移民"，在1840年之前的某个时候来到北美地区，如今已发展成这片大陆上群体规模最大的群居性胡蜂。

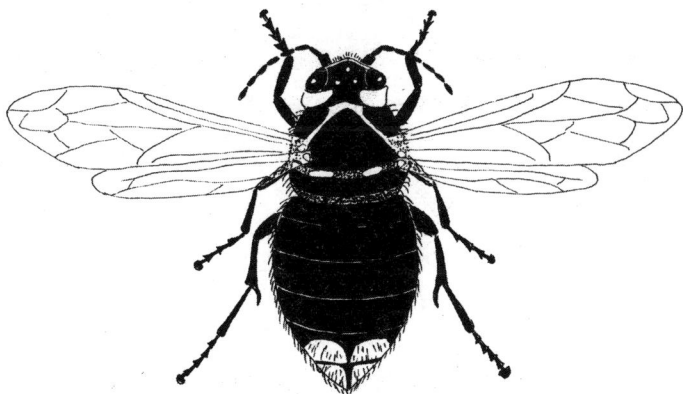

白斑大黄蜂

- 德国黄边胡蜂[1]（*Vespa crabro germana*）。这种胡蜂的腹部呈亮黄色，有暗色交叉条纹和小斑点。它们分布于美国东部、达科他州以西。这是新大陆上唯一呈棕色并带黄色斑纹的胡蜂。它们会在门廊、楼板或屋顶下面建造有遮盖的球形蜂巢。

- 黄胡蜂。这类胡蜂的腹部有黑黄相间的条纹。它们在靠近地面的乔木上或灌丛中筑巢，蜂巢呈球形，有遮盖。有些黄胡蜂会在地面上筑巢。因此，你在割草时最好不要穿短裤。

泥蜂科。这是一个非常大的科，又分为许多亚科，在北美地区有1100多个种。

- 短翅泥蜂亚科。这类胡蜂会建造管状蜂房，尽管有些巢穴位于建筑物的缝隙里。它们的蜂房里无一例外都塞满了蜘蛛。

---

[1] 这个种是黄边胡蜂的一个亚种，在我国没有分布。——译者注

● 泥蜂亚科。这个亚科包括抹泥蜂族的所有种类。这类胡蜂大多是"泥瓦匠"，它们用泥土筑巢，捕捉蜘蛛作为幼虫的食物。它们包括泥匠壁泥蜂和加州蓝泥蜂。

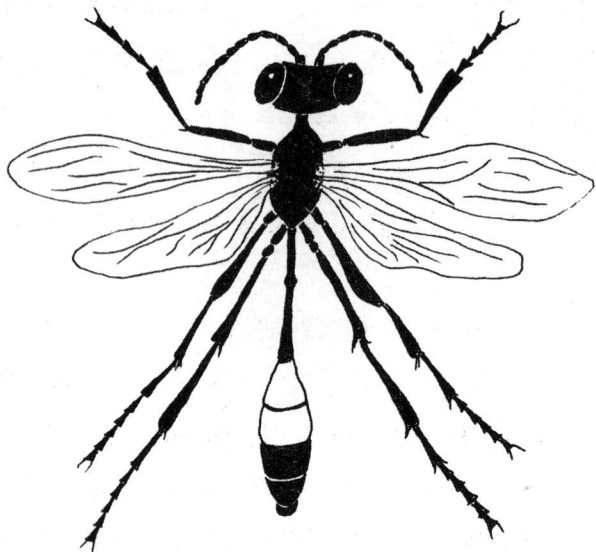

泥蜂亚科的某个种

近距离观察胡蜂。如果你发现了一只死胡蜂，那么可以用放大镜进行观察。

眼睛。胡蜂头部两侧各有一只大的复眼。复眼由数千只像小玻璃窗一样的小眼组成。每只小眼都如同一只独立的眼睛，包括一个晶状体以及一条专门连接大脑的视神经。人类的眼睛是为探测环境中的细节而设计的，每只眼睛只有一个晶状体，但晶状体后面有许多神经感受器。而胡蜂的眼睛与其他昆虫的眼睛一样，主要用来探测小物体的运动。除了复眼外，胡蜂还有 3 只单眼，它们位于前额的顶部。这些单眼不能产生图像，但对光很敏感。科学家发现，胡蜂会对鲜艳的颜色做出反应。因此，如果你打算去胡蜂经常出没的地方，最好穿一件卡其色或其他暗色调的衣服。

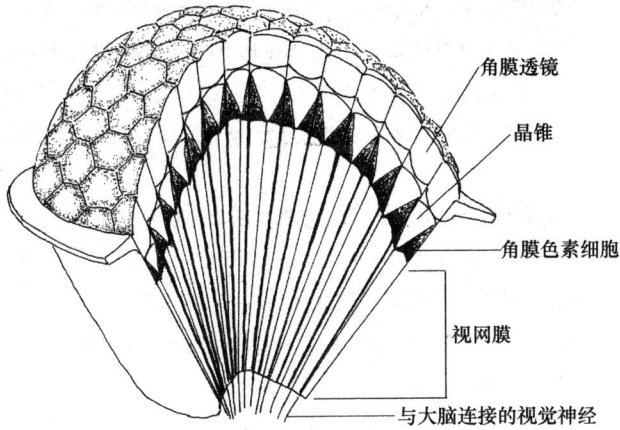

昆虫复眼的横截面示意图

翅膀。一般来说，胡蜂出没的第一个迹象是它们振动翅膀时发出的嗡嗡声。虽然少数种类的胡蜂没有翅膀，但大多数种类有两对膜质翅膀。后翅较小，其前缘有一排小钩，这些小钩能钩住前翅后缘的褶皱。每只翅膀被分隔成若干大小和形状不同的区域。昆虫学家正是依据这些区域的形态特征，再参考其他一些特征来开展胡蜂的物种鉴定工作的。胡蜂的翅膀每秒能振动约 110 次，其飞行速度可达 48 千米 / 时。

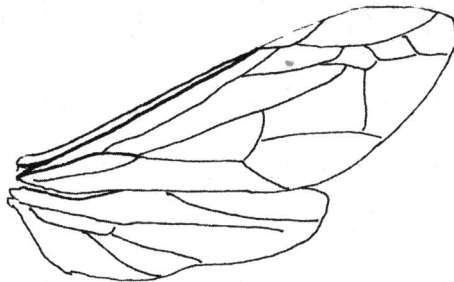

额斑黄胡蜂的翅膀

螫针，俗称刺，原本是雌蜂的一种产卵器官（因此也称为产卵器），如今却被"改造"为一种武器。螫针能够穿透受害者的体表，将毒液（由腺体分泌）

注入其体内。每种胡蜂都有自己的"毒液配方"。实际上，没有螫刺能力的胡蜂种类远远多于有危害的种类。大多数胡蜂在抵御人类的捕捉时会试图用螫针来反抗（即使是雄蜂也有类似的行为），但基本上都无法刺穿我们的皮肤。膜翅目的雌性昆虫一般都具有螫刺能力，但并不是所有的种类都能螫伤人类。

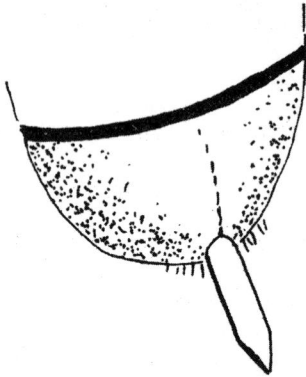

胡蜂的螫针位于腹部，腹部分为两半，可以微微张开，露出中间的螫针

一些寄生蜂（姬蜂科的某些种）在被捕捉的时候，会极力向对方发起一波攻击，但这种攻击几乎不会对人造成伤害。独居蜂会通过螫刺来麻痹猎物，但很少侵扰人类，除非真的被人类激怒了，或者人类干扰了它们的猎捕行动。群居性胡蜂（如虎头蜂和黄胡蜂）往往更具攻击性，它们会用螫针作为防御武器。即便我们没怎么招惹它们，它们也可能对我们发起攻击。正因如此，我们在院子里用餐时，它们会给我们带来无尽的烦恼。

触角。对昆虫来说，触角非常重要。许多昆虫的口器上有味觉感受器，蝴蝶、蛾和苍蝇的味觉感受器在跗节（腿的一部分）上，而胡蜂的味觉感受器在触角上。胡蜂的触角也有触觉和嗅觉，也许还有听觉，能够获取周围环境的信息。触角是分节的，基部的柄节呈球形，着生在触角窝内，形如收音机天线底部连接的固定装置。这一结构设计使得触角能朝各个方向转动。尽管不同种类的触角形态各不相同，但所有的触角靠近前额的部分往往都比较坚硬，而布满感觉器官的顶梢则比较柔韧。

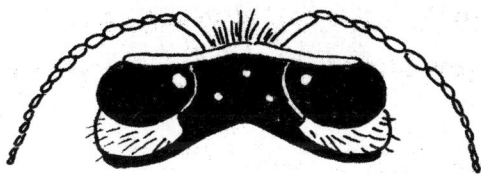

纸胡蜂的触角　　　　　　　　　　　　收获蚁的触角

泥蜂的巢穴。除了泥匠壁泥蜂的蜂房是矩形的，其他大多数泥蜂的蜂房呈管状。你可以在建筑物的墙体上（尤其是窗户和门口附近）搜寻泥蜂的巢穴。此外，屋顶、房梁、阁楼以及其他能遮风挡雨的地方也是泥蜂理想的筑巢地点。不过，最受欢迎的巢址往往已经有好几个旧巢了。由于这些蜂巢的暴露程度和建造时间不同，它们的保存状态也各不一样。你能发现单个或成堆的管状蜂房。但蜂房聚集在一起并不意味着它们就是群居蜂的巢穴，也可能仅仅是因为这个位置特别适合独居蜂筑巢。一只泥蜂也许会在一个生命周期内修建好几个巢穴，这些巢穴位于不同地点。它也会在已有巢穴的基础上再增添一些蜂房。

这些巢穴有什么特点？它们位于建筑物的哪一侧？这个位置有什么优势？是只有一个管状蜂房还是几个管状蜂房排列在一起？它们是什么颜色的？整体颜色是否均匀？管状蜂房上有纹路吗？表面是光滑的还是粗糙的？它们有多长多粗？测量每个管状蜂房的长度和直径。如果巢穴由不止一个管状蜂房组成，那么整个巢穴有多大？

巢穴上有没有明显的开口？有的话，它多半是新入驻的泥蜂留下的。换言之，这是一个旧巢。新建的巢穴是不会留开口的，否则就没法保护里面正在孵化的泥蜂幼虫。如果管状蜂房上出现小孔，则这可能是寄生虫侵入的迹象。

把你的发现记录在笔记本上，并给蜂巢及其周围的环境画一幅画或拍一张照片。

观察泥蜂。泥蜂一般没有攻击性，如果它们认为你没有威胁，就不会打扰你。泥匠壁泥蜂在美国是最常见的种类，全身呈浓黑色并布满金黄色条纹，非常漂亮。晚春时节，你有机会观察到这些"泥瓦匠"工作时的情景。如果还想了解一些有趣的生活细节，你就需要专门拿出几小时进行仔细观察。它们如何爬行？它们如何控制翅膀？你看到过它们展开翅膀吗？会不会同时有好几只泥蜂趴在窗台这样的地方？一座建筑物周围会不会生活着多种泥蜂？除了泥匠壁泥蜂，还有哪些种类？

泥蜂出现的第一个迹象往往是轻柔的嗡嗡声，这种声音来自它们的翅膀的振动，而且可能从晚春到仲夏一直伴随着你。如果它们选择在你家周围筑巢，你就很方便观察它们工作了，甚至可以看到它们嘴里衔着泥球飞回巢址。当它们离开巢址前往"采泥场"时，需要多长时间才能返回？"采泥场"在哪里？泥球有多大？它们又是怎样把泥球推平的呢？这要花多长时间？

泥匠壁泥蜂在水洼边收集泥巴

纸胡蜂的巢穴。你可以在门廊、天花板、屋檐或其他地方寻找纸胡蜂建造的具有标志性的巢穴（具细柄，无遮盖）。尽可能记录你的观察结果。蜂巢中有多少个蜂房？它们都是空的吗？一些蜂房里面还有幼虫吗？注意观察，因为一些蜂房可能会被遮盖。

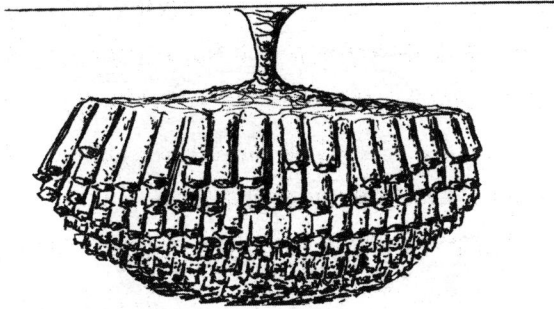

被遗弃的纸胡蜂巢穴

黄胡蜂和虎头蜂的巢穴。对于人类活动的"骚扰"，纸胡蜂往往"逆来顺受"，但黄胡蜂和虎头蜂容易采取攻击性行为。所以，你最好等到秋天下了霜以后再去调查它们的巢穴。在此之前，蜂巢里可能还住着活的黄胡蜂或虎头蜂，它们随时准备用螯针保卫巢穴。

马蜂属的胡蜂通常在屋檐下筑巢，但它们在热带地区的"亲戚"则在乔木上和灌丛中筑巢。一些黄胡蜂和虎头蜂还会在地面上筑巢。胡蜂的巢穴是以特殊木浆为原料搭建而成的。胡蜂会从腐木上啃下木屑，在口中与唾液混合后不断咀嚼，从而制成这种特殊的筑巢材料。虎头蜂与黄胡蜂的巢穴有区别，比如黄胡蜂的巢穴质地更加细密。随着冬天的到来，天气越来越恶劣，这些蜂巢会逐渐破败。

如果你发现了一个蜂巢，请描述一下它的状态。它是什么形状的？它是什么颜色的？它的颜色是否均匀？蜂巢表面的覆盖物是多层的还是单层的（像一张纸）？蜂巢的入口在哪里？入口有多大？

虽然纸质蜂巢是多层的，但各层并非紧密地叠压在一起，层与层之间有一定的空隙，具有隔热保温作用，能够将巢内的温度保持在30摄氏度左右。如果巢内的温度远低于这个数值，一些胡蜂就会剧烈地振动翅膀，加快新陈代谢，产生并散发大量的热量，给巢穴升温。如果巢内的温度过高，一些胡蜂还会在巢内"洒水"，并扇动翅膀以加快水分的蒸发，从而起到降温作用。

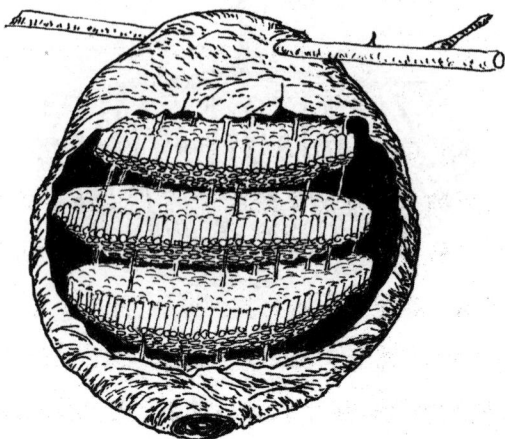

白斑大黄蜂巢穴剖面示意图

你可能觉得奇怪，为什么胡蜂在筑巢时不多建造一些隔热层呢？如果胡蜂要做这件事，就需要先去寻找木屑，然后制作木浆，再将木浆涂抹在蜂巢外壁，才能形成新的隔热外层。这些工作需要投入大量的精力和宝贵的时间。如此一来，胡蜂就没有时间和精力去完成其他重要工作了，如修补巢穴、捕食以及抵御入侵者或捕食者。

探索活动

进食行为。夏末是开展探索活动的最佳时段，此时胡蜂正处于生活史的末期，它们需要搜集大量食物，因此你经常能看到一群群胡蜂涌向野餐桌。在这个季节里，胡蜂往常捕捉的那些猎物（如毛毛虫、苍蝇和蛆虫）现在已越来越少了，于是它们不得不转向那些丰富且易获得的食物来源。

你可以准备两个小碟子，分别放入一些细碎的生肉和切成小块的水果，然后把它们放在院子里的桌子上。摆好小碟子就开始计时，看看胡蜂飞到桌子这里需要多长时间，观察并记录它们的行为。胡蜂是怎么使用触角的？描述一下它们用触角探测食物的行为。

往小碟子里倒一些果汁，观察胡蜂如何饮用果汁。它们像小狗一样舔果汁吗？还是像蝴蝶一样用类似针管的口器吸取果汁？如果又来了一只胡蜂，原来的那只会有什么反应？喝完之后，它们会清洁自己的脚吗？它们是怎么操作的？

胡蜂之间的交流。胡蜂通过触角触碰对方来判断对方与自己是否来自同一个蜂群。观察两只胡蜂相遇时如何使用触角进行交流。胡蜂的另一个行为特征是个体之间会交换食物和分泌物等物质。

收集蜂巢。除非你想激怒整个蜂群，否则不要在秋天下霜之前去摘蜂巢，因为蜂巢里面很可能还生活着一些成年胡蜂，它们会通过蜇刺来保卫家园。在霜冻之后，除了蜂后之外，蜂群中的几乎所有个体都会被（冰点以下的低温）冻死。不过雌性泥蜂会竭力寻找庇护所，足够幸运的话，它们能熬过严冬，等待春天来临。此后，这些幸存者将开启新一轮的生活史。

泥蜂的巢穴。你可以用抹刀把泥蜂的巢穴从墙壁、房梁或者屋顶上铲下来。一个巢穴中有多少个蜂房？如果你找到了一排巢穴，那么看看每个巢穴中的蜂房数量是否相同。蜂房有多大？它们是空的吗？如果不是空的，它们的里面有什么？你可以使用放大镜进行观察。蜂房里有虫茧吗？描述一下虫茧的形态。它们有多大？是半透明的还是不透明的？是革质的还是丝质的？蜂房里有蜘蛛的遗骸或残留的其他食物吗？你有没有发现一些白色小颗粒？（见本章注解2。）

黄胡蜂和虎头蜂的巢穴。找一个蜂巢，将它纵向剖开。这样的话，它的内部构造由上至下都能被看得清清楚楚。它的表面覆盖层的颜色是均匀一致的吗？如果颜色有变化，该如何解释？将覆盖层剥下一块，数一数它有多少层？

其实，蜂巢内部也是上下分层的，层数的多少取决于蜂群的年龄和规模。继续检查这个蜂巢从上到下有多少层。每层的大小相等吗？每层之间是如何分隔的？每层中蜂房的开口都是朝下的吗？每层有多少个蜂房？蜂房中有没有幼虫化蛹的迹象？虫茧是什么形状的？

每枚卵都被粘在蜂房内壁上，这样就不会脱落。孵化后，幼虫的腹部还留在蜂房内，而头部则露在蜂房之外，以便接受工蜂的喂食。有时，一些幼虫会从蜂房里掉出来，工蜂会毫不犹豫地把它们拖出巢穴（让它们等死）。幼虫在完全长大后，会吐出坚韧的、半透明的细丝，把自己裹成茧，粘在蜂房内壁上。你能发现蜂巢的每一层都有一些残破的虫茧从蜂房中露出来。

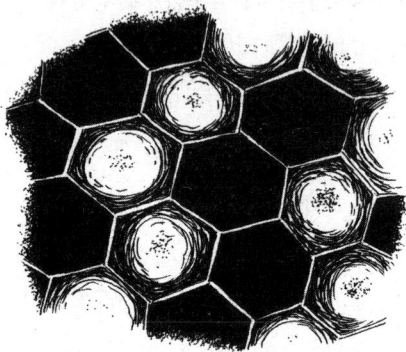

（群居蜂）巢穴里的蜂房

胡蜂的巢穴也会被其他昆虫（如苍蝇）当作庇护所。有证据表明那些昆虫以蜂巢中残留的蜂蛹为食，或者仅仅将蜂巢作为其庇护所。

本章注解

1. 许多成年食蚜蝇（食蚜蝇科）的体色鲜艳，跟胡蜂长得很像。它们经常出现在花丛附近，在其上方盘旋。它们捕食蚜虫以及其他植物害虫，因此对人类非常有益。

2. 在废弃的泥蜂巢穴中，你能看到虫茧里面有许多干燥的椭圆形白色小颗粒。它们非常微小，尺寸只有 1 ~ 1.5 毫米，但数量实在太多了，所以很容易被发现。这些小颗粒是由尿酸结晶形成的。在幼虫期和蛹期，泥蜂会在体内累积（不溶性的）尿酸，它们在变为成虫后的第一周便将结晶的尿酸排出体外。

第九章　家鼠

长尾巴和尖鼻子

假设有这样一个场景：两个人同时看到一只家鼠[1]（也称为小家鼠、小鼠，学名为 *Mus musculus*）窜到面前，其中一位被这呆萌可爱的小动物深深地迷住了，而另一位则完全被吓坏了，大呼小叫一阵子。对于同一只动物，出现了两种截然不同的反应，而且这种现象还特别普遍，这是为什么呢？

如果仔细琢磨一下，你会发现大多数人对家鼠这种动物知之甚少，尽管它们早就是我们生活的一部分。当被要求描述一下家鼠的长相时，人们通常会说它的个头很小，全身都是毛茸茸的，但有一条长长的、没毛的尾巴。多数人知道它是一种啮齿动物，是田鼠的近亲，不过二者都被人厌恶。可能出于某种原因，当人们无法了解事实真相时，就会转而迷信神话传说中那些令人恐惧的事物。显然，这种情况就发生在蝙蝠、鲨鱼、蜘蛛、蛇和老鼠[2]身上。是时候该多了解一下我们身边的这些"小伙伴"了，它们中的一些甚至早已陪伴我们走遍了世界。老鼠在生物学上与人类如此接近，以至于成为替代人类的实验品，帮助科学家研究那些困扰人类的疾病，探究基因缺陷的产生机制。在正常情况下，美国国家卫生研究院每年都要使用约 80 万只老鼠进行科学实验。这些实验用的老鼠就是家鼠，但都是为实验研究而专门培育的品系[3]。

老鼠包括许多不同的种类，生活在各种各样的栖息地中。赭鼠（*Ochrotomys nuttalli*）生活在北美洲东南部潮湿的灌丛中。湿地美洲禾鼠[4]（*Reithrodontomys*

---

[1] 家鼠遍布世界各地，其中包括我国。它们的栖息环境非常广泛，凡是有人居住的地方都有它们的身影。——译者注

[2] 老鼠是啮齿目鼠科动物的统称，我国有 69 个种。文中下一段提到的各种老鼠在我国均没有自然分布。——译者注

[3] 品系是指还未形成品种的过渡变异类型。——译者注

[4] 该种没有正式的中文名，暂定的中文名"湿地美洲禾鼠"是根据拉丁名直译而来的，属名"*Reithrodontomy*"的中文名为"美洲禾鼠属"，种加词"*humulis*"意指"湿地的"。——译者注

humulis）喜欢田野和湿润的牧场。分布在佐治亚州、亚拉巴马州和佛罗里达州的灰背鹿鼠（*Peromyscus polionotus*）则喜欢待在沙滩附近。平原小囊鼠（*Peromyscus flavescens*）得名于其嘴巴两侧向外开口的外颊囊，它们生活在北达科他州至得克萨斯州北部的广阔沙地。白足鼠（*Peromyscus leucopus*）和北美鹿鼠（*Peromyscus maniculatus*）是两种大家熟知的、与人类兼性共生[1]的老鼠。共生生物是指一种生物与另一种生物生活在一起或者一方"寄居"在另一方的身上，并依赖后者提供庇护、食物或其他基本需求，但不会对后者造成直接伤害或带来好处。在野外，这两种老鼠其实更喜欢生活在森林中和草场上，它们也生活在我们周围。除了南极洲，种类繁多的老鼠几乎遍布地球上的每一块大陆，在每一种气候环境和生态系统中生存繁衍。如果研究一下各种老鼠的生活习性，你就会发现许多非常有趣的事情。不过，这一章的主人公是家鼠。

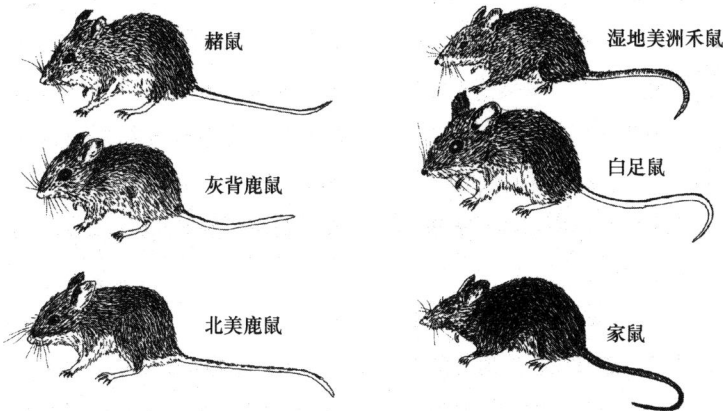

各种栖息地中生活着不同种类的老鼠

在 8000 年前干燥的中亚草原上，家鼠就开始与人类一起生活。那时它们在野外生活，以种子和昆虫为食。后来，人们开始建造谷仓和棚屋来储存粮食，于是家鼠也开始在这些建筑中筑巢。家鼠有一个其他动物无法比拟的优势：事

---

[1]　兼性共生是指两种生物共生，但达不到离开对方就不能生存的程度。——译者注

实上，也许除了猫和狗，几乎不会有捕食者愿意主动进入人类环境。

当人类从非洲向世界各地迁徙时，也不知不觉地把家鼠带到了他们去到的各个角落。16 世纪，家鼠甚至跟随人类，从西班牙、葡萄牙、法国和英国等乘坐帆船，漂洋过海来到了美洲新大陆。如今，这种通常重量仅为 50～60 克的小动物几乎在地球上的每块陆地上和每个生态系统中都能找到。从赤道到亚寒带都有它们的身影，这着实令人惊奇不已。在所有种类的老鼠中，家鼠因其特殊的生存策略而独树一帜，这些策略使它们在极为不同的生态系统中都能找到合适的生态位[1]。家鼠能取得如此成功，其中部分原因在于它们从不挑剔食物。

家鼠之所以能紧跟人类的步伐，首先是因为它们对新环境的适应能力很强，能够很快学会食用人类的食物和在人类建筑中建造自己的家园。对于这种渺小的机会主义者来说，没有什么简陋的地方不能作为巢穴，没有什么食物残渣不能填饱肚子。据说，它们甚至会吃糨糊、胶水以及电线的塑料外皮。

虽然家鼠更喜欢住在建筑里，但我们偶尔也会在野外发现它们，尤其是在温暖的季节。随着寒冷季节的到来，它们会回到温暖的车库、谷仓和棚屋等中，躲在黑暗、隐蔽的角落里。一个鼠群的个体数量相对稳定。家鼠的个体生存空间（即它用来寻找食物、水和伴侣的空间）可以小到 10 平方码[2]。

有时，家鼠会回到野外，远离人类生活。这可能是因为本地鼠群的数量过多，导致食物短缺，生存空间不足，一些家鼠只能被迫离开，去到荒野中谋生。这些回到荒野中的家鼠会表现出一些不同的社会行为模式。作为外来者，它们不可避免地会与本地的啮齿动物（如鹿鼠和白足鼠）种群展开竞争。与那些喜欢住在房子中的"亲戚"相比，生活在野外的鼠群规模通常较小，大约每 100 平方码仅有一只。在野外，一只家鼠的活动范围可以为几百平方码到几千

---

[1]　生态位是指物种在生态系统中的位置和作用，用以描述物种在非生物和生物环境中占有的地位。——译者注

[2]　1 码 =0.9144 米，1 平方码 ≈ 0.8361 平方米。——译者注

平方码。

在野外环境中，家鼠一般靠吃树叶、根茎、种子和昆虫为生。据报道，它们在各种自然环境中都已被发现，其中甚至包括珊瑚环礁、沙漠、淡水沼泽等看似不太可能的地方。其实，这些野化家鼠的祖先早已跟随人类拓荒者来到这些地方并定居下来。

除了那些有鹿鼠和白足鼠竞争的地方，在各种野外环境中生存的家鼠都适应得不错。不过，随着冬季来临，这些"野生"鼠群不得不进入人类建筑中寻求庇护，于是各种矛盾也接踵而来，毕竟这些地盘早已被本地鼠群所占据。

另一个被科学家所公认的成功策略是家鼠具有超强的繁殖适应能力，它们可以调整自己的繁殖周期来适应各种环境。此外，它们几乎可以在任何情况下大量繁殖，这主要有以下几方面的原因。

出生仅 45～60 天的雌鼠就会进入繁殖周期，而且它们每隔 16～30 天就能产一窝幼崽。每窝通常有 4～7 只幼崽，有时多达 12 只。除了裸露的粉嫩皮肤和尚未睁开的眼睛（这种状态大概会持续 14 天）之外，这些幼崽和它们的父母几乎一模一样。有时，一只母鼠会被自己的大量后代弄得不知所措，以至于在哺乳期，它会寻求自己前一窝产的雌鼠来帮它哺乳。

雌鼠每年可产 5 窝以上的幼崽。在温暖的月份，产崽的数量还会增加。由于每只幼崽在大约两个月内完成性成熟，具备繁殖能力，因此这种繁殖模式的后果往往是惊人的，甚至导致"生态爆炸"[1]。例如，在一次突发自然事件中，4000 平方米土地上的家鼠数量达到了数万只（也有报道说超过了 8 万只）。好在大自然总能将这类种群暴发现象及时控制住，毕竟食物是有限的，天敌的数量也在随之增加，甚至水循环[2] 也可能成为控制因素[3]。在鼠群数量暴发后，家鼠会吃掉所有能找到的食物，最终导致大多数家鼠被饿死。

---

[1] 生态爆炸是指某些动物种群数量剧增并造成灾难的现象。——译者注
[2] 水循环是指地球上各种形态的水在太阳辐射、地球引力等的作用下，通过蒸发、水汽输送、凝结降落、下渗和径流等环节，不断发生的周而复始的运动过程。——译者注
[3] 比如，由于旱灾和水涝造成鼠群生存环境的破坏或食物短缺。——译者注

猎物－捕食者循环是另一种控制鼠群数量的机制。家鼠常见的天敌有猫头鹰、鹰、蛇、狐狸、猫、白鼬、狼、浣熊和狗等——几乎囊括了所有个头比它们大的肉食动物。当鼠群数量增加时，它们的天敌便能捕获更多的猎物，将更多的后代抚养成年，从而导致天敌的数量持续增加，直到食物供应量（即家鼠的数量）下降。这又反过来导致天敌的数量下降。家鼠甚至还会遭受大鼠（*Rattus norvegicus*，又称褐家鼠）和其他鼠类的攻击。

家鼠能采取的最有效的保护措施就是待在巢穴附近，它们很少跑到距巢穴60 米以外的地方。你可能见过一只家鼠在你家厨房里东躲西藏。在野外，家鼠的躲藏行为也是如此。比如，由于某些不得已的原因，它们跑到了开阔地上，然后会四处流窜，寻找一切可以用来藏身的东西。它们甚至会游过一小片水域以寻求安全，尽管它们很不喜欢身体被打湿。由于外面的天敌实在太多，家鼠只会在一个地方生活 2 ～ 3 个月。在人类的居所里，人类就是它们最大的天敌。我们会在家里设置捕鼠器，不过聪明的家鼠往往很快就能学会如何咬下诱饵而不被逮到。我们还会在它们的巢穴附近撒下毒药，但它们很快就能学会辨识并避开毒药。如果有家鼠躲藏在谷仓、棚屋和其他建筑中，我们当然希望自己养的猫能消灭它们，这至少表明这些宠物还是值得我们信赖的。唉……这其实一点也不管用。我们的宠物兴许能抓到几只家鼠，但是鼠群恢复的速度比我们想象的要快得多。

家鼠有非常强的领地意识。在室内环境中，它们几乎不会离开巢穴 10 米以上。每块领地都有一个首领，而且它必须打赢其他雄鼠来确立自己的首领地位。在每次打斗最激烈的时候，现场情形似乎表明这场打斗胜负已分，弱小的家鼠会因此丢掉小命。其实，这种情况很少发生。随着打斗结束，胜利者会将失败者赶走，并用尿液来标记这来之不易的领地。假如某个外来者不小心进入一块有标记的领地，那么一番驱逐将不可避免。

雄鼠用尿液标记自己的领地，不仅能让其他雄鼠远离，还能吸引雌鼠。家鼠都能通过尿液的气味辨识每只雄鼠的领地，并且它们在约 18 厘米远的地方就能闻到。虽然这点距离对我们来说不算什么，但要知道一只家鼠从鼻尖到臀部（不包括尾巴）也只有 8 厘米左右。

家鼠通常在夜间活动，它们其实早已适应了人类的作息规律。当白天我们不在家的时候，它们会趁机在屋里四处搜寻食物，我们常常惊讶于它们是怎么找到食物的。它们的偷窃行为生动地体现在它们的拉丁学名 *"Mus musculus"* 上。*"Mus"* 在拉丁语中是"老鼠"的意思，而*"musculus"* 一词可以追溯到梵文，原来的意思就是"小偷"。

家鼠

家鼠隶属哺乳动物中最大的一个目——啮齿目。啮齿目是哺乳动物中种类最多的，大约有 2060 个种[1]，而且个体数量也是最多的。啮齿目包括豪猪、松鼠、花栗鼠、囊地鼠、麝鼠、田鼠、旅鼠、大鼠、海狸鼠、豚鼠、沙鼠和仓鼠等，这里仅列举了生活在美国的少数几种而已。啮齿动物在世界各地都有代表种类，比如毛丝鼠（龙猫）和水豚等。

---

[1]　我国啮齿动物的种类也非常丰富，有 239 种，包括河狸、仓鼠、跳鼠、竹鼠、睡鼠、豪猪、家鼠、刺山鼠、松鼠、蹶鼠、鼹型鼠和林跳鼠等。——译者注

树松鼠

鼯鼠

草原犬鼠

禾鼠

黑鼠

地松鼠

花栗鼠

土拨鼠

部分啮齿动物

　　啮齿动物很容易通过牙齿的类型、数量和排列方式来辨识。啮齿动物最显著的一个特征是上、下颌的前部长着一对长长的、凿子般的门齿，可以用来啃咬东西。啮齿动物的英文名称"rodent"源自拉丁语"*gnaw*"，意思是"啃"，十分形象。家鼠的门齿与颊齿[1]之间有很大的齿隙。专家根据颊齿尖端的形状，可以辨识不同种类的老鼠。

---

　　[1]　通常把前臼齿与臼齿叫作颊齿。——译者注

家鼠的世界

工具和器材	科学技能
基础工具	观察
活捕器[1]	比较
仓鼠笼	推理
水和食物	

自然观察

观察野生动物并不是一件容易的事情，你需要积累足够的相关知识，保持行动隐蔽，具有足够的耐心。野外生物学家多年来一直致力于对狮子、狼、黑猩猩、大象、鸟类、蜥蜴、鲨鱼甚至某些昆虫进行科学观察。一些业余爱好者也投身到这种观察之中，不过他们观察的往往是松鼠等常见动物，这不需要花很多钱或去到偏远之地。如果你已经掌握了一些基础知识且有足够的毅力，那么可以将家鼠作为观察对象。请注意，在接触家鼠时，一定要戴上乳胶手套。一般来说，虽然家鼠的口碑不佳，但它们实际上对人类并没有多大危害，那种携带疾病的情况并不常见。可以试着开展下面的一些实践活动，你会发现这种小动物并不像你想象的那么可怕。

寻找家鼠的踪迹。在人类居所，家鼠可能会在一天中的任何时间出来活动。根据这一习性，你可以找到它们的巢穴——这些巢穴通常很隐蔽，难以发现。当在厨房、地下室、阁楼或车库里发现细小的黑色粪粒（大小和形状跟米

---

[1]　一种捕捉活体动物的装置（如捕鼠笼等），在五金店可以买到。——译者注

粒差不多）时，你就会意识到家里进家鼠了。

有时不经意间，你会发现一只机警的家鼠正躲在物体后面偷偷瞅你，或者瞥见一个灰色或棕色的身影在房子里东奔西跑。不管巢穴在哪里，只要出了巢穴，家鼠就只有一个目标：寻找食物，躲避人类和捕食者。

家里窝藏家鼠的另一个迹象是壁橱、储物架或抽屉里有一些细碎、柔软的筑巢材料。鼠巢的结构松散，通常是用碎纸片、细绳、破布和毛线等东西堆积而成的，并用一些柔软的材料做衬里。如果你发现了一个新搭好的鼠巢，不要去碰它，然后每隔几天来观察一次，记录下发生的变化。

捕捉家鼠。通过观察，你可以学到很多关于家鼠的知识。由于很难在非控制状态下对家鼠进行观察，你可以试着用活捕器来捉一只家鼠。

如果在你家周围没有发现家鼠的踪迹，或者有些心理排斥或担忧，那么你可以去宠物店购买那种人工驯养的老鼠品种。它们是家鼠的近亲，也是很棒的宠物。

给家鼠安家。对于家鼠来说，仓鼠笼是个不错的家。它们有各种尺寸，还有各种舒适的配套设施。"仓鼠公寓"就是一个不错的选择，它配有一个跑轮和一根连接上下两层的塑料管道。此外，还需要一个水瓶，它可能是商店随笼子附送的。如果你抓到了一只家鼠或其他野鼠，这个装置将是它很好的临时巢穴。当你完成观察后，最好将它放归野外。

辨识老鼠的种类。除了家鼠，还有另外两种老鼠——白足鼠和北美鹿鼠也会闯入你的家中，尤其是在天气寒冷的时候。它们都属于白足鼠属[1]（*Peromyscus*），该属有 17 个种生活在美国。这两种老鼠的脚和腹部均为白色，二者看起来极为相似，经常被混为一谈。它们与同属的其他种类在外观上也很相似，即使专家也很难将它们区分开来，尤其是在它们的分布范围重叠的地方。好在家鼠和白足鼠是比较容易区分的：家鼠的皮毛为灰褐色，腹部为浅黄色或灰色，而白足鼠的背部为红褐色，腹部和脚均为白色。

---

[1] 我国没有白足鼠属种类分布。——译者注

北美鹿鼠

家鼠的身体构造。借助放大镜，好好观察你抓到的家鼠，记录观察结果。这只家鼠有什么让你吃惊的地方（比如胡须的长度、眼睛与头部的比例、尾巴和皮毛的质感）？下面这些问题可以帮助你进行观察。

皮毛。家鼠是什么颜色的？全身都是一种毛色，还是有条纹？皮毛的下部是什么颜色？上、下部的毛色是一致还是有一定的差异？家鼠的皮毛是柔软顺滑还是粗硬？观察家鼠如何梳理皮毛，你能发现它们有什么固定的行为模式吗？你还见过哪些哺乳动物采用类似的方式梳理皮毛？

体形。家鼠的体长是多少？躯干与头部的长度有什么关系？身体（包括头部）与尾巴的长度又有什么关系？

腿和脚。家鼠的腿和脚是什么颜色？前腿和后腿一样长吗？你认为家鼠是跳跃能手吗？前脚和后脚的大小有何差异？这有什么好处？

脚趾。家鼠的脚趾上有毛吗？画一幅图展示前、后脚趾头的位置。描述一下它的爪子是长还是短，是钝还是尖。前、后脚的趾头上都有爪子吗？爪子有什么好处？

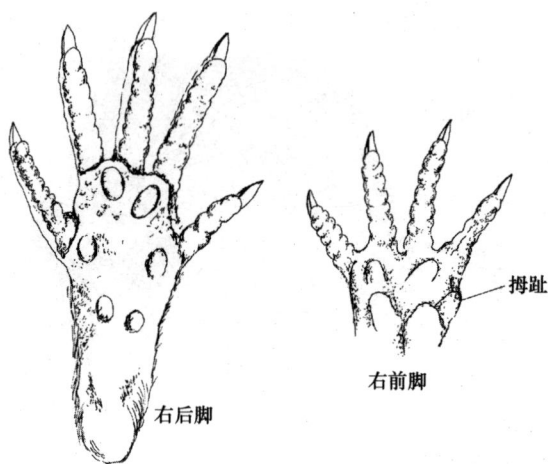

右后脚

拇趾

右前脚

家鼠的脚

体重。家鼠的体重一般为 50 ～ 60 克。如果有一台厨房秤，你可以用它来称量家鼠的体重。它的体重在正常范围内吗？

尾巴。家鼠的尾巴是和身体一样长还是比身体长？尾巴上是有毛还是完全裸露，或者介于二者之间？尾巴上有鳞片吗？

头部和吻部[1]。描述一下家鼠头部和吻部的形状。

眼睛。家鼠的眼睛长在头部的什么位置？是像狗的眼睛一样位于头部正前方，还是像鸟的眼睛一样位于头部两侧？眼睛向外突出吗？有多大？是什么颜色？家鼠会眨眼吗？

耳朵。家鼠的耳朵长在头部的什么位置？它们相对于头部有多大？外耳上有毛吗？外耳的内表面是有毛还是没毛？描述一下家鼠耳朵的质感。耳朵是一直保持不动，还是会朝着声源方向转动？你认为家鼠的听力好吗？

胡须。家鼠的胡须是不是总在不停地动？还是说只有在探索新事物或新环境时，它的胡须才会动？数一数有多少根纤细的胡须？它们有多长？向两边张开的胡须的整体宽度有没有超出身体两侧的范围？

---

[1] 吻部通常是指动物向前突出的口、唇等嘴部组成结构。——译者注

　　辨识足迹。如果你在雪地上发现了一串细小的脚印，那么根据足迹特征，你大致能判断它们是不是白足鼠或者北美鹿鼠留下的。这两种老鼠都是齐足跳跃，跳跃时较小的两只前脚先着地，然后带动两只后脚从两侧越过前脚，落在前脚之前。北美鹿鼠的足迹中可能还夹杂着尾巴的拖痕，尽管在多数情况下，在行进时它们的尾巴是竖着的。家鼠的尾巴通常比身体长，它们在刚下过雪的地方比较容易留下足迹。家鼠很少走出家门，它们留下的足迹与白足鼠的相似。

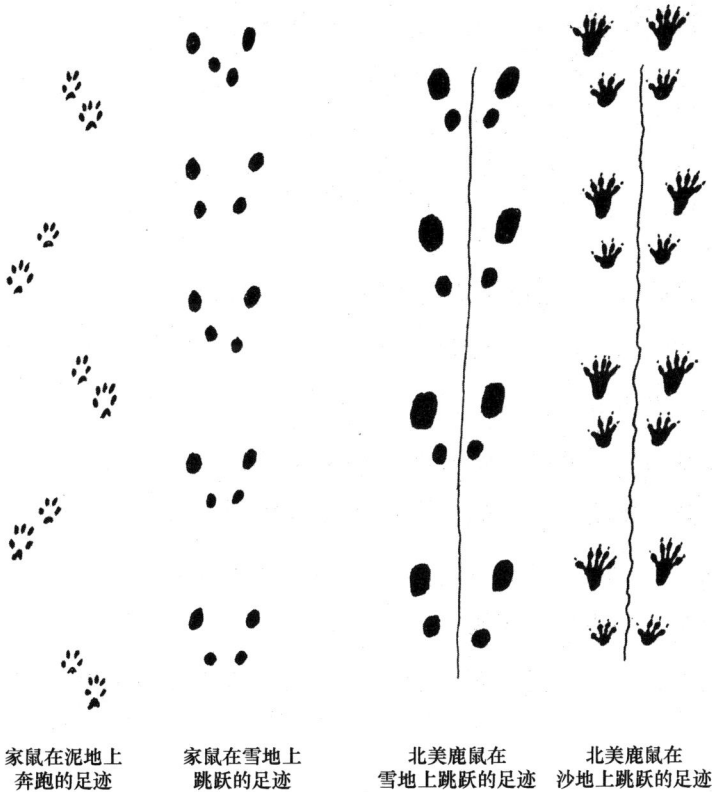

| 家鼠在泥地上
奔跑的足迹 | 家鼠在雪地上
跳跃的足迹 | 北美鹿鼠在
雪地上跳跃的足迹 | 北美鹿鼠在
沙地上跳跃的足迹 |

老鼠的足迹

探索活动

家鼠的行为。家鼠是如何搜索周围环境的？你可以把一些物品（如猫的玩具、纱线、小树枝、带壳的花生、香蕉、生肉、奶酪、糖水、盐水等）放进鼠笼里面，每一次只放一种，观察并记录家鼠在检查每种物品时的行为。你能否概括一下家鼠是如何检查这些物品的？

家鼠之间的关系。往笼子里再放入一只家鼠，原来那只家鼠有何反应？它是躲避这位新来者还是靠近它？

记录家鼠的活动。野外生物学家主要研究野生动物的习性，比如它们吃什么、住在哪里以及活动范围有多大。由于科学家不可能一年到头都在野外进行观察，因此他们会采取抽样观察的方式，即通过多次短期的实地观察来了解野生动物的习性。你也可以按如下方式观察家鼠的某些特定行为。为此，你需要一位计时员、一位记录员和一位观察员来共同开展这项实验。

找一个 60 厘米 ×80 厘米 ×60 厘米的盒子。盒子必须足够大，以便家鼠在里面自由活动；侧边必须足够高，让家鼠无法逃脱。用圆圈标记出盒子底面的中心位置，并在圆圈中写上数字"1"。这就是家鼠活动的起点。为了方便记录，在盒子底部垫上一张与底面同样大小的纸张，在纸张的中心位置同样画上圆圈并写下数字"1"。

把家鼠放在盒子底部的圆圈中。10 秒后，在家鼠所处的位置再画一个圆圈作为标记，并在圆圈里写上数字"2"，用箭头标记家鼠的朝向。在接下来的 5 分钟内，每隔 10 秒标记一次家鼠的位置，并按顺序编号。然后把家鼠重新放回笼子里。

在另一个实验中，找一块 21 厘米 ×28 厘米的硬纸板，将其折叠成一个只有三个面的拱篷。把拱篷放在盒子的一端，在另一端放一些食物。将家鼠放在盒子底部的圆圈中，像上一个实验一样记录它的活动路线。你有什么发现？你的发现跟你设想的一致吗？如果你有不止一只家鼠，可以分别对它们做相同的实验。

几天后，再重复这些实验过程。观察结果与之前的相同吗？如果不同，请描述不同之处。如果你站远一点进行观察，对观察结果会有影响吗？如果你完全离开，使用摄像机来观察家鼠的行为，那么它们的行为是否会有所不同？事实上，野外生物学家也不得不考虑他们的存在对野生动物行为的影响。

现在分析一下你的记录。圆圈画得最多的地方在哪里？盒子的各个角落分别有多少个圆圈？盒子的中央呢？你发现家鼠的活动轨迹有什么规律？它喜欢待在盒子的侧边、角落或开阔区域？它是否更愿意待在由纸板做成的庇护所里？（见本章注解。）

家鼠有没有表现出其他行为？你能对它开展系统的研究吗？如果在实验区域内放置一个或多个倒扣的小盒子，会发生什么情况？

本章注解

家鼠必须离开巢穴才能寻找食物、配偶，物色新的巢址，但这样就没法保证隐蔽和安全了。为了解决这一矛盾，它们在野外会避开开阔地带，而是沿着倒木、灌丛或其他物体构成的"墙体"行动。动物行为学家将这种行为称为"寻墙行为"。

第十章　家猫

宠物和猎手

《猫》是美国戏剧舞台上迄今为止最受欢迎的音乐剧之一，却只有一个十分简单的名字。在每场演出中，观众都会被一群打扮成猫[1]的才华横溢的演员逗得捧腹大笑。即便如此，这部作品也无法与猫在美国人心目中的地位比拟。猫"主宰"了大约6000万个美国家庭，此外可能还有6000万只猫像音乐剧中描绘的那样，凭借自己的"聪明才智"在城市和乡村流浪，与人亲近，却又特立独行。

那么，猫究竟是一种什么样的动物呢？它们是如何进入我们的生活以及文学和艺术作品之中的？它们陪伴人类多久了，又是怎么被驯化的？

化石证据表明，哺乳动物早在侏罗纪就已出现。早期的哺乳动物非常小，只有老鼠那么大。在裸子植物和苏铁类植物构成的古老森林中，它们在地面上来回穿梭、忙忙碌碌，鸟类从它们的头顶上飞过，而恐龙正处于鼎盛时期。然而到了古近纪，恐龙消失了，哺乳动物开始暴发，并与鸟类、昆虫一起主宰地球上的动物界。同时，开花植物（又称为被子植物）占据了植物界的统治地位。

科学家认为，这些原始哺乳动物中有一种叫细齿兽（英文名为miacis）的肉食动物，它们的身体细长，四肢短小，尾巴长。它们能够凭借利爪在树上攀爬。这种史前动物在当时的沼泽和森林中游猎，被认为是鼬狗、臭鼬、狐狸、熊、浣熊、猫、狗以及其他哺乳动物[2]共同的祖先。

大约在3000万年前，猫科动物就在地球上出现了。那时，在猫科动物的一个分支中演化出了剑齿虎——一种体形巨大、行动缓慢、力量强大的猛兽，靠捕捉笨拙的大型哺乳动物（如猛犸象、大象和乳齿象等）为食。剑齿虎的灭

---

[1] 在本书中，如无特别说明，指的都是家猫（*Felis catus*）。——译者注

[2] 原文中除了上述哺乳动物以外还将青蛙（"frog"）列入其中，这显然是表述错误。青蛙是两栖动物，而非哺乳动物。——译者注

绝时间其实很晚，距今只有 1.2 万~ 1.5 万年，而且它们的身影一直出现在虚构文学作品中。另一个分支才是猫所在的分支，它们具有中等体形，擅长伏击小型动物。化石证据表明，大约在 300 万年前（正处于冰河时期），许多哺乳动物的体形都变小了，尤其是猫属（*Felis*）动物，它们是体形最小的一类猫科动物。这些"猫"的体形比它们的祖先的小，头骨和大脑也更小。它们缩小的下颚骨和数量减少的牙齿也是体形缩小的证据。这些改变可能是冰盖扩张 – 消退周期导致的长期气候变化的结果。在 60 万年前，一种体形较小的"猫"——野猫[1]（*Felis silvestris*）出现在欧洲和非洲大陆上。它被认为是我们饲养的家猫的祖先。

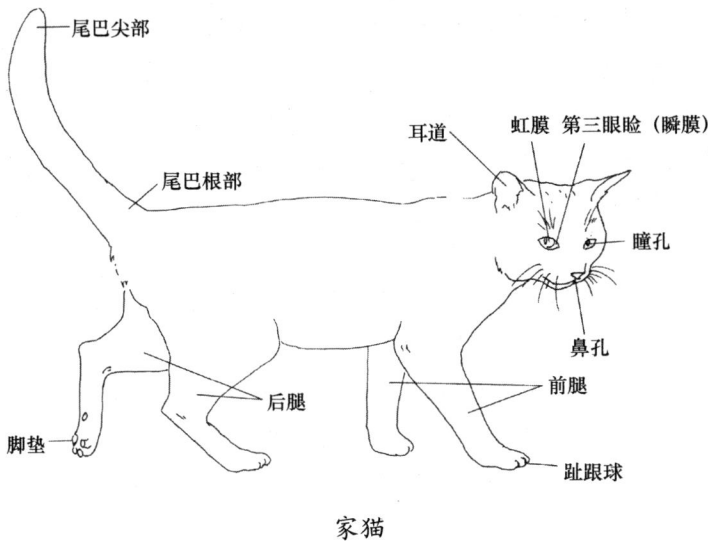

家猫

从猫科动物的演化之初到现在，猫一直是一种独居动物，也是成功的猎手，很好地适应了荒野生活。尼罗河两岸肥沃的冲积平原为古埃及人提供了充足的粮食，以备不时之需。粮食的充足给他们带来了经济和政治上的稳定，但

---

[1] 这里的"野猫"是该物种的正式中文名，而不是指那些野生的、野化的或生活在野外的猫。——译者注

他们不得不面对老鼠无休止的侵扰和破坏。于是，古埃及人开始驯养猫，用来抵御老鼠的威胁。随着时间的推移，这些猫不仅被完全驯化，甚至还受到古埃及人的尊崇。在古埃及人的墓室壁画、绘画和雕像中，家猫的形象频繁出现，他们希望借此表达对家猫的感激之情。古埃及人对家猫的尊崇还不止于此，他们认为家猫是有神性的。在家猫死后，他们会做防腐处理，将其制成木乃伊，然后与法老和贵族的木乃伊一起隆重下葬。

家猫也被古希腊人和古罗马人所珍视。但在中世纪，欧洲人对家猫的态度完全被颠覆了，家猫被认为是邪恶的象征，养猫的人会遭受酷刑的惩罚。在那个历史时期，家猫不再是人们崇拜的对象，而是让人心生恐惧的东西。从西方万圣节的女巫与黑猫之间千丝万缕的关系中，可以发现一些相关的历史痕迹。好在家猫当时并没有从欧洲的城镇和农村彻底消失。对老百姓来说，即使养了一只"邪恶"的家猫，也总比小麦、大麦和燕麦等粮食被老鼠糟蹋要好，否则大伙会挨饿，而且连啤酒也没得喝[1]。

由于在航船上，船员们会养猫来对付偷吃粮食的老鼠，家猫就这样乘船来到了新大陆。直到 18 世纪，人们对家猫的态度才有所改观。家猫重新受到人们的青睐，主要还是因为人们需要依靠它们来遏制老鼠对农业和食品加工业的破坏。于是，家猫在人类社会中的地位再次得到提升，直到今天它们还一直享受着优待。

无论我们如何看待家猫，是否对它们宠爱有加，是否给它们送上美食、名牌项圈或毛绒玩具，它们依然特立独行，仍旧保持着很久以前作为猎手所具有的孤傲和高冷。人们普遍认为家猫是一种完全独居的动物，喜欢独自生活和捕食。这只说对了一部分，其实它们也不完全是独居的。在白天，流浪猫喜欢独自游荡，但当夜幕降临后，它们常常会成群聚集在一起。那些养过不止一只猫的人自然知道此言非虚。

自从古埃及人成功地将野猫驯化为家猫之后，就时不时地有些家猫重新回

---

[1] 因为啤酒是由粮食酿造的。——译者注

到自由野生状态，它们被称为流浪猫。无论猫主人如何调教他们的猫，都无法消除家猫的捕猎本能。研究人员发现，家猫其实并不算是优秀的猎手，尽管它们偶尔会捕捉到老鼠或小鸟。事实上，碰到一只凶恶的大老鼠时，家猫也可能被惊吓到。当老鼠和家猫生活在同一片区域时，只要家猫有充足、稳定的食物来源，它们就会对老鼠视而不见。反倒是流浪猫或养在农场里而没人定期喂食的家猫更有可能成为控制鼠群数量的猎手。

有时，家猫会被主人遗弃，或不知何故与主人分离，那么它们就需要独立生活了。处于流浪境地的家猫的健康状况大多堪忧。这些流浪猫组成的群体通常会在街区中发展起来，它们不仅能在街区中生存，还各自建立起领地，形成"社群"。

一群流浪猫不会像一群流浪狗那样拥有较为严密的社会等级。猫是独自捕食的猎手，而狗是成群狩猎的。当然，猫群中也会存在一定的社会等级。这种社会等级并不是固定不变的，会随着时间和地点的变化而变化。某个"社群"中在某个特定时期地位较高的流浪猫在其他时间也许不能维持它的地位。如果你家附近有一群流浪猫，你可能会被夜里此起彼伏的猫叫搅得难以入睡。此时，大量流浪猫聚集在一起，但具体原因不得而知。有人猜测它们正在中立区域进行"休战谈判"。一般来说，在这种场合不会发生打斗。如果有机会观察它们的"聚会"，你甚至能看到它们在互相梳理毛发。由于"聚会"不是在交配季节举行的，因此它们之间很少会互相撕咬和发出嗷嗷声。"聚会"通常会持续到半夜，然后每只流浪猫都会回到自己的领地，重新开始自己的独居生活。

为了减少流浪猫的数量，人们已经做了很多努力。一些社会组织会捕捉流浪猫，让兽医给它们做绝育手术，并努力为它们寻找一个新家。

家猫的视力非常敏锐，这是它们成为猎手的首要条件。在没有月光的漆黑夜晚，它们只有凭借出色的视力才能四处走动和捕捉猎物。科学家告诉我们，家猫在白天的视力已经堪称完美，而到了夜晚，它们的眼睛能充分利用微弱的夜光并将其增强 40～50 倍，从而方便看清猎物。

家猫的眼睛位于头部的前方，这意味着它们和我们一样具有双眼视觉。这使它们不仅能够看到近处的物体，还能看到远处的物体。专家认为，尽管家猫可以看得很近，但太近（比如 1 米以内）的话，它们的眼睛无法准确对焦。每只眼睛的视力范围约为 287 度，这是非常惊人的。再加上灵活的脖子，它们能够随时关注到周围发生的事情。家猫的眼睛还能反映它们的情绪。如果看到喜欢或害怕的东西，它们的瞳孔就会放大。

家猫的听觉和嗅觉很敏锐。漏斗形的外耳有助于家猫对声源进行定位，它们还可以通过转动外耳来捕捉各个方位的声音。独特的内耳构造使得它们能听到极高的音调——比我们人类能听到的最高音还要高两个八度的音阶，甚至狗的听力也难与之匹敌。对于一只对什么都好奇的家猫来说，它能轻而易举地察觉到老鼠的吱吱声和小动物啃咬木头的声音。

家猫的鼻子拥有大约 2 亿个特化细胞[1]，功能十分强大，可以捕捉到人类难以察觉的微弱气味。它们非常善于嗅探同类留下的气味，以及捕食者或猎物留下的气味。

家猫的胡须长在脸部两侧，而且超出脸部，是其触觉器官的延伸。凭借胡须的功能，在试图钻过狭小空间之前，家猫就能预估出空间的宽度。

有些研究人员认为，家猫的胡须能够感受到微弱的气流。这对在黑暗中寻路的家猫来说尤其重要。由于空气处于不断流动的状态，当一只家猫接近一个物体时，周围的空气会受到扰动，家猫的胡须能捕捉到这种扰动。这使得家猫即便看不到前方的物体，也能够轻松地穿越过去。因此，对于这种夜间捕食者来说，胡须至关重要。胡须不仅能引导家猫在黑暗中穿行，还能帮助家猫准确地咬住猎物的脖颈，切断其颈部神经，使猎物顷刻毙命。

对于这种顶级猎手来说，钩状利爪也是它们所拥有的一件利器。它们在搏斗、爬树或清理皮毛时才会使用爪子。用不到的时候，脚爪的趾甲会隐藏在趾

---

[1] 这里指的是嗅细胞，一种位于嗅黏膜上皮的特殊感觉细胞。——译者注

跟球（每个脚趾上都有一个）里。当家猫走路、躺着或坐着时，趾甲会隐藏起来。当它们发动攻击时，脚爪的肌肉会迅速放松，趾甲便从保护鞘中显露出来。也就是说，猫爪是可伸缩的。事实上，家猫必须收缩肌肉才能隐藏利爪。

由于饮食和卫生状况的改善，如今家猫的寿命可达 9 ～ 15 岁。虽然有些人声称纯种猫的寿命不如混种猫，但也有一些家猫的寿命超出了人们的预期，有一只暹罗猫甚至活到了 31 岁的高龄。下表展示家猫的年龄与实际相当的人类年龄。需要注意的是，家猫出生后很快就会进入成年期，但进入老年的速度则相对缓慢。

家猫与人类年龄的对照

家猫的年龄 / 岁	人类的年龄 / 岁
1	15
2	25
4	40
7	50
10	60
15	75
20	105
30	120

很多时候，猫主人并没有意识到他们的猫正在变老。虽然它们的饮食习惯好像没什么变化，仍然急切地等待用餐，但总有迹象表明它们正在变老。它们再也不像以前那样爱梳理皮毛了，身体动作也没有以前那么柔顺协调，更不能像年轻时那样弯曲脊柱或脖颈，这也意味着它们没法很好地清洁身体。由于关节不像以前那么灵活，上了年纪的家猫可能需要一点帮助才能爬上它们最喜欢的椅子休息，也可能需要帮助才能爬上楼梯。

很多人都觉得家猫很酷、很独立，这与狗形成了鲜明的对比——狗是一种社会性动物。这一差异源于这两种动物长久以来形成的截然不同的社群结构。

作为成功的孤独猎手，沉着和冷漠早已烙印在家猫的基因之中。一些猫主人可能会告诉你，他们的猫既可爱又黏人，不过这主要是选择性育种[1]的结果。人类驯养猫的历史只有大约5000年。与狗相比，这个时间相对较短。

猫的世界

工具和器材	科学技能
基础工具	观察
玻璃罐	记录
温度计	推理
各种食物	试验

注意：要确保参与自然观察和探索活动的猫熟悉你，而且很友好。

自然观察

家猫的品种。家猫的毛色、大小和样貌各不相同，更不用说性情了。有些很爱玩耍，有些则很冷漠。有些是纯种的，有些则不是。纯种猫是指那些可追溯血统的家猫。它们具有独特的体貌特征和行为习性，可区别于其他品种。

你在自家附近发现过几个家猫品种？当你去到别的地方时，也多留意观察其他不同的品种。你可能需要咨询兽医或联系当地的宠物保护组织，以便得到他们的帮助。（见本章注解1。）你也可以去当地的图书馆查阅书籍，以便辨识不同的家猫品种。如果你不能快速辨认出它们的品种，那么给它们拍照将会对你很有帮助。

阿比西尼亚猫。这是一种中等体形的短毛猫，毛色有棕色、黑色和红色，

[1] 这里指对具有理想特征的植物或动物进行选择和繁殖的过程。——译者注

身体长而柔软，耳朵大，尾巴长。它们的身材苗条，体态优雅，就像迷你版的美洲豹。此外，它们特别像古埃及艺术品中猫的形象。

美国短毛猫。许多美国家庭的宠物猫是美国短毛猫。它们的祖先跟随最早的那批移民，从欧洲乘船到达北美东海岸并定居下来。体态笨重、肩膀厚实、前胸宽阔、毛短且密是它们的标志性特征。这种猫非常可爱且容易训练，因此又衍生出很多毛色和花纹各异的品种。它们以"工作狂"而闻名。自从与早期移民一起来到北美大陆，它们就乐于在家里和仓库中巡守，捕杀啮齿动物，而这正是它们的工作。

柯尼斯卷毛猫。这种猫的声音尖锐，虽然不像暹罗猫的声音那样刺耳，但我们据此便可将它们与其他品种区分开来。同样独有的特征还有它们的卷毛。仔细观察一下，你会发现它们的胡须和眉毛也是卷曲的。它们的耳朵大而显眼，有时还被形容为"招风耳"。它们很温和，很适合作为家庭宠物。1950年左右，这个品种在英国流行起来，并在此后的10年内传到美国。

喜马拉雅猫。这是一个相对较新的品种，是短毛的暹罗猫与长毛的波斯猫的杂交品种，拥有精致漂亮的蓝眼睛和需要定期梳理的长毛。我们据此就可以辨认出它们。它们有着很好的脾气，能够忍受那些顽皮的狗的骚扰，也会尽量避免与其他猫发生冲突，很适合作为家里的宠物。

缅因猫。这是一种惹人喜爱且粗犷英俊的家猫，但需要足够的生活空间，因为它们喜欢四处漫步。它们也喜欢在户外活动，还能忍受户外恶劣的气候环境。它们从头到尾都覆盖着浓密、光滑的皮毛，而且几乎不需要怎么打理。它们的体格健壮，肌肉发达，体重为5～8千克，胸部宽广，脚又大又圆。它们的祖先被认为是那些在早期驶往新大陆的航船上的捕鼠猫。

马恩岛猫。这种没有尾巴的猫与兔子有着相同的体态特征，比如非常长的后腿以及兔子的典型步态。不过在攀爬方面，它们与兔子一点也不像。马恩岛猫聪明活泼，而且黏人，特别适合作为宠物。它们还是出色的猎手和渔人。

波斯猫。早在400年前，波斯猫便从波斯（今天的伊朗）来到欧洲。这种性情恬静、举止优雅的猫十分适合作为摄影模特，而且它们十分乐意坐下来摆出各种姿势。波斯猫的身材健硕，腿短而结实，体重比许多其他品种的大，因此它们不怎么活跃。波斯猫的特征是长而丝滑的披毛，以及环绕脖颈的流苏般的长毛皱领。波斯猫的耳朵小，眼睛大，尾巴也是毛茸茸的。一直以来，它们都非常受欢迎。

苏格兰折耳猫。这种猫的耳朵平折往后搭在脑袋上，它们因此而得名。这也是这个品种的识别特征。1961 年，这个自然突变的品种在苏格兰的一个农场中被发现。它们有一双又大又圆的眼睛，享有"家庭萌宠"的美誉。

暹罗猫。这是一种皮毛光滑、肌肉发达且体态优雅的猫，有一条长尖的鞭状尾巴和一双杏仁状眼睛。它们的皮毛短而贴身。暹罗猫不喜欢独处，但它们通常只会在家庭成员中挑出一位来接受他的"宠溺"。此外，它们非常"健谈"，似乎充满了神秘的异域风情，也很喜欢学习各种技巧。它们还是唯一爪子不能收缩的家猫。

体形。这里将介绍家猫的三种体形：修长型、短胖型和半外国型。

修长型见于暹罗猫和阿比西尼亚猫。它们具有修长的身材、纤细的腿、狭窄的肩膀和臀部，以及楔形的头部。

短胖型的家猫有着结实的身体、宽阔的肩膀和臀部、短而粗的腿，以及扁平的脸部。波斯猫就具有这种体形。

半外国型的品种以美国短毛猫和德文卷毛猫为代表。这些猫的身体结实，腿长适中，臀部和肩膀的宽度也适中，脑袋略呈圆形。

对你家附近的家猫做个调查和记录，看看你最常见到的是哪种体形的家猫。

灵活的身体。只需稍微花点时间观察一下，你就会意识到家猫的身体非常灵活。对于天生好动的猫来说，这是一个显著的优势。当家猫捕捉猎物、因打盹而伸展身体或因受到惊吓而拱起后背时，你都能看到它们出色的灵活性。家猫的脖子也很灵活，它们可以在不转动身体的情况下扭头向后看，还能用舌头舔舐自己的臀部，以达到清洁的目的。

在奔跑时，灵活的身体是非常有利的。与狗不同，家猫不是通过加快步频来提升速度的。它们会尽可能伸展身体，这样每一步都能获得更大的步幅，跨越的距离也更大。这是一种高效节能的运动方式，家猫和它们的野生"表亲"都在运用这种方式，显然这很管用。由此看来，猫更像短跑选手，而狗则擅长长跑。

家猫在追踪猎物时可以展现出色的灵活性

爱清洁的猫。细心观察一下家猫梳理皮毛的过程。（见本章注解2。）它们不仅会把粗糙的舌头当作毛巾，还会用牙齿来剔除身上的灰尘颗粒。它们的脊柱的柔韧性很好，因而它们能扭转身体，清洁各个部位，但是它们没法舔自己的脸。它们是如何解决这个问题的？记录下家猫自我清洁的过程。这个过程是随机的还是有一定的步骤？先从哪个部位开始清洁？接下来如何进行？家猫每次都按照相同的步骤进行清洁吗？

眼睛的颜色。家猫的眼睛有多种颜色，包括金色、蓝色、绿色、铜色和琥珀色等，而这些颜色还有各种色调。观察几只不同品种的家猫，记录它们的眼睛颜色以及品种名（如果你知道的话）。你看得越多，就越惊叹于猫眼颜色的丰富多样。记录你看到的每种颜色的个体数量。哪一种或几种颜色最常见？哪种颜色看起来特别鲜亮？

第三眼睑。家猫的每只眼的眼角都有一个第三眼睑——叫作瞬膜。如果需要保护或润滑眼睛，瞬膜就会滑过眼球表面，用眼泪擦拭角膜。如果花些时间观察家猫，你就会看到这层膜所起的作用。人类的眼角也有一个粉红色的小突起，它其实就是我们的第三眼睑，只是现在已经退化，没有功能了。

耳朵。观察一只躺着休息的家猫。它的耳朵会动吗？当家猫对某个声音有反应时，你能听到这个声音吗？耳朵在家猫的捕食过程中发挥着重要作用，还能用来表达情绪。例如，一只快乐的家猫会朝前竖起耳朵，而一只生气的家猫则会朝后收拢耳朵。

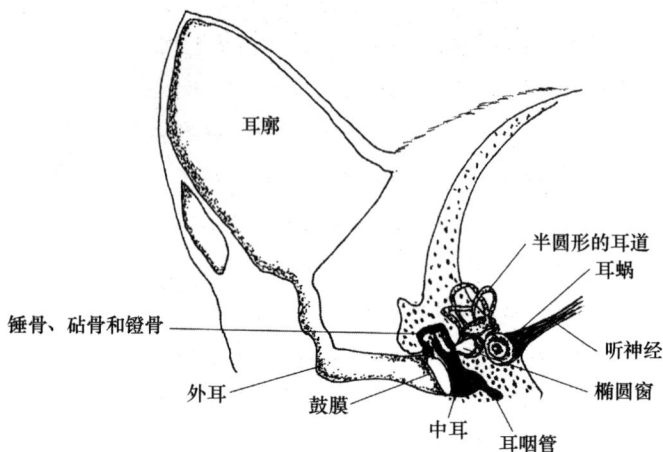

耳廓

半圆形的耳道
耳蜗

锤骨、砧骨和镫骨

听神经

外耳 　鼓膜 　椭圆窗

中耳

耳咽管

家猫的耳朵

鼻子。鼻尖是家猫鼻孔周围的一块无毛的皮肤。鼻尖有各种颜色，如黑色、棕色、砖红色、玫瑰色、粉红色、淡紫色或蓝色等。观察几只不同品种的家猫的鼻尖，看看每种颜色分别出现过多少次。记录下它们的鼻尖颜色和品种（如果你知道的话）。家猫鼻尖的颜色与品种有对应关系吗？

摸摸家猫的鼻子，并在笔记本上记录你的感受。

你可以给家猫准备它最喜欢的食物，然后观察它是怎么使用鼻子的。家猫是如何接近食物的？

胡须。家猫的胡须是指嘴唇上方的一种特殊体毛——触须。你可以找一只家猫，轻轻抚摸它的胡须。你认为胡须与其他体毛有什么不同？这只家猫有多少根胡须？其他家猫的胡须数量也是一样的吗？家猫的胡须比脸部长出多少？

家猫可以向哪个方向转动胡须？是向前还是向后？胡须有上下两排，它们能够分别运动吗？如果你碰到家猫的胡须，它会有什么反应？

温顺、放松　　　　好奇、羞怯　　　　紧张、兴奋

胡须的状态反映了家猫的情绪

牙齿。家猫的牙齿是什么样子？要搞清楚这个问题，你必须有一只非常温顺的家猫。对于一只陌生的或对你不太友好的家猫，你千万不要试图去检查它的嘴。

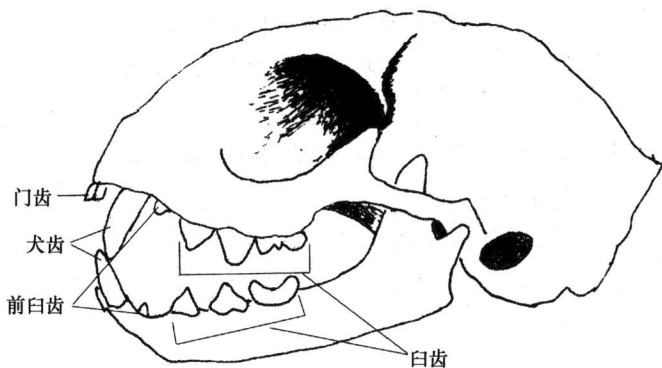

门齿
犬齿
前臼齿
臼齿

家猫的颅骨

家猫有 30 颗牙齿，其中 4 颗略微向内弯的犬齿用于咬杀猎物。当家猫咬住猎物时，它们的犬齿会立即咬断猎物后颈的脊神经。无论对于什么猎物，家猫总能精准地咬到相同的致命部位。

猫主人有时能听到家猫磨牙的声音，这其实是一种与捕猎相关的极端行为。此时，家猫会表现出好像已经抓住了猎物。家猫的磨牙行为并不需要明确的外部刺激（比如老鼠在草丛中乱窜，或小鸟在盘中吃食）。从我们人类的角度来看，这种行为的产生可以没有任何明确原因。

尾巴。家猫也会利用灵活的尾巴（见本章注解3）来表达情绪。如果尾巴快速摇晃，则表明它们很兴奋。如果尾巴在后背上弓起且保持不动，那是家猫在向你发出友善的信号。一只多少被激怒的家猫也会保持尾巴不动，但你会看到它的尾尖在轻轻地抽搐。如果家猫把尾巴放得很低且体毛松散，则说明它受到了惊吓。如果尾巴高高竖立且体毛硬直，那么这是家猫准备发起攻击的信号。

其实，家猫在表达情绪的时候还会发出很多细微的信号。在你的家猫身上，你能观察到多少种不同的情绪？家猫是如何用尾巴表达这些情绪的？当一只家猫向你打招呼时，它的尾巴会有什么表现？当面对另一只更强势的家猫时，它的尾巴又有什么表现？

当家猫在栅栏上跳跃或者从一处跳到另一处时，它们会用尾巴保持平衡。这跟松鼠在树枝间跳跃并用尾巴保持平衡的方式类似。观察家猫在跳跃或保持平衡时的尾巴状态，并在笔记本上将其描述下来。

体毛。在自然状态下，家猫的体毛有三种类型：针毛、芒毛和绒毛。针毛硬直，较为粗糙；芒毛是一种细密的次生毛；绒毛也是次生毛，但很柔软。

体毛可以为家猫提供保护，使它们免受极端天气和温度的伤害。缅因猫和挪威森林猫是两个适应北方寒冷气候的品种。暹罗猫没有绒毛，因此不太适合冬天外出。借助放大镜，观察一下你养的家猫的体毛。你发现了几种体毛？它们有什么不同？每种体毛分别有多长？它们是直的还是弯曲的？每根体毛是只有一种颜色还是有多种颜色？观察家猫在夏天和冬天的体毛，看看它们有什么不同。当夏天来临时，体毛会有什么变化？

家猫的体毛也能传达它们的情绪。它们在害怕的时候，全身的体毛都会竖起来。如果一只家猫只是把后背和尾巴上的体毛竖起来了，那么你可要小心了——它现在怒气冲冲。

声音。家猫是会发声的动物，它们会用不同的声音来表达愤怒、喜爱、厌恶、怨恨和快乐等。你可以连续几周注意听一下你养的家猫发出的声音，比如喵喵声、咝咝声、咆哮声、尖叫声、呜呜声，以及深夜叫春的声音。将每一种声音都记录下来，同时也记录下它当时的行为或肢体动作。关于家猫的叫声和情绪之间的关系，你能得出什么结论？

爪子和趾甲。与狗不同，家猫在行走时几乎不会发出任何声响。这是为什么呢？仔细观察家猫行走的动作，看看它们是脚趾落地还是整个脚掌落地。

找一只温顺的家猫，检查一下它的前爪，并把前爪的形状画下来。你看到它的脚底有几个肉垫？肉垫和脚趾之间有什么关系？哪块肉垫最大？你认为这些肉垫的存在就是家猫行走时没有声音的原因吗？你还观察到了什么现象？然后再检查一下它的后爪，看看后爪与前爪有何区别。

比较一下前爪和后爪上的趾甲，你注意到有什么不同？前、后爪上的趾甲都一样锋利吗？你如何解释观察到的差异？当家猫放松时，你可以按住它的脚趾，看看趾甲会有什么反应。

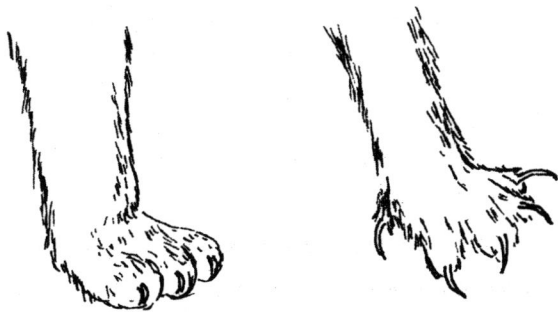

在行走或奔跑时，家猫的前爪会收回趾甲并将其藏在趾根球内，从而保护利爪

气味信号。气味腺位于家猫的脸颊和尾部，能散发出独特的气味。不过，目前的研究还无法确定这些化学物质在家猫生活中的作用。

家猫会相互蹭来蹭去，借此打招呼，同时将自己的气味留在对方身上。它们也会蹭灌丛、栅栏、消防栓和家具等，以便留下它们的气味标记。当一只家猫用身体蹭你的时候，这真的像大多数人认为的那样——在向你示好吗？还是说它只是在给你做标记？

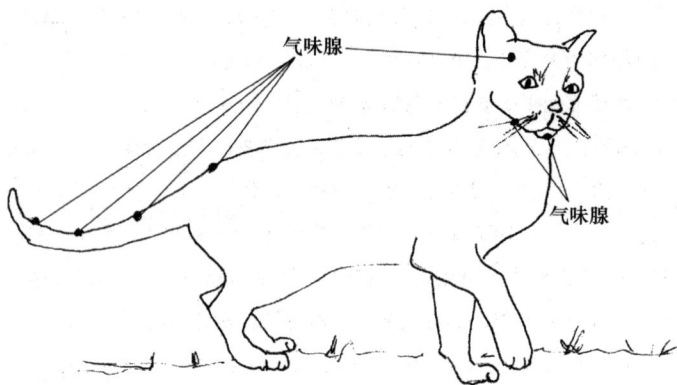

气味腺

气味腺

家猫身上有许多气味腺，会散发出人类无法察觉的特殊气味，
而且每只家猫的气味都是独特的

探索活动

饮食习惯。比较一下家猫和狗的饮食习惯。家猫会像狗一样狼吞虎咽吗？它们会吃光猫食盆里的食物吗？还是会留一些作为零食？对于不喜欢的食物，这两种动物分别有什么反应？设计一个实验，每天在同一时间和同一地点给一只家猫喂食，每次都用同一个碗，每次的投喂量也完全相同。看看它喜欢什么样的食物。传统认为，家猫喜欢喝牛奶。可以用你养的家猫验证一下这种说法是否正确。

瞳孔放大。人类的瞳孔会对环境中光线的变化做出反应。在昏暗的光线下时，人类的瞳孔会变大；在明亮的光线下时，瞳孔会缩小。家猫的瞳孔也有同样的反应吗？它们的眼睛能够对日出前和日落后昏暗的光线做出反应。在漆黑的房间里，用手电筒照射一只家猫的眼睛，你会看到它的瞳孔从又大又圆变成一条窄缝。这些适应性变化可以帮助家猫在不同强度的光线下看清物体。家猫的眼睛也有眼耀，这一点会在后面关于狗的章节中介绍。

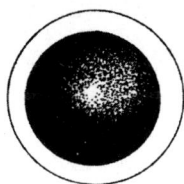

| 黑暗环境中的瞳孔 | 正常光照环境中的瞳孔 | 明亮光照环境中的瞳孔 |

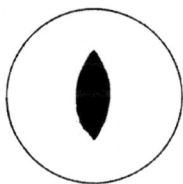

家猫的瞳孔对光照强度的反应

凝视。家猫可以长时间盯着某个物体而不眨眼。当你养的家猫凝视时，你可以给它计时，看看它能坚持多久不眨眼。找一位朋友来测试一下，看看他在不眨眼的情况下能坚持多久。比较一下家猫和你的朋友凝视的时间，你能得出什么结论？换其他家猫和其他人也来试一试，结果是相似的还是有较大差别？

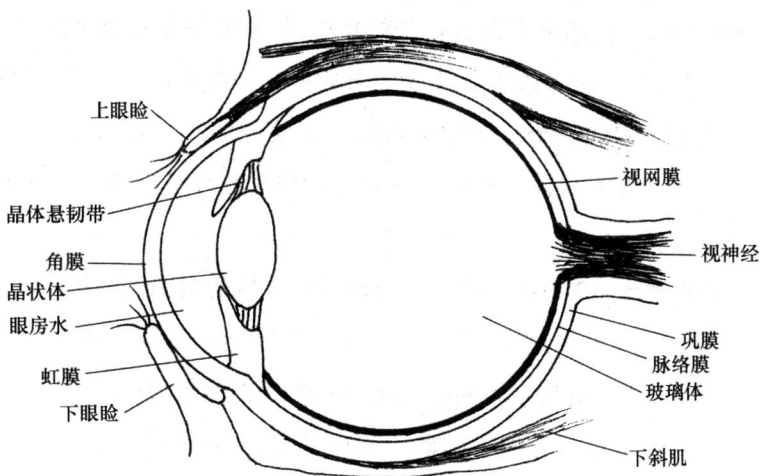

家猫的眼睛

照镜子的反应。把一只家猫抱到镜子前，让它看到镜子里的自己，看看它会有什么反应。比较两只年龄相仿的家猫和狗照镜子时的反应，会有什么发现？将它们的行为都记录下来。

右撇子或左撇子。许多研究人员想知道一只家猫是否偏爱使用某一只爪子而不是其他爪子，他们设计了一系列实验来回答这个有趣的问题。为了搞清楚你养的家猫喜欢使用右爪或左爪，你可以把它特别喜欢的一些食物放进一个干净的广口瓶中，然后将瓶子侧放在地板上，确保食物离瓶口足够近，猫爪可以够到。注意观察家猫用哪只爪子掏食物。多试几次，记录家猫每次使用的是哪只爪子。它总是使用同一只爪子吗？你有什么新的发现？

步态。观察家猫行走的姿态。长颈鹿在行走时身体同侧的腿会同时向前迈，那么你养的家猫也是这样走路的吗？你可能没有注意到，在行走时，家猫的后脚几乎都会踩在前脚留下的脚印上。一只家猫甚至可以在只有 5 厘米宽的小径上行走。对家猫来说，这有什么好处吗？

本章注解

1. 美国的许多社会组织正在推动制订家猫的繁育饲养条例，同时会举办一些宠物猫展览。其中的引领者是国际爱猫联合会，该组织在美国和加拿大有许多分支机构。

2. 猫用舌头梳理皮毛的目的不仅仅是清洁身体，这还能刺激皮肤中的油脂腺分泌防水油脂。这些油脂含有一种物质，在阳光照射下会转化为维生素 D，家猫会在梳理毛发时会将其吃掉。在夏季，用舌头舔舐身体还有另一个好处。皮肤上沾的唾液可以代替汗液，当唾液蒸发时，家猫的体温便降下来了，就像我们人类通过汗液蒸发来降温一样。

3. 猫尾的灵活性是由它的结构决定的。家猫的尾巴上有 18 ～ 28 节椎骨，通常为 21 ～ 23 节。椎骨靠近尾端时逐渐变小，你可以通过摸一摸来感觉。但你可能不知道猫尾的最后一节椎骨居然是帽状的。有些品种的家猫（如美国短尾猫和马恩岛猫）的椎骨数量明显少得多。实际上，马恩岛猫通常被看作无尾猫。

第十一章　狗

忠实的朋友

当欧洲人跟随哥伦布的脚步来到新大陆时，他们惊奇地发现在当地人的生活中，狗的身影无处不在。从南方的阿兹特克人到遥远北方的因纽特人，这些土著民族的神话和传说中充满了狗的故事。其实这并不奇怪，在古埃及、古希腊、古罗马、美索不达米亚等的文化中都有各种关于狗的传说。似乎早在人类文明出现之前，狗和古人类就生活在一起。这无疑是一个令人震惊的事实，也是一个科学上的难解之谜。

不同犬种的体形和大小有很大差异，既有体形较大、皮毛光滑的大丹犬，也有小巧可爱、适合抱入怀中的比熊犬。这些犬种有的像狼，有的像狐狸，有的则与豺或鬣狗相似。那么，狗（家犬）是不是由这些野生动物驯化而来的呢？它们都属于犬科，之所以被归为一类，是因为它们都是肉食动物，并且有着相似的齿式[1]。一直以来，科学家都想知道狗究竟有多少个祖先，是有几个还是只有一个，比如狼、狐狸、豺或者澳洲野犬。

斯坦利·科伦是一位来自不列颠哥伦比亚大学的动物行为学家，他根据古生物学证据绘制了一份"家谱"，并在上面标注了狗和其他犬科动物之间可能存在的亲缘关系。这份"家谱"表明，所有犬科动物都可以追溯到一个共同的祖先，家犬与包括郊狼、狼、狐狸和豺在内的其他犬科动物都是从汤氏熊（一种像狼一样的已灭绝动物）演化而来的。有趣的是，上述这些动物都可以进行杂交，而且的确存在这样的实际案例。

近年来，考古学家在古人类墓穴中挖掘出了疑似狗的骨头，并推断狗在古人类初次定居和农耕的时候就已加入人类族群。对这些骨头的分析表明，早在14000年前狗就与人类建立起了联系。更多基于 DNA 的研究为我们提供了丰富的信息。

---

[1] 齿式用于描述哺乳动物一侧牙齿的数目，对哺乳动物的分类有重要意义。——译者注

来自美国加州大学洛杉矶分校的演化生物学家一直在研究犬科动物的线粒体 DNA。这种 DNA 只遗传自母亲[1]，可以用来追溯狗的祖先，而且相当准确。科学家提取并分析了 67 个不同品种的 140 多只狗的 DNA，以及狼、郊狼和豺的 DNA。研究表明，狗和狼的基因序列只相差 1% ～ 2%，而狼和郊狼的基因序列相差 7.5%。狼和郊狼在 100 万年前就已分化为两个物种。进一步的分析表明，不同犬种之间的 DNA 差异很大，这表明狗被驯化的时间比人们之前认为的 14000 年还要早得多。有了这个新的证据，研究人员认为狼和狗大约在 13.5 万年前就分化了。此外，针对细胞核 DNA 的基因序列研究结果也支持狼就是狗的祖先。

许多权威专家认为狗是由狼演化而来的

狗是从哪里起源的？这个问题至今仍然没有答案。它们有可能是在不同时期和不同地区、由不同狼群分别演化而来的。许多科学家仍在寻找答案，但目前的证据表明从狼演化到狗并不是一次完成的，而是经历了多次演化。

随着时间的推移，狗的祖先经历了一系列身体上的变化，包括头骨、牙

---

[1] 这里指母系遗传，即只通过卵细胞将其中的遗传信息传给下一代，使得子代的线粒体 DNA 序列和母亲的一致。——译者注

齿、大脑的形状改变和尺寸缩小。尽管如此，但狗仍然保留了那些敏锐的感官功能。这些功能曾是狗的祖先赖以生存的"法宝"，其中之一就是嗅觉。你只需要带一只狗走一小段路，就可以了解它是怎么使用嗅觉的。经过长期演化，如今狗对嗅觉功能的运用已经非常令人惊叹了。让狗在空地上自由活动，你能更好地观察它怎样运用嗅觉功能。它会在草地上沿折线奔跑，时而按原路返回，时而向新的方向跑去。过了一段时间，它就对这块草地了如指掌了。

狗怎么知道哪里该去，哪里不该去，哪里可能藏着食物，哪里潜伏着危险？当你在一只狗的面前同时摆放一碗肉和一碗水果时，它如何区分这两种食物？通过研究狗鼻子的解剖构造和生理机能，我们发现了一个很有趣的事实：狗的鼻子是一个了不起的信息收集器。

狗的鼻腔中至少有2亿个嗅觉感受器，而人类则只有区区500万个。这些感受器都分布在鼻腔内壁的黏膜（嗅黏膜）上。如果把这层黏膜平铺开来，其面积竟然比狗的体表面积还大。

狗在呼吸时，空气会被吸入呼吸系统；但狗在嗅探时，空气进入体内的路径就完全不同了，此时空气不会进入狗的肺部，而是滞留在嗅黏膜的皱褶中。当狗呼气时，鼻子内部的骨架结构会阻止其上方的空气呼出。因此，吸入的气体分子会滞留、积聚，然后被溶解，最后附着在嗅黏膜的嗅觉细胞上。嗅觉细胞上沾满气体分子的黏液会释放一种化学信号，继而转化为一种电信号，并传输到狗的大脑的情感中心，储存起来以备后用。

鼻子内部复杂的结构使狗对各种气味高度敏感。同时，鼻头外部对于嗅觉功能的发挥也起着重要作用。对于一只健康的狗来说，它的鼻头总是湿乎乎的。如果鼻头不够潮湿，它就无法捕获飘浮在空气中的气体分子，也没法将其传输到内部的鼻黏膜上。

不同犬种对气味的敏感度不同。侦探犬和比格犬对地面上的气味极其敏感，它们在寻找失踪人员和丢失物品方面为我们提供了出色的服务。经过训练的德国牧羊犬可以用来嗅探毒品和爆炸物，甚至用来寻找在地震等灾难中被掩埋的人。

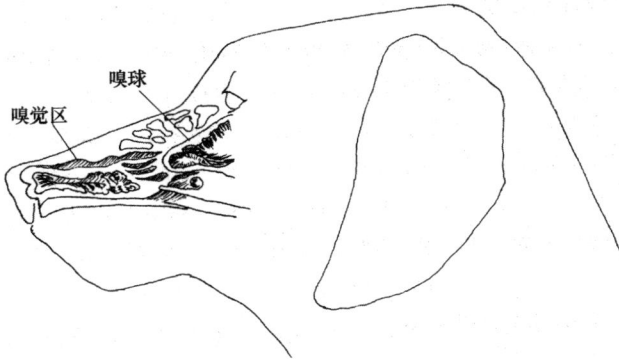

狗的鼻子

狗的视觉也同样出色。尽管人们普遍认为狗眼中的世界是黑白的，但人们也在猜测它们能否分辨各种颜色。狗在夜间比我们人类看得更加清楚，不过它们的视力最佳的时候是黎明和黄昏时分。这是因为视网膜的感光细胞（视杆细胞和视锥细胞）后面有一层被称为"照膜"的反射层，光线首先穿过视网膜进入狗眼，然后被照膜反射回去。在光照不足的环境中，这能让狗充分利用有限的光线。

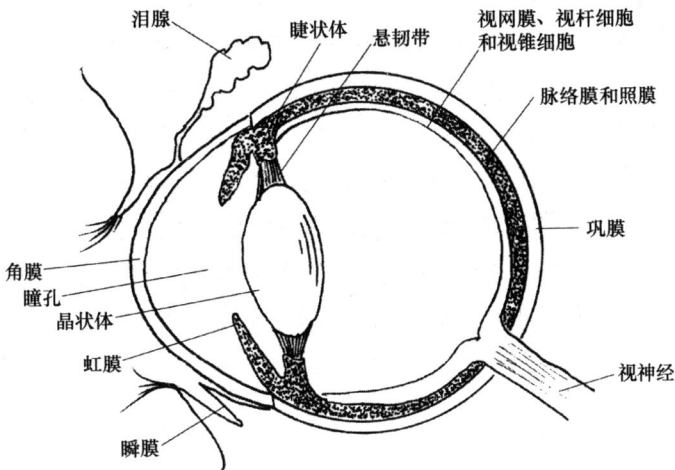

狗的眼睛

　　和家猫一样，狗也有瞬膜，瞬膜位于下眼睑的下方。这个透明的防护罩可以保护狗的眼睛不沾染灰尘和其他颗粒物。很多鸟的眼睛里也有瞬膜，其作用都是一样的。

　　狗的眼睛长在脑袋前面，而不像大多数鸟类那样长在脑袋两侧。这使得两只眼睛能够同时看到一个物体，这就是所谓的双眼视觉，双眼视觉能产生景深，即两只眼睛同时聚焦于近处或远处的物体的能力。双眼视觉对于动物判断物体的距离发挥着至关重要的作用。

　　我们直视前方时会利用周边视觉来看两侧的部分物体，所以我们的视野比较广。狗的视野则因品种而异，有的和我们的一样宽，有的则非常窄。视野过宽和过窄各有利弊。如果一只狗的横向视野特别好[1]，它就可能无法看到正前方的物体。阿富汗犬、贵宾犬和萨路基就没有这种问题，因为它们的眼睛位于脑袋的正前方。德国牧羊犬的眼睛偏向两侧，因此它们的视野很宽，这使它们成为出色的警卫犬。和狗相比，狼的横向视野更宽。

长鼻品种　　　　短鼻品种　　　　人类

不同犬种的头部形状存在差异，导致它们的眼睛所在的
位置各不相同，视野范围也各不一样

　　和它们的近亲狼一样，狗能听到人类无法听到的高频声音。对于那些以家鼠、田鼠和其他小型哺乳动物为食的捕食者来说，这无疑是一种优势，它们可以通过聆听猎物发出的声音来判断它们的位置。有些狗甚至能听到蝙蝠发出的超声波。狗还能转动耳廓，精确地找到声源，而这些声音可能是我们根本察觉

──────────

　　[1]　也就是说它的眼睛偏向两侧，视野很宽。——译者注

不出来的。

人与狗的关系由来已久。在人类社会建立之初，狗所具有的超级灵敏的嗅觉、听觉和视觉就在狩猎和畜养方面帮了我们大忙。当有掠食动物试图侵袭人们的家园时，它们会及时向人们发出预警，并挑战、驱赶这些入侵者。那些具有特殊的性格和身体素质的狗甚至成为了盲人的向导（即导盲犬）。对于那些被"困"在疗养院和康复中心的人来说，治疗犬是他们生命中不可或缺的一部分。有些犬种（如纽芬兰犬和葡萄牙水犬）还是出色的搜救犬，常出现在各种灾难场所。还有一些犬种能够有力地协助执法人员搜寻失踪人员、毒品及赃物。没有任何一种动物像狗一样忠诚，能在各个方面为我们提供帮助。如果仔细审视一下人类与狗的关系，不难看出谁是受益更多的一方。

狗的世界

工具和器材	科学技能
基础工具	观察
	记录
	推理

注意：一定要保证那些参与自然观察和探索活动的狗熟悉你，而且对你友好。

自然观察

辨识不同的犬种。早期的狗看起来与今天的狗非常不同，尽管德国牧羊犬和其他一些品种确实与它们的祖先（狼）有很多相似之处。如今，人们已经培育出许多不同的犬种，如边境牧羊犬、腊肠犬、金毛猎犬、博美犬、拉布拉多猎犬和贵宾犬等。

美国犬业俱乐部将"动物品种"定义为一群由人类培育的动物，拥有某些可遗传的特征，包括区别于其他品种的统一外观。

今天，美国犬业俱乐部根据狗在人们的生活中扮演的不同角色，将美国的犬种分为7个不同的类别。如果你查询诸如犬类图鉴之类的工具书，还能看到一些不同的分类方法。

运动犬。它们既机警又敏捷，是绝佳的捕猎伙伴。这类犬种包括西班牙猎犬、雪达犬和波音达猎犬等。

梗犬。这类狗具有充沛的精力，非常活跃。艾尔谷梗、凯恩梗、威尔士梗和西高地白梗是几个具有代表性的犬种。

猎犬。凭借敏锐的嗅觉，这类犬中的有些品种被称为"嗅猎犬"，有些则凭借出色的视力被称为"视猎犬"。比格犬、寻血猎犬、腊肠犬和惠比特犬都属于这一类。

工作犬。它们可以帮助我们守卫财产、拉雪橇和开展救援。纽芬兰犬、葡萄牙水犬、伯恩山犬、拳师犬和杜宾犬都是工作犬。

牧羊犬。以前与工作犬归为一类，但在1983年它们成为一个独立犬种。它们以出色的放牧能力而闻名，能够驱使其他动物（甚至包括人类），控制它们的行动。如果和牧羊犬一起跑步，你会在它的影响下不自觉地慢慢停下来。牧羊犬的体形大小并不重要。它们能像看管一群鸭子一样，把牛群管得服服帖帖。喜乐蒂牧羊犬、边境牧羊犬和威尔士柯基犬都属于这一类。

玩具犬。这类小狗也被称作哈巴狗。它们虽然较小，却是出色的守卫犬。这类犬种包括玩具贵宾犬、迷你杜宾犬、吉娃娃和意大利灵缇犬等。

非运动犬。拉萨阿普索犬、斗牛犬和西施犬都属于这一类。很多人养了一些很棒的狗，但它们可能并不在某些权威的犬种分类体系中。它们很多属于杂交犬，也就是所谓的"混血狗"。也许它们应该有自己的类别。

你能确定你的狗或者你正在观察的狗属于哪一类吗？

眼睛。找一只对你友善的狗，观察一下它的眼睛。不同品种的狗的眼睛的形状可能是杏仁形、卵形、圆形或三角形。这只狗的眼睛是什么形状呢?

杏仁形:比利牛斯山犬、西高地白梗、哈士奇、德国牧羊犬

卵形:贵妇犬、雪纳瑞、舒柏奇犬

圆形:法国斗牛犬、比熊犬、波士顿梗、哈巴狗

三角形:牛头梗、秋田犬、阿富汗犬

不同犬种的眼睛形状

把在你家附近看到的不同犬种的眼睛形状记录下来,并制作一个表。

不同犬种的眼睛形状

眼睛形状	品种	观察到的数量
杏仁形		
卵形		
圆形		
三角形		

狼有不同的种类,但它们的眼睛基本上都是卵形的并略微倾斜。大多数狐狸的眼睛是线形或裂缝形的,而豺的眼睛是圆形的。

狗眼的虹膜是什么颜色?如果你或你的朋友刚好养了一只小狗,那么你可以留心观察这只小狗长大时,它的眼睛会发生什么变化。几岁时虹膜的颜色会发生变化?再看看几只不同品种的成年狗的眼睛。它们的虹膜颜色有区别吗?

耳朵。外耳（或称耳廓）是我们能够直接看到的那部分耳朵，它的形状因犬种而异。在外耳的体毛、皮肤和肌肉的下面是起支撑作用的软骨。观察狗如何聆听环境中的声音，你可以看到它的耳朵的肌肉活动，还能看到它的耳朵具有出色的灵活性。持续观察你的狗大约 20 分钟，看看它多久转动一次耳朵，耳朵是怎么转动的，转动的幅度有多大。耳朵的灵活转动对狗来说有什么好处？当你的狗转动耳朵时，你能听到它所听到的声音吗？

现在再检查一下你的狗的内耳。它的耳道是什么形状？是像一个漏斗，还是更像一根管子？耳道的形状对狗的听力有什么影响吗？找一张纸，把它卷成一个漏斗，然后把漏斗的尖端放到你的耳边。这样做对你的听力有什么影响？

对你家周围的狗进行观察，你会注意到每只狗的外耳的形态都不一样。不仅外耳的长、宽可能有区别，而且形状各不相同。很多狗的耳朵天生就是软塌塌的，有时狗主人会带它们去做整容手术，使下垂或折叠起来的耳朵再竖起来，以便符合相应的品种标准。杜宾犬、拳师犬、雪纳瑞和波士顿梗等犬种常常接受这种小手术。用表格记录你在自家附近看到的不同犬种的耳朵形态。

不同犬种的耳朵形态

耳朵形态	品种	观察到的数量
直立		
半直立		
折叠		
蝙蝠状		
长		
短		

交流。狗十分擅长交流，甚至能通过面部表情的变化来交流信息。在开心的时候，狗会张开嘴巴，耳朵朝前，舌头耷拉着。而在焦虑的时候，狗的嘴唇会向后咧，耳朵贴在头上，通常还伴随着哀号。当你发现一只狗皱起鼻子，嘴唇向上咧，露出牙齿，耳朵竖立，并且伴随着低吼或咆哮时，那么你最好不要

靠近它。另外，竖起尾巴也不是一个好兆头。

狗发怒时的样子

　　尾巴也能透露很多关于狗的情绪信息。在玩耍时，狗会使劲摇尾巴。在准备攻击时，狗的尾巴和耳朵会竖起来，它一边咆哮一边露出牙齿。狗在恐惧时，尾巴会收紧，变得僵硬，耳朵向后收拢，嘴唇咧开，牙齿外露。此时，你最好离那只狗远一点。它可能正在受到惊吓或威胁，准备随时发起攻击。

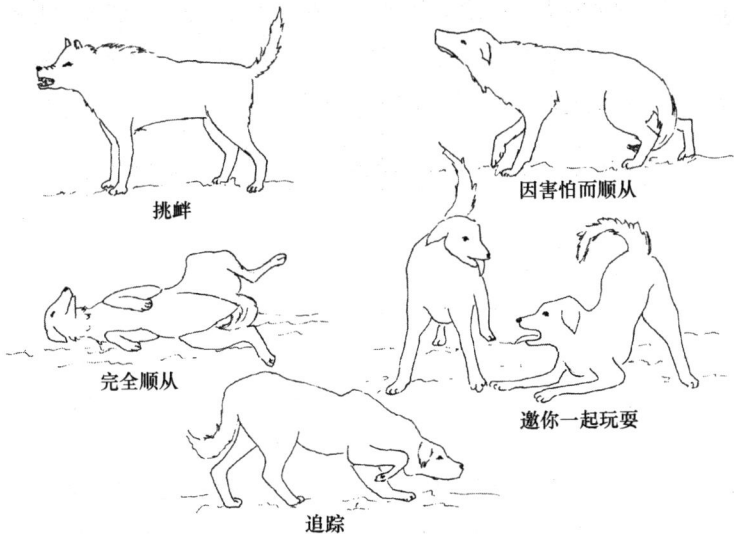

挑衅

因害怕而顺从

完全顺从

邀你一起玩耍

追踪

狗的肢体语言

　　尾巴。纯种狗一般具有标志性的尾巴，杂交品种的尾巴有时也独具特色。

在你家附近找一找，看看有没有符合下列描述的尾巴形状。

羽毛状：爱尔兰赛特犬

鞭状：迷你牛头梗

直立状：诺福克梗、杰克罗素梗、凯利蓝梗

卷曲状：比熊犬、荷兰毛狮犬、芬兰狐犬、萨摩耶

镰刀状：哈士奇

军刀状：德国牧羊犬

螺旋状：法国斗牛犬

不同犬种的尾巴形状

制作一个表格，记录你观察到的不同形状的狗尾。

不同犬种的尾巴形状

尾巴形状	品种	观察到的数量
羽毛状		
鞭状		
直立状		
卷曲状		
镰刀状		
军刀状		
螺旋状		

你可能已经注意到，当松鼠从一根树枝上跳到另一根树枝上或从一棵树上跳到另一棵树上时，它们都会用尾巴来保持平衡。当狗跳过栅栏或其他障碍物时，其尾巴也会发挥类似的作用。

比较狗和家猫的脚。找几只对你友好的狗和家猫，检查一下它们的脚掌。你观察到什么相同和不同之处吗？哪种动物的脚垫更厚？家猫和狗的爪子有什么不同？它们都能收回爪子吗？

（左边）家猫的脚印是圆形的，而且不会留下爪子的痕迹；（右边）狗的后脚印通常紧跟在前脚印的后面或靠边一点

支配与顺从。在一起玩耍时，狗会表现出支配或服从的行为。我们经常看到这样的情景：一只狗躺在地上打滚，肚皮朝上，而另一只站着的同伴则会顽皮地轻轻咬它。如果那只狗不小心咬得重了一些，会发生什么呢？处于服从地

位（躺在地上）的狗怎么让同伴知道它玩得有点过火了？

狗通常会做出以下动作来表示服从：低着头，垂下尾巴，腹部贴地趴在地上，
试着去舔更强势的同类的嘴唇

当两只年龄相仿的母狗（或公狗）一起玩耍时，会发生什么？一方是否表现得更强势？如果两只狗的年龄相仿，其中一只是母的，另一只是公的，那么哪只狗更强势一些？这些狗总是处于同样的地位吗？你还能列出其他一些狗表示支配或服从的行为吗？（见本章注解1。）

探索活动

习得性行为与遗传性行为。 狗的行为基本上分为两种：一种是由基因遗传的，比如进食；另一种则是后天习得的。被训练过的狗能听从人类的命令，这就是习得性行为。好好观察你的狗一周，记录它的各种习得性行为和遗传性行为。

找一个开阔的场地（比如郊野或公园），然后站在场地的一端，但不要让你的狗知道你在哪里。请你的朋友蒙住狗的眼睛，把它带到离你约 100 米远的地方，然后摘下狗的眼罩。你向狗挥挥手，但不要叫它的名字，看看它会如何回应。再叫狗的名字，看看它的反应是否会发生变化。它是否表现出某种习得性行为来回应你的召唤？或者完全不理会你的召唤，只是在本能的驱使下，在你的朋友周围的草地上闻来闻去？

视野。牧羊犬具有 180 度的视野，而梗犬的视野为 20 ～ 30 度。你可以设计一个实验，看看你的狗的视野有多宽。

眼耀。与人类的眼睛不同，狗的眼睛构造有利于它们在昏暗的光线下看清物体。在一个漆黑的房间里，用手电筒照射一只狗的眼睛，你看到它的眼睛是什么颜色？你怎么解释？（见本章注解 2。）

嗅觉。观察你的狗在休息时的呼吸。你怎么描述它的呼吸状态？计算一下它在 1 分钟内的呼吸次数。与你自己在 1 分钟内的呼吸次数相比，结果如何？

当你带来一种全新的、意想不到的气味（比如一块喷有香水的手帕）时，狗的呼吸会发生什么变化？观察它的行为，看看它在用鼻子做什么动作。此时，狗的呼吸与它在正常情况下的呼吸有什么不同吗？

嗅觉与味觉。动物学家告诉我们，狗的嗅觉远胜于它们的味觉。当给狗喂食时，它做的第一件事是什么？是立即开吃还是先闻一闻呢？

本章注解

1. 狗主人或一只强势的狗接近幼狗和母狗，可能会促发后者的排尿反应（以示服从）。在野外面对那些更强势的狗，弱小的狗就会采取这种行为来减弱对方的攻击性。但在家里，如果一只狗因为这种行为而受到惩罚，那么这只会加剧它排尿，给家里带来更多麻烦。我们最好将这一行为看作狗的正常反应，其实它们只是在保护自己免受攻击。

有时狗会通过咆哮或咬人等攻击性行为来展示自己的强势地位，特别是当主人试图把它关在屋外、给它梳毛或者把它从椅子上赶下来的时候。如果一只狗觉得你不够格成为它的主人，这些行为就容易发生。

许多因素会导致狗表现出支配或服从行为。不过，遗传因素也起着很大的作用。狗的生活环境则是另一个重要因素。如果在一个家庭里，父亲经常对家人大喊大叫、发号施令，那么生活在这种家庭环境里的狗可能会表现出更明显的服从行为，特别是它在遗传上也有这种倾向时。

2. 如果你用手电筒照射狗的眼睛，它眼中的光亮其实是光线被照膜反射的结果，这被称为"眼耀"。当你夜晚开车途经郊野时，车灯可能会意外照射到浣熊、负鼠或者其他夜行动物的眼睛，你也能观察到同样的现象。

致谢

自然博物类图书的编写工作很难由一个人独自完成，这本书也是如此。在此，我要向许多科学家、野外科研工作者和科普作家表达深深的谢意。没有他们的知识分享和贡献，这本书是无法完成的。同时，我还要特别感谢其中的几位科学家，他们在百忙之中抽出时间，欣然与我分享了他们的真知灼见。在交流过程中，他们向我阐释了很多科学论点和一些科学文献的分歧，还给我提供了许多有价值的阅读资料，包括内容摘要、学术论文，以及一些重要科研项目的参考文献。不仅如此，一些专家还将他们亲历的野外冒险故事向我娓娓道来。

这些科学家包括佛罗里达大学植物学系的威廉·斯特恩博士，美国国家自然博物馆哺乳动物馆馆长艾尔弗雷德·加德纳博士、昆虫系统分类学实验室的纳塔利娅·范登堡博士，美国农业部昆虫系统分类学实验室的罗伯特·卡尔森博士，纽约植物园的园艺师罗宾·莫兰博士，以及史密森博物馆昆虫学部的加里·赫维尔博士。

我也要感谢马克·艾利森，正是有了他的耐心指导和高超的编辑技巧，本书才得以顺利出版。

我的第一堂自然探索课 · 第一辑

花园的秘密

[美] 吉姆·康拉德（Jim Conrad）◎ 著/绘

明冠华 赵欣宇 ◎ 译

Discover Nature
in the
Garden
Things to Know and Things to Do

人民邮电出版社

北 京

图书在版编目（CIP）数据

我的第一堂自然探索课. 第一辑. 花园的秘密 /
(美) 吉姆·康拉德 (Jim Conrad) 著、绘；明冠华，赵
欣宇译. -- 北京 : 人民邮电出版社, 2025. -- ISBN
978-7-115-66387-0

I. N49

中国国家版本馆 CIP 数据核字第 2025P5M671 号

◆ 著 / 绘 [美]吉姆·康拉德（Jim Conrad）
译 明冠华 赵欣宇
责任编辑 刘 朋
责任印制 陈 犇

◆ 人民邮电出版社出版发行 北京市丰台区成寿寺路 11 号
邮编 100164 电子邮件 315@ptpress.com.cn
网址 https://www.ptpress.com.cn
文畅阁印刷有限公司印刷

◆ 开本：720×960 1/16
印张：58.25 2025 年 10 月第 1 版
字数：800 千字 2025 年 10 月河北第 1 次印刷
著作权合同登记号 图字：01-2022-6596 号

定价：198.00 元（全 4 册）

读者服务热线：(010)81055410 印装质量热线：(010)81055316
反盗版热线：(010)81055315

内容提要

　　拥有一个美丽的花园是很多人的梦想，但打理好花园需要花费一些时间和心思，另外还需要掌握一定的专业知识。

　　本书是《我的第一堂自然探索课（第一辑）》中的一册，以生动有趣的文字和精美的插图介绍了花园里常见的花卉、杂草、农作物、昆虫、鸟类以及其他生物，着重介绍如何识别动植物以及了解它们的生活习性，同时还介绍了堆肥、病害防治等实用性内容。书中设计了很多实践项目，可以帮助你更好地了解花园生态系统。也许你暂时无法拥有自己的花园，但你的附近一定会有一个公园、街心花园或者类似的地方，它们同样可以为你提供很好的实践条件。

　　走进大自然，体验探索的乐趣。

　　感谢来自美国肯塔基州塞米韦的伊娃·蕾·吉尔让我借鉴她的花园观察笔记，感谢我的祖母玛丽·泰勒向我滔滔不绝地讲述过去的园艺，感谢我的母亲和我分享她总是种出当季首批成熟番茄的秘诀。

■ ■ ■ 前言

以前我总是专注于拉丁美洲生态旅游的介绍，主题通常与丛林深处的古玛雅遗址，吼猴、行军蚁等动物，以及野生兰花、香蕉树等植物相关。身边的许多朋友都想知道，为什么我突然放弃继续讨论这些神秘刺激的内容，转而关注浪漫色彩较弱的家庭园艺话题。

我的回答是这两个主题——奇异的自然史和花园园艺在本质上其实是一样的。二者最主要的不同之处在于，一个需要我们一直在路上，而另一个足不出户即可享受到乐趣。

想了解奇异的动植物，来看看我的厨房窗边近期上演的好戏如何？在菜豆植株中间，大金蛛用它的网诱捕到了一只蚱蜢。两个没有恶意的家伙因天然习性而陷入冲突，至死方休。致命的舞步展现着原始的美丽，场面引人深思。

参观花园就像丛林漫步，能够促进我们对地球生态基本原理的认知。想了解大自然的构成，最能引发洞见的方式莫过于在管理堆肥的碳氮关系中学习吧？

在花园里工作就像沿着热带海滩散步，可以治愈心灵，使精神面貌焕然一新。通过亲身体验就能感受到这种奇效不仅来自户外活动，更来自与蔬菜、花朵、昆虫和土壤的亲密接触。光是想想向日葵在明媚的阳光里盛放，想想健壮勤劳的蚯蚓在肥沃的土壤中穿行，就能让灵魂得到洗涤，从而收获快乐。

花园和花坛里的植物可以是食物，也可以是花卉，但其价值绝不止于此。每种植物都有自己独特的故事，而且都以特殊而重要的方式与其他动植物相互作用。

这一部分会让你了解植物的组织结构和生活模式。就像要去马戏团看狮子、老虎和大象一样，你将见识到不同种类的植物，并发现它们的有趣之处。

这 100 多页绝对不足以揭示花园和花坛植物的所有奥秘。这里只是通过举例简单介绍我们能了解到什么；只是为了激发你的好奇心，引导你入门并告诉你如何继续进行下去。这样，将来你就可以把学到的知识与遇到的不同环境、生物栖息地甚至整个世界联系起来。

目录

第一部分　瞧那棵植物

第二部分　花园中的动物

第三部分　花园生态学

引言

　　屋后花园里成排的玉米沙沙作响，小鸟浴盆旁种下的三色堇棵棵盛放，其中到底隐藏着怎样的奥秘？想了解的人一定不要错过这本书。与本系列的其他图书一样，这本书的写作主旨也是"知行合一"。本书既是写给年轻一代的，也是写给他们的父母和其他长辈的。无论是学生还是老师，只要你认同身边的点滴小事也蕴含着无穷乐趣，这本书就是为你写的。

　　本书各章选取不同视角观察花园环境。随手一翻，你便能发现可以动手做的实验项目。这本书无须从头读起。如果你恰好对昆虫很感兴趣，那么就可以直接从第八章开始看！那一部分的知识很可能会激发你的好奇心，吸引你了解花园生态的其他方面，进而寻找相关内容继续阅读。没准儿在无意间，你就读完了整本书！

　　假如哪天你坐在花园中，跷着二郎腿就分辨出了帝王蝶和模仿它的总督蝶之间的区别，并且明白了为什么这两个没有亲缘关系的物种如此相似，你新掌握的知识应该就足以支撑你走出花园，探寻更广阔的世界。

　　森林、田野、路边、沼泽，凡是动植物共生的地方都很适合已经体会到花园归化之趣的人继续探索。

花园归化工具

漫步在花园里，我们总会发现一些有趣的虫子、病害或奇怪的花朵、果实。然而，这远远没有达到我们的目的。我们所需的是从内部迸发的，我们需要强烈的好奇心，想要了解那些叶片下面、花朵里面、事物平静的表面之下发生了什么。

这意味着我们要习惯扑通一声趴在地上，四处嗅探，花费时间窥视孔洞、角落和一些东西的下方。因为这里是胆小的蟋蟀等待夜幕降临的地方，是软体昆虫蜷缩着躲避蜻蜓劫掠的地方，是四处游荡的蜈蚣因一丁点小事而变成意图邪恶、毒液欲滴、横冲直撞的怪物的地方。

花园正是这样一个舞台，无数藏于暗处的好戏竞相上演。

我们只需要怀着好奇、运用智慧、施展才华去搜寻这些好戏上演的地方，看过后静下心来想想这一切代表着什么。

花园和花坛里的许多戏码，甚至绝大多数戏码，发生在肉眼难以看到的层面上。我们必须借助一种工具来观察那些生活在小得多的尺度上的生物，否则我们将永远无法看到蚱蜢奇妙复杂的口器，无法看到花园植物获取水分的超细根毛，也无法看到花园土壤中石英颗粒亮得惊人的晶体表面。我们需要的是一个放大镜。

最好的放大镜也许是手持式放大镜或者珠宝商使用的那种。手持式放大镜通常由两个上下叠在一起的小透镜组成，整个装置固定在一个金属柄上。较为不错的手持式放大镜的放大倍率约为 10 倍。在珠宝店或专门经营光学设备的商店里购买这样的放大镜可能至少需要 75 美元，而对于初级博物爱好者来说，玩具店售卖的 5 美元以下的放大镜就足够好用了。如果你买的是含有放大镜的侦探套件，还能得到附赠的假胡子。

如果你采纳了这本书中的建议，观察蜂鸟在花坛中的管状花上啜饮花蜜，留心家麻雀在豆垄之间的灰尘中尽情嬉戏，选用双筒望远镜则能获得更多乐趣，7.5 倍的放大倍率比较合适。相对于小而轻便的双筒望远镜，大而沉重的型号更容易发现目标。

野外指南是一种能查找到各种动植物信息的特殊图书。查找过程既有意思，又有启发，而且很重要，因此第十一章对其有专门介绍。大体说来，查找就是将看到的动植物与野外指南中的插图匹配对应。更专业的方法会用到检索表，第十一章中也有详细说明。

大多数涉及昆虫识别的图书建议读者收集昆虫并制作标本，作为识别过程的一部分。不可否认，比起在南瓜叶下潜行捕食蚜虫的昆虫，钉在盒子里的昆虫识别起来要容易得多。然而，我认为对花园中的生物变得敏感，比仅仅了解具体信息更重要。将昆虫制成标本钉在盒中的效果恰恰相反，这会使我们对生命变得麻木。如果说现今地球上还需要什么的话，那无疑是人类对其他形式的生命更大的同情，无论是动物还是马唐草。

还打算收集昆虫或花园中的其他生物的人，可以从相关野外指南中学习适当的方法。

自然观察笔记

很少有人能做到过目不忘。假如电视上的自然节目介绍了蚜虫的生活史，大多数人第二天就会把这些复杂的知识忘得差不多，甚至一干二净。但如果我们一边看节目，一边在笔记本上记录蚜虫的生活史，那么只要我们留着笔记本，就可以随时查找、调用这些信息。

每个人都有自己整理花园自然观察笔记的方式。例如，我的表妹伊娃·蕾·吉尔的笔记本就与我的完全不同。听说我在写这本书，她就带来了一个用线圈装订起来的、旧到纸张卷边的笔记本，封面上写着"花园 1981"。笔记本中的内容五花八门，既有园艺技巧，也有她自己的花园笔记，还有从杂志上剪下来的文章。第一页上贴着一首诗，其中两行是"对种子名录的热望"以及"尖叫着呼唤新生命"。

和伊娃比起来，我更感兴趣的是花园中动植物的名称和生活史，因此我的笔记本上有更多我遇到的动植物的信息。我使用的是活页夹，这样就可以随意在某处插入新的一页。我从没想过要在我的笔记本里加一首诗，但在看到她的笔记本后，我可能也会尝试这样做。

伊娃不介意把草莓种植的信息和瓢虫过冬的信息挨着放在一起。她喜欢随意翻看自己的创作，跳跃式浏览。当然，这完全不成问题。

但是，如果你想让收集的信息更有条理，便于快速检索（比如所有关于昆虫的信息在一部分，而所有关于杂草的信息在另一部分），那么就可以考虑使用主题标签。

我的笔记本分为 10 部分：实验项目、园艺技巧、花园植物、杂草、昆虫、蜘蛛、其他无脊椎动物、鸟类、哺乳动物以及两栖和爬行动物。

在实验项目部分，我记录了有关实验的步骤和结果，本书中也有类似的内容。例如，我可能会通过实验测试种植万寿菊是否真的能让虫子远离附近的农作物，并将数据记录下来。在园艺技巧部分，我列出了通过各种途径（比如电视园艺节目、亲朋好友的传授等）收集到的园艺技巧。举个例子，前几天有一位朋友告诉我，把一根火柴棍放在番茄茎旁，可以防止地老虎的侵害。

在花园植物部分，我种植的每一种植物都有单独的一页。我会尽可能多地记录下我能找到的关于这种植物的信息。例如，甘蓝那一页上的注释提醒我注意以下几点：甘蓝是十字花科的一员；中国的一项研究发现，多吃甘蓝的女性患肺癌的可能性较低；甘蓝喜欢凉爽的天气，它在我所住的地方通常能活过整个冬天；甘蓝富含维生素 A、维生素 B 族以及维生素 C。

其余的 7 部分分别介绍了特定的植物和动物。每部分中都有一页专门用来介绍不同种的生物。我将每种生物按英文名称的首字母进行排序，关于昆虫的部分除外，原因在于栖息在花园中的昆虫种类非常多，恰当的排序方式略有不同，本书的第八章中有详细的介绍。

识别一种植物或动物需要付出大量的体力和脑力，把这些信息记入笔记本中就像把猎得的战利品挂在墙上一样，只不过我"捕捉"到的植物和动物都还活着。

通常，我每识别出一个物种就会画一幅草图，在生物体的各个部位画上小箭头并标注说明文字。我会记录许多信息，以便把这种生物和类似的生物区分开。比如，关于猎蝽，我可能会写"喙可收入前胸腹板纵沟内"。这可以帮助我分清它和与它极其相似的螳蝎蝽。

做自然观察笔记最重要的一条规则就是：在自己的花园中，通过自己的观察发现的内容是最有价值的内容。

第一部分

瞧那棵植物

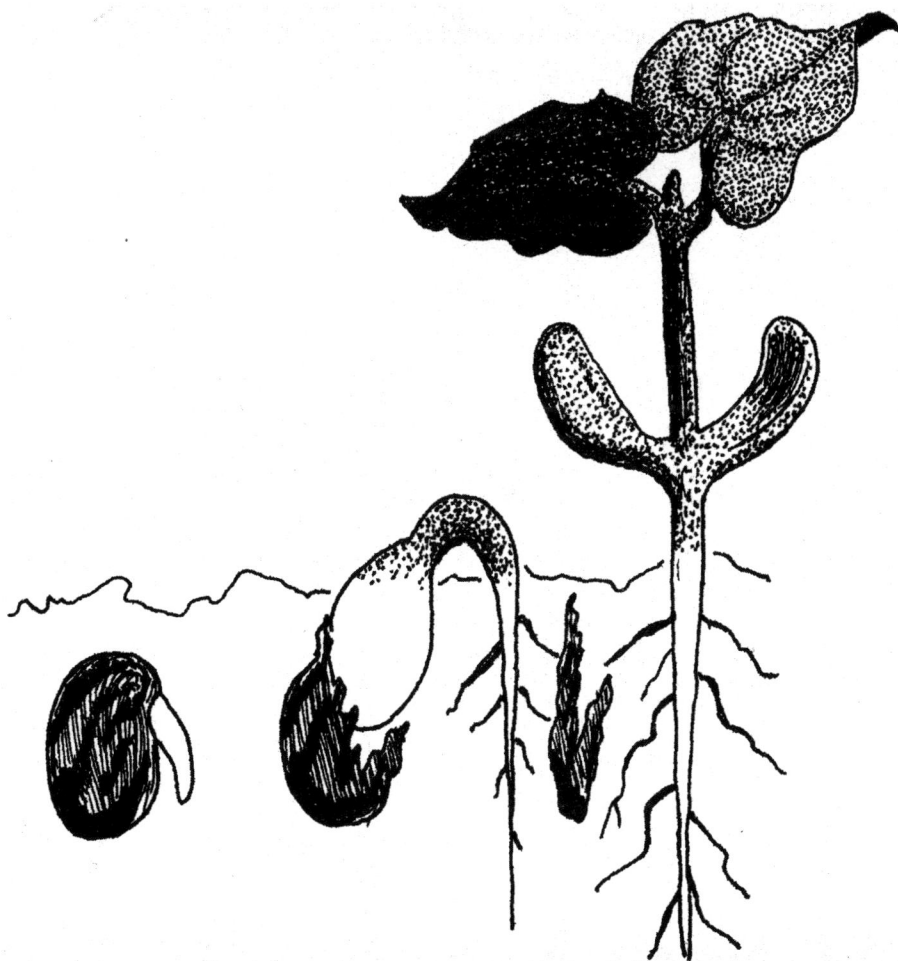

花园和花坛里的植物可以是食物，也可以是花卉，但其价值绝不止于此。每种植物都有自己独特的故事，而且都以特殊而重要的方式与其他动植物相互作用。

这一部分会让你了解植物的组织结构和生活模式。就像要去马戏团看狮子、老虎和大象一样，你将见识到不同种类的植物，并发现它们的有趣之处。

这 100 多页绝对不足以揭示花园和花坛植物的所有奥秘。这里只是通过举例简单介绍我们能了解到什么；只是为了激发你的好奇心，引导你入门并告诉你如何继续进行下去。这样，将来你就可以把学到的知识与遇到的不同环境、生物栖息地甚至整个世界联系起来。

第一章 "标准"园中植物

要想培养一种洞察力，能够发现花园中植物的独特之处，最好的方法就是先在脑海中生成一个"标准"园中植物的形象。这一植物应当毫无创意、普通无趣。当然，这种植物并不存在，但想象一下也无妨。

以后每当看到一棵没有见过的新植物时，无论它是花园植物还是误入花园生态系统中的杂草，抑或是生长在野外的乡土植物，你都可以通过观察它与"标准"园中植物形象的差异来认识这一新植物。二者的不同恰是这种新植物的独特之处。

该"标准"园中植物由 4 个主要部分组成，即根、茎、叶以及繁殖器官（花和果实）。

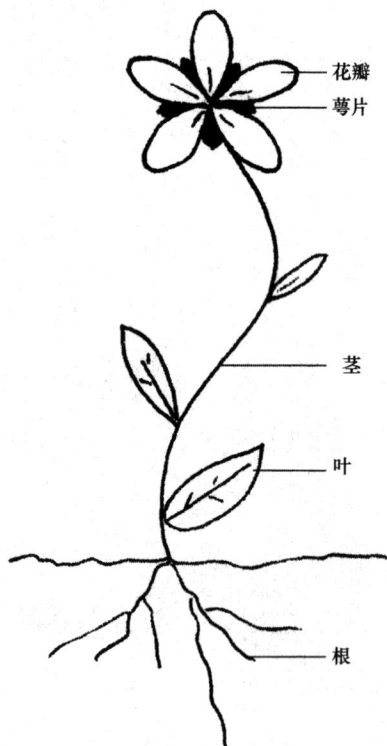

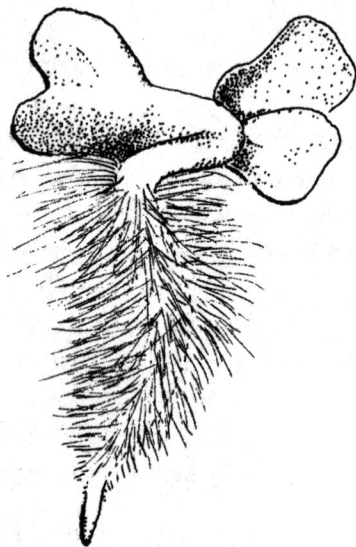

花瓣
萼片
茎
叶
根

"标准"园中植物的一般特征为：每朵花有 5 个相同的花瓣和萼片，茎没有分支，单叶互生，长有须根

早在萝卜幼苗的直根开始形成萝卜之前，成千上万根根毛穿透土壤，吸收水分和养分

根

一般情况下，种子刚开始发芽时只会出现一段白色的小根，这段小根叫作胚根。它看起来就像突破种皮而出的一粒米，受地心引力的牵引向下生长。不久之后，胚根开始形成分支，新的分支继续发出新根，由此进行下去，形成一个由主根和支根（小根）组成的庞大根系网络。

从一小段胚根成长为整个有效的根系，其中的艰辛难以想象。迪特默的一项经典研究发现，一棵齐腰高的黑麦的总根长约为 612 千米。这惊人的长度主要缘于主根上不计其数的分支和小根。如果这棵黑麦所有的根被切开、压平，则足以覆盖半个篮球场！

在胚根开始形成分支之前，它的两侧甚至就已经长出了数百根极其细长的根毛，看起来就像某种毛茸茸的真菌。接着，所有根尖的后端陆续长出了根毛。随着根尖不断生长、深入土壤，旧的根毛留在原地，逐渐老化、萎缩并脱落，新的根毛则从根尖的后端长出。所以，根尖附近总有一个小的根毛区存在。

这一信息值得思考，因为所有开花的花园植物吸收水分和养分的过程几乎完全依赖根毛。

这意味着我们在将灌木、小草或其他植物从地下拔出时看到的庞大而分支众多的根并不能吸收水分和养分。这部分根的功能主要是把植物固定在土壤中，并将水分及其中溶解的养分从根毛输送到植株主体。吸收工作由根毛负责。

因此，如果你有一棵又大又缺水的番茄植株，但是只有一杯水可以浇，那么应该将水倒在哪里呢？如果你知道大多数根尖已经延伸到距离番茄茎 60 ~ 90 厘米远的土壤中，而唯一具有吸收功能的根毛也在那里，那么你就会发现把水倒在茎的周围并没有什么意义，不是吗？

"标准"园中植物的根是线状的，这种细长且分支众多的根称为须根。许多生活周期为一年的草本植物（称为一年生植物）以及禾草类的大部分长有须根。

不过，其他植物有着更加奇怪的根，尤其是那些生活周期为两年或两年以上的植物（分别称为两年生植物和多年生植物）。

例如，一些植物长有直根——中央竖直向下生长的单一粗根。蒲公英、紫花苜蓿，以及许多橡树、山核桃树和针叶树，至少在幼苗阶段是这样的。

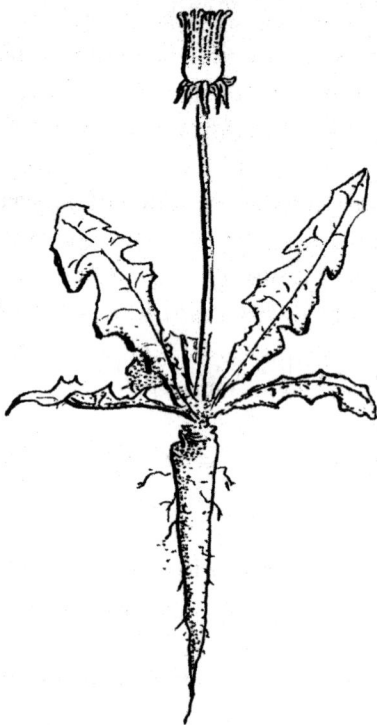

使用割草机清理完蒲公英后，它们还会重新长出来，这是因为被割掉的部分只是叶和花。蒲公英的"心脏"位于深藏在地表之下的直根的顶端，是割草机的刀片远不能触及的

有些直根十分肥大，能够为植物储藏养分。你吃的胡萝卜就是这种肥大的直根，是叶片羽裂的胡萝卜植株储存养分——碳水化合物的部位。在第四章中，你会了解到更多关于碳水化合物的知识。

在我们的花园中，不仅胡萝卜植株长有富含碳水化合物的直根，芜菁、甜菜、萝卜以及欧洲防风草的植株也有。不过，并不是所有的直根都会长成肥大的贮藏根，贮藏根也并非只有直根一种。

或许最有趣的一种根要数气生根，它们生长在地面以上的茎上，常见于热带森林中的兰花和椒草这类长在树上的植物。在多数花园中，两种常见的长有气生根的植物是玉米和常春藤。常春藤的气生根在其茎攀上墙壁和树木时起到固定作用。玉米的气生根在茎上长出后向下生长，从地面以上扎入土壤之中，形成大量分支并吸收水分和养分，同时对茎起到支撑作用。这些特殊的气生根也称为支柱根或支持根。

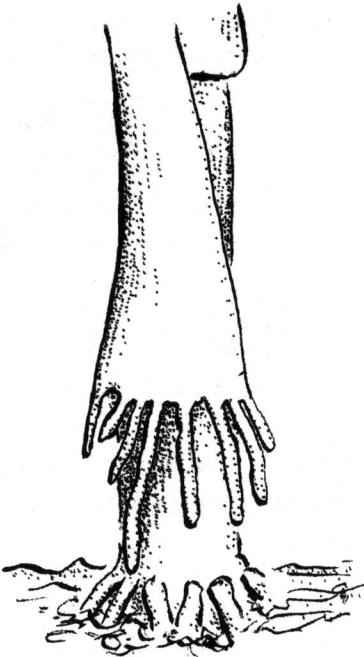

支柱根位于玉米植株位置较低的节上。可在动植物体上的不寻常位置或不寻常时间发育的器官称为"具有不定性的器官"

茎

对于"标准"园中植物而言，茎直立生长，它所能做的事情似乎只是固定叶和繁殖器官，但实际上其作用远不止于此。

当然，真实的茎并非前面图中的一条黑线而已。实际上，茎上每一个有叶长出的地方通常都会发生一定的增厚和硬化。这个区域称为节。在许多草本植物上，只有叶长出的地方才有节。在其他植物，尤其是木本植物中，节更加明显。例如，竹子上每个增粗的"关节"都是一个节。对节的了解十分重要，原因之一在于：知道每个节长出的是一片叶、两片叶还是多片叶，可以帮助你更精准地识别植物。

虽然"标准"园中植物的茎只是直直地向上生长，但是其他植物的茎可能会形成分支，或缠绕在杆子上，或倾斜到地面上。有时，茎的下部会生出嫩芽，长成又细又长的纤匍枝。纤匍枝位于地表附近，其上通常长有叶和根。纤匍枝更加专业的名称是匍匐茎。马唐草和草莓植株都长有匍匐茎。

一些植物的地下匍匐茎会发育出膨大的养分储藏区，称为块茎。马铃薯就是匍匐茎上生长出的块茎。由此可见，马铃薯实际上是茎生的，而非根生的。

秋天，为了防止鸢尾花和美人蕉被冻死，园丁们会挖出它们粗大的、富含淀粉的"根"，但这些"根"并不是真正的根，而是被称为根状茎的地下茎。根状茎与匍匐茎不同，匍匐茎只是直立生长的植物长出的侧枝，而根状茎实际上是植物的主茎，在地表之下沿水平方向生长。

也就是说，根据植物学的观点，夏天我们看到的鸢尾花和美人蕉实际上只是暂时出现的侧枝，而这种多年生植物的主茎其实在地表之下。从某种意义上说，鸢尾花和美人蕉主植株的模样难得一见，唯一的方法便是将多年生的主植株挖出。

如果将一段水平状根茎削短，使其在地表之下沿垂直方向生长，就会得到一个球茎。花园中长有球茎的植物包括唐菖蒲属、番红花属以及秋海棠属植物。

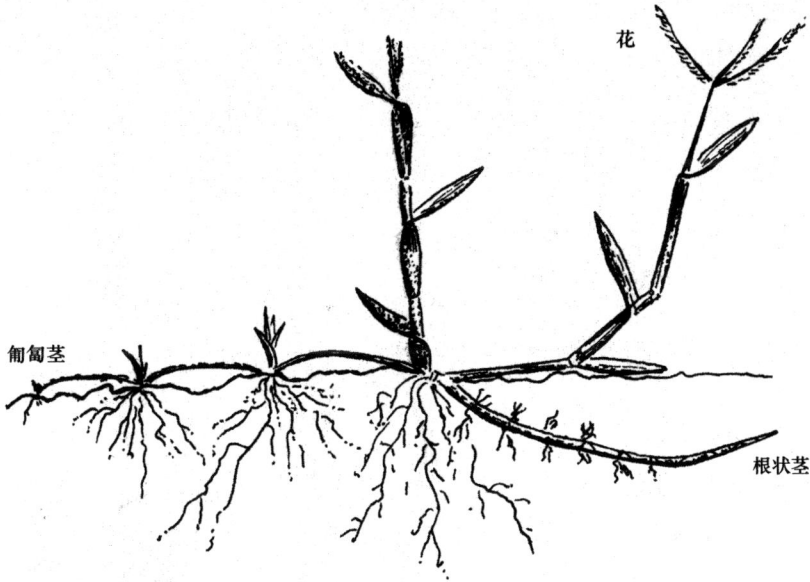

马唐草的繁殖很难控制，原因之一是它有 3 种繁殖方式：花和种子的有性繁殖、地下根状茎的无性繁殖，以及在地表之上拱起的葡匐茎的无性繁殖

　　根据植物学的观点，鳞茎是被包裹在肥厚鳞片中的短小球茎，这些鳞片实际上是变态叶。不同于胡萝卜等由直根储存养分，在鳞茎中负责储存碳水化合物的部分是鳞片。

　　花园中主要有两种鳞茎。将鳞茎沿横向切开，若鳞片形成一系列同心圆，这便是层状鳞茎，如洋葱和风信子；若鳞片并不环绕着茎，而是又肥又厚，相对松散地聚集在一起，这便是鳞片状鳞茎，如大多数百合。

叶

　　叶的形状多样，构造不一。对照下图，我们可以发现"标准"园中植物长有急尖的叶尖、钝形的叶基以及互生的叶序（每节生一叶），叶形为披针形或卵形。

　　确定植株上的哪一部分是叶有时并非易事。我们可能会将叶的分支部分当作叶，甚至可能以为茎叶组成的嫩枝才是叶。

"标准"园中植物长有单叶。顾名思义，单叶即为简单的、未分裂的叶。

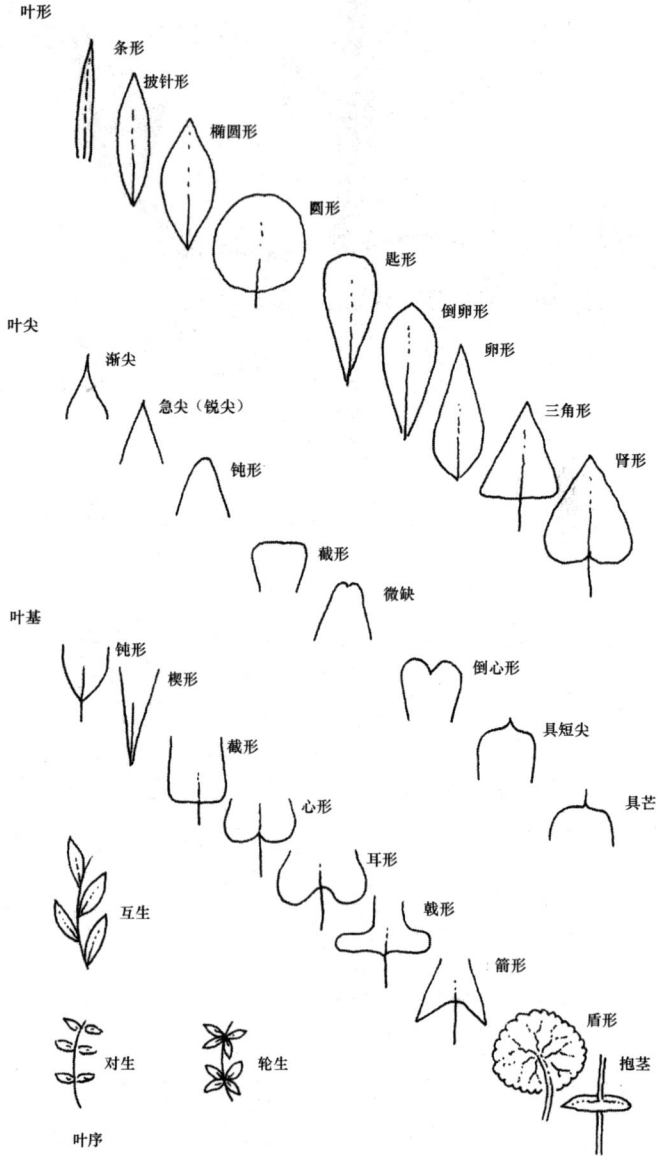

叶的形态的多样性

分裂出两个及以上分支的叶称为复叶。复叶的分支叫作小叶。像手掌一样排列的小叶构成的是掌状复叶，如羽扇豆和七叶树的叶；沿着复叶中脉生长的小叶组成的是羽状复叶，如白蜡树的叶。在花园中，大多数植物都长单叶，但是豆类、番茄、万寿菊以及其他一些常见植物则长复叶。

一些植物有着很独特的叶。比如，豌豆的羽状复叶的上部小叶变态为卷须，攀在邻近的物体之上，使其能够直立生长。又如，铁线莲的茎或叶柄上的叶也呈卷须状交织缠绕在一起。

若想了解植物的叶，需要

各种各样的植物。

1．从你的花园中选出一棵植物，并试图确定其中一片叶。请记住，花园中多数植物（针叶树除外）的叶的横截面不是圆形的，而是平的。因此，你的目标是一片扁平的叶，它要平得像从纸上剪下来的一样。

2．回想一下叶是如何附着在植株上的，这样你就能判断所找到的是不是叶。在叶柄与主茎之间的夹角处，通常会长出一个纽扣状小芽，孕育着未来的茎、叶或花。这一点很重要，因为芽既不会长在叶或叶柄上，也不会长在叶和叶柄之间，所以长芽的部分一定不是叶。

3．现在判断你找到的是单叶还是复叶。如果你已经找到了芽和叶柄，这一步就很容易了。叶柄上只有一个扁平叶片的就是单叶；叶柄上有两个或两个以上叶片的就是复叶，复叶中的每一个叶片都是一片小叶。

4．仔细检查你找到的叶是否对称。如果将单叶或复叶沿着中脉和叶柄中间切开，在多数情况下你会发现左右两部分几乎呈镜像对称。你找到的叶也是这样的吗？部分叶的一半比另一半凹陷得更厉害。虽然这最后一步无法证明什么，但是如果你找到的叶呈镜像对称，那么你就可以更加确信它是一片叶。

在这棵番茄幼苗上，哪些部分是叶？这个简单的问题有时也会难倒初学者。这棵幼苗已长出 3 片复叶，你能找到它们吗

初学者有时甚至无法确定什么是叶以及什么是小叶，对于其他部分也一样。如果你在识别过程中遇到困难，不妨换几种植物试试，总会找到叶清晰可辨的一种植物——很有可能是一种花蕾明显的单叶植物。

第二章 "标准"园中花朵

在上一章中，我们构造了一种想象中的"标准"园中植物。出于相同的原因，我们可以再假想出一种"标准"园中花朵——一种极其普通、极其无聊、毫无独特性可言的花朵。

自然界中并不存在与"标准"园中植物一样的植物，"标准"园中花朵也是如此。但是，当我们看到花园中真正的花朵时，就可以想象中的"标准"园中花朵为参考，观察二者有何不同，从而认识到真正花朵的独特之处。

花的结构

首先，让我们了解一些与花朵有关的术语。不要把这些术语仅仅看作需要记忆的词汇。比如，"花丝"这个词就像一首有魔力的圣歌，可以将我们的心灵引至那个芳香的"世外桃源"，享受着深植于花朵中、奇形怪状而又晶莹剔透的雄蕊带来的荫蔽。

花朵：与"花"通用。

花柄：又称花梗，单个花朵与茎相连的短柄。

花萼：花冠下的杯状部分，通常为绿色。

萼片：花萼的裂片。

花冠：花萼正上方的部分，通常颜色鲜亮。

花瓣：花冠的裂片。

雄蕊：花的雄性部分，由花药和花丝组成。

花药：雄蕊的上部，作用是产生花粉。

花丝：雄蕊的柄，作用是支撑花药。

雌蕊：花的雌性部分，由柱头、花柱和子房组成。

柱头：雌蕊的顶端，作用是接收花粉。

花柱：雌蕊中连接柱头和子房的部分。

子房：雌蕊中饱满的基部，最终会发育成果实。

胚珠：子房内的卵状物质，受精后发育成种子。

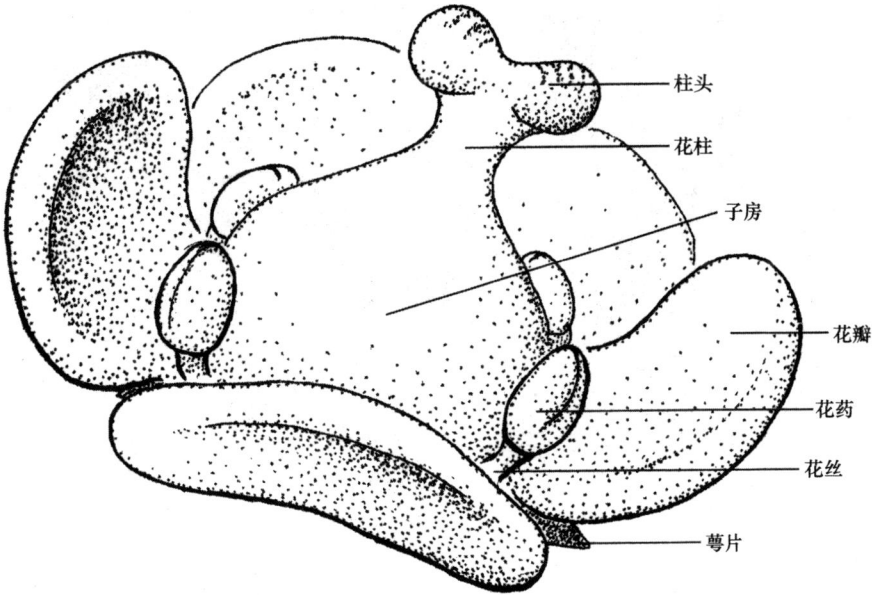

柱头

花柱

子房

花瓣

花药

花丝

萼片

"标准"园中花朵的一般特征为：具有 5 个相同的萼片和花瓣，具有 5 个相同的雄蕊，子房饱满，花柱短小，柱头浅裂

"标准"园中花朵长有由 5 个独立的花瓣组成的花冠、由 5 个萼片组成的花萼（虽然很难观察清楚）以及 5 个雄蕊（上图中的雌蕊遮住了第五个雄蕊）。因此，"标准"园中花朵的结构正如那句老话所言："大自然喜欢数字 5。"

此外，"标准"园中花朵的雌蕊长有圆润的子房、短小的花柱以及双叶柱头。当你在脑海中形成这样的具象后，就会发现花园中花朵的独特之处，并从中感受到乐趣所在。

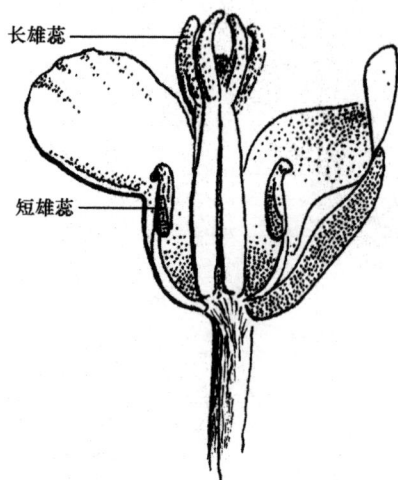

长雄蕊

短雄蕊

十字花科的大多数花朵与"标准"园中花朵的不同之处在于它们拥有4个花瓣和6个雄蕊，其中2个短雄蕊与4个长雄蕊在长度上有着明显的差异

让我们以番茄花为例，试着实践这种比较的方式。

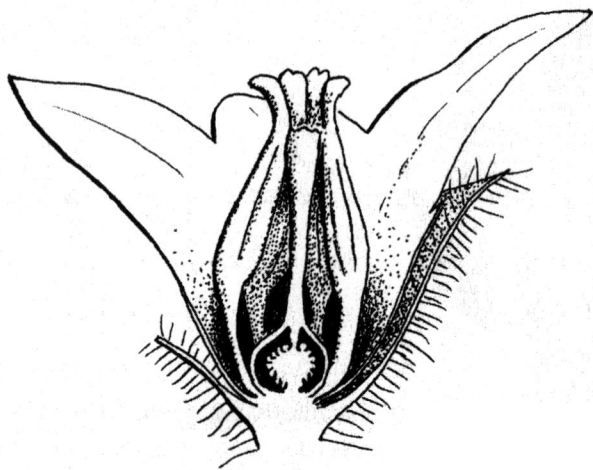

番茄花纵切面

若想比较番茄花与"标准"园中花朵，仅需

手中的这本书。

1. 上页图中的番茄花与"标准"园中花朵之间最有趣的区别是番茄花的5个雄蕊更大，花药长到一起，形成管状或圆筒状，将小小的子房包裹在其中。一旦子房开始发育为番茄，它就会冲破这个束缚，只有花柄和花萼会随着番茄继续生长。

2. 需要注意的是，"标准"园中花朵的花瓣是独立的，而番茄的花瓣与它不同，其花瓣基部连合，顶部分离（分离部分称为花冠裂片），形成一个漏斗状的花冠。许多花朵长有花冠裂片而非明显的花瓣。

番茄花与"标准"园中花朵之间的差异远远不止这些，不过初学者认识到这些就足够了。

其实，与花园中可见的其他种类的花朵相比，番茄花已经很接近"标准"园中花朵了，雄蕊大一些只是一个微不足道的区别。

如果你能找到其他花朵（比如菜豆花），就能亲眼看到普通花朵与"标准"园中花朵之间的巨大差异。虽然菜豆花同样拥有5个彼此分离的花瓣，但每个花瓣的形状各不相同。

在"标准"园中花朵中，所有花瓣、萼片以及雄蕊的形状都分别相同，具有这种特征的花朵叫作规则花。如果存在不同的花瓣、雄蕊或萼片，这样的花朵则叫作不规则花。在花园中，除了豆科植物，多数唇形科植物也长有不规则花。不规则豆科花和不规则唇形花的区别之一在于前者的花瓣通常互相分离，而后者的花瓣则互相连合。

那么，现在你了解应当如何比较花朵了吗？以后每当看到一朵没见过的花时，你就可以对它和"标准"园中花朵进行比较。

例如，发现一朵木槿花时，你在耳边就会似乎听到有人在轻轻地说："哇！这朵花的雄蕊数量要比'标准'园中花朵的多得多！这些雄蕊的花丝居然收缩到一起形成柱状结构包裹着花柱。这也太奇怪了！"

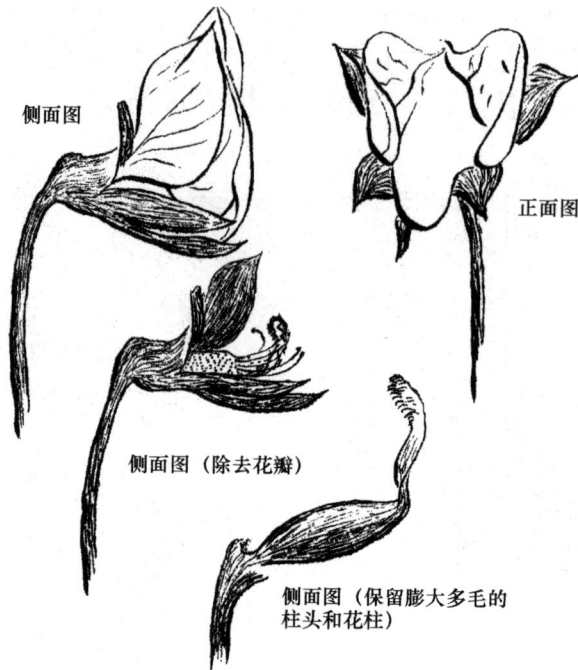

側面图

正面图

側面图（除去花瓣）

側面图（保留膨大多毛的
柱头和花柱）

作为豆科植物的一员，甜豌豆同样长有不规则花。经过授粉后，
花瓣会枯萎凋落，子房会长成豆荚

　　花园中的花有一个最为奇怪之处，那就是它们有时会以雄性或雌性的形式出现，这样的花叫作单性花。雄花只能产生花粉，而雌花只有一个雌蕊。某些雌花也有雄蕊，但是这些雄蕊已经退化，并不能产生花粉。雄花中的雌蕊（如果存在）也不具备正常的功能。在花园中，有些种类的植物同时长有雄花和雌花，其中最常见的就是玉米，以及西葫芦、黄瓜、西瓜、甜瓜、南瓜和葫芦等葫芦科植物。如果留心观察，你就会发现西葫芦（包括绿皮密生西葫芦）通常既有雄花又有雌花，雄花开放后很快就会凋落，只留下光秃秃的花柄，而雌花则会发育成果实。

　　此外，葫芦科植物的花还有一个奇异的特征，它们的子房长在花冠下方，而不是像"标准"园中花朵或者其他多数花一样长在花冠上方。长在花冠上方的子房叫作上位子房，长在花冠下方的子房叫作下位子房。

葫芦科植物花的另一个奇异的特征是它们通常看起来只有 3 个雄蕊。但实际上，它们一样长有 5 个雄蕊，只不过其中 4 个连合在一起形成了两对。

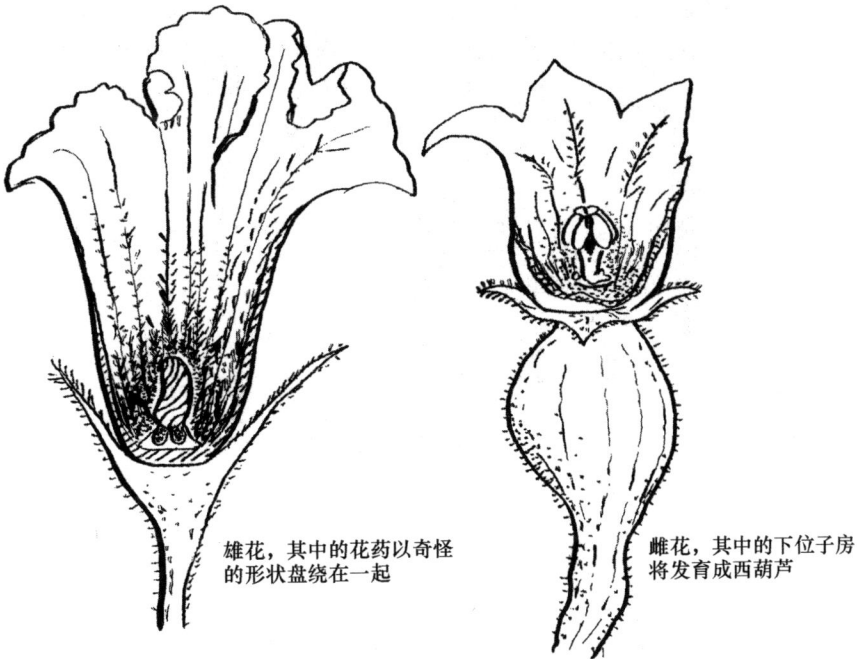

雄花，其中的花药以奇怪
的形状盘绕在一起

雌花，其中的下位子房
将发育成西葫芦

西葫芦花的纵切面

开单性花的植物主要分为两种。如果一种植物的植株上都是雄花或者雌花，那么就需要雄株为雌株授粉，我们称这类植物为雌雄异株。如果一种植物的植株上既开雄花又开雌花，这类植物就为雌雄同株。玉米以及多数葫芦科植物都是雌雄同株，菠菜和芦笋则是雌雄异株。在某些情况下，雌雄同株植物和雌雄异株植物之间并没有明确的界限。红枫通常属于雌雄异株，但同一植株上偶尔也会有一两朵不同性别的花。

长有萼片、花瓣、雄蕊以及雌蕊的花叫作完全花。缺少上述一个或多个部分的花叫作不完全花。在花园中，最常见的开不完全花的植物就是草，它们没有花冠。一些树的花也没有花冠，如橡树、山核桃树、榆树和柳树等。此外，在美国市场上享有"间谍杀手"之名的蓖麻的花同样没有花冠。

通过这些比较花的练习后，不妨让我们进行实战演练，看看花园中真正的花是什么样子。

若想比较一朵真正的花与"标准"园中花朵，仅需

一朵在花园中随处可见的花。

1. 以"标准"园中花朵的示意图为参考，试着确定一朵花的下列组成部分。

花柄	花药（可能带有花粉）
花萼	花丝
萼片	雌蕊（单个或多个）
花冠	子房（单个或多个）
花瓣或花冠裂片	花柱（单个或多个）
雄蕊	柱头（单个或多个）

2. 再次仔细观察，记录以上各部分与"标准"园中花朵的有何相同和不同之处。

3. 反思一下你对这朵花有了怎样全新的认识。此前，它那看似毫无规律的颜色和造型可能会让你眼花缭乱，但现在它真正的独特之处开始显现——成为了一个让人难以忘怀的个体。如果你的思绪能够在这些术语的引领下深入花丝、子房这些梦幻般的微缩世界中，将会是多么神奇有趣的体验！

除了上述实验过程，比较花还有另外一番乐趣。如果你留意各种花，时间

久了就会发现每一棵能够开花的植物都有自己的"标准"科花。

例如,"标准"葫芦科花具有我们谈过的那些特征。葫芦科植物大约有900种,虽然它们的花都具有葫芦科花的基本结构,但每两种之间都存在细微的差别。大自然母亲培育出了葫芦科花的这么多变种,能够观察到这一奇迹多么让人高兴啊!花园中远不止这一科植物,葫芦科只是几十个科中的一科而已。

菊科花卉

如果试图以"标准"园中花朵为参照来观察向日葵的花朵,你就会感到有些吃力。这是因为大自然对向日葵这一类菊科植物做了一些特殊的安排。菊科植物的头状花序是由一种叫作花托的台面组成的,上面聚集着许多小花。也就是说,向日葵茎顶的那个看起来像有许多花瓣的鲜艳的巨大花朵实际上是由数百朵小花组成的。

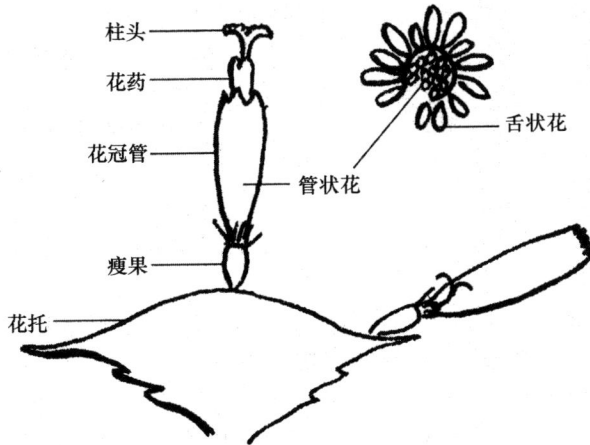

菊科植物花的简图

穗状花序　　总状花序　　伞房花序　　圆锥花序　　伞形花序　　聚伞花序　　蝎尾状花序

蝶形花
（豆科花形）　　唇形花　　高脚碟状花　　舌状花　　钟状花　　漏斗状花

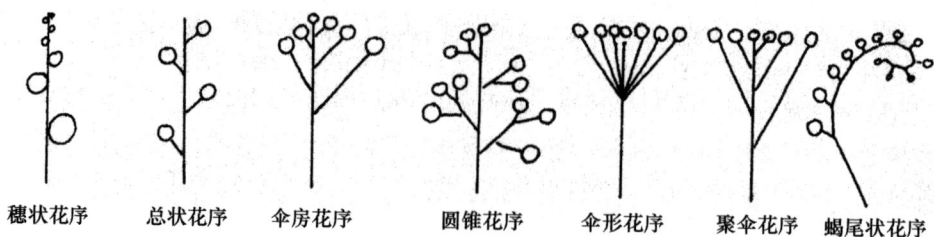

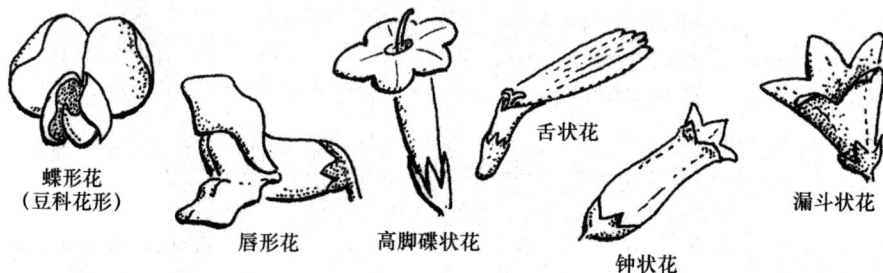

花序和花形简图

另外，长在向日葵这一菊科植物花内部的小花也分为明显不同的两种。一种为从向日葵花托中心部分朝外发散的扁平黄色小花，叫作舌状花；另一种为长在向日葵花托黝黑表面上的成百上千的圆柱形小花，叫作管状花。每个管状花都有 5 个微小的裂片，下方长有叫作瘦果的果实，即人们熟知的葵花子。

并不是所有的菊科花卉都同时长有舌状花和管状花。蒲公英、莴苣和万寿菊等这几种菊科植物就只长有舌状花，而佩兰、矢车菊等菊科植物则只长有管状花。雏菊、菊花、金鸡菊、波斯菊、紫菀、一枝黄花、洋姜等多数菊科植物都长有舌状花和管状花。

菊科的范围很大，种类众多。仅仅在美国肯塔基州西部我居住的这个小镇，我就已经发现并列出了 63 种属于这一科的野花和野草，而且每年都还会有新的发现。

单子叶植物的花

开花植物可分为两大类：单子叶植物和双子叶植物。单子叶植物（如玉米等禾本科植物）通常有平行叶脉，但是双子叶植物的叶脉通常会蔓延并形成分支，专业术语叫作网状脉。单子叶植物与双子叶植物的花有几个基本的区别。"标准"园中花朵是严格意义上的双子叶植物的花，但花园中有些重要的、极为艳丽的花卉是单子叶植物。

单子叶植物与双子叶植物的花的不同之处在于前者喜欢的数字不是 5，而是 3 以及 3 的倍数。观察任意一种百合或者鸢尾的花，你就会发现它们身上最引人注目的数字 3 或 6。对于上述花卉所属的科而言，单子叶植物花的萼片与花瓣极为相似——二者一样色彩斑斓、巨大、肥厚，因此无法区分。

在某些情况下，无法区分的花瓣和萼片统称为花被片。例如，番红花看起来有 6 个明艳的花瓣，没有萼片。但事实上，其中只有 3 个是花瓣，另外 3 个是萼片。这些花瓣与萼片过于相似，几乎完全一样，所以我们可以说番红花有 6 个花被片。几个花被片可以组成一个花被，这和几个花瓣可以组成一个花冠是同样的道理。单子叶植物花的独特性从玉米的花中可见一斑。首先，玉米是雌雄同株的植物，也就是说它的花是单性花。雄花簇生在植株顶部，呈流苏状，雌花则呈穗状。在玉米的雄花中，花被由带波状皱褶的鳞片组成。就像菊科花卉的花托上有许多小花挤在一起一样，禾本科植物花朵状的小穗上其实有两朵或多朵小花。玉米作为众多禾本科植物中的一员也是如此。通常，每个雄性小穗上都有两朵雄花，而玉米穗（雌花穗）则是由一群聚集在一起的雌花组合而成的。剥开玉米植株上的一个成熟的玉米穗的外皮，你会看到每个玉米籽粒都是一个子房，它长有一根长须，一直延伸到玉米穗顶部，从外皮上悬垂下来。这根长须就是花柱。悬垂的玉米须的顶端为柱头区，雌花穗的外皮是特化的花被部分。

附有颖片的小穗　　　　　　　除去颖片的小穗

禾本科植物花的简图

在两个颖片上长有　　　　　在两个颖片上长有
一朵小花的小穗　　　　　　几朵小花的小穗

禾本科植物花的两种基本排列方式

　　有趣的是，虽然玉米的小穗看起来完全不像"标准"园中花朵，但是二者的结构实际上是相似的。玉米确实长有柱头、花柱和子房，但它们的样子哪里像柱头、花柱和子房啊！

　　一旦开始关注禾本科植物的花，你就会喜欢上它们。随意选择一棵禾本科植物，初见时发现它的花与其他禾本科植物的花别无二致，但只要你开始注意其细微特征（需要一个不错的手持式放大镜），这棵植物的花的独特性就会显现。任意一种禾本科植物的花都像最艳丽的百合一样耀眼。禾本科植物种类繁多，数量惊人。仅仅在我所居住的小镇，我就发现了 55 种禾本科植物，而且每年还会有新的发现！

我特别喜欢使用野外指南来识别禾本科植物。禾本科植物不像双子叶植物那样开有大而艳丽的花朵，它们的花朵都小而简朴。在我看来，感受这种对比正是趣味所在。如果将花比作音乐，那么娇艳的百合花就是响亮喧闹的重金属音乐，而禾本科植物的花则是优雅的小提琴独奏。约翰·詹姆斯·英戈尔斯曾写道："森林会腐烂，庄稼会枯萎，花朵会凋谢，唯野草不灭。"我隐约觉得，英戈尔斯不仅仅想表达花园中的野草（禾本科植物）多么难以清除，他还在歌颂野草精细简朴的永恒本性。

单子叶植物的花对数字 3 的偏爱在禾本科植物中不太容易观察到。如果你能找到一朵花药或柱头从紧密排列的鳞片状部位凸出的禾本科植物的花并留心观察，可能就会发现这朵花有 3 个雄蕊，柱头也裂为三部分。

植物的繁殖

不要过分纠结于数清柱头裂片或者区分花瓣和花被片而忘了问这些最基础的问题：什么是花，花为什么会存在，花为什么婀娜多姿，花为什么芳香四溢，为什么这么多植物都会开花。

答案很简单，大自然希望植物繁殖，这是它们最为重要的几个使命之一。对于花园中的绝大多数植物而言，花是生殖器官，是进行繁殖的部分。

花药上的花粉通常为黄色粉状物，携带雄性生殖单位。花粉落在柱头顶部，授粉就开始了。柱头上的花粉粒像种子一样发芽，形成一个根状细管，穿过花柱向下生长进入存有雌性生殖单位的子房。这根细管就叫作花粉管。

花粉管的尖端携带一个或多个雄性生殖单位，当其刺透胚珠时，雄性生殖单位就从花粉管转移到了胚珠上，性结合就发生了，授粉完成。随着胚珠逐渐发育成种子，子房不断膨胀并长成果实。

花粉粒

花粉管

胚珠

子房

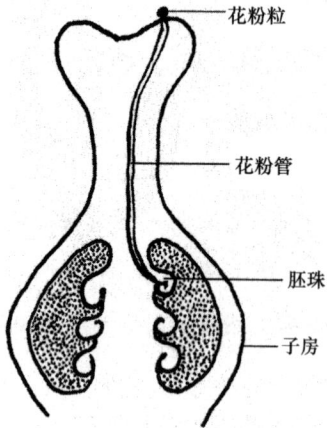

雌蕊的纵切面，柱头顶部有一颗花粉粒，花粉粒萌发形成的花粉管穿过花柱向下生长进入子房。花粉管的尖端携带雄性生殖单位，刺透胚珠，为其授粉。受粉的胚珠发育成种子，子房发育成果实

　　花正是为了产生种子和果实而存在的，这一创造性过程是所有生命中最基本、最美好的过程之一，在自然界中每一天都在进行着。

　　花的一切（它的颜色、形状、大小以及在植株上的位置）都与植物繁殖有关。这些设计深受个体的传粉策略的影响。

　　风媒花（如玉米花）会产生大量的粉状花粉，花粉很轻，能够被风携带、随风传播。风媒花的柱头通常呈羽状，这类柱头所暴露的表面积远超单一细长的柱头，因此它们可以捕获更多的花粉。风媒花的花粉常常会引起花粉过敏。

　　虫媒花会产生具有一定重量和黏性的花粉，以便能够沾在昆虫身上。这类花的柱头的分布便于让进入其内的昆虫携带的花粉与其触碰。如果一朵花依靠蝴蝶授粉，它就会长出一个细长的管状部分，以容纳蝴蝶细长的喙；但如果它由蜜蜂授粉，那么它的管颈就会留有足够空间以容纳蜜蜂的身躯，而细长的管状部分就不存在了。花形较大且盛开后带有麝香气味的花朵（如某些南瓜的花）通常依靠甲虫授粉。甲虫循着气味进入花内，漫无目的地四处游走，无意中就完成了授粉过程。虫媒花产生的花粉不会引起花粉过敏，因为这种花粉既重又有黏性，无法进入我们的鼻孔。

　　柱头接收花粉，胚珠完成受粉，接下来我们就可以观察子房发育为果实这

一迷人的过程了。

若想观察子房如何发育为果实，仅需

一棵正在开花的植物、若干细丝带或者其他标记物。

---

1. 找到一朵刚开的花，我建议选择大豆或豌豆的花。在花的下方或附近系上一根细丝带或其他标记物，便于以后寻找。

2. 每天观察这朵花，注意子房的变化。当子房膨大发育为果实时，雄蕊和花冠发生了怎样的变化？柱头和花柱会随着子房的生长而变大吗？

不开花的植物

虽然花园中的绝大多数植物会开花，但这绝不意味着自然界中的所有植物都会开花。开花植物只是植物中的一部分，植物学家称其为被子植物。开花植物属于新生物种，直到大约 1.5 亿年前，仍然没有植物演化出花，虽然那时植物已经存在很久了。

大约 20 亿年前，地球上出现了第一批或多或少类似植物的生命形式。这是一种非常原始的生物，近似藻类。它的繁殖方式与今天藻类的可能有些相似。在此后数百万年的时间里，地球上的主要植物群落并不像森林，而是像绿色的糊状物覆盖在地表之上。

又过了 15 亿年，植物才演化出真正的茎。最早的有茎植物是石松类和木贼类植物的祖先。这些植物并不通过花、果实和种子进行繁殖，而是依靠孢子进行繁殖。下一个演化出来的部分是叶。大约 3.9 亿年前，地球上最早长有叶的植物——蕨类植物的祖先出现了，这类植物也是依靠孢子进行繁殖的。

大约在 3.45 亿年前，虽然花仍未显露踪迹，但是第一批产生种子的植物出现了。最早的种子出现在裸子植物身上，以今天的针叶树（如松树、云杉和冷杉）为代表。如果你的花园中有这些树，你可能知道它们能够结出坚硬的球果。植物学家并不认为这些球果是真正的果实。针叶树的繁殖器官与柳树、杨树等的真正的花有些相似之处，但植物学家也不认为它们是花。然而，裸子植物的种子被确认为真正的种子。所以，准确地说，种子先于果实出现。

第一批真正的开花植物就是人们熟知的被子植物，它们出现在大约1.35亿年前。开花植物成功地适应了地球的环境，并迅速分布到地球表面各处，抢占了比较原始的植物种类的生存空间。

最终，被子植物分化成如今的单子叶植物和双子叶植物两大亚群。据估计，目前世界上存有5万余种单子叶植物和20余万种双子叶植物。相比之下，蕨类植物只有大约1万种，苔藓植物只有1.4万种，针叶树更少，仅有大概500种。显而易见，开花植物现在不但占据着我们的花园，更统治着整个世界。

第三章　果实和种子

果实

下一次切番茄的时候留心观察，你会发现它的内部可以分为几个楔形的小格。种子集中分布在这些小格中，而不是随机、均匀地分布在整个番茄里。

这些小格的植物学术语叫作心皮。在日常生活中，我们从来不会称其为心皮，但是熟悉这一术语能够帮助你了解各种果实之间的区别。在某种程度上，具有楔形小格的番茄可以作为"标准"园中果实的代表。

切开一个菜豆荚或豌豆荚，可以看出豆荚没有像番茄一样的内壁，因为豆类的果实只有一个心皮。从其他果实的横切面能够看出不一样的情况，如鸢尾花的果实有 3 个心皮，秋葵的果实则有 5 个心皮。

花的子房也有心皮。当身处丛林中的植物学家需要通过花来识别遇到的一棵新植物时，通常他们会拿出一把非常锋利的刀，切开它的子房，然后确定心皮的数量。这是因为同一科或属的植物通常都有相同数量的心皮。

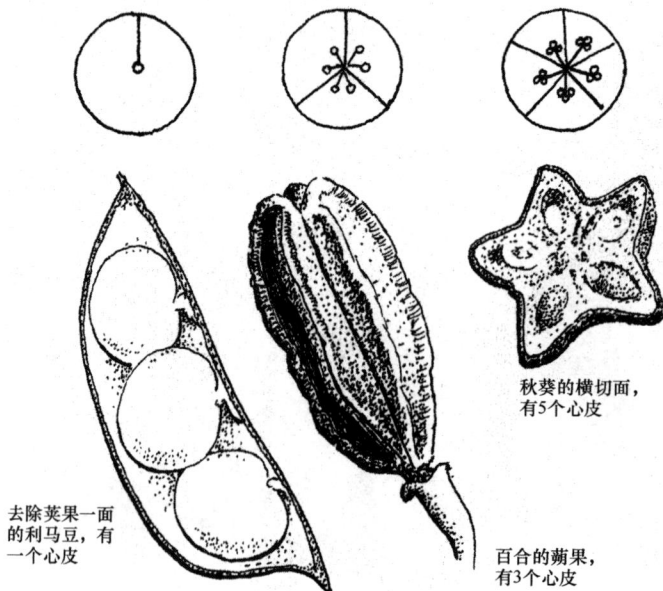

秋葵的横切面，有5个心皮

去除荚果一面的利马豆，有一个心皮

百合的蒴果，有3个心皮

在自然界中，各种植物的心皮数量是非常固定的。园艺品种的心皮数量却经常有出人意料的变化，这和动物的驯化具有同样的道理。例如，原始的番茄有两个心皮，但现代杂交番茄可能有 5 个心皮，甚至更多现在来看看我们能够在花园中发现哪些不同种类的果实。

荚果：一种干果（没有番茄那样的肉质），它由单一的单心皮雌蕊发育而成，却长有两个果面，两条缝合线使其合为一体。菜豆和豌豆属于荚果。

蓇果：与荚果类似，是由单一雌蕊发育而成的干果，但它们会分裂出多个心皮，并以不同方式开裂。鸢尾的果实属于蓇果。

核果：单籽的肉质果，它们不会开裂，其种子被包裹在木质的内果皮里。桃是核果的一种。

浆果：多籽的肉质果，它们的种子并不会被包裹在木质的内果皮里。这意味着从植物学上讲，番茄是浆果，但草莓和黑莓不是。

聚合果：由一朵花中的多个单心皮雌蕊发育而成的果实。草莓和黑莓是聚合果，而不是上面提到的浆果。

只有从这样的专业角度才能解释清楚为什么向日葵、万寿菊等菊科植物结出的果实（瘦果）看起来像种子（没错，葵花子是果实），以及为什么玉米的种子属于谷物。

读到这里就该思考这个问题：番茄是水果（果实）还是蔬菜？我们刚刚讲到番茄属于果实，然而在英文的语境下，人们通常认为它是蔬菜。

我们已经了解到，果实是由雌蕊发育而来的，里面含有一粒或多粒种子，而雌蕊是花朵的一部分。因此，严格来说，番茄当然是果实（也就是水果）。但是，这样一来，黄瓜、笋瓜、玉米穗以及许多其他看起来不是特别像水果的东西就应当是水果（果实）。

蔬菜是一类植物的统称。从广义上讲，某些树甚至也算蔬菜。然而，语言与人们的使用息息相关，因此也常常出现自相矛盾、表意不清之处，所以争论这个问题的意义不大。不如说番茄既是水果也是蔬菜，而到底称其为水果或蔬菜就取决于说话的人。

我们通常不会把一些花和果实与花园里的植物联系在一起。例如，卷心菜和生菜的花和果实去了哪里？这些植物的繁殖器官难得一见，因为在花和果实形成之前，它们就被收获了。如果我们放任这些植物继续生长，经过一个夏天，它们就会长出非常典型的茎，并且最终也会开花结果。

如果你在晚春撒下卷心菜的种子，在酷热的天气来临之前，它们还没有开始发芽，那么你就可能只会获得卷心菜的花和果实。像生菜和卷心菜这样长有叠生叶组成的莲座丛的植物，经历高温或夜晚长短的变化后会迅速发育出花芽，这个过程叫作抽薹。

我们已经了解到，马铃薯生长在地下的匍匐茎上，与花无关，因此它不属于任何一种果实。马铃薯植株通常会开出迷人的花，这些花与番茄和辣椒的花非常相似，因为马铃薯、番茄和辣椒都属于同一科——茄科。奇怪的是，马铃薯的花很少结果。因此，对于植株上的马铃薯果实，一定要多加留心。如果马铃薯果实中含有种子的话，我们还可以试着让它们发芽。

种子

在前一章中，我们知道种子是由子房内的受精胚珠发育而来的。有关种子，可以做的趣事之一就是切开它们看看里面有什么。

对于花园中可见的多数种子而言，其内部大致可以分为两个区域。其中一个区域（即胚乳）相对较大，含有松散的白色淀粉类物质或油性物质，这是为将来发芽的幼苗准备的营养物质。当胚刚开始发育的时候，幼芽穿过缺少阳光的土壤向上生长，它不能像成熟的绿色植物一样借助阳光制造营养物质。在这个关键时刻，它会利用储存在这种高热量"种子食物"中的能量来补充养分。

种子内部的另一个区域有一个相对较小的胚，它由叶、茎、根的雏形组成。这些部分尚未舒展，个头极小。

人类倾向于食用种子（如玉米、小麦、菜豆和豌豆等），正是因为种子含有"食物储存区域"和胚。淀粉类物质或油性物质让我们享用了植物为未来发育的胚所储存的大量能量。胚本身也让我们将其中的蛋白质等营养成分吸收进了自己的身体。

顺便介绍一下，无胚小麦粉或玉米粉意味着胚已经被去除，只留下热量高的淀粉类物质。无胚小麦粉可能比全麦粉更白，用它做的面包也更轻，这是因为全麦粉中含有磨碎的胚，而无胚小麦粉缺乏胚中的蛋白质，其营养价值明显较低。

胚和巨大的"食物储存区域"有两种基本的组合方式。例如，在玉米、蓖麻和荞麦等作物中，胚只是嵌入"食物储存区域"内。而在其他大多数种子中，"食物储存区域"实际上会长成植物的一部分，通常以特殊的叶状物质的形式存在，被称为子叶[1]。

当一粒菜豆第一次从土壤中生发出来时，首先长出的是两片肥厚的绿色肾形叶状物，随后这两片叶状物中间会长出茎，茎上的叶子形状规则，质地正常。最先长出的两片叶状物就是子叶。除了玉米等单子叶植物外，花园中几乎所有常见的植物都是如此。

在这类植物中，幼苗发芽所需的淀粉类物质或油性物质储存在子叶中。种子发芽时，子叶从种皮中拔出并向上生长，在此期间为幼苗提供能量。最后，它们长出地面并舒展开来，甚至可能变为绿色。然后，植物的茎和叶从它们中间开始生发。

若想观察一颗菜豆，仅需

一粒体积较大的菜豆，如利马豆。

1. 将菜豆浸泡一夜，这样更容易打开它们。

2. 拿着浸泡过的菜豆仔细观察。它们的表面（或称种皮）通常光滑完整，除了有一处看起来可能像一张紧闭着的厚唇小嘴。这个"小嘴"叫种脐，当

[1] 子叶应为胚的一部分，不属于这里所说的"食物储存区域"。——译者注

种子还是胚珠时，胎座通过种脐与子房相连。如果你摘下一个挂在豆科植物上的新鲜果实，打开它的外壳，就会发现里面的豆子很可能仍然通过胎座与豆荚相连。胎座就是你剥豆子时所破坏的部分，胎座上与豆子相连的那一端就是种脐。

3．去除种皮。当然，这时种皮可能已经破裂了。

4．大部分菜豆由两片子叶组成，这两片子叶富含淀粉类物质，相互挤压紧贴在一起，但仅在胚附近才是相连的。你能接触的 99% 的菜豆是由这样的两片子叶组成的。去除其中一片子叶。如果两片子叶不容易分离，我们可以试着将菜豆放在手指间滚动揉搓。

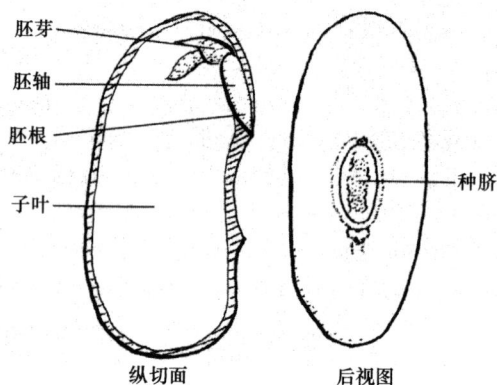

胚芽
胚轴
胚根
子叶
种脐
纵切面　　　后视图

菜豆

5．将两片子叶分离后，其中一片子叶带有嵌入其中的胚。如果打开的是一粒较大的利马豆，你甚至可以通过肉眼看到它的胚，胚就长在种脐附近。另一片子叶无须保留。

6．借助手持式放大镜，也许你可以看到胚中体积极小、紧紧挤在一起的"幼叶"。为求准确，应当称其为胚芽。胚芽的正下方有一个光滑的部分，看起来像有光泽的米粒。这部分较宽，称为胚轴。与胚芽相对的胚轴末端较尖，叫作胚根。胚轴与胚根的界线暂不明确。随着种子的发育，胚根会膨大，从种子中长出，进而成为幼苗的第一个根——初生根。

单子叶植物和双子叶植物。生长初期长有两片子叶的植物叫作双子叶植物，如菜豆、卷心菜、笋瓜、万寿菊以及其他多数花园植物。长有一片子叶的植物叫作单子叶植物，如包括玉米在内的禾本科植物，以及百合、朱顶红、鸢尾、兰花、美人蕉、睡莲、香蕉、海芋、棕榈、香蒲科植物等。

"dicot"（双子叶植物）这个单词实际上是"dicotyledon"的缩写形式，意思是这种植物有两片子叶。与之类似，"monocot"（单子叶植物）是"monocotyledon"的缩写形式，指的是单子叶植物幼苗萌发时长出的单片子叶。

发芽的种子。让种子在室内发芽与在花园中播种一样有趣。你不仅可以享受这种室内的园艺形式，而且可以收获有营养的食物。

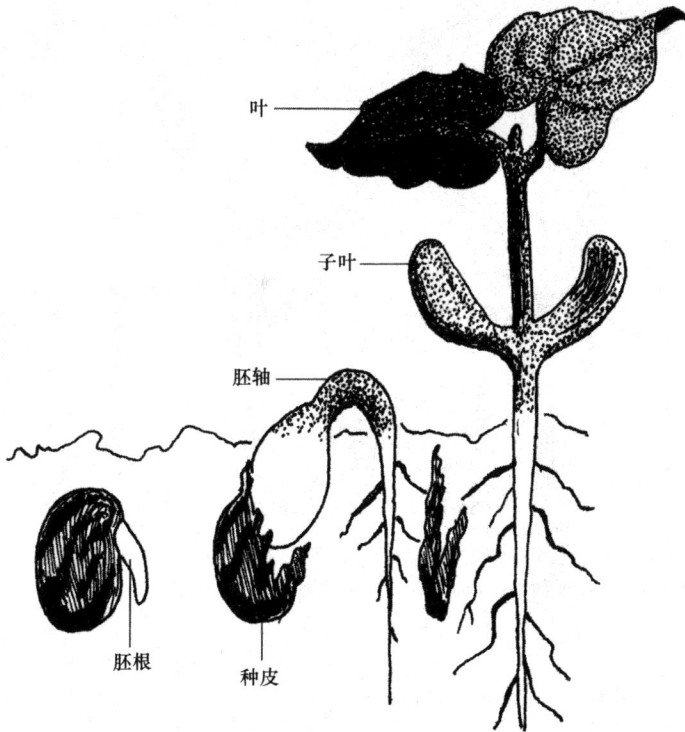

叶

子叶

胚轴

胚根

种皮

发芽的菜豆。菜豆是一种双子叶植物，有两片子叶

叶

胚芽鞘

胚根

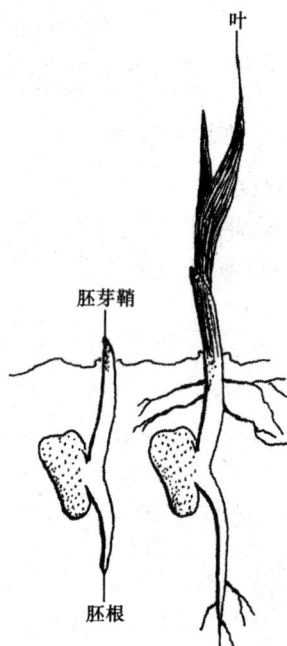

发芽的玉米粒。玉米是一种单子叶植物，它和其他禾本科植物在开花植物史的近期才演化出来，并形成了独特之处。这类植物首先破土而出的部分其实是胚芽鞘，这种结构从普通的单子叶演化而来，对将要舒展的叶片起到保护作用

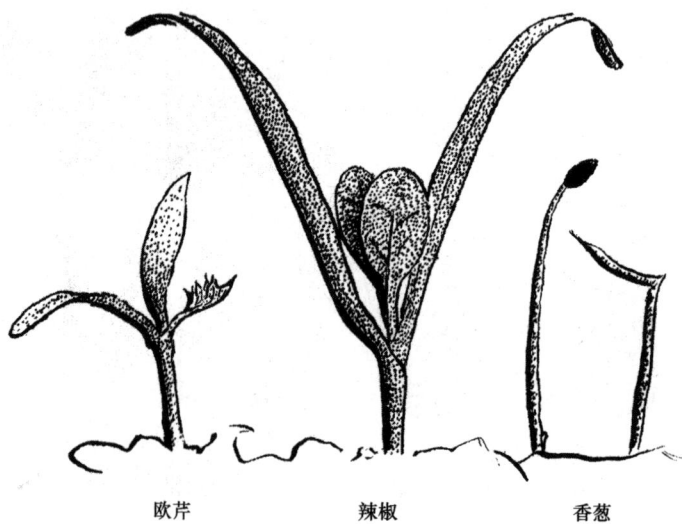

欧芹　　　　　　辣椒　　　　　香葱

每一种幼苗破土而出后都有着独特的形象。识别出一种幼苗后，就在你的笔记本中画下它的草图，并学着将它的独特之处表现出来

发芽的种子会经历一系列化学变化，变得比未发芽的种子更有营养。研究表明，发芽的小麦种子中烟碱酸、维生素 B_1 以及维生素 C 的含量显著提高，而叶酸和维生素 B_2 的含量增加了 4 倍。

若想在瓶中培育芽苗菜，仅需

广口加仑瓶、

旧尼龙袜（或粗棉布）、

橡皮筋，以及用来培育幼苗的菜豆或其他豆类

（如苜蓿、绿豆、扁豆、鹰嘴豆、大豆等）的种子。

1．各种用来培育幼苗的菜豆或其他豆类的种子都可以在健康食品店中买到。所选的种子足够新鲜时才能发芽，已经失活或者不够新鲜的种子无法正常发芽。不要选择用于播种的菜豆种子，因为它们很可能用有毒的杀菌剂或杀虫剂处理过。

2．用一块直径约为 15 厘米的圆形尼龙布或粗棉布盖住瓶口。确保瓶子和布干净。

3．把一些菜豆或其他豆类的种子倒进瓶中。不用太多，效果也会很明显。大豆这种较大的种子只需要大约一杯半即可，较小一些的绿豆只需要大约一杯，更小的苜蓿种子大约半杯就足够了。

4．把盖在瓶口上的布绷紧，再用橡皮筋将其固定好。橡皮筋要绷得足够紧，这样才能够在清洗种子的时候保证布不会脱落。

5．清洗种子的方法是：向瓶中倒入自来水至四分之一处，转动瓶子使水打旋，然后用盖在瓶口上的布把多余的水过滤掉。

6．向瓶中注入三分之二的水，将种子浸入其中。大豆种子需要浸泡一夜。小一点的绿豆和苜蓿种子大约浸泡 6 小时就可以了，但浸泡一夜也没关系。

7. 浸泡好后，将水倒净。如果用的是容易结块的小种子，可以转动瓶子，这样种子就会附着在瓶子湿润的内壁上，不再结块。这样做的目的是让所有种子都能充分接触空气。大豆种子较大，会分布在瓶底，因此周围的空气能够流通。

8. 把瓶子放置在避光处。只要不是太热（会生出真菌）或太冷（会减缓发芽），任何地方（甚至壁橱内）都是可以的。洗衣房角落的架子就是个不错的选择。

9. 每天早晚用自来水冲洗芽苗菜。向瓶内注入自来水并晃动瓶内的芽苗菜，然后将水倒出。重复这个步骤三四次。

10. 苜蓿芽长到2.5～5厘米时就可以收割了，绿豆芽为5～7.5厘米，大豆芽为4.5厘米。等到芽苗菜足够大的时候，把它们铺在托盘上，放在阳光下晾晒半小时左右。阴天时，可以延长晾晒的时间。这样做会激活光敏酶，使其更有营养。这一过程产生的叶绿素会为芽苗菜增添绿色，让它们看起来更加"秀色可餐"。

11. 吃掉你的芽苗菜！不要只是腼腆地在沙拉、汤或三明治中撒上一小点，而要大把大把地放。没有什么比在全麦面包上撒上一堆松脆的苜蓿芽更美味了。如果再抹上一点沙拉酱，味道就会更棒。

如果你在隆冬时节读到这一部分内容，缺少园艺工具，却又等不及要在土里培育幼苗，那么下面这个项目正适合你！它至少能够给你带来一种幼苗初生的感觉。

若想在杯子中培育幼苗，仅需

一个底部有排水孔的杯子（泡沫塑料的也可以）、

一些种子以及

混合型土壤（具体成分见下文）。

1．准备一种利于种子生长的混合型无菌土壤。普通的花园土不符合要求，因为其中含有致病有机体，会让发芽的种子枯萎、死掉。将一份从商店里买来的泥炭藓和两份盆栽土混合，或者将等量的泥炭藓和蛭石混合。把混合好的土壤浸湿，再添加一点肥料。

2．把拌好的混合型土壤装入杯子内，直到离杯沿大约 1 厘米的地方。

3．在混合型土壤上放置 1 ～ 3 粒所选择的花园植物种子。如果你用的是当年保存的种子和适当的混合型无菌土壤，那么种子几乎都会发芽。但是，为了保险起见，你也可以多种下几粒种子，然后把不太茁壮的新芽剪去。

4．在种子上覆盖一层混合型土壤，合适的掩埋深度通常为种子直径的 3 ～ 4 倍（种子的包装上一般会给出掩埋深度）。轻轻拍几下，压实混合型土壤，确保种子与湿润的混合型土壤充分接触。

5．将杯子放入密封的塑料袋中。这时混合型土壤应该是湿润的，但也不能过于湿润，湿度以水不会从杯底的洞中流出为宜。封好口，直到幼苗充分定植前都不需要再浇水了。

6．幼苗充分定植后，拿掉塑料袋，时不时地浇些富含肥料的水。每天浇一次，只需刚好能够保持混合型土壤湿润和松软即可。混合型无菌土壤的养分缺少，因此施肥非常重要。可以使用氮、磷、钾含量分别为 15%、30% 和 15% 的均衡液体肥料（见第十二章）。请注意，这种肥料中含有较多的磷。在随后的章节中，我们会了解到这有利于细胞分裂和根的形成。

第四章　植物体内的世界

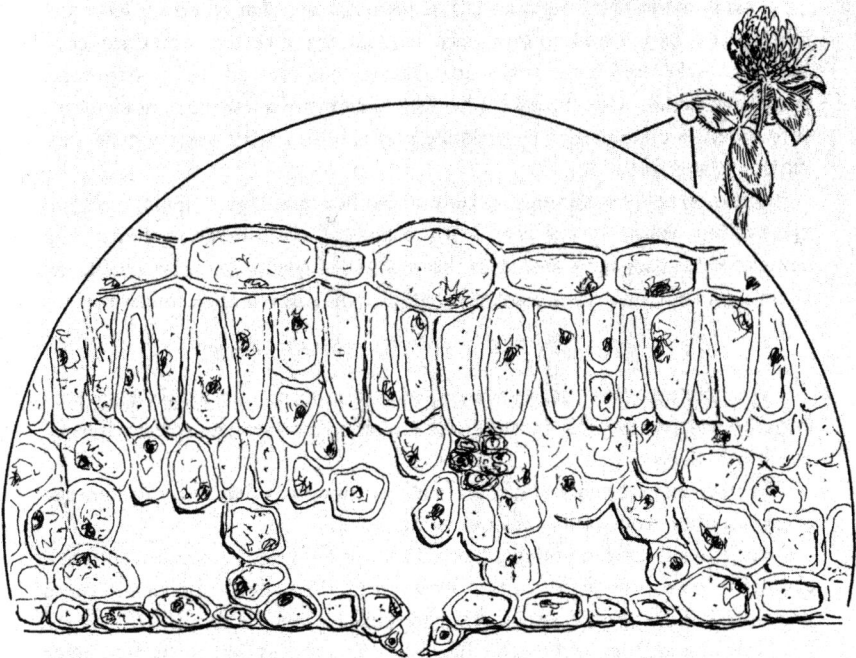

植物和光照

花园中的植物和其他绿色植物一样，体内日复一日地发生着神奇的反应，地球上最令人难以置信的事情大概莫过于此。对地球上的生物来说，这也毫无疑问是重中之重。

神奇的反应是这样发生的：能量以阳光的形式穿过太阳和地球之间的广阔空间，涌向地球表面，其中一部分被绿色植物捕获并储存起来，以备后用。

绿色植物吸收阳光的能量，通过光合作用将空气和水转化为简单的糖类，然后以不同的方式储存起来。下面是光合作用过程的简单方程式：

$$6CO_2 + 6H_2O \xrightarrow{\text{阳光}} C_6H_{12}O_6 + 6O_2$$

这个方程式表明，在光合作用过程中，太阳的光能可以使一种叫作二氧化碳的气体分子与水分子结合，产生一种白色的淀粉状糖类和氧气。

我们可以好好地想一想这个过程。根据这个方程式，我们看到的绿色植物，无论是番茄还是红杉，都主要是由气体和水形成的。在阳光和少量营养元素（在第十二章中讨论）的作用下，大自然酝酿出了两种透明的、高产量的物质，并以此造就了长有各式叶子、花和果实的植物。

只有在有光推动化学反应时，绿色植物才能进行光合作用。太阳西沉后，植物同样需要能量，这时它们就会通过呼吸作用消耗在光合作用过程中储存的一些能量。呼吸作用的简单方程式与光合作用的相反，即

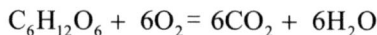

$$C_6H_{12}O_6 + 6O_2 = 6CO_2 + 6H_2O$$

这个方程式表明，在呼吸作用过程中，光合作用产生的糖类与氧气发生氧化反应，生成二氧化碳和水，并释放能量。

绿色植物之所以需要经历如此烦琐的过程，是因为它们的生长和开花结果都需要能量。

这些过程背后的物理学和化学原理思考起来很有趣，有助于我们拓展思

路。就算刚开始的时候你无法理解这些原理，也不用担心，做好放宽思路的准备，不要放弃！

物理学中的一条定律表明，物质从不会真正被消灭，只是形式发生了变化。例如，太阳核心的一些物质曾经存在，但转瞬即逝，似乎被消灭了。然而，实际情况是太阳核心的物质消失时会转化为热、光以及其他物质，如 X 射线和伽马射线。接下来，它们会穿越太空，其中一部分到达地球。太阳的光能被植物利用，将看不见的东西神奇般地组合成摸得到的物质。

通过光合作用，地球上的绿色植物将二氧化碳和水中的碳、氢、氧原子结合在一起，形成糖类。从科学的角度来看，糖类可以定义为由碳、氢和氧原子组成的分子。与我们所理解的一样，糖类是一种白色的淀粉状物质。

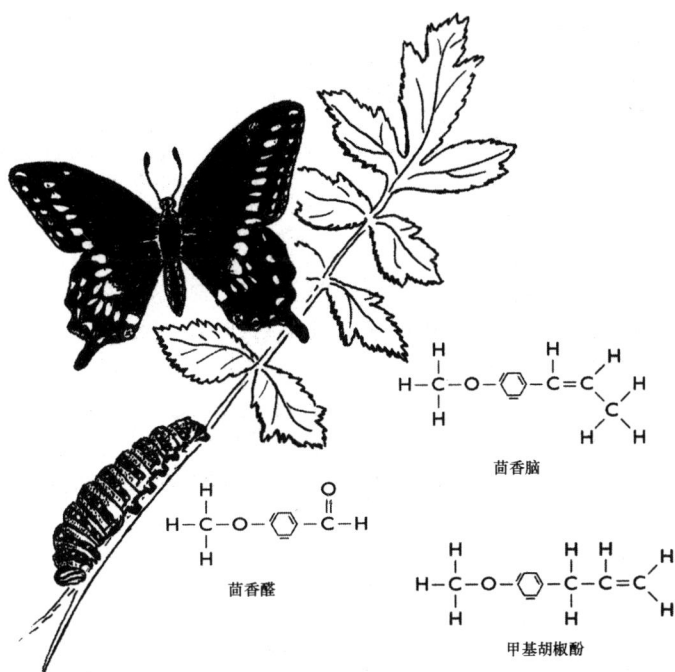

花园中迷人的事情大多发生在看不到的化学层面上。例如，欧芹、胡萝卜、芹菜和其他伞形科植物含有图中所示的 3 种精油，会吸引黑燕尾蝶幼虫。柑橘树叶含有相同的成分，因此也会被幼虫吃掉

种子中储存的淀粉状物质主要是糖类。白薯中的白色部分实际上也是糖类。

营养学家所说的复合糖类（多糖）指的就是很长的糖分子——由成千上万个碳、氢和氧原子组成的分子。我们的身体需要时间分解这些长分子，因此能量会缓慢地释放出来。简单的糖类（单糖，如蔗糖）则是由短分子构成的，只含有几十个碳、氢和氧原子。这些短分子的分解速度很快，在短时间内向我们的身体提供丰富的能量。

在某种程度上，植物将能量储存在光合作用产生的糖类中，然后消耗这些能量，这个过程就像把石头搬到桌子上，然后把它从桌子上推下去，砸开地板上的坚果。

把石头放到桌子上后，它就会获得势能。人搬起石头所耗费的能量转移到石头上，形成了这种抽象的能量。一旦石头被推离桌面，它的势能就会转移到砸碎坚果的行为中。

绿色植物在白天的光合作用过程中产生的氧气比它们在夜间的呼吸作用过程中消耗的氧气多得多，这对于需要氧气的动物来说是一大幸事。绿色植物产生的氧气多于它们所需的，若非如此，地球上的氧气耗尽之时，我们就会因窒息而死。有些人十分担心地球上的森林被毁坏，海洋被污染，原因就在于此。

若想测试光合作用产生的糖类，需要

一个晴朗的好天气、一片有活力的草本植物的叶、

一张索引卡大小（约 7 厘米 × 12 厘米）的硬质黑纸片、

一枚大回形针（或一段胶带）、

一小瓶外用酒精、一个带有通风罩的电炉、

10 滴碘酊（常用于处理割伤和擦伤）、一个小盘子、一个托盘、

几根棉签和一个滴管。

1．实验前一天，找到一片可以在实验结束时剪下的、全天都能受到阳光照射的阔叶。最佳选择是一片生长迅速的豆科植物的叶。这种嫩叶为最终大小的三分之二，还会迅速生长。做好记号有助于我们以后再次找到它。

2．将硬质黑纸片从中间对折，使折痕与短边平行。（纸片要厚到阳光不能穿透，但不能厚到无法折叠。）在其中一半纸片上剪出一个简单的图案，如圆形、菱形或星形。

3．在清晨太阳升起之前，把选好的叶夹在纸片中间，让剪好的图案朝向太阳。这样做是为了让阳光穿过镂空处，而不照射到叶的其余部分。用回形针或胶带把纸片固定在叶上。

4．到了晚上，将整片叶取下。进入室内后，把夹在叶上的纸片移开。

5．向一个小盘子中倒入大约 1 厘米深的外用酒精，再将叶放入小盘子中。

6．将酒精放在电炉上煮沸。由于酒精的沸点很低，选用的火力应当小于煮沸清水所需的火力，中等火力应该就够了。酒精属于易燃物，所以需要用电炉加热。重要提示：不要在明火上或使用过高的温度加热酒精，否则可能引起火灾！稍微煮一下就可以了。如果沸腾过于剧烈，我们就把盘子从电炉上移开，让沸腾的酒精平静下来。因为沸腾的酒精中会升起有气味的、灼眼的烟雾，所以我们要使用通风罩。

7．当叶绿素溶入酒精中时，酒精的颜色会变暗，而叶的颜色变浅。这时把小盘子从电炉上移开，然后小心地取出叶，将其放置在托盘上。

8．用棉签或滴管在叶的表面均匀地涂抹碘酊。如果实验成功，被漂白的叶上就会出现与纸片上的图案一致的深色图案。

9．碘能将使糖类（碳水化合物）变成深紫色。记住这一点并思考深紫色图案代表了什么。

在实验过程中，要求在清晨将纸片夹在叶上，这是因为此时叶中储存的糖类最少，其中一部分糖类在夜间植物呼吸时被消耗掉了，另一部分糖类则被运送到植物的"食物储存区域"。若晚一些，比如在晴朗的下午，受到阳光照射的叶中糖类的含量较高，这是因为叶已经进行了很长时间的光合作用。

前一个实验需要我们准备一些简单的器材，但是许多化学实验不需要这些器材。每个人都有眼睛、舌头和鼻子，可以构成自己的"化学实验室"。下一个实验主要分析苹果。

若想分析苹果，仅需

一个未成熟的苹果和一个成熟的苹果。

1. 切开一个未成熟的苹果，咬一小口。你的舌头很快就会告诉你几乎没有尝到苹果的味道。实际上，你的舌头可能会感到刺痛，因为苹果太酸。

2. 闻闻未成熟的苹果。你几乎闻不到一点苹果味。这表明这一阶段的酸不是那种会挥发出来飘进鼻子里的酸，而是非挥发性酸，如苹果酸和柠檬酸。

3. 咬一口未成熟的苹果的皮。你的嘴唇可能会稍稍起皱，这是由单宁酸引起的。

4. 取一个成熟的苹果重复上述步骤。你一定会发现，这个苹果不仅吃起来很甜，闻起来有苹果味，而且不会让嘴唇起皱。显然，苹果在成熟时发生了巨大的化学变化。

对于一个老练的化学家来说，熟苹果的气味揭示了一种易挥发的化合物——酯的存在。酯是酸（比如在未成熟的苹果中发现的酸）与醇结合而形成的。

从这个实验中我们可以得知，未成熟的苹果中含有酸，但醇从何而来呢？

呼吸作用的方程式表明，糖类分解时需要氧气参与（苹果的主要成分之一是糖类，未成熟的苹果也一样）。然而，未成熟的苹果中氧气的含量很少，所以需要一种不同的化学反应来分解苹果中的糖类。当糖类需要在没有氧气的情况下被分解时，这种特殊的反应就会自然而然地发生。此外，这种反应也会发生在啤酒酿造和面包膨起之时。我们将这个过程称为发酵，醇就是发酵的产物。

苹果的甜味表示有糖类存在。那么，糖类是从哪里来的呢？未成熟的苹果中储存的是没有甜味的复合糖类（多糖）。随着苹果成熟，长的多糖分子会分解为较短的糖分子，最短的糖分子是果糖等单糖。蔗糖和果糖非常甜。

花园中多数未成熟的果实尝起来都是苦的，成熟的果实则是甜的。这和苹果中的多糖分解成单糖的原理是一样的。种植欧洲防风草和芜菁的园丁知道，在良好的冷冻条件下，多糖分解成单糖时，这些根茎作物的味道最甜。

植物和水

正如光合作用的方程式所示，对于植物来说，水是最重要的化学物质之一。植物过度缺水就会发育不良，严重者甚至无法存活。蒸腾作用会使花园中的植物失去其通过根部吸收的水分的99%，实在出人意料。蒸腾作用既可以通过覆盖整个植物体的膜——角质层进行，也可以通过植物体表面上的微小开口或孔隙——气孔进行。

阳光明媚的时候，对着太阳举起一片薄薄的豆类植物的叶或玉米叶，仔细观察其下表面（可以使用放大镜）。叶的表面看起来有一些颗粒状的东西，这正是我们勉强可以看到的气孔。在显微镜下，气孔看起来像小小的嘴唇。玉米叶的下表面每平方厘米大约有10000个气孔，而豆类植物叶的下表面每平方厘米大约有 24800 个气孔！

若想调控蒸腾作用，仅需
一棵茂盛的盆栽植物和一个塑料袋。

1. 选择一棵长势良好的盆栽植物，适当浇点水——以水不会从排水孔中流出为宜。配有疏松盆栽土的、健康的天竺葵盆栽就很合适。

2. 将整个花盆放入一个大小合适的塑料袋中（注意不要将植物放入塑料袋中）。把袋子的口系在植物茎的底部，这样花盆里的水就只会被植物的蒸腾作用消耗，而不会自然流失。

3. 记录整个盆栽的精确重量，注明时间，然后把它放在室外。天气越晴朗、越温暖，实验效果就越好。

4. 绘制盆栽的重量在几天内变化的折线图，图中的纵轴为盆栽的重量，横轴为时间。

5. 在每天的同一时刻称重，并将盆栽的重量标在折线图上。假设盆栽没有被牛偷吃，盆栽减少的重量就几乎可以完全归因于蒸腾作用。

蒸腾作用不是植物流失水分的唯一方式。下次早起的时候，如果你发现花园中的草本植物被露水打湿了，那么可以拿出放大镜，趴在地上仔细观察叶上的露珠。如果草本植物的叶只是湿润而已，那么你看到的就是露水。如果叶的尖端挂着一颗珍珠般的水珠，叶缘上也有晶莹剔透的水珠，那么你看到的就是植物吐水的结果。当植物排出水分时，若空气过于潮湿，水分无法蒸发，那么水分就会汇集成水珠，从而发生吐水现象。吐水是植物排出多余水分的一种方式。

大部分水分是以水蒸气的形式从植物中流失的，
但也可能以液体形式流失，这一过程称为吐水

　　水分有的时候会过多，但是在干旱的天气里，植物往往会因缺水而死亡。
这一点大家都清楚，但别忘了另一点，即使植物缺水，蒸腾作用也会发生。那
么问题就产生了，为什么植物会演化成要通过蒸腾作用失去这么多宝贵的水分
呢？蒸腾作用确实有其必要性，它可以帮助炎热天气里的植物降温，就像出汗
有助于体温过高的人降温一样。但即使是剧烈的蒸腾作用，能够降低的温度也
只有 1.7 ～ 3.3 摄氏度。树叶通过热辐射方式散去了大部分多余的热量，原理
相当于将一块热砖放在凉爽的房间里。

　　蒸腾作用不会把水分从根部运送到根部以上需要水分的地方。实验表明，
即使没有蒸腾作用，植物也会向上输送水分。

　　看起来植物会发生蒸腾作用在很大程度上是因为这一过程无法避免。光合
作用的方程式表明，光合作用下的植物需要的二氧化碳和它们需要的水分一样
多 [1]，而它们获得所需二氧化碳的唯一方法就是将叶上的气孔打开。打开气
孔，需要的二氧化碳就可以进入，但需要的水分也会流失。为了获取二氧化
碳，植物即使缺水也不得不这样做。

　　因此，这种现象意味着两种相互冲突的需求之间的妥协。我们很难相信大
自然会在植物对水的需求这样一个基本问题上被迫陷入如此尴尬、危险的境
地，但事实就是如此。

　　实不相瞒，这个事实对我来说也有积极意义，它让我知道，即使伟大如大

---

[1] 这里指水分子和二氧化碳分子的数量一样多。——译者注

自然母亲，也会时不时地做出无奈、慌乱的妥协。

光明与黑暗

早在 20 世纪 20 年代，人们就发现，如果将开花植物种植在可以控制昼夜相对长度的光室中，它们开花和结果的周期就会被打乱。一些植物倾向于在白天长度为 12 小时或更短的时候开花（短日照植物），而另一些植物则只在白天长度为 12 小时以上的时候开花（长日照植物）。其他植物的开花似乎完全不受白天长度变化的影响（日中性植物）。植物学家把生物体接收光照的时段称为光周期。如果短日照植物或长日照植物的光照时间不合适，即使光照充足，它们也可能不会开花，或者开得很晚。

现在我们知道，真正触发开花的因素是黑暗时间的长度，而不是光照时间的长度。当初人们发现这一点时，像"短日照"和"长日照"这样的术语已经被普遍使用，所以它们就被保留了下来。

用于进行光周期实验或仅仅用来培育幼苗的简单生长光室，建造成本不到 100 美元。4 盏 120 厘米长的荧光灯可以照亮 120 厘米长、40 厘米宽的种植区域。这种装置的功率大约为 160 瓦。荧光灯应该挂在离叶的顶端不超过 8 厘米的地方。底部热量可以通过内置恒温器的特殊加热垫来提供，使土壤温度保持在 21 ～ 27 摄氏度。对于正常的幼苗生长来说，光照时间应该设置为每天至少 12 小时，但不超过 16 小时

知道如何让蟹爪兰在圣诞节绽放装饰自己厅室的人都明白如何满足光周期的需求。蟹爪兰的特点是会在白天变短时开花。因此，想要在圣诞节赏花，必须在 9 月和 10 月减少蟹爪兰的日照时间（增加黑暗时间）。我有一位朋友，她的蟹爪兰在每年圣诞节都会盛开。据说她的秘诀就是在每年 9 月 15 日把蟹爪兰放在钢琴后面，到 12 月中旬再搬出来。

在蟹爪兰的原生环境中，当夜晚变长时，当地就会进入旱季。因此，浇水也必须相应地大幅度减少。

除了开花，光周期也支配着其他事件。有些树只会在白天变短时才开始为秋季的到来做准备。因此，如果将一棵来自加拿大的树种植在低纬度地区（比如秋季白天较长的墨西哥）的高山上，这棵树可能无法培养出它所需的耐寒能力，它会长眠在墨西哥的冬天。这正是因为在墨西哥，即使在高海拔地区，夜晚也不会像加拿大的那样长。

马铃薯在昼短夜长的时候生长得最好。如果在不适宜的时间种下马铃薯，让马铃薯的主要生长时间变成有着漫长白天的夏日，马铃薯的产量就可能会受到影响。

请留意种子名录中的洋葱种子和幼苗通常具有短日照或者长日照的特征。北方夏季夜晚长度的变化要比南方的剧烈得多，因此人们培育出了短日照和长日照品种。如果北方人种植短日照品种，洋葱就会过早地长出鳞茎，此时它的绿叶还没有长到足以通过光合作用获取鳞茎所需的养分，鳞茎就会长得瘦小。因此，北方宜种植长日照品种，南方宜种植短日照品种。

植物和寒冷的天气

在室内育苗或从温室中移栽植物的园丁需要知道这一点：一直生活在受保护环境下的幼苗认为它们余生都会生长在那样舒适的环境中，因此不会为了夜晚的寒冷天气、阳光的强烈照射和风的干燥效应而武装自己。

以前生长在室内，但现在不得不生长在室外的植物必须慢慢变得坚韧，这个过程称为炼苗。让我们做一个实验。

若想用室内培育的植株炼苗，仅需

若干室内培育的植株。

---

1. 在向花园里移栽植株前几周，停止施肥，减少浇水。

2. 移栽前，把植株放在室外阴凉处两三天。如果在此期间预测夜间温度会下降到 4.5 摄氏度以下，就将植株带入室内过夜。

3. 在接下来的两三天里，把植株放在一个每天都能接收两三小时日照的地方。

4. 在接下来的两三天里，把它们放在每天都能接收四五小时日照的地方。

注意，如果植株特别纤细，就将上述时间延长一倍。

炼苗并不是园丁对抗春寒的唯一手段。最明智的方法之一是充分利用温室效应。在温室中，阳光照射进来，室内气温升高。由于温室配有玻璃窗，暖空气无法逸出室外。地球上发生的温室效应也遵循同样的道理。阳光照射到地球上，地表变暖。由于受到二氧化碳的阻挡，地表的热量无法全部释放到太空中，就像温室的玻璃窗阻挡暖空气逸出一样。温室效应就是这样发挥作用的。阳光的热量可以透过二氧化碳到达地表，而变暖的物体辐射的热量无法完全透过二氧化碳散失，其原因是阳光的波长较短，可以穿过二氧化碳，但高温物体辐射的热量的波长较长，无法穿透二氧化碳。

框架式阳畦的工作原理同温室一样，但占地面积更小。典型的框架式阳畦长约 180 厘米，宽约 90 厘米，高约 30 厘米。它的顶部为玻璃，四周为木制框架并与下方的土壤接触。阳畦的顶部是倾斜的，以便最大限度地接收光照。由于在寒冷晴朗的日子里，框架式阳畦内的温度可以飙升到38摄氏度以上，所以玻璃顶通常不是固定式的。这样，当温度超过27摄氏度时，我们就可以把它打开或取下来。

框架式阳畦内的植物可以快速生长。功能良好的框架式阳畦内可以长满香葱、萝卜、生菜和菠菜等，而此时花园的其他部分仍然受霜冻威胁，尚未恢复生机。遇上特别寒冷的夜晚，给框架式阳畦盖上毯子或厚厚的稻草有助于保护里面的嫩苗。

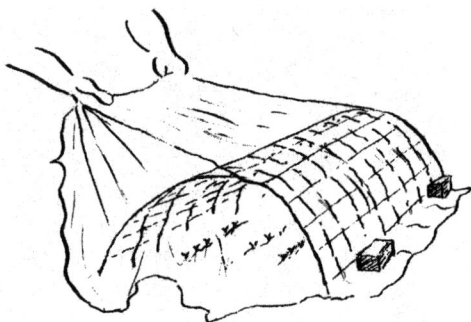

框架式阳畦和隧道式阳畦利用温室效应捕获辐射能，从而使里面的土壤升温，以刺激植物在早春生长。用红桧和树脂玻璃搭建的框架式阳畦可能会花费100美元以上，但是将闲置的塑料布搭在栅栏上建造的隧道式阳畦可能不需要花钱

框架式阳畦也可以用来炼苗。随着移栽时间的临近，逐渐打开玻璃顶即可。

植物的五大需求

了解了光合作用、蒸腾作用、光周期、炼苗等内容后，你可能会觉得种植植物就像在执行一项"不可能的任务"。当然，事实并非如此，因为如果是这样的话，园艺就不会是美国人最喜爱的消遣之一，农业生产的规模也不可能这么大。

种植植物时可以这样考虑：植物只有 5 种基本需求。只要满足这些基本需求，植物就会完成其他工作，并茁壮成长。那么，这 5 种基本需求是什么呢？答案是阳光、空气、水分、养分和免受外界威胁的保护。注意，"成为绿拇指"（园艺能手）并不在这个答案中。

让我们从打理花园的角度来思考上述的每一项需求。

有了适当的土壤、水分和阳光，同时免受外界威胁，植物在任何环境下都可以生长得很好——就算像这棵番茄一样生长在一个破塑料桶里也没关系

晚霜冻对许多花园植物来说是致命的。将切掉底部的塑料牛奶罐罩在番茄植株上，就能够以较低的成本为其提供有效的保护

阳光。绝大多数蔬菜需要十分充足的阳光，只有生菜例外，因为生菜吸收过多的阳光时会变苦。在花园植物中，有些植物则因喜欢阴凉（至少是半阴凉）而闻名，如花烛属、秋海棠属、贝母属、花叶万年青属、龙血树属、倒挂金钟属、竹芋属、蓬莱蕉属、露兜树属、豆瓣绿属、喜林芋属、冷水花属、罗汉松属、鹅掌柴属、卷柏属以及白鹤芋属等。许多蕨类植物也同样喜欢阴凉。

大多数花园植物可以在半阴凉的地方存活，但它们在阳光充足的地方可能生长得更好。在把植物放到室外的时候，一定要注意植物对阳光的需求。

空气。如果绿色植物根部周围的土壤太紧实或太湿润，空气就不能正常流通，二氧化碳就会集中，氧气含量骤降，根系不能正常发育，土壤里复杂的化学反应也就无法发生。土壤中的空气问题将在第十二章讨论。你会发现，尽管可能需要做大量的工作，向土壤中添加有机物质并耕种，但这通常是一个简单的问题。

空气污染肯定会对一些植物造成损害，但花园中的植物似乎比许多本地物种更能忍受这一问题。然而，若要食用被当地大烟囱排出的有毒废气污染的农产品，我还是会犹豫的。

水分。如果土壤为砂土质，水就会直接流过土壤，植物无法生长。如果土壤为黏土质，水也会流失而不会渗入土壤。这个问题在第十二章中也有讨论，你会发现管理土壤中的水分与管理土壤中的空气密切相关。

养分。有些土壤比其他土壤含有更多的养分。肥料可以使土壤肥沃，但应该用哪种肥料，又要用多少呢？有时，过多的肥料会导致植物生长茂盛，但结出的果实很少。过量的肥料甚至会烧死植物。第十二章还详细介绍了土壤的基本养分。

免受外界威胁的保护。花园里的植物必须受到保护，以免被动物吃掉。过低的温度会使它们受冻；干燥的风会使它们枯萎；疾病会使它们难以存活，甚至无法存活；杂草会与它们争夺阳光和水分。除此之外，还有许多其他威胁。这些听起来像是一堆几乎无法解决的问题。出人意料的是，这些问题却很少出现在管理得当的花园中。管理得当的一个标志是通过向土壤中加入大量有机物质（在第十二章中讨论）来保持土壤健康，使用护根物，并注意植物的特殊需求（例如为菜豆搭建攀缘用的棚架）。

第五章 农作物

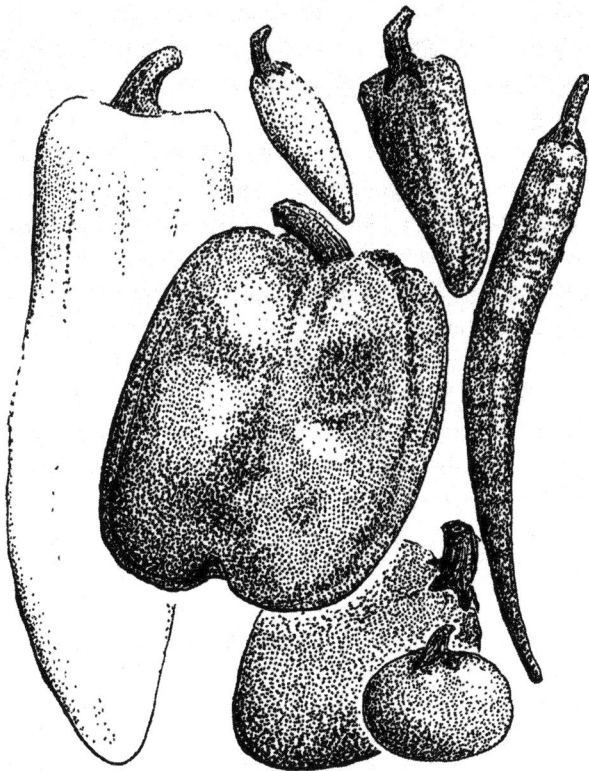

如何种植蔬菜？种子外包装、花盆和育苗盘标签、园艺书籍上都有说明。对于这类内容，我们在此不再赘述，你将看到的是这些地方不会告诉你的信息。

下面介绍的这类信息也有许多获取渠道。你可以在百科全书和手册中检索植物名称，翻阅图书馆中的园艺指南，将会发现书中介绍的内容是那么引人入胜。你也可以在杂志索引中查找植物名称，它会指引你找到杂志里的文章。如果图书馆中的计算机能够连接到有关数据库，你可以用它来查一查植物的名字，看看会有什么结果。

芦笋

大多数北美野花爱好者知道野生芦笋，这是一种叶形似蕨的百合科植物。它是一种常见的路边野草，会长出不足 0.6 厘米的绿白色钟形花以及直径约为 0.8 厘米的红色球形果实。尽管野生芦笋与花园中种植的芦笋属于同一物种，但是野生芦笋的嫩芽坚韧，了解这一点的人几乎不会想要将其作为食物。花园中种植的芦笋是人工培育出的园艺品种。

花园中种植的芦笋可食用的嫩芽枝实际上是这种植物的茎，而茎上生长的三角形鳞片是变态的叶。如果你的家里有一种叫作文竹的盆栽植物，那么你可以观察它的茎、叶的生长方式，借以了解芦笋，因为文竹和芦笋是同属植物，而非蕨类植物[1]。花园中种植的芦笋和野生芦笋的拉丁名为 *Asparagus officinalis*，文竹的拉丁名为 *Asparagus plumosus*。

豆类

中美洲的阿兹特克人和玛雅人、秘鲁的印加人等曾发展出了先进的文化，原因之一就是他们非常聪明，会把玉米和豆类搭配起来食用。

---

[1] 文竹的英文名为"asparagus fern"，蕨类植物的英文名为"fern"。——译者注

人体通过将不同种类的氨基酸结合在一起来合成蛋白质，就像把零散的拼图拼在一起一样。玉米拥有一组不完全的氨基酸"拼图"，而豆类恰好提供了缺失的部分。换句话说，当单独食用玉米或豆类时，人体合成蛋白质所需的氨基酸都不足，但将二者搭配食用时，我们就能够获得所需的氨基酸。

当然，玛雅人、阿兹特克人和印加人并不知道氨基酸是什么，他们只知道豆类和玉米一起吃对身体有好处。

菜豆（易断豆角）常常一簇簇地悬挂在植株上。我们要克制一把将它们揪下的冲动，以免伤及植株。不要在植株处于潮湿状态时采摘菜豆，因为潮湿的植物脆弱易断，而且借助水传播的致病微生物在潮湿的植株上更易扩散

豆类已经存在了很长时间，但有些豆类的名称总是令人不解。比如，利马豆和奶油豆是同种。想要了解个中原由的话，就请看看我的母亲在煮利马豆时放了多少奶油吧。

单个圆形豆子只是种子，含有豆子的果实叫作荚果。包裹着豆子的皮质外

壳通常称为豆荚。

绿豆角、丝线豆角、易断豆角其实都是菜豆，属于同种。这些名字起得都很合适，因为菜豆是绿色的，它们弯曲时容易折断，而一些品种会沿着成熟果实的中肋形成坚韧的线状细丝。老菜豆上都长有这种细丝，去除这些细丝是一项乏味的工作，许多个夏日的下午我都被其牵绊、脱不开身。现在，园艺学家已经培育出了"无丝"的菜豆。蜡豆和菜豆基本相同，只是前者的颜色为黄色，味道也略有不同，并且质地为蜡质。

如果任由荚果发育，那么当里面的豆子完全成熟而还没有真正变硬的时候，豆子就会从坚韧的豆荚中脱壳而出。这种豆子称为去壳豆（食用前需去掉豆荚）。利马豆以及某些种类的菜豆和蜡豆也是去壳豆。

肾形豆、黑白杂色豆、大北豆以及黑眼豆（豇豆）都是干豆，要等到外皮变干变韧、豆子又干又硬时才能采摘。干豆便于储藏过冬，对于我们的祖先来说有着重要意义。食用之前，需要先将干豆浸泡在水中，让它们膨胀到变干前的正常大小，然后将其当作去壳豆来吃。

甜菜

甜菜的根是贮藏根的典型代表。阳光照在甜菜的叶子上，它们通过光合作用产生糖类，而这些糖类大部分储存在甜菜的根部中。甜菜是二年生植物。到了第二年春天，它们可以利用其臃肿的根部所储存的糖类，再长出健壮的植株，但是人们总是把它们储存的糖类据为己有，破坏了甜菜的计划。

西兰花

西兰花多枝、光滑的部分是茎，茎顶凹凸不平的粒状物是成千上万个未开放的花蕾。

我们吃的西兰花的确是花

抱子甘蓝

抱子甘蓝得名于比利时首都布鲁塞尔[1]。抱子甘蓝是西兰花的近亲，但它的可食用部分——那些像卷心菜一样的小头是生长在高茎叶腋上的营养芽。（营养芽是由叶和茎等营养器官产生的芽，与花产生的芽不同。）

我们吃的抱子甘蓝实际上是营养芽

---

[1] 抱子甘蓝的英文名为"brussels sprouts"，前半部分与"Brussels"（布鲁塞尔）相同。——译者注

卷心菜

抱子甘蓝的营养芽长在侧面，而卷心菜头则是由植物的顶生营养芽演化而来的。

膨胀的卷心菜头有时会遇到一个有趣的问题：它们可能会出现从外部延伸到中心附近的较深的裂缝。这种情况发生在卷心菜的中心长得比外层叶子快的时候，通常是园丁浇水过多、施肥过多导致的。

园丁有一个小窍门可以阻止这种开裂，那就是抓住卷心菜头，把它拧上半圈。这时，根部破碎，我们能够听到令人不安的砰砰声。然而，这就是关键所在——破坏卷心菜的管道，以减缓水分和养分的吸收。

罗马甜瓜

虽然人们常会替换着使用罗马甜瓜和甜瓜这两个名字，但专家指出二者其实是有区别的。甜瓜是所有甜瓜品种的通称，而罗马甜瓜是拉丁名为 *Cucumis melo* var. *cantalupensis* 的一个特殊品种。真正的罗马甜瓜是从罗马附近的坎塔卢皮地区种植的古瓜中选育而来的，而那些意大利甜瓜是意大利人用从亚洲西南部进口的种子培育出来的。因此，所有的罗马甜瓜都是甜瓜，但只有一部分甜瓜是罗马甜瓜。

胡萝卜

花园中种植的胡萝卜的野生祖先被称为"安妮皇后的蕾丝花边"，也叫作野胡萝卜，在北美杂草丛生的路边随处可见。野胡萝卜和花园中种植的胡萝卜的拉丁名都是 *Daucus carota*。换句话说，它们基本上是同种。如果你有一本介绍野花的书，可以查一查，看看这种杂草的样子，夏末的时候试着在你家附近找一找。野胡萝卜那像蕾丝一样的大花簇很容易被发现和辨认，你应该不会被难倒。

如果你找到了一棵野胡萝卜，将它的根拔起，把长长的主根折断，闻一闻。它闻起来像胡萝卜，对吧？胡萝卜和欧洲防风草、芹菜一样，都是伞形科的成员。

菜花

从植物学上讲，除了可食用的茎和未成熟的花蕾缺乏用于光合作用的绿色色素，菜花实际上和西兰花是一样的。菜花头的白色不是天然形成的，园丁故意不让阳光照射到正在生长的菜花头上，以防止带苦味的绿色色素——叶绿素形成。

隔绝阳光照射以阻止叶绿素形成的过程被为"漂白"。传统的漂白方法是把较大的下叶盖在成熟的菜花头上。成熟的菜花头的直径通常为15～30厘米。

芹菜

在各种蔬菜中，哪一种的可食用部分既不是根、茎、叶，也不是花和果实呢？答案就是芹菜。我们吃芹菜的时候，实际上吃的是巨大的叶柄。叶柄是植物中连接茎和叶的部分。

羽衣甘蓝

羽衣甘蓝是一种绿色蔬菜，长得像散叶莴苣，但要大得多。与大多数绿色蔬菜不同，它们在高温下茁壮成长，不会变硬和变苦。在美国东南部各州，羽衣甘蓝是最主要的绿色植物。想要体验一下美国南方美食的人可以品尝玉米面包、黑眼豆和涂满黄油的羽衣甘蓝。

玉米

在谷物甜度与籽粒硬度达到完美平衡的那一刻享用甜玉米，必须列为我们最愉快、最惬意的任务之一。

享用完美的本土甜玉米的秘诀之一是在采摘后尽快烹饪并食用。甜玉米鉴赏家们通常在走进花园掰玉米穗时，就已经开始烧水了。玉米穗一旦被掰下，籽粒就开始成熟变硬。甜味的糖转化成淀粉味的多糖后更容易储存。

第二章曾经提到，玉米的花非常奇特。雄花呈穗状，长在植株的顶部，雌花则长在玉米穗上。每颗玉米籽粒都是一个成熟的子房，而像细丝一样的玉米须则是花柱。

玉米须生长到玉米穗的外皮外部，这样飘浮在空气中的花粉就可以落到玉米的柱头上并萌发，花粉管穿过玉米须向下伸展，使未成熟的子房受精并发育成籽粒。

如果你想明白这些，那就一定会意识到一个问题。在雄花产生花粉的那一天或几天，如果花粉在落到花柱上之前就被风吹走了，会怎么样呢？如果发生这种情况，玉米未成熟的子房就无法受精，玉米籽粒就无法形成，玉米穗也就无法长出来。

这就是为什么园丁要并排种植至少 4 行玉米。这样一来，空气中的花粉通常是足够的，能够确保每个花柱至少获得一颗花粉粒。

很少有农作物的染色体像玉米一样被打乱。种子名录上到处都是高糖杂交玉米品种和超甜杂交玉米品种，比如棉花糖系列品种。在我看来，这样的玉米迎合了西方人把"好"和"甜"等同起来的反常口味。玉米就应该吃起来像玉米，像糖就不是玉米了！

玉米须（花柱）在植株发育中起着重要作用。从空中飘来的花粉落在柱头上并萌发，花粉管穿过玉米须，使子房受精，形成玉米籽粒

黄瓜

在种子名录中，可以注意到，一些黄瓜品种被称为纯雌植物。纯雌植物是指那些只开雌花的植物。纯雌黄瓜的优点是它们不需要浪费能量来发育雄花，把所有的能量都集中在生长雌花上，从而获得更高的产量；缺点是所有的花在果实发育之前都必须有雄性花粉进行授粉，所以我们必须在附近种植非雌性的

黄瓜来提供花粉。

若想制作黄瓜蒂美容霜，仅需
一根新鲜的黄瓜。

1. 从一根中等大小或较大的黄瓜的两端各切下约 1 厘米。

2. 将切下的两块黄瓜贴在一起，快速绕转、摩擦几分钟。

3. 找一找黄瓜蒂边缘的少量白色奶油状物质。

4. 用一根手指绕着边缘收集奶油状物质，你大概会得到一个火柴头那么多的这种物质。

5. 把这种物质涂在干燥的皮肤或皱纹上，据说它能够润肤除皱。

茄子

（圆）茄子就像经过抛光的紫黑色大珍珠，看起来非常华丽。茄子的花也毫不逊色，同样很漂亮。茄子的花在结构上与番茄和马铃薯的花相似，因为茄子、番茄和马铃薯都属于同一个科——茄科。

大蒜

吃大蒜面包或披萨的人都知道，大蒜会散发出一种独特而浓烈的气味，但吃过后呼出的口气会令人十分不快。显然，大蒜一旦进入我们的体内，就会发生某种神秘的化学变化。

虽然我们没有听说过多少医生会将大蒜作为处方药开给患者，但人们长期以来总会谈及大蒜魔法般的药用价值。在第一次世界大战期间，英国政府订购了数以吨计的大蒜供战场上的士兵使用。将生蒜汁从鳞茎中挤压出来，在水中稀释，可用作伤口的抗菌剂。据说这样处理过的伤口几乎不会感染，人们认为大蒜挽救了数千名士兵的生命。如今，一些人声称"大蒜糖浆"对缓解声音嘶哑、咳嗽、哮喘以及其他呼吸困难症状特别有效。其实，我不确定大蒜是否有益于身体健康，但我确实会吃很多大蒜，而且很少生病，自我感觉良好。

大蒜可以编成辫子，做成厨房装饰品，既美观又实用。大蒜叶在过了绿叶期而还没有完全干透的时候最适合编成辫子。如果你不是编穗专家，那么很可能还需要用丝带或尼龙线对其进行加固。

洋姜

不要把洋姜（耶路撒冷洋蓟）和长有刚毛的绿色朝鲜蓟（球形单蓟）搞混了。耶路撒冷洋蓟是菊芋的白色块茎，球形单蓟是菜蓟的花头。这两种植物都属于菊科。

"耶路撒冷洋蓟"这个名字中的"耶路撒冷"与这种植物的地理亲缘无关。西班牙人称这种植物为"girasol"，意为"向日葵"。这个名字是早期说英语的人误听的结果。

如果你种过耶路撒冷洋蓟，就会知道这种植物确实像向日葵。夏末，这种植物会开出大量像向日葵一样的花，直径可达 7 厘米左右。一丛丛、一排排茁壮的耶路撒冷洋蓟是一幅美景。秋天，金翅雀很喜欢在这里觅食。

耶路撒冷洋蓟是美国本土植物，它们与马铃薯、番茄、玉米、巧克力等许多好吃的东西一样，经由印第安人引入欧洲。

我用耶路撒冷洋蓟的块茎煮了一道味道很浓郁的汤。用食品加工机把它们打成泥状，再加入牛奶、黄油、炒过的洋葱、大蒜、盐和胡椒粉，然后慢慢熬煮。加入面粉可以让口感变软。

甘蓝

在世界上的某些地区，甘蓝备受推崇，这不仅是因为它的美味以及便于在寒冷季节储存的特性，还因为它的非凡的营养价值。甘蓝富含维生素 A、维生素 B 族和维生素 C。近来很多人注意到，甘蓝中的 β－胡萝卜素的含量很高，是菠菜的两倍之多！

苤蓝

苤蓝（结球甘蓝）也值得一提，因为它很少滋生病虫害，几乎在任何土壤中都能茁壮成长，对温度也不挑剔。所以，它是园艺新手的天然优选。

苤蓝可食用的"球茎"实际上是膨大的茎。它的味道就像它的近亲西兰花茎的下半部分。削掉坚硬的外皮，绿色的茎就可以生吃，也可以炒制或蒸制。我喜欢洋葱肉汁蒸苤蓝。

生菜

生菜主要有两种：头生菜和叶生菜。超市里常见的生菜是一种叫作"冰岛"的品种。叶生菜没有"头"，而是由一根细小的茎上松散地长出的小莲座状叶构成的。

当漫长而炎热的夏日到来时，生菜往往会抽芽，很快长出高大的茎和花。这些花在悄悄地告诉见多识广的园丁，生菜是菊科的一员。

芥菜

涂在热狗上的黄芥末是用十字花科中的黑芥的种子碾碎后制成的。十字花科中的大叶芥菜的叶经过加工就成了芥菜。芥菜尝起来一点也不像罐头食品。它们是有益于健康的绿色蔬菜，烹饪方法和菠菜相同。

洋葱

能长出鳞茎的洋葱会在夏初长出绿叶。根据夜晚的长度，在仲夏的某一时刻，洋葱不再长高，而是开始在鳞茎中储存光合作用产生的糖类，让鳞茎生长。因此，长出鳞茎的洋葱顶部不应当作为绿洋葱采摘，否则会削弱鳞茎的生长能力。

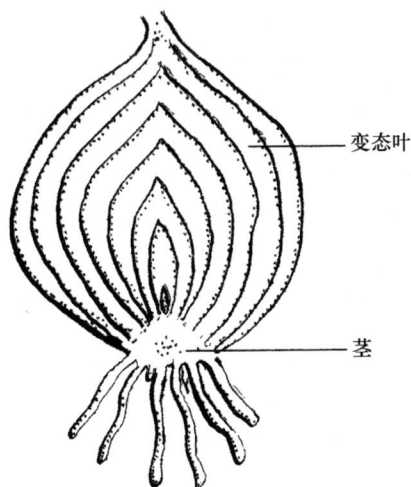

变态叶

茎

这个洋葱鳞茎的纵切面展示了鳞片层，也就是变态叶。和其他植物一样，洋葱鳞茎上的叶是从茎上长出来的，但在鳞茎中茎几乎不存在

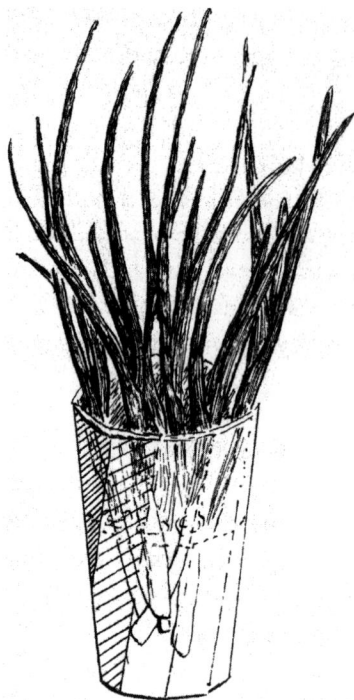

对园丁来说，春天的首要标志之一就是把绿叶期的洋葱放在桌上的一杯水里，每次剪一小点来用

绿洋葱可以放进沙拉里，也可以单独吃。收获绿洋葱时，把它们连根拔起，切掉根部和叶尖，剥去脏的外皮，然后洗净。把这样处理好的绿洋葱装进塑料袋中，然后放在冰箱的保鲜盒里，可以保存一周以上。我喜欢把绿洋葱放在鸡蛋三明治或豆汤里，也喜欢炒着吃，或者直接生吃。

豌豆

豌豆，包括甜荚的嫩豌豆和脆豌豆，属于豆科。豌豆和其他豆类都会开一种特殊的花，这种花有着蝶形花冠（papilionaceous）。这个词来源于拉丁语"papilio"，意为"凤蝶"，指的是这种隐约像蝴蝶形状的花。蝶形花冠顶部的大花瓣叫作旗瓣，两侧的花瓣称为翼瓣，通常最下面的两个花瓣会完全连在一起或者部分连在一起，形成一个勺形的花瓣，称为龙骨瓣。

在花园中种植的豌豆有一个特征：复叶顶端的小叶会特化成卷须，这种卷须可以缠绕在附近的物体上，帮助藤蔓攀爬

卷须

辣椒

先不要去想厨房里和盐一样放在调料瓶里的黑胡椒，那种胡椒是用一种原产于亚洲的胡椒科植物的果实加工而成的。我们要说的辣椒是指美国本土的红椒和青椒，与番茄、马铃薯以及烟草同属茄科。

下页中的图所示的红椒和青椒只是可以种植和食用的多种辣椒中的一小部分。斯托克斯种子名录中收录了 56 种辣椒，这些都可以追溯到欧洲人到来前阿兹特克人和其他美洲原住民种植的野生原种。

除非你能一眼认出辣椒的品种，否则通过形状或颜色来判断辣椒的辣度绝非易事。辣度的跨度很广，既有一点也不辣的甜柿子椒，也有连成年人都会被辣哭的哈瓦那椒和贾拉普椒。

　　大多数辣椒品种的亲缘关系很近。考虑到这一点，辣椒的大小、形状、颜色以及辣度的多样性就更让人觉得不可思议了。我的一次惨痛教训与此有关。有一次，我把黄香蕉甜椒种在了一些很辣的贾拉普椒旁。黄香蕉甜椒收获时，我切了几片加在沙拉里来招待客人。客人尝了几口就忙着找水喝。显然，有些贾拉普椒的花粉落在了黄香蕉甜椒花的柱头上。这样的异花授粉现象只会发生在亲缘关系很近的植物之间。

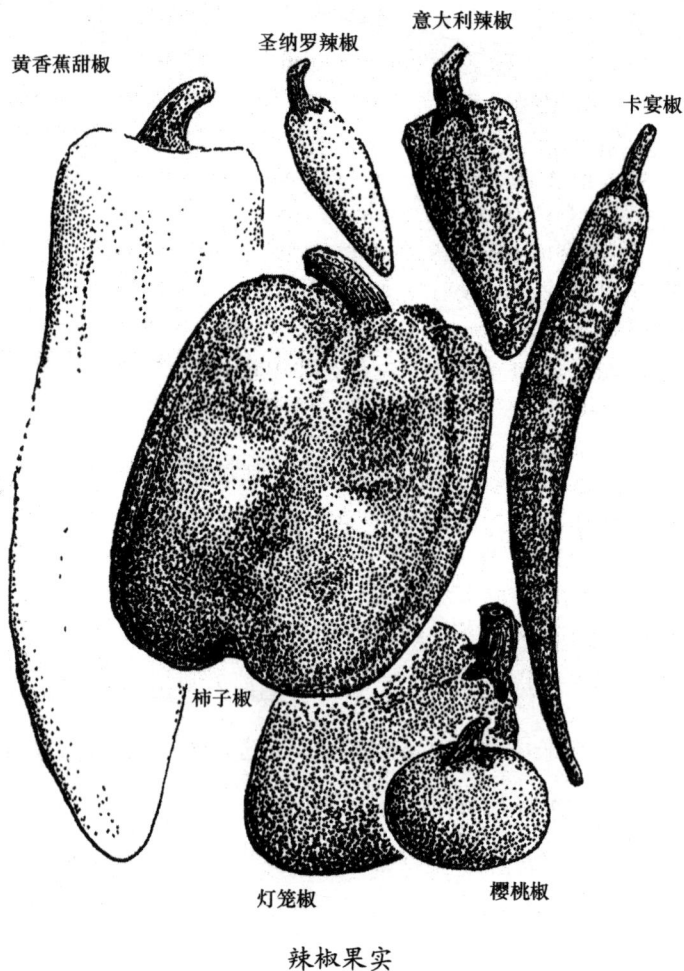

黄香蕉甜椒　　　　　圣纳罗辣椒　　意大利辣椒

卡宴椒

柿子椒

灯笼椒　　　　　櫻桃椒

辣椒果实

卡宴椒是一种细长的、红得像口红一样的辣椒。把串好的卡宴椒挂在阴凉干燥的地方，这样它们就会变干，但不会腐烂。风干后的卡宴椒脆得像饼干一样，可以掰碎后撒在锅里。在厨房中白色的窗帘旁挂上一串深红色的辣椒再美观不过了，其他装饰品与其相比都会黯然失色。

碰过辣椒后不要直接揉眼睛，一定要先仔细洗手。

马铃薯

"potato"（马铃薯）一词通过西班牙语单词"patata"进入英语，而"patata"源于美洲印第安人对这种蔬菜的称呼"batata"。"spud"这个词有时用来指马铃薯，可以追溯到北欧人还在从地下挖根觅食的时代。"spud"源自中世纪英语，指的是公元1050年到1450年间用于指挖掘根系较大的杂草时用到的锋利、细长的铲子。16世纪马铃薯从美洲传入欧洲时，人们可能是用这种铲子进行挖掘的。当时的人们将这样挖掘马铃薯称作"go spudding"，最终演化成"spud spuds"。

马铃薯的表面长有几个芽眼，每个芽眼都有一个小小的芽体，它们是为了长成新的马铃薯植株而存在的。因此，种植马铃薯时需要种下的不是种子，而是长有至少两个芽眼的马铃薯切块。但不要种植从商店买来的供食用的马铃薯，因为这些马铃薯通常都用化学试剂进行过处理了，为的就是防止芽眼发芽。

南瓜

现今，一部分人种南瓜是为了做南瓜派，但大多数园丁种南瓜似乎只是以看着果实长大为乐，看着它们越长越大，长成圆滚滚、惹人喜爱的样子，等到万圣节把它们拿出来玩赏。

南瓜

若想种出一个巨大的南瓜，仅需

专门选育出来的杂交南瓜种子和

堆肥（或者陈化厩肥、商业肥料）。

---

1. 春天，在土壤转暖、不会再发生霜冻的时候，在排水条件良好的地方挖一个大约 60 厘米见方、60 厘米深的坑，保证坑内全天有日照。

2. 取等量完全分解后的堆肥（或者陈化厩肥）和刚从坑里挖出来的泥土，将它们混合后放置于坑口。如果没有堆肥和陈化厩肥的话，可将大约 500 克复合肥与大约 35 升土壤混合在一起。如果土壤的黏性太强，可以多加些沙子或泥炭藓，使其疏松易碎。

3. 把混合好的土壤回填到坑里。如果你混合的是堆肥或陈化厩肥，可把混合好的土壤堆成一个大约 30 厘米高的土堆。如果用的是商业肥料，就把混合好的土壤堆到大约 20 厘米高，然后在其上加大约 7 厘米厚的松散易碎的未施肥的土壤。

4．在土堆上种上三四颗南瓜种子。

5．等到植株长出三四片叶时，把其他植株都剪掉（不要拔），只留下最大的那一棵。

6．当这棵植株上长出三四个南瓜后，摘除所有的花和藤蔓顶梢，因为让植物把能量浪费在长不大的小南瓜以及四处疯长的藤蔓上没有任何意义。

7．当南瓜长到垒球大小时，狠下心来把其他南瓜都剪掉，只留下最好的那一个。此时需小心谨慎，如果伤到茎，可能会影响水分和养分的正常输送。

8．大个的南瓜会越长越扁平。你如果想要一个形状完美的南瓜，而且愿意冒险（风险在于植株的茎和叶可能受损），可以每隔几周小心翼翼地把南瓜转个方向。

9．当南瓜看起来长成的时候就可以收获了。不要把南瓜的茎去掉，因为这会导致南瓜坏掉。如果很难把南瓜从藤蔓上摘下来，则可以借助用枝剪或者锯子。

各种各样的南瓜对美洲印第安人来说非常重要，尤其是在拉丁美洲。在墨西哥南部印第安人的市场上，有时橙色的南瓜花也会作为食物出售。

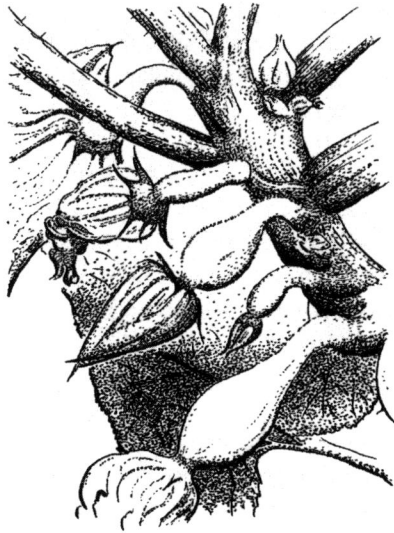

南瓜花

若想做油煎南瓜花来吃，需要

几朵刚开放的新鲜南瓜花、

一杯自发面粉、

一个鸡蛋、一个煎锅、一个炉子，以及若干食用油、

水、牛奶（或酪乳）、

盐、胡椒粉。

1. 摘几朵尚未完全开放的南瓜花，将它们洗净。如果感觉雄蕊的花丝偏硬，就把它们去掉。

2. 将食用油倒入煎锅中，用中火加热。有些人会把南瓜花放在一大锅非常热的油里炸，而我喜欢少加一些油，只要食材不粘锅就行。

3. 将面粉、盐、胡椒粉和鸡蛋放入碗中搅拌均匀，然后加入足量的水、牛奶（或酪乳），搅拌成稠度适中的面糊。

4. 将南瓜花浸在面糊里，让面糊把南瓜花完全裹住。

5. 把面糊煎至金黄。如果表面的面糊开始变焦，但内部的南瓜花旁边的面糊还是湿的，就把火关小些。一面煎好后，翻过来煎另一面。

试试油煎南瓜花配着新鲜的番茄片和沙拉一起吃。南瓜花的另外一种吃法更简单，热量更低，那就是直接用一小块黄油炒制，还可以加些大蒜和洋葱丁。

根据收获季节，可将南瓜分为夏南瓜和冬南瓜两大类，夏南瓜在采收时通常为绿色，冬南瓜一般在成熟后采收，有着各种迷人的形状和颜色，易于种植，便于储存。人们甚至会把长得好看的冬南瓜作为装饰品。

意面南瓜是一种越来越受欢迎的冬南瓜。它的烹饪方法和其他冬南瓜一

样：从中间切开，将叉子插进果肉里，转动一下。看看，果肉就像变成了美味的意大利面，热量却不到意大利面的一半！蔬菜意大利面可能会惹恼正统意大利面爱好者，但它不失为是一个值得称赞的低热量选择，可以配着炒洋葱、芹菜、大蒜和用新鲜罗勒调味的番茄酱一起吃。

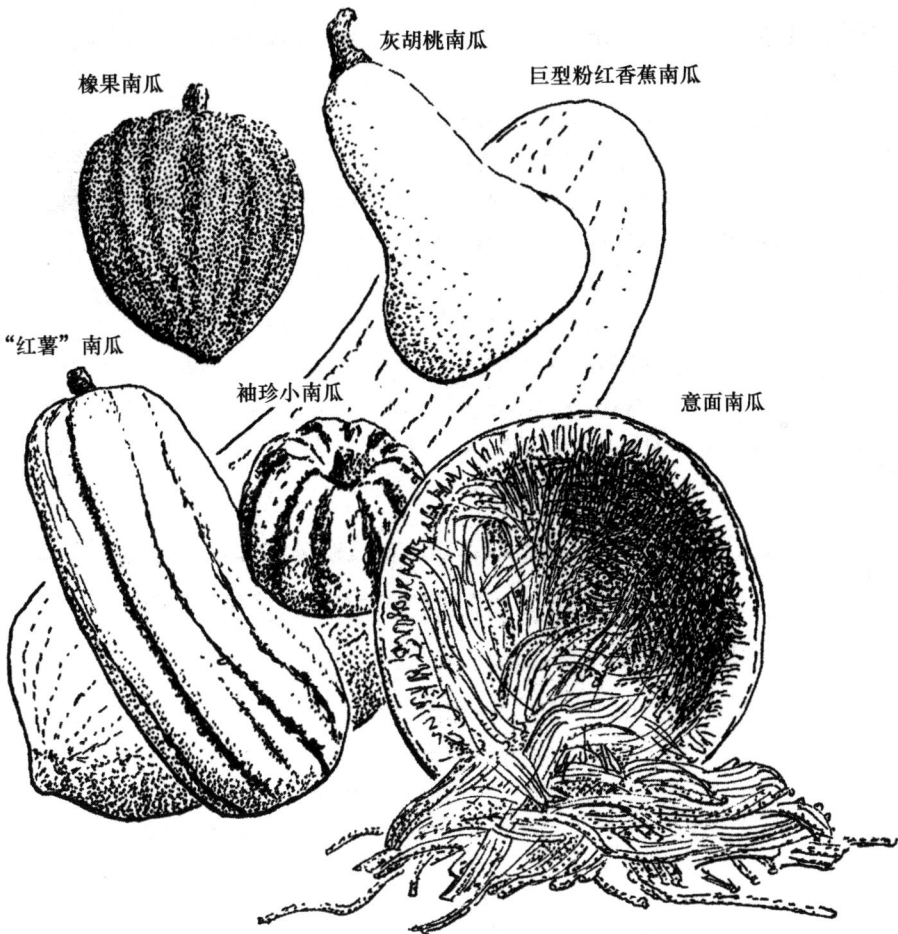

橡果南瓜

灰胡桃南瓜

巨型粉红香蕉南瓜

"红薯"南瓜

袖珍小南瓜

意面南瓜

冬南瓜的颜色多种多样，有绿色、金色以及浅黄色等

萝卜

如果无人收获，萝卜最终会长出 60 ～ 90 厘米高的茎，还会开出白色或淡紫色的小花。这些花告诉我们，萝卜是十字花科的成员。十字花科植物花的特征是有 4 个花瓣和 6 个雄蕊，其中两个雄蕊比其余 4 个短。

菠菜

《大力水手》播出后，我们就对菠菜的营养价值有了了解。菠菜富含矿物质、维生素 A 和维生素 C。古波斯的人们把菠菜当作药用植物种植。

草莓

想种草莓的园丁并不需要播撒种子，他们会用已经长出茎、叶以及根的草莓植株进行栽培。植株生长一段时间后，就会像杂草一样长出匍匐茎，呈弧形覆盖在土壤表面，最后长成全新的子株。子株又会生根、生长，并长出自己的匍匐茎。有时你可以发现一代又一代这样的子株，它们都是通过匍匐茎连接在一起的。优秀的园丁会照顾好这些幼苗，一年后花园中草莓的种群便会成倍增长。

除了植株的独特性，草莓的另一个不寻常之处在于果实，这是一种聚合果。如果你试着将草莓与你能想到的任何"标准"果实类型进行对比，一定会感到困惑。这是因为我们当作果实的红色草莓其实根本不是果实，而是变态膨大的花托。花托一般不显著，是雌蕊着生的地方。

真正的草莓果实是红色的肉质花托表面的那些密密麻麻的小点。从专业的角度来讲，这些小小的果实属于瘦果。仔细观察后可以发现，每个果实的顶部都有细长的柱头。每颗瘦果内部都有一颗种子。

红薯

虽然红薯和马铃薯都是植物体的"食物储存区域"，但它们有着根本的区别。马铃薯是块茎，是地下茎的一部分，而红薯实际上是贮藏根。此外，红薯和马铃薯并不属于同一科。马铃薯和番茄、辣椒、茄子一样，都属于茄科。红薯则是旋花科的一员（牵牛花也是旋花科中的一员），你看看红薯花和牵牛花的相似之处就会明白。

红薯秧苗是由红薯长出的带根的绿色茎芽，红薯正是由红薯秧苗繁殖的。这种秧苗在园艺中心或者种子名录中都可以找到。另外，按照下面的步骤，你也可以利用从商店购买的红薯培育出红薯秧苗，最为适宜的时间是春季最后一次霜冻前的七八周。

若想培育红薯秧苗，仅需

一些红薯、

一个或多个两厘米深的托盘

（一个铝制烤盘大约可以容纳两个大红薯），以及

足够填满托盘的草炭土或者堆肥。

---

1. 根据你想要的植株数量，准备相应数量的红薯。一个大红薯大约可以培育出 6 棵秧苗。我从超市里买到的红薯能用，但有时买到的红薯可能会被喷过抑制发芽的化学制剂。如果可以的话，最好从园艺用品商店购买红薯；买不到的话，就仔细清洗从超市里买来的红薯。

2. 装入半托盘的湿润草炭土。

3．将红薯从中间沿纵向切成两半。

4．把切成两半的红薯放在湿润的草炭土上，使切面朝下，再用一层薄薄的草炭土将其完全覆盖。

5．用玻璃纸盖住整个托盘。

6．长出嫩芽后，拿掉玻璃纸，把托盘放在阳光充足的窗前。

7．过了最后一个霜冻日，可以剪下带有白色根须的秧苗，把它们种在室外。红薯的藤蔓会蔓延得很广，所以它们需要足够的空间。

番茄

虽然早在欧洲人到达新大陆之前，从墨西哥到秘鲁的美洲印第安人就已经开始吃番茄了，但旧大陆的人们花了一段时间才说服自己番茄是可以吃的。16世纪，第一批从美洲引进番茄种子的欧洲人将其视为纯粹的观赏植物。英国人把它们叫作"爱情果"。

番茄是藤本植物，需要用木桩固定或在铁丝笼里种植

在很长的一段时间内，欧洲人曾怀疑番茄有毒。这并不是没有事实根据的臆测。番茄是茄科植物中的一员，而有些茄科植物确实有毒，如烟草、颠茄、曼德拉草和曼陀罗等。

若想让娇贵的番茄植株高产，仅需

自家培育或购入的番茄苗、
易吸收的堆肥（或一定量的复合肥，氮、磷、钾含量之比为 1 : 2 : 2）。

---

1. 准备好一棵或几棵番茄苗。番茄苗的茎非常脆弱，所以你千万不要买用橡皮筋或绳子绑在一起的番茄苗。每棵番茄苗都应该在自己专属的、填有土壤的容器里舒适地生长。最合适的番茄苗大约高 20 厘米。寻找茎秆粗壮的那种，仔细检查每棵有无病虫害。

2. 种植番茄苗之前，按照前面介绍的步骤炼苗。

3. 如果可能的话，选择一个阴天的傍晚移栽番茄苗。每一株番茄苗都需要一个长度、宽度和深度与植株高度一样的坑。如果你想多种几棵番茄苗，则要让它们依次间隔 60～90 厘米。挖坑时，如果挖出的是黏土，则将土壤揉碎，再掺入两三把堆肥或沙子，让土壤变得疏松一点。在坑底撒一大把易吸收的堆肥或一勺复合肥，再填入 5～7 厘米深的土壤。不要施过多的肥，否则植株就会长得茎叶繁茂，却结不出多少果实。在上面覆盖十几厘米深的非浓缩肥料，疏松顶层土壤，然后放上番茄苗，以盆栽土封层。小心地在番茄苗周围堆起更多疏松的土壤。如果你打算以后用桶浇水，就在番茄苗周边筑一道"围堰"（防止水外流）。要想节约用水，则可以在番茄苗基部铺上厚厚的覆盖料，但一定要在土壤回暖后再铺覆盖料。

4. 为了防止地老虎的侵害，可以在番茄苗基部放一个圆环。这个圆环的材质不限，用旧报纸揉成的圆环也可以。对付地老虎不需要多费功夫。

5. 将番茄苗种下后，剪掉较大的叶，只留顶部较小的叶。虽然破坏它们的美丽是件于心不忍的事，但这样做可以降低蒸腾作用造成的损伤。

6. 在离每株番茄苗大约 25 厘米的地方插一根结实的木桩。木桩至少要有 120 厘米高。

7. 浸湿番茄苗周围的土壤，并在接下来的三四天里让土壤保持湿润。想办法保护番茄苗不受寒冷和强风的侵袭。遇到大风天气时，你可以找一个容积为三四升的塑料牛奶罐，剪开其底部套在番茄苗上。

8. 未经修剪的番茄植株在叶腋处会长出侧芽。这些侧芽会长出更多的茎、叶、花，也会长出新的侧芽。因此，大多数园丁会摘掉不必要的侧芽，以便让植株集中营养长出番茄。除去新的侧芽没有捷径可走，比较有效的方法是留两三个侧芽，待它们长到合适的高度后，去掉所有后长出来的侧芽。

9. 在番茄生长的过程中，给它们提供一些支撑。我们可以用从废弃的尼龙连裤袜上剪下的布条把番茄植株绑在木桩或笼子上。当把布条缠在脆弱的茎上时，要将布条展开，这样较大的表面积就能够分散布条的压力。不要使用细线和旧电线。相对于四处蔓生的番茄植株，借助木桩或笼子支撑的番茄植株的占地面积更小，长出的番茄更干净且不易腐烂，遇到的虫害更少，也更容易采摘。由于直立植株基部的土壤暴露在外，所以它们更容易缺水，因此我们要细心覆盖土壤，浇水也要更频繁一些。

10. 番茄可以经受轻微霜冻的考验，但经不住太严重的霜冻。秋天的一个下午，在预报的第一场霜冻到来之前，我把所有还没成熟的番茄都摘了下来，它们已经长到成熟番茄的三分之二大，多数最终会成熟。如果你温柔地对待它们，把它们放在阴凉干燥的地方，就可以在感恩节那天享用从花园里摘来的熟透了的番茄；运气好的话，甚至在圣诞节还可以吃到。

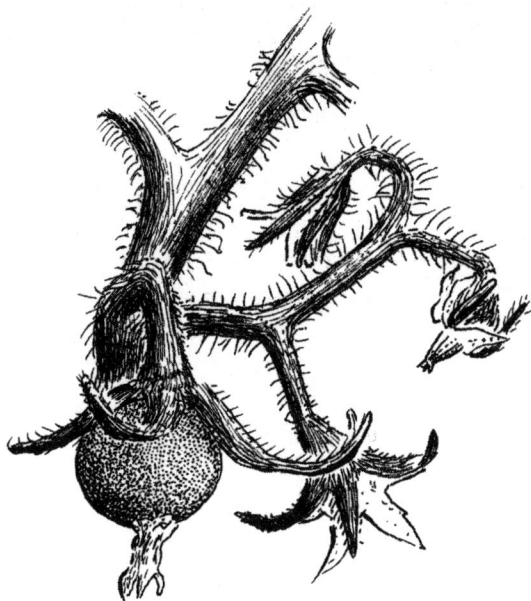

从植物学的角度而言，番茄是浆果，许多种子被包裹在多汁的肉质浆果中

西瓜

关于判断西瓜是否成熟，流传着各种各样的说法。我的经验是敲击法在80%的情况下是有效的，但这种方法的问题在于你需要练习一段时间才能了解正确的声音是什么样子。成熟的西瓜发出的砰砰声听起来有点沉闷，有点空洞，但也有紧绷之感，有点像鼻音。未成熟的西瓜发出的声音是清脆的，音调更高，不像鼻音。敲击时用一个指关节敲西瓜。记住，成熟的小西瓜发出的敲击声的音调可能比未成熟的大西瓜的更高。如果你对声音不敏感，还是别用这种方法了。

有人会采用一种更有技术含量的方法，但未必更准确或者有趣，那就是干卷须法。找到离西瓜最近的藤蔓。当西瓜成熟时，此处的卷须应该是干的，会像猪尾巴一样卷起。

也有人通过看瓜皮进行分辨。成熟西瓜的皮色调暗沉，未成熟西瓜的皮发亮。还有一些人研究生长中的西瓜与地面接触时形成的浅色斑块。如果斑块是白色的，说明西瓜未成熟；如果斑块呈奶黄色，就说明西瓜成熟了。当然，可以使用上述所有方法，综合整体情况进行分析。

西葫芦

西葫芦与南瓜属于同一个属，也是同一个物种。你可能会想到又长又绿的西葫芦和南瓜之间的区别，但别忘了它们的花是多么相似。

第六章　花草

人们经常在院中种植花草，主要原因是它们非常美丽。用来装点家园的植物叫作观赏植物。许多观赏植物（如百日草、鼠尾草和石蒜）因其大而艳丽的花朵或头状花序而广受欢迎，而像紫菀、藿香蓟和福禄考这样开有小花的植物则会借由锦簇花团惹人注目。另外，还有一些植物（如蕨类、玉簪以及葫芦等）因其植株上富含营养的部分而受人珍视。

在大自然中偶遇像石蒜那样长有大而奇异的花朵的野生植物是一件难得的事情。大多数野生植物的花朵对特殊的传粉者（比如较小的蜜蜂或蛾）有吸引力，但在人眼看来，这些花通常极为瘦削、毫不起眼。

换句话说，从博物学家的角度来看，花园里种植的观赏植物通常都很奇特，而且许多大而美丽的花聚集在一处很反常。在自然环境中，你是不会碰到百日草、万寿菊和牡丹这类开有鲜艳花朵的植物长在一处的。

以下是一些观赏植物的简要介绍。若想了解更多关于观赏植物的信息，你可以到图书馆中查阅书籍，阅读花盆上的标签，观看电视上的园艺节目，或者与精通园艺的朋友、邻居进行探讨。

水仙

水仙是水仙属中的一员，属于石蒜科。水仙的原始野生种产于亚洲、欧洲和非洲，后来被培育为园艺品种。水仙属的园艺品种很多，若你翻开植物名录，映入眼帘的将是各式各样的水仙球茎。

水仙花的 3 个花瓣和 3 个萼片非常相似，看起来就像有 6 个相同的花瓣。石蒜科的花大多具有这样的特点。水仙花有一个区别于几乎所有花的特征，就是它的副花冠（一个顶沿有褶皱的杯状筒）长在雄蕊基部和管状结构之间花瓣和萼片相接的地方。

"标准"园中花朵没有副花冠。大自然偶尔会赋予花一些奇特之处，副花冠就是其中之一。一些水仙品种的副花冠有着与其他部分不同的颜色。红口水仙的花是纯白的，但副花冠的褶边则是鲜红的。

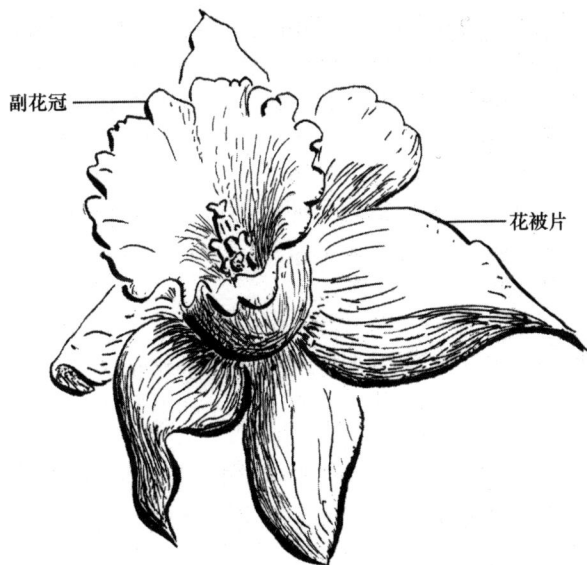

副花冠 ——

花被片

水仙属的花有副花冠，副花冠长在花被片上，形似茶盘上的茶杯。我们曾提到，花被片是指看起来很相似的萼片和花瓣

水仙是最适合催花的植物之一，这种方法可以使花比在自然状态下开得更早。风信子、郁金香和番红花也很便于催花。催花可以让我们在屋外还下着雪的时候欣赏窗台上生机勃勃的花束。

若想尝试给水仙催花，仅需

一个直径为 15 厘米左右且带有排水孔的花盆、

一些盆栽土和

三四个水仙球茎。

1. 在 10 月 1 日前后的秋日，挖一些水仙球茎，也可以买一些。水仙球茎越大越结实，形状越完美越好。一些水仙花品种要优于其他品种。要想尽快看到效果，可以选择伦勃朗、橙色皇后、金色收获、先驱、二月黄金等品种。

2. 将盆栽土填入花盆中，直到盆沿以下 1 厘米左右的位置，然后浇透水。在整个冬天，保持土面湿润，但不要积水。

3. 把球茎埋在盆栽土里，球茎的颈部（芽）稍微突出。对球茎来说，经受冬天的寒冷和潮湿是很重要的，但是不可以受冻。要提供这种环境，一种方法是把花盆埋在地下或放在一个阳畦中，然后在其上盖上至少 15 厘米厚的覆盖物。另一种方法是把花盆存放在壁橱、阁楼或车库等温度永远不会跌破冰点，也不会超过 10 摄氏度的地方。我们需要密切关注，防止花盆内的土壤过度干旱。

4. 球茎应当在这种凉爽潮湿的环境中保存 6 周以上。对于水仙来说，这段时间正是球茎生根的时候，因此非常重要。10 月 1 日放置在凉爽潮湿环境中的球茎，在 11 月下旬就可以被挪到温暖的室内，圣诞节或者 1 月初就能开花，开花的时间取决于所选择的品种、室内温度、球茎的健康状况以及光照强度。室内温度以 18 ～ 24 摄氏度最为适宜。温度越低，开花越晚。人们把球茎搬到室内的时间离春天越近，开花的速度就越快。

5. 如果开花的水仙所处的室温保持在 21 摄氏度左右，而且土壤比较湿润，那么花可能会维持几周不凋谢。花凋谢后，剪掉花葶，把花盆放在阴凉潮湿的地方，这样春天就可以种植球茎了。春天，球茎可能只长叶，不会开花，但再过一个春天，球茎应该就会恢复好，很可能会开花。每个球茎只能经历一次催花，第二次的效果可能会不尽人意。

蕨类植物

蕨类植物其实不属于开花植物，它们产生的是孢子而不是种子。典型蕨类植物的生活史很神奇。

当一个孢子落在湿度和温度都比较合适的地方时，它不会像种子一样发芽生长。从孢子中产生的不是胚根，而是细丝。经过几周的生长，这种细丝通常会长大变成一棵心形的绿色植物体。它看起来并不像蕨类植物，而像绿色的指甲。这叫作原叶体，直径一般约为 0.6 厘米。原叶体生长在土壤表面，通常生长在潮湿避光的地方，很容易因干燥而枯死。

携带生殖器官的原叶体实际上是一种完全不同的独立植物。换句话说，蕨类植物的生活史是由两种不同类型的植物交替存在而构成的。我们认为的蕨类植物实际上只是蕨类植物的两种形态之一。

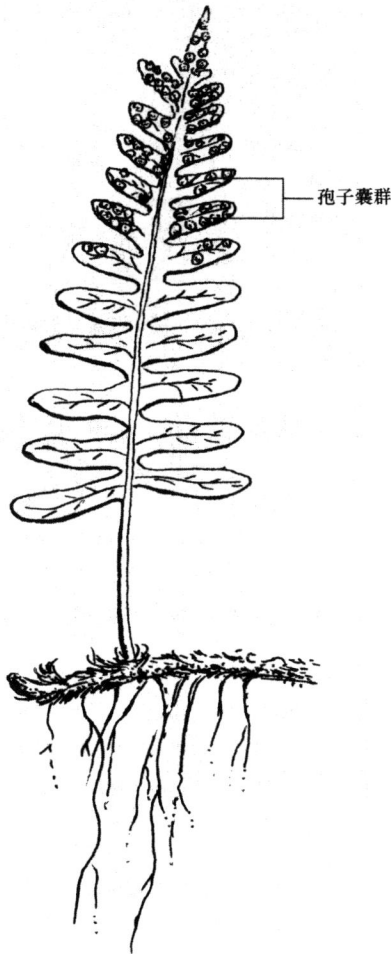

孢子囊群

典型的蕨类植物叶的下表面长有孢子囊群

大多数人即使一生都在种植蕨类植物，也可能从未见过原叶体。原叶体上的雌性生殖器官称为颈卵器，雄性生殖器官称为精子器。它们都位于原叶体的下表面，与起根系作用的纤细假根长在一起。当水以薄膜的形式存在于原叶体的下表面和土壤之间时，成熟的颈卵器会产生分泌物吸引精子器产生的精子。如果几个原叶体被同一水膜连接在一起，来自一个原叶体的精子可能会被吸引到另一个原叶体的颈卵器上，从而发生异交。

颈卵器内发生受精后，我们认为的"真正"蕨类植物的第一批根、茎和叶就从原叶体中生发出来。随着不断生长，蕨类植物逐渐舒展开来，与地面分离。在这个阶段，它们因外形相似而得名"小提琴头"。

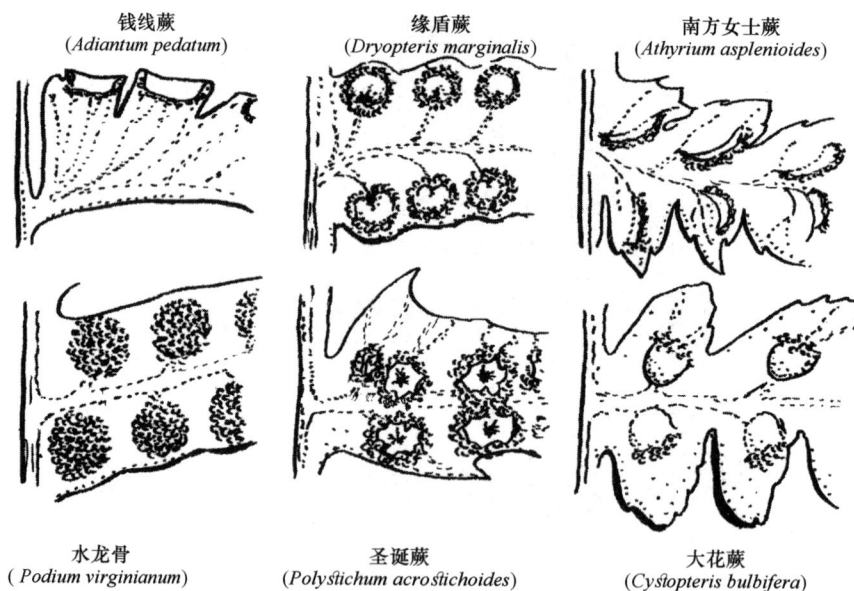

钱线蕨
(*Adiantum pedatum*)

缘盾蕨
(*Dryopteris marginalis*)

南方女士蕨
(*Athyrium asplenioides*)

水龙骨
(*Podium virginianum*)

圣诞蕨
(*Polystichum acrostichoides*)

大花蕨
(*Cystopteris bulbifera*)

孢子囊群具有重要的识别特征

成熟的蕨类植物不具备有性生殖器官，它们产生孢子，而产生孢子的蕨类植物形态各异。肉桂蕨会长出活力充沛的穗状繁殖叶，这些叶会变成棕色，产生数百万个孢子并呈云状释放出来。圣诞蕨会在叶的背面长出棕色的小圆点，它们叫作孢子囊群。每个孢子囊都小似尘埃，通常包含 64 个孢子。孢子囊成熟时会自己打开，孢子逸出，开始新一轮的完整生活史。

在作为室内盆栽出售的蕨类植物中，最常见的要数高大肾蕨，通常称为剑蕨或波士顿蕨。家中养的蕨类植物大多经过了园艺培育，不会产生孢子囊，因为人们认为有孢子囊的叶好像患有病害，不愿意购买。这类蕨类植物必须进行无性繁殖。

老鹳草和天竺葵

老鹳草和天竺葵这两个名字相当容易混淆。确实有两个属叫作老鹳草属和天竺葵属，它们都是牻牛儿苗科的成员。人们产生这种困惑的原因是大多数被园丁称为老鹳草的常见红花植物实际上属于天竺葵属。就算你知道某种受人欢迎的植物是盾叶天竺葵，也可能把它叫作常春藤叶老鹳草，因为人们就是这么叫的，并不在乎科学层面上正确与否。

老鹳草属和天竺葵属之间的专业区别通常在解剖花时更容易分辨。老鹳草属的花是径向对称的——从中间切开一朵花，一侧的所有花瓣都是另一侧的镜像。此外，用放大镜就可以看到老鹳草属的花瓣之间长有小小的腺体。

相对而言，天竺葵属的花非常不对称，花瓣之间没有腺体。从天竺葵属的花的背面看，其中一个萼片几乎总是比其他 4 个更宽一些。如果穿过宽萼片将花从中间剪开，你就会看到这个萼片包裹着一个较深的、产花蜜的凹陷结构，它向下延伸至花柄。要想区分这两个属，也有不太专业的方法，那就是天竺葵属植物通常作为一年生植物出售（尽管它们是多年生植物），而老鹳草属植物则作为多年生植物出售。在你的花园里，所有你称为老鹳草的花实际上都是天竺葵。

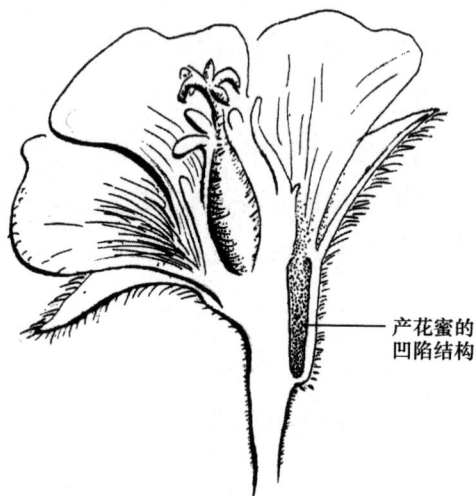

产花蜜的
凹陷结构

天竺葵属的花的纵切面，花柄上有一个较深的、产花蜜的凹陷结构

鸢尾

鸢尾是鸢尾科鸢尾属的成员，是单子叶植物，所以其花部的数目不是 5 或者 5 的倍数，而是 3 或者 3 的倍数。野生鸢尾大约有 150 种。在北美，自然环境中的鸢尾通常生长在沼泽和潮湿的森林中。

典型的鸢尾花由 3 个大而艳丽的外部瓣片组成，这些瓣片称为垂瓣。垂瓣通常反折（向下弯曲），多伴有髯毛，上表面的中线部位常长有一个黄色茸毛状附属物。另外 3 个像花瓣一样的部分叫作旗瓣，长在垂瓣之上。在这 3 个旗瓣之间的垂瓣上生长着 3 个更小、更平坦、也像花瓣一样的部分，叫作花柱分支。它们从花柱上长出，呈屋顶状罩在 3 个雄蕊上方。花的雄蕊部分位于这些花柱分支的基部。

当蜜蜂落在垂瓣上时，它会沿着垂瓣上的髯毛移动，并从花柱分支之间挤过。花粉如何从花药传给蜜蜂呢？蜜蜂身上的花粉又是如何到达花柱分支的柱头区域的呢？只要看看鸢尾花，用手指戳戳蜜蜂可能会去的地方，你就能找到答案。

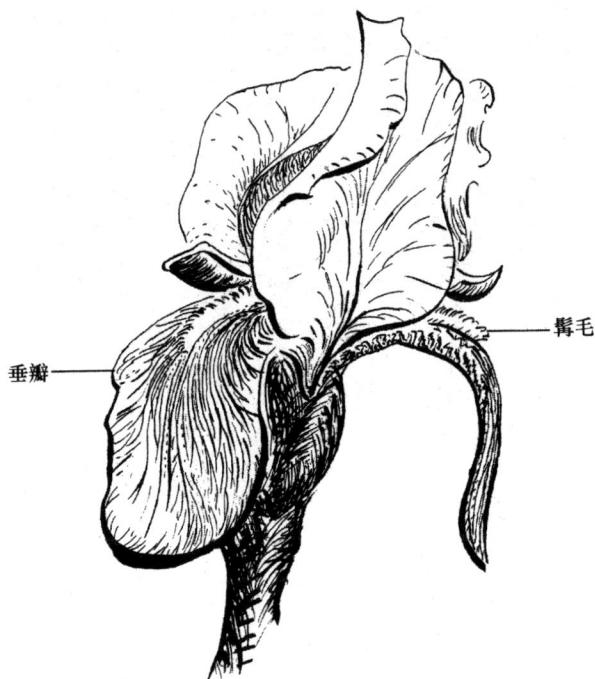

髯毛

垂瓣

鸢尾花垂瓣上的髯毛为进入花中授粉的昆虫引路

万寿菊

至少有两种不同属的植物都叫作万寿菊。盆栽万寿菊是欧洲金盏花属中最多见的植物，单叶互生。其他多数万寿菊属于万寿菊属，原产于墨西哥，通常有对生的羽状裂。金盏花属和万寿菊属都属于庞大的菊科。

舌状花

管状花

舌状花的瘦果（除去花冠）

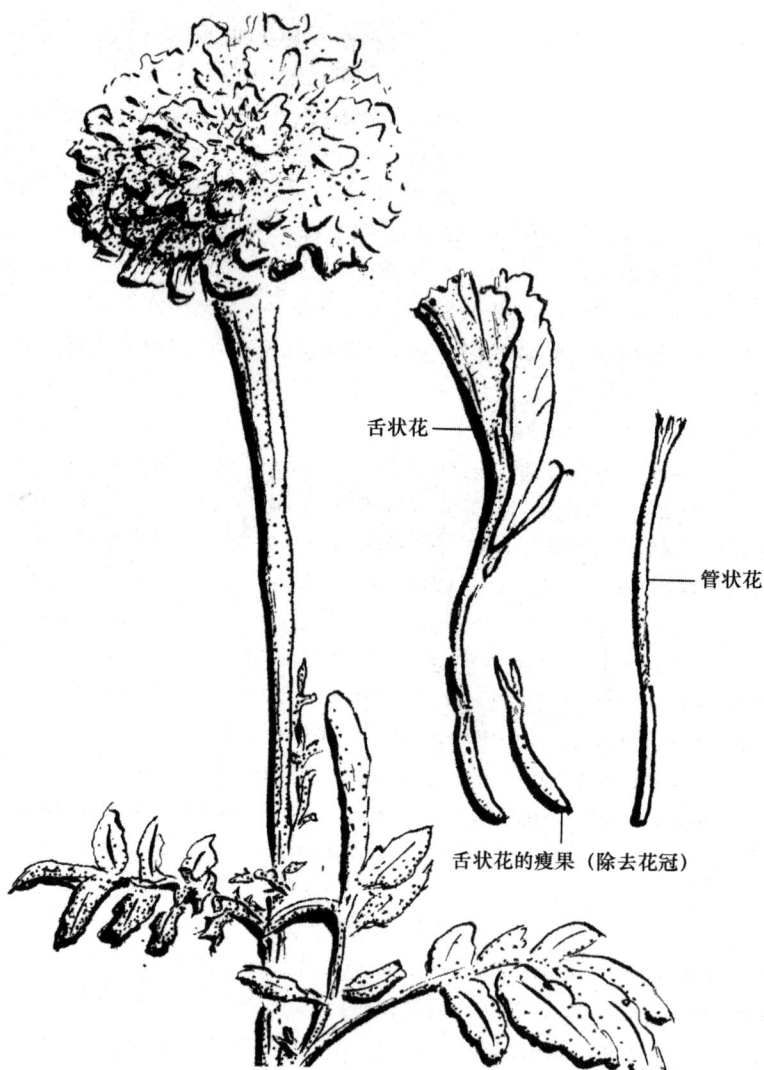

万寿菊的花实为花序，每朵花都是由许多舌状花和管状花构成的

万寿菊提醒我们，花园中的植物并不仅仅可以观赏或者食用，还有许多其他作用。深入了解一种植物在其他文化中的地位也是一种有趣的体验。例如，

我一看到万寿菊就会想到墨西哥原住民利用它的方式。墨西哥的万圣节是一个具有宗教意义的特殊节日，这个节日被称为 *el Dia de los Difuntos Fieles*，也就是亡灵节。我有过一次在墨西哥中部和讲纳瓦特尔语的家庭一起过这个节日的经历。

他们竖起一个大祭坛，祭坛上装饰着墨绿色的棕榈叶、鲜艳的绉纱丝带以及橙色的万寿菊。祭坛上放有点燃的蜡烛和已故家庭成员的照片，还有几杯他们生前最喜欢的饮料（龙舌兰酒和巧克力饮料，它们都是墨西哥当地的饮料）。他们在祭坛前将万寿菊的花撕碎，把花瓣撒在小屋的地板上，铺成一条橙色小路。这条小路从屋内延伸出来，穿过院子，直到主路上，与邻居撒下的万寿菊花瓣一起汇聚成了一条在山坡上蜿蜒而过的橙色花径。

据说那天晚上已故家庭成员的灵魂会四处飘荡，他们会看到橙色花径，并沿着这条路回到家里，穿过院子，进入小屋，来到祭坛前，看着家人怀念和祭拜他们。

这一传统无疑是墨西哥印第安人世代相传的。看到这样的万寿菊，我不禁思索，先人们欣赏植物的方式多种多样，并不单单出于观赏目的。

三色堇

三色堇属于堇菜科堇菜属。堇菜是指堇菜属，也就是说三色堇是一种堇菜。

人们听到这句话时常常感到惊讶，这是因为堇菜通常开着小花，不引人注目，而三色堇开出的花在 5 厘米以上，看起来像小小的脸蛋。如果你观察三色堇的结构，就会发现它与最典型的堇菜有着相同的组合方式。蝴蝶花（*Viola tricolor var. Hortensis*）是常见的园艺三色堇。

三色堇是一种艳丽的堇菜

蔷薇

蔷薇科蔷薇属的野生蔷薇常见于北美洲、欧洲和亚洲北部的森林。仅在北美洲东北部地区，《格雷植物学手册》就列出了蔷薇的 24 个野生品种。

蔷薇的观赏品种几乎都是人们利用园艺技术改造而来的。在自然环境中，你永远找不到商店里卖的那种蔷薇。野生蔷薇几乎不会开出像观赏蔷薇那样大而斑斓的花，它们的花只有 5 个花瓣。如果你观察观赏蔷薇，也许一眼就能看出每朵花都不止 5 个花瓣。

这些额外的花瓣实际上是由花的许多雄蕊发育而来的。如果观察一朵观赏蔷薇花的背面，你会发现其内部的众多花瓣长在 5 个"真正"的花瓣之上，这些花瓣比较宽，间隔均匀，像自然环境中的蔷薇的一样与萼片交替生长。仔细观察那些由雄蕊构成的内部花瓣，有时可以在它们的下部发现残余的花药。

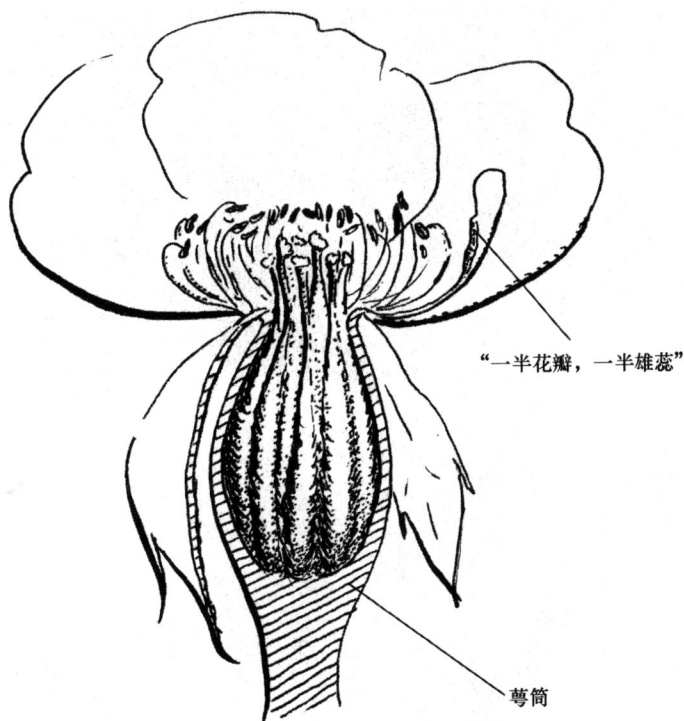

蔷薇果包含几个瘦果型果实，每个瘦果型果实都有自己的柱头和花柱，它们位于一个称为萼筒的杯状结构中。注意右边的小花瓣，其边缘有花药结构

一串红

一串红是唇形科中的一员，因为它那像口红一般的颜色既鲜艳又持久，所

以受人欢迎。一串红原产于巴西，1822 年传入英国，然后从欧洲传入美国。有几种鼠尾草属植物种得较多，但只有 *Salvia splendens* 才是一串红。

　　一串红属于唇形科。唇形科通常给人的印象是叶会发出清香，花并不夺目，但一串红的叶普普通通，花则引人注目。尽管如此，要证明一串红是唇形科植物并不难，因为它具有唇形科的大约 3000 个成员共有的识别特征：叶子对生或轮生，茎为四棱形，子房四深裂，每个裂片都会发育成一枚小坚果。仔细观察，你会发现一串红的结构与这些描述完全相符。

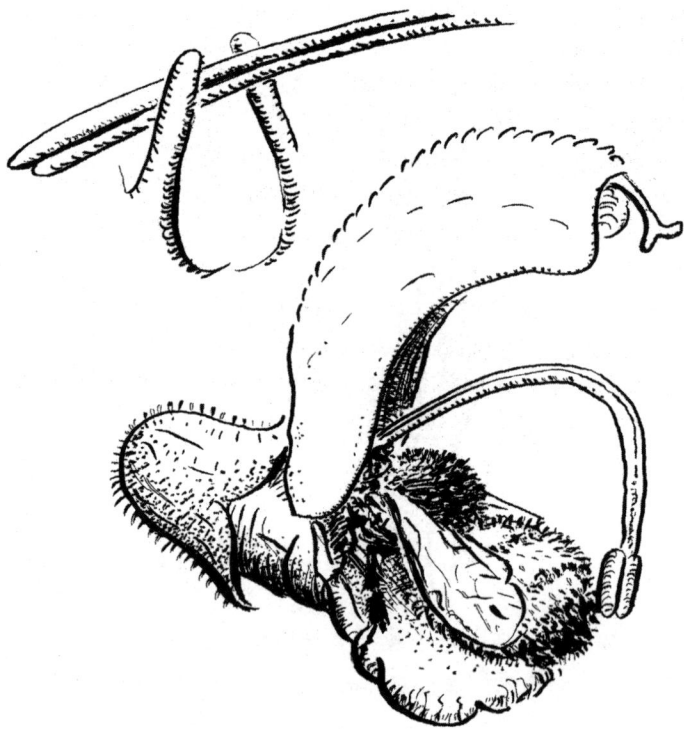

一串红的花丝相互铰接，当蜜蜂从花柱之间经过时，花药就会向下摆动，将花粉涂抹在蜜蜂的后部

香草

现在让我们把目光聚集到一组既不是蔬菜也不是观赏植物的植物——香草上。香草可以被定义为具有药用价值和芳香气味的植物。有些园丁对带有怡人气味的植物有特殊的感情，会在有限的空间里种满香草。

对我来说，最重要的香草是留兰香（绿薄荷）。几年前，我在房子附近插下了一段小枝，现在它的地下匍匐茎已经沿着 6 米长的地基蔓延开来。夏末，我收获了许多叶子，足够我每天早上喝一大杯滚烫的薄荷茶。

有时，我会把整株留兰香拔起，挂着慢慢晾干，等叶子变脆了，再把它整个放进食品袋里，用力揉到所有的叶子都碎掉，然后把叶子碎片倒进罐子里，珍藏多年。如果我的冷冻空间足够大，我会将绿色的叶子和嫩芽冻起来，当准备喝茶时再把它们放进沸水里，这样叶子就还是绿色的。隆冬时节闻到水壶里冒出的薄荷味多么惬意啊！

大多数香草需要充足的日照，能在阴凉处生长的香草有猫薄荷、水芹和薄荷。香草在贫瘠的土壤中生长得很好。事实上，在贫瘠的土壤中，它们生长缓慢，叶子较小，富含精油，因此有营养的部分尝起来有种辛辣感。

以下是一些受欢迎的香草。

茴香：可提供糖果所需的甘草味，是中国的常见食物。

猫薄荷：一种让猫欣喜若狂的植物。

春黄菊：用于制作舒缓神经的茶。

莳萝：用于腌制、调味。

薰衣草：可用于制作香囊。

牛至：比萨中熟悉的味道。

鼠尾草：用于制作家禽填料的受欢迎的香草。

罗勒：用于制作番茄酱和沙拉。

龙蒿：用于制作肉食和酱汁的茴香类香草。

第七章　杂草

　　某棵植物长在了人们认为不合适的地方就变成了杂草。我家的烟草地里也有很多杂草，其中一种最难处理的是牵牛花。这种牵牛花会缠在烟草的茎上，只有非常小心地将其解开，才不会伤到烟草脆弱的叶。我们的花园中有一种最好看的花，它会在棚架上开满可爱的漏斗状粉色花朵，而这正是烟草地里令我们头疼的那种牵牛花。

　　就是这样，这种植物在一处是有害的杂草，但换个地方就会摇身一变成为尊贵的客人。其他杂草亦是如此。我发现，越是深入了解一种杂草，我就会觉得它越像野花。有一句谚语是这么说的："好的花园中也会有杂草。"好的花园中有杂草是有理由的。如果仔细观察它们的花，看看叶的背面，杂草其实和最鲜艳的百日草一样有趣和美丽。花园里的杂草有助于保持物种的多样性，而自然界中多样化的系统比单一的系统更加多产、更可持续，也有更多的趣味。

　　杂草也是大自然的"急救队员"。自然群落遭到破坏后，杂草是最先开始进行修复的。例如，森林里的一棵大树倒下时，首先会有一个土坑出现在这棵树原来矗立的地方。渐渐地，有些植物长出来了，形成一种"植物斑块"，覆盖住森林里这个裸露的伤口。这些植物就是杂草，其中多数只有较短的生活史。

　　随着时间推移，杂草慢慢消退，把位置让给其他植物。最终，百年过去，森林完成修复，很难再有人看得出一棵大树曾经倒在那里。一种植物取代另一种植物，形成一个稳定的环境，这个过程叫作植物演替。

　　植物演替还有许多其他类型。比如，开挖一个池塘，然后任其回归自然，经过几百年的淤积，它会再次成为干燥的土地。在池塘演变的各个阶段，将会出现特定的植物演替。植物演替甚至可以发生在岩石上，演替开始时会出现一些粉状藻类，演替结束时岩石上会长满蕨类植物，开满野花。

　　从自然界的角度来看，我们的花园的出现只不过是一瞬，也许过不了多久就会恢复成草原或森林等。因此，花园里的杂草代表了大自然对土壤的改造。

　　当大自然母亲把杂草安置在森林的土坑里，或者安置在"应当"是草原或森林的花园中时，杂草也会做些工作。它们的根系将土壤颗粒结合在一起，降低了土壤侵蚀过程中水土流失的可能性。杂草植株可以庇护土壤不受雨水的直接冲击，减少水土流失。杂草的根系撬开压实的土壤颗粒，提高土壤的通气性和可利用性。杂草为受干扰的生态系统增加了物种多样性，从而提高了生态系统的稳定性和总体活力。杂草枯萎后，植株会分解成蚯蚓需要的有机物质，帮助蚯蚓完成它们的工作。被分解的杂草会向土壤中释放矿物质和有机物。

当土壤受到破坏后，自然植物群落也会遭到摧毁，地表裸露出来，杂草就会以惊人的速度闯入被破坏的区域。杂草怎么知道该去哪里，又怎么如此快速地到达那里呢？

杂草种子当然不知道该去哪里。出现这种情况的原因很简单，多数杂草会产生很多种子，总有一些会落在遭到破坏的地面上。

大多数杂草能够快速传播，去到该去的地方，是借助了独特的方式。因此，每当发现杂草的时候，你都可以思考这样一个有趣的问题：这种杂草快速闯入被破坏区域的独特方式是什么。

许多杂草果实，特别是被称为瘦果的那种带有小降落伞，能够御风而行。蒲公英、蓟和小白酒菊都属于这一类。像樱桃一样的酸浆果悬挂在一个纸质密囊里，当它们落到地上后，风会像吹气球一样把果实和种子吹得四处滚动。苍耳和鬼针草的果实是通过身上的刺将自己附着在动物的皮毛上来传播的。卡罗来纳老鹳草的果实具有像弹簧一样的奇怪结构，成熟时可以将种子弹射到几米远的地方。鸟类也有助于传播杂草。鸟吃下植物的果实后，种子就会通过鸟的消化道被"种"到一个新的地方。

各种各样的杂草都可能溜进我们的花园。一位朋友曾经列出了圣路易斯铁路沿线生长的他所能识别的杂草[1]，一共有 393 个物种！这 393 种植物隶属于 59 个科，多见的是禾本科植物（74 种）、菊科植物（52 种）和十字花科植物（28 种）。

我们可以通过仔细观察一些随机选择的物种来了解杂草难以控制的多样

---

[1] 维克托·穆伦巴赫. 对美国密苏里州圣路易斯铁路人类共生（外来）植物群的贡献. 密苏里州植物园年鉴，66(1979):1。

性。如果发现了这些物种的迷人之处，那么关于花园中的其他杂草还有什么不可不知的信息呢？

毛碎米荠

毛碎米荠的拉丁名为 *Cardamine hirsuta*，它属于十字花科，从欧洲传入，在北美地区已归化。

毛碎米荠有两个显著特征：能够耐寒，花期极早。初春，早在最后一场雪尚未有融化迹象之前，毛碎米荠就会出现在花园中裸露的土地上。更早一些，圣诞节的时候，肯塔基州的一些花园里就长出了毛碎米荠，基生叶呈莲座状，叶片深裂，颜色为深绿。如果冬天天气温和，我们甚至可以在还未回暖的时节看到毛碎米荠开花，在南向建筑的地基附近更容易看到它开的花。

寒冷的 1 月会让人迫不及待地盼望春天的到来，这时若发现毛碎米荠那透着盈盈绿色的小莲座，或许还有一两朵雪白的小花，即使 4 个花瓣的大小都只有 1 毫米左右，我们也会欢呼雀跃。花成熟时，花瓣和雄蕊就会脱落，直直立起的细长子房会长至大约两厘米长。

毛碎米荠是十字花科中的一种，细长的子房在受精之后会变得更长，而花的其他部分则会脱落

还有一种碎米荠，与毛碎米荠相似，但它的植株更大，会在春天开出更加艳丽的花。小花碎米荠的拉丁名为 *Cardamine parviflora*，它生长在开阔的树林里、岩石上以及整个北美洲东部的田野里。宾夕法尼亚碎米荠的拉丁名为 *Cardamine pennsylvanica*，它生长在潮湿的树林里、小溪边。这些物种都是本土的，但是毛碎米荠是外来的，是从欧洲传入的。可食用的春碎米荠（拉丁名为 *Cardamine bulbosa*）生长在潮湿的森林中、草地上，是毛碎米荠的"近亲"。

繁缕

繁缕的拉丁名为 *Stellaria media*，它属于石竹科，从欧洲传入，在北美地区已归化。

3 月，我的花园的空地上长出了厚厚的一层繁缕。和毛碎米荠一样，繁缕也有可能在天气温和的冬天开花。在很想吃绿色蔬菜的时候，我会从那些矮小的芜菁和羽衣甘蓝中挑选一些，配上几把繁缕嫩枝。繁缕嫩枝只有尖端是可食用的，主茎的纤维太多。繁缕基本上没有什么味道，但当你很想吃绿色蔬菜的时候，有总比没有好！

在阿巴拉契亚山脉中，有些老一辈的人仍在将繁缕当作草药使用。据说它既是清凉剂（解渴，给身体一种凉爽的感觉）又是缓和剂（保护和舒缓黏膜），还是祛痰剂（使黏液从呼吸道中排出）。通常用小火熬煮，煮出带药味的水就可以使用了。煮烂的植物也可以当作膏药使用。我也听说过有人用繁缕治疗肿胀、皮疹以及其他皮肤病。

许多野生动物，尤其是吃种子的小型鸟类也发现了繁缕的用处。繁缕会产生大量细小的种子，它的叶也会被吃掉。灯草鹀、家麻雀和雀科鸣禽特别喜欢吃繁缕，白尾兔也经常在公园边饱餐一顿繁缕。

繁缕是石竹科（Pink）中的一员。这里的"Pink"并不是指颜色，而是指花瓣的边缘，石竹科植物的花瓣就像是用锯齿状剪刀剪出来的一样。

繁缕的花瓣有着很深的凹槽，这让每个花瓣看起来就像分为了两半。因此，繁缕的花看起来好像有两倍多的花瓣。

石竹科的其他成员还有康乃馨、福禄考、肥皂草以及美洲石竹等，它们似乎也有锯齿状花瓣。与繁缕那样几乎不引人注目的小花（0.5 ～ 0.8 厘米宽）相比，这些物种的花要显眼得多，但它们的结构基本上是相同的。

繁缕的白色小花瓣，花瓣的切口很深，一个花瓣看起来就像两个

如果你发现一棵有几朵花的繁缕，请数一数每朵花上有几个雄蕊。在大多数长有不到 10 个雄蕊的物种中，每朵花的雄蕊数量是稳定的，而繁缕花的雄蕊数量为 2 ～ 10 个不等，甚至花瓣的数量和其他特征也可能发生变化。

马唐

马唐的拉丁名为 *Digitaria sanguinalis*，属于禾本科，由旧大陆（亚洲、欧洲和非洲）传入，在北美地区已归化。

作为草坪上的一种"不好"的杂草，马唐可谓臭名远扬。但是在修剪过的草坪上，它看起来与早熟禾非常相似。为什么早熟禾是郊区居民的宠儿，而马唐就成了杂草呢？其实，原因主要在于初霜时马唐会枯萎，但早熟禾不会。如果草坪上长了一大片马唐，初霜时这部分草坪就会变成棕色。

要想找到喜欢马唐的人很难。一篇古老的植物学文献记载，在波兰，土壤贫瘠多沙地区的人缺少食物时曾经将马唐作为粮食作物种植，收获种子食用。初秋时节，步行穿过果实已经成熟的潮湿马唐丛时，你会发现这种草会产生数量惊人的小种子，它们会沾在你的湿漉漉的小腿上。要收集一杯马唐种子得花费很长时间，但在你饿坏了的时候，这一定很值得。一粒马唐种子和一粒水稻没有太大区别，只是体积小得多。

大多数人没有耐心收集有营养的马唐种子，但某些小动物可不是这样。冬天，如果你看到家麻雀或灯草鹀在一大片灰色的马唐丛中跳来跳去，它们很可能是在吃马唐种子。在远离城镇的地方，哀鸽、野火鸡以及各种麻雀都会以马唐种子为食。马唐种子在野火鸡的食物中可能占到10% ~ 25%。

马唐有几个不同种类的近亲。小马唐（拉丁名为 *Digitaria ischaemum*）也是从欧洲传入的杂草。另外，还有一些是美洲本土物种，它们像野花一样，在有限的地理区域中占据自然生态位。其中，黄马唐（拉丁名为 *Digitaria serotina*）只生长在路易斯安那州、佛罗里达州以及弗吉尼亚州的低海拔沙地上。

马唐的花开在扁平花序轴的一侧

大苞野芝麻

大苞野芝麻的拉丁名为 *Lamium purpureum*，属于唇形科，从欧洲传入，在北美地区已归化。

这种薄荷闻起来没有芳香气味，而只有麝香味。如果仔细观察，你会发现大苞野芝麻具有唇形科成员的所有特征：茎的横切面是方形；每节都有两片对生的叶；花两侧对称，看起来像小狗的脸；子房有 4 个裂片，它们会发育成 4 个小坚果。

这种植物的英文名为 purple dead nettle，似乎不是很合适，因为它和"dead"（"死亡"）没有什么关系，而"nettle"这个单词通常指的是有刺毛的植物，但这个小可爱并没有刺毛。

大苞野芝麻可提供大量的花蜜，让各种小蜜蜂助其授粉。据古草药志中的记载，新鲜或晒干的大苞野芝麻的植株和花可以制成汤剂，用于止血，而叶可以直接敷在较小的伤口或擦痕处。据说，将晒干的大苞野芝麻制成茶，再加入蜂蜜和糖，可以发汗、净化肾脏和祛寒。建立了植物分类系统的植物学家林奈说，瑞典农民曾经把牛都不愿吃的大苞野芝麻当菜吃。

大苞野芝麻也称为红宝盖草，与另一种叫作普通宝盖草的无味薄荷很像，亲缘关系较近。这两种常见的杂草经常长在一起。

大苞野芝麻没有芳香气味，但它具有唇形科植物的特征

豚草

豚草的拉丁名为 *Ambrosia artemisiifolia*，属于菊科，是北美地区的本土植物，在欧洲已归化。

很少有人称赞豚草。豚草的花粉会引起花粉热，因此它臭名昭著。豚草的花很小，会以绿色伪装自己。《格雷植物学手册》也打破其古板、客观的行事风格，将豚草标记为"一种受鄙视的多态杂草"。

豚草的雄花序如宝塔般高高挺立，雌花序却隐藏在叶腋处

野生动物学家却不这么认为，他们知道很多动物都受益于豚草种子。豚草种子富含高热量的油脂，而且每棵豚草产出的种子极多。有些种子会一直留在植株上，因此冬天其他食物被雪覆盖的时候，一些动物还是可以吃到这些种子的。所有陆食鸟类都能从豚草种子中获益，尤其是麻雀和燕雀。一项研究发现，在美国东北部的白冠雀摄入的食物中，豚草种子占了一半以上！花栗鼠和地松鼠，甚至鹿有时也会吃豚草种子。

有趣的是，豚草的属名是 *Ambrosia*（意为"特别的美味"），因为"ambrosia"通常被认为是"神的食物"，花粉热患者却对其嗤之以鼻。目前尚不清楚林奈为什么选择 *Ambrosia* 作为豚草的属名。这可能是林奈的一种幽默吗？或许他认为麻雀爱吃的东西也配得上供神享用。

野胡萝卜

野胡萝卜的拉丁名为 *Daucus carota*，属于伞形科，从欧洲传入，在北美地区已归化。

杂草丛生的路边可能长有野胡萝卜。如果你将它连根挖起，它的主根闻起来会香到让人想尝尝。然而，无论它闻起来有多香，都不值得一尝，尤其是生长在贫瘠、多石、紧实的土壤中的野胡萝卜，它们的主根过于细小，吃起来像木头一样。

花园中的胡萝卜是野胡萝卜的驯化品种。因此，当看到又小又柴的野胡萝卜主根的时候，你一定会佩服植物育种学家历经艰辛才从如此瘦弱的原生物种中培育出如此可口多汁的食物。换个角度，如果从野胡萝卜上收集种子，然后像对待胡萝卜的种子一样精心进行种植、培育，长出的野胡萝卜看起来会更诱人，但不如园艺品种那样大和可口多汁。

野胡萝卜是两年生植物。在生命周期的第一年，它会长出一片不明显的基生莲座状小叶。这片叶的主要任务是在主根中储存光合作用产生的糖类。

第二年春天，当其他杂草开始生长时，野胡萝卜不仅能从阳光中获取能量，还能从富含糖类的主根中获取能量，因此会迅速生长，高过附近的其他植物。如果你在路边发现了开着花的野胡萝卜，可能会看到它的花远远高于附近的一年生杂草的花。

野胡萝卜是花园中的胡萝卜的野生祖先，以其主根浓郁的胡萝卜气味为特征

在野胡萝卜上，被称为"安妮皇后的蕾丝花边"的部分实际上是一簇簇被称为花序的小花。在每个花序内部，每朵花都呈现出惊人的多样性。花序的中心通常有一朵深紫色的花，周围的花有较长的花柄（或花茎）和膨大的花冠檐。当了解很多植物后，你就会意识到这是一种非常特殊的构造。

若想制作彩虹花束，仅需

几簇"安妮皇后的蕾丝花边"、几个玻璃杯、水和一些食用色素。

1．剪下一些刚长出来的野胡萝卜花序。

2．在不同的玻璃杯中加入几滴不同颜色的食用色素。

3．将花序轴放在有颜色的水中，经过一段时间后可以看到带有花边的白花呈现出淡淡的色彩。

4．用彩色的花做一个彩虹花束。

第二部分

花园中的动物

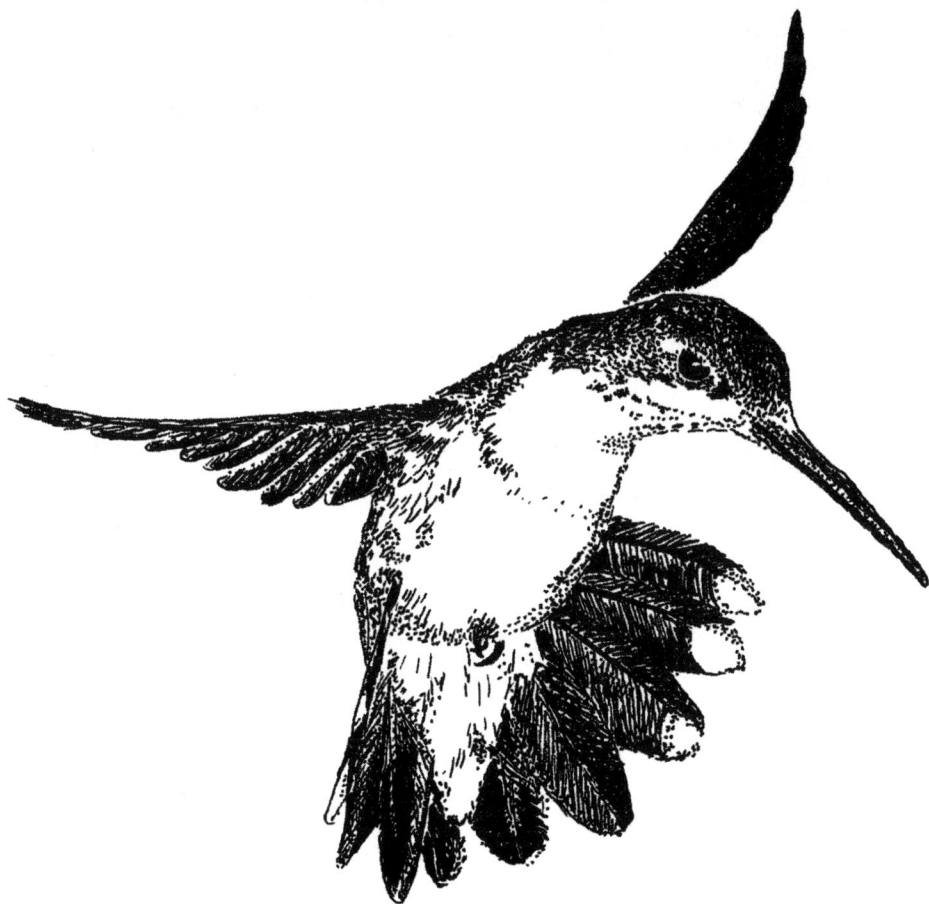

站在花园中环顾四周，你会发现这里并不是只有植物。

花园里的生物是大自然的一部分。花园中不请自来的甲虫、鼻涕虫、蟾蜍、鼹鼠和蜂鸟与肯尼亚的斑马、大海中的鲸别无二致，都是野生动物。花园中动物的存亡所遵循的生态学原则也与动物学家在与世隔绝的丛林里观察到的一致。花园中的蜘蛛诱捕蚱蜢时会用螯肢将其固定住，在绝望中挣扎的蚱蜢就这样被蜘蛛吸食了。这个过程未经驯化，毫无文明可言。

因此，你走进花园中时要这样想：你学到的关于花园中的动物的知识适用于全世界的野生动物。如果你学会了辨别花园中的主要昆虫物种，再碰到昆虫时就基本上能给它们分类了。

熟悉了花园中的动物，你就离了解世界上动物的基本知识又近了一步。

第八章　昆虫

"标准"园中昆虫

在前文中讨论植物时，我曾提出一个建议：要认识植物，可以先在脑海中生成一个"标准"园中植物的形象，这样在自然界中遇到某一植物时，我们就能够通过观察它与"标准"园中植物之间的不同，了解它的特别之处。同样的方法也适用于动物，包括昆虫。

"标准"园中昆虫看起来有点像蝗虫，但这并非有意为之。它只是我能想到的最为简单、普通、无趣的昆虫。接下来，按照了解"标准"园中花朵和"标准"园中植物的流程，让我们通过研究昆虫结构的一些名词来了解"标准"园中昆虫。

首先，"标准"园中昆虫的身体可以分为三部分——头部（长有眼睛、触角和口器）、胸部（长有腿和翅膀）以及腹部（在"标准"园中昆虫中，腹部没有什么特别之处）。昆虫身体的另一个基本特征是分节。然而，节指的并不是这3个身体区域。实际上，昆虫的腹部通常由10个完整的节组成，但这10个节并不是总能看清。可能有的节与其他节连在一起，也可能几个节都缩在一起。

现在让我们仔细观察一下头部和胸部的各种附器。

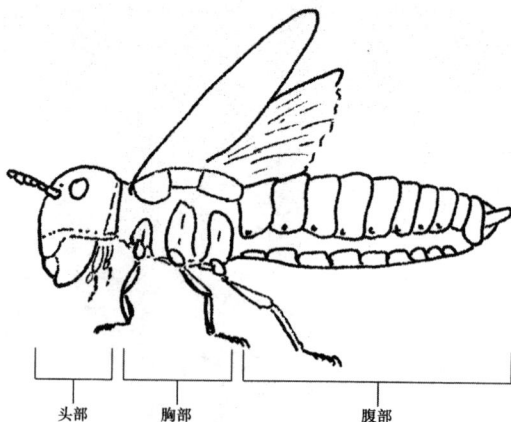

头部　　胸部　　　　　腹部

"标准"园中昆虫长有6条腿和两对翅膀，腹部明显分节，触角不长，结构简单[1]

---

[1] 图中仅画出了一侧的一条触角、3条腿和另一侧的两个翅膀。由于昆虫身体的对称性，这在生物学研究上是完整的。后同，不再一一说明。——译者注

昆虫的眼睛一般有两种：单眼和复眼。单眼，在英文中专业术语叫作ocelli（单数为 ocellus），通常位于前额上方，有 3 只。每只复眼由数百个小眼面组成。

昆虫触角的差异很大，在分类鉴别方面扮演着重要角色。例如，所有蝇类的触角都有 3 节，蓟马的触角有 6 ～ 9 节，而黄蜂和蜜蜂的触角超过 10 节。

口器的鉴别作用更大。所有异翅亚目都有专门用来咀嚼的嘴部。所有的蝴蝶和蛾都有用于吮吸的管状口器，不用时可以盘在头部下方。蝉也会吮吸，但它们的口器不会盘绕。

蝗虫的咀嚼式口器由有力的上颚和唇部构成，有助于将食物固定在适当的位置。

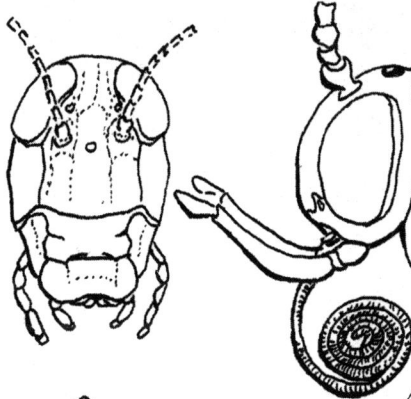

蝴蝶的管状口器像一根吸管，不用的时候可以盘在头部下面。

蝉的刺吸式口器与蝴蝶的不一样，不会盘在头部下面。

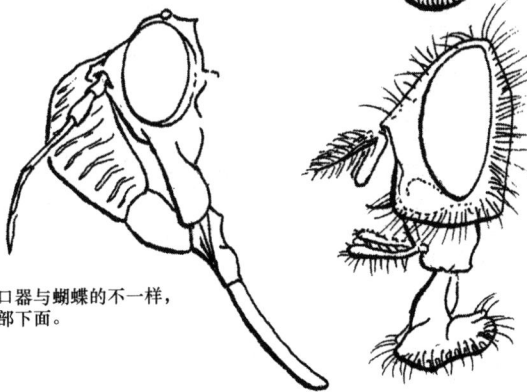

蝇的舐吸式口器是海绵状的。

昆虫的口器

昆虫足上最低的部分——像脚一样的跗节特别有趣，因为同一昆虫类群内跗节的数量一般是相同的。所有蝇的跗节都为5节，所有蠼螋的跗节都为3节，蓟马的跗节为一节或两节。

通常，翅最容易用来鉴别昆虫。昆虫翅上的脉络（翅脉）并不是随机形成的，同一物种的所有成员都有相同的翅脉。为了便于辨别，昆虫学家通常用其他昆虫学家都能理解的特定名称标记每种昆虫的每条翅脉。

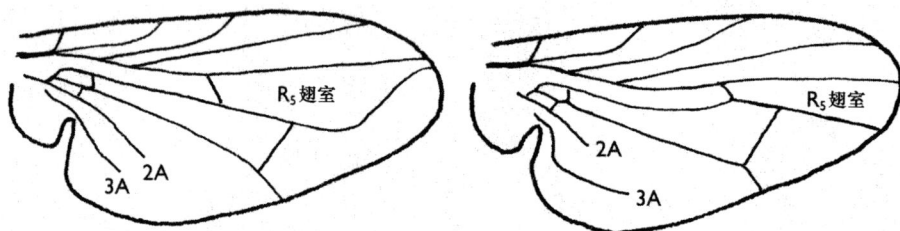

普通家蝇(*Musca domestica*)　　　　黄腹厕蝇(*Fannia canicularis*)

翅脉的细微差异经常是区分物种的重要特征，比如 R_5 翅室的形状和翅脉2A、3A的长度就是差异的体现

这种晦涩的"特定名词"在所有学科中都非常重要，以下实验就是证明这一点的好方法。

若想比较某一昆虫与"标准"园中昆虫的异同，仅需

一只偶遇的花园昆虫和一个

放大镜（选用）。

1. 找一只看起来似乎会停留一段时间的昆虫。如果冬天找不到昆虫（其实仔细一些就可以找到），可以参考后面介绍的科罗拉多马铃薯甲虫。

2. 写出它与"标准"园中昆虫的10个不同之处。

在这个实验中，我敢说你一定在描述所看到的昆虫时遇到了困难。也许你用到了诸如"东西""某物""小玩意""这个""那个"之类的词语。这种模糊的词语是不会出现在科学中的。幸运的是，昆虫野外指南通常会很详细地描述昆虫的结构，并介绍其难以说清的身体部位的名称。这样，你就不必一直使用模糊的词语。

如果你真的想看看学习精确术语后有怎样的效果，那么就给自己找一本昆虫野外指南或解剖学图书，研究一下口器、翅、足、触角以及其他部位的相关术语，再做一次上述实验，这一次要着重使用新学到的术语。第二次的描述应当比第一次的更清晰、更简洁。

蜕变

昆虫生活史中最引人注目的莫过于它从卵发育为成虫的过程，这个过程称为蜕变。昆虫之所以会蜕变，是因为它们的身体被外壳状的外骨骼包围着。昆虫没有内骨骼，外骨骼决定了它们的体形。我们观察昆虫时看到的就是它们的外骨骼。未成年的昆虫的外骨骼一般像玻璃纸一样薄，而成年昆虫外骨骼的触感和外观更像坚硬易碎的塑料。

如果一只昆虫生来就受到外骨骼的限制，那么它如何由卵孵化出来并成长为最终大小的成虫呢？

昆虫和我们不一样，不是一点点地长大的，而是暴发式生长。突然的生长通常发生在蜕皮的过程中，此时外骨骼裂开，昆虫脱离旧壳。在刚蜕皮的几分钟内，昆虫非常脆弱，新的外骨骼在这段时间里就像海绵吸水一样膨胀开来。当外骨骼由软变硬时，昆虫就长大了，并且在下一次蜕皮前不再长大。

相邻两蜕皮之间的阶段称为龄，大多数昆虫会经历 4～8 龄，只有少数昆虫在成年后还会继续蜕皮。

然而，蜕皮只是蜕变的一小部分。蜕变可以分为完全不同的两种：不完全变态和完全变态。

不完全变态大多发生在更原始的类群中，这意味着那些最先演化的昆虫通常缺少专有的形态和习性。例如，大约 3.2 亿年前出现在地球上的蟑螂属于原始类群，经历不完全变态。在不完全变态过程中，从卵中孵化出来的未成年的昆虫（或称若虫）与成虫非常相似，只是它们要小得多，翅也没有那么发达。夏末，你可能会在花园里看到蝗虫若虫，它们看起来就像成虫的迷你版。

完全变态是较晚演化出的昆虫的一种特征。在完全变态过程中，从卵中孵化出来的是幼虫。幼虫有各种形状、颜色和大小，通常比成虫更鲜艳、更有名。园丁常常受到幼虫的困扰，因为幼虫必须疯狂地进食才能为它们体内发生的巨变提供能量。有些掘穴幼虫（如玉米种子蛆）没有足，而另一些幼虫（如地老虎）则靠细小的足四处游荡。许多幼虫都叫作毛毛虫。识别昆虫幼虫可能比识别成虫更有趣，对于园丁来说尤为如此。大多数写得较好的昆虫野外指南介绍过比较出名的幼虫。

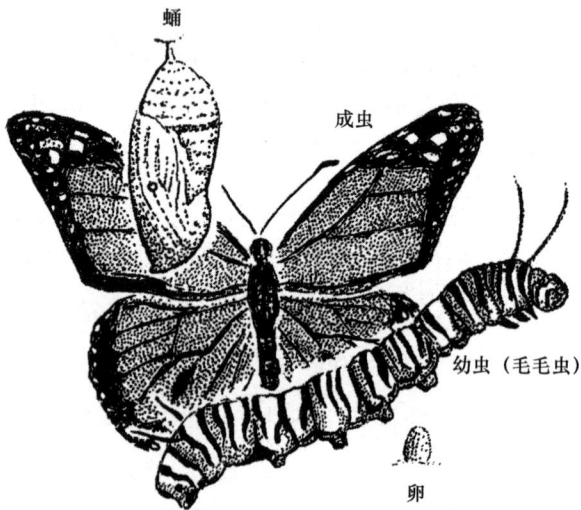

黑脉金斑蝶会经历 4 个蜕变阶段

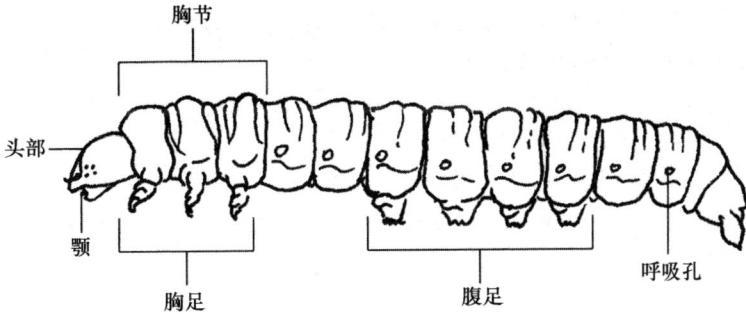

毛毛虫的身体结构

幼虫经过几个龄期的蜕皮和生长，颜色、大小等特征通常会发生变化。在最后的龄期结束时，会发生一个关键的变化：幼虫不再单纯地长大，而会变成蛹。蛹一般静止不动，因此不需要进食。有时，它们被包裹在保护层中。像袋子一样把昆虫装在里面的保护层叫作茧。蝴蝶的蛹的构造通常十分精细，有的颜色鲜艳明亮。在花园中观察一段时间后，你应该能发现各种各样的蛹。如果有幸目睹破蛹成虫的那一刻，你一定会激动不已。

若想对蛹进行观测，仅需

若干蛹、

一些 12 厘米长的鲜艳丝带和

一个记录本。

1. 找到一个或多个蛹，最佳的观测时间是夏末秋初。收集蛹的时候，不要将范围局限在花园里，也可以在周围的树林和灌丛中找一找。蛹可能藏身于叶下、藤蔓里、灌丛深处、松动的树皮下或大块的木头碎片中。不要找一次就放弃。夏去秋来，总有不同的物种化蛹。

2. 发现蛹的时候，就在它的旁边系上一条鲜艳的丝带。

3. 在记录本上画出整个收集范围，并标记每个蛹的位置。笔记本会提示你蛹的大致位置，而丝带会告诉你它的确切位置。记下发现蛹的日期，以及观察到它发生变化的日期。画出蛹的草图，在重要的特征处画上箭头，以便后续观察。如果你能辨别出蛹或成虫的物种，就将草图与这种昆虫的信息页放在一起。

4. 每天对蛹进行观测。幸运的话，你至少能目睹一次破蛹成虫的过程。

不标准的昆虫行为

一些昆虫的生活史并不像前面提到的那样一步步发展。例如，蚜虫有自己的生活方式。

蚜虫通常以卵的形式越冬。春天，它们会孵化为无翅的雌性蚜虫，这些雌性蚜虫会很快生出（无须与雄性蚜虫交配）下一批无翅雌性蚜虫（而不是虫卵）。这种称为孤雌生殖的无性生殖方式要经过两代或者更多代，才会产生有翅的雌性蚜虫。这些有翅的雌性蚜虫通常会飞到与它们发育时所附着的植物不同的植物上，并以新的植物为食。晚春时节，有翅的雌性蚜虫会回到它们原来发育时附着的植物上，再次开始孤雌生殖，但这一次它们会生出两种性别的幼虫。在致命的霜冻到来之前，雄性和雌性蚜虫会交配，然后雌性蚜虫产下受精卵，再次越冬。

蚜虫是食蚜蝇幼虫最喜欢的食物

了解这些之后，你还会把蚜虫当成讨厌的小绿点吗？

许多较大的昆虫，特别是北方地区的昆虫的生命长达两年甚至更久。一些多年生的蝉的寿命长达 17 年，它们大部分时间都以若虫的形态在地下生活，以植物的根为食。

昆虫的分类

昆虫属于节肢动物。在地球上的动物中，只有大约 30 万种不是节肢动物，其余 120 万种都属于节肢动物。想一想，这意味着地球上每 5 种动物中有 4 种是节肢动物！

在这 120 万种节肢动物中，大约有 100 万种是昆虫。而在这 100 万种昆虫中又有大约 88600 种分布在北美地区。即使把植物包括在内，我们也可以断言，地球上大约一半的生物都是昆虫！

这些数字令人难以置信，值得我们满怀敬畏之心思考这种多样性以及演化的成功。

节肢动物不仅包括昆虫，还包括蜘蛛、螃蟹以及粘在船身上的藤壶等许多物种。节肢动物的识别特征如下。

1. 身体分节，分为头部、胸部和腹部三部分。

2. 足有节。"节肢动物"的英文"arthropod"一词源自古希腊语单词"arthro"（意思是"关节"）和"pod"（意思是"足"）。

3. 节肢动物与人类不同，没有一根根骨头组成的内骨骼，而是有着一副坚硬的壳状外骨骼，各个身体器官都被包裹在内。

4. 血液在静脉和一个相当大的开放体腔（称为血腔）之间循环，而不是像人类那样在相互连接的动脉和静脉网络中循环。

昆虫还有一些与其他节肢动物不同的独有特征。

1. 成虫有 6 只足（其他节肢动物则不然，如蜘蛛有 8 只足）。

2. 成虫有一对触角（其他节肢动物则不然，如蜘蛛没有触角）。

世界上有大约 100 万种昆虫，却仅分为 30 多个目。你可以学习如何把遇到的昆虫准确地归入这 30 多个目中。这个过程也是很有趣的。

弄清楚哪种昆虫属于哪个目通常比你想象的要容易。另外，有几个目中的昆虫只会在特殊的栖息地上出现，你在花园里是见不到的。还有些目只包括几个罕见的成员。因此，在花园中发现的多数昆虫可以归入下面列出的 11 个目。

目	代表昆虫
直翅目	蝗虫、蟋蟀、竹节虫、蟑螂、螳螂
鞘翅目	甲虫
鳞翅目	蝴蝶、蛾
双翅目	蝇、蚊子
膜翅目	蚂蚁、胡峰、蜜蜂、姬蜂
半翅目	臭虫
同翅目	蝉、叶蝉、树蝉、蚜虫、介壳虫
革翅目	蠼螋
蜻蜓目	蜻蜓
缨尾目	蓟马
脉翅目	蚁狮

　　上表还可以进一步简化。在这较为常见的 11 个目中，我们在花园中能发现的昆虫有95% 的可能性属于前 7 个目。掌握了更常见的 7 个目，你就可以算是昆虫分类专家了！如果你看到一只不属于这 7 个目的昆虫，请坐下来欣赏你的特别发现吧。只需一点点经验，你就会知道这 7 个目中昆虫的特征。

　　包括所有甲虫在内的鞘翅目是最大的目，该目中的物种数量比其他任何一个目都要多（仅在北美地区就有约 28600 个物种）。这对我们来说是个好消息，因为成年甲虫是所有昆虫中最显眼、最多彩、最容易辨识的。甲虫的前翅称为鞘，通常很硬，就像易碎的塑料，能盖住昆虫的大半个躯体，构成一种保护层。甲虫不处于飞行状态时，会把脆弱的膜质后翅像中式折扇一样叠起来，放在坚硬的前翅下。

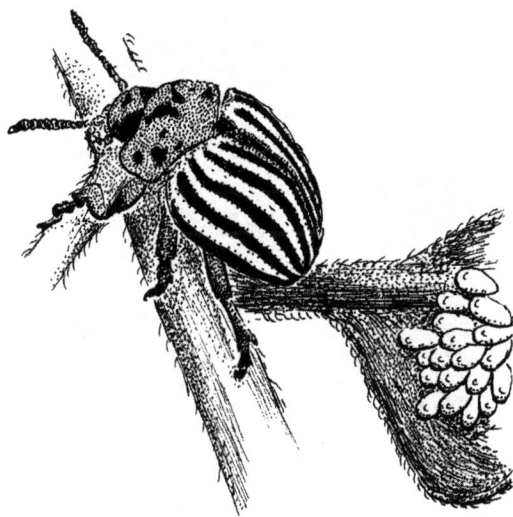

科罗拉多马铃薯甲虫在叶的下面产下橙色的卵

　　甲虫幼虫的形状和大小千差万别。以蛴螬为例，既有像蠕虫一样肥厚的，又有扁平的，还有形似蠹的。甲虫的蜕变属于完全变态。甲虫幼虫和成虫都以咀嚼的方式进食。

　　下面介绍鳞翅目。如果你用显微镜观察蝴蝶或蛾的翅膀，就会发现这个目的拉丁名"Lepidoptera"基于一个意为"鳞片"的单词"lepido"是有道理的。鳞翅目昆虫的翅膀上覆盖着非常微小的鳞片，通常有着鲜艳的颜色。

要区分蝴蝶和蛾并不总是那么简单。一般来说，蝴蝶通常会将翅膀垂直地竖在背上，就像鲨鱼背上的鳍那样。蝴蝶是昼行性昆虫（白天活动），具有线状的不分支的触角。蛾会将翅膀平展开来，多为夜行性昆虫（夜间活动），常长有羽状、分支的触角。

在鳞翅目中，许多成员既不是蝴蝶也不是蛾，情况变得复杂了。弄蝶是一种中间形态，它们的翅膀呈 V 形向上翘起。它们的触角与蝴蝶一样是线状的，但不同的是它们的触角顶端呈尖钩状，很有意思。

鳞翅目昆虫的蜕变属于完全变态，有些毛毛虫比成虫更漂亮。

欧洲菜粉蝶的成虫和幼虫附着在西兰花的叶上

　　直翅目昆虫能通过身体部位的互相摩擦发出咔嗒或噼啪的声响。蟋蟀和长角蝗虫（包括美洲大螽斯）会用一只前翅上的锋利刮器划过另一只前翅下侧的音锉。斑翅蝗虫飞行时，后翅会发出噼啪声。斜面蝗虫会用后足摩擦前翅的增厚处。通常，雄性会发出这类声响来吸引雌性。

　　这个目的拉丁名"Orthoptera"源于"ortho"（意为"直的"），指的是成虫在休息时会将翅膀叠在背上，就像屋顶一样。这个目的许多成虫飞行时，后翅会呈现出静止时看不见的醒目图案和颜色。直翅目的蜕变属于不完全变态。

　　双翅目昆虫很容易识别，因为有翼的成虫只有一对翅膀。如果用放大镜偷偷观察家蝇或蚊子，你就会发现它们的翅膀后面有一些看起来没有实际功用的球状物或生长物。这些东西叫作平衡棒，它们是在演化过程中由第二对翅特化而来的。平衡棒能使蝇蚊在飞行时保持平衡。昆虫学家曾经剪掉一只蝇的平衡棒，发现它试图飞走时却直接撞向了地面。将一根长短适中的线粘在平衡棒所在的位置，那只蝇就可以正常飞行了。

　　双翅目昆虫的蜕变属于完全变态。通常没有足的蠕虫状幼虫称为蛆，它们经常以寄生虫的形态寄生在植物或动物体内。这一目中的许多物种吸血，还有一些是寄生性或掠食性的，通常以其他昆虫为食。另外，还有一些是极具价值的食腐动物。这些昆虫都长有刺吸式口器。

　　乍一看，膜翅目昆虫会让人联想到双翅目昆虫。然而，这两个目有着根本的区别。有翼的成年胡蜂、蜜蜂、蚂蚁等膜翅目昆虫有两对翅膀，而不是一对。此外，大多数膜翅目昆虫长有咀嚼式口器，而不是刺吸式口器。几种典型的膜翅目昆虫没有翅膀，其中最常见的要数工蚁和雌性蚁蜂（又叫天鹅绒蚂蚁，实际上是毛茸茸的、颜色鲜艳的胡蜂）。

　　许多膜翅目昆虫的产卵器（腹部末端用来产卵的坚硬的附属器官）已经特化成蜂针。如果幼虫以植物为食，成虫就能在这种植物上产卵；如果幼虫是寄生虫，卵就会被产在宿主的体表或体内。膜翅目昆虫的蜕变属于完全变态。

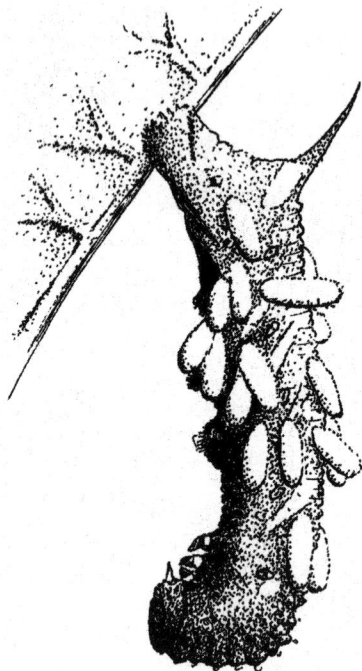

附着在番茄天蛾幼虫身上的茧蜂的茧。雌性茧蜂将卵产在番茄天蛾幼虫的表皮上，茧蜂幼虫从卵中孵化出来后，寄生在番茄天蛾幼虫体内，吸取宿主的营养，直到宿主死亡。然后，它们吃透番茄天蛾幼虫的身体来到外面，在附着在番茄天蛾幼虫体表的茧中化蛹。生活在另一种生物体内或体表的生物叫作寄生虫

尽管有些人不加鉴别把所有昆虫都称为"bug"（意为"虫子"），但对昆虫学家来说，bug 只是一种半翅目昆虫。这个类目的拉丁名"Hemiptera"源于"hemi"（意为"一半"），指的是大多数半翅目昆虫前翅的基部是增厚的，但外层的尖端是膜质的，前翅有一半是硬的。一对后翅则完全是膜质的。

半翅目昆虫长有刺吸式口器，该目中的许多昆虫会用矛状口器刺穿植物，

吸取植物的汁液。这也是它们不受园丁待见的原因。还有些昆虫会把口器插入动物体内。瘤蝽和猎蝽会捕食其他昆虫，床虱则从恒温动物（如人类）的身上吸血。

未成熟的南瓜臭虫聚集在有毛的南瓜叶下，围在闪闪发亮的棕色卵群旁。南瓜臭虫进食时会向植株中注入有毒物质，导致植株枯萎。有时，我们可以通过这种虫子散发出的类似麝香的浓烈气味找到它们

同翅目与半翅目的昆虫相似，只是同翅目昆虫的前翅从基部到顶部的纹理都是一样的，并不会在中间变得不同。另外，与半翅目昆虫一样，它们也会把口器插入植物和动物体内。

你有时也可能会发现上述七大目以外的昆虫。如果附近有湖泊或溪流，你可以看到移动速度很快的大蜻蜓（蜻蜓目）像喷气式双翼飞机一样在金鱼草间

飞来飞去。蜻蜓在半空中捕捉其他昆虫，落到地上后才开始进食。

蠼螋（革翅目）的腹部顶端长有钳状附属器官，有时它们出现在花瓣中，特别是在铁线莲、大丽花和唐菖蒲的花瓣间。它们通常在晚上进食，在白天躲起来。

蓟马（缨尾目）的 4 只翅膀边缘的长毛是其显著特征。它会侵害许多植物，尤其是花园中的豌豆。蓟马的侵染会导致唐菖蒲的花变形褪色。没有翅膀的蓟马幼虫可能比有翅膀的成虫更多见。

蚁狮（脉翅目）的幼虫比成虫更出名。这种幼虫在我生活的地方被称为涂鸦虫，它们生活在干沙或灰尘形成的锥形坑的底部，以滑进坑里的蚂蚁和其他昆虫为食。蚁狮会埋伏在坑里，张开镰刀状的双颚，以便夹住误闯进来的昆虫。

一只蚁狮在等待猎物滑进它的陷阱里

我小时候听人说跪在一只蚁狮的坑前说"蚁狮，蚁狮，你的房子着火了"，它就会把沙子扬到你的脸上。有时，这一招确实管用！成年蚁狮与豆娘很像，透明的长翅膀上长有网状脉，看起来纤巧易碎。

下图中列出了花园中常见的有翼成虫的鉴别方法。

花园中常见的有翼成虫

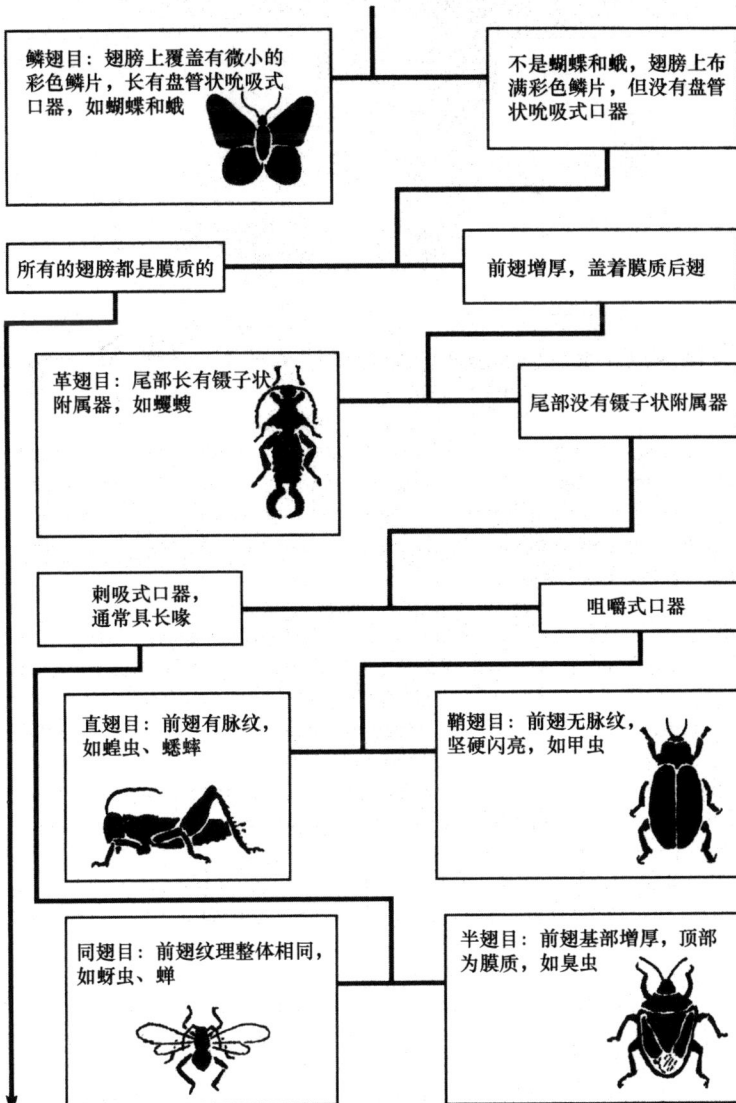

鳞翅目：翅膀上覆盖有微小的彩色鳞片，长有盘管状吮吸式口器，如蝴蝶和蛾

不是蝴蝶和蛾，翅膀上布满彩色鳞片，但没有盘管状吮吸式口器

所有的翅膀都是膜质的

前翅增厚，盖着膜质后翅

革翅目：尾部长有镊子状附属器，如蠼螋

尾部没有镊子状附属器

刺吸式口器，通常具长喙

咀嚼式口器

直翅目：前翅有脉纹，如蝗虫、蟋蟀

鞘翅目：前翅无脉纹，坚硬闪亮，如甲虫

同翅目：前翅纹理整体相同，如蚜虫、蝉

半翅目：前翅基部增厚，顶部为膜质，如臭虫

（接下一页）

花园中常见的有翼成虫的鉴别方法

双翅目：有一对翅，如蝇

有两对翅

缨尾目：翅膀长而窄，长度不足6毫米，边缘有毛，如蓟马

翅膀长，通常超过6毫米

前翅明显比后翅大

前翅与后翅等大，或前翅比后翅稍大

蜻蜓目：触角短，眼睛大，如蜻蜓

脉翅目：触角不短，眼睛不是特别大，如草蛉、蚁狮

膜翅目：像胡蜂或蜜蜂，足的跗节为5节，如胡蜂、蜜蜂

同翅目：不似胡蜂或蜜蜂，足的跗节为2～3节，如蝉、蚜虫

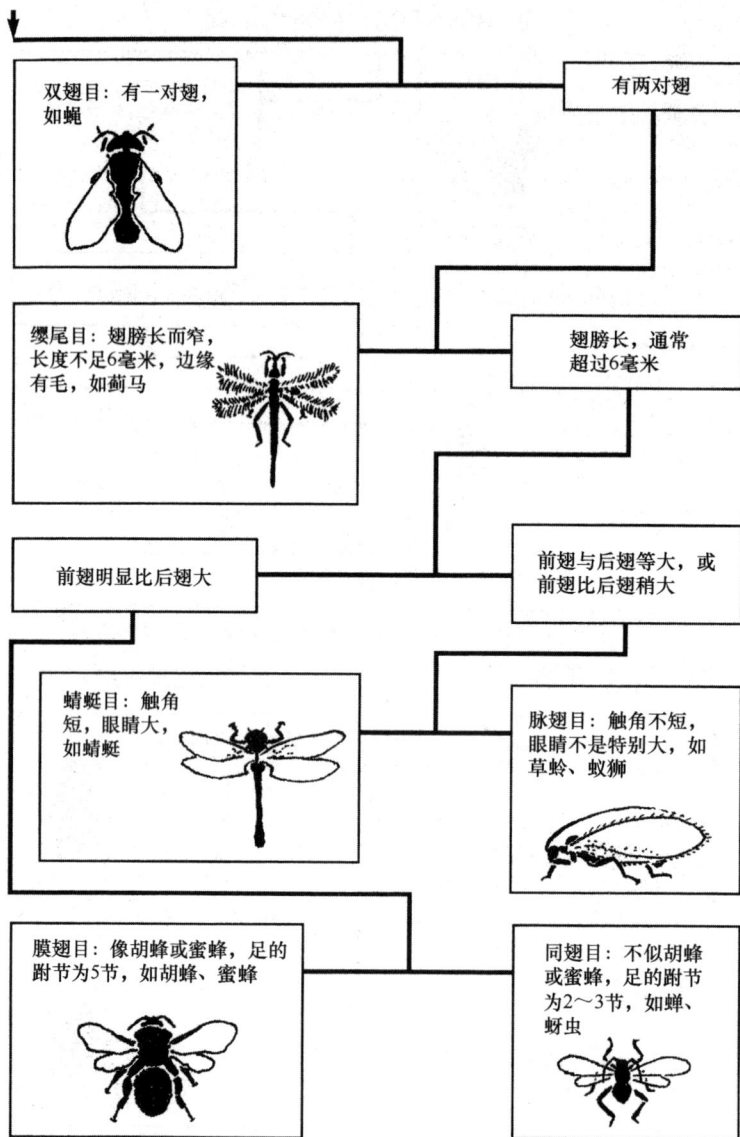

注："膜质"意为"膜状"，像玻璃纸一样。蚂蚁是膜翅目中的无翅昆虫。

花园中常见的有翼成虫的鉴别方法

观虫的艺术

观虫可以成为一种习惯，就像观鸟一样。二者之间的重要区别在于勤奋细心的观鸟人士通常能准确地判断出所观察的鸟的种类，而观虫人士只有扎实掌握专业知识，有机会接触一些学术性较强的文献，才能辨识所观察的昆虫的种类。普通人能识别出昆虫所属的科就已经很不错了。

除了极为常见的昆虫外，你能见到的许多种甚至许多属都不会出现在一般的野外指南中，因为昆虫的种类实在太多了。

例如，北美地区栖息着大约 1500 种大蚊。如果一只大蚊碰巧从你的身边经过，你也许只能确定它是大蚊科中的大蚊，属于双翅目。如果你下定决心想弄清楚这只大蚊的属和种，那么可以到大学图书馆里查阅文献，仔细浏览那些只有专业人士才用得到的积满灰尘的图书。

把在花园中遇到的昆虫记录在你的自然观察笔记中。你需要一本不错的昆虫野外指南，以便识别你发现的昆虫。每辨认出一种昆虫，你就可以在笔记本的昆虫部分写下一页，将昆虫的名字作为标题。画一幅昆虫的图片（如果可以的话，则为它的每个变态阶段各画一幅），并记下它的生活史、喜欢的食物、天敌等相关信息。你自己的观察应当是最重要的信息来源，但是从你的野外指南和图书馆的图书中获取信息也是可以的。花园中常见的昆虫千奇百怪，没准儿会让你大吃一惊。

要想让自然观察笔记的昆虫部分井井有条，可以这样做：将目按拉丁文首字母排序，在每一目内按科的拉丁文首字母排序，在每一科内按属的拉丁文首字母排序，在每一属内按种的拉丁文首字母排序。这样一来，密切相关的物种就会出现在记录本上邻近的位置。例如，所有的蝴蝶都在一起。

第九章　其他动物

蚯蚓

有一条至理名言是这样说的：对于生活中的方方面面，不仅要广泛涉猎、略懂一二，更要精于一技、专于一业，这才是明智之举。成为一个通才能够让你保持灵活的思维，随机应变，具备全局视野，感知趋势变化，做出正确的预测。成为一名专才则会让你更加深刻地理解万事万物之间意想不到而又错综复杂的联系。

这本书介绍过许多生物的概况，现在我们要深入研究一种动物——蚯蚓。

蚯蚓是花园中最常见、最容易观察的动物之一。它们有着非凡的适应能力和奇异的行为，还为人类和地球上的其他生物服务，因此它们值得我们关注和尊重，我们也能从了解中找到乐趣。

蚯蚓属于环节动物门。环节动物是指身体被分成明显可区分的体节的蠕虫。蚯蚓看起来像是由许多串联在一起的环或体节组成的。每个体节都由自己的器官构成。幼年期的环节动物的体节不多，但随着时间推移，它们会不断长出新的体节。

蚯蚓会在表层土壤下挖掘通道，是最著名的环节动物。除此之外，还有许多其他有趣的环节动物。有些环节动物为寄生虫，以血液为食，如水蛭。

也许最有可能出现在电视节目《信不信由你》中的环节动物是生活在南太平洋珊瑚礁中的沙蚕。沙蚕的奇怪之处在于一年中特定的两小时是地球上90%以上的沙蚕交配的时间，而这段短暂而又疯狂的交配时间是由月球的位置决定的。

许多环节动物，尤其是生活在海洋里和海滩边的环节动物的体节上或多或少都有类似腿的疣足，每只疣足上都有类似脚的一簇簇刚毛。水蛭的两端都有吸盘，而蚯蚓及其同纲生物没有疣足和吸盘。

蚯蚓有很多种。澳大利亚热带地区的一种蚯蚓能长到3.3米长！北美洲东部和中部最常见的两种蚯蚓可能要数红色的陆正蚓和淡粉色的背暗异唇蚓。有趣的是，尽管陆正蚓在北美洲很常见，但那里可能并不是它们的原产地。与家麻雀和蒲公英一样，陆正蚓也是从欧洲引入的，它们在这片受过开垦、遭过破坏的土地上繁衍壮大。

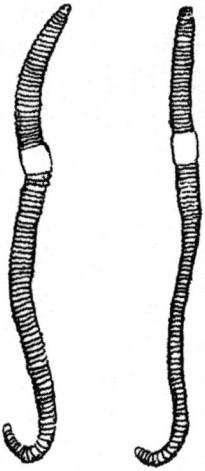

左侧为陆正蚓，第 31 或 32 体节至第 37 体节上长有环带；右侧为背暗异唇蚓，第 27 体节至第 34 体节上长有环带

　　观察蚯蚓的乐趣主要来自发现它们缺失的东西。有些环节动物有眼睛，但蚯蚓没有眼睛，它们在这一点上与许多不见天日、生活在地下的生物一样。其他环节动物，尤其是生活在开阔水域的环节动物，通常长有触手，但蚯蚓没有触手，因为在蚯蚓生存的狭小空间里，触手只会碍事。在它们挖出的圆柱形通道里，类似腿的附肢没有用武之地，所以蚯蚓的整个身体上从头到尾都没有附肢。有些环节动物长有唇状的触须，能够起到探测土壤的作用。这样看来，蚯蚓也许并不挑食，因为它们没有这种触须。

　　蚯蚓没有的另一个器官是肺。它们通过皮肤"呼吸"，这就解释了它们如何在被洪水淹没的地面下生活数月。它们的皮肤娇嫩，专门吸收氧气，暴露在干燥环境中几分钟就会严重受损。

　　大雨过后，人行道上经常出现死亡的蚯蚓。研究人员认为，事实上它们并不是被淹死的。潮湿的地面会吸引蚯蚓在夜间出来活动，而当黎明到来时，它们发现自己无法穿过混凝土地面钻回地下，这时太阳的紫外线就会把它们晒死。暴露在阳光下一小时，蚯蚓就会完全丧失知觉和运动能力，几小时以后就会死亡。

蚯蚓身上的光敏细胞无法被直接观察到，它们广泛分布在蚯蚓的体表，头尾两端尤其多，而身体下面没有。当然，这并不意味着蚯蚓可以借助皮肤像人类一样看见图像。但是，如果太阳升起来了，或者一只知更鸟挡住了光线，它们就一定能感觉到。试着想象一下，皮肤"看到"光是什么感觉。这完全是另一种生活体验。

蚯蚓还有其他看不见的皮肤器官，有迹象表明它们具有敏锐的触觉，对温度和某些化学物质也较为敏感。虽然蚯蚓对声音没有反应，但它们能感受到地面的震动。蚯蚓的嗅觉很不发达，但它们有明确的味觉偏好。例如，如果芹菜近在咫尺，蚯蚓就不会吃卷心菜。如果附近还有胡萝卜叶，它们就会果断放弃前两者！

蚯蚓是一种不花哨、不繁杂的超流线型生物，它们的美丽在很大程度上缘于它们简约的身体结构。然而，蚯蚓简约却不简单。为了生存，有一些特征是它们必须具备的！

蚯蚓的体内确实有"大脑"。蚯蚓的"大脑"位于环节正上方、口部后方。蚯蚓的"大脑"看起来一点也不像人类的大脑，当然也不像我们的大脑那样能做那么多不可思议的事情。事实上，蚯蚓的"大脑"似乎只关注光感和触感。去掉"大脑"，蚯蚓的日常行为几乎不会受到影响。

蚯蚓还有5颗"心脏"，第7体节到第11体节中各有一颗。

蚯蚓的每个体节有4对非常细小的刚毛，左右两边各有一对，下表面有两对。特殊的肌肉使刚毛能够向前或向后倾斜，并且伸展或收缩。如果你试图把蚯蚓从洞里拉出来，它就会像卡在那里一样纹丝不动，这是因为蚯蚓能够把刚毛伸进洞壁中。

除了将蚯蚓固定在原地以防被从上方拉出，刚毛还有更重要的作用，它们能让蚯蚓在洞穴里移动。蚯蚓伸展身体的前端，通过将刚毛伸到洞壁中来固定这部分身体，然后收缩整个身体，将后端拉到前方，接着用伸出的刚毛固定身体后端，伸出前端，循环往复。

这听起来像是一种缓慢而低效的移动方式，但如果你有兴趣观察鼹鼠在地下打洞，就会惊讶于蚯蚓如何在几分之一秒内赶在鼹鼠之前溜出土壤。蚯蚓显然能够操控非常奇特的刚毛。

每条蚯蚓都有一个雄性生殖孔，用于在性结合时射出精子。它还有一个雌性生殖孔，用于产生卵子。这种同时具备雄性和雌性生殖器官的现象称为雌雄同体。

交配通常发生在地面潮湿时。有时蚯蚓会从洞里钻出来，在交配前四处游荡，但它们最喜欢的交配策略似乎只是把前端从洞里伸出来，与隔壁洞里的蚯蚓进行交配。

在交配期间，两条朝向相反的蚯蚓会将它们的下表面压在一起。在交配过程中，精子从一条蚯蚓的雄性生殖孔射入另一条蚯蚓的第 10 体节到第 11 体节的储精囊中。储精囊是精子的临时储存场所。

交配时，刚毛（一种微小的足状刚毛）以及环带和皮肤产生的大量黏液会将蚯蚓固定在原地。交配结束后不久，每条蚯蚓都有精子储存在储精囊中，环带会分泌出一个膜状的茧。凭借熟练的身体协调能力，蚯蚓通过扭动身体让卵子从第 14 体节上的雌性生殖孔滑入茧中。然后带有卵子的茧向前移动（或者蚯蚓向后滑动），在经过储精囊时，卵子与储存的精子结合，完成受精。

最后，膜状的茧滑过蚯蚓的头部，茧的开口末端收缩，形成一种封闭的、含有受精卵的胶囊。受精卵经过发育，最终会有微小的蚯蚓破茧而出。

环带是蚯蚓身体上显著的特征之一，这是一种浅色的乳胶状皮肤带，环绕蚯蚓的整个身体，位于口部后方约占体长的三分之一处。实际上，环带的位置可以更加明确，如下图所示。能准确数出蚯蚓从头至尾所有体节的人就能识别出环带以及其余的器官。

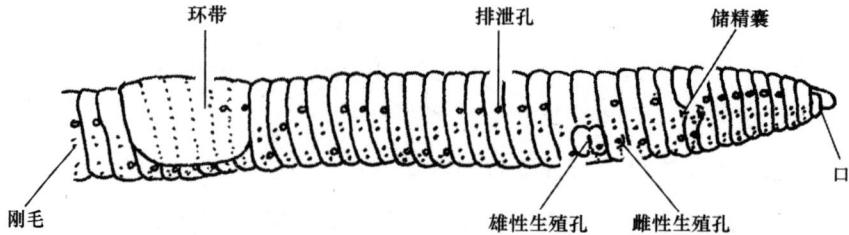

蚯蚓的身体结构

若想探究蚯蚓，仅需

一条大蚯蚓、一个湿润的茶碟和一个放大镜（选用）。

---

1. 把蚯蚓放在湿润的茶碟上，避免阳光直射。可以看出，环带将蚯蚓分成长度不等的两部分。较短的部分是蚯蚓的前端，较长的部分是它的后端。最前面的锥形节是第 1 体节。

2. 留心观察，每个体节两侧都有通常很难看到的微小凹痕。其中，位置偏上的凹痕是排泄孔，类似高等动物的尿道口。[1]

3. 在大多数排泄孔下方，能看到一对更不明显的凹痕。这就是刚毛。如果你观察的蚯蚓特别大，那么你用湿润的手指沿着它的一侧滑动时，也许能感觉到这种微小的刚毛。在蚯蚓的下表面也可以观察到类似的腹部刚毛。

4. 在蚯蚓较短的一端找到突出的"鼻子"，它叫作口前叶。第 1 体节后的裂缝就是蚯蚓的口。

5. 你可能会在第 15 体节的一侧发现一个相对显眼的开口，它看起来像一张厚嘴唇的小嘴巴。这就是雄性生殖孔。第 14 体节上还有一个不太明显的毛孔紧挨着雄性生殖孔，那是雌性生殖孔。

---

[1] 上图中仅画出了部分凹痕和排泄孔。——译者注

若想鉴定你所在地区的蚯蚓，仅需

一条大蚯蚓、一个湿润的茶碟和一个放大镜。

1. 挖出一条蚯蚓，其大小以能明显看出环带为宜。把它放在湿润的茶碟上，避免阳光直射。

2. 数一数蚯蚓的环带和突出的"鼻子"（在蚯蚓身体的前端）之间的体节。如果你观察的蚯蚓是一种正蚓，那么从"鼻子"开始数时，环带前的最后一节应该是第 31 体节，而第 32 体节到第 37 体节是被环带套住的。如果你观察的蚯蚓是一种淡粉色的异唇蚓，那么环带前的最后一节应该是第 26 体节。

其实这远没有听起来那么简单，除非你愿意牺牲你观察的蚯蚓，把它钉死在地上，但是我不建议这样做，因为这与我们的目的正好相反。

查尔斯·达尔文是第一个描述生物演化原理的人，他对蚯蚓的评价是"很难想出第二种在世界历史上发挥了如此重要作用的动物"。

没错，是整个世界的历史！想一想，就算是最普通的花园，任选一处随便一挖，至少能挖出一条蚯蚓。肥沃的土壤中会有大量的蚯蚓。蚯蚓越多，土壤就越肥沃。

据估计，在 4000 平方米的耕地上，每年会有 7 吨多的土壤通过蚯蚓的肠道排出，经过蚯蚓处理的土壤则有 13 吨以上。查尔斯·达尔文认为，如果蚯蚓在 4000 平方米土地上活动 10 年，并且它们所产生的排泄物均匀地分布在这片土地上，那么土壤的厚度将增加 5 厘米左右。

在疏松的土壤中，蚯蚓挖洞前进时，会把土壤颗粒挤到一边，边前进边啃食。如果蚯蚓遇到的是含少量有机物的致密土壤，那么它们就会啃出一条通道。显而易见，土壤中的有机物越丰富，蚯蚓吃下去的土就越少，这种土壤就越受蚯蚓喜欢。腐烂的植物、微小的种子、动物的卵和幼虫以及小动物的尸体都会被蚯蚓分解，而大多数土壤颗粒只是通过它们的消化系统而已。

任何通过蚯蚓肠道的东西都要受到消化酶的作用，以及强大的砂囊的研磨作用。蚯蚓将粪便排泄在洞口附近的地面上。这些整洁的、褐黄色的卷状排泄物有一个很合适的名字，叫作蚯蚓粪肥。如果蚯蚓最近吃的食物中含有丰富的有机物，洞口附近的地面上就几乎没有什么蚯蚓粪肥，但如果食物中的有机物较少，就会有成堆的蚯蚓粪肥出现。

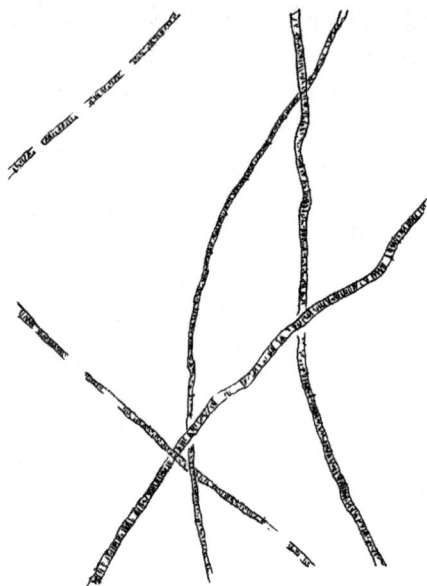

蚯蚓的轨迹

蚯蚓粪肥是个好东西。它们富含植物所需的化学元素——以硝酸盐形式存在的氮、钙、镁、磷等元素，因此蚯蚓洞口周围的草通常长得更茂盛，让十几厘米外的草黯然失色。

蚯蚓喜欢在夜间进食。夜晚，蚯蚓会把前端从洞口中伸出来，寻找种子、叶和其他有机物的残渣。有时，蚯蚓会把身体弯成一个圆环，这样它们就能将前后两端从洞口中伸出来向外观察。当然，夜间觅食的一个好处是知更鸟等天敌不容易发现它们。另外，夜间土壤表面更加湿润，对蚯蚓娇嫩的皮肤也更好。如果前端发现了诸如腐叶之类的食物，蚯蚓就可能会将其拖进洞内吃掉。

蚯蚓的洞也是有益的。和地面上的生物一样，土壤中的微生物和植物的根也需要空气。如果土壤要维持大量生命，就需要空气在土壤中循环，而蚯蚓的洞能够使空气流通。蚯蚓的洞也有助于植物的根在土壤中生长。植物的根通常会沿着阻力最小的路径，顺着蚯蚓的旧洞向下生长。

令人惊讶的是，在小小的花园中，每隔几步，蚯蚓的数量、大小甚至种类都可能有所不同。土壤的细微变化深刻地影响着这种生物的生活，毕竟它们裸露、湿润的皮肤一直与土壤接触。

若想比较蚯蚓种群，仅需

一把铲子、一个 30 厘米深的小桶（或者盒子）和一个自然观察笔记本。

1. 确定几个采样点，每个采样点在土壤的外观、排水状况、疏松程度等方面都要略有不同。例如，其中一个采样点可能是一片富含腐殖质的花园土壤，另一个采样点可能是小径上的板结土壤，还有一个采样点可能是草坪上受到大剂量杀虫剂和除草剂影响的土壤。

2. 从每个采样点铲等量的土壤并将其放到小桶或盒子里。上下层土壤的比例尽量一致。

3. 数一下每份土壤样本中蚯蚓的数量，大小不限。

4. 比较你的发现，并反思观察结果。把你的发现写在笔记本上。

可用这种方法继续做实验，看看随着时间的推移，花园中的土壤得到改善后蚯蚓的数量是否增加了。

> ### 若想完成蚯蚓种群年度抽样调查，仅需
> 一把铲子、一个 30 厘米深的小桶（或者盒子）和一个
> 自然观察笔记本。

1．按照前一个实验中的步骤进行操作，不同之处是这次要将采样点限制在你的花园中，选取五六个采样点就够了。心中牢记每年都要进行这种采样。

2．为了减小每年采样调查的变量误差，可以在笔记本上画一张地图，准确地标出你的样本来自哪里。另外，要注明日期，以便每年在相近的时间进行采样分析。对于每个采样点，都要确保土壤既不异常潮湿也不异常干燥。

3．计算一下你的花园中有多少条蚯蚓，至少要计算出你的铲子能挖到的深度内有多少条蚯蚓。用花园的长乘以宽计算出花园的面积。假设你的花园长约 6 米，宽约 3 米，那么其面积就是大约 18 平方米。如果每份土壤样本的大小为 15 厘米 ×15 厘米 ×15 厘米，且每份样本中平均含有 2.32 条蚯蚓，那么 18 平方米的花园中大约有 1856 条蚯蚓。

4．在笔记本的另一页上画一幅图，其纵轴为蚯蚓的数量，横轴为年份。如果来年土壤更加肥沃，蚯蚓的数量就应当更多一些。因此，接下来的几年里图中的曲线会呈上扬趋势。

5．一定要记录可能会影响蚯蚓数量的事件，比如"去年冬天寒冷，有些蚯蚓可能无法存活""去年秋天施肥时，多加了两车鲍勃叔叔给的兔子粪便"。这样的注释可能有助于解释图中出人意料的高峰和低谷。

像冬天寒冷和粪便增多这样的事件确实会导致估算的数据发生不规则的变化。一项对农田的研究表明，4000 平方米的土地上原本有大约 13000 条蚯蚓，在施加农场粪肥后居然增加到了 100 多万条蚯蚓。

冬天来临时，幼小的蚯蚓很容易被冻死。第一次霜冻后不久，那些幸存下

来的蚯蚓似乎获得了耐寒能力。这些蚯蚓会移动到大约 1.8 米深的土壤中！冬天，蚯蚓会堵住洞口，撤退到更深的洞中，一条或几条蚯蚓卷成球状，安然过冬。在炎热干燥的夏天，蚯蚓也会这样做。

对于我而言，花园让我着迷的部分原因在于当我在地面上处理日常事务时，成群的蚯蚓会在地下陪着我工作，令人安心。吃着香蕉经过花园时，我会把香蕉皮扔到豆科植物丛中。离开时，我会想象香蕉皮逐渐变成棕色、溶解成糊状，完成它作为花园有机物的使命。

也许会有一天晚上，午夜一点左右，花园里是一片漆黑，肥沃的土壤伴随着露水散发出浓郁的气味。一个洞穴隐藏在一片叶子或去年的黄秋葵茎下，尚未被注意到。一条蚯蚓从洞穴中钻出来，尽情地啃食我扔掉的美味的香蕉皮。

蜘蛛

从园林动物学的角度来看，排在种类超级丰富的昆虫和超级重要的蚯蚓之后的只能是蜘蛛。

夏秋之交，我们的花园中会充满许多有趣而美丽的物种。这些物种展示着各种各样的捕食策略和求偶仪式。

许多人不喜欢蜘蛛的一个原因是他们害怕被咬伤。当然，避免被咬伤最简单的方法就是不去触摸它们。幸运的是，作为一名蜘蛛观察者，你不需要冒险进入它们的攻击范围。在北美地区，胡蜂和蜜蜂蜇刺致死的人数远远超过蜘蛛叮咬致死的人数。其实，蜘蛛很少咬人，即使你误入它们的陷阱也一样。大多数蜘蛛的个头不够大，咬不破人的皮肤。

在北美地区，有两种蜘蛛能造成严重的咬伤，它们就是黑寡妇和棕色隐士。黑寡妇确实会出现在院子里，尤其是堆满垃圾的院子里。它们通常都待在物件下面。棕色隐士常出现在室内，尤其是家具后面的地板上。

昆虫长有 6 条腿，而蜘蛛不同，它们长有 8 条腿。与昆虫不同的另一点是，蜘蛛的身体不是分为三部分，而是只有两个主要部分，它们的头部和胸部结合在一起，形成了所谓的头胸部。

如果有一只可以研究的大蜘蛛，请留意它的前端，在下颚和第一对腿之间有一组看起来小得多的腿，不在8条腿之列。大多数时候，它们位于蜘蛛的面部下方。其实，它们既不是手臂也不是腿，而是须肢，是蜘蛛用来感知外界、抓住猎物的。雄性蜘蛛也用它们进行交配。

在雄性蜘蛛中，须肢的前端会膨大成特殊的腔。雄性蜘蛛准备交配时，会将精子储存在一个特殊的网中，然后用须肢将精子吸进腔内。发现雌性蜘蛛后，雄性蜘蛛会将须肢伸到雌性蜘蛛身体的下方，将精子送入雌性蜘蛛身体下方的开口内，交配行为就完成了。

蜘蛛最吸引人的地方，也许就是它们的编织艺术家身份。蛛丝是由蜘蛛腹部末端的纺器产生的，通常蜘蛛有6个纺器。大多数蜘蛛在行走时会放下牵引丝。这些蛛丝可以帮助蜘蛛沿原路返回，或者在失足的情况下保护它们自己。

未成年的蜘蛛称为幼蛛，它们会爬上高大的植物、栅栏以及其他突出在地面上的物体，并向空中吐丝。风会拉扯蛛丝。当这种拉扯足够强劲时，幼蛛会松开腿，风就会把它和自由飘浮的蛛丝带到新的地方。幼蛛的这种交通方式称为放气球。秋天，放气球的幼蛛经常会在空中形成银色的条纹。能反射阳光的蛛丝叫作游丝。

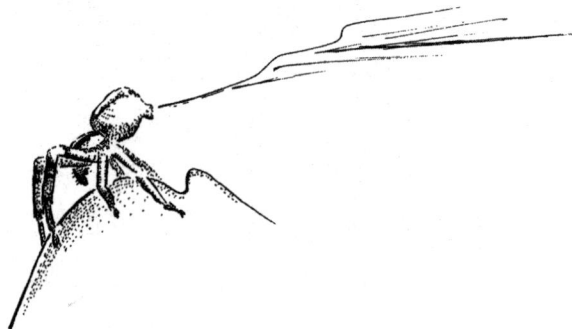

幼蛛会在风中吐丝，然后由蛛丝带到新的地方

蛛丝最有趣的用途是织网。某些种类的蛛网是特定科和亚科的典型特征，学习如何通过蛛网来识别蜘蛛也很有意思。

银金蛛用网抓住了一只蝗虫，它用毒牙将其麻痹，然后用纺器产生蛛丝，通过前腿快速旋转将猎物缠在里面

园蛛科的成员会织出圆网，那就是我们提到蛛网时通常想到的样子。皿蛛科的成员织的是片状网，片状网比较复杂，蛛丝向各个方向延伸形成三维结构的网。漏斗蛛科的成员会织漏斗网，这种网看起来就像竖立在草叶上，一端卷曲成漏斗状，形成像洞穴一样的通道。蜘蛛会在这条通道里等待到此漫步的小动物。

然而，并不是所有的蜘蛛都会结网。蟹蛛属于蟹蛛科，它们会埋伏起来等待经过的昆虫，通常张开前腿，时刻准备着捕食。狼蛛属于狼蛛科，体形较大，十分常见。你很可能在花园地面上看到过徘徊着寻找猎物的狼蛛，它们就像寻觅猎物的狼一样。

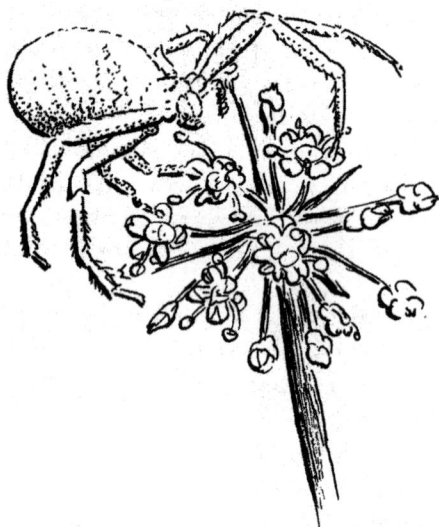

一只蟹蛛张开前腿，等待着它的猎物——来到这簇花前的小小访客

鸟类

光顾花园的鸟并没有很多种，但仅仅这些就已经足够有趣了。只要稍稍做些工作，我们就可以让鸟感到像回家一样，愿意常来造访。

从夏末到秋天结束，家麻雀尤爱寻找尘土飞扬的地方来洗沙浴。尘土飞扬的地方即使狭小也很受它们的青睐。鸟需要可靠的水源来饮用和清洁身体，因此在花园里或附近放置一个简易的小鸟浴盆，鸟就会不请自来。夏天，鲜艳的花朵以及提供花蜜或糖水的喂鸟器可以用来吸引蜂鸟，而霜冻后依旧挺立的向日葵会吸引红衣凤头鸟（北美红雀）、麻雀、燕雀等食籽鸟类前来饱餐。

鸟舍可能会吸引麻雀、家鹪鹩或双色树燕等举家前来，而观察幼莺一天天长大更是少有的令人兴奋的事。

不需要从商店购买鸟舍，也不需要请专业人员依据图纸用各种工具进行建造。我有一个带把手的塑料咖啡壶，容积在 1 升左右。它出现了裂缝，我就用小刀把其顶部的小口的直径扩大，然后将它挂在树上高约 3 米的地方，结果等来了一窝家鹪鹩！到了夏末，家鹪鹩搬了出去，紧接着就有一只灰色树蛙住了进去。下雨前，它会发出短促而响亮的颤音。经过壶身的放大，这种叫声听起来非常怪异和神秘。

蜂鸟不仅会被提供花蜜或糖水的喂鸟器引到花园中，还会被开着鲜艳花朵的观赏植物所吸引

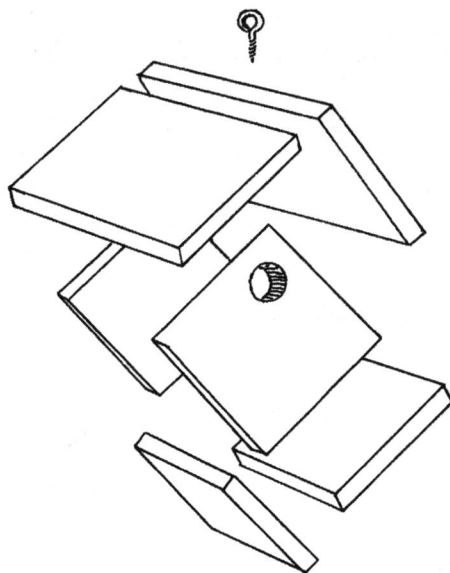

要想做一个鸟舍，你需要一把锯子、一把锤子、若干钉子、若干 2.5 厘米长的螺钉以及几块木板，然后按下列尺寸加工木板。
底面：10 厘米 ×10 厘米，一块。
侧面：10 厘米 ×10 厘米，两块；9 厘米 ×10 厘米，两块。
顶面：14 厘米 ×16 厘米，一块。

简易鸟舍

记录下哪些鸟会来到你的花园中，然后研究每种鸟的生活史，是一件很有意思的事情。你观察到的可能总是那四五种鸟，但偶尔会发现一些新的物种出现，尤其是在春秋迁徙期间。

鼹鼠

把修剪草坪视为头等大事的人往往很讨厌鼹鼠。我曾见过一位体弱的老妇人，她平时十分和蔼，喜欢穿蕾丝领的衣服，总是微笑着给孩子们烤姜饼。但碰到鼹鼠时，她就会拿着从孙子那里借来的草叉，像老鹰一样盯着草坪，看有没有新的鼹鼠地道出现。有的话，她就可以透过草皮刺穿这种小动物。

给鼹鼠设下陷阱的方式往往相当残暴，针对鼹鼠的毒药也很多。如果要控制鼹鼠，我所在地区负责农业推广的官员会毫不犹豫地建议我使用一种毒药熏蒸整片草坪。这种毒药可以杀死土壤里所有的动物，从蚯蚓到蛴螬，但对鼹鼠无效。这样做的理由是：如果把鼹鼠的食物（蠕虫、甲虫幼虫等）清除掉，鼹鼠就会自行消失。但是，这绝对不是这本书所倡导的那种尊重生态系统的生活态度。

其实，也可以通过非暴力的方式摆脱鼹鼠的困扰。只要在手边准备一把铲子和一个广口的罐子就可以了。当发现鼹鼠正在挖地道时，你可以轻轻地靠近地道，然后迅速将铲子插入地道中距出口大约 40 厘米的地方；这样就能切断鼹鼠的退路。将铲子向前推，利用地道末端堵住鼹鼠，然后向上抬起铲柄，使铲子与地面垂直。这样，鼹鼠就被从土里撬出来了。记得戴上厚厚的手套作为防护。运气好的话，你还可以把它铲进罐子里。

如果有机会，可以仔细观察你的猎物。由于在没有阳光的地下世界里视觉并不重要，鼹鼠的眼睛已经萎缩成两条细缝。它们强壮的前腿又粗又短，长有朝后的坚硬趾甲，看起来就像鳍一样。这样的身体构造方便鼹鼠在土中挖地道。

在挑选放生鼹鼠的地方时，要记住它们需要食物供应，还要有较为松软的土壤。布满坚硬碎石的废弃场地是不行的。

北美洲东部主要的鼹鼠种类是美洲鼹鼠，它们喜欢草坪、高尔夫球场、田野和花园。鼹鼠大部分时间都待在地下，挖掘地道并在其中穿行。那些地道四通八达，形成了广大的地下网络。鼹鼠会挖出一堆堆碎土，它们看起来就像人们随意倾倒的泥土。鼹鼠主要以蠕虫和甲虫幼虫为食，但碰到含淀粉的软糯的块茎和种下去的玉米籽粒时，它们也会吃。

美洲鼹鼠又叫东部鼹鼠，非常适应在地下觅食的生活

但是，鼹鼠也有益处。在它们吃的昆虫中，许多是会啃食花园中的农作物、破坏花坛中的植物的害虫。鼹鼠也是为数不多的能让土壤透气的动物。观察鼹鼠很有趣，它们值得在这个星球上占有一席之地。

如果在鼹鼠活跃的区域仔细观察，你一定会发现一条正在挖掘中的新地道。地道上方的土壤会隆起，在其尽头，我们可以看到一块上下翻动的土壤。轻轻地靠近那里（鼹鼠对土壤的震动非常敏感），你也许会看到在花园里出现的最奇怪的景象之一：蚯蚓从土壤中飞蹿而出，像牙膏受到强力挤压时从管子里喷出来一样。蚯蚓感到有鼹鼠从土壤中接近它们时，知道要逃离这一区域，即使要面对致命的阳光和知更鸟也在所不惜。

有趣的是，鼹鼠通常会在土壤的不同层面挖两组相互连接的地道。一组是草皮下面的地道，从地面上可以看到隆起的地方。另一组在 60 厘米深的地下，从地面上看不出来。鼹鼠很活跃，全年不分昼夜地活动。它们会在地下 45 ～ 60 厘米深的地方筑巢，以草为衬，每年产下一窝幼崽，数量为 4 ～ 5 只。幼崽出生一个月后就可以独立生活。南方的鼹鼠在 3 月左右分娩，北方的鼹鼠在 5 月左右分娩。

探索动物王国

我们才刚刚开始观察花园向我们呈现的动物王国。花园里还有蛞蝓、蜗牛、蜈蚣、马陆、螨虫、盲蛛、蟾蜍、蜥蜴等，偶尔也会有臭鼬、负鼠、浣熊、狗或猫前来游荡。

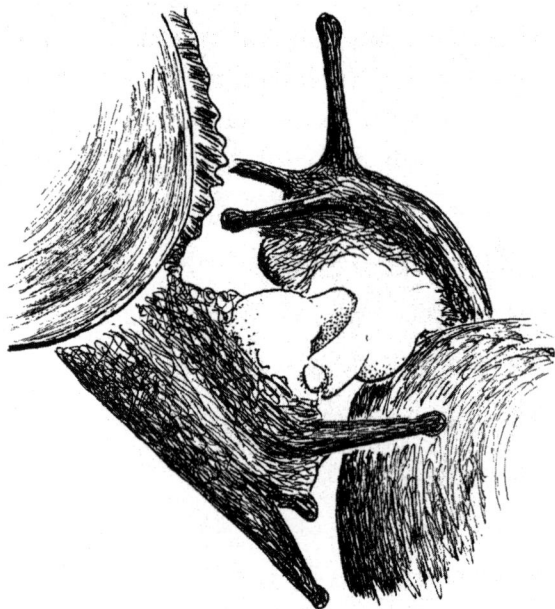

蜗牛同时长有雄性生殖器官和雌性生殖器官，所以它们可以互相授精。尽管体内存在自交障碍，但是有时它们也能成功自交并繁衍后代

受到干扰时，鼠妇会滚成球，用精良的盔甲保护自己。鼠妇无法在干燥的空气中存活，它们在夜间出来觅食，白天则在别的东西下面休息。

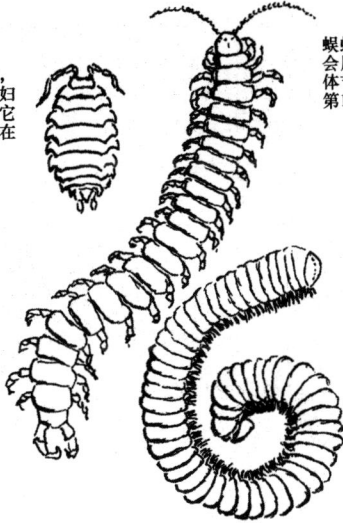

蜈蚣是捕食者，捕捉到昆虫后会用毒钩取其性命。它的每个体节上都有一对步足，毒钩是第1体节上特化的足。

马陆的每个体节上都有两对足，是无害的素食性食腐动物。

花园中的三种节肢动物

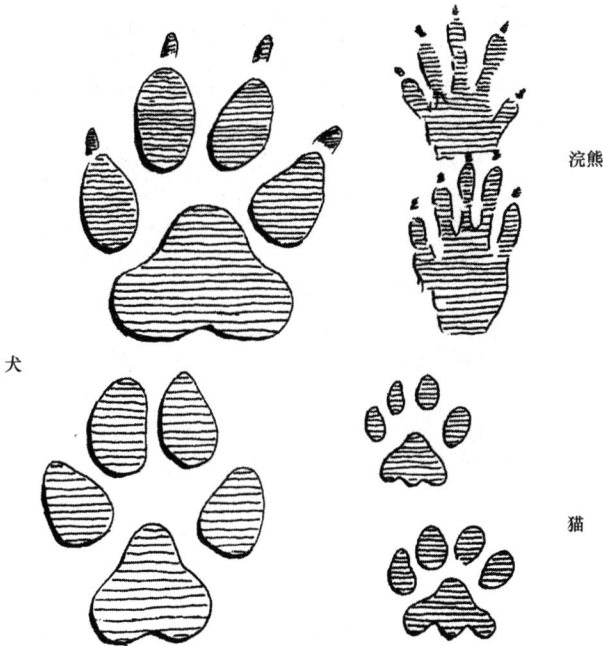

浣熊

犬

猫

花园中可能出现的脚印

现在，你明白了解一种动物多么有趣了吧？如果你在矮牵牛旁边的木片下看到一条蜈蚣，那就翻翻野外指南，搞清它是哪一种，然后就可以在你的自然观察笔记本中添加一页，开始收集它的有关信息。

美国蟾蜍大多在夜间活动，它们会让卵附着在植物上

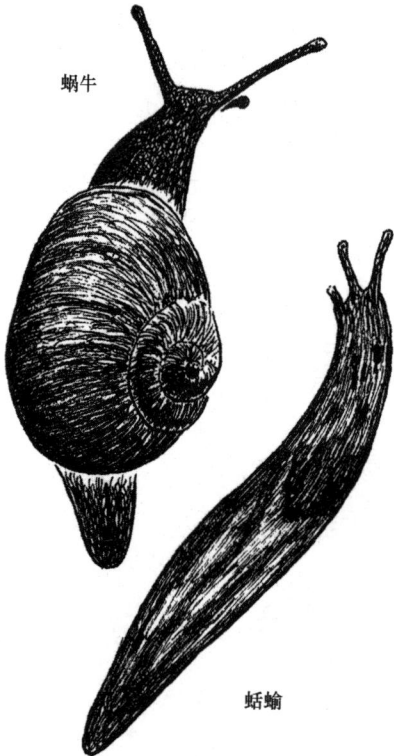

蜗牛

像蛤和章鱼一样，蜗牛和蛞蝓也是软体动物。蜗牛自带壳房，而蛞蝓没有。长长的"触角"实际上是用来感知外界的触须。眼睛长在触须下面突出部分的前端。这些动物的繁殖行为似乎是由体内的生物钟控制的。蛞蝓会在一定的光照、温度和湿度条件下繁殖，即使它们不知道季节，也能在适当的时间产卵

蛞蝓

　　对于花园中的任何一种动物而言，我们至少可以从 3 个不同的方面分析它的存在：这种生物的各个部分是如何组合在一起的，它具有哪些开发特定生态位的特殊适应能力；它吃什么以及如何获取食物；它的求偶、交配、繁育行为是如何进行的。

　　对花园中的动物进行这 3 个方面的研究，会让我们对大自然如何运转、万物多么脆弱以及大自然的方方面面多么值得我们敬畏和尊重产生全新的理解。

第三部分

花园生态学

读到这里，我们已经了解了关于个体植物和个体动物的大量信息，足以满足我们的好奇心与求知欲。我们可以在脑海中构想马铃薯和番茄的花之间的相似之处、蚜虫古怪的蜕变过程、蚯蚓赶在鼹鼠到来前从土壤中飞蹿而出的场景，以及不计其数的其他内容。

但是，无论这类信息多么吸引人，它们也只是一维的。这些是"邮票"式的信息，随取随用，值得一谈，可是它们缺乏一种能让真正的科学和理解更具实质意义的特征——对自然界的不同组成部分之间的相互关系的认识。对自然界中的相互关系保持高度敏感，是优秀博物学家的标志。

假设你是一个老板，打算雇人做一项工作。你读了一名应聘者的简历，看了他的教育背景、工作经历以及求职目标。通过这种方式，你对这个人有了大致的了解。这种信息就是一维的。现在假设你雇佣了这个人。随着时间的推移，你会认识到他到底是个什么样的人。

没错，这个新员工确实做了一些工作，但要命的是他太爱发牢骚！他还喜欢嚼舌根，总是怨天尤人，把办公室里搞得乌烟瘴气，可他确实出色地完成了大量工作。现在，你对这个人的为人处世就有了敏感性。你领会到的这个员工与工作环境的相互关系比你在简历上看到的一维信息更有意义，也有趣得多。

自然界也是一样的。无论收集了多少关于动植物的一维信息，如果对自然界的各个组成部分的相互关联不闻不问，我们就始终培养不出对真实情况的敏感性。

研究动植物及其与环境之间的相互关系的学科称为生态学。生态学所研究的相互关系不仅包括动植物之间的相互关系，也包括所有生物和环境（空气、水、土地、岩石、紫外线、污染物等）之间的相互关系。

生态学的核心是生态系统的概念。因此，在培养对上述相互关系的高度敏感性之前，我们需要先了解这一概念。

第十章　花园中的关系网

生态系统的概念

生态系统的一个定义是：它是自然界的一部分，由生命体与非生命环境构成，生命体与非生命环境在相互作用下会发生物质交换。

这个定义包含的信息很多，很值得我们多花点时间来理解其中的内容。定义的前半部分"它是自然界的一部分，由生命体与非生命环境构成"很好理解。我们知道，非生命环境就是指空气、水、土地等。实际上，地球上的所有角落几乎都在生态系统定义的范围内。

这个定义中真正能开阔我们思路的是后半部分。该定义指出，在一个生态系统中，生命体与非生命环境在相互作用下会发生物质交换。

阿·托尔斯泰的小说中有这样一个情节：两名俄国士兵在战场上交流着关于生死的悲凉想法。其中一个士兵对另一个士兵说："朋友，生命就是碳循环和氮循环的过程，还有一些我不清楚的其他什么东西。从简单小分子中形成复杂大分子，再从这些分子中形成其他复杂得惊人的分子……然后，像噩梦一样突然消失！碳、氮以及其他那些东西回归到最原始的状态。仅此而已。"

在大战面前，这些悲观的士兵却在思考着本质为生态系统概念的哲学问题——碳和氮在生物世界（士兵）和非生物世界（战场的土壤）之间的交换。

事实上，人类的存在（以及所有其他生物的存在）的所有特征都依赖某些化学反应的顺利运作。我们已经知道，如果光合作用由于某种原因不再进行，那么用不了多久地球上需要氧气的动物就会因窒息而死亡。光合作用过程就是所有生命所依赖的众多过程之一。

许多重要的化学反应在花园中都会发生，也能观察到。例如，如果没有碳循环和氮循环的正常运作，花园的生态系统就会崩溃，植物就无法生长。对于优秀的园丁来说，不管他们是否了解这些理论知识，都会花很多时间管理花园中的碳循环、氮循环，以及许多其他的化学反应。

显而易见，深吸一口气，静下心来花些时间了解具体内容十分值得。

花园中的化学知识

首先要记住，地球上所有的物体都是由化学元素构成的。一种化学元素可能存在的最小粒子是它的原子。不同元素的原子经常相互结合形成化合物。化合物中能保持其性质的最小单元称为分子。分子由原子组合而成。

每种元素都有一个标准符号，如氢元素为 H，氧元素为 O，碳元素为 C，铁元素为 Fe。元素之间的差别很大，如在常温下氢是气体，而金是固体。

当不同的元素相互结合时，生成的化合物（可以用化学式来描述）通常与这些元素的单质大不相同。例如，水是由氢和氧这两种在常温下呈气态的元素组成的。水的化学式是 H_2O，意味着一个水分子由两个氢原子和一个氧原子组成。一个蔗糖分子（$C_6H_{12}O_6$）由 6 个碳原子、12 个氢原子和 6 个氧原子组成。

了解了这些以后，我们回到碳循环和氮循环上。可以说，二者在自然界中具有一定的相似性（在花园中也是如此），碳和氮都会在许多生命体和非生命体中循环。它们有时悬浮在空中，有时黏附在土壤颗粒上，有时构成生物体的一部分。由于篇幅有限，我们没有办法展开来讲，下面只简单介绍一下氮循环吧。

不妨从氮气开始讲起。这种气体约占地球大气体积的 78%，也就是说我们以及花园里的植物吸入的大部分空气都是氮气。这些过剩的氮气并不意味着花园中的绿色植物可以轻易获得它们所需要的氮元素。问题在于，当氮元素处于单质状态时，绿色植物是无法利用它的。

由于某些不便赘述的复杂原因，花园里的植物必须以一种特殊的方式吸收氮元素。对于绿色植物来说，氮元素必须存在于一种原子团中，这种原子团中的每个氮原子周围都有 3 个氧原子，从而形成硝酸根离子（NO_3^-）。

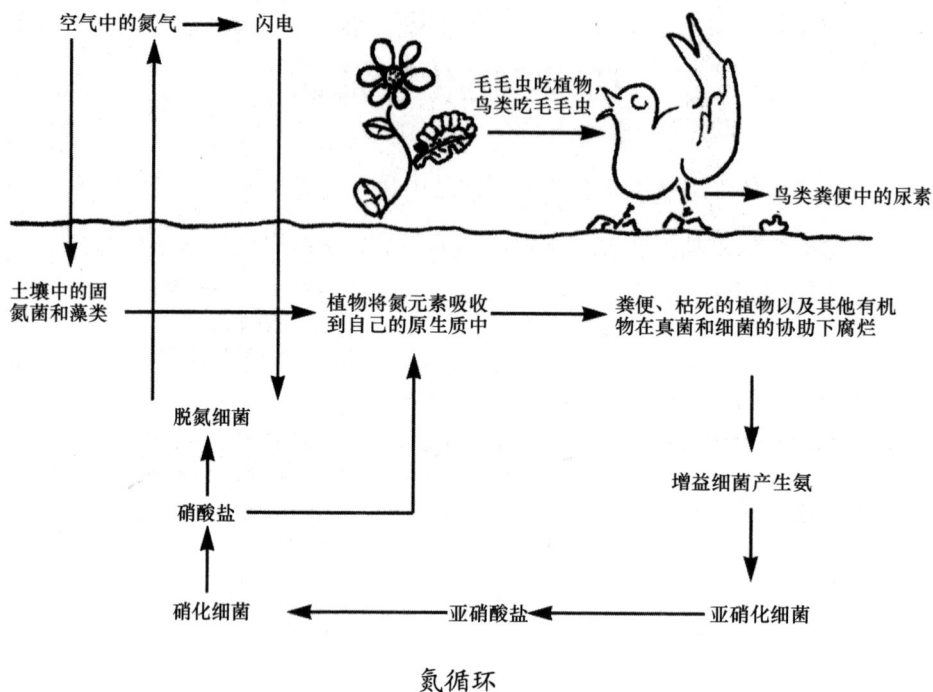

空气中的氮气 → 闪电

毛毛虫吃植物，鸟类吃毛毛虫 →

鸟类粪便中的尿素

土壤中的固氮菌和藻类

植物将氮元素吸收到自己的原生质中 → 粪便、枯死的植物以及其他有机物在真菌和细菌的协助下腐烂

脱氮细菌

硝酸盐

增益细菌产生氨

硝化细菌 ← 亚硝酸盐 ← 亚硝化细菌

氮循环

将大气中游离的氮气转化为绿色植物可利用的形式，这一过程称为固氮作用。自然界中有几种方式可以固定丰富的氮元素。奇怪的是，固氮过程有时是在闪电划过空气时完成的，但大部分是由几种细菌、蓝绿藻和少量真菌完成的。这些极其微小、无人注意、无人欣赏、无人喜爱的小东西大多生活在土壤中。

仔细想想吧！这些生物你可能从未听说过，也不会想起，但如果没有它们，氮元素就无法被固定，植物就不会生长（花园里的植物离开氮元素就无法存活），生态系统就会崩溃，人类也会随之灭绝！

下次再见到有人把有毒物质撒到土壤、溪流或湖泊里时，提醒他们为这些至关重要的细菌、蓝绿藻和真菌考虑一下吧。

氮循环的许多环节并不都以相同的速度进行。从循环的一个环节到另一个环节的一些关键性转变是迅速完成的，但其他环节可能会持续很久。氮元素可以被束缚在生物体内，直到生物死亡、腐烂后才会被释放回大自然中。生物死亡后，其体内的氮元素可能会以有机物的形式在土壤中存在数年。氮元素在一些转化过程中可能会与土壤颗粒结合，只有当这些颗粒本身分解时才会被释放出来，而这可能需要成百上千年。

除了氮循环，自然界中还有其他循环，每个循环对于地球上的生命来说都是不可或缺的。你可以在专门介绍生物化学的书中学到更多知识。所有这些相互关联的循环结合在一起，和谐地谱写出了一首地球之歌。花园中的番茄、百日草、蜂鸟、蝗虫以及你我都是这首歌中的音符。

堆肥

也许园丁所做的最简单的"化学工程"就是确保植物有足够的水。为了更好地了解花园中的化学，我们可以看看园艺中的一项重要的化学活动——堆肥，这是一个对地球友好的过程。

堆肥是将可生物降解的废物转化为非常有用的特殊物质的过程。可生物降解是指物质可以通过分解或其他常规的生物过程（如腐烂）重新回到土壤中。

例如，你在花园里放一条死鱼，如果它不被猫吃掉，最终就会被分解并融入土壤中。因此，那条鱼就是可生物降解的。树叶和枯草都是可生物降解的，木材、厩肥，甚至没有经过有毒化学药品处理的纸张也是可生物降解的。玻璃、铝罐、聚苯乙烯泡沫和其他大部分塑料被认为是不可生物降解的，它们被埋在土壤里，100年后也不会降解。

花园中可生物降解的东西几乎都是以有机物的形式存在的。你我都是由有机物组成的，但石头、水和空气不是。可生物降解的物质不一定都是有机物，如果没有添加有毒化学药品，所有有机物都是可生物降解的。

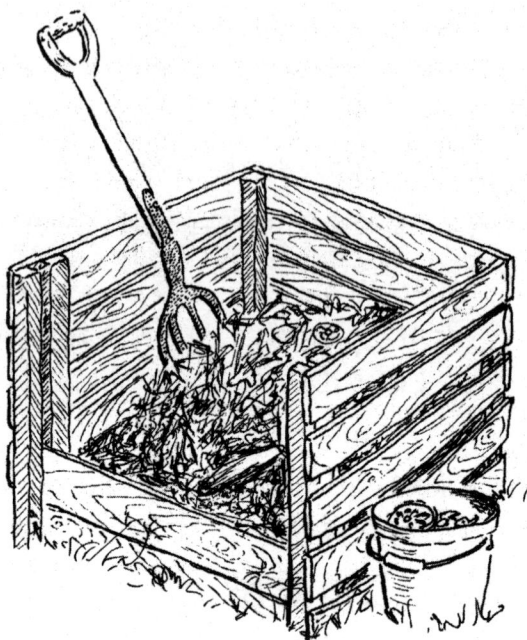

像这样部分封闭的堆肥箱需要侧面开口，保证空气自由进入。如果堆肥材料的外表为粉末状，颜色发灰，就要再加一些水；如果它变黑了，臭得像下水道一样，就要频繁翻堆，避免过湿

　　一些生物降解过程看起来和闻起来都很糟糕，比如某些形式的腐烂，但在堆肥过程中进行的分解是一种"干净"的腐烂形式，既不难闻，看起来也不糟糕。已经堆肥了一段时间的有机物被挖出来时，看起来是温暖潮湿的，闻起来有一种自然的霉味。

　　在通常情况下，要堆肥的可生物降解的有机物会被堆放在花园附近的堆头里。这是因为堆放在堆头里的大部分有机物（如过熟的番茄、哈密瓜皮、豆荚等）是花园的产物。此外，堆肥完成后得到的物质在花园及其周围大有用处。将这些松散、潮湿、多孔、有泥土味的深色物质混合到土壤中，可以改善土壤，防止植物基部的土壤变干。

在正常的堆肥过程中，微生物（细菌和真菌，小到只有在显微镜下才能看到）负责分解可生物降解的物质。这些微生物没有嘴，无法直接进食。大多数微生物会释放一些化学物质来溶解有机物（就像水溶解蔗糖一样），然后通过体表吸收所形成的化学溶液。

如果堆头的状况良好，其中的微生物有足够的时间分解有机物，就会形成一种奇妙的黑色粉末状物质，叫作腐殖质。除了充足的空气和水外，腐殖质是花园土壤中最合适的东西。腐殖质受欢迎的主要原因是它能提高土壤的保水能力并保肥，还能提高土壤的耕种能力。

园丁通常会中断堆头产生腐殖质的过程，得到一种松散、潮湿、多孔的材料，这种材料形成于粉末状腐殖质产生之前。把这种松软多孔的材料拿在手里，你通常可以认出其中有茎或秸秆的残体，现在它们大多已经被分解成微小、潮湿、多孔的深色颗粒。微小到看不见的生命体居然能如此迅速地分解堆头中的有机物，真的很神奇。

因为堆肥能把废物转化成有用的东西，所以现在很多具有生态意识的人会这么做。堆肥是一件很流行的事情，每个花园都可以进行堆肥。把吃完一块西瓜剩下的绿色外皮做成肥料的感觉比把它扔进垃圾桶里运到垃圾填埋场或者扔进已经被污染的海洋里要好得多。

然而，尽管有那么多电视节目、杂志文章以及园艺用品商店里出售的堆肥用具，出人意料的是尝试堆肥的人经常以彻底失败告终。人们把有机物堆起来，但产生的不是能够被撒在三色堇周围的那种有用的物质，而是招苍蝇的、难闻的碍眼之物。

这是因为大多数没有经验的堆肥者不明白他们实际上在做的事情是帮助微生物吃掉有机物。维护堆头，更像是让一群饥肠辘辘的鸡吃饱，而不是顺其自然就可以。微生物没有嘴，它们基本上是通过化学方式来摄入养分的。如果了解一点化学知识，我们就能做得很好。

并不是所有有机物都适合放入堆头中，最常见的适合堆肥的有机物包括树叶、草坪上的草、生厨余垃圾、咖啡渣、锯末以及湿透的报纸等。事实上，可堆肥的材料清单很长，而列出不适合堆肥的东西更容易。不要用以下东西进行堆肥。

1. 肉类和用油脂烹制的蔬菜（这些东西会吸引动物，而且分解速度太慢）。

2. 生病的花园植物（病害会传播到花园里）。

3. 多年生杂草的根（它们可能会发芽生长）。

4. 种子有活力的杂草（它们可能在花园里发芽）。

5. 无机材料，如塑料、陶瓷、玻璃和金属等。

6. 含有某些化学物质的物品，如彩色图书杂志、涂有含铅油漆的木制品、用防腐剂处理过的木材、药物等。

7. 柑橘皮（需要很长时间才能分解）。

8. 洋葱（如果你不想在大热天闻到臭味）。

在生物学中，有一个叫作碳氮比的概念。无论是花园中的土壤、生长着各种生物的整片森林还是堆头，运转良好的生态系统中碳原子和氮原子都有一个最有利于生物生长的数量比。

在典型的农田土壤中，碳原子和氮原子的比值为 $10 \sim 12$。也就是说，每存在一个氮原子，就会有 $10 \sim 12$ 个碳原子。为了腾些空间在花园里培养些新植物，有时需要把豆藤拔起来放在堆头上，这时的碳氮比可能在 20 到 30 之间。如果把厩肥和许多干稻草混合在一起进行堆肥，碳氮比将超过 90——90 个以上的碳原子对应一个氮原子。

一旦你意识到以下事实，碳氮比的意义就不言自明了，那就是在分解有机物的微生物体内，碳氮比远低于刚刚提到的数值。微生物体内的碳氮比通常为 $4 \sim 9$。因此，微生物是堆肥中聚集氮元素的关键。

接下来让我们从微生物的角度来考虑这个问题。假设你刚刚用一大堆草屑和生厨余垃圾进行堆肥，希望堆头里的微生物把所有的有机物变成可以撒在牵牛花周围的东西。微生物面临的问题是：它们必须扩大种群，才能达到分解所有有机物所需的数量。在此之前，由于微生物体内的碳氮比远远大于它们周围的有机物的，所以要扩大微生物的种群，就必须想方设法从别处获取更多的氮元素。

要求富含氮元素的微生物繁殖并分解缺乏氮元素的堆头是不可能完成的，即使为它们提供合适的有机物以及充足的空气与水也不行。微生物在自然界中几乎无处不在，尤其是在土壤中。土壤中原有的少量微生物会进行简单的堆肥，但它们的努力常常会被埋没，其他对氮元素的需求较少的微生物会让堆头中的有机物腐坏。

因此，成功的堆肥在很大程度上是氮的管理问题。堆肥者可以通过以下几种方法来处理这个问题。

1. 大多数园艺用品商店出售堆肥活化剂——通常是干燥的微生物以及它们开始繁殖时所需的富含氮元素的粉末状混合物。

2. 懂化学的人通常会买一袋化肥，比如硫酸铵或硝酸钠，然后在堆头里"加注"氮元素，这样可以省些钱。看看这些化肥中有效成分的分子式就知道原因了。硫酸铵的分子式是 $(NH_4)_2SO_4$，硝酸钠的分子式是 $NaNO_3$。（记住 N 是氮元素的符号。）

3. 厩肥是氮元素的天然来源，它通常与吸收了大量牲畜尿液的干草混合在一起，因此品质非常好。尿液中含有大量叫作尿素的化学物质，也就是 $CO(NH_2)_2$。在一个尿素分子中每两个氮原子对应一个碳原子，所以尿素分子的碳氮比为 0.5。这足以让大多数微生物垂涎欲滴——如果它们长嘴的话。

堆肥者要做的第一件事应该是思考，因为有好几种不同的堆肥策略可以采取。你选择的策略应该取决于你对以下 3 个问题的回答。

1．你打算用什么堆肥？是一大堆树叶还是你从厨房里收集的生厨余垃圾？

2．你打算将堆肥的产物用在何处？你是想要在种子盘中使用的高级腐殖质，还是想要适合撒在番茄植株基部的物质，它们分解得慢一些也没关系？还是说你只想完成一些花园中营养物质的循环，或者处理掉原来的有机废物？

3．你真的有时间、精力和兴趣这样做吗？维持堆头的平稳运转是一项艰苦的工作，你必须按照时间安排进行操作，不能随意干。

为了回答这些问题，我们可以先看看照料一个大型开放式堆头时要做些什么。开放式堆头是指没有被封闭在某种容器内的堆头，即直接堆在地面上的大量有机物。

若想建造一个慢速的大型开放式堆头，需要

一卡车有机物（如树叶、草屑）、

一把干草叉、一把铲子和适量的

活化剂。

1．选择一个靠近花园而又不挡路的地方进行堆肥，最好是阴凉处。通过翻土或浇水使土壤变得松软，这样便于水分通过堆头渗透到土壤中，避免营养物质流失浪费。

2．在堆底铺上 30 厘米厚的有机物废料，形成一个边长为 1.5～2 米的正方形，然后用水将其浇湿。

3．添加活化剂。如果恰好有厩肥，可以铺上约 2.5 厘米厚的一层，然后在它的上面铺上十几厘米厚的土壤。如果没有厩肥，只需铺上约 2.5 厘米厚的肥沃土壤，并使用富含氮的活化剂。除了肉，几乎任何含氮量高的食物都可以作为活化剂——可以是富含蛋白质的干燥易碎的狗粮，也可以是骨粉、血粉、棉籽粉或者苜蓿粉（某种商用猫砂的主要成分就是苜蓿粉）。我们能看出来，这些材料可能会花费不少钱。

4．重复第二步和第三步，交替铺上有机物废料和活化剂，其底面的边长不断减小。最终，你会得到一个 1.5～2 米高的四棱台，其侧面陡峭，顶部平整。让堆头内部尽可能保持疏松，这样微生物就能获得氧气。

5．用水浇透堆头，但不要让它太潮湿。在堆头上铺大约 15 厘米厚的肥沃土壤，并将顶面做成凹形，以便收集雨水。

6．在使用堆头期间，要让它保持微湿状态，不要过于潮湿。过于潮湿和干燥都不好。可以时不时地将手伸入堆头，感受一下它里面的状态，应该能感觉到那里又热又潮湿。若遇上干燥的夏天，一周左右用水浇灌一次。

7．过一个月左右，挖开堆头，看看里面的情况如何。如果里面的物质呈灰色，而且含有真菌，则说明堆头一直处于过于干燥的状态；如果里面的物质呈黑色，闻起来像下水道的臭味，就说明堆头过于潮湿，微生物所需的氧气不足。如果有机物废料看起来已经被正常分解，就可以用铲子把整个堆头移动到旁边，将原来位于内部的物质放到外层，而把外层物质放到内部。这样做的目的是给堆头充气，让它重获新生。

外层变成一种不透水、不透气的"表皮"是非常常见的失败案例，会导致水分流失，空气也无法在堆头内部循环。因此，一定要避免这种情况发生。上述操作中的最后一步可以多重复几次，翻动的次数越多，堆头的质量就会越好。当堆头变成你想要的样子时，就可以停止翻动了。

温暖时节，大约 3 个月就可以完成堆肥，而在寒冷一些的冬天可能要更久。冬天，堆头上可能会有蒸汽升起，说明数以亿计的微生物正在为你辛勤劳作。

了解大型堆头之后，你很有可能会放弃。下面看看更适合大多数人的小型堆头吧。

> ## 若想建造一个速成的小型铁丝网堆头，仅需
>
> 一把干草叉、适量的活化剂，以及一张
>
> 大约 3 米长、90 厘米宽、
>
> 网眼大小为 5 ～ 10 厘米的铁丝网。

1. 如果你想让含有丰富营养的水能够通过堆头渗入下方的土壤中，可以通过翻土的方式让下方的土壤变得松软，再在其上开始堆肥。

2. 将铁丝网的两端连接起来，形成一个直立的圆筒。

3. 在圆筒底部铺一层有机物。如果所选的有机物大多是潮湿密实的物质（如花园中过熟的农产品或生厨余垃圾），那么将其松松散散地铺约 5 厘米厚的一层就可以了。如果有机物主要是干燥的材料（如稻草或干树叶），则可以铺 7 ～ 10 厘米厚的一层。

4. 加入活化剂。如果使用的是浓缩形式的氮（如苜蓿粉、骨粉或干燥的高蛋白狗粮），则可以撒上一大把；如果使用的是厩肥，就撒上一铲，再在上面撒一铲肥沃的土壤；如果使用的是从商店中购买的活化剂，则按照包装盒上的说明进行操作。

5. 重复上面的两个步骤。当堆头与铁丝网一样高或者有机物用光时，就不用继续堆了。

6. 用水浇透堆头，但不要让它过于潮湿。在堆肥期间，让堆头始终处于湿润状态。遇上炎热干燥的天气时，可能需要每隔三四天用水管浇一次水。

7. 一周后，取下铁丝网。可以将它从堆头上提起来，也可以把网的两端分开，将它从堆头上解开。在堆头旁边重新竖起铁丝网圆筒，然后把堆头材料铲回筒中。把旧堆头较为干燥的外层材料放到新堆头的内部。这个时候就可以

看看堆头内部的物质如何了。如果它看起来很干，还未进行发酵，就需要更加认真地浇水，也许还需要多撒一些活化剂。

8. 再过两周，你应该就会得到一种粗制的覆盖物，既可以将其撒在番茄植株基部周围，也可以将其混合到土壤中。如果你想得到更加精细、更有营养的成品，就需要不断重复上述步骤，直到得到你想要的东西。

园艺用品商店经常出售堆肥用具。有种 T 形的金属工具长约 76 厘米，可用于翻搅堆头内部的物质，从而形成空气通道。这种工具很有用，但是用干草叉或者结实的木棍也能达到同样的效果。

堆肥温度计很有意思。它通常有 50 厘米长，测量的最高温度可达 104 摄氏度。当微生物分解有机物、大分子被分解成小分子时，随着化学键的断裂，其中蕴藏的能量将以热量的形式释放出来，堆头受热升温。较好的堆头内部的温度应该能达到 60 ～ 65 摄氏度。

你还可以购买聚乙烯堆肥箱，这样的箱子能够容纳大约 0.5 立方米堆肥，能够保证充分通风。但对我来说，它上面的孔还不够多，也不够密集。通风非常重要，这是我的经验之谈！

我发现，大多数被堆肥难倒的人其实缺少有机物。下面介绍的这两种堆肥方法所需的时间和成本都很少，但可以将不需要的有机物回收到花园的生态系统中。

若想开沟堆肥，仅需

开沟用的工具

（如果土壤特别松软，用脚就可以）。

1. 在花园里开一条 10 厘米深的沟。

2. 有了生厨余垃圾时，就可以将其倒进沟里，然后在上面盖上土，清理平整。

3. 填满后，用铲子或锄头将有机物与周围的土壤充分混合。

4. 再挖一条沟，重复以上步骤。

就是这么简单，而下一种堆肥方法更加简单。

若想覆层堆肥，仅需

一些有机废料。

1. 在花园中的土壤上松散地铺上一层有机废料，只需覆盖地表面积的三分之二，留下三分之一的裸露土壤。

2. 静待有机物进入土壤。

生态金字塔

20 世纪 60 年代，我还在读大学。那时的生态学是一门涉及食物链、种群抽样方法、群落营养级和指标物种等主题的生物学课程。生态学给人的感觉就像数学。尽管如此，它还是非常迷人的。我以前的生态学教授教给我一种观察花园的方法，那就是观察生态金字塔。

例如，在池塘里，睡莲和漂浮在水面上的藻类利用阳光的能量进行光合作用，合成它们所需的碳水化合物。于是，睡莲和藻类就构成了生态金字塔的基础。以睡莲和藻类为食的鱼类等动物构成了生态金字塔的第二层。

鲈鱼和雀鳝等食肉鱼类会捕食以睡莲和藻类为食的鱼类，它们构成了生态金字塔的第三层。人类和浣熊等捕捉并吃掉鲈鱼和雀鳝时，就占据了生态金字塔顶端的位置。人类和浣熊通常不会成为其他物种的盘中餐。

在这个生态金字塔中，可以说以睡莲和藻类为食的鱼"吃金字塔低层的食物"，而人类和浣熊则"吃金字塔高层的食物"。当吃谷物和蔬菜的牛成为我们的食物时，我们还是"吃金字塔高层的食物"，但我们直接吃花园中的植物时，就是在"吃金字塔低层的食物"。

对于关心土地利用效率、人口过剩对环境的影响以及自然资源遭到的肆意破坏等问题的人来说，生态金字塔是一个很好的模型，每上升一层就会造成大量的浪费。

让我们一起看看生态金字塔中的能量问题。假设有一个非常简单的生态金字塔，它由一片苜蓿地、几头在这片土地上吃草的牛和一个吃牛肉的男孩组成。经过计算可知，一年内需要 2000 万株、重约 8000 千克的苜蓿来养活 5 头重约 1000 千克的牛，才能满足这个男孩的能量需求。

如果这个男孩变成了一个素食主义者，并用同一片地来种菠菜，那么这片土地上生产的菠菜可以为他提供的蛋白质是牛肉的 26 倍。换句话说，作为一个素食主义者，男孩种植菠菜所利用的土地是他吃牛肉时所利用的土地的 1/26。

人类用农业系统取代自然生态系统时，能量的低效利用是不可避免的，同时还会出现严重的生态退化。例如，牛所吃的草和玉米几乎都生长在自然条件下物种丰富的森林里或草原上，而违反自然规律的单一种植（如草场和玉米地）会导致水土流失，农药和化肥也会从这里进入江河湖泊。

第十一章　动植物名称

想象一下，你在花园中漫步，留意着脚边的杂草。这时，你的脑海中有个声音在轻声告诉你："生长在堆头旁边的是曼陀罗，它的种子有毒。长在豆科植物之间的藜[1]有个有趣的名字，因为它尝起来像羊肉一样。在格里夫的《现代草本植物志》一书中，缠绕在秋葵茎上的旋花属植物被标明具有'泻药作用'，当时的医生认为腹泻可以清除体内杂质，因此会用其入药。沿着花园边缘生长的马唐结出的种子是家麻雀的最爱。那棵从覆膜中冒出的宝盖草开着紫色的小花，看起来像小狗的脸……"

有这样一个声音在一旁讲着有趣的故事，无论什么样的花园都会变得非常有意思。如果你认真地去了解花园里的动植物，有一天你就真的能听到那些故事。它们会帮你不断回忆起你遇到的那些东西，如杂草、昆虫、蜘蛛、真菌、农作物、花卉、堆头、土壤等。

对于花园博物学家来说，获取这些信息的方法可以非常简单：找出你感兴趣的事物的名字，并在图书和其他参考资料中查找它们的名字。

但是对你来说，怎么找到动植物的名字呢？最便捷的方法就是询问他人。然而，也有可能你的身边没有人能够告诉你答案。在这种情况下，野外指南这类图书就是你的好帮手。

野外指南

常见的野外指南可以帮助你识别鸟类、昆虫、野花以及同样引人瞩目、易于观察、受人喜爱的其他动物，但介绍禾本科植物和昆虫幼虫的野外指南不是很容易找到。

介绍动植物的野外指南使用起来非常简单。你想识别什么，在书中搜寻相应的图片就可以了。大多数野外指南的排版很特别，你不需要从头开始翻阅。例如，植物野外指南通常根据花的颜色将各个物种划分到不同单元中。

---

[1] 英文名为"lamb's-quarter"，直译为"羊腿藜"。——译者注

野外指南的这种使用方法最重要的意义在于引导你去仔细观察动植物并了解它们。例如，有种常见于北美草坪上的杂草叫作白三叶草。为了确认你观察的那棵植物是一种三叶草，而不是诸如薄荷之类的植物，你需要细心观察。如果它的花长得像豌豆花，叶被分成 3 个楔形部分（称为小叶），那么它就是一种三叶草。为了进一步确认你观察的三叶草是白三叶草，而不是长得像白三叶草的其他三叶草，你需要查验它的每片小叶上都有一个浅白色的三角形印记，茎不是直立的，而是匍匐在地面上。如果不是野外指南要求你检查这些特征，你可能永远不会注意到三叶草的叶分为 3 片小叶，更不会知道它们的茎除了直立、倾斜，还可以匍匐在地面上。

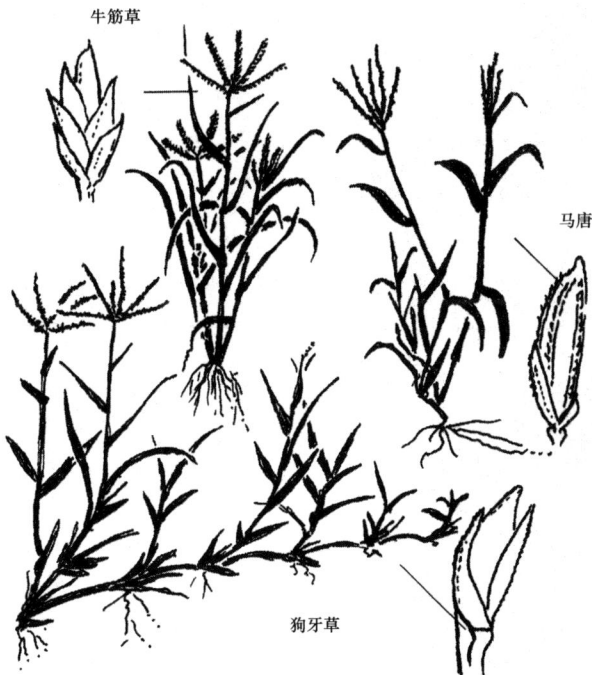

一眼望去，这些入侵花园的杂草看起来极为相似。然而仔细观察它们的小穗，你就会发现它们的基本结构的差异很大。牛筋草的每一个小穗由几朵小花组成，而马唐和狗牙草的每一个小穗都只有一朵小花。狗牙草的颖片与小花等长，而马唐的颖片则要短得多

黑脉金斑蝶　　　　　　　　总督蝶

黑脉金斑蝶幼虫以苦乳草为食，所以鸟类难以接受它们的味道，基本上不会吃它们。与之不相关的总督蝶与黑脉金斑蝶的样子很像，高超的拟态技术让它们也得以摆脱鸟类的捕食，尽管专家证实总督蝶的味道一点也不苦

检索表

野外指南也有其局限性。对于鸟类的识别来说，因为一个地区的物种数量相对来说较少，所以野外指南能发挥很大的作用。然而，识别北美地区昆虫的野外指南绝不可能是一本便携的口袋书，因为北美地区大约有 88600 种昆虫！

研究种群较大的动植物时，如果不考虑一些较为专业的细节（比如心皮数量），通常鉴别不出具体物种，而野外指南的插图是不会呈现这些细节特征的。对于我们这些追求专业、意在成为大自然的一分子的人来说，在野外指南的插图之外，还有很多值得探寻的地方。

这就涉及检索表的使用。这种检索表应该由你自己创建，我们在这里稍作展示，以便让你知道如何去做。

常见洋葱及其近亲的检索表示例

1　叶扁平（非花柄）···································2

1　叶为圆筒形（非花柄）·····························3

2　鳞茎由 6～10 个小鳞茎或分瓣组成，被包裹在白色的纸质
　　膜中；叶没有皱褶·······························大蒜

2　鳞茎为实心，叶沿中脉向下弯折···················韭菜

3　叶多，坚硬，密集成簇···························细香葱

3　叶少，柔软，不密集，不成簇·······················4

4　叶众多，细长，从基部逐渐变细，形成锐尖···········葱

4　叶稀少，较大，中部最厚·····························5

5　鳞茎大而圆·····································洋葱

5　鳞茎只略大于上方的茎·····························青葱

实际上，需要识别鲜为人知的动植物的生物学家很少使用配有插图的野外指南。他们使用的是带有上述检索表的专业出版物。此外，有种计算机应用程序也日渐得到广泛应用。

这里展示的检索表用起来比其他大多数检索表都容易，因为它使用了人们熟悉的词语，如"鳞茎""叶""圆""纸质"。真正的检索表通常要求使用更专业的语言来描述非常特殊的特征。下面是《格雷植物学手册》中的一个典型句子：

"一年生，叶上表面不粗糙，雄花序总苞无毛或具柔毛，果具 4～7 个锐齿或疣粒。"

这句话可以用来识别北美洲东北部自然生长的开花植物，而无论它们是杂草、蕨类植物、被子植物或裸子植物。

如何？也许你能读懂"叶上表面不粗糙"，也许你还记得第一章中介绍的一年生植物，但是其他部分呢？"雄花序总苞""无毛或具柔毛""疣粒"是什么意思呢？《格雷植物学手册》中的这句话是识别美洲豚草的检索表中的最后

一句话。你能发现这句话中的哪些部分比较接近豚草的特征吗？

事实上，这些深奥的词语正是检索表的部分趣味所在。当你在检索表或者野外指南中遇到不理解的词语（如"总苞"）时，可以查一下。几乎所有使用检索表的野外指南都有词汇表，你可以从中找到这些术语的定义。

《格雷植物学手册》中写道，总苞是"围绕着花序、花头或单朵花的一圈或一组苞片"。如果你不知道苞片是什么，在同一个词汇表里也能找到答案，它是"围绕花生长的或多或少特化的叶，或属于一种花序，或茎生"。如果你还是不懂"花序""茎生"等术语，就接着查下去。

通过检索表进行跳跃式学习，可能要花一到两周的时间才能辨认出一种植物，但是你会学到许多特别的植物学知识。

无论是杂草、昆虫还是其他生物的检索表，读完后，你一定会感受到思路开阔，在生活中从未想过的领域会浮现在你的脑海里。每当一只昆虫从你的身边飞过，或者角落里的一棵三色堇向你点头时，你就会有一种自得之意涌上心头。

常用名和拉丁名

我们已经了解到花园中的动植物有两种名称——常用名和拉丁名。

小的时候，我在美国肯塔基州的一个农场里长大。每年夏天，我家附近的排水沟边上都有一种齐膝高的漂亮杂草开着鲜艳的橙红色花朵。父母告诉我，这种杂草叫印度画笔。

有一天，父母给我买了一本介绍野花鉴定的小书，叫《野花野外指南》。收到书后，我迫不及待地开始在书里翻找印度画笔。令我惊讶的是，书中展示的印度画笔和排水沟边的那种植物一点也不像。我翻遍了整本书才找到那种植物，但是它的名字叫作蝴蝶草。

那时的我是一个血气方刚的少年，坚信父母错了，所以就拿着我的发现去跟他们当面对质。他们拒不承认，还说他们认得那种植物，而且认识它的所有人都管它叫印度画笔。我的祖辈、表亲、左邻右舍、老师和同学也都认为那种植物只有一个名字——印度画笔。

过了许多年，我成为了一名大学生，终于等到机会解答我心中的疑惑，在我所能找到的内容最全、看起来最专业的植物学著作《格雷植物学手册》中搜寻那种植物的信息。这本书列出了 3 个名字：蝴蝶草、胸膜炎治疗根以及恙螨根。两卷本著作《现代草本植物志》中给出了更多的名字：燕麦草、大块根、风根、止痛根以及橙色牛奶草。不仅如此，我的植物学老师坚持认为这些名字都不如互叶牛奶草好。似乎只有我的家乡人才会把这种植物叫作印度画笔。

尽管这种植物的常用名无法统一，但是它的学名叫作柳叶马利筋，这一点是无可争议的。

学习动植物的名称时，还可以关注这些名字本身。每一种动植物的名字都有出处，它们传入英语的背景故事也都很有趣。在学习过程中，你不妨在自然观察笔记本上记录一些关于动植物名字的故事。

要探寻名字背后的故事，第一步就是查阅一本介绍词源的字典。以"tomato"（番茄）这个名字为例，查阅过后，你将了解到以下背景故事。

"tomato"是通过西班牙语中的"tomate"这个单词传入英语的；墨西哥说纳瓦特尔语的印第安人将这种植物称为"tomatl"，登陆墨西哥的西班牙人听见后误以为是"tomate"。因此，"tomato"这个名字很接近首先驯化野生番茄的美洲印第安人给它起的名字。

番茄的拉丁名是 *Lycopersicon esculentum* [1]。"*lyco*"来自古希腊语，意为"狼"；"*persicum*"是古拉丁语，意为"桃子"。因此，"*Lycopersicon*"直译为"狼桃"，可能与早期欧洲人认为番茄有毒有关。物种名称"*esculentum*"源于拉丁语"*esculus*"，意为"可食用的"。

拉丁名不仅仅可以用来查找信息，还可以帮助我们了解生物之间的关联。

---

　[1]　此为异名，番茄的拉丁名应为 *Solanum lycopersicum*。——译者注

研究植物和动物之间的关系以及如何对它们进行分类的学科叫作分类学。

要感谢瑞典博物学家、分类学家卡尔·林奈在18世纪发展了这一体系，这才有了如今人们使用的现代分类学的基本规则。当谈到"栎属植物""蛙类物种""一个蔷薇的变种"时，我们采用的就是林奈的分类系统。如果我们用他的分类系统对某一花园中特定的豆类进行综合分类，将会得到以下结果。

界：植物（植物界）

亚界：有胚植物（多细胞胚）

门：被子植物门（开花）

纲：木兰纲

亚纲：蔷薇亚纲

科：蝶形花科

属：菜豆属（*Phaseolus*）

种：普通种（*vulgaris*）

变种：肯塔基奇观

对于夏季傍晚在花园中飞舞的萤火虫，我们也可以依照相似的方法进行分类。

界：动物（动物界）

亚界：复细胞动物（多细胞）

门：节肢动物门（节肢动物）

亚门：有颚亚门（有下颚）

纲：昆虫纲（昆虫）

目：鞘翅目（甲虫）

科：萤科（萤火虫）

属：亮尾属（尾部闪亮）

种：宾夕法尼亚种（宾夕法尼亚的）

林奈的分类系统非常值得深入思考，其中一点是它让我们知道地球上的所有生物都可以通过可定义的关系相互联系在一起。比如，对橡树与前述的菜豆进行分类时，从界到亚纲完全一致。但是，橡树与菜豆属于不同的科。我们可以好好想想，在界、亚界、门、亚门、纲、亚纲这些层面上，哪些最为基础的相似之处将豌豆和橡树联系在了一起。

猫薄荷
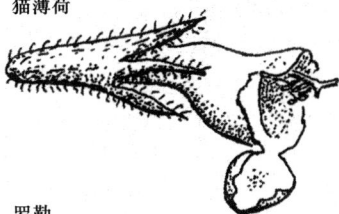

蜜蜂花

罗勒

匍枝百里香

苦薄荷
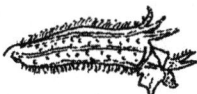

鼠尾草

这6种花都属于唇形科，外观上却有着明显的不同。除了鼠尾草外，其他5种花都长有4个雄蕊。鼠尾草的第二对雄蕊缺失或发育不完整。并不是所有的唇形科植物都有薄荷的清香

信息收集

知道花园中动植物的名字是为了通过各种渠道收集更多的信息，更全面地了解它们。

假设你想了解关于白三叶草的更多知识。在图书馆里，我们从介绍可食用植物的书中可以了解到，美洲印第安人过去常常把较嫩的白三叶草煮熟后当作沙拉吃。磨碎的白三叶草种子和晒干的花朵可以用来制作营养丰富的面包。早期的欧洲殖民者会用白三叶草泡茶，或者用晒干的花头制作药饮。从关于野生动物的食物的书中可以得知，许多以种子为食的鸟类（如鹌鹑、松鸡、麻雀）和美洲旱獭等喜欢吃白三叶草细小坚硬的种子。从普通的美国高中生物教材中可以了解到，白三叶草是豆科的一员，它的根上有小瘤，里面有一种特殊的细菌，能将大气中的氮气转化为容易被植物吸收的氮元素。

简而言之，查找的范围越广，你能找到的信息就越多，白三叶草也就变得越有趣。

收集到所观察的动植物的信息后，就把它们写在自然观察笔记本中，画幅草图，并标出重要的识别特征，比如白三叶草小叶上灰白色的 V 形结构。

翻阅图书杂志，收看自然类节目，与了解动植物的人交谈，可以让你的笔记本上记录的内容越来越丰富，有趣的信息多到连你自己也想不到！

第十二章　土壌

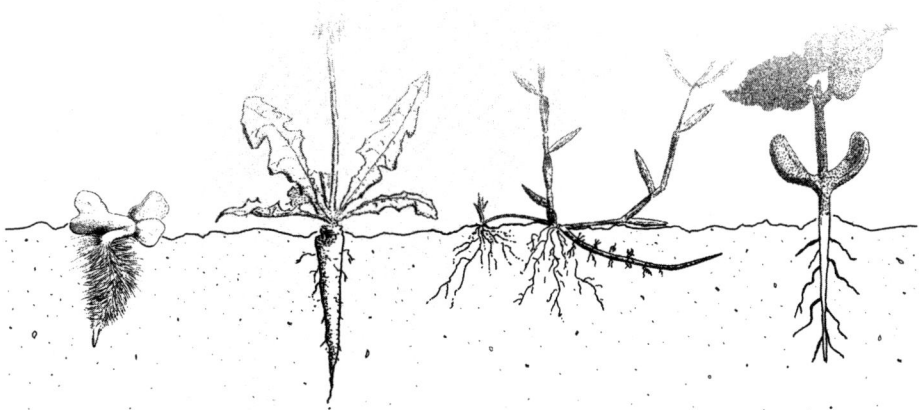

土壤是花园生态系统中化学作用最明显的部分，其中既有微妙的活动，也有不那么微妙的活动。土壤学家经常将土壤称为"土壤溶液"，因为土壤不仅仅是泥土，其中还含有生物和化合物发生紧密且重要的相互作用的溶液。

首先，我们来了解看似非常简单、影响却非常深刻的能量流动关系：

太阳→植物→动物

对于地球上的生命来说，这可能是所有公式中最基本的一个。它告诉我们，来自太阳的能量被植物捕获，而动物只能通过食用植物或者其他动物获取能量。因此，动物体内所蕴含的能量原本也是由植物从阳光中捕获的。

由于动物所需的能量都要经过植物才能获取，而我们、牛和其他动物吃的很多绿色植物离不开土壤，因此土壤对地球上的生命具有不可言喻的重要意义。

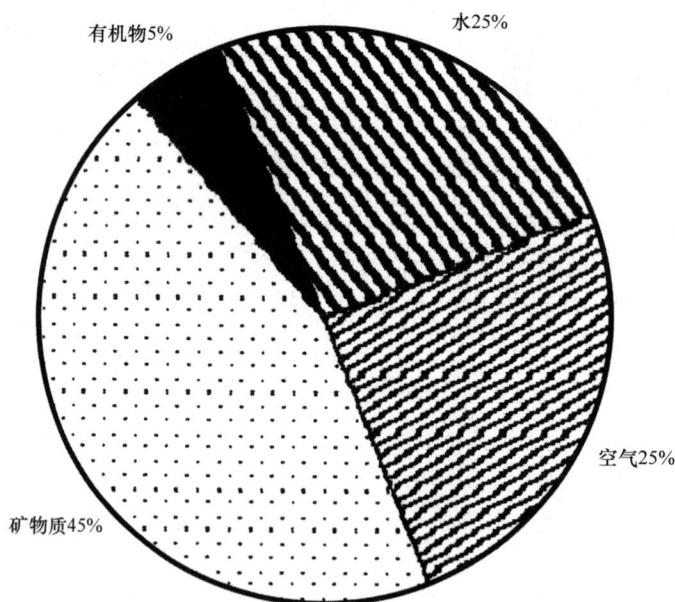

优良花园土壤的组成（体积百分比）

如果离开了土壤，地球陆地上的生态系统就无法维系，所有的丛林、草原、田野以及人类都将不复存在。

既然土壤如此重要,你是不是认为我们应该从一年级开始学习相关知识?可悲的是,大多数人把土壤视作污物,就是那种必须用强效的清洗剂从牛仔裤上洗掉的污物。

当然,我们有时也会吃由藻类制作的美味菜肴,鱼、牡蛎等水生生物也会通过吃藻类获取能量。此外,某些地方的人们也会吃从温泉壁上采摘的真菌。

土壤的分类

你应该知道(尽管你可能没有深入思考),土壤颗粒的大小有着很大的差异。土壤学家已经进行了大量研究,因为土壤颗粒的大小会深刻地影响着土壤的基本性质。按照直径(毫米),土壤颗粒可以分为以下类型:极粗砂(2.00～1.00)、粗砂(1.00～0.50)、中粒砂(0.50～0.25)、细砂(0.25～0.10)、极细砂(0.10～0.05)、粉砂(0.05～0.002)、黏粒(即黏土颗粒,小于0.002)。其中,从极细砂到极粗砂统称为砂土。

土壤的性质包括适耕性、肥沃程度、持水性等,在很大程度上取决于其中砂土、粉砂和黏粒的相对含量。

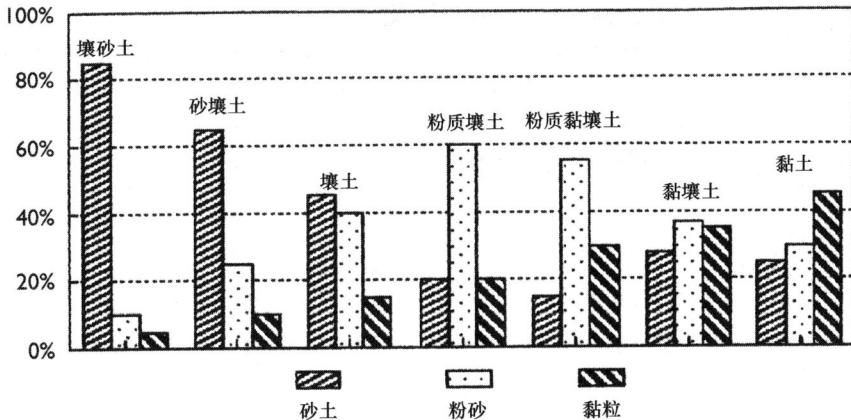

根据砂土、粉砂和黏粒的比例划分土壤类型

若想探究土壤颗粒的大小对持水性的影响，需要

两个带有排水孔的花盆、

两三杯干燥的壤砂土、

两三杯干燥的粉质壤土或黏土、水。

1. 在一个花盆里装满干燥的壤砂土，在另一个花盆里装满等量的干燥的粉质壤土或黏土。灰尘属于细黏土，可以从不受雨淋的土壤里收集。摸起来光滑、没有棱角、不像砂土一样坚硬的就是灰尘。如果你找不到灰尘，就用你能找到的含有较小矿物颗粒的干燥泥土替代。

2. 慢慢地往花盆里倒水，直到水从排水孔中流出。记录分别往两个花盆里倒了多少水。如果水聚集在粉质壤土或黏土表面，就把水搅拌到其里。

3. 在水开始流出前，装满壤砂土的花盆所需的水比装满粉质壤土或黏土的花盆所需的水要少得多。从实验结果看，你是否同意这种说法——特定土壤的平均颗粒尺度越小，它能保有的水就越多？

如果花园里的植物在浇水后因为土壤颗粒大小的问题而过早枯萎，那么这种情况是由土壤颗粒太大或太小造成的？

土壤化学

除了持水能力外，土壤颗粒的大小也对土壤的养分保持能力有很大的影响。氮、磷、钾、钙、铁和镁等是花园中的植物生长所必需的元素。

土壤矿物颗粒的表面带有非常少的负电荷，而携带营养物质的土壤颗粒大多带有正电荷。由于不同电荷之间的相互吸引，土壤颗粒就像微小的磁铁一样将营养物质留在土壤中，供植物吸收。

下面的图表说明，土壤颗粒的平均尺度越小，单位体积土壤的总颗粒表面积就越大。根据土壤矿物颗粒的表面带有非常少的负电荷，我们可以推导出以下结论：土壤颗粒的平均尺度越小，总颗粒表面积就越大，因此土壤带的负电荷就越多，土壤能容纳的带正电荷的营养物质就越多，所以土壤就会越肥沃。

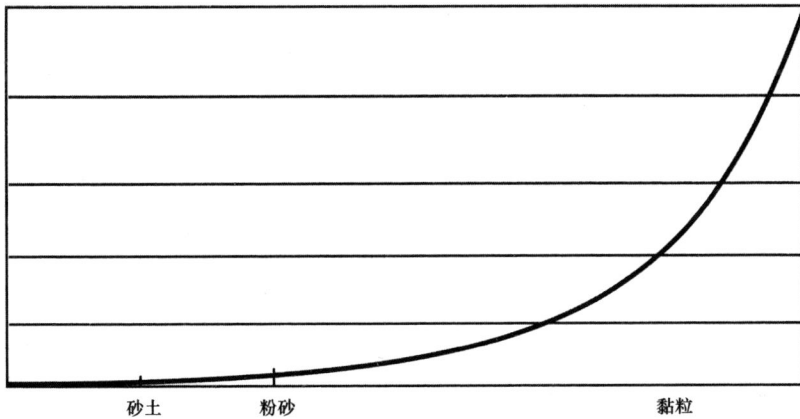

土壤的总颗粒表面积随着土壤颗粒平均尺度的减小而增大

换句话说，颗粒较小的土壤比颗粒较大的土壤能容纳更多的营养物质。黏土不仅比壤砂土等更能保有水分，而且在其他条件相同的情况下，还能保有更多的钙、磷、镁以及其他营养物质。

可惜的是，土壤中的营养成分并不是这么简单。如果是这样，园艺用品商店就会售卖成袋的黏土作为盆栽土，而不是易碎的黑土了。

由非常微小的颗粒组成的土壤（黏土）存在一个问题，它们紧密地挤在一起，没留太多的空间给空气和水，黏土中的空气和水不能自由循环。这听起来与上一个实验的结果有冲突，接下来我们会解释其中的原因。黏土的另一个问题在于它们变干时会凝固成坚硬、不易耕作的土块。你想一想，陶器就是用极细腻的黏土制成的。

土壤中的空气

生活在土壤中的微生物就像堆头中的微生物一样，也需要空气。微生物对土壤生态来说很重要，它们担负着重要的任务，比如分解有机物以及固定空气中的氮气，以便植物可以利用。

土壤中的大多数微生物会吸收氧气，排出二氧化碳、甲烷或硫化氢。如果土壤中的空隙被微小的黏粒或水堵塞，空气就无法循环，微生物所需的氧气就会急剧减少，有害气体也会聚积。在这样的土壤中，微生物就像头部被塑料袋裹住的我们一样会窒息。

植物的根部也需要氧气，它们对通气不良的土壤的适应能力有很大差异。比如，番茄的根需要大量空气，但水稻通常浸泡在水中生长，所需氧气较少。

土壤中的水分

虽然小颗粒的黏土确实比大颗粒的壤砂土等含有更多的水分，但在颗粒非常小的土壤中，颗粒紧密地聚集在一起，几乎没有给水留下空间。我们该如何解释这一现象呢？

土壤中的水分

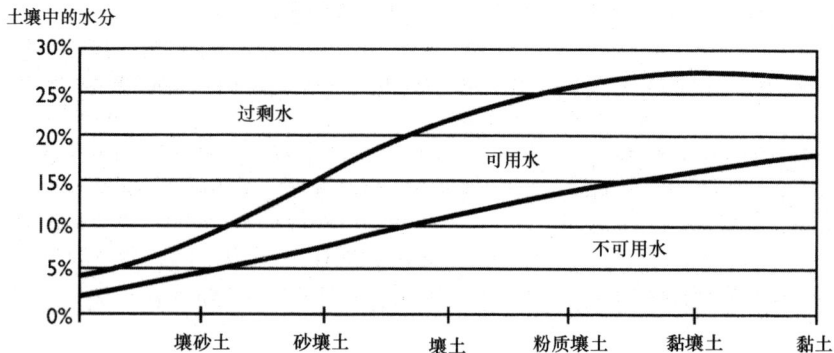

土壤中的 3 种水分

　　首先，我们需要明白，土壤中的水分不止一种，而是有 3 种。像上一个实验那样，向花盆中倒入过多的水，从底部的排水孔里流出来的多余的水叫作过剩水。真实的土壤没有排水孔，过剩水会把土壤中的空气挤出去，从而给植物的生长带来问题。过剩水流走时，也会带走其中溶解的营养物质。

　　当过剩水从土壤中排尽后，土壤仍然是湿润的，每个土壤颗粒都被一层可供植物利用的水膜包裹着。这种水可以被植物的根吸收，叫作可用水。

　　随着时间的推移，植物的吸收、重力作用和土壤表面的蒸发将使土壤中的水分越来越少，土壤颗粒上的水膜越来越薄，并牢牢地黏附在土壤颗粒上，植物难以吸收。即使土壤中还有这么一点水，植物也会枯萎。这部分水分就叫作不可用水。

　　对园丁来说，了解这 3 种类型的水非常有必要。比如，如果一株植物迫切需要浇水，那么浇一杯水会有多大作用？水到达植物根部之前可能会附着在土壤颗粒上，植物无法吸收，因此这一杯水对植物来说毫无用处。

营养物质

　　植物会利用阳光的能量产生可供人和其他动物食用的碳水化合物。除了水以外，植物体内的大部分物质是由碳、氢、氧这 3 种元素组成的。如果把一棵植物比作一所房子，这 3 种元素就相当于建造房子的砖块、木头和水泥。植物体中的其他元素相对较少，就像房子的其他建筑材料。

　　对于花园中的植物来说，碳、氢、氧是最重要的 3 种基本元素。这 3 种元素也是组成空气和水的基本元素，在自然界中非常丰富。

　　如果我们把一棵玉米烧到只剩下灰烬，那么这些灰烬中至少有 94% 的成分是由碳、氢、氧组成的[1]。在水分含量高达 84% 的新鲜苹果中，这 3 种元素所占的比例就更为惊人了，毕竟水就是由氢和氧构成的。植物燃烧时所释放出来的二氧化碳是由分离出来的碳和氧构成的。这么来看，生命不过是一篇用

---

　　[1]　这些灰烬是草木灰，含有部分矿物质，原文表述疑似不准确。——译者注

碳、氢、氧写就的文章。

这并不是说其他元素不重要。事实上，除了这 3 种元素外，科学家还列出了另外 14 种对植物生长至关重要的元素。这 14 种元素称为必需元素，缺少了它们，植物就不能生长，会发生病害，甚至死亡。

如果对燃烧过的玉米灰烬中的元素进行分析，就会发现在这 14 种必需元素中，氮最多，约占灰烬重量的 1.5%，硅约占 1.2%。我们经常听说的那些在植物的营养成分中很重要的元素的含量还要少得多，如钾元素的含量不到 1%，磷只有约 0.2%，其他元素则更少。

尽管这 14 种元素在植物体内的含量很少，但它们都是绿色植物生长不可或缺的成分。比如，在进行光合作用的叶绿素分子中，除了 55 个碳原子、72 个氢原子和 5 个氧原子外，还有 4 个氮原子和一个镁原子。

没有这一个镁原子，花园中的植物，以及地球上的森林、田野和草原上的植物就根本无法进行光合作用。所有的生态系统都离不开叶绿素分子中的这个镁原子！

同样重要的还有果胶酸盐中的钙，而果胶酸盐的作用是将植物细胞黏合在一起。钾是合成蛋白质所必需的元素，而携带生物遗传信息的染色体就是由蛋白质构成的。植物体内还有许多重要的化学反应少不了铁、铜以及锌的参与。这些元素成为植物生长的必需元素的原因尚不完全清楚，但可以肯定的是，没有这些元素，绿色植物就无法生存。

植物所需的17种元素

需求量	元素
需求量非常大（存在于空气和水中）	碳（C） 氢（H） 氧（O）
需求量相对较大（大量元素，存在于土壤中）	氮（N） 钙（Ca） 磷（P） 镁（Mg） 钾（K） 硫（S）

续表

需求量	元素
需求量相对较少（微量元素，存在于土壤中）	铁（Fe） 铜（Cu） 锰（Mn） 锌（Zn） 硼（B） 氯（Cl） 钼（Mo） 钴（Co）

　　每年我家都会举办一场比赛，看看谁栽种的番茄先结果，我的母亲总是拔得头筹。她愿意告诉我的一个秘诀（她可能还保留了大量秘诀）是她每年都用一种从当地园艺用品商店买来的液体肥料养护种子。肥料的标签上有很多神秘的术语，比如下面这种。

4-10-3

成分分析保证值

总含氮量	4.0%
可用磷酸盐	10.0%
可溶性钾盐	3.0%
磷酸氢二铵、氯化钾、氯	不超过 2.5%

　　这个标签非常有趣，里面有一个需要破译的代码，还有几个需要深思的数字。

　　整条信息的核心就是 4-10-3。这组数字（通常是用 "-" 隔开的 3 个数字）非常重要，揭示了肥料的主要成分。

　　这 3 个数字通常称为肥料的 N-P-K 值。N 代表氮，P 代表磷，K 代表钾。"4-10-3" 表明，在母亲的秘诀中，总含氮量为 4.0%，提供磷元素的可用磷酸盐占 10.0%，提供钾元素的可溶性钾盐占 3.0%。也许母亲的秘诀在于她使用的是高磷肥料。比较价格的时候要记住，N-P-K 值为 20-20-20 的肥料应该在水中稀释至 N-P-K 值为 10-10-10，这在本质上和不用稀释的 N-P-K 值为 10-10-10 的肥料是一样的。

血粉有时是作为肥料出售的，其 N-P-K 值多为 6-1-0，也就是说其中不含钾。血粉实际上比母亲所用的肥料含有更多的氮，但磷的含量要低得多。骨粉的 N-P-K 值为 3-6-0。

种子名录上宣传的一种昂贵的"覆盆子营养肥"的 N-P-K 值为 20-20-20，在使用前必须先稀释。种子名录上还有一种 N-P-K 值为 17-16-28 的"高钾芦笋营养肥"，对于芦笋这种需要大量钾元素的植物来说很合适。

接下来详细了解一下氮、磷、钾这 3 种元素。

氮。有一年，我家准备举办一年一度的番茄种植比赛。当时，祖母从电视节目中听说，氮能让草坪长得郁郁葱葱。因此，她推断超剂量的氮应该也能让番茄植株飞速生长、结出累累硕果。

由于使用了高氮肥料，祖母确实种出了镇上有史以来长势最好的番茄植株，然而这棵番茄只顾疯长，却不结果。其实，它后来结了一些果实，但都是成熟得很晚、水分过多、索然无味的那种。

每种营养元素都有特定的作用或作用范围，了解每种营养元素的作用至关重要。祖母从这次惨痛的教训中学到氮能够促进茎、叶的生长，但不利于花和果实的生长。氮对草坪和花园中的绿叶菜（如菠菜、生菜和香葱等）有益。但是对于番茄、辣椒和菜豆这类需要结果的植物来说，如果氮肥过多，就可能会导致植株长得茂盛，但结出的果实寥寥无几。

缺氮会极大地抑制植物的生长，其影响远超其他营养元素不足所带来的后果。这就是在肥料的 N-P-K 值中氮居于首位的原因。缺氮居然会成为植物生长中的主要问题之一，实在令人感到惊讶，毕竟按体积来算，氮气在地球大气中的比例高达约 78%。

原因就在于大气中游离的氮元素是不能被绿色植物利用的，而腐烂的茎叶等中的氮元素会以蛋白质和相关化合物的形式储存在土壤中，同样无法被利用。不可用的氮元素必须经过固氮作用才能变成可用的氮元素。

公元前 300 年左右，亚里士多德的继承者、古希腊哲学家泰奥弗拉斯多留下过这样的记录：希腊人种植蚕豆，以使土壤变得肥沃。近 400 年后，古罗马博物学家普林尼说，罗马人将豆类作物埋在地下，以改良土壤。1888年，德国植物学家赫尔雷格尔和惠尔法斯解释了泰奥弗拉斯多和普林尼的话。他们发现豆类植物的根部有凹凸状的根瘤，根瘤中有活的微生物，可以固定大气中的氮气，使其能够被高等植物利用。大多数植物都没有能够固氮的根瘤，但是你也许在花园中能看到赫尔雷格尔和惠尔法斯所说的这种根瘤。

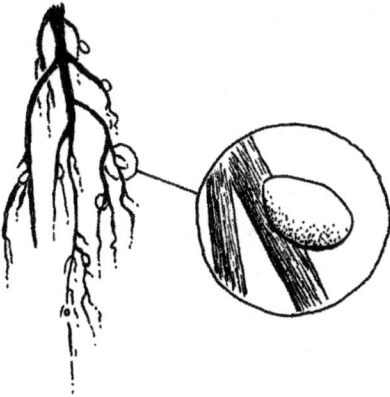

白三叶草的根瘤（约针头大小）内含有一种细菌，它们可以将植物无法利用的氮气转化为氨（NH_3）。随后，土壤中的细菌和真菌会将氨转化为植物所需要的硝酸盐

若想观察白三叶草的根瘤，仅需

一棵白三叶草植株和一把

小刀（或移植铲）。

1. 寻找一片杂草丛生的草地，比如人行道边的草坪。

2. 在草丛中寻找白三叶草。白三叶草很容易辨认，因为它的叶分为 3 片楔形的小叶，就像爱尔兰三叶草一样。

3. 将白三叶草的根系连同其所在的土壤一起取出。

4. 轻拍土壤，让其脱落，露出根系。如果土壤太紧实，无法被拍掉，就用水将其冲洗掉。

5. 白三叶草的根为灰白色，呈线状，分支多。找一找上面的小结节，这些就是固氮的根瘤。

白三叶草的初生根没有根瘤。这些根在土壤中继续生长，就会碰到某种细菌，这种细菌会刺激根部的细胞分裂，它们会进入根部产生的结节中并存留下来，这种结节就是根瘤。

寒冬来临之际，农民和牧民常常会种下白三叶草与豆科的其他固氮植物。撒播白三叶草种子之前，他们通常会将其与一种由固氮菌组成的特殊制剂混合。这个过程称为接种。种子发芽时，萌发的初生根就会接触种皮上的成分，等待已久的细菌刺激初生根，再形成根瘤。

在根瘤内部，细菌利用糖或者豆科植物产生的其他化合物，将空气中游离的氮气转化为氨。固定下来的氨会分布在植物根部周围的土壤中，促进植物生长。

氨本身无法被花园中的植物利用，但花园中许多不同种类的细菌和真菌共同作用，将氨转化为硝酸盐，这就是花园中的植物可利用的氮的形式。

在花园中，豆科植物中的各种菜豆和豌豆的根部都有固氮的根瘤。因此，种植菜豆和豌豆的过程其实就是在用氮给花园中的土壤施肥。优秀的园丁会交替种植菜豆（或豌豆）和其他无法自己固氮的作物。

厩肥是氨的优良来源之一，土壤中的微生物可以快速将其分解成可供花园中的植物利用的硝酸盐。氨来自牲畜尿液。一想到厩肥的主要成分居然也能用化学式表示，就觉得有些滑稽可笑。

步骤1

$$CO(NH_2)_2 + 2H_2O = (NH_4)_2CO_3$$

尿液中的尿素 + 水 → 碳酸铵

步骤2

$$(NH_4)_2CO_3 = 2NH_3 + CO_2 + H_2O$$

碳酸铵 → 氨气 + 二氧化碳 + 水

当然，也可以在化肥中添加氮。绿叶菜和洋葱等早春蔬菜尤其需要氮肥，因为土壤中的固氮菌只有在土壤升温后才能真正发挥作用。

磷（P）。在 N-P-K 值中，磷排在第二位。磷有助于植物细胞分裂，在脂肪的形成中至关重要。同时，磷也是花、果实、种子必需的成分，能够使茎更加强韧，还可以提高农作物对某些病害的抵抗力，促进农作物成熟和根系发育。如果玉米收成不好，而且叶片边缘呈紫色，就很可能是缺磷的一种表现。

基于磷对根系发育的重要作用，块根作物往往受益于高磷肥料。

著名作家艾萨克·阿西莫夫将土壤缺磷的现象称为"生命的瓶颈"。他指出，在地球上的生态系统中，有机体首先消耗磷，然后才会消耗其他的关键营养元素。因此，磷就成了生命链条上的关键一环。

在酸性土壤中，即使磷的含量充足，植物有时也会缺磷。这是因为酸性土壤中的磷会与铁、铝和锰形成络合物，不能被植物吸收利用。另外，磷会与钙结合，变成植物同样无法利用的物质。因此，磷是一种难以控制的元素。通常，土壤中三分之二的磷是不能被植物利用的。

钾（K）。过去，钾是从木头燃尽后留下的灰烬中获得的。今天，草木灰仍然是钾的优良来源。然而，100 平方米左右的花园使用的草木灰不宜超过两桶。

花园中的植物缺钾通常很难发现。植物生长缓慢，玉米穗不饱满，番茄植株不坐果，长成后的甜菜看起来像紫色的胡萝卜，这些都可能是缺钾的表现。

pH 的奥秘

pH 是用来描述土壤的酸碱度的一种参数。尽管富含腐殖质和其他有机物的花园很少出现严重的酸碱度问题，但在较为潮湿的地区（如北美洲东部的大部分地区），多年来土壤的酸性确实在逐渐升高。要想在贫瘠的土地上修建一个花园，就应该先测一下它的 pH。

pH 的一个重要特点是它是用对数表示的，而非线性变化。换句话说，pH 为 5 时的酸度是 pH 为 6 时的 10 倍，是 pH 为 7 时的 100 倍，是 pH 为 8 时的 1000 倍。如果说花园土壤的 pH 在 5 和 9 之间，听起来好像变化范围不大，但实际上，pH 为 5 的土壤的酸度是 pH 为 9 的土壤的 10000 倍！

酸碱度会影响许多正在发生的关键化学反应。我们已经了解到酸碱度对磷的束缚作用。碱性太强的土壤也会对铁产生同样的影响。在酸性很强的土壤中，铝、铁和锰会溶解并产生对某些植物来说有害的物质，而且土壤中可用的氮、磷、钾、硫、钙以及镁的含量也会减少。

pH 低于 5.5 时，固氮菌以及将腐烂的茎叶等有机物转化成腐殖质的细菌都会存在功能障碍。对卷心菜生长不利的甘蓝根肿菌会在酸性土壤中茁壮生长，所以种卷心菜的人通常会使土壤保持弱碱状态。杜鹃花和蓝莓则需要酸性土壤。大多数花园植物喜欢弱酸性的土壤（pH 为 6 ~ 7），适合马铃薯生长的土壤的 pH 为 5 ~ 6.5，西瓜和茄子则适合在 pH 为 5.5 ~ 6.5 的酸性土壤中生长。豌豆、菠菜和夏南瓜在 pH 为 6 的土壤中生长良好，但 pH 为 7.5 时也能茁壮生长。适应性很强的芦笋在 pH 为 6 ~ 8 时都长得很好。

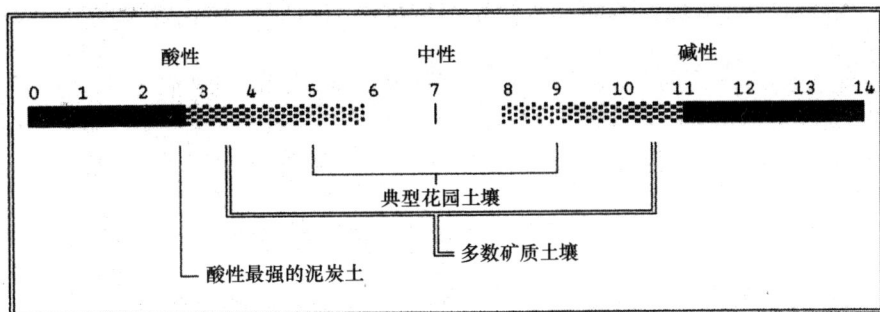

pH 的范围

导致潮湿地区的土壤酸度升高的因素之一是自然降雨的弱酸性，这是因为二氧化碳（CO_2）与水（H_2O）结合形成了碳酸（H_2CO_3）。在某些地方，特别是高大烟囱的下风口，雨水的酸度会因污染物而变得更高。

酸性土壤中富含带正电荷的氢离子，土壤的酸性越强，氢离子就越多。大多数重要的营养物质也带有少量的正电荷，并与带少量负电荷的腐殖质和黏土颗粒吸引而保存在土壤中。若土壤的 pH 下降，带正电荷的氢离子充满土壤，就会出现问题。丰富的氢离子会将植物所需的带正电荷的营养物质（如钙、钾和锰离子）挤到一旁。植物所需的这些营养物质可能会经历淋洗过程——溶解在水中并流失，于是花园里的植物就再也吸收不到这些营养物质了，最终的结果就是土壤养分不足。这就是酸性太强导致土壤肥力长期严重受损的具体原因。一个地区的降雨越多，淋洗问题就越严重。

经历淋洗过程以及酸性增强并不是花园变得贫瘠的唯一原因。雨水在没有植被的山坡上流过时会带走微小的腐殖质和黏土颗粒，而这些正是许多营养物质的储存之处。美国密苏里州的一个坡度为 3.7% 的小山坡上，每公顷土地每年要流失近 50 吨表土。另一个地表有蓝草保护的类似山坡仅损失了 0.3 吨表土。

在降水稀少的地区，溶解有丰富营养物质的水并不会渗入地下，而会从土壤表面蒸发。在蒸发过程中，较重的营养物质会留在地表。这些营养物质会结晶，在地面上形成白色的盐，从而导致土壤的 pH 飙升，变成碱性。美国西部地区的许多盐碱地含有太多砂粒，否则灌溉后会变得非常肥沃。

改善酸性花园土壤的传统方法是撒石灰。如果去园艺用品商店买石灰，你买到的很可能是生石灰，其中含有大约 60% 的氧化钙（CaO）和 1% 的氧化镁（MgO）。氧化钙和氧化镁都是用在窑里焚烧的石灰石（$CaCO_3$）和白云石 $CaMg(CO_3)_2$ 制造出的。

在生石灰中，氧化钙中的钙和氧化镁中的镁是最受人们喜爱的营养元素。因此，向土壤中添加生石灰，就是在让大量带正电荷的营养物质充斥土壤，从而把无用的氢离子赶走，让它们不再附着在腐殖质和黏土颗粒上。氢离子一旦消失，土壤的 pH 和肥力就会上升。

在潮湿地区，可能需要每隔四五年往壤土或黏土中撒一次生石灰，在沙质土壤中每隔三四年撒一次。撒的生石灰可能会过量，尤其是在腐殖质很少的沙质土壤中。pH 过高会影响植物对铁、磷、硼、锰、铜和锌的吸收与利用，出现营养物质无法被利用的情况。

土壤检测的程序因地而异。要想知道你所在地区的具体情况，可以给当地的农业部门打电话，美国的大多数县有这项服务。

若想完成花园土壤检测，仅需

一把铲子和一个桶。

1. 在花园里挖一个大约 15 厘米深的坑。

2. 从坑的一侧挖 1 厘米左右厚的土壤，确保收集到顶部、中部和底部的土壤，以使样本具有代表性。避免包含较大的岩石和其他碎片。

3. 在花园里的其他地方再取四五份样本，然后把它们都倒进一个桶里，充分混合，不要用手接触土壤。

4．将大约 1 升样本装入一个干净的塑料袋中并密封好，然后将样本寄出。

检测土壤的最佳时间是秋天。如果必须通过施肥来调整土壤中缺乏的营养成分，那么新增加的营养成分可能需要几个月的时间才能被吸收利用。秋天施肥，可以确保来年春季植物能够获取所需的营养成分。

有机物

有人总是担心自己摄入的这种或那种维生素不够，经常以高价购买营养品，不断尝试一种又一种奇怪的饮食。你认识的人里没准儿就有这种人。然而，这种人可能并不比其他人健康。园丁也可能陷入同样的陷阱，一味追求土壤中营养物质的含量。

前文谈到了硝酸盐、pH、酸性、碱性等许多名词，但是不要以为园丁一定是化学家。人体的营养可以依靠均衡饮食来保障，园艺也是如此，有一种简单的均衡调配原则。

人类只要从主要的食物中摄取各种营养物质就能保持健康，花园同样也需要各种营养物质，其中最关键的莫过于这一点——花园需要有机物。在这里，“有机物”这个词指的是曾经有生命的物质，如草屑、生厨余垃圾、园艺垃圾等。

有机物混入花园土壤后，最终会被土壤中的微生物分解成一种类似粉末状木炭的黑色物质。这种物质称为腐殖质，散布在整个土壤中。腐殖质是园丁的秘密武器，它的重要性与存在感完全不成比例。它的重要性在于：在土壤中，腐殖质颗粒和黏土颗粒一样，具有保持养分和水分的能力。它们还能改善土壤，提高其可耕作性。

比如，仅含 1% 腐殖质的潮湿矿质土壤所含的大量元素和微量元素通常比不含腐殖质的矿质土壤多 4 倍，前者的持水能力也更强。腐殖质可使土壤分散成颗粒状，而不是聚在一起呈块状，从而改善土壤的结构。少量腐殖质对于改善土壤来说简直有奇效！

若想观察有机物对土壤结构的影响，需要

两个小花盆、一盆半干黏土（灰尘），以及

一盆富含腐殖质的干燥土壤、盆栽土、泥炭土

或分解彻底的堆肥（都是有机物的来源）。

1. 向一个花盆中装满干黏土，在另一个花盆中装入半盆干黏土。

2. 向半盆干黏土中加入半盆富含腐殖质的干燥的土壤、盆栽土、泥炭土或分解彻底的堆肥，并充分混合。

3. 向每个花盆中倒入一杯水。

4. 将花盆放置在温暖或炎热干燥、通风良好的地方，等待土壤变干（可能需要一周或更长时间）。

5. 比较变干的土壤。由微小的黏粒组成的土壤干燥后会变成非常坚硬的块状物，而掺入有机物的土壤更疏松，更易耕作。

耕作时，如果有机物含量低的黏土过于潮湿，干燥后就会形成岩石般坚硬的土块，叫作土坷垃。土坷垃很讨厌，因为锄头或耕机的刀片碰到它们时会被弹开，还很可能砸倒旁边的植物。土坷垃一旦形成，就会长久存在，直到被雨水浸透化开，或者被愿意付出大量精力的园丁粉碎。

较大的有机物颗粒会使土壤变得松散，并在土壤混合物中形成脆质线条，消除土坷垃形成的可能。植物的根会沿着阻力最小的路线生长。腐殖质和其他有机物是土壤中微生物的食物，这些微生物可以产生化学物质和黏液，起到润滑土壤颗粒的作用。有机物颗粒上的水冻结时膨胀，融化时收缩，也能使黏土块松散开来。

因此，添加有机物绝对是对土壤最有好处的举措。添加了有机物，营养、pH、保水性等有关问题都可能迎刃而解，土壤的健康状况会得到极大改善。

第十三章 植物病害

病害是生态学的一个重要方面，因为它在很大程度上体现了动植物与环境的关系。大多数致病物质本身就是某一环境中的有机体，这里的环境是指致病有机体所在的生物体。

研究病害的学科叫作病理学。病理学的内容十分庞杂，即使我们只关注花园，也需要进行系统的学习。我们所要做的就是像侦探一样进行思考和推理。

缺乏营养

假设有一棵生了病的植物。病理学家把特定疾病的一系列表现称为症状。例如，某棵植物的症状为叶片发黄，甚至完全变白，但叶脉呈绿色，专业术语称之为黄叶病。接下来，我们就要通过推理去发现这棵植物到底出了什么问题。

首先，因为植物的绿色是由叶片及其他部位中的叶绿素产生的，所以褪去绿色的叶片中的叶绿素含量一定过少。我们知道，复杂的叶绿素分子是由 55 个碳原子、72 个氢原子、5 个氧原子、4 个氮原子以及一个镁原子组成的。

其次，空气和水中含有大量可用的碳、氢以及氧，但没有镁和可用的氮，二者只存在于土壤中。因此，如果没有足够的氮和镁，植物就根本无法形成足够的叶绿素分子，叶也就无法呈现正常的绿色。植物病理学家已经发现了这一点，土壤中镁或氮的含量过低是导致植物褪去绿色的主要因素之一。

从上面的推理可以得出一条结论：有些植物的病害并不是由病菌引起的，而是由土壤中营养物质的不足导致的。

仅仅知道土壤中镁或氮的含量过低是导致植物褪去绿色的主要因素之一是不够的。除了缺镁、氮之外，缺铁、锰等其他几种元素也会引发黄叶病。那么，如何确定缺乏哪一种元素呢？

在植物体内，某些营养物质很容易从一处转移到另一处，另一些营养物质则不可以。如果叶变黄是由缺乏一种易于转移的营养物质引起的，那么叶的各处都会同时褪色，但如果是由一种难以转移的营养物质引起的，那么远离叶脉的区域的褪色将会比叶脉周围的区域的褪色更严重。此时，叶脉可能会保持绿色，而叶脉之间的区域则会褪色。

这正是我们探究的问题。了解导致黄叶病的营养物质中哪些易于转移，哪些不可转移，有助于确定病因到底是缺乏哪些营养物质。

在最重要的营养物质中，容易在细胞间转移的物质有氮、钾、磷和镁，难以转移的物质有硫、钙、铁、锰、硼、铜和锌。因此，土壤中缺乏这 7 种难以转移的营养物质中的某一种，很可能就是导致植物患上黄叶病的原因。知识渊博、经验丰富的植物病理学家应该能够判断出这种症状通常是由缺铁引起的。其实，只记住症状，不了解背景信息也是可行的，但是会缺少许多乐趣。

如果花园里出现了一株生病的植物，你就可以结合下列症状来确定这种病害是由哪种营养物质的缺乏引起的。

植物病害诊断示例

症状	诊断	措施
叶呈黄绿色，后期变为黄色或全白，但叶脉保持绿色；新叶症状最明显	土壤中缺铁。有时即使土壤中的铁元素充足，过量的钙元素也会使铁元素无法被吸收利用	施加高铁肥料；向土壤中撒入大量堆肥或新鲜的草屑，连续做几年
叶脉间呈黄绿色，从外缘起逐步向内发展；老叶的症状最明显	土壤中缺锰。有时土壤中钙元素的含量过多也会阻碍锰元素的获取	向土壤中加入硫酸锰；多用堆肥，保持土壤湿润
叶的外缘变成棕色，变干且向内卷曲，甚至可能脱落	土壤中缺钾	向土壤中施加硫酸钾或硝酸钾
叶的外缘呈紫红色，或有时呈黄色或白色，有时呈褐色，出现枯叶段，随后叶脱落	土壤中缺镁	通常发生在酸性土壤中，因此可以施用富镁石灰；喷洒2%硫酸镁溶液可快速缓解症状

土壤中某些化学元素缺乏或过量引起的症状还有很多，配有彩色插图展示这些病症的图书也很多。不过，以上 4 种营养物质的缺乏最为常见，可以让你大概了解如何诊断营养不足。

缺乏营养并不是唯一会导致植物生病的土壤问题。有机物含量过低的黏土往往会板结，其中的空气和水就无法正常循环，植物就会发育不良。沙质土壤会很快变干，植物也会发育不良，甚至因缺水而枯死。

病毒

病毒比我们常说的细菌要小得多，就算 10 万个常见病毒聚集在一起，肉眼也几乎看不到。利用普通的光学显微镜就可以看到大多数细菌，但要想看到病毒，必须使用能够将物体放大 7000 倍的电子显微镜。

自然界中的病毒可以飘浮在空气中或者黏附在土壤颗粒上。对于研究它们的科学家来说，它们就像没有生命的灰尘一样。病毒是被包裹在蛋白质中的微小的惰性物质团，它们自己无法移动、进食和繁殖，只能坐着等待。

然而，当病毒接触合适的生物体时（也许被吸入人的鼻子里，也许随着水分和营养物质一起被植物吸收），它们就开始活动了。它们所做的事情就像科幻小说的情节一样。

病毒的主要部分基本上是一个大分子，像生物体的细胞中携带遗传信息的 DNA 或 RNA 分子一样。正因如此，病毒能够将自己的遗传信息插入活细胞的遗传密码中。

在被感染的生物看来，这些信息是错误的。比如，DNA 或 RNA 分子应该携带的信息也许是"向根尖输送激素，使其生长"，但是病毒进入 DNA 或 RNA 后，信息就变成了"制造更多的病毒"。

如果被感染的细胞产生了足够多的病毒，问题自然而然就会出现。细胞内会充满病毒，然后细胞停止运作、死亡甚至爆炸。如果被感染的叶上死亡的细胞过多，就会出现枯斑，随后叶就会枯死。如果枯死的叶过多，整株植物就会枯死。

对于人类而言，病毒会引起感冒、麻疹、狂犬病、天花、脊髓灰质炎、艾滋病等许多疾病。对于花园植物而言，病毒会引起紫菀黄化病、马铃薯卷叶病、甜菜卷顶病以及花叶病等，这些病害会影响番茄、马铃薯、黄瓜、菜豆、甜菜、甜豌豆、烟草、蔷薇、飞燕草、荷包牡丹、天竺葵等许多重要的花园植物。

在英语中，"mosaic"（马赛克）这个单词描述的是由一种材料的各种彩色碎片拼接而成的图案。因此，"mosaic diseases"（花叶病）这个名字非常恰当，这种病害的症状为斑驳或斑点状图案，多数情况下是浅绿色或黄色与叶原本的深绿色不规则地间隔出现。

许多植物病毒具有极强的传染性，它们可以通过各种方式从一种植物传播到另一种植物，包括通过患病植物的汁液传播到健康植物的叶上。病毒在植物间传播时最常见的方式是通过以病株为食的昆虫进行传播，对于长有刺吸式口器的昆虫（比如蚜虫、叶蝉、粉蚧以及蓟马等）来说尤是如此。而当人们拿着由感染了烟草花叶病的烟草制成的香烟时，病毒也许会传播到附近的番茄植株上，而番茄植株也会感染烟草花叶病。

病毒既微小又简单，但很难被清除。因此，当一株植物因为花叶病或其他某种病毒性疾病而濒死时，常见的"治疗"方法就是将其拔起烧掉。幸运的是，并不是所有的病毒都会杀死宿主，因此也不是所有的病毒感染都应该用如此极端的方法来处理。

比如，杨树有时会感染花叶病，叶上会出现斑点。然而，这棵树本身似乎很少受病害影响，所以如果仅仅因为叶上长出斑点就把整棵树砍倒，非常令人惋惜。

有时，要不要烧很难决定。比如，花叶病毒感染了郁金香、番红花、风信子、唐菖蒲或其他开着鲜艳花朵的植物，单色花上出现了条纹。一开始，园丁可能会觉得这些长有条纹的花更漂亮，但它们一般会越来越虚弱，所以园艺书籍经常建议"挖出来烧掉"。

花叶病是一种非常严重的疾病，人们为此培育出了许多抗病毒的番茄以及其他植物品种。如果你的花园遭到了花叶病的侵袭，番茄植株病死了，那么就改种抗病毒品种吧。有些品种还能抵抗其他疾病，比如黄萎病和镰刀菌枯萎病。

细菌病害

细菌引发的疾病对人类来说是最可怕的一类疾病，如麻风病、鼠疫、肺结核、百日咳、霍乱和白喉等。在美国，导致植物病害的细菌就有100多种。对于花园植物来说，细菌引起的最常见的疾病是腐烂病、叶斑病和虫瘿病。

最严重的一种腐烂病是软腐病，幼苗从地里长出来之前就可能被它杀死。如果幼苗长出来了，叶上就可能会出现黄褐色的纵向条纹，然后叶慢慢变软腐烂。这对风信子来说是一种可怕的疾病。应将感染病菌的植株挖出来烧掉，而风信子不宜在同一片土地上种植数年之久。切开风信子的球茎，如果发现其横截面上有黄色的小亮点，很快就能诊断出它所患的疾病。

人们通常认为虫瘿病是由昆虫引发的。冠瘿病会使天竺葵长出大量的小芽，在茎的基部或者附近成群出现，这些芽就是瘿。瘿的颜色较浅，有时会长出非常小的叶。天竺葵会停止生长，这并不意味着它们会死亡，但不太好看，所以我们需要将其拔起烧掉。

细菌引发的其他疾病还包括细菌性菜豆疫病、苹果和梨的火疫病、柑橘溃疡病以及烟草的野火病等。黄瓜得了萎蔫病时，细菌会侵入叶内导管，导致植株突然枯萎。

细菌入侵植物最常见的途径是伤口，但也会通过气孔和花进入植株。另外，它们还可以通过昆虫、雨水或者在花园中走来走去的园丁进行传播。

真菌病害

大多数植物病害是由真菌引起的。从某种角度来说，观察真菌病害最有趣，因为真菌在某个时刻通常会长出一种用于产生孢子的结构，这种结构肉眼可见。因此，对于真菌病害而言，有时我们不仅仅可以看到它们所引起的症状，还可以看到真菌本身。

真菌的数量非常庞大，它们也非常有趣，但并不是所有真菌都是有害的。土壤中的真菌在分解落叶、动物尸体等有机物时是不可或缺的。一部分真菌以酵母形式出现，可用于制作面包、酿造啤酒等。还有一部分真菌就是蘑菇，既有许多可食用的，也有许多有毒的。

马铃薯晚疫病是一种主要的真菌病害。1845 年到 1847 年间，这种病害在欧洲肆虐，马铃薯惨遭侵袭，造成严重饥荒，仅爱尔兰就有 50 万人死亡或选择移民——其中许多人来到了北美洲。导致马铃薯患上晚疫病的真菌也会导致番茄染上晚疫病，这并不出人意料，因为番茄和马铃薯是同科植物。

当引起马铃薯晚疫病的真菌孢子落在马铃薯或番茄的叶上后，如果湿度和温度适宜，它们就会萌发，长出芽管。芽管可能会通过叶上的裂口或气孔进入叶内，在叶内分叉，形成分布在细胞之间的丝状菌丝网。菌丝长出细长的侧枝（称为吸器），它们会刺入叶细胞，吸收叶细胞的内容物。最终，叶细胞被杀死，叶上出现棕色斑点。

如果引发晚疫病的真菌生长良好，菌丝就会从叶的下表面的气孔中伸出，并发育出细长的、有分支的"子实体"（称为孢囊梗）。这些聚集在一起的孢囊梗使叶的表面看起来像发霉了一样，它们会长出非常小的孢子囊。当雨水或风将这些孢子囊传播到其他植株上时，它们就迎来了生活史中最为瞩目的时刻。

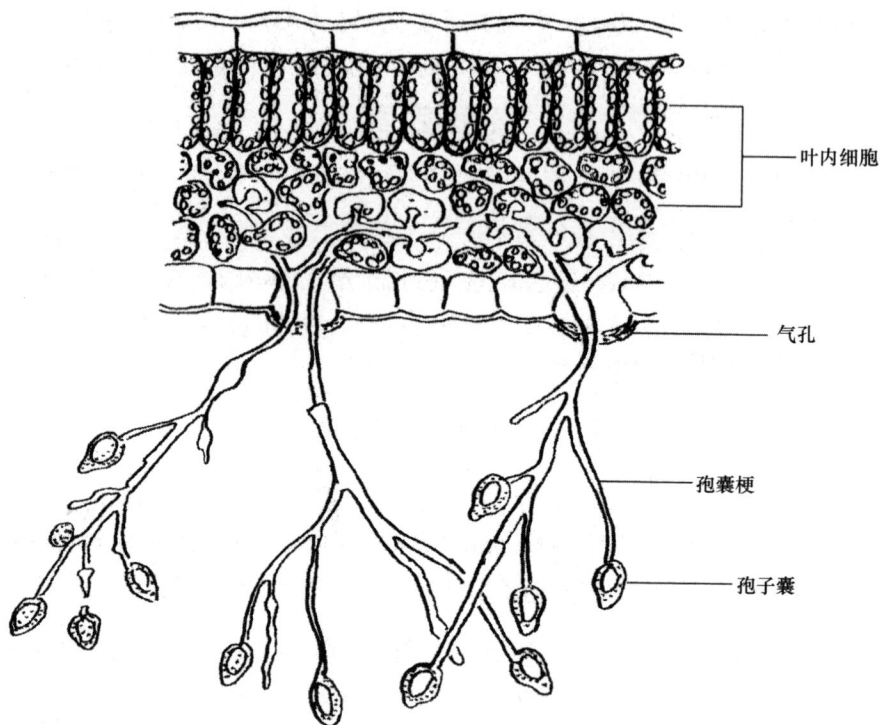

叶内细胞

气孔

孢囊梗

孢子囊

晚疫病真菌孢囊梗上的孢子囊从马铃薯叶下表面的气孔中伸出

　　如果温度在 25 摄氏度左右，孢子囊就会像孢子一样发芽，长出新的菌丝，穿透新的宿主。如果温度只有 12 摄氏度左右，孢子囊就会分裂成许多极其微小的实体（称为游动孢子），每个实体都由两条小尾巴（称为鞭毛）推动。游动孢子通过摆动鞭毛前进，从孢子囊壁的小孔中逃脱，在雨水或露水中游动，然后沉下来发芽。最后，游动孢子的菌丝穿透宿主的叶，开始新一轮的生活史。

　　霜霉病真菌的生活史与马铃薯晚疫病真菌的相似，它们长在嫩叶、嫩枝、花茎、芽苞片甚至萼片上，通常会产生灰白色覆盖物，组织底部的颜色变暗。受霜霉病侵袭的植物部位一般会停止生长并发生畸变。常受此影响的植物有卷心菜、生菜、洋葱、黄瓜、豌豆和葡萄等。

白粉病的症状是出现白色粉状物质，患病处的症状与霜霉病相同。然而，白粉病真菌的菌丝本身不会穿透植物组织，它们游走在植物表面，将短的吸器送入活细胞内。

宿主植物度过生长季节后，白粉病真菌会在叶的表面形成子实体。它们看起来像黑色的小点，大小刚好能用肉眼看到。整个冬天，这些子实体都会留在落叶上。到了春天，它们吸收水分，膨胀破裂，一种叫作囊孢子的特殊孢子就会逃到环境中，落在新的宿主上，然后萌发，开始新的生活史。白粉病特别容易感染谷物、葡萄、蔷薇、丁香以及豆科成员等。

如果有一天你走进自己的玉米地，惊讶地发现其中一棵玉米的穗上冒出了棒球大小的白色生长物，那么你就发现了所有真菌病中最有趣的一种——玉米黑粉病。谷物、洋葱、菠菜、豚草以及蓼科杂草会感染不同的黑粉病。

玉米黑粉病真菌的生活史开始于一种叫作休眠孢子的特殊孢子从土壤中的萌发。它会产生一种短的管状物质，称为担子，通常只有 4 个细胞那么长。这 4 个担子细胞中的每一个都可能产生臂状的附属物，称为担孢子。当整个生物体生活在土壤中、从死亡的生物体中获取能量时，这些附属物可能会萌发出新的担孢子。

最终，风会将地面上的担孢子扯断，并让其落在一棵年轻的玉米植株上。感染不仅可以发生在发育中的玉米穗上，还可以发生在玉米植株的任何部位，甚至是在雄花序上。担孢子产生菌丝，侵入玉米植株的组织并在其中生长。这就是这种真菌生活史的真正奇特之处。

担孢子有两种不同的菌株，它们并不是确切的雄性和雌性菌株，也不是阳性和阴性菌株，只是有所不同而已。担孢子本身只产生弱小的菌丝，在玉米植株的组织中无精打采地移动。当两种不同菌株的菌丝相遇时，它们就会结合，变成更强大、更具攻击性的菌丝。

菌丝在玉米植株的组织中生长时，组织就会像患了癌症一样；一颗被感染的玉米籽粒可能会长得像棒球一样大。膨大的玉米籽粒成熟时，它是由菌丝和玉米植株的组织的混合物组成的。菌丝最终会产生休眠孢子。随后，这个巨大的"黑粉病球"迸裂开来，大量休眠孢子被释放到地面上。如果此时正值生长季节末期，它们就会越冬，在来年春天萌发，开始新的生活史。

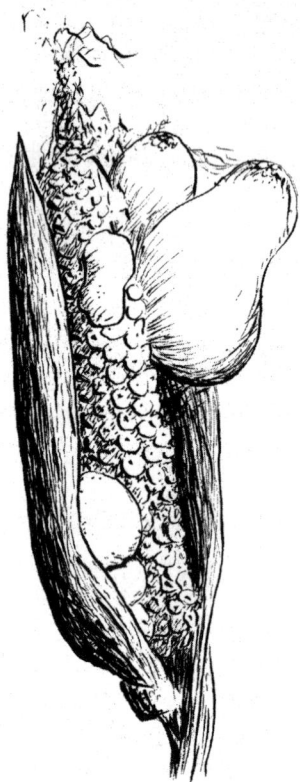

玉米黑粉病真菌会让玉米穗上的玉米籽粒变大。膨大的玉米籽粒里面有休眠孢子，休眠孢子被释放出来后可以在土壤中萌发，开始新的生活史

黑粉病的危害很大，但锈菌才是最严重的致病真菌。已知的锈病有2000多种，都会感染种子植物或蕨类植物。许多锈菌在生活史的不同阶段会产生5种不同的孢子。

锈菌可分为两大亚群，其中一个为寄生种，一生只在一种植物上度过。常见的自寄生锈菌会感染菜豆和蜀葵。锈菌的另一个亚群为杂性种，需要两种不相关的植物才能完成其生活史。比如，雪松苹果锈菌，必须在苹果树和红崖柏之间交替生活。如果你想了解这种真菌的生活史，探寻它的迷人之处，可以在图书馆里查阅与麦秆锈菌引起的小麦茎锈病相关的内容。

其他病害

　　植物生病还有很多其他原因。大多数开花植物即使看起来很健康，也可能感染了类似蠕虫的线虫。在线虫的生活史中，它们至少有一部分时间是在植物的根、茎或叶中度过的。每种线虫都有其特定的生存环境。大多数线虫很小，我们用肉眼几乎看不到。它们在土壤中的数量却多得惊人。据估计，每公顷土壤中就可能有1100亿只线虫！

　　花园中有一种线虫叫作茎线虫，它们会攻击水仙等鳞茎植物，使其发育不良，几乎无法开花，鳞茎会长出黑色的环。这种环随后就会腐烂，鳞茎变软。这种线虫还会攻击福禄考，导致叶几乎变成线状。线虫可以形成硬壳，变成孢囊，并在土壤中存活数年。对番茄而言，线虫是非常致命的害虫，不过人们已经培育出了抗线虫的品种。

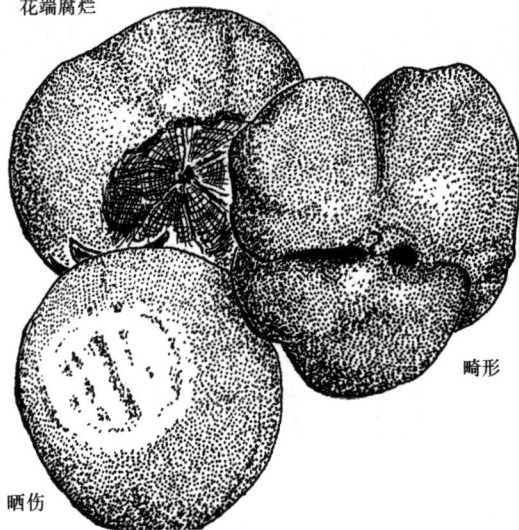

花端腐烂

畸形

晒伤

番茄的3种病害。疾病往往是由环境因素引起的。花端腐烂发生在炎热干燥的天气或大雨之后，可以通过定期浇水、使用护根物的方法来预防。畸形是由花发育异常导致的，通常出现在凉爽的天气之后。晒伤表现为白色水泡，是在阳光下过度暴露的结果，可以通过提供覆盖物的方法来避免。过度修剪拱起的枝干，容易导致晒伤

气候因素也会危害植物。这些因素包括阳光过于充沛（植物没有经过炼苗就会被晒伤），热量过多，雨水过多或过少，等等。猫和狗也会给花园中的植物带来麻烦。在狗的眼中，番茄植株就和消防栓一样，都是显眼的地标，是它们愿意留下尿液的地方。狗尿中的尿素可能会烧坏叶，让它们看起来就像被喷灯烤焦了一样。猫则会在土壤中刨坑排便，经常会伤及植物根部。大多数园艺用品商店会售卖驱狗剂和驱猫剂。

人们也会不小心让自己的植物生病。如果邻居用了错误的除草剂处理蒲公英，或者在大风天使用除草剂，就会对你的花园中的植物造成严重损害。

总之，诊断植物病害是一门艺术，需要大量的背景知识。就算知识储备充足，有时最优秀的园丁也判断不出植物生病的原因。一些常见的症状是可以直接记住的，但对植物病理学家来说，善于记忆远不如乐于观察、善于探究重要。

如果你发现了一棵生病的植物，请记住本章介绍的内容，然后查阅植物病理学书籍，或者与有经验的园丁沟通，最重要的是要用自己的眼睛去观察，尝试推断病因。

第十四章 思想花园

　　读到这里，你大概已经意识到了我写作这本书的主要目的是让你每次走进花园就开始思考。我们精心打理的土地不应当仅仅是菜园或花园，还应该是思想花园。下面就来回顾一下到目前为止我们谈及的几个问题。

　　我们曾经谈到蔬菜和观赏植物是如何从它们的野生祖先发展而来的。这里的"发展"所指的基因变化既可以是渐进的，也可以不是渐进的——换句话说就是突变。在我看来，演化是自然界中最奇妙、最发人深省的现象了。只要想到物种如何调整自身以适应不断变化的气候、地理等自然条件，我的内心就充满了敬畏。那么，演化是如何进行的呢？

　　留心观察周围的同胞以及生物种群，你就会发现每个种群的成员之间至少有一点不同。种群的自然变异是演化的基础。下面这个例子可以解释演化是如何进行的。

　　假设当今社会有这样一个规定：鼻子越长的人应当有越多的后代，鼻子特别短的人根本没有生育的机会。那么，几千年后，人类鼻子的平均长度就会比现在更大，而这仅仅是因为长鼻子的人会比短鼻子的人生育更多的孩子，而孩子往往会继承父母的许多特征。世界上可能仍然会有一些短鼻子的人，但他们不会像现在这么多。

　　同样的过程也适用于自然界，只是大自然做了另外一些选择，比如在严冬中生存的能力或依靠智力战胜敌人的能力。不能活过严冬的个体就会死亡，也就不会生育或繁殖后代。因此，它们无法忍受严冬的能力就没有机会遗传下去。同样的道理也适用于不能靠智力战胜敌人的现象。

　　通过同样的过程，人类培育出了花园中的许多植物。也许在几百年或几千年前的某一天，一个人看到了一棵自然生长的向日葵，它的花盘比普通的大，不过没有现在的大。这个人撒下了这种大花盘向日葵的种子。第二年，向日葵大丰收。同年秋天，这个人又从花盘最大的向日葵上收集种子。第三年，他继续重复同样的过程。一年又一年过去了，他总是只从花盘最大的向日葵上收集下一年的种子。这样的过程也许持续了很多年。最终，向日葵的花盘变得非常大，就像今天的一样。但是，将来向日葵的花盘又会长成多大呢？

自然种群中的大多数变异是微小的，但有时也会发生突变，即在遗传层面上发生的一些变化导致子代与亲代中的任何一方都非常不同。突变体通常会死亡，但有时它们能存活下来，还可以繁殖。天然的山茱萸的花是白色的，但几年前出现了一种变异的红花山茱萸，园艺家对它进行了培育。如今郊区的园丁很喜欢在花园里种植红花山茱萸。

杂交与自然演化完全不同。杂交植物通常比亲本中的任何一方都要更大、更健壮（这被称为杂种优势），而且通常是不育的。如果杂交番茄产生的种子能被诱导发芽，那么产生的植株很有可能看起来就像矮壮的亲本之一，而不像之前的那棵杂交番茄，而且它的果实也不会像杂交果实那样优质。尽管如此，种植杂交种子仍然是一个有趣的实验。

杂交植物的种子通常比普通种子贵得多，因为相对而言，杂交植物更加难以培育。培育杂交植物通常需要取一个品种的花粉，然后用手工方式将这种花粉涂在另一个品种的花的柱头上。要培育杂交植株，两种亲本植物必须属于同一个属。比如，橡树和南瓜无法进行杂交，但两个蔷薇品种或者两个玉米品种之间通常可以进行杂交。

植物博物馆

有时，一种植物的特色就是物以稀为贵。参观种植这种植物的花园就像参观拥有各种奇珍异兽的动物园一样有趣。那么，一种植物的奇异之处可以体现在哪里呢？

种子名录经常介绍园艺史上首次出售的新植物品种。这样的新品种很少是探险家在异国他乡新发现的物种，而是园艺家经过多年努力培育出来的。看看园艺家又培育出了什么新品种总是非常有趣，因为每个新品种都展现了大自然迄今为止未曾示人的新面貌。

近来，一本种子名录中出现了一种新的雪美人萝卜，它的根是圆形的，颜色不是通常的红色，而是纯白色。这种萝卜看起来就像大号的樟脑丸。有种新的鲁米纳南瓜不是橙色的，而是白色的。太阳黑子向日葵的直径为 25 厘米的花盘长在 60 厘米高的茎上——比其他品种的茎短得多。紫藤月季花的颜色与普通紫藤的不同，索尼娅杂交茶香月季品种也将首次上市。

新品种的吸引力显而易见。然而，许多人认为种植以前流行、后来由于某些原因过时、如今很难见到的品种更加有趣。这些可能是拓荒者种植的品种，或者是欧洲人到达之前美洲印第安人种植的品种。如今，某些种子公司专门销售这些古老品种的种子。

比如，美国缅因州的伍德草原农场出售一种俄罗斯马铃薯，其形状像香蕉，呈蜡黄色，大小如同手指一般。这种马铃薯最早是由早期的俄罗斯移民在美国种植的。奥泽特马铃薯是由生活在美国华盛顿州西北部的一个印第安人小部落种植的。虽然这种马铃薯非常小，在超市里卖不出去，但它有着奇妙的坚果味道和干爽的口感，非常适合烘烤。伍德草原农场还出售蓝色马铃薯，其中来自加勒比的品种的外皮为紫色，果肉雪白，而全蓝品种的外皮为深蓝色，果肉为紫色。

稀有品种也值得种植，因为它们的染色体携带着经过数百万年的演化和几个世纪的园艺育种发展出来的信息——永远不能丢失的遗传信息。顺便说一下，对于马铃薯来说，种植这些稀有品种尤其有趣，因为每一个通过无性繁殖发育成植株的马铃薯都是亲本马铃薯基因的精确克隆。因此，我们可以种出与早期俄罗斯移民和印第安人种植的马铃薯一样的品种。

作为自然的一部分

在人类出现之前，整个地球是一个郁郁葱葱的花园，其中包括可爱的森林、草原、沙漠以及数百种其他特殊的环境。每一种环境都有自己独特的动植物群落，它们以复杂的方式互相作用。人们耕种田地，建造城市，挤走了大部分动植物，但还是有一些留了下来。就算是现在，蚯蚓依旧在土壤里忙碌着，而某些蝴蝶失去了森林中和草原上它们最喜爱的花朵，转而从花园的杂草中吸取花蜜。

大自然总会做一些非常重要的事情，它总在尝试着收回土地。这种回归自然的过程每天都能看到。遭到破坏的土地闲置一段时间后就会长出杂草，小虫来啃食杂草，蟾蜍来捕食小虫，臭鼬紧随其后，大树的幼苗在臭鼬留下的粪便里发芽，等等。

这就是多年不打理花园将会发生的事情。夏季只要几天不打理，我们就能发现杂草长得有多快。本质上，大自然认为我们的花园只是暂时的。当我们认识到大自然的工作方式并找到与这些自然策略和谐相处的方法时，就找到了作为园丁的乐趣。

害虫防治

作为园丁，我们最大的愿望就是花园能够与自然和谐相处。而当我们面对与其他动物为敌的情况时，实现我们的愿望就变得无比艰巨。实际上，要想保护番茄或其他农作物在成为我们的食物之前免受各种昆虫和其他动物的啃食，基本上没有什么高明的方法。每个园丁都必须在某一时刻决定自己对于害虫防治问题的态度。

一种极端的态度是什么都不做，另一种极端的态度则是用能够买到的捕鼠器和化学药品来消灭鼹鼠和昆虫。综合考量下的折中态度是使用鱼藤酮和除虫菊酯等有机化合物，这些化合物能够杀死害虫，然后分解成无害的有机残留物。你在这个问题上采取什么样的态度，在很大程度上取决于你对花园生命形式和系统的最终想法。

环保主义者会避免使用人工合成的化学药品。如果你想深入探索有机园艺，可以查阅杂志。从园艺用品商店中买到的大多数种子，除非特别标明未经处理，否则都被化学药物处理过，特别是那些种植时可以预防真菌的种子。

在玉米穗中发现一条虫子会促使你思考。你是想要完美无缺的农产品，还是愿意与花园中的生物分享你的玉米？这两种极端态度之间的折中到底是意味着只使用一点化学杀虫剂，而把这个玉米穗让给虫子，还是将虫子挑出来，把玉米穗的受损部分切去，而将其余部分煮熟吃掉

我意识到，如果离"什么都不做"的那一端太远，我们想和花园建立的那种敏感亲密关系就无法维系。观察蚜虫和跳甲会让我感到满足。正如阿尔伯特·施魏策尔所写的那样："正是在对生命的敬畏中，知识才得以转化为经验。"

然而，即使是对生命充满敬畏的园丁也有一些对付害虫的技巧。比如，一些园丁会通过向某些被认为是害虫的昆虫喷洒苏云金芽孢杆菌来让它们感染上自然疾病。苏云金芽孢杆菌是一种致病细菌，会导致咀嚼树叶的毛毛虫得病死去，而对人类、其他高等动物和所有植物完全无害。

我们也可以求助于吃昆虫的虫子。绿草蛉幼虫专门以蚜虫、螨虫和粉蚧为食，1000枚卵可覆盖46平方米的花园。较小的赤眼蜂会将卵寄生在

200 多种害虫上。从苍蝇、蚜虫到甲虫、蛾以及地老虎，螳螂什么都吃。

螳螂会把卵产在能够越冬的坚硬外壳里。这种螳螂卵鞘可以从种子公司买到，我们在杂草茎上通常也可以找到天然的卵鞘。每个卵鞘里大约有 300 枚卵

　　这些防治措施有效吗？其实，它们很难能像一些园丁使用的有毒化学杀虫剂那样迅速彻底地杀死害虫，而且通常它们甚至不如用从植物中提取的物质制成的杀虫剂（如除虫菊酯）有效。采取生物防治措施时必须密切关注使用说明，并根据天气情况来操作。尽管如此，生物防治依然可以防止害虫数量激增，你也不用担心可能会危害家人健康和破坏生态系统。

　　下面以瓢虫为例介绍一下生物防治剂是如何起作用的。

　　瓢虫通常会在叶的下表面产下橙色的卵，一般产在蚜虫附近。卵孵化后，我们会看到一些食欲旺盛的黑色小生物，它们最喜欢的食物就是蚜虫、介壳虫、粉蚧以及其他软体生物。随着瓢虫幼虫的成熟，它们的身体逐渐长大，长出刺毛。长大后，幼虫就会停止侵袭，把尾部粘在叶子上，蜕皮成蛹。再过不久，一只只完美的瓢虫成虫就出现了。

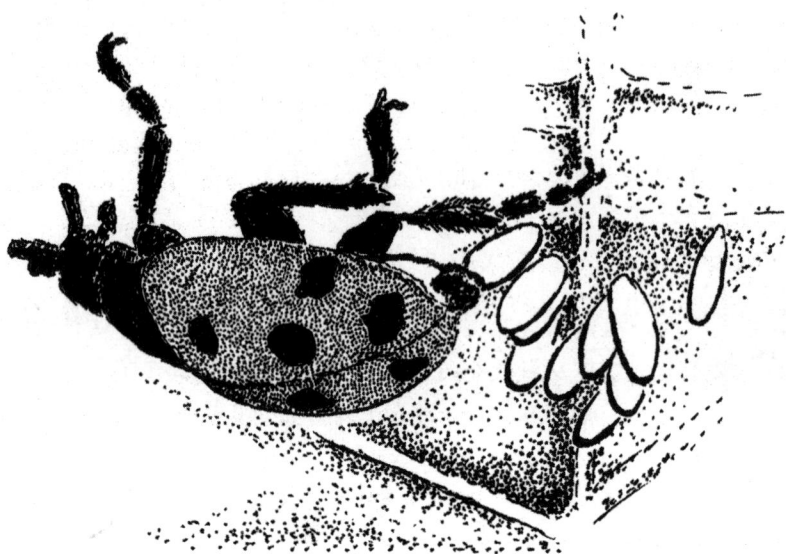

菜豆叶下，一只以蚜虫为食的瓢虫可以连续产卵一个月，每天产 10 ～ 50 枚卵

　　从整个过程中可以看出，瓢虫的生长发育有其独特性，我们要想依靠它们或者它们的后代消灭花园中的害虫可能有点棘手。然而，当瓢虫的捕食对象正是园丁的困扰所在时，生物防治工作的乐趣就尽数显现了。

　　比起寄希望于瓢虫帮你解决问题，还有一种更简单、更有把握的方法来防治害虫。仔细观察植物，如果发现上面有惹人厌的小虫子，就把它们的头剪下。只要用拇指或手帕轻轻摩擦，就可以将大量蚜虫碾死。

　　这种想法并不荒谬。实际上，只要每周俯身检查一下你所种植的植物，观察叶的两面，就能有效防止害虫数量激增。一段时间之后，眼睛就会习惯发现入侵者，快速搜寻并消灭害虫的习惯也就养成了。

　　某些杀虫剂是可生物降解的，它们被释放到大自然中后会分解成据称无害的残留物。采用有机配方的杀虫皂可以杀死特定的害虫，而不会对植物和人造成伤害。许多可生物降解的杀虫剂是从植物中提取的。用一种墨西哥植物的种子制成的沙巴藜芦可以杀死菜蟥、条纹天牛、科罗拉多马铃薯甲虫等。天然除虫菊酯是用某些菊科植物的干花制成的，鱼藤酮同样是从天然植物中提取出来的。虽然可生物降解的农药比有毒化学物质要好得多，但那些喷洒在花园植物上的农药除了能杀死标签上列出的害虫外，也会伤害许多益虫。

另一种对自然无害的害虫防治方法是设法捕获特定的害虫，效果也很好。比如，使用一种只针对日本甲虫的性诱捕剂。

有一些害虫防治技术可能并不像商家声称的那样对生态友好。比如，黄板作为蚜虫粉虱诱捕器，不仅可以诱捕蚜虫和粉虱，也会使碰巧爬到板子黏性表面上的其他小生物遭殃。诱捕长胡蜂和胡蜂的陷阱确实有效，但其他被用作诱饵的腐肉、水果或鱼肉残渣所吸引的小动物也会落入其中。

每年市场上都会出现标榜"对地球友好"的新型防虫产品，其中不乏确实值得一看的产品。比如，在本书原著付印之际，斯托克斯种子公司正在推广他们培育的"世界上第一种能捉虫子的番茄"——"诱惑"。据说，"诱惑"的叶在科罗拉多马铃薯甲虫的眼中胜过其他农作物。因此，我们可以将一行"诱惑"种植在 3 ～ 5 行受科罗拉多马铃薯甲虫侵扰的农作物中间。这样一来，甲虫就会成群结队地来到"诱惑"的叶上，其他农作物就得以幸免。甲虫聚集在"诱惑"的叶上后，我们就可以用手将那些叶摘除了。季末如果还有"诱惑"存活，我们还能获得额外的番茄收成。

人们常说，万寿菊和大蒜可以防止昆虫靠近。这一说法是否正确，下面用实验验证一下吧。

若想测验万寿菊和大蒜的驱虫能力，仅需

一些万寿菊种子和大蒜鳞茎球。

1. 早春，选出一种受昆虫严重侵袭的植物，如易断菜豆和马铃薯。等到种植的时候，在其周围种满万寿菊和大蒜。如果有架豆的圆锥形帐篷，就在帐

篷内部和架子周围种植万寿菊和大蒜，其余地方不种。如果是成行的，就在一端种植，而另一端不种。

2. 夏末，进入昆虫活跃的季节。选择远离万寿菊和大蒜的 5 棵植物，数一数它们上面的昆虫。如果做得到的话，还可以将昆虫分类。接下来用昆虫的数量除以植物的数量，计算出每棵植物上昆虫的平均数量。

3. 在种满万寿菊和大蒜的地方挑选 5 棵植物，重复上述步骤。所选样本的大小尽量相近，因为更大的植物上可能有更多的昆虫，会影响计算结果。

4. 把实验结果写在自然观察笔记本上。如果实验结果出人意料，你可以将自己的发现公之于众。你可以给当地报纸投稿，甚至可以联系当地电台和电视台的工作人员，因为人们喜欢了解这些事情。

除了生物防治外，还有几种可用的方法。比如，用塑料制作的大型角鸮和猎鹰模型可以吓跑偷吃玉米嫩芽的鸟类。"警戒鸟线"是一种系在两根杆子之间的丝带，会发出人们听不到的声音，而让鸟类感到非常不安。"警卫之眼"气球上面贴有反光贴纸，看起来就像捕食者的眼睛。此外，还有针对浣熊等较大动物的非暴力陷阱。

古老的园艺

古老的园艺很有趣，但比起老年人，现在的年轻人往往对无毒虫害防治更感兴趣。在有毒化学物质流行起来之前，人们也能管理好花园。因此，古老的园艺值得深思。

现在，在许多国家仍然能见得到古老的园艺。在马德拉群岛火山坡上的小型菜园里，土壤几乎都被多产的、有保护作用的草本植物所覆盖。人们小心翼翼地行走，在高高拱起的植物下或蜿蜒匍匐的植物间寻找落脚点，小径因人来人往而不生杂草。

在北美洲的热带地区，印第安人在乔木和灌木之间开辟花园，创造了一种适宜的农林业。木薯可能就长在小屋的门边，先是作为一种漂亮装饰，等到木薯的根成熟后，还可以被挖出来吃掉。在家庭的户外生活空间中，草本植物随处可见，野生山药藤蔓在阳光充足的地方自由生长。一旦藤蔓遮住了重要的东西或者爬到了小径上，有人就会弯下腰把它们移到其他地方。农作物收获后，人们就会马上种下新的农作物。

如果地老虎或叶蝉胆敢出现，闲逛的母鸡或火鸡就会把它们吞下肚。长些杂草是可以容忍的，但如果杂草生长得过于茂盛，人们挥舞几下镰刀就可以让其恢复秩序。玉米是成丛种植的。在玉米地里，菜豆和南瓜的藤蔓在玉米茎秆间生长，有助于抑制杂草。如果植物看起来缺水，人们就给它们浇水。如果植物的叶上出现了被虫子咬过的洞，大人们就让孩子们去寻找惹人厌的虫子，然后把它们扔给旁边的母鸡。

如果说世界上大多数高产的传统花园有什么特别之处，那就是园丁会密切关注花园，了解花园里的植物和动物，并尽可能掌控每天发生的事情。我称之为与花园"保持眼神交流"。与花园保持眼神交流的园丁有时可能只是坐在花园里或花园旁看着、听着、闻着、想着、感觉着。他们在呵护着花园，而花园也在回馈着他们。

与花园保持眼神交流的园丁不仅会注意到是否有蚜虫出现，还会注意到甜豌豆第一次开花的时间。也许他们会在日历上标记这个时间，与其说这些信息以后会有用，不如说这只是一件让人高兴的事，值得记录下来。在园丁的餐桌旁，要为第一个番茄的成熟举行庆祝仪式，当装有番茄的盘子被端进来时，也许人们还会高声欢呼。

蝴蝶园

我想不出还有什么比介绍蝴蝶园更适合作为这本书的结尾了。

在有阳光而无风的地方，放几块蝴蝶可以休息的平整石头，并为它们提供水源。水可以放在一个浅盘中，盘沿要足够大，以便它们在喝水时休息。

记住，一般来说，蝴蝶喜欢有大量花蜜的芳香花朵。它们似乎会被春天的纯白花朵（如香雪球）、夏天的淡紫色花朵（如多年生醉鱼草）以及秋天的嫩黄色花朵（如万寿菊）所吸引。蝴蝶喜欢的物种还有水芹、金银花、耧斗菜、甜豌豆、福禄考、波斯菊、凤仙花、紫菀、矢车菊、石竹、茴香、莳萝、金莲花和百日草等。

就是这样简单明了。大自然中以及花园中多数真正美丽的事物在本质上都是简单明了的，就像对生物多样性友好的无害花园总会吸引蝴蝶前来。

我的第一堂自然探索课 · 第一辑

冬日的欢娱

[美] 伊丽莎白·劳拉〔Elizabeth Lawlor〕◎ 著

[美] 帕特·阿彻〔Pat Archer〕◎ 绘

赵颖 ◎ 译

Discover Nature
in the
Winter

Things to Know and Things to Do

人民邮电出版社

北 京

图书在版编目(CIP)数据

我的第一堂自然探索课. 第一辑. 冬日的欢娱 /
(美) 伊丽莎白·劳拉 (Elizabeth Lawlor) 著;(美)
帕特·阿彻 (Pat Archer) 绘;赵颖译. -- 北京:人
民邮电出版社, 2025. -- ISBN 978-7-115-66387-0

I. N49

中国国家版本馆 CIP 数据核字第 2025XH4101 号

版 权 声 明

◆ 著　　　 [美]伊丽莎白 • 劳拉（Elizabeth Lawlor）

　　绘　　　 [美]帕特 • 阿彻（Pat Archer）

　　译　　 赵　颖

　　责任编辑　刘　朋

　　责任印制　陈　犇

◆ 人民邮电出版社出版发行　　北京市丰台区成寿寺路 11 号

　　邮编　100164　电子邮件　315@ptpress.com.cn

　　网址　https://www.ptpress.com.cn

　　文畅阁印刷有限公司印刷

◆ 开本：720×960　1/16

　　印张：58.25　　　　　　　　 2025 年 10 月第 1 版

　　字数：800 千字　　　　　　　 2025 年 10 月河北第 1 次印刷

　　著作权合同登记号　图字：01-2022-6596 号

定价：198.00 元（全 4 册）

读者服务热线：(010)81055410　印装质量热线：(010)81055316
反盗版热线：(010)81055315

内容提要

　　大自然是我们赖以生存的环境，也是万千动物、植物和微生物的家。它的每一个角落都是一个生机勃勃的世界，有无数的秘密等待我们去探索和发现。

　　本书是《我的第一堂自然探索课（第一辑）》中的一册，以生动有趣的文字和精美的插图介绍了在寒冷的冬天生活的树木、杂草、昆虫、鸟类和哺乳动物，同时介绍了在冬天如何观察雪和星空。在本书的指引下，你不仅可以学会如何观察身边的自然环境，还能通过具体的探索活动深入探索大自然的奥秘。

　　走进大自然，体验探索的乐趣。

本书献给希瑟和她的家人，他们友善、
亲切的人格魅力俘获了所有与其相遇之人的心。

一触自然，世界大同。

——威廉·莎士比亚

前言

　　这本书是专门为那些想要了解在寒冷的季节中仍展现蓬勃生命力的野生生物的人而准备的。和该系列的其他图书一样，本书关注知与行，可供学生、教师、家长等对我们周围的世界充满好奇或重拾好奇心的人阅读。作为适合自然主义者的友好型入门指南，本书旨在温和地引导你学习相关知识要点，随后在各种场景下获得有趣的体验。当读完本书后，你能够感受到冬日里生活在我们身边的生物与我们的紧密联系。

　　本书将向你介绍在恶劣的冬季环境中保持生机的常见生物。书中只收录了那些栖息地范围广且最容易被找到的生物，因此你不必生活在乡村，也不必去远离人迹之地，就能找到书中提及的动物和植物。大多数动物也许就在你的庭院附近游荡，而植物则在田野、草地、高速公路旁和公园里自由生长。相应地，本书也对能够开展的相关活动进行了介绍，你可以去探索和观察每一种生物，比如它们的模样如何，生长在哪里，又是怎样生存的。

　　每一章都包含以下两部分：第一部分针对环境或特定的生物进行详细介绍，包括科学家的一些惊人发现；第二部分将引导你完成一系列观察和探索活动。这种亲身与植物和动物接触的方式是非常重要的学习途径，这样你才能真正了解冬天的生命世界是什么样子，而这些是仅凭阅读所无法获得的。

如何使用本书

你可以从任意一章开始阅读本书。比如，如果你对鸟类很感兴趣且有机会在某处观察它们，那就从介绍鸟类的章节开始阅读吧！相关章节列出了进行观察和探索所需要用到的工具与器材，也介绍了每项活动所能培养的科学技能。请保持做野外观察笔记的好习惯，你也可以把这本书作为野外观察的笔记本，在空白处进行记录。

希望阅读本书对你来说只是进行自然观察和记录的开始。我在本书的后面列出了推荐书目，你可以通过阅读这些图书对本书介绍的内容进行更加深入的学习。实际上，你真正开始探索时就超越了本书所能提供的，大自然将引领你进入它的神奇世界。

你需要什么

只需要很少的工具和器材，你就能开展本书所介绍的野外活动。基础工具和器材只包括一些必需品：首先是一个野外观察笔记本，我通常会用 12.7 厘米 ×17.8 厘米的线圈本；其次是圆珠笔和铅笔，避免使用钢笔，因为墨水在低温下可能会冻结而导致钢笔无法正常使用。一些活动会涉及测量，所以 1.8 米的软尺或者卷尺也必不可少。你最好再带上一个小型手持式放大镜。你也许还需要一个虫盒—— 小型亚克力盒，盒盖上固定着一个放大镜，用于观察小动物。你可以试着捉一些小动物，用这个盒子对它们进行研究，随后将它们毫发无损地放归大自然。你也可以用虫盒观察植物的种子。在寻找昆虫的活动踪迹时，可以使用多功能折叠刀从死树上取下树皮，这很方便。一些小的塑封袋在野外也能派上用场。

你可以将这些基础工具和器材都放在中号塑封袋里，然后将这个塑封袋装在背包中，以方便存取。

基础工具和器材清单如下。

- 野外观察笔记本
- 圆珠笔和铅笔
- 尺子
- 手持式放大镜
- 虫盒
- 多功能折叠刀
- 塑封袋

虽然双筒望远镜不是必需的，但它可以增添野外探索的乐趣。如果再带上相机的话，你还能记录雪地上的足迹或者晴天里的其他发现。

你也许喜欢活页笔记本，不断增加的页数象征着你在野外探索、观察和记录的经历日益丰富。做笔记时记录的是你在探索过程中的所见所想。你将有机会通过这些笔记再现当时的情境，重新思考当时的疑问，然后参考相关书籍或者野外活动指南获得更多的信息。这些笔记本也是保存野外探索照片的理想之处。

在阅读本书和实际调查的过程中，你会认识到生物群落是多么脆弱，人类对它们的影响将赤裸裸地呈现在你的眼前。希望你开始关注这些问题，并积极寻求具体的、切实的解决方案。这种关注能改变环境的未来。

目录

第一部分 景观

第二部分　生命

第一部分

景观

第一章　冬日

寒冷季节的诸多疑问

远古时代，生活在北半球的人们发现，随着太阳升起和落下的方向越来越偏向南方，白昼逐渐缩短了。伴随寒冬季节而来的是漫长的黑暗，人们因此对太阳产生了敬畏，也产生了对太阳一去不复返的恐惧。他们无法知晓太阳是否会再次攀上高空，带回绵长而温暖的夏季。

他们不知道太阳并非像看起来的那样逐渐远离地球，因为那时的人们还缺乏对太阳系运转的理性认识。经过一代又一代哲学家和科学家的共同努力、观察和不懈探索，今天我们已经具备这方面的知识。

几千年来，人类一直着迷于无尽的天空。巨石阵位于英格兰南部，是由几十块巨石围成的一个巨大的圆圈，当时人们为了预测太阳和月亮的季节性运动而建造了它。早在公元前 1400 年，美洲的印第安人就发明了石环，以便追随太阳和星体的运动。尽管中国人、古巴比伦人和古埃及人也为天文学做出了杰出贡献，但直到公元 2 世纪天文学家托勒密提出天体模型，人类对白天、黑夜和季节的更替才有了真正意义上的理解。托勒密认为地球是宇宙的中心，所有天体都围绕地球旋转。这一建立在前人观察的基础上的地心说极具吸引力，存在了大约 1500 年。起初这个理论只涉及一个简单的天体模型，但随着天文学家注意到行星相对于恒星偶尔发生的逆行运动，这一模型经过数次修正，变得越来越复杂。

1543 年，哥白尼提出以太阳为宇宙中心、一切天体围绕太阳旋转的理论，打破了地心说的统治地位。开普勒进一步修正了哥白尼理论中的"天体运行轨道为圆形"这一错误观点，提出了天体绕太阳运行的轨道是椭圆形的。这意味着在绕太阳运行的某一时刻，天体离太阳比在其轨道上的其他时刻都要近。

大约 100 年后，伽利略观测到了几颗围绕木星旋转的卫星，这一发现证实了并非所有天体都在围绕太阳旋转。而后由数千亿个星体汇聚而成的遥远星系被发现，以太阳为中心的宇宙观随之退出天文学的舞台。在新的模型中，太阳系只是银河系中的一个微斑，而银河系宛如数千亿个星系中的一粒尘埃。

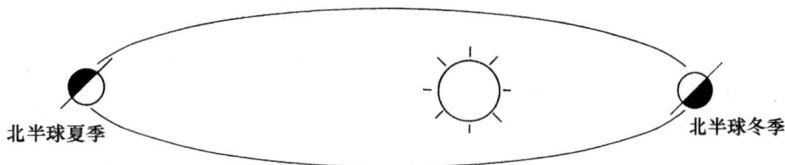

北半球夏季　　　　　　　　　　　　　　　　　　　北半球冬季

地轴相对于地球绕太阳公转的轨道平面的倾角约为 66 度 34 分，这导致了季节的更替。相对于夏季，北半球处于冬季时，地球离太阳更近

　　通过这些模型，我们才能理解我们的祖先所看到的东西以及他们创造的神话所讲述的故事。哥白尼的模型解释了地球每年绕太阳旋转一圈，加上地轴的倾斜，塑造了四季变换。当北极远离太阳时，北半球正值冬季，南半球则经历夏季；当北极靠近太阳时，南北半球的季节则互换。这与地球距离太阳的远近无关。实际上，冬至北半球地球距离太阳约 1.47 亿千米，而夏至地球距离太阳约 1.52 亿千米。

　　地球上受地轴倾角影响较小的地方是赤道南北两侧的小范围区域，生活在热带地区的人们不会经历"冬季"。

　　12 月 22 日左右，北半球正式宣告进入冬季。你可能会惊奇地发现冬至并非固定在这一天。有些年份的冬至为 12 月 21 日或 23 日，你需要查阅历书才能知道特定年份的冬至为哪一天。冬至那天太阳将移到天空的最南端，阳光直射到南回归线上（南纬 23 度 26 分）。冬至是一年中白昼最短的一天，在本书随后介绍的活动中你会发现这一天的许多奇特之处。你也许能从"winter solstice"（意为"冬至"）中找到些许线索。"solstice"源于两个拉丁语，其中"sol"表示"太阳"，"stice"意为"停滞的、静止的"。

在地球上的一些区域，寒冷每年如约而至，给人们的生活带来了一定的挑战。尽管一些人选择迁徙到更加温暖的地方度过寒冬，但大部分人还是会留下来的，只是待在室内时需要往炉子里多加柴火或调高恒温器的温度，外出时就要穿厚厚的衣服来御寒，以保持身体的正常温度。

在冬季，不进行迁徙而留在原地的动植物也经受着刺骨的寒冷带来的生存威胁。冬季的白昼缩短了，动物能够外出觅食的时间也随之减少，而漫长的黑夜快速消耗着它们在白天所获得的能量。此外，积雪在食草动物和食肉动物觅食时是一种巨大的障碍。覆盖鸟类羽翼和折断树枝的薄冰是冬季的又一个危险因素，而风对于生物来说是最为致命的，因为流动的空气会加速生物体热量的散失。

关于风让冷天变得更加寒冷这一点，相信冬天在室外待过的人都深有体会。通常我们的身体周围有一个空气保温层，合适的衣服会让这个空气保温层更贴近皮肤，但是当我们穿的衣服不合适时，空气保温层就会被风带来的密度更大、温度更低的空气所取代。风会持续经过裸露的皮肤表面，人体表面较温暖、较轻的空气会不断被较寒冷、较重的空气取代。这一过程加速了热量的传递，称为热对流，是风寒效应的原理。

如果气温下降到零下 12 摄氏度，并伴随着速度为 32 千米 / 时的风，对毫无防备的行人来说，体感温度将接近零下 32 摄氏度。风越猛烈，我们暴露在空气中或只覆盖着一层薄薄的衣服的皮肤就越感到寒冷。简而言之，身体向周围环境散热时，我们就会觉得冷。

除了热对流，热量损失还涉及其他两个物理过程——热辐射和热传导。无风时，人体损失热量的主要方式是热辐射。在热辐射过程中，电磁波从高温物体传递到低温物体上。肉眼是无法直接看到热辐射的，只有通过特殊的红外摄像机和探测器才能"看到"。在燃烧着壁炉的房间里，我们的皮肤能够"探测"到热辐射。通过热辐射，我们间接地接收到了存储在木材中的太阳能。我们的头皮下有大量的血管，如果冷天不戴帽子的话，头皮通过热辐射散失的热量高达人体散失的总热量的 50%。头皮与周围空气的温差越大，热量的散失就越严重。这就是"想要脚暖，先戴帽子"这句老话背后的科学依据。

当人体直接接触温度更低的物体时，热量也可能通过热传导散失掉。如果坐在岩石或金属管道上，你很快就会感到坐的地方凉凉的，这正是由于热传导的作用。此外，人体的热量还可能从隔热性较差的脚底传导到外界，或者被湿衣服"抢走"。

人体表面变湿（通常是因为出汗）时，热量会通过蒸发散失。水分蒸发会降低我们皮肤的温度，而冬季干燥的空气会加速这一过程。

面对严酷的冬季，各种生物演化出了不同的生存策略。很多生物在夏末或者秋初就开始为越冬做准备，它们行动的痕迹在我们周围随处可见，最明显的可能是聚集在北方田野和草地上的野鹅群与野鸭群了，它们正准备着南迁呢。黄喉地莺[1]（*Geothlypis trichas*，广泛分布于北美地区）和棕林鸫（*Hylocichla mustelina*）等鸣禽将飞往墨西哥、巴拿马或危地马拉，寻找食物更为充足的过冬地点；而刺歌雀（*Dolichonyx oryzivorus*）会前往阿根廷的潘帕斯草原欢庆又一个盛夏。

无法迁徙到温暖地带的动物则通过调节新陈代谢和改变行为模式在严冬存活。蝙蝠（翼手目物种，是唯一能够真正飞行的哺乳动物）、土拨鼠[2]（旱獭属，学名为 *Marmota* spp.）和鼩鼱类（鼩鼱科）将冬眠蛰伏。不过，大部分动物会用别的策略来熬过食物匮乏、寒冷漫长的冬季。花栗鼠（花鼠属，学名为 *Tamias* spp.）储存橡子和其他坚果，为度过寒冬准备好能量来源。它们会蜷缩起来，在洞穴深处打瞌睡，不过在这种状态下，它们会定期醒来，大吃一顿坚果来补充能量。鹿（鹿科）采取的是另一种策略，它们极少活动以保存能量，需要待在幼小的红花槭（*Acer rubrum*）和其他方便取食的植物旁边。

---

[1] 黄喉地莺所在的森莺科在中国没有自然分布区。——译者注
[2] 原文指美洲旱獭，我国分布有同属的喜马拉雅旱獭。——译者注

植物也演化出了一系列策略来度过寒冬。落叶乔木和灌木将叶子抖落，关闭了它们的能源工厂。许多野花以及田间和森林中的其他植物以种子的形式过冬，它们的种子将处于休眠状态，等到条件合适时才发芽。还有一些植物以鳞茎或地下茎的形式来过冬。这种不通过种子产生后代的繁殖方式称为无性繁殖，开春后新的植株将从无性繁殖体中直接长出来。

冬日的世界

工具和器材	科学技能
基础工具	观察
历书	记录
当地报纸	比较
坐标纸	制图
室外温度计	
风速仪	

自然观察

日光消退。太阳在地平线以上的时长被计为昼长，即日出到日落间的日照长度。从观察、记录 9 月的日照长度开始吧。你可以在当地报纸上找到日出和日落的时刻，将它们记录在与下面类似的表格中。每隔一段时间，日照长度会缩短吗？日照长度缩短的速度在冬至前后是怎样的呢？

日照长度记录表[1]

日期	日出时刻	日落时刻	日照长度	较前一日（＋/-）
9月15日	5:55	18:24	12小时29分钟	
9月16日	5:56	18:22	12小时26分钟	-3分钟
9月17日	5:57	18:20	12小时23分钟	-3分钟
9月18日	5:58	18:19	12小时21分钟	-2分钟
9月19日	5:58	18:17	12小时19分钟	-2分钟
9月20日	5:59	18:15	12小时16分钟	-3分钟
9月21日	6:00	18:14	12小时14分钟	-2分钟

注：计算日照长度变化的表格示例，表中所示数据为2022年北京市的日出时刻和日落时刻，数据来自中国气象网，略有修正。

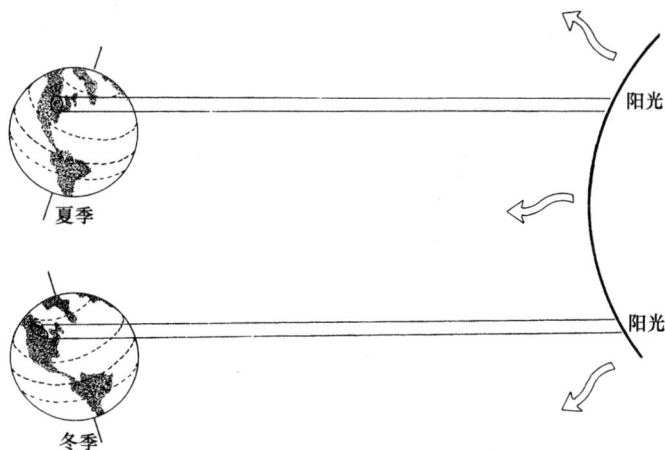

阳光的辐射情况

即使地球离太阳更近，冬天也并不温暖。由于地轴的倾斜，阳光被分散开了，因此在冬天，地球上阳光覆盖的面积增大，而单位面积接收到的辐射量则减少了。

在计算出每天的日照长度变化后，还可以把结果绘制成图。如果从9月的

[1] 为了方便读者阅读，这里将原著中的数据换成了中国北京市的数据。——译者注

秋分一直追踪日照长度到 12 月的冬至之后，你就会记录到太阳逐渐远去而又开始回归的日照长度变化。

你发现了什么？"最短的一天"实际上持续了多久呢？（见本章注解 1。）你在什么时候才听到人们说发现白昼变长了呢？你感知到的白昼变长与实际情况是否一致呢？

12 月的日照长度是多少呢？1 月、2 月和 3 月的日照长度又是多少？日出时刻在整个冬天是如何变化的？日落时刻与日出时刻的变化趋势是否一致？你可以绘制一张图来更直观地表示这些变化，不过在此之前，试着预测根据这些数据绘制的图是什么样子吧。冬天到底持续了多久呢？（见本章注解 2。）

立冬后，日出和日落的时刻是怎样变化的呢？到 1 月末，白昼的长度增加了多少？到 2 月末呢？你需要从当地报纸上收集气象信息来回答这些问题。继续监测白昼长度的变化，一直到 6 月的夏至。坚持每个月制作一幅变化图，看看你能否概括从冬至到来年夏至的日照长度是如何变化的。

日出和日落。利用指南针，你可以做一些简单的观察，探究在秋分（9 月 23 日或 24 日）和春分（3 月 20 日或 21 日）太阳是否真的从西边直接落下，从东边直接升起。据说在冬天，太阳从东南方升起，在西南方落下，你认为这是正确的吗？随着冬天的到来，日出和日落的方向是如何变化的呢？（见本章注解 3。）

冬季的色彩。虽然树和花都失去了夏秋季节缤纷的色彩，但冬季景观也别有一番韵味。只要学会了如何观察，你就能欣赏冬季微妙而独特的色调。雪可以锐化色彩，冰雪世界里的绿色看起来会更加通透，红色会显得更加张扬，其他颜色是否也更加鲜艳呢？

你能够找到多少种不同深浅的绿色、灰色和棕色呢？到野外去找找北美水青冈[1]（*Fagus grandifolia*）的浅灰色树皮和红花槭[2]（*Acer rubrum*）的红色枝

---

[1] 水青冈属植物是北半球温带森林的重要建群种，我国可见水青冈、米心水青冈和巴山水青冈等。——译者注

[2] 红花槭也称北美红枫，在中国作为观叶树种被引进，在江苏、湖北、陕西等地区常见栽培，以供观赏。——译者注

条。盐麸木属[1]（学名为 *Rhus* spp.）植物浆果的深红色（见本章注解4）、草地的古金色以及灰桦[2]（*Betula populifolia*）树皮的白色形成了鲜明的对比。你是否留意过冬季日落时太阳光轻薄的鹅黄色？冬季日出时又呈现什么颜色呢？

你可以在野外观察笔记本中制作一张图表，展现收集到的冬季色彩以及它们的来源。商店里颜料区的色卡可以帮助你认识更多的颜色。尽可能多地探索不同的栖息地，去看看有积雪覆盖和没有积雪覆盖的草地，再去林地、海滩、盐沼、沙丘和公园看看。当然，也别忘了自家院子和附近的街道。

确保你没有遗漏鸟类。鲜红的主红雀（*Cardinalis cardinali*）和蓝色的冠蓝鸦（*Cyanocitta cristata*）为沉闷的冬日增添了活力，黑白相间的绒啄木鸟（*Dryobates pubescens*）和长嘴啄木鸟（*Leuconotopicus villosus*）为阴郁的冬季带来了鲜明的色彩碰撞，而雄性啄木鸟后枕处的羽毛红得更加热烈。鸟类还为你的社区带来了哪些颜色？哪种植物或动物贡献了最多的色彩？（关于在"单调"季节寻找色彩的小提示，请参见本章注解5。）

冬季的声音。雪会影响声音的传播。无须看窗外，你就能知道夜间何时积雪了，因为雪会让室外的声音变得低沉。

降雪后，做好保暖出去走走，去聆听冬季的奇妙声响。你听，听到了吗？那是风在松林间穿行的沙沙声，在铁杉（铁杉属，*Tsuga* spp.）间游走的低语声，吹得橡树的叶子摇曳着簌簌作响，树枝相互摩擦，一声声地吟唱着。还有冠蓝鸦尖锐洪亮的叫声和黑顶山雀（*Poecile atricapillus*）的欢快歌声。下午晚些时候，你可能会听到东美角鸮（*Megascops asio*）的嘶鸣或横斑林鸮（*Strix varia*）发出的"who cooks for you? who cooks for you-all?"的追问声。在四周静下来后，再听听自己轻微的呼吸声和在雪地上小心翼翼地行走时的脚步声。

在野外观察笔记本上记录你听到的声音，标注上观察日期、地点以及确切的时刻。选一个不是雪天的日子，沿着同样的路线再次记录声音，看看会有

---

[1] 我国可见盐麸木、青麸杨和川麸杨等，其核果成熟时为红色。——译者注
[2] 我国可见同属的白桦、垂枝桦和亮叶桦等，其树皮也为白色。——译者注

什么差异。

"白昼越长，寒意越浓。"如果想知道这句谚语是否有道理，你可以把温度计挂在方便观测的地方，从1月到3月尽可能地记录每天的温度，同时记录日照长度。记录结束后，你能否发现温度和日照长度之间的关系？

温度和日照长度之间的关系

日期	温度	日照长度

体感温度。风会使得我们在室外的体感温度比实际温度更低，这种现象称为风寒效应。为了探究风寒效应，你需要一个寒冷而有风的日子、一两支室外温度计和一个手持式风速仪（可以在海事商店里买到，价格不足10美元）。当你将风速仪分别放在地上和举在头顶时，看看风速是如何变化的，这两处的温度是否不同。查看下面提供的风寒指数表，你能回答风是如何改变温度的吗？

风寒指数表

风速 / (千米·时$^{-1}$)	温度计读数 / 摄氏度									
	10.0	4.4	−1.1	−6.7	−12.2	−17.8	−23.3	−28.9	−34.4	−40.0
	体感温度 / 摄氏度									
无风	10.0	4.4	−1.1	−6.7	−12.2	−17.8	−23.3	−28.9	−34.4	−40.0
8	8.9	2.8	−2.8	−8.9	−14.4	−20.6	−26.1	−32.2	−37.8	−43.9
16	4.4	−2.2	−8.9	−15.6	−22.8	−29.4	−36.1	−43.3	−50.0	−56.7
24	2.22	−5.6	−12.8	−20.6	−27.8	−37.8	−42.8	−50.0	−57.8	−65.0
32	0	−7.8	−15.6	−23.3	−31.7	−39.4	−47.2	−55.0	−63.3	−71.1
40	−1.1	−8.9	−17.8	−26.1	−33.9	−42.2	−50.6	−58.9	−66.7	−75.6
48	−2.2	−10.6	−18.9	−27.8	−36.1	−44.4	−52.8	−61.7	−70.0	−78.3
56	−2.8	−11.7	−20.0	−28.9	−37.2	−45.0	−55.0	−63.3	−72.2	−80.6
72	−3.3	−12.2	−21.1	−29.4	−38.3	−47.2	−56.1	−65.0	−73.3	−82.2
危险程度	危险性小				较为危险			非常危险		

分别测量并比较开阔地和林地的体感温度，在野外观察笔记本上写下这两

种地方的体感温度存在差异的原因。建筑物如何影响风寒指数？建筑物的哪一侧最冷，哪一侧最温暖？这与风向有什么关系？这些差异又该如何解释呢？

历法中月份名字的由来。美洲的一些印第安部落根据自然界中发生的特殊事件来命名历法中的月份（29天零20小时14分钟3秒），即朔望月[1]。12月被称为寒月（Cold Moon），标志着冬天的开始，随之而来的是短暂而寒冷的白天以及漫长的黑夜。1月被称为狼月（Wolf Moon），因为在冬夜里你会更频繁地听到饿狼的嚎叫。2月被称为雪月（Snow Moon），雪花乘着怒吼的风片片降落，积成厚厚的雪堆。冬春交替之际，冰雪开始消融，气温回暖，地面变得松软，蚯蚓等蠕虫钻出地表开始活动，所以3月被称为蠕虫月（Worm Moon）。你会给每个月取什么既有意义又有趣的名字呢？

中国农历月份的一些别称也和自然现象相关。例如，一月被称为太蔟，"太蔟之月，阳气始生，草木繁动"，蕴含万物簇生之意。二月被称为如月，出自《尔雅·释天》中的"二月为如"。"如者，随从之义，万物相随而出，如如然也"。三月，桃花盛开，人间一片芳菲，故三月被称为桃月。此外，农历三月，中国人开始养蚕缫丝，因此三月又被称为蚕月。四月，初夏之季，麦子成熟，故被称为麦月。五月，在地下潜藏已久的蝉纷纷破土而出，到高枝绿叶间鸣唱。《诗经》中有"五月鸣蜩"，鸣蜩即蝉，故五月又被称为鸣蜩。六月当酷暑，池中荷叶亭亭，荷花灼灼，故六月又被称为荷月。七月是丰收的季节，瓜果飘香，故又被称为瓜月。八月，秋风起，明月高，桂花开，词中也有"野旷无尘夕霭收，人间八月桂花秋"，故八月也被称为桂月。九月，菊花傲秋霜，正是赏菊的月份，故被称为菊月。十月，是秋去冬来、两季交替、露水多生之月，被称为露月。十一月，葭灰从十二律管中最长的黄钟管中飞出，因此被称为黄钟，亦称葭月。十二月，万物肃静，冰天雪地，故又被称为冰月。[2]

---

[1] 由于月球相对于太阳位置的变化，人们在地球上会看到月亮从不可见到满月的月相变化过程。月亮不可见的那一天被称为朔日，满月的那一天被称为望日。从朔日到下一个朔日或者从望日到下一个望日的周期被定义为朔望月。——译者注

[2] 为了方便读者阅读，这里补充了中国传统文化中关于各个月份的相关介绍。——译者注

本章注解

1. 冬至是太阳结束由北向南的旅程并稍作停留的一段时间，我们将其称为"最短的一天"，但实际上冬至会持续几天时间。日照长度的变化速率在一年中的不同时候是不同的，在春分和秋分最快，在夏至和冬至最慢。

2. 在中纬度地区，冬天大概会持续89天，但每年不尽相同，可能会有几小时的差异。

3. 在冬季，太阳从东南方升起，在西南方落下。随着冬季渐深，你会发现太阳在升起时逐渐向东偏移，而在落下时则向西偏移。

4. 鹿角漆[1]（火炬树的别名，学名为 *Rhus typhina*）是一种蔓性小乔木，通常高度为 1.2～4.6 米，有时高达 9 米。它的名字源于其鹿角般的树枝，花序呈圆锥直立状，许多鸣禽以及松鸡（松鸡科）、雉类（雉科）、哀鸽（*Zenaida Macroura*）以其深红色浆果为食，白尾鹿（*Odocoileus virginianus*）和东部棉尾兔（*Sylvilagus floridanus*）也得到了鹿角漆树枝的恩惠。

5. 以下是一些冬季色彩，以供参考。

冬季色彩

颜色	植物或动物
蓝色	北美圆柏（*Juniperus virginiana*）
珊瑚色	美洲南蛇藤（*Celastrus scandens*）的浆果
深红色	鹿角漆的浆果
珍珠白	马利筋（马利筋属，学名为 *Asclepias* spp.）的蓇葖果
黄色	地衣、黄昏锡嘴雀（*Coccothraustes vespertinus*）
红色	雄性主红雀
棕褐色	雌性主红雀
银白色	水飞蓟（*Silybum marianum*）和加拿大一枝黄花（*Solidago canadensis*）的种子
宝石蓝	冠蓝鸦

---

[1] 鹿角漆于 1959 年由中国科学院植物研究所引入国内，因为生长迅速，用于荒山绿化，兼作盐碱荒地风景林树种，以黄河流域以北各省（区）栽培较多，目前已被列为局部入侵物种。——译者注

第二章　雪

地球的棉被

当冬天的第一场雪从天而降时，雪花如同万千纸屑纷纷扬扬。人们欢呼雀跃，或掸去滑雪板上的灰尘，或打磨雪橇的撬刃，或冒着严寒堆雪人来庆祝。面对漫天飞舞的羽毛状雪花，也有人顽皮地伸出舌头，想要尝尝初雪的味道。

你或许想要以一种深刻而睿智的方式来庆祝；你或许会奇怪为什么没有两片雪花是一模一样的；你或许对雪花在头顶的灰色天空中是如何形成的，降落至地面后又如何变成了梦幻的冰晶充满疑惑；你或许会问刚落下的雪与早些时候的积雪是否具有相同的性质，雪的结晶在春季解冻融化前是否保持其形状不变。

如果你也对雪花着迷，那么欢迎你加入科学家和哲学家之列。很久以前，亚里士多德就在思考雪的本质是什么。17 世纪的天文学家开普勒推测雪花的形状应该是六角形。同一时期，法国数学家笛卡儿发表了雪花的第一批精确手绘图。随后，在 17 世纪中期，英国科学家罗伯特·虎克首次在显微镜下观察到了雪花，雪花的真实细节才得以展现。近代，美国佛蒙特州的一位农民、被称为"雪花人"的威尔逊·本特利用一台显微镜和一台相机，出于一生对雪花的痴迷，成为了研究这些"微型珠宝"的专家。他的工作（1865—1931）为科学家研究雪的形成和播云[1]提供了极其重要的基础资料。

冰晶，形成于距地表上万米的云层，那里的温度为零摄氏度至零下 40 摄氏度。悬浮在空气中的水分以水汽的形式存在，它们凝结成小水珠，聚集成或浓或薄的雾。聚集在一起的数以百万计的小水珠才相当于一个针头大小，百万的三次方个小水珠聚集在一处才形成了肉眼可以分辨的云。其实，穿过迷雾时的感觉和漫步在云间是一样的。

从地表快速上升的空气形成了云，温度的迅速下降导致云所携带的水蒸气

---

[1] 播云是指用飞机、火箭或地面发生器等手段向云中播撒碘化银等催化剂，使云、降水等天气现象发生改变。——译者注

在尘埃粒子周围凝结。这种尘埃粒子也被称为凝结核。凝结核是冰晶形成的关键。假如没有固态的、粗糙的表面作为媒介，光滑的水分子无法凝结在一起。虽然大气中存在大量尘埃，但只有特定种类的尘埃才可以吸附水蒸气。这种尘埃的来源广泛，例如从破浪中飞溅出大量海水液滴，其中的盐粒乘着气流上升成为凝结核。森林火灾、烟囱、汽车尾气、火山爆发甚至烧烤都会飘散出能够凝结水分子的微粒，大气中的土壤粒子（如黏土）也能作为凝结核。

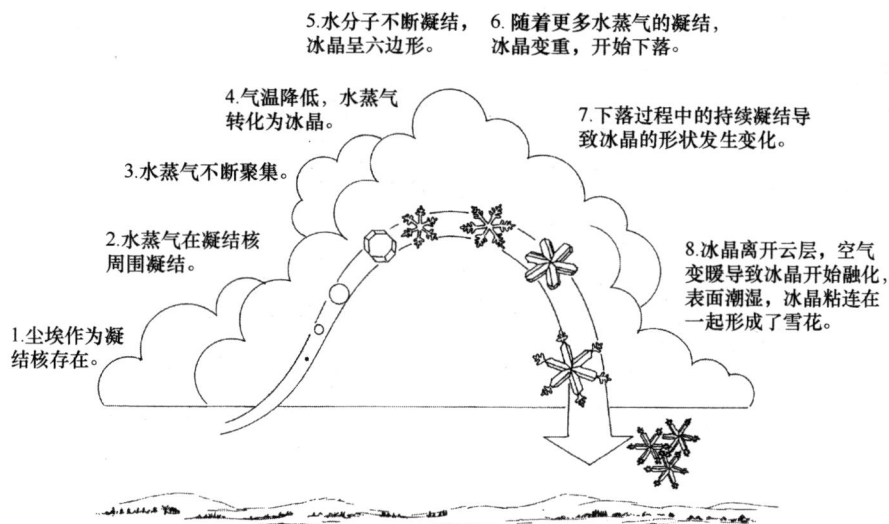

雪花的形成过程

雪花由非常复杂的冰晶组成，可以呈现出无数种形状。科学家发现，一个微小的冰晶中有 1 万兆个水分子，每个水分子都是三角形的，水分子之间相互键合，形成雪花。雪花的形态始终以尖锐的六角形为基础，正是水的这种晶体结构决定了冰晶基本的六角对称性。

1951 年，国际冰雪委员会提出了冰晶分类系统，其中包括盘状、柱状、冠柱状、针状、星状以及不规则状。

1. 盘状是最常见的冰晶形式，这些六角晶体的表面具有繁复的纹饰，但没有突起。一旦形成，这些"无臂"晶体就会在大气中自由地翻滚前往地面了。

2．柱状冰晶类似两端呈锥状或平头的六角空心管，形成于高空寒冷的卷云中。在冬季，当云飘过月亮时，由于这种冰晶的折射，月亮周围会出现美丽的彩色光晕。

3．冠柱状冰晶和柱状冰晶类似，不过这类冰晶的六角空心管两端具有盘状晶体。

4．针状冰晶细长而尖锐，也是六角晶体，而且很容易和其他类型的冰晶结合形成雪花。

5．星状（或者说星树状）冰晶是经典的雪花形象，"星臂"从中心辐射出去，常常形成具有精美花纹的六角星，而且其分支常与其他冰晶互锁。因此，这种冰晶通常以饱满的团簇状降落到地面上。每到冬天，我们就能在小学的窗户上看到这种星状雪花纹样的窗花了。

6．最后一类是不规则状。霰[1]是这类包罗万象的不规则状冰晶之一，微小、白色、不透明的霰在有的地方也被称为"软冰雹"或"木薯粉雪"。

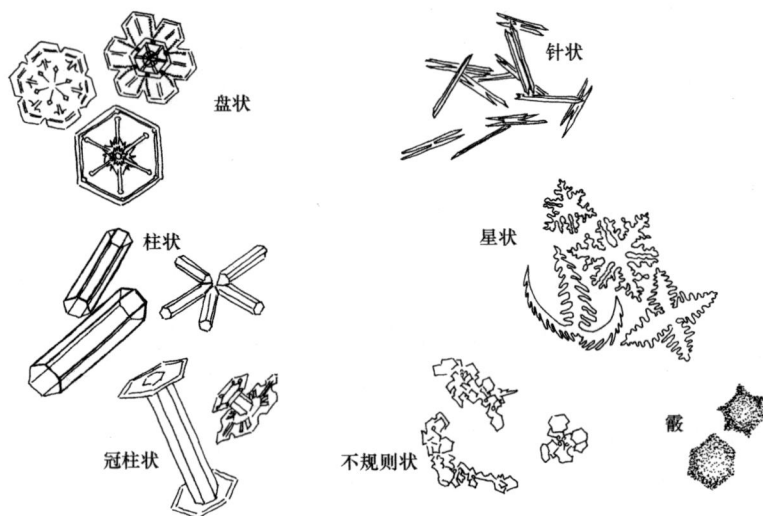

盘状

针状

柱状

星状

冠柱状

不规则状

霰

冰晶的分类

---

[1]　水滴在雪花上结成冰，即凇，这种雪花就是结凇雪花。如果结凇雪花以凇为主，就为霰（xiàn）。——译者注

这个分类系统对于雪花观测爱好者来说足够了，但专门研究雪花的科学家还提出了更为复杂的分类系统，将雪花分为 80 个类别。借助扫描电子显微镜等设备，科学家现在能够研究雪花的细微结构了。

科学家认为雪花和冰晶是不同的。雪花是单个冰晶的聚合体，当冰晶以整体或碎片的形式连接在一起时就形成了雪花。雪花可能是一团直径达 7.62 厘米的蓬松物，而目前测量到的冰晶的最大直径仅为 1.27 厘米。

不同类型的雪花的形成温度不同。实验室条件下的冰晶发育过程表明，在零摄氏度至零下 2.8 摄氏度的气温下会形成六边形的盘状冰晶，而要得到具有特殊图案的盘状冰晶，则需要将温度控制在零下 16 摄氏度至零下 25 摄氏度。针状冰晶形成于零下 2.8 摄氏度到零下 5 摄氏度，精致的星状冰晶则形成于零下 12.2 摄氏度到零下 16.1 摄氏度。

图案精美的冰晶的形成通常要求存在相对温暖的云层和足够的水分。水分不足时，冰晶的体积就小，图案也相对简单。假如在冰晶下落的过程中温度升高，它们的结构就会改变，其分支会形成新的图案。

几乎每个人都听说过世界上不存在两片完全相同的雪花。为了重新审视这一观点，来自美国国家大气研究中心的科学家研究了高空卷云中冰晶的发育过程。1988 年，南希·奈特从威斯康星州上空 6000 米处形成的冰晶样本中意外发现了一对"双胞胎"。雪花研究者对它们是否一模一样存疑，但就它们"十分相似"达成了共识。科学家强调，产生两片相同雪花的条件十分苛刻，要求两个冰晶在从云层抵达地面的约 20 分钟的时间内经历相同的温度、压力和水分条件，它们还得与其他冰晶发生相同的碰撞，这些碰撞必须导致相同的分裂和破碎，而且分支的形成与再形成也必须相同，甚至其他的小附属物都必须相同，所以找到两片一模一样的雪花几乎是不可能的。

冰晶落到地上后，形状会继续改变，精致的分支和其他凸起使其图案更加华丽，但冰晶更容易折断，冰晶间的空间也会随之缩小。冰晶的复杂结构导致了相对较大的表面积，但这种状态不太稳定，部分融化能够使冰晶成为更稳定的圆形颗粒。冰晶的结构越复杂越精致，融化的速度就越快，科学家将这一过程称为形变。

最终，春天的暖流将重新回到雪国，戏剧性的变化就开始了。冰雪融化，融水越过岩石和倒木，流经河流，汇入大海，那里孕育着来年冬天的片片雪花。

雪的世界

工具和器材	科学技能
基础工具	观察
室外温度计	记录
咖啡罐或广口瓶	推理
显微镜和载玻片	比较
透明光亮的清漆	测量
彩色卡纸	
铲子	

自然观察

"抓雪花"。 在打算"抓雪花"前，将一张深色卡纸或一块深色的布放在冰箱里。下雪时，用厚实的纸板作为支撑，将冷冻过的卡纸或布放在它的上面，就可以"抓"到雪花了。用手持式放大镜观察雪花，有些雪花看起来像蓬松的棉绒，有些可能是冰晶。在笔记本上把你"抓"到的雪花画下来或者描述下来吧。

仔细观察。 你需要用到显微镜和载玻片，科学老师可以为你提供这些器材。你还需要透明光亮的清漆，在收集雪花之前，将清漆和载玻片放在冰箱中保存。

开始飘雪时，取出载玻片和清漆，将它们放在一块提前在室外冷却过的干纸板上，这能够隔绝你的手掌的热量，防止雪花融化。

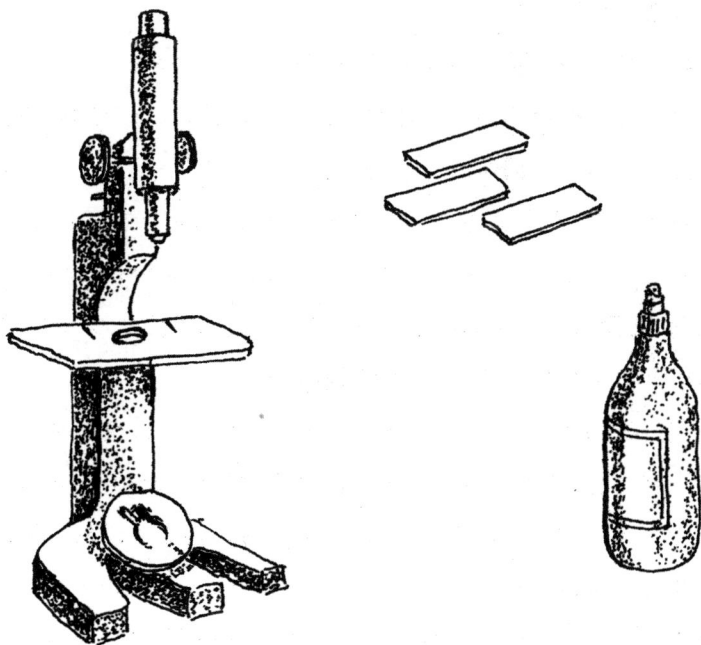

为了更细致地观察雪花，你需要显微镜、载玻片和透明光亮的清漆

给放在干纸板上的载玻片喷上清漆，然后将载玻片放在室外能够收集到雪花的地方。当载玻片上收集到几片雪花后，把它转移到室外能够遮挡雪花的位置，直到一两小时后清漆干透为止。在显微镜下（放大 40 倍比较合适）观察雪花留下的痕迹，在笔记本上画下或者描述这些痕迹。

自制量雪器。天气预报通常会预测降雪量，其实你也可以制作一个量雪器来测量附近的降雪量。

将一把尺子粘在咖啡罐的内侧，在暴风雪来临时将咖啡罐放在远离树木和建筑物的开阔地。暴风雪结束后，用咖啡罐内的尺子测量降雪量。你测量的结果和天气预报中的降雪量相同吗？是大了还是小了呢？每次下雪时都重复测量。每次的降雪量是多少呢？一周的总降雪量是多少？一个月的呢？整个冬季的呢？与上一个冬季相比呢？与两年前、五年前的冬季相比又如何呢？当地图书馆或学校图书馆可以为你提供这些资料。

在野外观察笔记本上记录下这些信息，你还可以将它们制作成图表。如果你坚持测量和观察整个冬季的降雪量，可能就会发现降雪量的分布模式，例如哪个月份的降雪量最大，哪个月最小。如果坚持记录几年的降雪量，你还能回答诸如"各年降雪量最大的月份相同吗"这样的问题。

积雪纯净吗？ 虽然你知道雪是由水而来的，但你有没有思考过雪花悠扬地飘落时还携带着什么？只要完成接下来这个简单的测试，你就能知道答案。

暴风雪来临时，将一个空的咖啡罐或广口瓶放在室外的开阔地。雪停后，将咖啡罐或广口瓶带回室内，等雪融化。用滤纸（如咖啡滤纸）和厨房漏斗制作一个简易过滤器，然后缓慢地倒入一半雪水。过滤后，滤纸上还有什么？用手持式放大镜检查这些残留物。

利用显微镜、载玻片和盖玻片，你可以更细致地研究雪水。如果你的手头没有这些器材，可以把雪水带到学校去观察。比较剩余的一半雪水和过滤后的雪水，你发现了什么？在笔记本上记录下来吧。

测量积雪的温度。 选择寒冬的一天，用铲子铲出积雪的剖面，将家用温度计水平插入积雪中约5厘米。至少等待3分钟，然后取出温度计，记录下读数。随后重复这一步骤，测量积雪剖面的中部和底部的温度。你发现积雪的深度和温度有什么关系？这对在冬天努力存活的动物有何影响？

在清晨、中午和日落时分，分别测量积雪底部的温度。关于白天温度的变化情况，你发现了什么？

在自家附近的其他地方重复这些活动，你可以和朋友一起调查，然后制作图表来展示你们的发现。

积雪剖面的温度

固定深度的温度	地点						
	1	2	3	4	5	6	7
5厘米							
10厘米							
15厘米							
20厘米							

积雪底部的温度与时间的关系

时间	地点						
	1	2	3	4	5	6	7
清晨							
中午							
日落时分							

测量积雪的隔热效果。雪是优良的隔热材料，可以保护动植物免受致命的寒害。积雪自身不产生热量，但是能吸收地面的热量。当气温降至零摄氏度以下时，积雪下的地面温度还能保持在"舒适的"0.5摄氏度。一个简单的测试就能让你了解到30厘米厚的积雪的隔热效果。用室外温度计分别测量积雪上方的空气和下方的地面的温度，重复测量几天，你发现了什么？积雪越厚，其隔热效果越好吗？积雪的质量会影响隔热效果吗？把结果记录在下页的表格里。

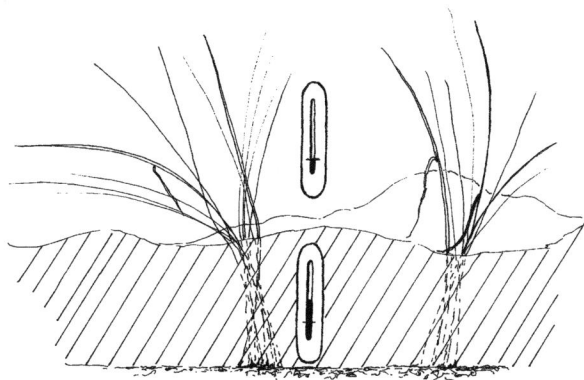

用温度计测量积雪的隔热效果

积雪的隔热效果

时间	空气温度	地面温度
第一天		
第二天		
第三天		
第四天		
第五天		

检查积雪的分层。 找一个没有受到扰动的雪堆，用铲子将积雪沿纵向切开。雪堆内部分了多少层？是否有的厚有的薄？为什么各层的厚度不同？（见本章注解 1。）是否有的层脏一些而有的层干净一些？雪层是否结冰了？结冰层位于雪堆纵剖面的哪个位置？你认为是什么导致了这些分层？

检查当地报纸的天气版面，确定雪堆不同层面的形成时间。如果不止一份报纸报道了你所在地区的天气，它们提供的信息是否一致？

测量积雪的融水量。 下雪后，在量杯中装满新雪，让它融化，然后把融水倒入另一个量杯中，看看用多少杯雪才能融得一杯相同体积的水。用雪堆中部和底部的雪分别重复这一测量过程。得到一杯水需要的雪量和"雪龄"有关吗？如果用新雪的融水装满一个杯子，需要的新雪更多或更少呢？如果用雪堆中部和底部的雪，又如何呢？（见本章注解 2。）将结果记录在野外观察笔记本上。

思考树与融雪的关系。 在银装素裹的世界里，寻找树干或其他深色物体周围的空地。深色物体吸收的热量比浅色物体的多。白天树吸收太阳的热量，又散热融化积雪，这对树栖的鸟类和其他动物来说有什么好处？还有什么物体在周围创造了类似的裸露空间呢？

积雪在树和其他深色物体周围融化得更快

检测不同颜色的融雪能力。在这个实验中，你需要大小相同的方形彩色卡纸。找一块积雪均匀的平地，在阳光明媚的时候，将各色卡纸放在雪地上至少3 小时。

你认为哪种颜色的卡纸下陷得最深，哪种最浅？将各种颜色按融雪能力排序，看看你的猜测有多么准确。

不同颜色的融雪能力

卡纸颜色	预测位次	下陷的深度	实际位次
红			
黄			
绿			
深蓝			
淡蓝			
黑			
棕褐			
棕			
橙			
白			

下次看到棕褐色落叶陷入雪中时，向朋友解释这一现象吧。

测量不同材料的融雪能力。 准备几种尺寸一致的材料（例如木材、瓦片、玻璃、卡纸、泡沫塑料等），将大小相同的雪球放置在它们的上方。预测一下哪种材料上的雪球融化得最快，然后根据雪球的融化速度对这些材料进行排序。为什么某些材料上的雪球的融化速度更快呢？

不同材料的融雪能力

材料	预测位次	实际位次
木材		
瓦片		
玻璃		
卡纸		
泡沫塑料		

测量融雪的温度。 在融化过程中，雪的温度会改变吗？你可以在融雪时测量并记录雪的温度。将雪装在一个容积为120毫升的纸杯中，然后将纸杯倒扣

在一个平面上，轻轻挤压纸杯，得到一个倒置的杯状雪堆，然后每间隔两三分钟测量一次融雪的温度。制作一幅曲线图来展示你的测量结果。

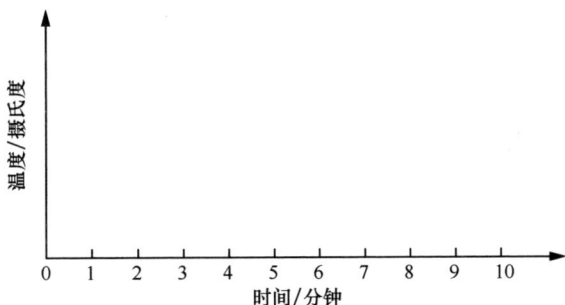

融雪温度曲线

做一个雪球，把铅笔塞进去，借助橡皮泥，将雪球立在空中，看看过了多久雪球才开始融化。把大小相似的冰块放在漏勺中，看看冰块多久开始融化。它们融化的速度有何不同？（见本章注解3。）

重复测试，不过这次需要把雪球放在不同的地方，比如针叶树下、房屋的南北两侧和开阔地等。请一些朋友来帮忙，用秒表记录每个雪球开始融化的时间，把你的发现写在野外观察笔记本上。你认为是什么因素导致各个地方的雪球开始融化的时间存在差异？这一差异与向阳、背光和风向是否有关呢？

本章注解

1. 积雪分层，各层的厚度存在差异，有的厚，有的薄。这是因为每次下雪时的降雪量不同，而且靠近底部的积雪可能发生再结晶现象。

2. 刚落下的雪比较蓬松，大约10杯雪融化后才能得到一杯水；而雪堆中间的雪被上层的雪压得比较紧实，3～5杯雪融化后就能得到一杯水。

3. 雪球比同等重量的冰块融化得更快，因为雪球暴露在空气中的面积更大。实际上，除非雪球非常致密，否则空气还能在雪球内部流动。

第三章　星空

猎户座的星域

冬日的乐趣随处可得，其中之一便是在月亮缺席的寒夜，沿着乡间小道安静地漫步，那里没有城市灯光和空气污染的干扰。在这样的夜晚，天鹅绒般的夜空中镶嵌着像钻石一样的繁星。冬季，黑夜漫漫，是观星的理想时候。由于空气中的尘埃和雾气更少，冬季的星空也比其他季节更为清晰。

如果你曾经在夜幕降临时观察过天空，就会发现灿烂星河始于几颗明亮的星星。慢慢地，越来越多的星星点缀在暗淡下来的穹顶。不知不觉，万千璀璨的星星充斥着苍穹，像闪耀的宝石，多得数不清。

最早人们仰望夜空，试图从茫茫星海中找寻规律时，就开启了人类的观星之旅。恒星观测的文字记录可以追溯到 3000 年前，当时研究夜空的主要是牧羊人和农民，因为他们在户外度过了大部分时间。如同我们在云彩间寻找熟悉的面孔和各种动物形象，他们也用头顶的星团来描绘自己熟悉的事物。毫不奇怪，他们在夜空中找到了狗、熊、鱼和狮子等动物，也找到了猎人和仙后等天象角色。

古希腊人和古罗马人将这些星图融入他们的神话中，艺术家还为它们创作了精美的插图。虽然这些别出心裁的插图仍能在神话和天文学书籍中找到，但即使毫无经验的观星者也知道插图中的形象在夜空中是不存在的。例如，神话中的仙后以身着飘逸的长袍、坐在华丽的宝座上的形象出现在古代星图中，而实际上仙后座仅由 5 颗亮星组成，呈 W 形或 M 形（与观星季节有关）。随着时间的流逝，精美的插图已经让位于"点 - 线"轮廓图了。如今，天文学家用划分了度、分、秒的天球坐标系来定位天体在天空中的运动轨迹。这种新兴的方式保留了古老的星座体系，以识别星空的特定区域。这一体系不仅包括星座中人们比较熟悉的星星，也包括该星座范围内借助望远镜才能看到的星星和星系。根据该体系的标准，传统的 88 个星座分别标识了天空中的某一个区域。因此，星座看起来更像一块一块拼图，而不是过去那些幻想中的形象。在下文中星座指的是星星组成的我们更为熟悉的人物或物体的形象，例如猎户座对应于猎人，金牛座对应于公牛。

在天空中数以亿计的恒星里，我们最熟悉的莫过于太阳了。这个炙热的火球是一颗直径为 100 多万千米的中型恒星，它的引力足以让 8 颗行星绕其旋转[1]。

恒星之所以会发光是因为其内部发生着剧烈的核聚变反应，氢被转化成了氦。这种通过"爆炸"发光的天体都被归为恒星。核聚变反应使得恒星内部保持着极高的温度，从较低的 2100 摄氏度到较高的 50000 摄氏度不等。

恒星的温度与其颜色相关。当焊工用焊枪连接两块金属时，随着焊接过程中的温度升高，金属会从炽热的红色变为蓝白色或白色。类似地，恒星的颜色也反映了其温度，偏红的恒星温度较低，而蓝色表示恒星的温度较高。

恒星的温度还和其年龄有关。年老恒星的温度较低，其颜色为橙红色至红色；相对年轻的恒星温度则较高，其颜色为蓝白色或蓝色。在演化过程中，恒星从白色变成代表成熟的黄色、橙色，最终变为红色。找到冬季天空中著名且对初学者友好的猎户座，比较其中两颗恒星的颜色，你就能见证恒星演化的过程了。

位于这个夜空猎人右肩上的是明亮的银河巨星参宿四，这颗古老恒星的体积是太阳的两亿多倍[2]。鲍勃·伯曼在《夜空的秘密》一书中说，如果将参宿四想象成一个罐子，往里面以每秒 100 个的速度放入地球大小的球，需要超过 3 万年的时间才能将罐子填满！

位于猎人左脚上的是另一颗巨星——参宿七（Rigel，源于阿拉伯语，意为"左腿"）。年轻的参宿七是明亮的蓝白色恒星，它到地球的距离几乎是参宿四的两倍。从参宿四斜向画一条线，穿过猎人的三星腰带，你可以找到参宿七（虽然参宿七比参宿四暗淡，但天文学家认为参宿七是猎户座中最亮的恒星，

---

[1]　大部分天文学家认为冥王星不属于行星。在 2006 年 8 月 24 日的第 26 届国际天文学联合会上，冥王星被正式划为矮行星。——译者注

[2]　参宿四的体积在不断膨胀，目前至少为太阳体积的 7 亿倍。——译者注

其亮度相当于 5 万到 6 万个太阳的总亮度）。

然而，我们看到的恒星亮度和其离我们的远近并非绝对相关。除了太阳，其他恒星离我们都如此遥远，以至于天文学家得用光年来测量距离。光在真空中的传播速度约为 300000 千米 / 秒，1 光年相当于光在真空中传播一年的直线距离，约为 9.461 万亿千米。一颗恒星到地球的距离（以光年为单位）表示该恒星发出的光到达地球所需的年数。参宿七距离地球约 860 光年，参宿四距离地球 640 ～ 724 光年。假如参宿七离地球像天狼星（距离地球约 8.6 光年）那样近的话，它将在地球表面投下阴影。

天文学家用来给恒星分类的另一个依据是我们所能看到的恒星的相对亮度。1603 年，天文学家约翰·拜耳提出了一套按照亮度用希腊字母（α、β、γ 等）对星座内的恒星进行命名的方法。在拜耳的星座命名法中，一个星座内最亮的恒星被称为 α 星，次亮的恒星被称为 β 星，希腊字母的顺序就反映了恒星的明暗程度。例如，根据猎户座 γ 这一名称，我们就能得知这颗恒星来自哪个星座（猎户座），以及它的相对亮度（所在星座内的第三亮星）。星座中最暗的恒星是 Ω 星，或者是由亮至暗的连续光谱上的第 24 颗星。

按照这一命名系统，参宿四被称为猎户座 α，参宿七被称为猎户座 β。当然，也有一些例外，但不必过于纠结，因为这并不妨碍你享受夜空带来的无尽乐趣（见本章注释 1）。

当你观察猎户座时，所有恒星看起来似乎都在一个平面上，且距离我们差不多远。而实际上，猎户座中的恒星和地球的距离相去甚远。例如，参宿四距离我们 640 ～ 724 光年，而猎户座左肩上的参宿五距离我们约 250 光年。猎户座腰带上最西边的参宿三距离我们约 1240 光年，而腰带中间的参宿二则更远，距离我们约 1980 光年。所以，猎户座这个地方其实并不存在。

其他星座也是如此，双子座中的 α 星（北河二）和 β 星（北河三）在天文学上相近，但其中一颗距离地球比另一颗近十几光年。由于光在一年中可以传播约 9.461 万亿千米，这其实一点也不近。

从前，星座就是旅行者的天空地图。如今，即使射电望远镜和光学望远镜与天文台的计算机相连了，天文学家在探索星空时仍然会使用这些古老的"地标"。虽然古老的星座体系已经落后于现代精密的数学体系了，但是研究恒星的科学家还会以星座作为参考。难以想象没有了威武的猎人和忠实的猎犬，冬日的星空会是什么样子。

冬日的星空

工具和器材	科学技能
基础工具	观察
双筒望远镜	记录
红光手电筒	比较
录音机	分类
星图	
指南针	
一小块黏土	

12月末、1月、2月和3月初，夜晚寒冷而晴朗，是观星的好时节。虽然多数星座和星星可以依靠肉眼分辨，但双筒望远镜将给你增添许多乐趣。

自然观察

黑暗中的观察。和猫头鹰等夜行性动物不同，人类的眼睛其实不能很好地适应黑暗环境。在夜间，离开灯火通明的环境后，我们的眼睛大概需要30分钟才能适应较暗的光线。

你可以通过一些简单的活动测试眼睛适应黑暗的过程。离开灯火通明的建筑物后，你能立即在天空中看到什么？当你的眼睛适应了黑暗之后，你能看到什么？能看到更多星星吗？如果你认识一些星座，你能看到在眼睛适应黑暗之前没有看清的星座里的星星吗？把每组观察结果记录下来，但不要在强光下做笔记。记录观察结果并保持夜视能力的一个好方法是使用录音机。

天球。天球是天文学家为了方便描述地球与月球、太阳以及其他恒星和行星的相对位置而假想的一个圆球。天球是空心的，地球悬浮在它的中心，星星被"粘"在空心球的内壁上。天球并非天地关系的复制品，而是一种模型、一种工具，用于帮助我们了解星星相对于地球每天、每年是如何运动的。

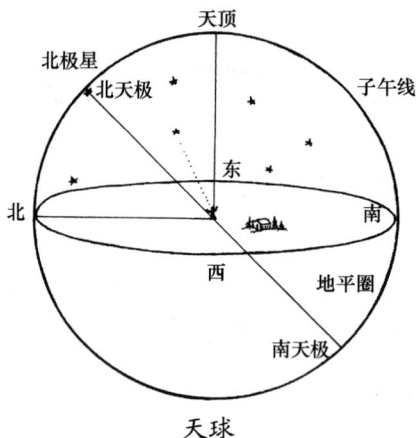

天球

地球的赤道在天球上的投影被定义为天赤道。北极和南极的投影被分别称为北天极和南天极。对于生活在南北半球中纬度地区的人们来说，全年都能看到靠近天极的星星，它们似乎永远不会落山。为了弄清楚这是怎么回事，你需要准备一块黏土（充当观察者）和一个地球仪，然后把"观察者"放在北极，转动地球仪。你会发现，随着地球的旋转，"观察者"头顶的星星在天空中的运动轨迹是圆形的。

无论在地球上的哪个地方，你都只能看到半个天球，因此你的地理位置就决定了你能看到夜空的哪一部分。关于这一点，你可以用地球仪和"观察者"来看看是怎么回事。例如，如果你在纽约或者北纬 43 度附近观察天空，你所看到的穹顶状天空就是北半天球。

星星的定位。有时，你可能需要帮朋友找到一颗特定的星星。想做到这点，你不必是个数学奇才，但需要了解一些基本术语。

到室外的开阔地，面朝北边（必要时可以使用指南针来定位），此时你的头顶正上方就是天顶，前方天与地交接的地方就是地平线。如果你住在山区，看到的地平线会是起伏的；如果你住在平原地区，地平线就是一条直线。

一颗星星的地平高度是指它从地平线上升的度数。正上方的星星（位于天顶）的地平高度是 90 度，在地平线和天顶正中间的星星的地平高度是 45 度。子午线（假想的线）连接南北地平线且经过天顶，将天空切分成东西两部分。一颗星星的地平方位角是指它相对于地平线的偏移角度，类似指南针的指针所指示的方位角。地平线上的正北方是 0 度。如果你面朝正北，你的正右方将指向 90 度（即正东），正后方将指向 180 度（即正南），正左方将指向 270 度（即正西）。北极星的地平方位角恒定为 0 度，它的地平高度与你所处的纬度大致相同。

星星的运动。每 24 小时，地球绕自转轴自西向东旋转一圈。由于地球的自转，星星、太阳和月亮看起来就像在天空中从东向西沿着巨大的弧线运行。对于观察者来说，天顶附近的星星和其他天体升起，穿越天空，再落下，轨迹呈半圆形。南边的星星的运动轨迹是短弧线而非半圆形；北边的星星，特别是靠近北极星（又称极星）的星星则会在头顶上方绕圈。离南北两极越近，星星的运行轨迹形成的圆圈就越密集。

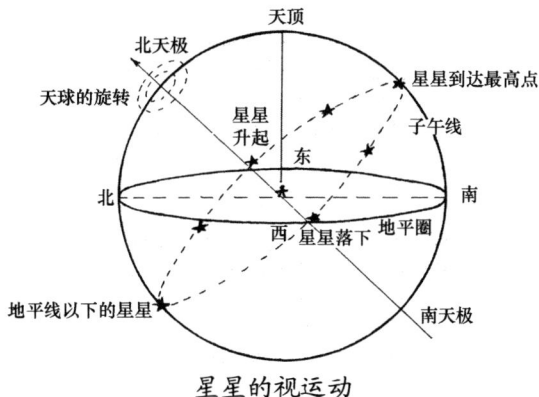

星星的视运动

我们只能看到夜晚从头顶上方经过的那些星座。在北半球的冬季，可见的星座包括双子座、金牛座、猎户座、大熊座、小熊座、狮子座、牧夫座和室女座。

星星升起的时间。星星每晚升起、穿越天空和落下的时间并非一成不变，而是每晚都比前一晚早约 4 分钟。15 天后，星星起落的时间会提前 1 小时，30 天后就是 2 小时。随着时间的推移，最初晚上 9 点左右你在西方天空看到的星星就完全看不到了，它们将在日出后穿越天空。这就是为什么一年中不同时候出现在夜空中的星座是不同的。

十二星座。地球的自转和绕太阳的公转使得太阳、月亮和行星看起来每晚、每年都在天空中运动。它们在黄道上自西向东运动，每年绕行一周，依次经过 12 个星座（即黄道十二宫）。这一有趣的错觉使得关于这 12 个星座的占星术十分流行。占星术建立在望远镜和现代天文学理论发展前普遍存在的信仰上。在特定的日子里，太阳、月亮和行星会经过这 12 个星座中的一个。如果占星术的追随者想知道他们出生时太阳、月亮和某些行星经过这 12 个星座中的哪一个，可以查询星图。你也可以利用报纸找到自己的星座，看看它是什么样子，你所在的地方在一年中的什么时候能看到这个星座，你的星座又由哪些恒星构成。

有规律的变化。恒星在不停地运动，但其位置的相对变化是很难察觉的。它们离我们如此遥远，以至于单独看时每颗恒星似乎都是静止的。下图展现了北斗七星的相对位置在过去数万年的时间里是如何变化的，在未来又会是什么样子。我们看到的星座是暂时的、虚幻的，它们在浩瀚的时间长河中仅存在于一瞬间。一些考古学家认为，类似古埃及金字塔这样的古代建筑的建造是为了让观察者能够瞄准数百年来已经移出石头"取景器"的恒星。

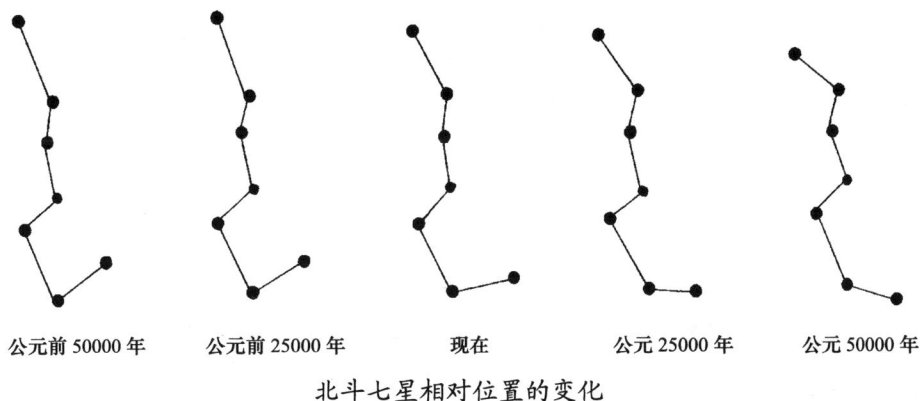

| 公元前 50000 年 | 公元前 25000 年 | 现在 | 公元 25000 年 | 公元 50000 年 |

北斗七星相对位置的变化

拱极星。拱极星和拱极星座环绕北天极或北极星旋转，就像唱片旋转一样。下图是一张延时摄影照片，展现了我们头顶上方的星星的运行轨迹。这些星星既不升起也不落下，即使在白天看不见时，它们也在我们的头顶上方旋转。而在南半球，星星没有那么密集，更容易观测，延时摄影照片也能记录下圆形的星星运行轨迹。

面向正北曝光 1 小时拍摄的星星运行轨迹，
中间的圆点是北极星

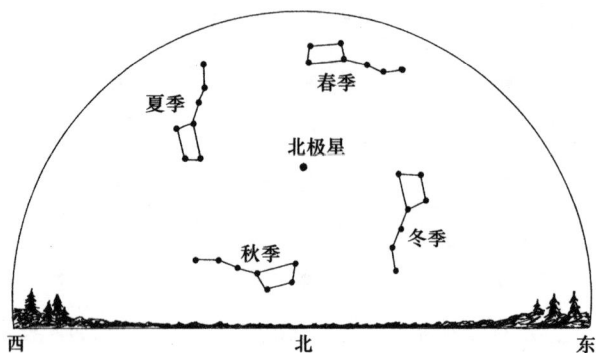

在晚上9点左右观察夜空，你会发现北斗七星随着季节变换在北极星周围运行

在没有云雾遮挡的夜晚，你从北半球的任何地方都能看到拱极星。你所在的地理位置决定了你看到的天空中星星的位置。如果你住在阿拉斯加或者加拿大北部，拱极星就会直接出现在你的头顶上方；如果你住在美国南部，这些星星就会出现在地平线附近。让我们按照下面的提示来一起寻找北极星吧！在晴朗的夜晚，将相机放在室外，拍摄你自己的星星运行轨迹图。曝光时间至少为15分钟，1小时及以上更好。

冬天的星座。一年四季，在每个季节都能看到不同的星座。稍加练习，你就能辨认各个星座[1]，然后就可以根据星座来定位夜空中的其他星星。

北斗七星。几乎人人都认识在北方夜空中排列成勺子形状的7颗星星——北斗七星。认识这一著名的标志，是学习观星的良好开始。虽然北斗七星常被视为星座，但天文学家将其归为大熊座。

先找到弯曲的斗柄，接着是4颗星星构成的斗身，两颗明亮的指示星天璇和天枢位于斗口。在天璇和天枢的延长线上，最近的一颗中等亮度的星星就是北极星。不要惊讶，北极星不是最亮的。它很重要，却没有那么耀眼。

---

[1]　同一星座在不同插图中的形状和显示的星星数量略有不同。——译者注

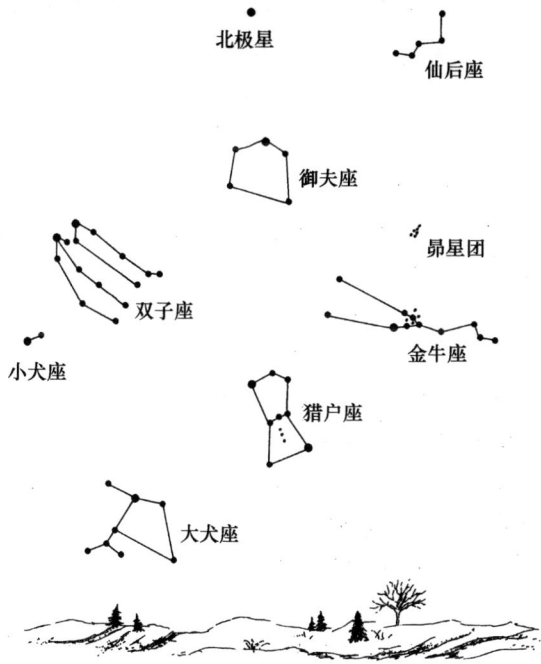

冬天的星星和星座

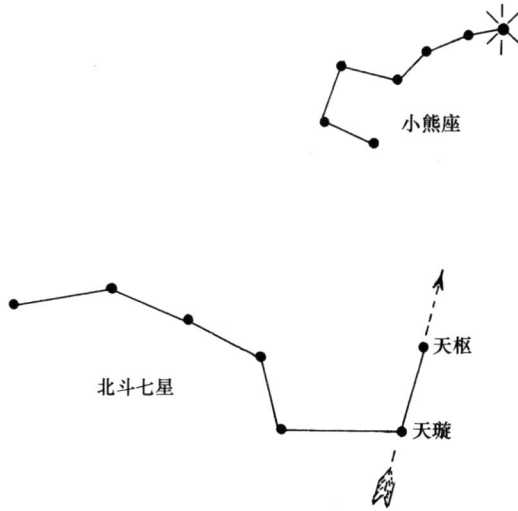

指向北极星的两颗星星

千百年来，北极星指引着在海上航行的人们。这是一颗重要的星星，因为地轴的北端（也就是地理上的北极）几乎正对着北极星。因此，即使在拥有先进导航技术的今天，北极星仍然是一颗重要的星星，它可以为我们指引方向。北极星如同车轮的轮毂，拱极星座围绕着它旋转。如果从北极看北斗七星，它们会是什么样子呢？（见本章注释 2。）

昴星团。昴星团在西方也常被称为七姐妹星团，属于金牛座。如果你从猎人左肩上的星星画一条假想的直线穿过同样位于金牛座的毕宿五，继续沿着这条直线往前，就能找到昴星团。用双筒望远镜观察它是一种特别的享受。

大熊座。这个拱极星座由北斗七星和其他星星组成。要想找到大熊座，你得先定位到北斗七星。北斗七星的斗柄是熊的尾巴，斗是熊的背部。你能找到熊的脑袋和前腿吗？根据下面的插图，试着在你自己的笔记本上将大熊座画下来，记得标注上方位来帮助辨别。

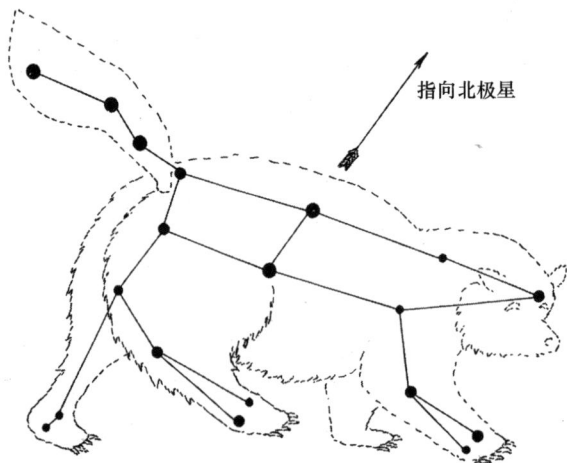

指向北极星

大熊座

小熊座。和北斗七星一样，小熊座也由 7 颗星星组成，其中 4 颗构成了斗身，另外 3 颗构成弧形的斗柄。如果沿着斗柄看过去，你就会看到一颗小小的、孤零零的星星，那就是北极星。

因为小熊座中的星星都又小又暗淡，所以它不如北斗七星那么好找。如果你能记住小熊座看起来就像在往大熊座里倾倒什么东西，就更容易找到小熊座了。再强调一下，不要把小熊座和昴星团搞混了。在笔记本上画出这个星座。在 1 月、2 月和 3 月的晚上 8 点，分别把这个星座的位置记下来，对比一下，你能发现什么？

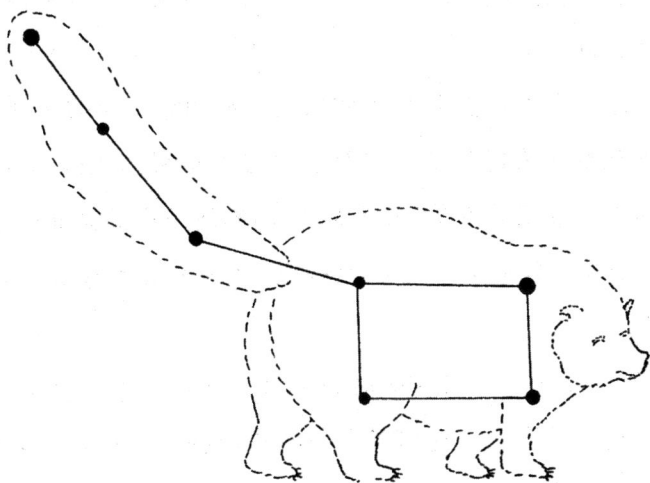

小熊座

天龙座。龙头像一颗不规则的钻石，由 4 颗星星组成，后面跟着一长串排列无序的星星。龙尾上的最后两颗星星距离北斗七星的斗柄约 10 度（一个拳头宽）。它们具有大致相当的亮度，坐落于北斗七星和小熊座的斗身之间。从北斗七星的斗柄末端画一条假想的弧线穿过小熊座下方，可以到达龙头。

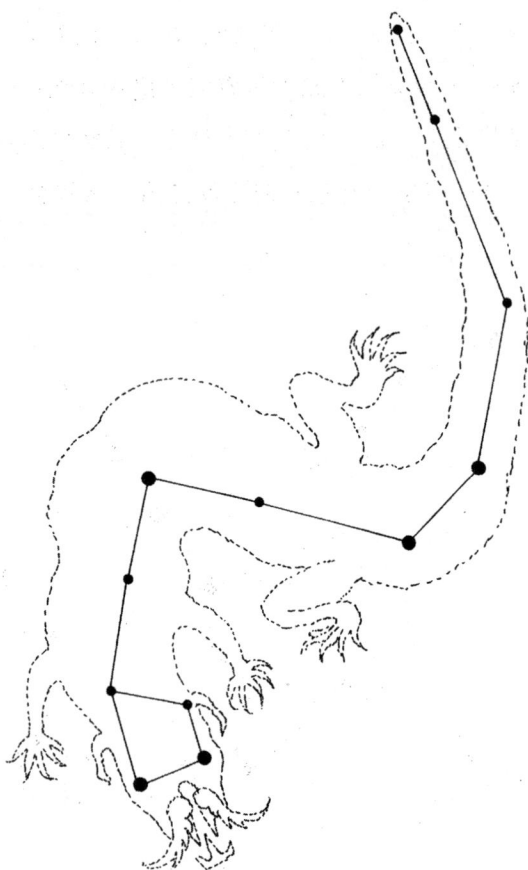

天龙座

仙后座。仙后座和北斗七星分别散落在北极星的两侧。找到北斗七星斗柄上的第三颗星星玉衡，从玉衡画一条线到北极星，再从北极星画另一条等长的线到一组亮度相似的星星，它们呈松散的 W 形或者 M 形。这样，你就找到了我们常说的仙后座（或者说仙后的宝座）。

仙王座。在天龙的龙头和仙后座之间坐落着仙王座，它看起来像一个戴着小丑帽的长方形。如果你在寻找仙王座时遇到了困难，不要灰心，因为它确实比其他拱极星座都要难找。

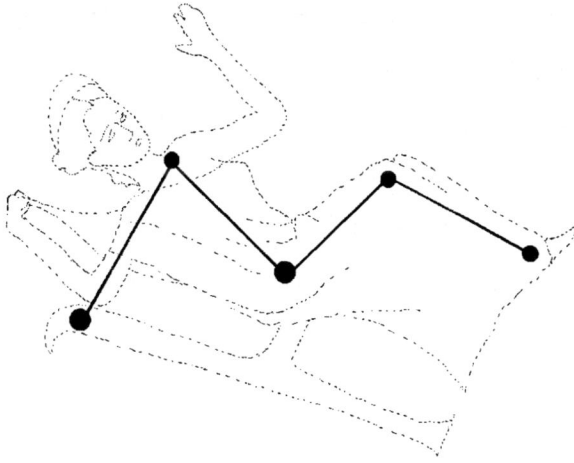

仙后座

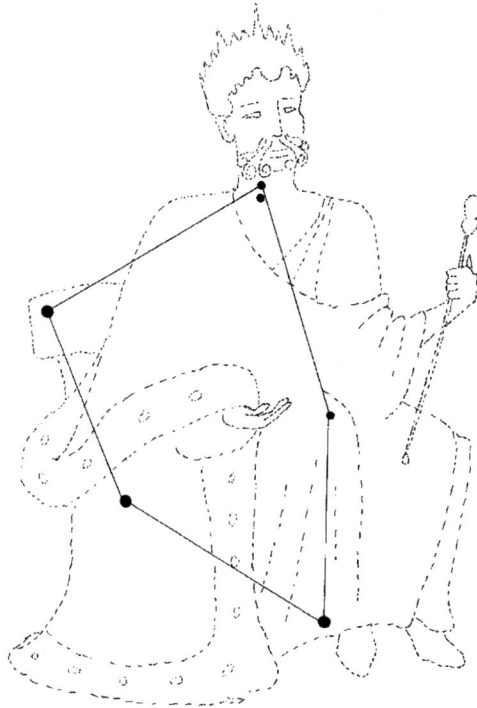

仙王座

猎户座。猎户座似乎占据了整个南方天空。这个星座如此重要，因为我们时常需要根据它的位置来找到其他星星。天黑后不久，你可以仔细找找这个强壮的猎人。他的腰带上的 3 颗明亮的星星（二等星）比较容易找到，腰带上方两颗间距比较大的星星是他的肩膀，腰带下方两颗类似的星星是他的双腿。腰带右前方的一串排列成曲线的星星是猎人的剑。猎户的剑包含猎户星云，那是一个由气体云和尘埃云组成的朦胧区域，那里孕育着新的恒星。你可以用双筒望远镜看到猎户星云。

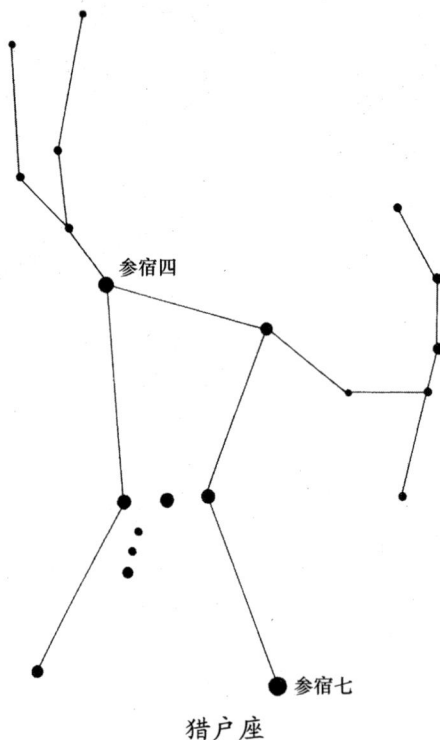

参宿四

参宿七

猎户座

参宿四是猎户座中唯一的橙色亮星。你可以在腰带的左上方找到它，它是猎人的右肩。在腰带下方距离相等的地方，你会发现另一颗明亮的星星，那就是参宿七，它是猎人的左脚。这两颗星星代表着恒星演变的不同阶段。参宿四是一颗古老的红色恒星，就像火堆中的余烬，而参宿七则燃烧着象征青春的蓝白色火焰。

猎户座的星星可以帮助你在冬天的夜晚找到方向,你可以用下面的星图来导航。

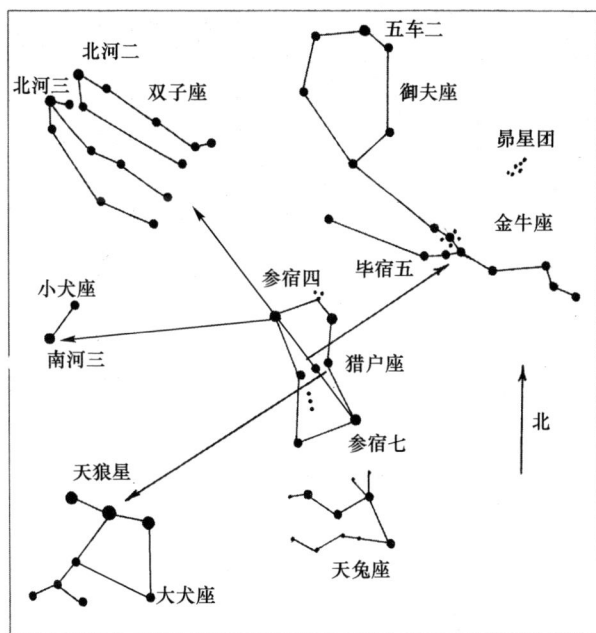

冬季星空下猎户座及其他星座的位置导引

大犬座。向猎户腰带的西南方向看去,你就能找到大犬座中最亮的星星——天狼星。天文学家认为天狼星是天空中最亮的恒星[1]。

小犬座。从猎户座中的参宿四向西边画一条直线,直到下一颗明亮的星星。这就是南河三,是小犬座中通常唯一肉眼可见的星星。小犬和大犬是猎人的两只忠实的守护犬,跟随猎人穿越漆黑的冬季夜空。

---

[1] 视星等为天文学专业术语,指观测者用肉眼看到的星体亮度。视星等的数值越小,星星越亮,反之则越暗。原著中天狼星的视星等为 –1.6,但这一数值目前已被更新为 –1.46。——译者注

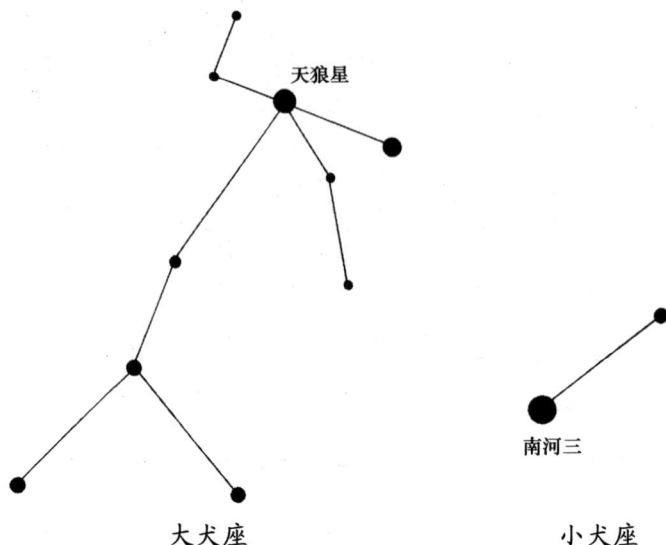

天狼星

南河三

大犬座　　　　　　　　　　小犬座

金牛座。由猎人的腰带朝东北方向画一条与到天狼星的距离大致相等的直线，你会看到一个主体呈 V 形的星群，这就是金牛座。毕宿五是金牛座中最亮的星星，呈亮红色。

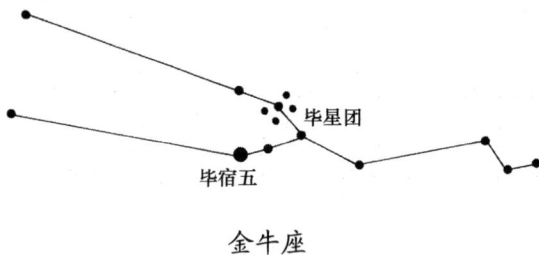

毕星团

毕宿五

金牛座

双子座。用一条直线连接参宿七和参宿四，再将其延长，你就会找到北河二和北河三。在你头顶的天空中找找这些星星吧。借助性能更好的大型望远镜，天文学家发现北河二实际上是一个由 7 颗星星组成的星群。虽然北河二和北河三看起来离得很近，但实际上它们相距 11 光年，其中北河二比北河三离我们更远，远 14 光年。北河三更加明亮，也更偏向南方。

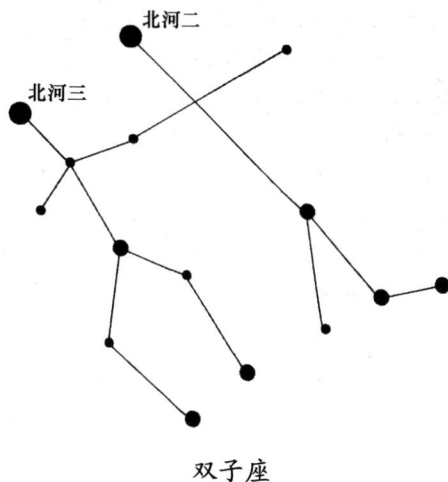

双子座

御夫座。要找到这个呈五边形的星座，只需要在参宿四和毕宿五之间向北画一条直线。御夫座中最亮的星星是五车二，这颗星星发出黄色光芒。

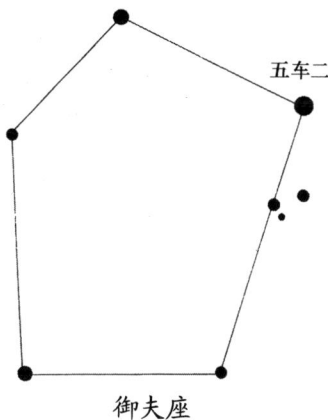

御夫座

地平高度的确定。你只需要记住一些简单的方法，就能确定一颗星星的地平高度：在一臂开外握住一个拳头，拳头的宽度大约等于 10 度；3 根手指并在一起的宽度大约是 6 度；视场为 7 度的双筒望远镜（双筒望远镜的外壳上有"7°"标识）能看到的视野范围为 7 度。

纬度的确定。北极星的地平高度可以帮助我们确定纬度。水手们曾经利用北极星进行导航，在特定的纬度上穿越海洋。在他们的航行中，北极星每晚同一时间都位于北方地平线上的同一高度。

行星。古代的天文学家发现，夜空中的一些光点看起来和绝大多数光点不太一样。这些特殊的光点不会闪烁，有的非常耀眼，而有的则相当暗淡。它们的运动轨迹非常奇怪，和普通的星星截然不同。它们沿着黄道带移动，运行轨迹不规则，但可预测。它们的身份神秘，曾经是一大谜团。它们被称为行星，意为"流浪者"。

古代的天文学家不知道地球也是行星。但是他们意识到，比起恒星，行星距离地球更近，但是比月亮离地球更远，因为月亮在极少数情况下会挡住行星的光，而行星会挡住某些恒星的光。行星从不遮挡彼此的光。在西方，人们以主神之名命名这些流浪者，金星被称为维纳斯（罗马神话中的爱和美之神），水星被称为墨丘利（罗马神话中的商业之神），火星被称为马尔斯（罗马神话中的战神），木星被称为朱庇特（罗马神话中的众神之王，统领神域和凡间），土星被称为萨图努斯（罗马神话中的农神，代表大地丰饶）。另外，人们非常重视它们与黄道十二宫的相对位置的变化。

在日落时分的西边天空，可以找到金星和水星。它们非常耀眼，通常在日落之前就能被人们看到，它们常常是在夜晚最先出现的星星，也是清晨最后消失的星星。报纸上通常会刊登在夜空中可见的其他行星。

火星是一颗红色行星，以战神的名字命名，象征着战争带来的鲜血。木星是最大的行星，我们用双筒望远镜可以看到木星的4颗卫星。当年，这一发现震惊了伽利略，使他相信哥白尼是正确的：地球并非宇宙的中心，甚至不是太阳系的中心！这一发现改变了他的生活，却让他险些丧命。你也可以用双筒望远镜观察木星的这4颗卫星，连续观察几天，并且把它们画下来。（见本章注解3。）用双筒望远镜观察土星的光环比较困难，但这绝对令人兴奋。

会眨眼的星星。如果仔细观察，你会发现绝大多数星星在闪烁。这些闪烁的星星大多是由氦和氢构成的"太阳"，氦和氢燃烧产生的光传播到地球上，在穿越地球大气层时，光线不断弯曲，因此星星看起来在不停地闪烁。航天员在太空中看到的星星不会闪烁。

木星和它的4颗卫星

行星离地球比恒星近得多，它们相对稳定的亮度源于对太阳光的反射。因此，它们看起来更像发光的圆盘，而不是闪烁的光点。

星星的颜色。并非所有星星都是黄色的。花一些时间观察星星，你就会注意到星星颜色的差别。虽然裸眼也可以看到星星的不同颜色，但是双筒望远镜可以让你看得更清楚。去找找红色、橙色、黄色和蓝白色的星星。下面的表格中列出了一些星座中的星星颜色，把你观察到的星星颜色也填入这个表格中吧。

星星的颜色

颜色	星星	星座
橙红	毕宿五	金牛座
橙	北极二	小熊座
红	参宿四	猎户座
月白	天狼星	大犬座
月白	参宿七	猎户座
白	北河二	双子座
浅黄	北河三	双子座

冬日的星座和星星。 你可以用下面的表格记录每次观星的日期和确切时刻，别忘了记录方位。你的朋友可以根据你的记录找到某颗星星及其对应的星座。你可以将星星的地平高度简化描述为"几乎在头顶上""在半空中"或者"低挂在空中"等。你也可以记下观星过程中的想法。你能找到每个星座的 α 星吗？

冬日的星星和星团

星星和星团	日期	时刻	地平高度	方位
参宿四				
参宿七				
五车二				
北河二				
北河三				
南河三				
天狼星				
昴星团				

冬日的星座

星座	日期	时刻	地平高度	方位
大熊座				
小熊座				
天龙座				
仙王座				
仙后座				
猎户座				
大犬座				
小犬座				
金牛座				
双子座				
御夫座				

本章注解

1. 亮度。为了回答"星星有多亮"这个问题，科学家设计了两套体系。第一套体系根据星星的相对视亮度，对每个星座中肉眼可见的星星进行了排序（以希腊字母为序）。在这一体系中，星座中最亮的星星被命名为 α 星，其次是 β 星，然后是 γ 星，以此类推。

另一套更为现代的系统采用星等为每颗星星分配一个相对亮度值。一等星（例如室女座中的角宿一）的亮度是二等星（例如北极星）的 2.5 倍。五等星几乎是肉眼可见的星星的亮度极限了，其亮度是零等星的 1/100。更高星等的星星需要用更大的望远镜才能看到，即使用哈勃空间望远镜也几乎看不到星等为 29 的星星。无论是在南半球还是在北半球，一年中肉眼可见的星星大约只有 6000 颗。

α	1 alpha	ι	9 iota	ρ	17 rho
β	2 beta	κ	10 kappa	σ	18 sigma
γ	3 gamma	λ	11 lambda	τ	19 tau
δ	4 delta	μ	12 mu	υ	20 upsilon
ε	5 epsilon	ν	13 nu	φ	21 phi
ζ	6 zeta	ξ	14 xi	χ	22 chi
η	7 eta	ο	15 omicron	ψ	23 psi
θ	8 theta	π	16 pi	ω	24 omega

希腊字母

2. 如果在北极看北极星的话，可将北斗七星斗口的两颗星星（天璇和天枢）连成一条直线，这条直线总是指向北极星，而北斗七星的斗柄总是指向地平线。在这个位置进行观察，你会发现北斗七星在头顶转圈。

3. 木星的这 4 颗卫星被分别命名为木卫一、木卫二、木卫三和木卫四。当每晚观察它们围绕木星运行的轨迹时，你会发现它们相对于木星的位置以及它们之间的相对位置会发生变化。有时，你会看到这 4 颗卫星在木星的同一侧，有时两侧各有两颗卫星，有时其中一颗可能看不见。这是因为每颗卫星都在它们自己的轨道上按不同的速度运行。木卫一绕木星旋转一周只需要不到两天的时间，而木卫三需要 7 天，木卫四甚至需要 17 天左右才能绕木星旋转一周。

第二部分

生命

第四章　桦树

美国的国宝

在新英格兰的冬天，桦树是最美丽的风景之一。当 1 月的阳光在桦树独特的、被冰雪覆盖的白色树皮上演奏光的交响曲时，它们显得异常优美。桦树的英文名"birch"的词源意为"明亮的""发光的"和"洁白的"。桦木家族的成员几乎都生长在北半球，而且成为了东北部地区的象征树种。在新英格兰的东北部，桦树常常出现在旅游手册和明信片上，它们也是画家和诗人笔下的常客。新英格兰的本土作家罗伯特·弗罗斯特[1]在以《白桦树》为题的诗歌中巧妙地捕捉到了桦树柔软而坚韧的天性。在《海华沙之歌》中，朗费罗向我们讲述了印第安人如何利用桦树皮建造坚固而轻便的独木舟。一些部落还在桦树皮上记述他们的历史。在历史上，托马斯·杰斐逊曾建议探险家刘易斯和克拉克[2]用经久耐用的桦树皮做一份报告的副本，但是他们没有听从这一建议。

桦木属的大部分植物都是乔木和灌木，包含约 65 个种及亚种，广泛分布于北半球的温带地区。在温带地区，它们可以长到 9 ～ 24 米高。你也可以在亚寒带找到桦树，但那里恶劣的环境限制了它们的生长。低矮的桦树在贫瘠而稀薄的土壤中顽强地生长，狂风日夜侵袭，使得它们只能长到几厘米高。

桦树的种类很多，但在此我们主要关注 5 种生长在密西西比河以东、横跨加拿大沿海地区、直到阿拉斯加的本地树种。当开始探索它们的世界时，你会发现桦树在各种类型的生境（从阳光充足的郊野到河水缓慢流动的潮湿地带）中都能茁壮生长。桦树还是房主和园艺师最喜欢的庭院植物之一，说不定你所生活的社区中还有一棵呢。

---

[1] 罗伯特·弗罗斯特，美国作家，20 岁正式发表第一首诗歌，4 次获普利策奖，他的诗以描述自然风景及风土人情为主，风格朴实无华而耐人寻味。此处提到的为他所写的《白桦树》。——译者注

[2] 刘易斯和克拉克于 1803—1806 年进行的远征为美国首次横越北美大陆西抵太平洋沿岸的往返考察活动。——译者注

　　桦树对刚开始研究树木的爱好者来说十分友好，因为我们仅根据银白色树皮就能够识别出两种分布最广的桦树。区分北美白桦（即纸桦，学名为 *Betula papyrifera*）和灰桦并不困难。

　　纸桦是北方森林的主角，也是桦树中分布最广的树种之一。它那优美的曲线和白色的树皮与它的林地伙伴——松树、云杉和白杨等形成了鲜明的对比。它那卷曲着的白色树皮十分独特，在冬日的阳光下闪闪发光，格外动人。而在白色树皮之下，橙色树皮若隐若现[1]。在东部森林中，纸桦散布在糖槭（*Acer saccharum*）、灰桦、加拿大黄桦（*Betula alleghaniensis*）、红槲栎（*Quercus rubra*）和宿萼稠李（*Padus serotina*）之间。虽然桦树被认为是中等高度的树，但是纸桦可以长到 24 米，这一特征足以把它和它的亲戚灰桦分开了。

　　灰桦的灰白色树皮几乎不会剥落，树干基部有斑状的"眉毛"。这种树的高度不会超过 10 米，细长的枝干直径很少超过 15 厘米。别看灰桦瘦小，生命力却很顽强。无论是在杂草丛生、无人照料的牧场，经历火烧后伤痕累累的碎石地上，还是在湿地周围，你都能看到它的身影。干旱贫瘠的沙质土壤中也生长着虬曲的灰桦。

　　每到秋天，灰桦的叶子就会掉落、腐烂，为贫瘠的土壤提供稀缺的营养物质。这些看起来脆弱无比的灰桦是松树和其他硬木幼苗的贴心护士，为它们提供了树荫，呵护它们茁壮成长。灰桦生长迅速，而且能够改善土壤质地，常常是荒地里最早定植的树，因此灰桦也被称为先锋树。

　　令人惊讶的是，并非所有桦树的树皮都是白色的。加拿大黄桦幼年时的树皮是银灰色的，长大后则变成淡黄色或红棕色[2]。成年后的加拿大黄桦雄伟挺拔，高达 21 ～ 24 米。加拿大黄桦生长在潮湿、凉爽的地区，与铁杉、香

　　[1]　分布于我国西藏、四川西部、湖北、河南、河北、山西、陕西和甘肃等地的糙皮桦，与分布于小兴安岭、长白山和河北等地的硕桦的树皮也为白色、纸状，呈层状剥落。——译者注

　　[2]　分布于我国云南、四川东部、湖北、河南、河北、陕西、甘肃、青海等地的红桦的树皮也为红棕色。——译者注

脂冷杉（*Abies balsamea*）、北美乔松（*Pinus strobus*）、红云杉（*Picea rubens*）以及一些硬木树种（例如糖槭、宿萼樱桃和水青冈）相伴而生。直到 1803 年，法国植物学家安德烈·米肖才发现了加拿大黄桦。与惹眼的纸桦不同，加拿大黄桦并不引人注目。只有到了秋天，你才可能注意到它那透亮的金色叶子。

黄桦（*Betula lenta*）有两个明显的特征：一是不会剥落的暗红色树皮，二是小枝折断后散发出的浓郁的芳香[1]。黄桦的树皮和其他桦树不太一样，它的暗红色树皮类似于樱桃树的皮。因此，黄桦有另一个名字——樱桃桦树。黄桦散布在美国白栎（*Quercus alba*）、北美乔松、加拿大黄桦、美洲椴（*Tilia americana*）、铁杉和北美鹅掌楸（*Liriodendron tulipifera*）之间。

黄桦曾因其产生的冬青油而具有商业价值，阿巴拉契亚地区的居民会在树林里寻找黄桦小树，将其砍伐后劈成木片，用来提取精油并出售。可惜的是，100 棵树才能产出大约 500 毫升精油。毫无疑问，是化学家拯救了黄桦！

河桦（*Betula nigra*）的分布范围向南延伸到佛罗里达州，但是和它的表亲一样，也能适应雪和寒冷的环境。与偏好高海拔生境的近缘种不同，河桦更喜欢河谷里的黏土。沿着流经乡村的蜿蜒小溪，我们可以看到岸边伫立着庄严的河桦。在像马萨诸塞州的梅里马克河这样的河流沿岸，以及密西西比河的大部分支流沿岸，我们都能看到河桦。在这些低地地区，一球悬铃木（*Platanus occidentalis*）、银白槭（*Acer saccharinum*）、红花槭、东方白杨（*Populus deltoides*）、黑柳（*Salix nigra*）和美国榆（*Ulmus americana*）与河桦生长在一起，枝繁叶茂。

与大多数桦树一样，河桦的树皮也会剥落。在幼树上，薄如纸片的浅红色鳞片状树皮翻卷着，隐约透露出一丝粉色。随着树龄的增长，河桦逐渐长出粗糙的深色鳞片状树皮，这与我们印象中典型的桦树皮不太一样。

以上的桦木属植物都依靠风力传粉，结出的小型翅果会乘着微风散落四

---

[1] 原文中的"wintergreen"指一类芳香植物，在北美主要是白珠属植物，芳香成分为水杨酸甲酯。此外，冬青和桦树等也具有类似的香气。——译者注

方。每到春天，雄花和雌花在同一棵树上分别成簇，我们称之为柔荑花序。雄花序长而下垂，雌花序则短而粗。在整个冬天，你都能在树上找到一些果序，如果你看到了，不妨摇一摇，就能体验一场翅果雨了。灰桦结种子需要树龄达到 10 年，纸桦需要 15 年，而黄桦和河桦则需要长达 40 年的时间。

加拿大黄桦具有一定的经济价值。它的木材曾用于造船，但是现在更多的用途是家用。它那致密的红色心材被用来制作砧板和器皿，以及高级家具（如橱柜等）。密度较低的纸桦则是一种优良的弯曲木，被用来制作纺锤和楼梯栏杆。黄桦被用来制作木板、篮子、木箱和器皿。此外，黄桦和加拿大黄桦还能用来制造优质酒桶。

美洲鹅耳枥（*Carpinus caroliniana*，因为木材坚硬，也被称为铁木）和弗吉尼亚铁木（*Ostrya virginiana*）是桦木家族的另外两个成员，广泛分布于美国东部。虽然它们并不起眼，也不为人所熟知，但我们需要提一提这两种树。树形较小是它们不太知名的一个原因。在高大的树木之间，它们显得可有可无。弗吉尼亚铁木只有 7 ～ 12 米高，隐藏在糖槭、北美水青冈、加拿大黄桦和美洲椴繁茂的枝叶之下。美洲鹅耳枥高 4 ～ 8 米，常被大果栎（*Quercus macrocarpa*）、北美枫香（*Liquidambar styraciflua*）和红槲栎所遮蔽。

生长在大树下的小树被称为林下树，大花四照花（*Cornus florida*）、加拿大紫荆（*Cercis canadensis*）和北美枸骨（*Ilex opaca*）是另外三个常见于这一生态位的树种。为了在林下生存，植物需要适应减少的阳光，为此它们将树枝向四周伸展。我们在冬季可以清楚地看到这一点。这种适应方式使得它们进行光合作用的叶子能够捕捉到从高层的树冠间漏下来的斑驳阳光。

在林中探索时，你可以通过弗吉尼亚铁木那薄薄的、片状的灰色树皮来识别它。它的树皮光滑且带有凹槽，看起来像肌肉发达的手臂，因此弗吉尼亚铁木有一个俗称叫肌肉木。这是由树皮细胞的生长不平衡造成的。

和桦木科的其他成员一样，弗吉尼亚铁木的花序也是柔荑花序。鹿会取食它的枝叶，而各类鸣禽、松鼠和松鸡更喜欢吃它的种子和花（果）序。不过这些食物能够提供的能量有限，野生动物只能依靠它们来抵御极度的饥饿。弗吉尼亚铁木的木材可以用来制作斧头的手柄和木槌，没什么太大的商业价值。

实际上，桦木家族的真正价值并不在于其商业应用。桦树点缀在田野和牧场上，让人赏心悦目，这就是它的价值所在。

落叶树的世界

工具和器材	科学技能
基础工具	观察
相机	记录
	推断

自然观察

成为一名树木观察者是提高观察技能的好方法，野外观察笔记本能帮助你记录你的观察。你可以按照自己喜欢的任何方式排列信息，但是按树的类型进行记录是一个好的开始。例如，你可以将收集到的有关橡树和桦树的所有信息分开，放在不同的章节中。记录内容包括季节性的观察、照片、手绘图、野生动物与树之间的互动，以及你居住的社区潜在的与树有关的问题。野外观察笔记可以很简单，也可以很复杂，这完全取决于你。这些活动可能会成为我们与树建立友谊的开始。

树皮的特征。你已经了解几种不同的桦树了，那么就从学会区分这几种桦树入手吧。以下是一些有用的小提示。

1. 纸桦的树皮是白色的，薄如纸，卷曲着，露出下面鲜艳的橙色部分。这就是它的识别特征。纸桦还有其他几个常见名字，这可能会让你受到点困扰。"独木舟桦树"这个名字反映了纸桦树皮的用途，而"白桦"和"银桦"

也是纸桦的常见俗名。

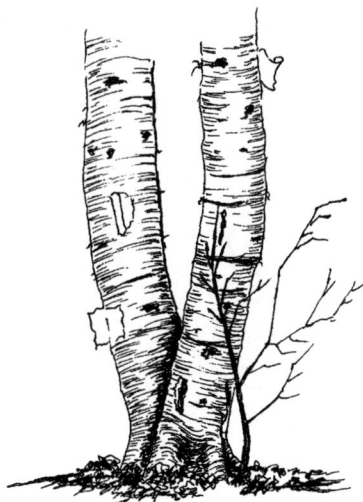

纸桦的树皮

2. 灰桦拥有暗淡的灰白色树皮。与纸桦相比，它的树皮几乎不会剥落。你也可以通过灰桦树干基部的黑色"眉毛"来辨别它。灰桦是一种生长在田野里的小型桦树，一个根系会长出几根树干。

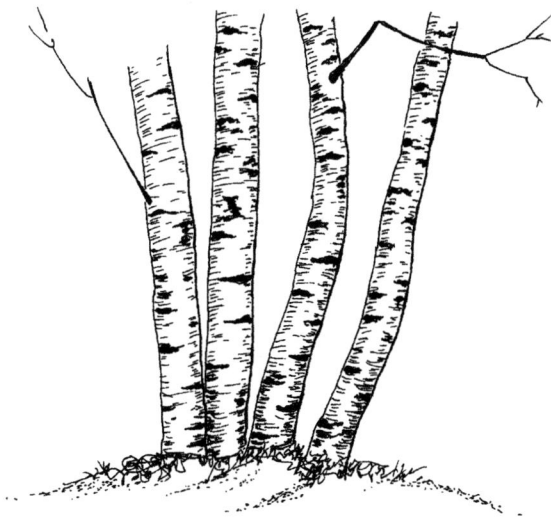

灰桦的树皮

3．加拿大黄桦的树皮会一圈一圈地剥落。在树龄较大的树上，这会显得有些凌乱。随着树龄的增长，树皮的颜色会从银灰色变成红棕色或淡黄色。

加拿大黄桦的树皮

4．黄桦的树皮光滑，呈暗红色，近乎黑色。老去的树枝脱落后会留下细长的、水平分布的疤痕。你可以在黄桦的树皮上看到用来呼吸的皮孔。折断一根浅红褐色的树枝，你就能闻到明显的冬青味道。

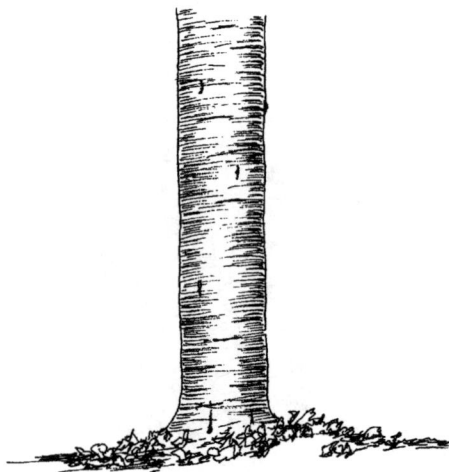

黄桦的树皮

5. 相对于其他桦树，河桦的分布范围更靠南。随着树龄的增长，幼树上的浅红色树皮会转变为深色。这是它们的身份的象征。河桦是你能在河边找到的唯一树皮不是白色的桦树。

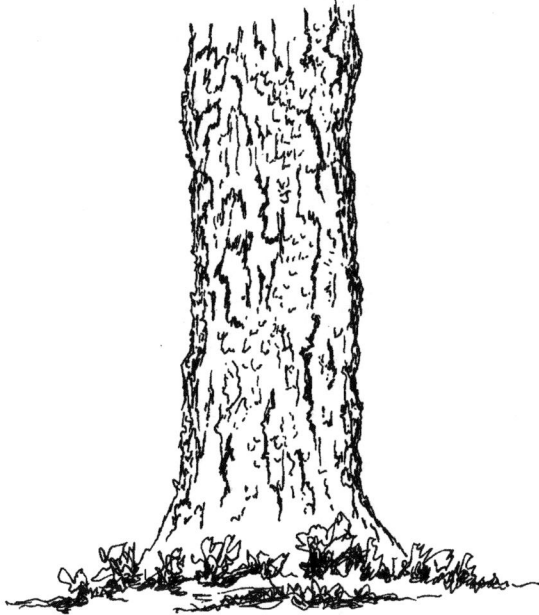

河桦的树皮

树皮照片。通过拍摄每种桦树不同生长阶段的树皮，你可以记录下它们的一生。（见本章注解。）不过，要想在你所在的社区为每种桦树分别找一棵幼龄的、成熟的和年老的树并不容易。你需要在和父母或朋友外出旅游时进行一次有目的的寻宝。要想获得每种桦树的全套照片，需要花费一定的时间和精力，而且需要进行大量的观察，毕竟"科学家"必须工作。

枯死的树枝。与其他树相比，桦树生长得更快，寿命更短。例如，灰桦的寿命通常只有 50 年，一棵长寿的灰桦最多只能活 100 年。相比之下，东部的美国白栎能活 300 年左右。桦树中的玛士撒拉[1]是加拿大黄桦，据说生长

---

[1]　玛士撒拉是《圣经》中寿命最长的人物，据说他活了 969 年。——译者注

缓慢的它能活大概 200 年。即使还在树上，树枝的内部一旦枯死就会迅速腐烂——在一大群微生物的作用下很快失去活力，逐渐变软，然后变成糊状。在风的帮助下，这些不能再生长的部分很快就会离开大树，留下一段段只剩下树皮的空管子。如果你发现了这样的死木，不妨检查一下。腐烂的部分是什么样子？是什么颜色？是干燥的还是潮湿的？它们的质地如何？你能在糊状物中发现一些昆虫吗？

花与种子。有的树（例如冬青）要么长着雄花要么长着雌花（结出红色浆果的是冬青的雌树），但是每棵桦树都长有雄花和雌花，只是雄花组成柔荑花序，雌花聚集成簇。雄花序很长，悬挂在树枝上，而雌花序则短而粗。沿着树枝就能找到它们。雌花序最终会结出大量轻盈的带翅种子，每隔几年就会迎来一次大丰收。

冬天，寻找桦树的柔荑花序。在每年的这个时候，你发现是雄花序多还是雌花序多？追踪它们全年的发育情况，看看它们是在什么时候形成的，雄花序和雌花序分别着生在树枝的什么位置。

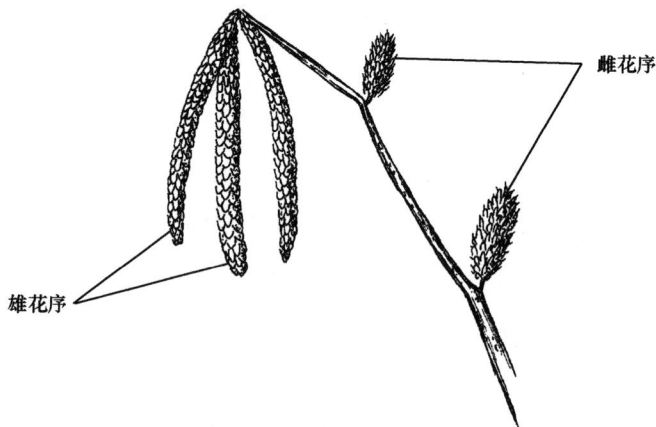

桦树的典型花序

摇一摇长着雌花序的树枝，种子就会落在雪里。用塑封袋收集一些种子带回家，用放大镜进行观察。

野生动物的食物。冬季，桦树并不会为野生动物提供太多食物。天气极端寒冷，没有其他食物来源的时候，桦树也能使一些动物免于饥饿。寻找你周围以桦树为食的鸟类或者哺乳动物，用一个类似下面的表格记录你的发现。仔细检查树枝的末端，看看有没有白尾鹿啃食的痕迹。白尾鹿还有可能啃掉树皮。如果没有杨树，美洲河狸（*Castor canadensis*）会吃掉桦树内层的树皮。你可能会在散落着种子的雪地上看到鸟类的足迹。你可以和朋友一起进行观察，他们也许会发现一些你错过的东西。

作为食物来源的桦树

树种	动物	取食部位
灰桦	松鸡和松鼠 鸣禽和小型啮齿动物	花序和嫩芽 幼嫩的种子
纸桦	驼鹿和鹿 松鸡 小型啮齿动物和鸟类	小枝 嫩芽 幼嫩的种子
黄桦	松鸡 鸣禽 白尾鹿、河狸、驼鹿和北美豪猪	花序、嫩芽和种子 种子 小枝和嫩叶
加拿大黄桦	松鸡、白尾鹿、驼鹿、东部棉尾兔、欧亚红松鼠	种子和小枝
河桦	白尾鹿 松鸡、火鸡、小型鸟类和啮齿动物	嫩枝和嫩芽 幼嫩的种子

探索活动

大部分人根据叶来辨识树种，这使得树种的鉴定在冬天成为了一大挑战，但这也不全是坏事，因为这将督促你去观察树与树之间的细微差异。

树枝。落叶树在秋天脱下盛装。没有了树叶的遮挡，你就能看清树的形状。这是了解分枝排列方式的理想时间。

1. 三根树枝以轮生的方式从树干上长出来。这种情况比较少见，但是在一类落叶的裸子植物——松科落叶松属中比较常见。

2. 一些树的叶、小枝和大枝成对出现。这种着生方式称为对生，在槭树（槭属，学名为 *Acer* spp.）、七叶树（七叶树属，学名为 *Aesculus* spp.）、白蜡树（梣属，学名为 *Fraxinus* spp.）、四照花（山茱萸属，学名为 *Cornus* spp.）和欧洲七叶树（*Aesculus hippocastanum*）中可以看到。

3. 第三种分枝排列方式称为互生，大枝和小枝呈螺旋状排列。

如果你想了解更多的分枝排列形式，可以阅读特鲁迪·加兰的著作《迷人的斐波那契》。

轮生（第三根树枝在背面）　　对生　　　　互生

分枝排列方式

树形。树形是由树所处的环境塑造的。生长在开阔环境里的树与生长在狭窄空间（如森林或者公园）中的同一种树的形态是不同的。如果一棵树与旁边的树靠得太近，那么只有在接近树顶的地方，树枝才能正常发育。而沿着树干向下看，会看到一些发育不全的树枝。试着找找这种发育不良的情况吧。

树形有助于鉴定树种。例如，糖槭的树形就像一枚用大头立在地上的鸡蛋。榆树（榆属，学名为 *Ulmus* spp.）看起来像一把撑开的伞或者一个倒扣着的圆肚花瓶。要想看清楚一棵树的形态，你需要从远处（例如开阔的野外或者高尔夫球场）进行观察。

找一棵你感兴趣的树，在野外观察笔记本上描述它的形态，画出它的轮廓或者为它拍张照片。树枝是否像垂柳一样下垂？树枝是像美国白桦那般散开还是像粗皮山核桃那样紧贴着树干呢？树枝是否朝着某个特定的方向生长？除了盛行的风，还有什么能够让树枝朝着特定的方向生长呢？

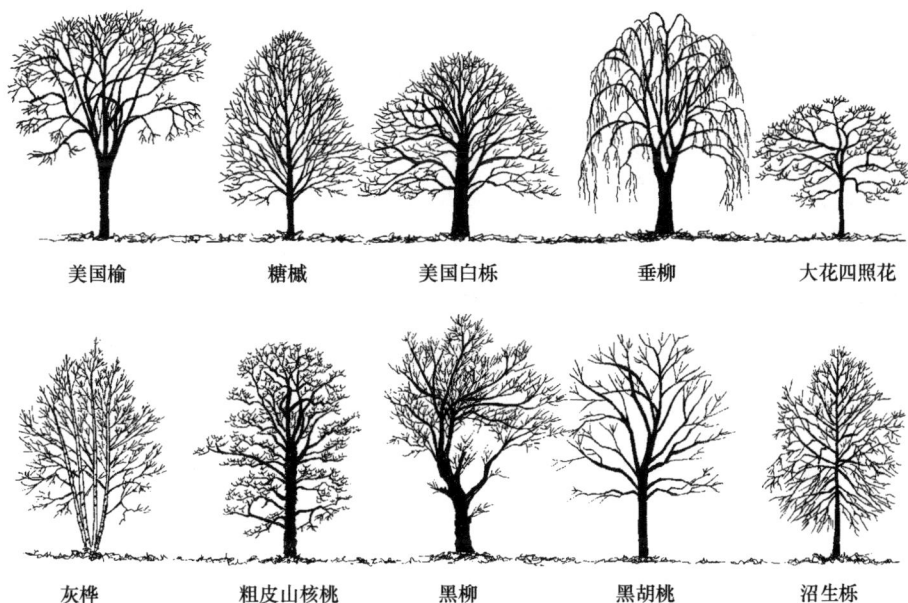

| 美国榆 | 糖槭 | 美国白桦 | 垂柳 | 大花四照花 |

| 灰桦 | 粗皮山核桃 | 黑柳 | 黑胡桃 | 沼生栎 |

一些树的形态

树皮。仅仅根据树皮确认树的种类是比较困难的，其中一个原因是随着树龄的增长，树皮会发生变化。尽管如此，还是有一些树具有辨识度很高的树皮，能够被轻易认出来。

一球悬铃木就可以通过块状剥落的斑驳树皮来辨认，它常常用于遮阴纳凉。你可以在公园里或者街道两侧找到它。

粗皮山核桃这个名字就反映了其树皮的特征。树皮一层一层从树干上翘起来，让树干看起来更为蓬松。

北美水青冈的树皮光滑，呈灰色或者蓝灰色。

美洲鹅耳枥的树皮常常被描述为像正在展示的手臂肌肉。

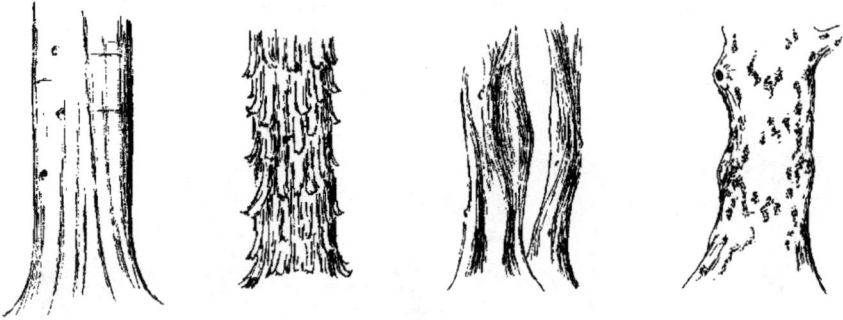

| 北美水青冈 | 粗皮山核桃 | 美洲鹅耳枥 | 一球悬铃木 |

小枝。小枝有各种各样的颜色、形状和尺寸。如果你能找到的话，可以收集水青冈、橡树、加拿大黄桦以及红花槭等的一些小枝。你收集到的小枝有多少种颜色？它们是直的还是弯的呢？小枝还有哪些特征？下面的插图可以帮助你根据小枝和芽识别相应的树种。

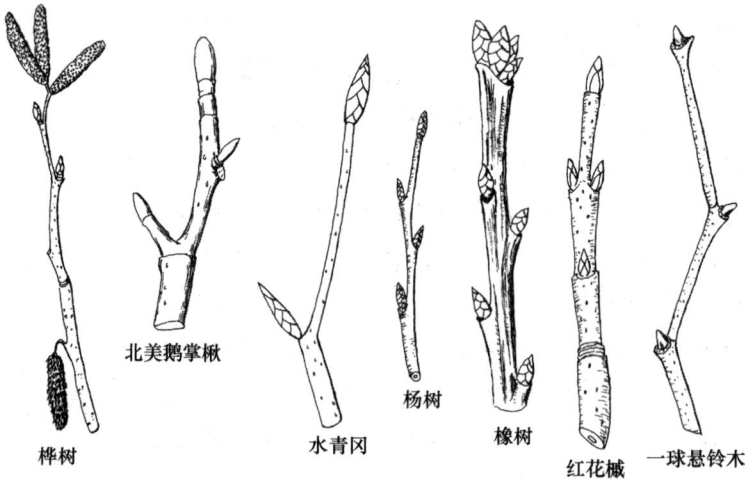

桦树　　北美鹅掌楸　　水青冈　　杨树　　橡树　　红花槭　　一球悬铃木

在冬天可以根据小枝和芽来识别树种

首先看看芽。小枝顶端的芽称作顶芽，顶芽发育、伸长，使小枝变长。沿着小枝侧边生长的芽叫侧芽，侧芽发育成花、叶或者新枝。每个芽都被层层叠叠的鳞片覆盖着，保护着其中正在发育的组织。

顶芽的特征可以帮助你辨识树种。顶芽是单个还是成簇生长在枝端呢？顶芽是偏小还是偏大呢？它是尖的还是圆的？表面覆毛吗？有黏性吗？是什么颜色的呢？橡树小枝的顶芽以三个或四个为一簇，由棕色或红棕色的鳞片包裹着。而水青冈小枝的顶芽则是孤零零的，类似侧芽，呈亮棕色。红花槭小枝的顶芽也是单个的，呈红色。粗皮山核桃小枝的顶芽更长，其顶端为钝圆形，有毛，通常呈深棕色。

接下来看看小枝周围的侧芽。它们和顶芽有什么相似之处呢？

你是否注意过嫩枝上的小孔，那就是皮孔。皮孔位于茎部和根部组织的外层，具有连通植物体内外、交换气体的作用，将氧气吸入体内，把二氧化碳排出体外。皮孔的排列有什么规律吗？你能在小枝的什么地方找到皮孔？

小枝上也有叶脱落后留下的痕迹。夏天，小枝上的叶和小枝之间会产生连接它们的木栓层。当木栓层成熟之后，叶就会掉落，在小枝上留下的痕迹就是叶痕。每种树的叶痕形状都是独特的。如果仔细观察，你就会在光秃秃的小枝上发现叶痕里的小点。这些点就是小枝与叶之间负责运输水分和营养物质的导管的位置，即维管束痕。下页的插图展示了特定小枝上的侧芽和叶痕，它们的形状和大小各不相同。不同树种侧芽的颜色也有所不同。

顶芽的芽鳞痕是鳞片的附着点。芽鳞痕排列成环状，看起来像一圈一圈的橡皮筋环绕着嫩枝，标志着嫩枝每年的生长速度。你找到的小枝哪一年长得最快？比较同一棵树上相同年龄的小枝，它们的最大生长量是否出现在同一年呢？

如果切开小枝，你就会发现一种海绵状物质，称之为髓。把髓片放在培养介质中，它就会长出新的植株。剪下小枝露出横截面，检查其髓部。如果髓部呈星形，那么它可能来自橡树、杨树或者水青冈。如果髓部呈圆形，那么它可能来自榆树。

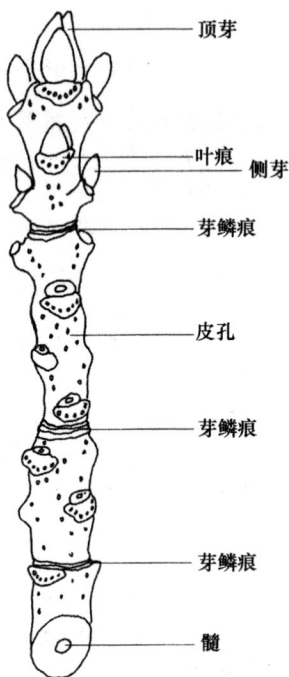

顶芽

叶痕 侧芽

芽鳞痕

皮孔

芽鳞痕

芽鳞痕

髓

白蜡树的绿色小枝

果荚。许多落叶树在冬天会保留一些果荚——盛放种子的容器。比较常见的是一球悬铃木的球果，它们悬挂在之字形的树枝上。如果你住在盛产北美枫香的地区，找找"扎满钉子"的球果将很有意思。吊挂在树枝上的一簇簇翅果是白蜡树身份的象征，北美鹅掌楸会结出像郁金香的花一样的种子簇（北美鹅掌楸的花和果实的外观看起来都和郁金香的花类似，所以也被称为郁金香树）。白蜡树上有一串串带翅的种子。看看你能不能找到这些树的果荚，它们在整个冬天都会留在树上。

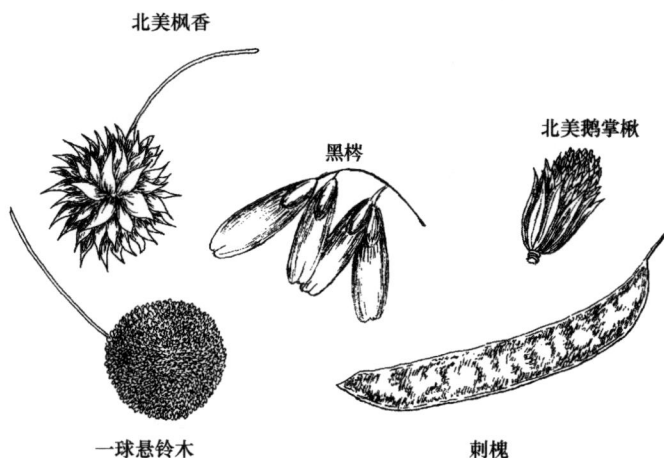

几种树的果荚

本章注解

　　树既会长高，也会向四周伸展。长高依靠的是小枝顶端的芽，这些部位分布着能够精准地发育成各种组织的分生组织。当受到激素作用时，分生组织就会开始发育，使得小枝伸长。

　　树也会向四周生长，位于树皮下的一薄层组织——形成层负责这种周生生长。形成层只有两到三个细胞厚，几乎覆盖整棵树，从最小的根尖到最纤细的小枝均有形成层。在形成层的作用下，树的各个部分才能增厚变粗。

　　临近冬末，越来越长的日照时间使得胚胎组织产生了一些植物激素，例如生长素和赤霉素。这种未分化的胚胎组织位于小枝顶端的顶芽中。在生长素的作用下，胚胎组织的细胞不断生长、分裂，导致树枝伸长和树干长高。在根尖处，类似的过程也使得根伸长了。

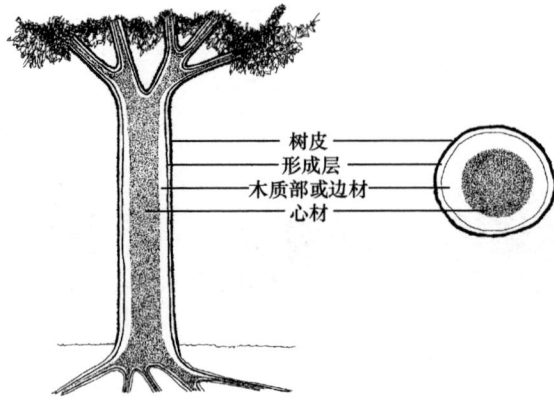

树皮
形成层
木质部或边材
心材

树干的横截面

大概在同一阶段，小枝和树干产生的植物激素会激活外周形成层。形成层的细胞开始活跃，向树的外侧生长。几周后，这些细胞成熟，停止分裂。在纤维素的作用下，这些细胞变硬，分化成中空的、能够运输养分的管状体，叫作韧皮部。韧皮部将绿叶产生的碳水化合物运送到树枝、树干和根部。随着韧皮部细胞的老化，新的细胞出现，将老化的细胞推向树的外面。最终，老化的细胞成为外侧树皮的一部分。在放大镜的帮助下，我们有时还能在刚砍下的原木中看到具有活力的韧皮部，它就像一圈黑色圆点排列在树皮的外层。

每种树都会形成特定的纹路、裂隙或裂缝，有别于其他树种。

第五章　雪松

冬日森林

北美的冬日，在几乎任何地方的森林或公园中，你都能看到一些树仍是绿色的，而另一些树则失去了叶子，只剩下光秃秃的树枝和树干。依据这一观察，你自然可以将这些树分为两类：一类在冬天掉落叶子，称为落叶树；另一类整年保持绿色，称为常绿树。

科学家还有另一种分类方法。一些树（如苹果树、橡树和枫树等）的种子被包在一个"容器"内；另一些树（如松树、云杉、铁杉和雪松）则拥有裸露的种子，这些种子排列在球果内敞开的"架子"上。种子具包被的植物称为被子植物，种子裸露的植物称为裸子植物。这种分类方法简单而有效，一些落叶树（如落叶松）是裸子植物。

被子植物，即开花植物，出现得较晚。它们在白垩纪开始演化、繁荣，成为了植物界的主力军。裸子植物的历史更为悠久，出现在石炭纪。这一古老的类群是植食性恐龙的食物来源之一。

如今，北美圆柏是密西西比河以东分布最广的松柏类树种之一，大部分人对这种树的熟悉程度不如圣诞节时用作装饰的松科植物。北美圆柏黄绿色的塔状树冠在冬日景观里尤为突出，但是它们很少得到关注，总是被当作荒野里的多刺杂木。出人意料的是，它和松树、云杉一样，也属于针叶树。

刚刚提到的这些树都被我们视为"雪松"[1]，但在植物学家眼中，美国并不是真正的雪松属植物的自然分布区。雪松属植物原产于北非国家、喜马拉雅山脉和东南亚地区[2]。尽管你可能在邻居的院子里发现了雪松（*Cedrus deodara*）或黎巴嫩雪松（*Cedrus libani*），但它们并非产自美国。在美国的野

---

[1] 原文中的雪松为 cedar，cedar 泛指一类木头具有类似香气的树，包含松科、柏科和楝科等的一大类树。——译者注

[2] 其实雪松属植物在东南亚没有自然分布。——译者注

外看到的"雪松"其实是一种圆柏，即上文中所说的北美圆柏，它属于柏科，是崖柏和柏木的"亲戚"。

即使你不记得这些规范的名字，也不会忘记北美圆柏的蓝色浆果。在秋天来临之际，每一棵树上的"果实"都被刷上了一层白粉。点缀在枝叶间的浆果状"果实"其实是具有肉质外壳的球果。在发育初期，它们是绿色的，成熟后才变成具有蜡质感的灰蓝色。有趣的是，并非雪松的"雪松"长出了并非浆果的"浆果"。这些球果形的"浆果"像浆果一样会被动物取食，和浆果一样留存种子。为了方便起见，让我们继续称之为浆果吧。

这些浆果在冬季为野生动物提供了充足的食物。单个浆果的营养并不丰富，但每一棵树都产出了数量惊人的浆果，弥补了这一缺陷。一位细致的观察者曾在一棵树上数到了100多万个浆果。深秋时节，鸟类开始迁徙，你也许见过云团般的雪松太平鸟（*Bombycilla cedrorum*）或美洲知更鸟（即旅鸫，学名为 *Turdus migratorius*）聚集在树上。冬季食物匮乏时，这些浆果被多达63种鸟类取食。有人见过一只雪松太平鸟在1小时内吃了53个浆果。种植北美圆柏的人们和住在生长有北美圆柏的荒野附近的人们说，一群黄腰林莺（*Dendroica coronata*）、旅鸫和椋鸟（椋鸟科）可以在短短几天内吃光一片北美圆柏的浆果。雉鸡类[1]也是"北美圆柏咖啡馆"的常客，例如鹌鹑、雉鸡、火鸡和松鸡。

寒冬时节，诸如白足鼠（*Peromyscus* spp.）一类的小动物也以浆果为食，此外，树木还能为它们提供栖身之处。白足鼠潜入被遗弃的鸟巢内，用松软的植物材料做垫子，确保自己温暖舒适地度过冬天。

浆果被取食后，浆果中的种子也随之进入动物的消化道。科学家认为这对北美圆柏是有利的，因为这一过程提高了种子的发芽率。路边的许多北美圆柏就是在那里的电话线上停歇的鸟无意间种下的。假如你在路边看到一排北美圆柏，还得感谢我们的热心鸟类朋友呢。生活在田野和灌丛中的老鼠也吃浆果，

---

[1] 原文中用的是 gamebird，早期 gamebird 指在美国被狩猎的鸟，大多为雉鸡类，如今成为了这一类鸟的俗称。——译者注

并且将其种子沿路抛撒，从而使北美圆柏遍布于田野间。

北美圆柏分为雌树和雄树，它们有各自的特点，不难区分。雌树产蓝色浆果，雄树也会产"浆果"，但雄树产的其实是长在树枝顶端的黄色圆柱形球果。每年，雌树都结浆果，但是隔两年它们才会结出大量种子，这些种子可能需要长达三年的时间才能发芽。

北美圆柏的叶子是暖黄绿色的，透着淡淡的青铜色。虽然这种针叶在秋天不会脱落，但也不是永久性的。针叶会随着时间变老，变成褐色，然后缓缓落下，被新叶取代。因为每次脱落的只是一小部分针叶，所以北美圆柏永远不会是光秃秃的。哪怕老叶或枯叶已经停止了光合作用，它们也能在树上保留数年之久，为北美圆柏增添褐色调。很多松科的针叶树（例如松树、铁杉、冷杉和云杉）也是如此。

北美圆柏的叶子（即针叶）的形状在整棵树上的不同位置是有区别的，这与松树的针叶完全不同。松树的针叶由棕褐色的纸质叶鞘包裹，两针、三针或五针为一束；北美圆柏长在枝顶的新叶呈长矛状，非常尖锐，而成熟后的叶子呈厚实的钝鳞片状，层层叠叠地覆盖在树枝四周。下次看到北美圆柏和松树时，不妨比较一下它们的叶子，看看有什么区别吧。

嫩叶　　　　　　　植株　　　　　　　老叶

北美圆柏

北美圆柏在潮湿的沼泽地区和干燥贫瘠的土壤中都能很好地生存。相对于东部的针叶树种，例如北美乔松和加拿大铁杉（*Tsuga canadensis*），北美圆柏在荒地中堪称大赢家，你也能在稀疏的林间看到它。北美圆柏喜欢开阔、阳光充足的地方，但在生长稀疏的山核桃、橡树和萌芽松（*Pinus echinata*）之间看到它也没什么奇怪的。它还是重要的生态树种，虽然能耐受各种酸度的土壤，但通常生长在碱性土壤中。它的凋落物分解之后能够碱化土壤。科学家发现，在北美圆柏生长的地方，蚯蚓也更加活跃。

然而，以北美圆柏木材为原料制造铅笔、衣柜和箱子的工业化生产几乎将北美圆柏林摧毁了，糟糕的开发计划和贪婪造成了这场灾难。如今，人们用产自美国西海岸的北美翠柏（*Libocedrus decurrens*）具有香气的木材来代替已经稀缺的北美圆柏。

柏树家族的另一个成员北美香柏（*Thuja occidentalis*）与北美圆柏非常相似，常常被人们混淆。它们都是塔状常绿针叶树，树枝上具有鳞片状的叶子。其实，这两种树具有一些明显不同的特征。北美香柏属于崖柏类，与荒地里孤零零的北美圆柏不同。崖柏类生长在潮湿的沼泽地区的密林中，是北方针叶林中其他针叶树的伴生种。

北美香柏的叶由小而厚的鳞片叠加而成，将扇形小枝完全覆盖。如果你捻碎这些铲状的小叶，就会闻到一种类似长在路边和草地里的野花——蓍草[1]被揉碎的气味。

虽然北美香柏对野生动物的帮助不如北美圆柏，但是它仍有利于一些鸟和其他小动物的生存。松金翅雀（*Spinus pinus*）等雀类以北美香柏球果中的小型翅果为食，欧亚红松鼠（*Sciurus vulgaris*）则喜欢它那剥落的长条树皮。春天，红松鼠吃树上的嫩芽。等到了秋天，它就采集圆锥形的小枝作为冬天的储粮。在寒冬时节，白尾鹿和白靴兔（*Lepus americanus*）也会取食北美香柏，但通常不会对树造成永久性的伤害。以树皮为食的北美豪猪（北美豪猪属，学

---

[1]　蓍草的气味类似我们熟悉的艾蒿，但比艾蒿的气味更加浓烈。——译者注

名为 *Erethizon* spp.）则会剥掉一大圈树皮，其中有死掉的部分，也有还活着的形成层组织。尽管这有利于豪猪的生存，但对于树来说往往是毁灭性的。

16 世纪，法国探险家雅克·卡蒂埃注意到美洲原住民用北美香柏（arborvitae）的叶子和树皮煮水来治疗坏血病，他将这一知识带回了法国，北美香柏因此被法国人称为 "l' arbre de vie"，即"生命之树"。瑞士植物学家林奈使"生命之树"的范围扩大了，1753 年他以"*Thuja*"来命名北美香柏所在的崖柏属。"*Thuja*"源于拉丁语"*thya/thyia*"，也是"生命之树"的意思。所以，"arborvitae"特指北美香柏，但是泛指崖柏属的物种。目前，最长寿的北美香柏达到了 300 岁。关于北美香柏的长寿有各种猜测，大部分长寿树种的木质比较坚硬和结实，但是北美香柏的木质则比较松软、纤弱，而且很脆。一些科学家认为北美香柏长寿的秘密在于它的木材中的树脂，不过一些短命松树的木材中也含有这种树脂。另一些科学家指出，北美香柏很少受到昆虫和真菌的侵害，这可能使其活得更久。此外，它的树皮能防火，而且能够很好地适应潮湿的沼泽环境，所以能够免受火灾的伤害。这也可能是其长寿的原因之一。但是，科学家研究得越深入，这一谜题的确切答案就越扑朔迷离。

冬日森林

工具和器材	科学技能
基础工具	观察
野外观察笔记本	记录
指南针	比较
室外温度计	
相机	
1.2 米长的棍子	

几千万年前，当北美香柏第一次出现在地球上时，长寿的指令就被写在了它的遗传密码中。这是只有它自己知晓的秘密，也许某一天它愿意与我们分享。

自然观察

雪松和其他结球果的树都属于裸子植物。虽然裸子植物也结种子，但和被子植物不同的是，它们的种子不会被包裹在像苹果和橡子那样的果实中。裸子植物的种子是裸露的，它们在种鳞上发育成熟，构成了木质的雌性球果。类似的结构出现在铁杉、松树、雪松、云杉和其他常绿针叶树中。

最常见的裸子植物就是结球果的树（针叶树）。针叶树家族中最常见的当数松科植物，包括松树、云杉类、铁杉类、落叶松类、冷杉类和花旗松（*Pseudotsuga menziesii*）。柏科包含其他球果树种，例如雪松类和刺柏类。

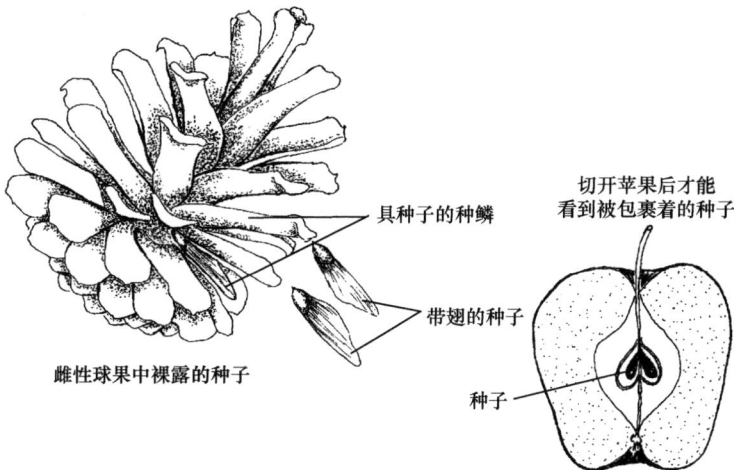

具种子的种鳞

切开苹果后才能
看到被包裹着的种子

带翅的种子

雌性球果中裸露的种子

种子

裸子植物和被子植物的种子比较

落叶针叶树。常绿树和针叶树并非总是等同的，因为有的结球果的树也会落叶。北美落叶松（*Larix laricina*）和常见的欧洲落叶松（*Larix decidua*）就是典型的落叶针叶树种。

　　每年秋天，在展示完足以与最华丽的落叶树媲美的橙色火焰后，这些树就抖落针一般的叶子。在秋天，你会看到落叶松变成更为柔和的橙黄色。无论如何，落叶松成为了秋天的色彩中绚烂的一笔。欧洲落叶松在美国北部和加拿大被广泛种植，和本土物种一起茁壮生长。

　　郊野远足。北美圆柏是典型的荒野开拓树种。成年北美圆柏散布在郊野中，顶上是蓬松的黄绿色枝条。郊野中有多少棵北美圆柏呢？这些树是一棵挨着一棵聚集成群还是相互间隔较大的距离呢？你能在郊野中辨认出鹿鼠（*Peromyscus maniculatus*）活动的轨迹吗？在路边或者电线下也能找到北美圆柏。鸟在电线上休息，播撒下含有北美圆柏种子的粪便。在森林边缘也能找到北美圆柏。

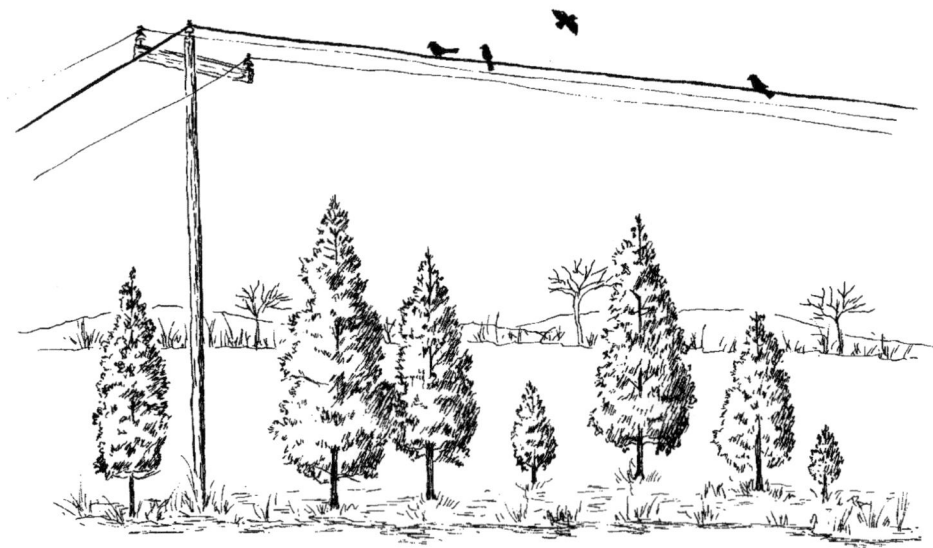

寻找电线下的北美圆柏

　　在专门准备的野外观察笔记本上记录你发现的树的位置，附上插图、照片和你的评述。它们是什么形状的呢？年轻的北美圆柏的形态像教堂的尖顶。近距离仔细观察树枝的生长方式，你就能知道它们为什么是这种形状了。越接近树顶，树枝似乎将树干包裹得越紧。比较一下北美圆柏和北美乔松树枝的生长方式吧。

北美圆柏

北美乔松

北美圆柏与北美乔松树枝的生长方式

北美圆柏的叶子是什么颜色的呢？用一年时间观察一棵北美圆柏。随着季节变换，它的颜色是如何改变的呢？枯叶长在什么位置？与松树相比如何呢？

寻找浆果和球果。这棵树是雌树还是雄树呢？浆果和球果长在树枝的什么位置？是在树枝的顶端还是沿着树枝分布呢？它们是在什么时候出现的呢？

有趣的树叶。我们所熟悉的常绿针叶树长出的叶子在整棵树上基本上是一样的。例如，北美乔松的叶子沿着小枝和大枝生长，五针为一束，长 8 ～ 13 厘米。云杉的叶子坚硬而锋利，没有柄，单独着生在小枝上。

相比之下，北美圆柏不同部位的叶子可能是不同的。比较一下小枝顶端的叶子和距离小枝顶端 3 厘米左右或更远的叶子。小枝距离顶端多远开始木质化？小枝的横截面是圆形的、方形的还是三角形的？放大镜会帮助你发现小枝和叶子的更多细节。写一篇叶子观察笔记，让别人可以据此区分北美圆柏和松树家族的其他成员，例如北美乔松和云杉属（*Picea* spp.）等。北美乔松和云杉的叶子会沿着树枝向树干延伸，那么北美圆柏的叶子呢？

再比较一下北美圆柏和北美香柏的叶子。如果你住的地方没有这些树的自然分布，看看邻居的院子里是否有一些，友好地向他们请求去观察一下。

北美圆柏和北美香柏的叶子有什么相似之处，又有什么差别呢？分别画出这两种树的叶子，把这些画安排在笔记本上常绿针叶树部分。如果你不擅长画画，拍照记录也是一种很好的选择。

雪松和其他冬季常绿植物成功的秘诀在于它们的针叶具有韧性，这有助于保护下面的脆弱结构。你可以感受到针叶表面的那层蜡质。如果计算出这些针叶的总表面积，你会惊讶地发现光合作用的面积原来这么大。

树皮。每种树的外层树皮都具有独特的特征。雪松树皮的特征之一是它的味道。如果你靠近雪松树皮剥落的地方闻一闻，就会发现一种令人愉悦的香气。雪松的树皮以一种独特的方式剥落，这类树的皮会向上卷曲。但请注意，北美圆柏是柏科的成员，而不属于松科。

探索活动一

松科是针叶树中的一大家族，大多数成员能用作我们熟悉的圣诞树。在接下来的活动中，你将有机会观察这些树。冬季是开展自然观察的好时节，因为松树独秀于光秃秃的落叶树间。

松科的主要特征。绝大多数常绿树具有不同于其他树的典型特征，北美有好几类松树，你观察的属于哪一类呢？

松属（*Pinus* spp.）是仅有的一类具有针叶的球果常绿树。切开针叶露出横截面，用放大镜检查切口。如果针叶来自一棵木质较软的树，其横截面上会有一个维管束；如果针叶来自一棵木质较为坚硬的树，那么会有两个维管束。

北美乔松的针叶比较柔软，呈蓝绿色，长 8 ～ 13 厘米，
黄褐色的鞘将五针包裹成一束

云杉属的树形像金字塔，尖尖的叶子分散在小枝上，向四周生长，所以枝叶看起来是有层次的，而不是平展的。云杉属的针叶具有四个侧面，长在短梗上，会在脱落的地方留下一个粗糙的斑点。

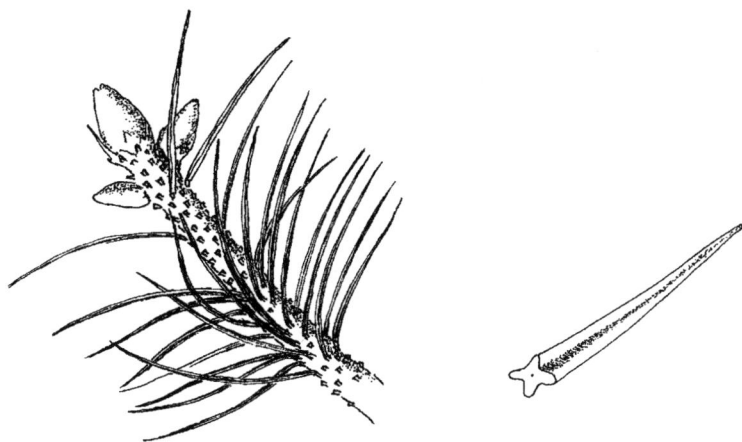

云杉属的针叶具有四个侧面，单独长在短梗上。当小枝上的针叶脱落后，这些凸起的地方让小枝摸起来有些粗糙。放大观察针叶的横截面，它的四个侧面比较明显

铁杉属中的树有羽毛般的枝叶和特征性的"发髻"。加拿大铁杉的扁平状针叶呈暗绿色，几乎生长在同一平面内，所以小枝看起来是平展的。在针叶下面可以找到白色的线，这是由密集的气孔形成的气孔带。

冷杉属（*Abies* spp.）中树的皮比较光滑，具有树脂泡。针叶是单根的，微微向上弯曲，看起来像是从小枝的顶端长出来的。如果去掉一根针叶，你能看到一个圆形的伤口。球果直立向上。

落叶松属（*Larix* spp.）中的树呈金字塔状，是松科中仅有的一类每年秋天都要落叶的树。柔软的针叶成簇生长在粗枝上，其颜色像青苹果。再找找小枝和大枝上的隆起物吧。

花旗松只在落基山脉西部有自然分布，其球果在矮枝和高枝上都能生长，每个种鳞后面都有一个三叉状的苞片。

松科内的变异。 找一些松科的不同树种，看看它们的外形分别是什么样子。是圆锥状的吗？是笔直僵硬的还是轻盈蓬松的？是蓝绿色的、黄绿色的还是其他颜色的呢？

欧洲云杉　　　　　　　　北美乔松　　　　　　　　加拿大铁杉

根据圣诞树的形状很容易识别松科的树种

云杉和铁杉等一些松科成员的针叶单独生长在小枝上，而不是聚集成束。它们的针叶是通过短梗着生在小枝上的吗？

球果。当我们谈论常绿针叶树的球果时，其实是在谈论比较显眼的雌性球果或者结出了果实的球果。这些球果的类型和产出它们的树的类型一样多。

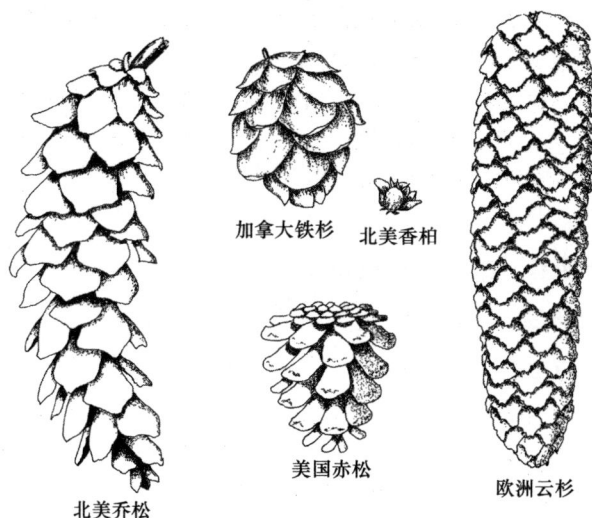

加拿大铁杉　　北美香柏

北美乔松　　美国赤松　　欧洲云杉

常绿针叶树的球果

你能在树上的什么位置找到它们？在树的上部三分之一处？在上半部分？还是在小枝的末端呢？仔细检查不同树种的球果。它们是柔软的还是坚硬的？有刺吗？它们是弯的还是直的？有多长呢？又有多宽？球果是如何着生在树枝上的？有果梗吗？树枝上的球果是对生的吗？

检查球果上的种鳞。种鳞上是否有疤痕或者轻微的凹陷？每个种鳞上有多少处凹陷？你捡到的球果里有种子吗？

当你从不同的树上收集球果时，选择其中一种并写下关于它的描述。把你的描述告诉一位朋友，看看他能否在没有其他提示的情况下，从你的收藏中挑选出你所描述的球果。

树皮。当人们画树的时候，树皮总是被画成棕色。这种普遍的做法是正确的吗？

为了提高对颜色的观察能力，你可以去五金店的颜料区选择一些你认为与球果树种的树皮相匹配的色标，包括棕色、褐色、铁锈色、灰色和黑色等。

带着色标和笔记本去观察一些常绿树，比较它们的树皮的颜色。记录下你的观察，从色卡上剪下与树皮相对应的颜色，将树皮的颜色和关于树的其他信息整合到笔记本上。

在一天中的不同时间拍摄树皮，记录下阳光照射角度的变化对树皮颜色的影响。在每张照片的下面写上物种名称、位置、日期和时刻，以及你所拍摄的树皮的朝向（东、南、西或者北）。树的年龄可以通过数"树轮毂"来确定。树枝围绕着树干生长，类似于轮毂四周的辐条。一般来说，一个"树轮毂"会有三根树枝。别遗漏了可能从树上掉落了的"树轮毂"，这一点可以通过树枝在树干上留下的痕迹看出来。

小枝。小枝顶端的树皮和距离顶端较远的树皮是一样的吗？仔细观察大枝上的树皮，看看它们和小枝上的树皮有什么区别。

常绿树可以通过树皮上的片状物、裂纹、褶皱和裂缝等来识别。树皮上片状物的大小和形状会随着树龄和树围的增长而改变。检查树干上的树皮。裂纹是垂直的还是水平的呢？是倾斜的吗？有多宽呢？片状物的大小和形状如何？分别检查幼龄树和老龄树的皮，看看它们有什么异同。

探索活动二

树木群落。冬天是了解以常绿针叶树作为庇护所的鸟类和其他动物的绝佳时间。去找找成群的鸟，例如高山山雀（高山山雀属，学名为 *Poecile* spp.）、凤头山雀（凤头山雀属，学名为 *Baeolophus* spp.）、冠蓝鸦、主红雀、暗灯草鹀（*Junco hyemalis*）、蜡嘴雀（指雀形目中一类喙较大的食籽雀）和麻雀[1]。再找找哺乳动物，例如北美浣熊（*Procyon lotor*）、欧亚红松鼠和东美松鼠

---

[1] 麻雀泛指雀形目中一类喙呈圆锥状、颜色为棕色或灰色、头部有特殊图案的食籽雀。——译者注

（*Sciurus carolinensis*）。树是否在一天的某个时段为更多的鸟和其他动物提供了庇护所呢？

观察、记录一至两周。鸟会在一天中的某个时段聚集在树上吗？当鸟栖息在北美圆柏上时，它们会吃树上的浆果吗？是哪些鸟在吃浆果？找一找吃松果的欧亚红松鼠吧。

在北美圆柏上活动的鸟

日期	时间	拜访者	活动

作为防风林的常绿树。常绿树对风和寒冷的抵抗能力如何呢？你可以在寒冷、多风的冬季寻找答案。做好计划，在寒冷的天气连续进行调查。留意你所在地区的天气预报，以确定这种天气何时会出现。从观察繁茂的针叶林开始吧！试着站在树的不同侧面去观察。你注意到什么不同吗？风的强度和声音有什么不同呢？

看看常绿树是否会影响温度，记录常绿树周围的林间温度，再记录离常绿树有一定距离的开阔地的温度，比较一下它们是否相同。

单独生长的树是否也能创造防寒和避风的场所呢？为了找到答案，你需要两支室外温度计、一根 1.2 米长的棍子以及一些绳子。将棍子立起来，一端固定在地上，另一端固定一支温度计；将另一支温度计固定在雪松的主干上与棍子上的温度计等高的位置。这两支温度计的读数分别是多少？每隔一段时间检查一次两支温度计，尽可能地持续观测到晚上。温度计的读数是如何变化的呢？将你的观测结果记录在表格中。比较两支温度计的读数，试着解释你的发现。

选择其他几种针叶树（例如云杉、铁杉和松树），重复观测。在防风效果方面，这些树与北美圆柏相比如何呢？

芽的抗冻能力。针叶树能忍受寒冷天气，以下表格展示了一部分针叶树生存的最低温度。

针叶树生存的最低温度

树种	最低温度 / 摄氏度
北美圆柏	零下80
白云杉	零下80
扭叶松	零下80
北美香柏	零下80
落叶松	零下80
弗吉尼亚栎	零下7.8

这些温度是芽能够存活的最低温度，不过芽究竟能否存活也取决于温度下降的速度。突如其来的寒潮会使情况变得很糟糕，因为芽没有足够的时间为寒冷的侵袭做好准备。突然的、非季节性的温度升高也会使树木难以适应，严重时甚至死亡。冬天温度升高后，芽有时会萌发，然而异常的温暖期后常常是一阵寒流，随后便保持季节性的温度。当出现这种情况时，萌发了的芽往往会枯死。

第六章 杂草

繁盛的植物

1 月的清晨，阳光明媚，天寒地冻，一个被锁在晶莹冰盒里的静谧世界出现在我们的眼前。阳光中的数百万条光线在冰晶表面欢快地舞动。穿戴着冰甲的树枝在晨光中闪闪发亮。干枯的花茎从积雪下伸出，披着一层冰霜。在这透明的盒子之中，植物精致的果壳和茎秆呈现出微妙的棕黄色、褐色或灰色，为雪景增添了一分特别的美。

我们所看到的参差不齐的茎秆是喧闹一时的野草野花在寒冬里的无声残留，它们绚丽的色彩在温暖的季节里使草地和路边充满生机。大部分枯萎了的茎秆组成了曾经支撑花朵的复杂结构，其他的只是一些小棍而已。

这些茎秆及其上的小枝被称为冬日杂草，它们是生长季节里植物的地上部分留在冬季的残骸。虽然看起来它们已经死掉了，但生命之泉仍在地下流淌，即使在极寒之地，它们的根系也会继续顽强生长。对于一些植物来说，生命则以种子的形式存在，静静地等待着来年温暖的春雨。

冬日杂草是顽强的幸存者，坚韧的生命力使它们能够在阳光暴晒的荒野和土壤贫瘠的地方扎根生长。它们生长在其他植物无法存活的恶劣环境之中。

自然界中的成功通常可以与生物的繁殖能力画等号。依据这一标准，没人能否认杂草取得的巨大成就。这些生机勃勃的机会主义者有一系列适应环境的策略，这使它们能够成功繁殖。它们的生存策略之一是产生大量种子，有些植物产生的种子数量是非常惊人的。一位勤劳的科学家曾在一棵生长在美国纽约州中部的反枝苋（*Amaranthus retroflexus*）上数出了 196405 粒种子。有人在来自同一地区的一棵大蒜芥（*Sisymbrium altissimum*）上统计出了 511208 粒种子。每一粒种子都含有胚、提供营养物质的胚乳以及起保护作用的种皮，都有可能在下一个夏天成为生产种子的机器。

但是，如果没有有效的种子散布途径，产生大量种子也只是徒劳。蓟

（*Cirsium* spp.，菊科的一类植物）、大麻叶罗布麻（*Apocynum cannabinum*）和马利筋（*Asclepias curassavica*）的种子都具有轻质的丝絮，它们会被微风吹起，离开母体，然后降落在可能发芽的地方。有些植物的种子很轻，能随风传播。有些植物的种子有膜质的翅，可以乘风飘散。虽然风力传播是种子传播的重要途径，但是风变化无常，其强度无法准确预测。所以，我们会看到这样的情况：种子成熟后，风却没有足够的力量将其吹散。

动物提供了另一种散布种子的有效途径。不像反复无常的风，动物的行为更容易预测。候鸟是重要的种子搬运工，因为它们的迁徙时间往往与果实的成熟时间相同，果实中的种子因此被带到很远的地方。候鸟常常在适宜的环境之间迁徙，所以种子很可能会落到肥沃的土壤中。对种子来说，相对于随机的风力传播，这种传播方式更为有利。

在动物的消化过程中，坚硬的种皮会被软化，这能够促进种子发芽。皱叶酸模（*Rumex crispus*）、起绒草（*Dipsacus sylvestris*）和蓍（*Achillea millefolium*）的种子就是通过这种方式传播的。除了鸟类之外，以种子和果实为食的松鼠、花栗鼠、老鼠等小型哺乳动物，以及熊、马、欧亚驼鹿（*Alces alces*）和鹿等体形更大的动物，都能帮助种子传播。

其他杂草通过附着方式来传播种子。野胡萝卜（*Daucus carota*）、山蚂蝗属（*Desmodium* spp.）和牛蒡属（*Arctium* spp.）的种子表面有细微的钩毛，当动物经过这些植物时，其种子就会钩住动物的皮毛。如果你在秋天带狗去田野或草地上散步，或许会在它的皮毛中发现一些搭便车的种子。当试着拔除这些种子时，你就能发现它们是如何紧紧地附着在动物皮毛上的。

冬季对一些耐寒植物来说至关重要，这些植物的种子以休眠方式度过寒冷干燥的冬季。这涉及一系列受到精准控制的事件，防止种子过早发芽。在休眠期，种子的代谢活动减弱，它们暂时停止生长。休眠期的长短由基因决定，因此即使环境条件已经适合种子发芽，休眠期通常也会持续到1月冰雪解冻之后。从休眠到发芽的转变受到很多因素的影响，其中包括温度、湿度、光照、种皮厚度、酶的活性和生长抑制剂等。有的种子还需要种皮受到机械磨损并经过一段时间的低温处理才能正常发芽。

有些种子可以长时间休眠。酸模属（*Rumex* spp.）和月见草（*Oenothera biennis*）的种子可以休眠 100 年。而种子世界的瑞普·范·温克尔[1]应该是北极羽扇豆（*Lupinus arcticus*）。在碳同位素测年技术的帮助下，人们在小型哺乳动物的洞穴中发现了仍具有活力的北极羽扇豆种子，它们已经有大约 1 万年的历史了。不过，绝大多数种子无法休眠这么久。

在由于人类干扰而变得光秃秃的生态环境中，杂草和野花非常重要。它们生长在休耕的田野和花园中，你也能在铁路和高速公路两侧发现它们。当某个地方经历了火灾、洪水或其他自然灾害，环境遭到破坏后，这些顽强的流浪者也是恢复生态的重要力量，因为它们能够在其他植物无法生存的恶劣环境中苗壮成长。它们在贫瘠的土壤中定植，修复遭到破坏的地球，最终帮助重建和稳定植物群落。不过，这一过程所涉及的原理并非那么简单。

在漫长的历史中，杂草以种子的产量换取竞争力和寿命。杂草能经受太阳长时间的暴晒，而且能够在贫瘠的土地上存活。但是在竞争激烈的竞技场上，杂草和野花常常落败。在它们结束短暂的一生后，其残体会被分解，慢慢消失，其中的营养物质最终被释放到周围的土壤之中。在开阔地上发生的自然演替中，灌木（如桤木，*Alnus* spp.）、柳树（*Salix* spp.）、灰桦等最终会将依赖阳光生长的草本植物遮盖住。随着树荫的增大和土壤的改善，山核桃（*Carya* spp.）、槭树、水青冈和栎树（*Quercus* spp.）等会慢慢迁入并适应该地区的生境。随后，就像在北美洲东部一样，落叶林会繁盛起来。在美国的其他地区，不同类型的植被分别构成了稳定的群落。在中西部，草原草常出现在农田中；在太平洋西北部地区，以大型针叶树为主。在可预测的陆生植物演替过程中，

---

[1] 此人是美国作家华盛顿·欧文于 1819 年出版的短篇小说集《见闻礼记》中的一篇小说的主人公。一天，瑞普上山打猎，喝下了一位神秘的荷兰人的仙酒，睡了一觉，醒来后下山才发现已经整整过去了 20 年。——译者注

生境质量不可避免地发生变化。

　　长久以来，许多被我们归为杂草和野花的植物由于其食用和药用价值而备受赞誉。不过，随着时代的变迁，它们在我们生活中的重要性如同它们的种子在风中飘散一样变幻莫测。随着人们注重减少饮食中的油脂，几乎没有人在烹饪时不用香料。草药疗法正经历复兴，重新流行起来。一些此前被轻视的杂草，如一枝黄花（一枝黄花属，学名为 *Solidago* spp.）和月见草等，也在花园中占据一席之地。尽管有了这些可喜的进展，我们与杂草之间的爱恨情仇注定还要持续一段时间。

冬日杂草的世界

工具和器材	科学技能
基础工具	观察
收集袋	分类
小铲子	预测
相机	推理
粘虫胶	比较

自然观察

　　"杂草"这一术语是我们创造的，用来描述对人类无用的草本植物。大多数人认为杂草是不受欢迎、毫无益处的一类植物。在人工建造的花园里，它们无法与高贵的杂交品种相提并论。然而，我们认为的一些杂草可以作为经济作物。例如，超市的农产品区将蒲公英（*Taraxacum* spp.）的绿叶和其他沙拉配料陈列在一起。但是，业主厌恶修剪整齐的草坪上出现黄色的蒲公英花朵。我们的祖先会吃一种名为藜（*Chenopodium album*）的植物，不过现在已经很少有人会在花园里种植藜了。其他杂草在漫长的人类历史中也经历了相似的地位转变。在本章中，我用杂草描述所有生长在田野上和林地间的野生草本植物。从这一定义来看，杂草并非我们的敌人。

藜

当你走进冬日的田野和树林里时，最明显的植物便是树了。有些树是光秃秃的，有些树的枝条上挂着几片干枯的叶子，还有一些树仍然保持着绿意。相比之下，矮小的植物就没有那么显眼了，但它们的数量众多。因为它们已经褪去了夏日里的衣裳，在冬日里识别它们，对于博物学家来说也是一个特别的挑战。

杂草的颜色。冬日的杂草有各种柔和的颜色，通常是深浅不一的棕黄色、褐色和灰色。在出售家用涂料的地方可以买到色卡，在色卡的帮助下，看看能找到多少种深浅不一的颜色。为了加大挑战难度，找几个朋友一起参与，看看谁能找到最多的颜色。你会惊讶于颜色的丰富多彩！

植物学术语。了解一些植物学术语有助于你更好地探索冬日杂草的世界。以下是一些出现在植物学书籍中的常见术语。

瘦果：一个瘦果内含一粒种子，常具冠毛，随风飘散。瘦果和种子之间的区别并不明显，二者非常相似。蒲公英的瘦果具有冠毛，而马利筋的冠毛则附着在种子上。

苞片：位于花或花序下方的特化的叶状结构，在冬季通常会枯萎并保留在植株上，比萼片大。

花萼：指一朵花上萼片的集合。

蒴果：通常指球形干果，有多个心室。心室的数量可以用来鉴别冬日杂草。

盘状花：外围为舌状花，中间为管状花。黑心菊（*Rudbeckia hirta*，即黑眼苏珊娜）、紫菀属（*Aster* spp.）和菊科的其他成员都具有盘状花。

果实：含种子的成熟子房，例如苹果。

花序：花在花轴上排列的方式和开放次序。

子房：位于雌蕊底部、未来发育成果实的部分。

胚珠：未受精、未成熟的种子。

雌蕊：花的雌性部分，由柱头、花柱和子房三部分构成。柱头是雌蕊顶端接受花粉的部分，花柱是连接柱头和子房的细长部分。

果荚：一种木质的瘦长干果，成熟时沿一条或两条缝线开裂。

舌状花：位于盘状花周围的一圈小花，常常被人们用来做"爱我、不爱我"游戏。菊科成员具有舌状花。

花托：花茎顶端的膨大部分，雄蕊、花瓣、雌蕊和果实都着生在花托上。在一些物种中，花托会延展扩大成各种形状。

莲座叶：植物基部的簇状叶，通常呈圆形。毛蕊花（*Verbascum thapsus*）、菊蒿（*Tanacetum vulgare*）和野胡萝卜在整个冬天都有莲座叶。

种子：由胚珠和花粉受精后形成，包含胚芽（发育成幼苗）、营养物质和一层保护结构。

萼片：通常为绿色的叶状结构，包裹、保护着幼嫩的花蕾。大部分植物的萼片到冬季会枯萎，不过会留在花托上。

伞形花：从主茎顶端长出的一簇小花梗。野胡萝卜和其他欧芹属（*Petroselinum* spp.）植物［例如高大独活（*Heracleum maximum*）、泽芹（*Sium suave*）和茉莉芹（*Myrrhis odorata*）］都具有伞形花。

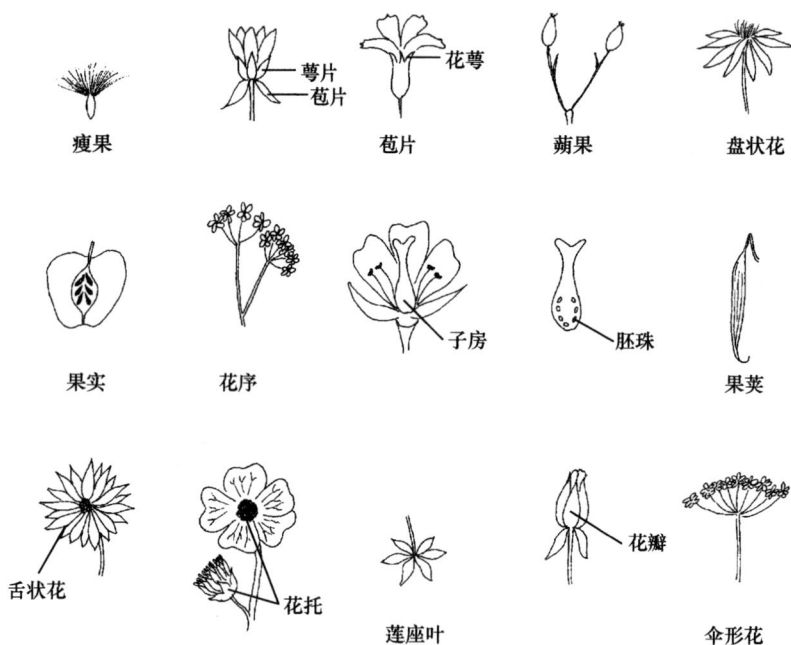

图中标注：
瘦果　　萼片　苞片　花萼　苞片　蒴果　盘状花
果实　花序　子房　胚珠　果荚
舌状花　花托　莲座叶　花瓣　伞形花

花与果实的形态及结构

遇见杂草。为了组织杂乱无章的植物世界，科学家辨别植物的特征，并依据这些特征对它们进行分类。本章提供了一些植物的学名，当你了解了拉丁名的含义后，杂草学名的命名法就没那么神秘了。例如，野胡萝卜的拉丁名"*Daucus carota*"描述的是你揉碎其莲座叶后能够闻到胡萝卜和欧芹的气味。野胡萝卜属于伞形科，是花园胡萝卜的野生近缘种。大狼杷草（*Bidens frondosa*）

的属名"*Bidens*"指的是其瘦果上的两个锯齿,"bi"指两个,"dens"指牙齿。

以下插图和文字说明将帮助你寻找常见的冬日杂草。

1. 菊科。菊科是开花植物中物种数量最多的一个科,其复合花包括两部分,即舌状花和管状花。舌状花是扁平的,构成了紫菀和雏菊的花中我们称为花瓣的花头部分。舌状花包围着管状花,黑眼苏珊娜的"黑眼"就是管状花部分。在整个冬季,这些杂草没有花瓣,或者剩下一些枯萎的花瓣。

(1)一枝黄花属。一枝黄花属的大部分植物会在冬季保留羽毛般的头状花,其上也许还附着有小小的、毛茸茸的种子。其他物种的头状花序聚集在一起,还可能呈穗状、棒状、伞房状或圆球形。它们总是占据大片的开阔空间。要想找到这些高达 90 ～ 180 厘米的杂草,需要到开阔的田野和其他阳光充足的地方去。

(2)紫菀属。紫菀纤细而清瘦的模样与它的亲戚——粗壮的一枝黄花属植物不太相同。紫菀的高度为 30 ～ 210 厘米,你可以在郊野和其他干燥的地方找到它们。

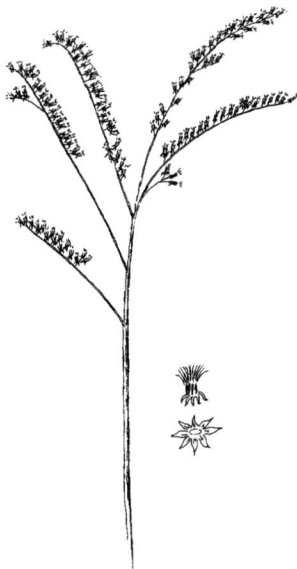

一枝黄花属

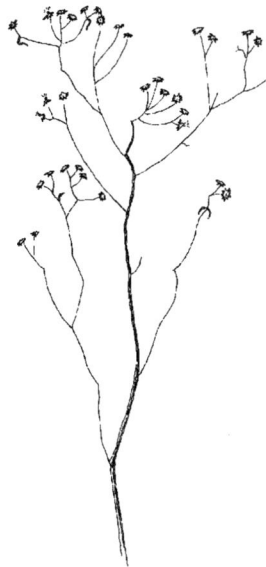

紫菀属

（3）蓍。蓍高30～90厘米，常出现在田野中和路边，伞房花序聚集在光滑的、褐色的茎秆上。

（4）黑眼苏珊娜。找找那些黑色或深褐色的圆锥形头状花序以及"黑眼"，偶尔还能看到几个枯萎的花瓣。留存下来的茎、叶和苞片表面粗糙而多毛。你可以在干燥的田野中、开阔的林间和路边找到这些60～90厘米高的植物。

（5）菊苣（*Cichorium intybu*）。这种生于路边的杂草的茎秆上有细小的纵纹，头状花序中的种子呈楔形，茎秆高90～190厘米。

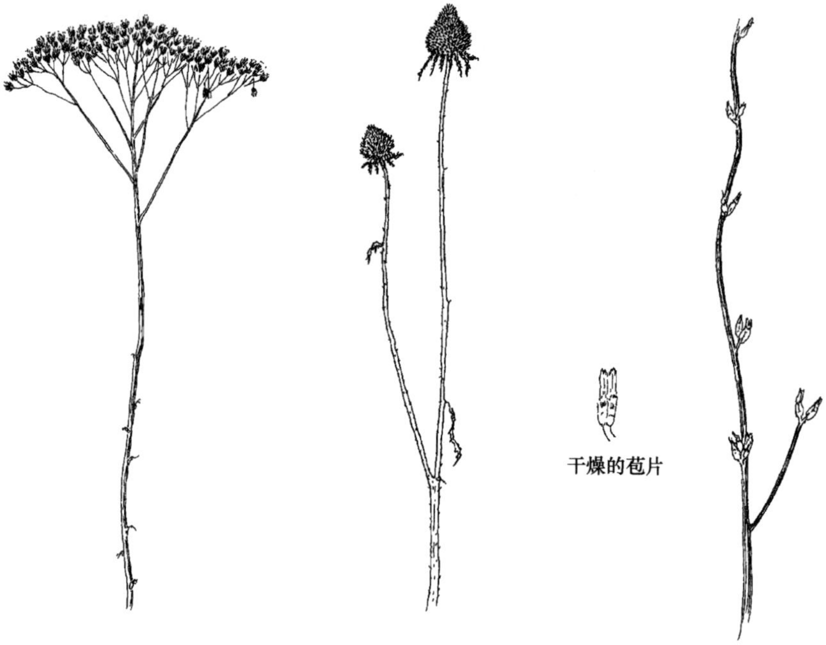

干燥的苞片

蓍　　　　　　　黑眼苏珊娜　　　　菊苣

（6）菊蒿。纽扣般的头状花序聚集在一起形成伞房状。碾碎一些叶和花，你会闻到一股烟熏味。在路边和田野中寻找这种30～90厘米高的冬日杂草吧。

（7）豚草（*Ambrosia artemisiifolia*）。这是一种不修边幅的杂草，茎秆向上

伸展。豚草常见于空地、路边和最近受到火灾或人类活动干扰的地方。寻找
90 厘米高的、光滑的豚草茎秆吧。

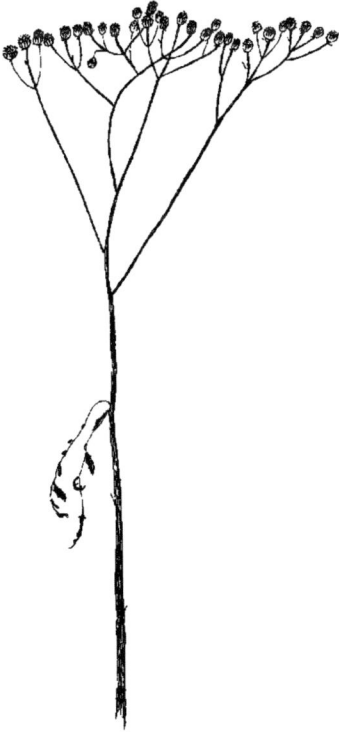 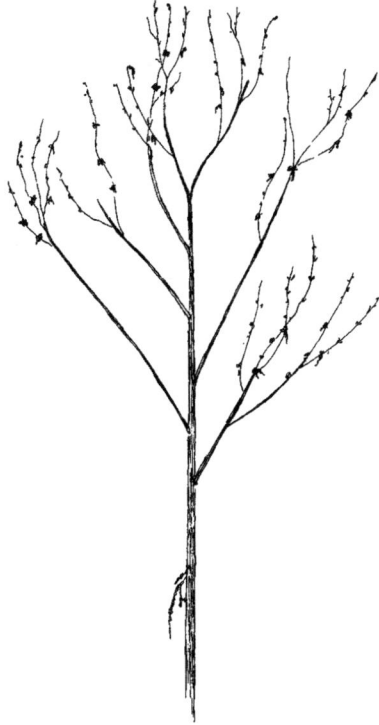

菊蒿　　　　　　　　　　　　　　　　豚草

　　（8）蓟属。即使在冬季，你也能看到蓟属植物的叶、茎秆和花上的刺，有
些具冠毛的种子就保存在多刺的头状果序中。这种 90 ～ 150 厘米高的植物看
起来参差不齐，你很容易在田野中、牧场上和路边找到它。

　　（9）泽兰属（*Eupatorium* spp.）。这类植物的花茎比较紧凑，每根花茎的
顶端都有一个白色的"小纽扣"。这种杂草高约 120 厘米，生长在多种生境中，
其中包括潮湿的灌丛和草地。

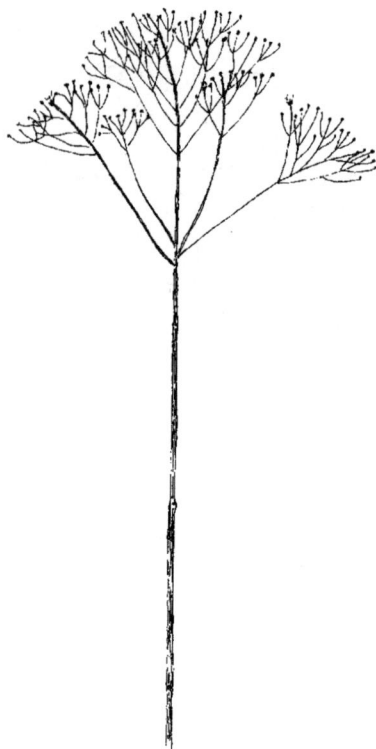

蓟属   泽兰属

（10）小牛蒡。这种植物的头状花序像一个小刺球，覆盖着细小的倒钩刺。这种杂草可以长到 150 厘米高，枝叶向四周伸展，其宽度和高度差不多。狗可能会带领你找到这种冬日杂草，因为动物常常被它的倒钩刺缠住。

（11）鬼针草属（*Bidens* spp.）。它们的每个瘦果都是一个多刺的、有两个尖头的种子容器，瘦果很容易钻进你的衣服或者路过的动物的皮毛中。因为花没有菊科其他成员的那么艳丽，所以这类植物不太容易被发现，但它们会搭顺风车，跟随你或者狗回家。鬼针草属有好几种植物，你能在沟渠边和潮湿的田野中找到婆婆针（*Bidens bipinnata*）、大狼杷草、合生鬼针草（*Bidens connata*）和狼杷草（*Bidens comosa*）。将在衣服上发现的瘦果与下页的插图进行比较，看看你收集了多少种瘦果。

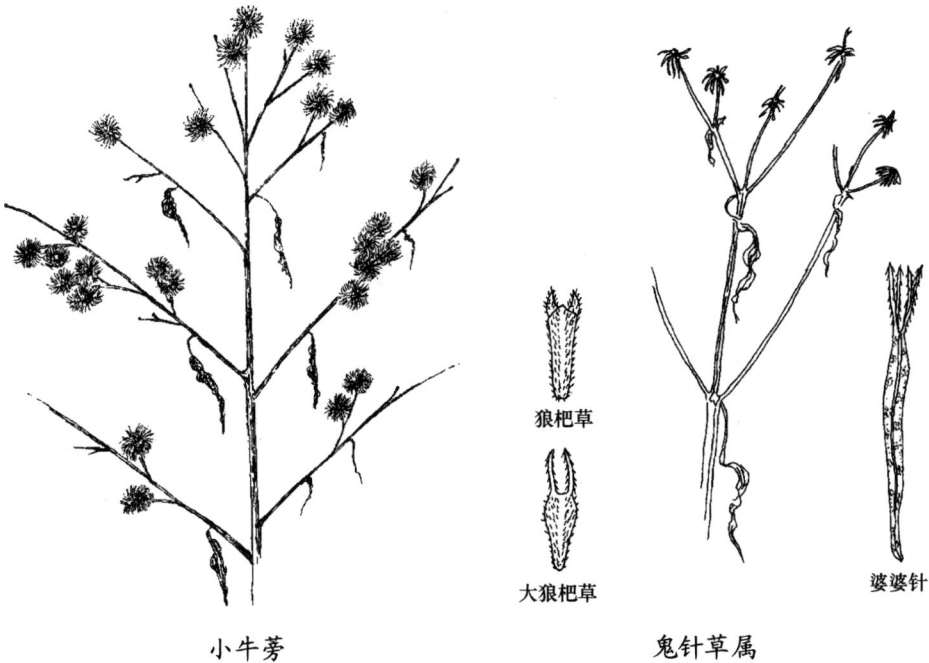

小牛蒡　　　　　　　　　　　　鬼针草属

狼杷草

大狼杷草

婆婆针

2. 十字花科。如果叶尚未凋落，你会看到有些十字花科植物基部的叶较宽，而且有耳状的深裂片。种荚细长，顶端有一个尖锐的"喙"，指向天空。十字花科植物的角果含多粒种子，形态各异，但无论形态如何变化，角果内都被一层薄膜隔成两部分，种子分布在薄膜两侧。当角果成熟后，两侧的种荚就会分开并脱落，我们有时还能看到仍然附着在中间那层薄膜上的种子。

（1）北美独行菜（*Lepidium virginicum*）。在冬季，你可能会发现孤零零的、只有一根茎秆的北美独行菜，也有可能发现一片稠密的、茎秆丛生的北美独行菜。去野外寻找它那 30～90 厘米高的茎秆吧。它的种荚是圆形的。

（2）芸薹属（*Brassica* spp.）。沿着路边或在田野里寻找指向上方的半透明薄膜，它将种荚分成两部分。薄膜的长度大概为 2.5 厘米，在角果开裂及种子散播后得以留存。找找黑芥（*Brassica nigra*）的黑色种子和白芥（*Brassica hirta*）的白色种子。这些茂密的杂草可能长到 90 厘米高。

薄膜

北美独行菜　　　　　　芸薹属

3. 唇形科。唇形科的大部分物种具有方形茎，分枝方式为对生，一部分还具有匍匐蔓生的茎。

（1）夏枯草（*Prunella vulgaris*）。这种杂草的高度随生境的改变而变化。在郊野的草地上，它很少能长到 60 厘米高；而在路边和荒野里，它的高度可以达到 90 厘米。

（2）欧益母草（*Leonurus cardiaca*）。在生长季节，你能看到欧益母草轮生的叶和花，不过到了冬季，就只能看到花萼（合生的萼片）。干枯的花萼沿着茎秆环绕在茎节之间。去荒野里找找欧益母草吧。在那里，它能长到 120 厘米高。

4. 藤黄科。该科植物的分枝方式为对生且向上弯曲，果实通常为三瓣的蒴果。

贯叶连翘（*Hypericum perforatum*）的茎叶对生，向上弯曲。它一般生长在田野中、草地上和路边，高 30 ～ 90 厘米。

5. 千屈菜科。该科植物的蒴果松散地缠绕在茎秆上。

千屈菜（*Lythrum salicaria*）开散而轻盈的植株和对生的茎叶不难辨认，宿存在茎秆上的果实呈轮状排列。千屈菜并非美国本土物种，而是一种讨厌的入侵植物，几乎没有竞争对手。它喜欢潮湿的生境，并且会以无限的扩张能力占据整片土地，排挤掉本土物种。它能长到 120 ~ 180 厘米高，在整个夏季盛开着鲜艳夺目的紫红色花朵。

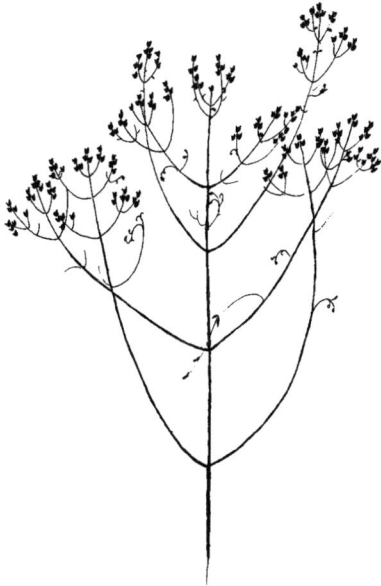 

贯叶连翘　　　　　　　　　千屈菜

6. 萝藦科在最新的分类系统中已被并入夹竹桃科。该科植物的果实是木质果荚，果荚内的种子一端具丝状茸毛。

马利筋属植物（例如西亚马利筋）凹凸不平的木质果荚基部膨大，顶端逐渐变尖。果荚从中间开裂，露出扁平的棕色种子，每粒种子都附着有丝线般的空心茸毛。

7. 豆科。果荚两侧对称，沿着一条或两条缝线开裂，种子像豌豆一样挂在果荚上。

山蚂蝗属植物瘦小的果荚覆盖着纤细的钩毛，时常出现在我们的衣物和宠物的皮毛上，而不是安分地待在植株上。具有多个荚节的果荚在植株上呈链条状。打开果荚，你会看到里面的棉豆（*Phaseolus lunatus*）般的种子，用手持式放大镜仔细看看果荚吧。这类杂草在草甸上、灌丛中和林间能够长到 180 厘米高。

西亚马利筋　　　　　　　　　　山蚂蝗属

8. 川续断科在最新的分类系统中已经被并入忍冬科。这类植物的特点是密密麻麻的、多刺的小花聚集成头状花序。在冬季，花和茎秆都会枯萎，只剩下带刺的小球。

起绒草的果序呈椭球形，弓形苞片多刺，包裹着果序。它的茎秆上也有很多刺。前一年长出的莲座叶在整个冬天都会留存，我们可以根据这一点来识别起绒草。泡泡纱般的刚毛掩映在绿叶间，你能找到吗？起绒草的种子藏在头状果序中，它们成熟了。摇一摇，会有种子散落吗？

9. 夹竹桃科。该科植物具木质果荚（这表明它和萝藦科的亲缘关系可能较近），花冠呈钟形，裂片数量为 5 个。在生长季节，折断这类植物的茎，会发现伤口处渗出白色乳汁。

披散罗布麻（*Apocynum androsaemifolium*）的木质果荚瘦长，长 8～20 厘米不等，成对悬挂在植株上。果荚中的褐色小种子上有绢质的种毛，这是夹竹桃科和萝藦科植物的另一个共同特征。披散罗布麻喜欢灌丛和路边，能够长到 30～120 厘米高。

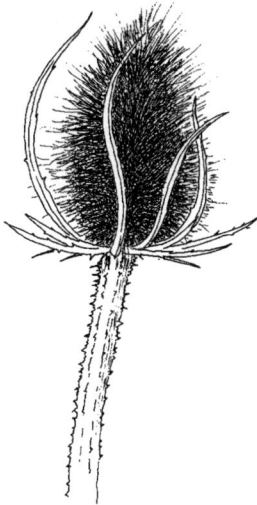

起绒草

披散罗布麻

10. 伞形科。这个科的特征是伞形花序，即所有小花的柄都从茎秆上的某一点长出。果实在伞形花序中成熟，像一把撑开的伞。

（1）野胡萝卜。它的叶子是毛茸茸的，在冬季呈莲座状。此外，你还可以找找伞形科典型的具有棱的茎秆和种子。

（2）高大独活。你很难不注意到这一巨大版的野胡萝卜，它能长到 180 厘米高，茎秆是中空的，具深凹槽。在高大独活的生长季节，去湿润的土地上找找它吧！

11. 蓼科。该科的典型特征是托叶连合成鞘状（称为托叶鞘），叶脱落后托叶鞘常常宿存，有时会在茎节处膨大。典型的果实具三棱。

酸模属植物（如皱叶酸模）常常出现在田野上、草地上和路边，高达 90 厘米。它的枝叶呈古铜色，株型特别，是冬季的独特景观。

12. 玄参科。该科植物的共同特征是像乌龟脑袋的两瓣蒴果。

毛蕊花比较常见，生长在干燥、多石的开阔地，例如碎石路边、废弃的建筑工地和田野边。它那典型的单生、覆茸毛的茎秆能长到 180 厘米高。寻找冬日里呈浅绿色的、毛茸茸的莲座叶吧，在没有积雪的地方更容易找到。如果地面被积雪覆盖，毛蕊花的茎秆就是找到它的唯一线索。你可能需要把积雪推开才能找到它的莲座叶。

果实

皱叶酸模

毛蕊花

13. 锦葵科。该科植物的果实通常是五裂的蒴果，也有可能是多节的环形果荚。柔软的、毛茸茸的茎秆是一些锦葵科植物的特征。

苘麻（*Abutilon theophrasti*）的茎秆和萼片比较光滑，蒴果呈线轴状，薄膜将蒴果分隔成一个个扁平的楔形小空间。蒴果边缘有喙状突出物，底部有毛。

荷麻

冬日杂草的鉴别线索。 冬季来临，周围的杂草只剩下空空的果荚和灰褐色茎秆，很多人只有等到下一个生长季节才能知道它们究竟是什么植物。其实，没有必要等这么久，我们就能知道冬日杂草的多彩世界。接下来的活动会帮助你了解一些常见杂草的特征，这些特征很容易观察到。如果你想了解更多关于如何在冬季观察杂草的知识，可以参考劳伦·布朗的著作《冬日杂草》。

从 10 月到次年 4 月，干枯的茎秆、凋零的叶和果荚都能为鉴别植物提供一些线索。首先检查茎秆，它是像荷麻的茎秆那般光滑而柔软，还是像毛蕊花的茎秆那样毛茸茸的，或者像起绒草的茎秆那样具刺？用小刀把茎秆切开，如果你发现它的横截面是方形的，那么这种杂草可能属于唇形科，而三角形的茎秆则来自莎草科植物。

此外，注意观察枝在茎秆上是否为对生，就像薄荷属（*Mentha* spp.）和藤黄科植物那样。

接下来找找果荚，仔细观察它是像牛蒡属植物的果荚那样具刺还是像酸模属植物的果荚那样具翅。找一棵生长在雪地或空地上的毛蕊花，摇晃其茎秆，你就能看到大量的种子散落出来了。

冬季，叶会宿存在植株上吗？根据各种植物的特点，你也许会在叶上看到细毛或者硬毛。

揉碎杂草的各个部位。如果有欧芹或野胡萝卜的气味，那么这种植物可能是野胡萝卜；如果有烟熏味，那么它可能是菊科植物。

你所观察的植物的根系是哪种类型呢？如果将野胡萝卜的根系挖出来，你就会发现黄白色的、胡萝卜状的根。毛蕊花和牛蒡属植物也有类似的主根。蓟具有带地下芽的匍匐根。你能指出这些不同根系的优点吗？不同根系和植物的生境有什么联系吗？（见本章注解。）

当你遇到感兴趣的一种杂草时，在野外观察笔记本上写下你对它的描述。为每种杂草画幅素描或者拍张照片，注明你找到它的位置、日期和天气状况。在植物的生长季节回到同样的位置，了解周围的土壤状况及其他植物。依据杂草和它们的生境，你可以设计一个很棒的科学项目。

杂草背后的生境。特定的杂草反映了它们的生境状况。例如，毛蕊花表明周围的环境在夏季是干燥炎热的。牛蒡属植物的存在则说明这片土地已经荒废多年了。香蒲属（*Typha* spp.）植物意味着生境潮湿，而荒野樱（*Artemisia campestris*）则偏爱海滩和沙丘。

生活史。杂草属于草本植物。与灌木等木本植物的木质茎秆不同，草本植物的茎秆不是木质的，无法在冬季保持活力。当生长季节结束时，草本植物位于地上的茎秆和其他部分就会凋零、死亡，剩一些干枯的残体装点着寒冷的冬季。

根据生活周期的不同，可以将植物分成三种类型。一些草本植物是一年生植物，这些植物在一个生长季节完成整个生活史，其叶、茎秆、花和根系在生长季节结束后死亡。它们的后代以休眠的种子形式度过冬天。大狼杷草和北美独行菜都是一年生植物，它们点缀着冬季景观。

两年生植物从种子萌发到死亡需要两年时间。第一年，两年生植物进行营养生长，长出根、茎秆和叶，通常形成一个靠近地面的典型莲座状叶丛，以此度过冬天。春夏季节积累的养分都储存在它的根系中。冬天结束，第一年储存的能量就会被投入到繁殖生长中，植株开花结果，产生种子。一旦完成繁殖，就意味着它的生命走到了尽头。野胡萝卜和川续断属是两年生植物的典型代表。

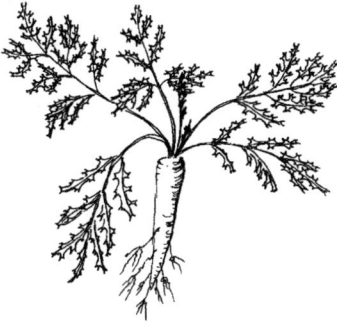

野胡萝卜的根和冬季莲座叶　　　　　　川续断属植物的莲座叶

多年生植物的寿命是不定的，它们能存活几年到几百年。一旦它们成熟，植株就会周期性或者间歇性地产生种子，直到死亡。每个生长季节结束时，地上部分就会枯萎，但根系继续生长。冬季杂草中的菊蒿、泽兰属和夏枯草都属于多年生植物。

下表中列出了不同生命周期的杂草。在冬季去户外时，不妨留意一下它们。

不同生命周期的杂草

一年生	两年生	多年生
大狼杷草	黑眼苏珊娜	皱叶酸模
夏枯草	牛蒡属	一枝黄花属
北美独行菜	月见草	菊蒿
豚草	毛蕊花（具莲座叶）	大麻叶罗布麻
	川续断属（具莲座叶）	蓍
	野胡萝卜（具莲座叶）	菊苣
		泽兰属
		西亚马利筋
		山蚂蝗属
		千屈菜

探索活动

认识种子和果实。花粉和卵细胞结合，完成受精过程，就产生了种子。每粒种子都包含胚（植物的幼体）、胚乳（为胚提供养分），以及一层覆盖在它们外面的保护性外壳（即种皮）。果实则是一个含有种子的成熟子房。瓜是果实，因为它们是含有种子的成熟子房。虽然我们通常将番茄当作蔬菜，但番茄属于果实，因为它也是含有种子的成熟子房。

当探索冬日杂草的世界时，你会发现具有果荚的植物。果荚是特化的结籽果实。经历风吹、日晒和雨淋后，有的果荚能够保持完好，而有的果荚则会变得破烂不堪。

如果你发现了一个蓟的花头，可以摘下几个带冠毛的、聚集在一起的瘦果，将瘦果放在温暖干燥、风吹不到的地方，看看这些冠毛需要多久才会散开。

借助手持式放大镜，仔细观察马利筋属植物和蓟的绢质种毛。它们的种毛相同吗？种毛是分开的吗？还是纠缠在一起的？你认为不同种毛的抗风能力如何？通过简单的实验就能验证你的猜测。收集一些马利筋属植物的种子和蓟的瘦果，在一位朋友的帮助下从 1.8 米高的地方将它们一起扔下，看看它们分别需要多长时间才能抵达地面。重复几次，并将数据记录在以下表格中。提示：你需要确保在无风的地方做这个小实验。

种子和瘦果的下落实验

杂草类型	下落高度	实验次数	下落时间
马利筋属植物	180厘米	1.	
		2.	
		3.	
蓟	180厘米	1.	
		2.	
		3.	

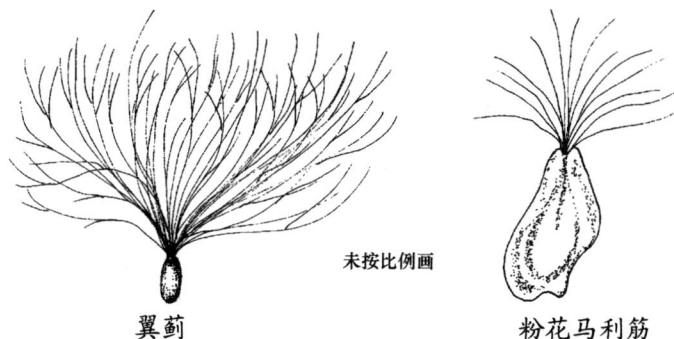

未按比例画

翼蓟　　　　　　　　　　粉花马利筋

　　打开已经干了的牛蒡花头，你能判断它的种子是通过动物还是依靠风力传播的吗？它的刺苞（果实）中含多少枚瘦果（种子）？它们是如何从刺苞中散播出去的？

　　有多少粒种子？ 从产生大量种子这一点可以明显看出这些顽强的杂草在繁殖上投入了大量能量。数一数，你就能知道一棵冬日杂草大概产生了多少粒种子。从马利筋属植物的果荚开始计数是个不错的选择。沿着缝线打开果荚，你会发现里面的种子像屋顶上的瓦片那样整齐地排列着，数数有多少粒吧。如果你还能找到别的马利筋属植物，对不同植株上果荚内的种子分别进行计数，看看这些果荚内平均有多少粒种子，这一区域又产出了多少粒马利筋属植物的种子。用这种简易的方法数数其他杂草种子的数量吧。你对杂草繁殖后代的能力是否有了新的认识？

　　寻找野胡萝卜的花头。 这种冬季常见杂草的小伞形花序组成了更大的伞形花序，也就是多数人认为的"花"。它的果实就藏在小伞形花序中，不难发现。曾有人在一棵野胡萝卜上统计出了 34 个小伞形花序，其中包含 782 枚刺果。你呢？你数到了多少个小伞形花序和多少枚果实？

　　收集种子和果实。 收集各种冬日杂草的种子和果实，并策划一个小型展览吧！记录下采集种子和果实的植株的位置，这很重要，能够帮助你回去确认杂草的种类。请你为各种种子和果实分别写一段描述语。手持式放大镜可以帮助你发现更多细节。此外，你的展览还应该包括种子的大小、纹饰、传播方式及其适应性。

种子内部的营养物质和种子的大小直接相关。相对于产生小种子的物种，大种子物种产生的种子数量更少。哪种植物的种子最小？哪种植物的种子最大？哪种形状的种子更为常见呢？

将不同植物的种子分别放在小号塑封袋中，并贴上相应的标签，这样你就能分辨种子来自哪种杂草了。随后，将这些种子安排到展区的合适位置。通过绘画或拍照，记录和展示你收集的每粒种子和每枚果实的特征。一旦仔细检查种子，你就会知道它们是如何巧妙地进行传播的。它们是否有倒刺来抓住动物的皮毛呢？是否有一簇簇种毛？还是像一张带翅的薄纸，能够御风飞行呢？下面的表格可以帮助你整理收集到的果实和种子。

果实和种子的收集

植物	果实 / 种子的类型	描述	传播媒介
野胡萝卜			
马利筋属			
酸模属			
牛蒡属			
大狼杷草			
泽兰属			
毛蕊花			
北美独行菜			
菊蒿			

　　将你探索冬日杂草世界时发现的果实和种子添加到上页表格中吧。据说产生的种子最多的植物的种子也是最小的。关于这一点，你怎么看呢？

　　收集杂草。冬日杂草也能成为引人注目的展示。收集一些你认为特别漂亮的杂草，将它们展示给你的家人和朋友。收集一些有趣的杂草，例如荨麻、一年蓬（*Erigeron annuus*）、夏枯草和北美独行菜等。你也可以专门收集某个科（例如蓼科和菊科）的植物，以此作为展示的特色；或者收集、展示某几个科的植物。这是一个探索更多冬日杂草的好机会！

　　制作种子收集器。参照下图，制作一个种子收集器。在种子收集器内部涂抹未干燥的、具有黏性的黏虫胶。在五金店、园艺用品商店和农场饲料商店都能买到黏虫胶，需要注意的是黏虫胶一旦粘在皮肤和衣物上就很难去除。玻璃板上的硅脂能捕获空气中的花粉，应该也能捕获大多数草本植物的种子。它可以作为黏虫胶的替代物，或许比黏虫胶更好用。将种子收集器的柄固定在雪地中或土壤中，使种子收集器距离地面 30 厘米。

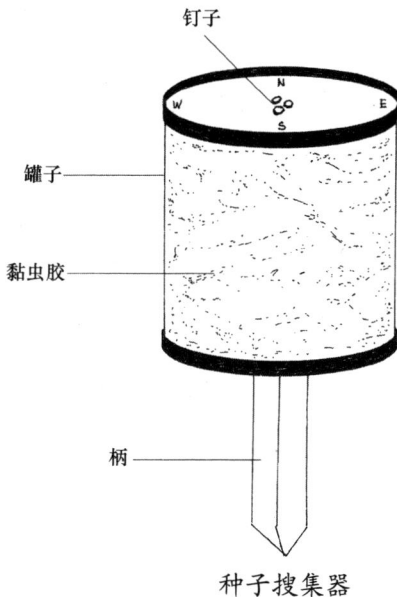

种子搜集器

　　几天后，将种子收集器收回，不过在此之前预测一下可能会在种子收集器中找到哪些种子。你实际收集到的种子符合你的预期吗？大多数种子是从哪个方向来的呢？

将收集到的种子的类型及数量记录到野外观察笔记本上。你可能需要用一个手持式放大镜来更仔细地观察种子，并检查是否不小心将一些碎屑也当成了种子。这些碎屑也会乘着风进入种子收集器中。

哪种杂草的种子是最常见的或最不常见的呢？哪种杂草最有可能为鸟类或小型哺乳动物提供食物？你可以根据收集到的种子的大小和质量做出合理的推测。蓟等杂草能否提供茸毛给鸟筑巢呢？在收集种子期间，盛行的风向是什么？制作一份类似下表的清单吧。

风媒种子清单

类型	数量
带翅的种子	
带种毛的种子	
其他（详细描述）	

请你的好朋友也制作一个种子收集器，并将其放置在距你的种子收集器几千米远的地方。比较你们收集的种子，你发现了哪些相同点和不同点？导致这些差异的因素是什么？

本章注解

植物的根系要么是须根系，要么是直根系。须根系由须根的许多分支组成，它们在地下的土壤颗粒间相互缠绕在一起。须根系比较靠近地表，一旦矿物质和水分渗透到土壤中，它们就能将其吸收。大部分野草具有这种根系。

直根系只发育出单独的一根主根，它生长迅速，深入土壤之中。对于生长在土质松散或多风环境中的植物来说，直根系是不可缺少的"锚"。直根系可以从土壤深处吸取矿物质和水分。

第七章　昆虫

雪虫起舞

2月是冬季的最后一个月，虽然地上还覆盖着积雪，但是空中已经弥漫着微妙的春天气息。白天明显变长了，阁楼上的黄蜂（泛指膜翅目细腰亚目的昆虫）飞到我们的家里，邮箱中也会收到种子目录[1]。天气开始暖和起来，林间的雪地也苏醒了。如果用滑雪板或雪鞋在雪地里穿行，你可能会看到雪虫的舞蹈。胡椒粒般的斑点闪烁着，忽而现身，忽而消失。它们移动得如此迅速，以至于使得积雪看起来像在流动。假如你把手伸进积雪中，这些"胡椒粒"就会跳着散开，不留下一丝踪迹。

你已经见证了一类叫作弹尾虫[2]的昆虫的活动，它们也称为雪蚤。一旦感应到合适的温度和湿度，这种微小的昆虫就会大量从土壤中转移到树干和岩石周围的积雪表面，那里的冰雪正在逐渐消融。它们在布满枯枝败叶的土壤中度过了一整个寒冷的冬天，以腐烂的植物体、真菌和细菌为食。

抓到一只弹尾虫不需要太多技巧，需要的是足够的决心和耐心。捕捉这些小昆虫的方法之一是将它们连同积雪一起滚成小雪球，然后放进塑封袋内。如果有条件的话，也可以将混有弹尾虫的小雪球放到虫盒内。仔细观察，你或许能看到常见昆虫的一些特征：一对触角、身体的三个部分（头部、胸部和腹部）以及三对附着在胸部的足。不过，你可能会注意到弹尾虫没有翅膀，而且它们中有些是毛茸茸的，有些却覆有鳞片，比较光滑。弹尾虫只具有 4 ~ 6 个腹节[3]，这引起了科学家们的争论，究竟是该将弹尾虫归为昆虫还是该将它

---

[1] 这里是指印刷的小册子，内容为某个公司出售种子和植物的信息，包括植物的图片、栽培方法以及抗病性等。——译者注

[2] 弹尾虫过去属于昆虫纲，但现在已被单独列为弹尾纲。为了方便起见，此处按照原著处理，仍将其称为昆虫。——译者注

[3] 腹节数量在昆虫中的变化较大。胚胎学证据表明，原始昆虫的腹节数量是 11 个体节加上一个尾节，共有 12 个。在现代昆虫中，大部分具有 9 ~ 11 个腹节。——译者注

们单独划分为一个类群？

无翅弹尾虫（*Hypogastrura nivicola*）属于弹尾目，是一类非常古老的昆虫，起源于翅膀演化之前。从演化的角度来看，弹尾虫是一个成功的类群。衡量一个类群或物种是否成功的标准非常简单：每一代都需要存活得足够久来繁殖后代。如果这种短期的成功能够持续很长时间（比如说 1 亿年），我们就认为这一类群或物种非常成功。

"collembola"（弹尾虫）这一名字来自希腊文，词源的意思为"胶状短柱"，指的是弹尾虫腹部下方的柱状黏管。在实验室条件下，科学家观察到，当周围的空气干燥时，弹尾虫就会将黏管伸入水滴中。空气越干燥，弹尾虫就会越频繁地将黏管伸入水滴中。这种在极端条件下紧急获取水分的方式是弹尾虫生存的重要策略。

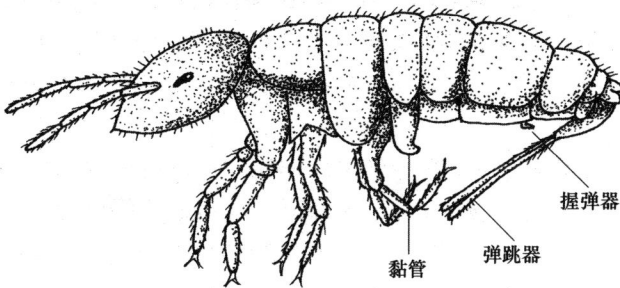

生活在枯枝败叶所覆盖的土壤表面的弹尾虫

从一个地方移动到另一个地方，同时躲避捕食者的追杀是多数昆虫面临的难题。应对这个难题，弹尾虫有独门绝技。虫如其名，弹尾虫擅长弹跳，它们通过折叠在腹部下面的一对特化肢来进行弹跳。弹跳器由握弹器固定，当握弹器松开时，它们能在任何固体（甚至冰晶）表面弹跳，一次可以弹跳到大约 20 厘米远的地方。这是多么了不起，因为弹尾虫的体长往往只有 0.15厘米。

并非所有弹尾虫都具有弹跳器，只有那些生活在枯枝败叶所覆盖的土壤表面的弹尾虫才能弹跳。那些生活在地下更深处的弹尾虫就没有这种精致的结构了。不过，找到这些冬日生灵没有那么容易，因为它们又小又不起眼。

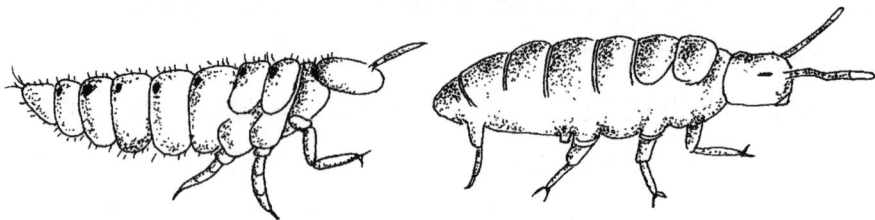

生活在浅层土壤中　　　　　　　　　　生活在深层土壤中

生活在不同深度的土壤中的弹尾虫

弹尾虫是雪中起舞的主角，它们的体色以棕色和灰色为主，也有些弹尾虫是黄色、红色、橙色或紫色的。鲜艳的色彩用于警告捕食者（例如蚂蚁，它们的主要敌人），而且弹尾虫的气味比较难闻，可以驱赶蚂蚁。经验丰富的捕食者遇到这些弹尾虫时会退避三舍。

弹尾虫的活动在冬末春初达到顶峰，它们选择在早春进行交配、产卵。到了夏天，潜藏在土壤中的卵就会孵化。刚孵化的弹尾虫看起来就像迷你版的成年弹尾虫，它们经过一次又一次蜕皮，不断发育、生长，直到成年。成年后，弹尾虫不再蜕皮，具有了繁殖能力。这一发育阶段称为蜕皮周期。

相比之下，蝴蝶和蛾的发育经历了 4 个阶段，这种生活史称为完全变态。它们的生命始于成年雌性所产下的卵，随后幼虫从卵中孵化出来。幼虫看起来和成虫完全不同，而更像蠕虫。幼虫疯狂进食后就会在自己周围结茧，然后待在茧里继续发育，这个阶段为蛹期。最终，蝴蝶和蛾会破茧而出。

5.成虫破茧而出。

1.苹天幕毛虫的雌性会在小树枝周围产一圈卵，然后用一种棕色泡沫将卵盖住，这些泡沫会保护卵度过冬天。

4.即将化蛹的幼虫会离开帐篷，在宿主附近变成一个有薄薄的外壳、呈奶油色至淡黄色的蛹。蛹通常是半透明的，能让人看到里面。

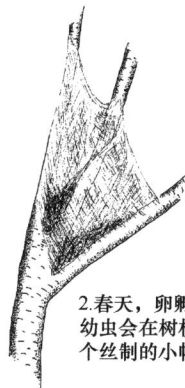

2.春天，卵孵化出幼虫，幼虫会在树杈处制作一个丝制的小帐篷。

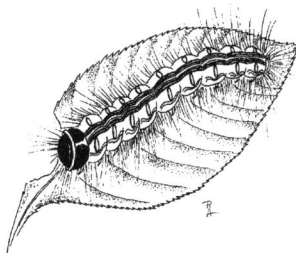

3.幼虫在帐篷外觅食，只在需要休息时才回到帐篷里并在那里蜕皮、生长。

完全变态

蜻蜓和石蝇的生命周期经历了三个阶段，称为不完全变态。从卵中孵化出的若虫看起来像成虫的缩小版，只是若虫的头部较大，而且没有翅膀。经过一系列蜕皮，若虫最终才能发育成带翅膀的成虫。

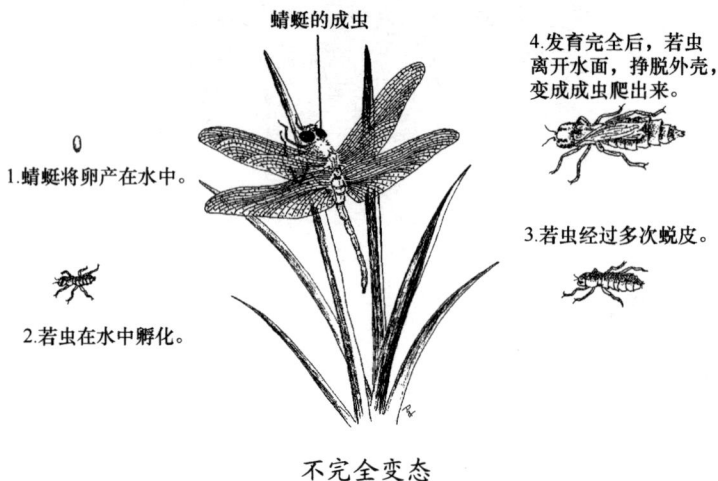

蜻蜓的成虫

1.蜻蜓将卵产在水中。

2.若虫在水中孵化。

3.若虫经过多次蜕皮。

4.发育完全后，若虫离开水面，挣脱外壳，变成成虫爬出来。

不完全变态

最令人吃惊的是，弹尾虫是陆栖昆虫中数量最多的，每亩土地上就有几十万只，甚至更多。目前，科学家已经发现了约 2000 种弹尾虫。在任何潮湿的土壤里、石缝中、倒木下和树皮的缝隙里，你都能找到弹尾虫。从海面到高山，从热带到南极洲，只要水分和食物充足，弹尾虫就会在任何你能想得到的地方栖息。

弹尾虫不为人知的原因是它们很少打扰人类。它们不会叮咬我们和我们的宠物，不会啃噬我们家中的木制品和珍贵的毛织物，不会入侵厨房，也不会嗡嗡或吱吱地发出叫声。

虽然部分弹尾虫有同类相食的习性，但绝大多数弹尾虫的食物来源是地面上的枯枝败叶。枯枝败叶被霉菌和腐蚀性细菌软化、分解，成为弹尾虫的食物。木本植物茎部的潮湿区域是它们主要的觅食基地。枯枝败叶富含矿物质和有机物（例如葡萄糖和淀粉），弹尾虫以这些物质为食，并将其转化为体内的蛋白质，没有被消化的残渣被排出体外，作为树和其他植物的肥料。弹尾虫富含蛋白质，是其他昆虫和小动物的食物来源，所以它们是食物链中的关键一环。"雪虫之舞"是对生命之网的庆祝，它们很快就会把大自然的欢声笑语和勃勃生机再次带回森林。

冬日昆虫的世界

工具和器材	科学技能
基础工具	观察
温度计	记录
广口瓶	比较
诱虫器	实验
小铲子	
水桶	
筛子	

自然观察

很少有人关注冬季的昆虫，我们并不清楚它们去哪里了，它们如何在寒冷的冬季生存。我们唯一知道的是昆虫在生命周期中的某个阶段熬过了冬季。

在那些完全变态的昆虫中，有些以未发育的受精卵的形式度过冬季，有些以幼虫或蛹的形式过冬，有些甚至在成虫期越冬。那些不完全变态的昆虫则没有那么多选择。

在接下来的活动中，你有机会探索社区内的越冬昆虫，了解昆虫抵抗寒冷的各种策略。

昆虫越冬的形式。很多昆虫以受精卵的形式越冬，部分以幼虫的形式越冬，但很少以蛹的形式越冬，成虫期与冬季重叠的昆虫就更少了。在下面的活动中，你将会了解到以不同生长阶段越冬的昆虫分别喜欢什么类型的生境。刚入门的博物爱好者往往乐于了解茧里的幼虫是什么，哪个物种在樱桃树上产卵，或者幼虫会蜕变成哪种蝴蝶或蛾。不过，这并不是了解冬日昆虫这个奇妙世界的目的。以下是一些昆虫的越冬形式。

卵。很多昆虫以受精卵的形式越冬。在冬季，卵暂停发育，直到外界条件合适时才会继续发育。你可以从秋季叶子落完后开始寻找卵，一直到冬季结束。

春天，成群的枯叶蛾幼虫生活在树杈处，尤其是苹果树和樱桃树上。这里是数以百计的幼虫的家，幼虫以树上的嫩叶为食。跟踪观察这些具有小帐篷的树。在冬天，你会发现坚硬、闪亮的胶囊状卵团缠绕在苹果树、樱桃树和其他相近树种的嫩枝上，看起来像一团清漆。

北美乔松成千上万的针叶上寄生着覆白色鳞片的卵，这些鳞片使得针叶看起来像覆盖了一层雪。

蓑蛾将卵产在像茧一般的袋子（即蓑囊）里，蓑囊由丝悬挂在常绿灌木和乔木上，卵在此度过冬天。收集一些蓑囊，打开看看。一只成年雌蛾可能会在蓑囊中产下数百枚黄色的卵。制作这些蓑囊的幼虫没有那么容易看到，因为它们生活在地面上，以草本植物或其他植物的根系为食[1]。

舞毒蛾（*Lymantria dispar*）以卵的形式过冬。找找它们产在树干上的枯黄色的卵团，尤其不要错过橡树。

---

[1] 蓑蛾的幼虫会吐丝织成各种形状的蓑囊，蓑囊上黏附有断枝、残叶、土粒等，幼虫栖息其中。行动时，幼虫将头部和胸部伸出，负囊移动。老熟幼虫会用丝将蓑囊悬挂在植株上，在蓑囊内化蛹。雌蛾无翅，终生栖息在蓑囊内。雄蛾羽化后从蓑囊的下端飞出，雌蛾羽化后仍在蓑囊内，伸出头部和胸部，等待雄蛾飞来交尾并将卵产在蓑囊内。——译者注

枯叶蛾的卵在果树
的小枝周围形成一
团亮晶晶的东西。

蓑蛾的卵在蓑囊里过冬。

将松针放大后，可以
清楚地看到鳞片。

白色鳞片保护着松针盾蚧的卵。

舞毒蛾的卵呈枯黄色，
上面覆盖着鳞片。

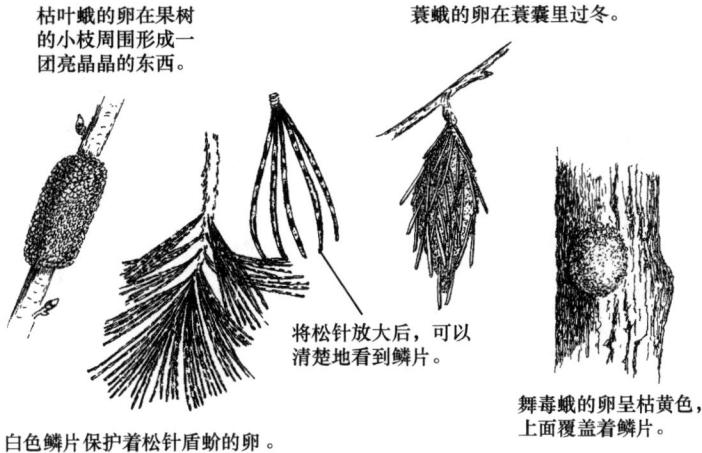

很多昆虫以卵的形式度过冬天

幼虫。下面了解几种昆虫的幼虫。

香蒲蛾（*Acronicta insularis*）的幼虫在香蒲属植物上越冬。

伊赤目夜蛾（*Pyrrharctia isabella*）的幼虫具条纹，冬天躲在叶子和草丛下，到了春天就开始结茧，随后破茧，蛾从中飞出。

穿孔蛾（*Paraclemensia acerifoliella*）的幼虫生活在槭树的落叶层中。找一找槭树叶上的白色斑块。对着光观察叶子，就能看到里面蠕动的幼虫了。黑色的斑点可能是它们的排泄物。

蛹。许多昆虫都有其独特的茧，经验丰富的博物学家可以通过检查茧来判断昆虫的种类。

刻克罗普斯蚕蛾（*Hyalophora cecropia*）属于天蚕蛾科，其豆荚状的茧是纸质的。茧纵向附着在幼虫赖以生存的树枝下。

粉蝶科的菜粉蝶（*Pieris rapae*）以蛹的形式越冬。在它们夏天的食物来源附近可以找到这种蛹。

伊赤目夜蛾在落叶下冬眠。

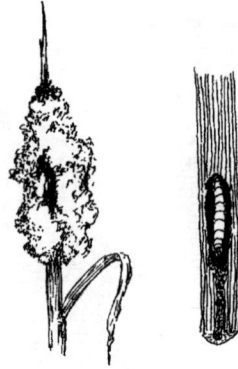

香蒲蛾的幼虫在果序和茎中越冬。

刻克罗普斯蚕蛾的豆荚状
薄茧不易被发现，因为它
看起来和树枝融为了一体。

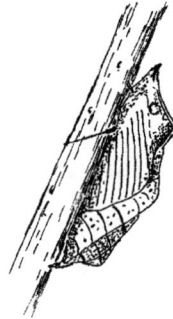

菜粉蝶的蛹中含有甘油，
使其能忍受零下30摄氏度
的低温。

一些昆虫以蛹的形式度过冬天

成虫。以成虫的形式越冬的昆虫种类并不多。

成年期的黄缘蛱蝶（*Nymphalis antiopa*）会在松散的树皮下或屋顶的瓦片下度过严冬。那时，它们只露出翅膀上的棕色鳞片，所以往往不易被发现。黄缘蛱蝶躲在舒适的巢里，边缘呈亮黄色的黑色翅膀就被藏起来了。你可以在长有柳树或榆树的地方，或者在挂有干果的苹果树上找到它们，它们也喜欢待在苹果榨汁厂附近。

瓢虫在寒冷的冬季会成群结队地挤在倒木、枯枝败叶或岩石下，以植物残体为食。

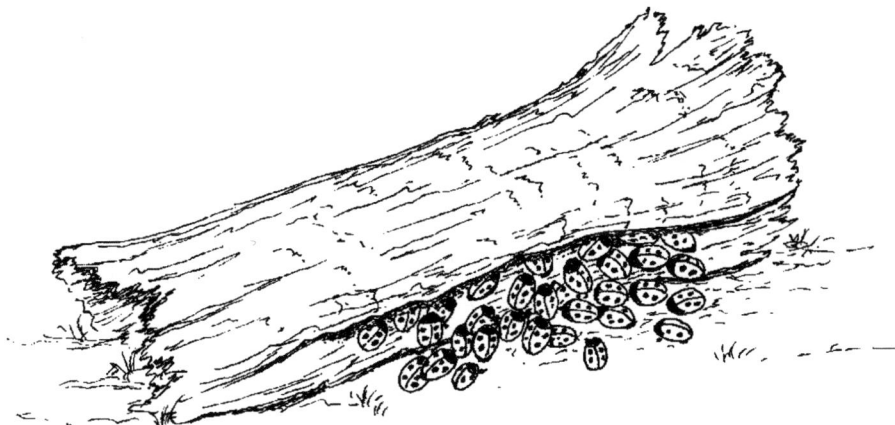

瓢虫聚集在木头的缝隙中，在那里越冬

球鼠妇和鼠妇实际上是甲壳动物，而非昆虫。当受到刺激时，这类灰色的小动物就会蜷缩成一个个紧实的小圆球。你能在石头和腐烂的落叶下找到它们，它们有 7 对足状附属物，而不是昆虫典型的 3 对足。

寻找越冬的昆虫。要想找到越冬的昆虫，需要进行非常细致的观察。你可以在树木光秃秃的枝干表面寻找虫卵。蛹通常悬挂在落叶乔木或灌木的树枝上。别忘了检查表层土壤里面、腐烂的叶子下面、木头堆里和大块松动的树皮下面。柴堆也是个好地方，白蚁、蛀木甲虫（指一大类幼虫或成虫以木头为食、破坏木头的甲虫）和蟋蟀（广义上的蟋蟀指蟋蟀总科，包括蟋蟀科、蝼蛄科和蚁蟋科）最喜欢这种地方。

制作一个表格，展示你发现的昆虫。它们分别在哪儿？是卵、幼虫、蛹还是成虫？写下你的观察笔记，请记住昆虫的名字有时并没有那么重要。

越冬的昆虫

地点	卵	幼虫	蛹	成虫	备注
裸露的树干上					
石头下					
叶子下					
木头下					
树皮下					
柴堆中					
土壤里					

昆虫寻踪。象鼻虫类[1]的昆虫会在枯树和倒木表面蚀刻出它们到此一游的证据。雌虫会在挖出的孔洞里产卵，刚孵化的幼虫还会在树皮上留下一条条啃食的通道，形成纵横交错的痕迹。

冬季避难所。许多昆虫在腐烂的木头和老树桩中过冬。在冷天将温度计放入腐烂的木头或树桩里，等几分钟，看看这些昆虫的避难所的温度是多少。昆虫冬天的家是否比外面暖和？检查一堆腐烂的叶子内部的温度，看看这里的温度与木头和树桩的温度相比如何。在树上找一个洞，再测一测那里的温度。如果你是一只小虫子，你会选择在哪里躲避严寒呢？

剥去倒木的树皮，你会发现各种类型的象鼻虫蛀出的孔洞

---

[1] 原文中此处为 bark beetle，广义上的 bark beetle 泛指以树皮为食、危害树木的昆虫，而狭义上的 bark beetle 在以前指小蠹科，现在小蠹科已经被并入象鼻虫科。——译者注

探索活动

昆虫是冷血动物，这意味着它们的体温会受到外界温度的调节，它们的代谢速度随温度的降低而变慢，这使得昆虫在任何生长发育阶段都能进入休眠状态。

昆虫蛰伏（即生长发育停滞）的形式有两种：休眠和滞育。休眠是昆虫应对天气突然变化的短暂反应；而滞育是长期性的冬季休眠策略，由光照和温度共同调控，其中光照为主要的调控因素。在滞育期间，昆虫的新陈代谢速度减缓，直到足够的光照刺激昆虫体内的激素发挥作用，才能让它们苏醒过来。不同种类的昆虫在不同的生长阶段（如卵、幼虫、蛹或成虫）进入滞育状态。

气温和昆虫活动。你可以在一只蚂蚁、一个虫盒（或其他容器）和冰箱的帮助下，观察昆虫的休眠，不过这个实验需要在蚂蚁还处于活跃状态时进行。

将一只蚂蚁放入虫盒，确认冰箱内部的温度并在野外观察笔记本上记录下来，随后将虫盒放进冰箱。蚂蚁停止活动并进入休眠状态需要多长时间？当你把虫盒从冰箱中拿出来后，休眠中的蚂蚁需要多久才能恢复正常活动？试一试将虫盒放入冰箱的冷冻室，或者改变冷藏虫盒的时长，看看蚂蚁的行为会有什么不同。

比较同种昆虫在不同温度区间从休眠状态苏醒过来所需的时长。

用其他也会休眠的昆虫（例如蟋蟀、蟑螂或者白蚁）重复这一实验，比较一下结果有何异同。

虫瘿。当昆虫的雌性成虫在植物上产卵时，植物上会形成一种良性生长的组织，即虫瘿。有些昆虫在植物表面产卵；有些则在植物的某个部位钻孔，将卵产在里面。虫瘿形成的确切原因还需要进一步探究。不过，就像我们所知道的那样，昆虫会分泌一种称为生长素的生长调节剂。当昆虫的成虫产卵或者孵化出的幼虫分泌生长素时，植物的细胞要么进行增殖，要么会异常变大，这样就产生了昆虫所特有的虫瘿。

虫瘿的内壁富含植物所产生的蛋白质，发育中的昆虫幼虫能够分泌一种酶，将植物淀粉转化为能量丰富的葡萄糖。具有咀嚼式口器的幼虫可以撕裂和咀嚼植物的幼嫩部位，具有刺吸式或舐吸式口器的幼虫可以吸吮它们的汁液。

刚发育的虫瘿可以保护幼虫免受风吹、日晒、雨淋以及捕食者的伤害，但虫瘿内部并不是绝对安全的。数十只饥肠辘辘的幼虫和捕食它们的螨虫挤在虫瘿中，幼虫间不会相互攻击，但会竞争虫瘿内的食物，导致一部分幼虫因饥饿而死。其他入侵者不会杀死幼虫，但会寄生在它们身上。有时，寄生虫的寄生虫也会进入虫瘿。有些生物吃掉虫瘿内的"原住民"后，会把虫瘿据为己有，当作自己的巢穴。当虫瘿的体积足够大（如棒球大小）时，小鸟也会在混战结束后加入其中。

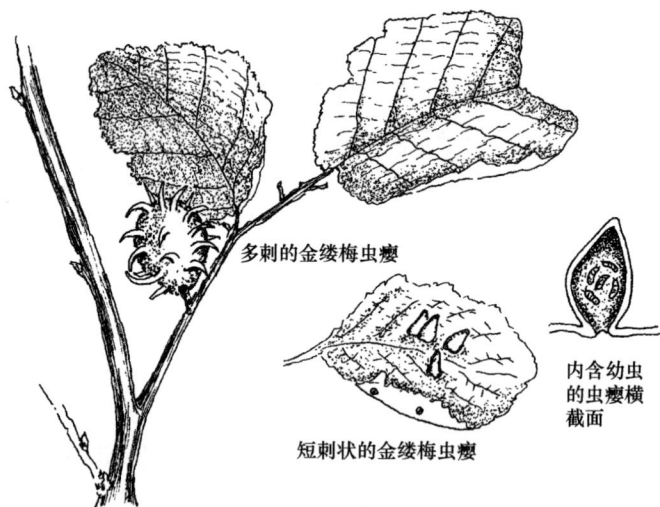

多刺的金缕梅虫瘿

短刺状的金缕梅虫瘿

内含幼虫的虫瘿横截面

金缕梅虫瘿

冬天是寻找虫瘿的最佳时间。乔木、灌木和杂草的叶子脱落，剩下光秃秃的枝干和茎秆。90% 以上的虫瘿形成于叶子上，但也有可能形成于树枝、嫩芽、花、果实，甚至根部。虫瘿有各种各样的大小、形状和颜色。请你检查所发现的虫瘿。它们有多大？所有的虫瘿都是同样大小和同一类型的吗？它们是什么形状的呢？是圆球形还是椭球形？形状像鸡蛋或足球？有的虫瘿的形状很奇怪，可能看起来像管子或纽扣，不过大部分是木质化的小球。它们是什么颜色的呢？虫瘿表面是光滑的、凹凸不平的、多刺的还是毛茸茸的？它们是坚硬的、木质的、多汁的（像仙人掌一样具有肉质组织）还是具有弹性的？用手能捏碎它们吗？别忘了将你的观察结果记录在野外观察笔记本上。

松果上的虫瘿是一种橙色蝇蛆的家，但是也有可能是各种长期或短期寄宿者的家

黑莓状虫瘿是由瘿蜂科昆虫的
幼虫造成的复合虫瘿

瘿蜂科昆虫的幼虫造成的
多细胞虫瘿呈玫瑰状

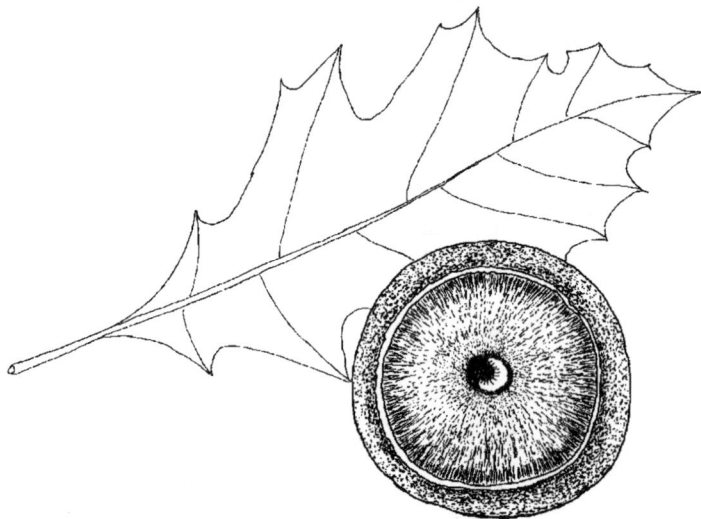

苹果状虫瘿的横截面，里面有瘿蜂科昆虫的无足的白色幼虫，通常出现在橡树上

虫瘿为鸟类、蝙蝠、松鼠、花栗鼠、老鼠等动物提供了大量的蛋白质。你能找到动物咀嚼或啃食虫瘿的痕迹吗？

收集不同植物上的各类虫瘿，然后将其切成两半，观察它们的结构，并将其画下来或拍照记录。这些虫瘿有什么相似之处和不同之处？

土壤中的昆虫。很多昆虫在土壤中或土壤表层的植物残体下度过冬天，它们在那里找到了逃离寒冷天气和捕食者的避风港。如果积雪没有将地面完全覆盖或积雪不深，你可以找一些这类昆虫来仔细观察。你需要一把铲子来挖掘和一个桶来装土。伯利斯漏斗[1]或昆虫过滤器可以用来捕捉生活在土壤及枯枝败叶中的昆虫。你需要一个 50 ～ 70 瓦的灯泡、一个广口漏斗（可以试试用铝箔制作）、一块金属网、一个 1 升的广口瓶和足够的医用酒精（大概能够装满瓶子的三分之一）。如果你不想杀死昆虫，可以用水来代替酒精（有人会在酒精上加一层薄薄的煤油，防止酒精蒸发）。

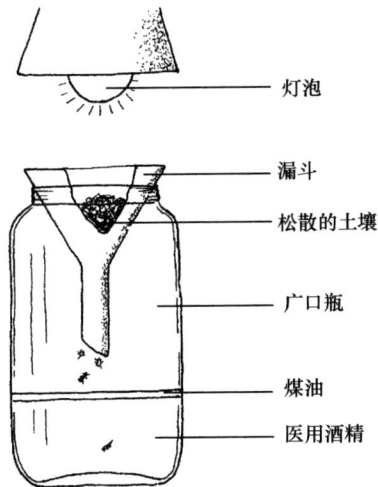

伯利斯漏斗

将一把松散的土壤倒入漏斗内。如果土壤是湿的，你需要弄松土壤，拌入一些颗粒物，或者对土壤进行干燥。用金属网盖住漏斗，将漏斗放入广口瓶

[1] 这是一种用来提取生物（特别是土壤中的节肢动物）活体的装置。伯利斯漏斗的工作原理是在样品上方加热，形成干燥环境，这样蠕动的生物就会离开干燥环境，落入一个容器中。——译者注

中。随后把灯泡挂在漏斗上方，进一步干燥土壤。稍等一会儿，土壤中的昆虫就会沿着漏斗远离热源，朝较冷的地方移动，掉进酒精中。用灯泡照射 6 小时左右。如果你没有发现昆虫，可以用在别处取的土壤再试试。树下是寻找土壤中的昆虫的好地方。

检查你收集到的昆虫。你捕捉到了多少种不同的昆虫？它们有翅膀吗？有足吗？有多少对足呢？其中有你比较熟悉的昆虫吗？如果你想知道它们都是哪些昆虫，可以把样本带到当地的自然中心或向学校里的老师寻求帮助。

从不同的地点（例如林间、田野和花园）分别采集土壤，重复上述步骤，记录下你收集到的昆虫种类以及发现它们的地点。

在冬天寻找昆虫的踪迹并非易事，不过只要有耐心和热情，多花时间在附近走一走，你就会发现各种昆虫在静静地等待春天的到来。祝愿它们守得云开见月明！

第八章 鸟类

应战冬季

若干年前的一个冬天，美国经历了几十年来最严重的一场冰雹。冰雹结束后，几乎每个角落和所有的东西都被光洁的冰层所覆盖。在阳光的照耀下，风光旖旎，但在这脆弱的美丽下隐藏着残酷的现实。树枝掉落，树皮下腐烂的木头随之被撕裂，小动物们筑巢的树洞显露出来。鸟类赖以为生的种子和浆果被封锁在冰层内，猫头鹰[1]和鹰[2]也很难在冰冻的田野里找到食物。虽然对于鸟类来说，每个季节都有不同的难题，但是冬季是其中最具挑战性的。

鸟类在地球上生存了数千万年，它们演化出了应对冬季严寒的各种策略。其中一种策略就是由北方的栖息地向南方迁徙，到更加适宜生存的地方。到了夏末，以昆虫为食的鸟类，例如拟鹂、霸鹟、鸫科和森莺等，开始向南迁徙。尽管它们最喜欢的食物更容易获取了，但这个阳光充盈之地也有新的挑战等待着它们。它们必须与本地鸟类竞争资源，还要在急剧减少的树林中寻找新的领地。

在寒冬腊月里，那些仍然能够找到充足食物的鸟类会选择留在北方，留在它们的繁殖地。它们可能会调整食谱，不再捕食活跃的昆虫，而是寻觅高能量的替代品，例如休眠的昆虫和种子。

在有些年份，一个地区的某种鸟大量繁殖，数量众多，却没有足够的食物支持它们成功地度过冬天而进入繁殖季。这种突然的种群数量增长称为突发性增长[3]。为了应对这一危机，通常在深秋就会有大量的鸟类从加拿大涌入美

---

[1] 猫头鹰为鸮形目鸟类的统称，包括200多种。它们的典型特征为直立的姿势、宽大的头部、锋利的爪子和能在夜间无声飞行的羽毛。因双眼和双耳的分布使得它们的头部看起来与猫相似，故人们称之为猫头鹰。猫头鹰大部分为独居的夜行性猛禽，日行性猫头鹰有猛鸮和穴小鸮等。——译者注

[2] 这里指鹰科中一类宽翼长尾、善于短距离奇袭捕猎的猛禽。——译者注

[3] 原文中为"irruption"，指生物种群密度的突然改变。当这个词用在鸟类中时，一般指突发性增长导致食物供应不足，原本在北方越冬的物种向南方迁移。——译者注

国北部地区，在那里繁殖，度过冬天。这种鸟类飞越数千千米寻找稀缺食物的现象很常见。

毛脚鵟（*Buteo lagopus*）和雪鸮（*Bubo scandiacus*）等猛禽由于突发性增长而迁徙的行为是可以预测的，因为这与食物供应直接相关，比如与可以找到的旅鼠（旅鼠属，学名为 *Lemmus* spp.）数量直接相关。据报道，在这个时候，雪鸮会在科德角和长岛的海滩上觅食。类似地，灰劳伯（*Lanius borealis*）是否迁徙取决于它们的北方繁殖地的老鼠数量。每隔三至五年，猎物数量就会减少。相应地，住在缅因州、佛蒙特州、新罕布什尔州、纽约州和密歇根州等北部地区的观鸟者就会报告说，进入 11 月，食肉的灰伯劳会增多。

毛脚鵟

雪鸮

以种子为食的鸟类的大规模迁徙就没有那么容易预测，它们通常会留在北方繁殖地越冬。落叶树（如桦树、杨树）的种子和针叶树的球果能够在冬季为它们提供足够的食物。种子的产量取决于变幻莫测的天气，温暖的春天和秋天是树木产生大量种子的决定性因素。因此，这些鸟类是否会向南方迁徙很难预测。说不定今年是令人喜悦的大丰收，而来年就颗粒无收。在种子产量较低的年份里，栖息在北方针叶林中的鸟类会越过加拿大的边境，前往美国。这个时候，美国北方各州的人们会看到各种非同寻常的冬季访客，例如朱顶雀（朱顶雀属，学名为 *Acanthis* spp.）、黄昏锡嘴雀、松雀（*Pinicola enucleator*）和红胸鸻（*Sitta canadensis*）等。它们与在本地生活的主红雀、美洲凤头山雀（*Baeolophus bicolor*）、冠蓝鸦等鸟类一起觅食。

种群数量激增导致的迁徙和流动，是鸟类的生存策略之一。除了那些迁徙到热带和亚热带的鸟类，大多数鸟类仍然面临冬天不分昼夜的寒冷的侵袭。

鸟类演化出了其他几种在寒冷天气中生存的策略。有的策略的能量成本比较低，有的则需要消耗很多能量。最经济的生存技巧之一是羽毛的使用。当温度下降时，鸟类通过其皮肤上微小的肌肉活动使羽毛蓬松，锁住皮肤周围的空气，而鸟类体内的温度（38.9 摄氏度至 41.7 摄氏度）又能够将空气加热。

另一种成本较高的策略是长出更密集的羽毛，在严寒中度过冬天的鸟类比候鸟具有更多的羽毛。山雀（山雀科）、戴菊（戴菊属，学名为 *Regulus* spp.）和美洲旋木雀（*Certhia americana*）等体形较小的鸟类比体形较大的鸟类具有更多的羽毛。

北方的主红雀在寒冷的冬日里拍打着翅膀

大部分温血动物演化出了一种抵御致命寒冷的自然防御策略——蜷缩在一起。动物的体形越小，这种策略越有效。很多鸟类用这种策略来取暖，它们挤在树上、鸟巢里或者任何能抵御冰雪和寒风的地方。这种栖息方式有助于减小每只鸟的体温和周围空气的温度之间的差异。当一群鸟蜷缩在一起时，整个鸟群损失的热量相当于一只大型动物损失的热量。大型动物的相对体表面积比小型动物小，因此它们损失的热量相对较少。蜷缩在巢穴中的大型鸟比单独待在寒风中的每一只小鸟都感到更加暖和。科学家经研究发现，聚集在巢穴中的家麻雀（*Passer domesticus*）可以节省夜间保持体温所需能量的大约 13%。一些鸟类，例如雉类和白腰朱顶雀（*Acanthis flammea*），则利用雪的隔热性能来保护自己免受夜晚刺骨的寒冷的侵袭。

颤抖是鸟类取暖的另一种策略，这种取暖方式需要消耗很多能量，所以鸟类必须摄入大量高能量（脂肪含量高）的食物。例如，北美金翅雀（*Spinus tristis*）的体重在一天的觅食后会增加 15%。不过，对于鸟类来说这是值得的，它们在颤抖时可以 4～5 倍的速度将食物的能量转化为热量。如果摄入的食物不足，它们是无法不断颤抖的。由于它们的发热引擎在以最高速度运转，这些鸟类可以忍受零下 40 摄氏度的低温。冬季光线的减弱加快了北美金翅雀的新陈代谢。夏天，白昼更长，这种鸟只能在 1 小时内保持较高的新陈代谢速度，而在白天缩短的冬天，它们需要快速代谢好几小时。

有的鸟类则采取相反的策略，在不活动的时候降低自己的体温。山雀的体温可以降低约 10 摄氏度，这使得它们的新陈代谢减慢了 23%。这种保暖策略让它们能够安然地度过冬夜，给清晨觅食留下足够的能量储备。冬眠的动物能够长期维持很低的新陈代谢速度。虽然鸟类很少冬眠，但是夜鹰（夜鹰属，学名为 *Caprimulgidae* spp.）和雨燕（雨燕属，学名为 *Apodidae* spp.）等都会冬眠。

大多数鸟类的腿上覆盖着鳞片，但这并不能抵御寒冷。那些生活在寒冷地区的鸟类的腿比生活在温暖地区的近缘种的腿更短一些。这是鸟类御寒的一种结构性策略。一些鸟类还演化出了保护性行为，它们通常会将腿蜷缩到胸羽下，以减少热量的散失。在灌丛间找找这些单腿站立的毛球吧！

一种称为逆流热交换的机制也能帮助鸟类减少腿和脚散失的热量。逆流热交换的运行方式比较有趣。和其他动物一样，鸟类的血液从心脏通过动脉流向其他部位，而血液流回心脏时则通过静脉。在鸟腿上，动脉和静脉离得比较近，以至于动脉中温度较高的血液能将一部分热量传输给温度较低的静脉血。当冷凉的动脉血到达鸟脚时，散失到环境中的热量就会少得多。此外，这一系统还能减小冰冷的静脉血返回心脏时对鸟类身体的潜在冲击。

一些适应冬季的鸟类具有保护腿部不受寒冷侵袭的羽毛。雷鸟（雷鸟属，学名为 *Lagopus* spp.）的腿上有羽毛裹腿，脚上有坚硬的羽毛构成的致密垫子。雪鸮的腿上也覆盖着羽毛。

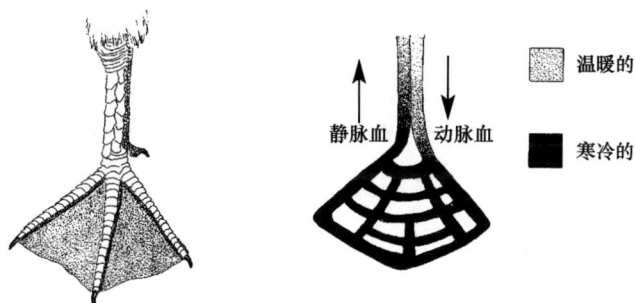

绿头鸭的腿和脚的逆流热交换

在冬季，雷鸟的脚上长出了坚硬的羽毛垫子

即使具有这些适应寒冷天气的能力，在寒冷的冬季，鸟类的死亡率还是很高。在北方过冬的山雀中，50% 都永远留在了那个冬季，无法再欢快地歌唱春天。科学家认为死去的大部分是 1 岁左右的鸟，它们可能找不到合适的栖息地或觅食地。比起过早的寒冷和不合时宜的恶劣天气，残酷的冬季对鸟类种群的破坏性较小。鸟类过冬的许多策略都受到缩短的白天的调控，因此早秋造成的损害与严冬不相上下。

如果你住在佛蒙特州，也许只能找到大概 20 种在附近社区过冬的鸟。但是如果你住在马里兰州，也许能观察到 100 多种鸟。这些弱小的生物能够在如此致命的低温、风雪和冰霜中存活，真是个奇迹。冬季对鸟类来说无疑是一个巨大的挑战。

冬日鸟类的世界

工具和器材	科学技能
基础工具	观察
相机	记录
鸟食	比较
喂鸟器	推断

自然观察

冬季的后院观鸟活动已经持续很多年了。1985 年的一项调查显示，美国有 6000 多万人给鸟类喂食。你也可以在后院中放置喂鸟器。

市面上有各种各样的喂鸟器，可能令人困惑。喂鸟器的款式和尺寸各不相同，有的可爱，有的精致，有的设计巧妙，还有的只考虑到了实用性。有些喂鸟器很大，恨不得装下喂饱国家动物园里所有鸟的种子，而有的喂鸟器很小，小到你几乎每小时都需要往里面添加食物。

我喜欢具有大塑料圆顶的管状喂鸟器，圆顶能够有效阻挡松鼠，还能让种子保持干燥。另一种受欢迎的喂鸟器是平台喂鸟器，这种喂食器建造起来比较简单，而且能让大量的鸟聚集在一起觅食。别忘了定期清理喂鸟器，用肥皂水擦擦，再冲洗干净即可。

你可以将一些喂鸟器安装在柱子上，其他的悬挂在树枝或屋顶上。有的喂鸟器可以粘贴在门窗上。

松鼠也喜欢吃种子，你可能会发现它们吃掉了喂鸟器中的很多种子。有人会与松鼠进行无休止的斗争，试图将它们赶走；有人发现，如果单独给松鼠提供食物，那么它们就不会再与鸟类争夺喂鸟器中的种子了。你可以用钉子将玉米穗固定在树上，或者给松鼠提供额外的种子。它们并不介意廉价的混合食物。我比较喜欢松鼠的陪伴。

喂鸟器的制作。 你可以用一个容积为两三升的苏打水瓶制作喂鸟器，需要用到专门为此类喂鸟器设计的配件。它们便宜，而且容易购买，在出售喂鸟器的商店中就能买到。下图展现了你可以为饥饿的鸟类提供食物的其他几种低成本喂鸟器。

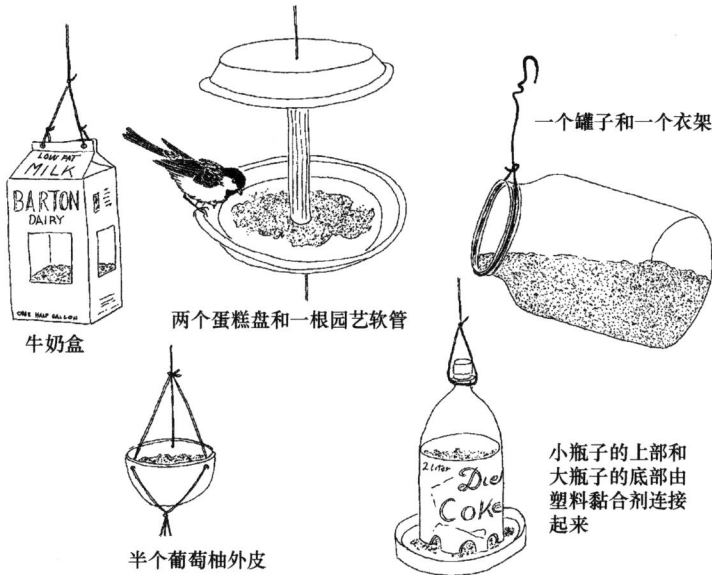

一个罐子和一个衣架

两个蛋糕盘和一根园艺软管

牛奶盒

半个葡萄柚外皮

小瓶子的上部和大瓶子的底部由塑料黏合剂连接起来

低成本喂鸟器

种子。 观鸟者发现，当用不同的种子喂鸟时，能吸引不同种类的鸟。如果你想吸引冠蓝鸦，那么提供一些花生米吧。黑白相间的带壳的向日葵种子也会吸引这种俊俏的鸟和其他食籽鸟。北美金翅雀最喜欢的是去壳的向日葵种子。

北美金翅雀和松金翅雀都喜欢蓟的种子，不过这种种子需要用特殊的喂鸟器盛放。

稷（*Panicum miliaceum*）的种子散落在地上就会吸引麻雀、灰蓝灯草鹀和鸽子等地面食籽鸟来取食。它们也会在喂鸟器下方跑来跑去，寻觅食物，清理其他鸟类弄掉的种子。

包括鹑类[1]、雉类[2]、火鸡（*Meleagris gallopavo*）和雷鸟在内的雉鸡类（鸡形目）则喜欢玉米碎和其他谷物。

准备几种盛放不同种子的喂鸟器，看看会发生什么。做好记录，这样你就能推测每种拜访者最喜欢的种子。

为了计算出需要在冬季为鸟类准备多少种子，你需要确定喂鸟器能容纳多少（以千克为单位）种子，以及鸟类把这些种子吃完需要多长时间。天气状况（雨天、雪天、暖流或寒流）会影响鸟类的种子摄入量吗？给很多鸟喂食的人需要几百千克种子。据报道，有位女士一年用掉了 270 ～ 360 千克种子。

板油。严格来说，板油是牛的肾脏和腰部周围的硬脂肪，不过这一术语的定义已经被扩大至提供给鸟类的高脂肪含量的食物了。你可以在超市或者其他出售鸟类用品的商店购买板油。这是一种高能量食物，由动物脂肪和种子混合而成，有时还混有葡萄干或其他水果干。

找一个用来装需要出售的洋葱或水果的塑料网袋，将板油挂在树枝上或喂鸟器下面。你也可以购买比较坚硬的钢丝盒来盛放板油，然后将装有板油的钢丝盒固定在树干上或挂在开阔的地方，确保你能观察到食用板油的鸟类。看一看有没有啄木鸟（啄木鸟科）、鸭类（鸭属，学名为 *Sitta* spp.）、美洲旋木雀、凤头山雀和北美山雀吧。板油会吸引大小不一、颜色和花纹各异的啄木鸟。

---

[1] 鹑类泛指雉科和齿鹑科的一类中等体形的鸟，包括鹑鹑属、蓝鹑鹑属、丛鹑属、喜马拉雅鹑属、翎鹑属和彩鹑属等。——译者注
[2] 雉类的特征为强烈的二态性，雄性的羽毛色彩鲜艳，体形比雌性大，尾羽更长，它们不负责抚养雏鸟。雉类包括血雉属、勺鸡属、长尾雉属和锦鸡属等。——译者注

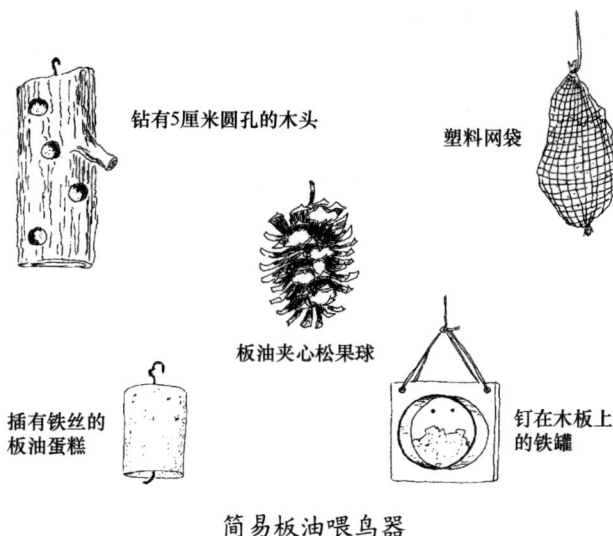

钻有5厘米圆孔的木头

塑料网袋

板油夹心松果球

插有铁丝的板油蛋糕

钉在木板上的铁罐

简易板油喂鸟器

取食行为。麻雀、鸽子和唧鹀（包括唧鹀属和地雀属中的鸟类）更喜欢在地面上进食，鹑类、火鸡和雷鸟也会加入它们的队伍。主红雀和冠蓝鸦喜欢在桌面高的地方取食，不过必要时，它们也会到地面上觅食。北美金翅雀、美洲凤头山雀和北美山雀会飞到悬挂着的喂鸟器中进食，而啄木鸟、美洲旋木雀和鸭类则会满足于挂在树干上的板油蛋糕。你还发现了哪些在这些地方觅食的鸟类？

有些鸟成群觅食，而有些鸟则是独行者。分别观察这两种鸟，你注意到它们的觅食方式有什么不同吗？成群觅食有什么优势？

水源。在寒冷的月份里，水源对于鸟类至关重要。在一些地方，雪能为鸟类提供充足的水源，而在冬季无雪地区，鸟类需要别的水源。用鸟浴盆或其他容器为鸟类提供不含冰的水源是一个挑战，不过电动鸟浴盆可以解决这个问题。这在售卖鸟类食物和喂鸟器的商店里就能买到。

鸟类的识别。市面上有很多优秀的鸟类识别指南可供选择，而且能在多数书店中买到。如果你是一个初级观鸟者，相对于涵盖在北美生存的鸟类的综合性指南，选择介绍你所在地区的鸟类的手册更合适。当你面对大量观鸟指南无从选择时，可以向自然中心的观鸟专家和老师请教，寻求建议。当你对鸟类的识别越来越得心应手时，第一本观鸟指南可能已经满足不了你的求知欲了。经验丰富的观鸟者会选择好几本观鸟指南一起使用。

选定观鸟指南后，仔细阅读简介，浏览其余部分，你可能会注意到那些鸟是按科来分类的。指南中关于鸟类的不同的科是如何介绍的呢？如果指南中给出了鸟类分布范围的话，你能从中得到什么信息呢？

为什么潜鸟（潜鸟属，学名为 *Gavia* spp.）在观鸟指南的开头，而雀形目在观鸟指南的最后？熟悉你的观鸟指南，只要有空就多看看。你对观鸟指南越熟悉，辨认喂鸟器的神秘访客就会越简单。

学习观鸟、识鸟的一个好办法是出门去徒步觅鸟。你可以关注报纸上是否有相关信息。当地的观鸟俱乐部、全美奥杜邦协会本地分会、自然中心和博物馆会赞助和组织这类观鸟活动。

刚开始识别鸟类时，你可能会感到困惑和沮丧。以下插图可以帮助你将注意力集中在通常用来区别不同鸟类的关键特征上。观鸟者将这些特征称为野外标记。

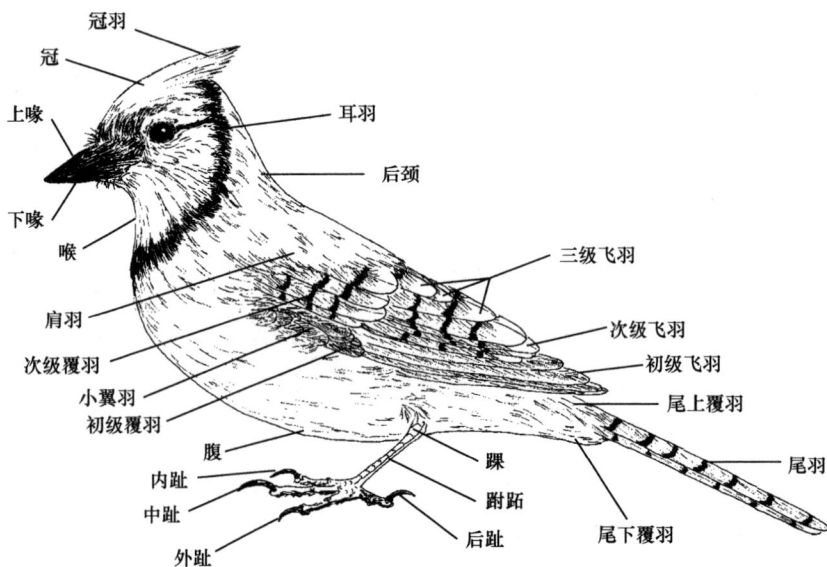

鸟的外形结构

当你在喂鸟器前看到一只不熟悉的鸟时，首要任务是观察它的最基本的特征——大小、形状、颜色和图案，然后观察一些更具体的细节，例如喙、尾巴、头、翅膀和脚。飞行方式也是识别鸟类的特征之一。

大小。很多人知道短嘴鸦（*Corvus brachyrhynchos*）的体长为43～53厘米，旅鸫的体长为23～28厘米，麻雀的体长为13～18厘米。这三种鸟可以作为标尺，用来目测神秘访客的大小。它是否比短嘴鸦小而比旅鸫大呢？是否比麻雀大而比旅鸫小呢？

形状。鸟的体形有的丰满，有的纤细，有的敦实，有的呈流线型。鸟的大致形状是什么样子？是线条顺滑如短嘴鸦还是敦实如蜡嘴雀？或者丰满如鸭类？学会在冬季的灰色天空或其他单调背景中识别鸟类的轮廓，这能帮助你鉴别鸟的种类。例如，椋鸟（椋鸟科）与同等大小的其他鸟类的最大区别在于它们的尾巴很短。

常见鸟类的剪影

颜色（图案）。你看到的鸟是什么颜色？是否不止一种颜色？各种颜色在鸟的什么部位？是在背部、胸部、腹部、臀部、翅膀还是在尾巴上？它具有尾上覆羽吗？它身上的图案是和椋鸟身上那种像是不经意间溅上去的斑点一样，还是像毛茸茸的短嘴鸦身上黑白分明的色块？鸟类的名字有时反映了它们的颜色，冠蓝鸦、北美金翅雀、紫朱雀和朱顶雀就是一些名字中带有颜色特征的鸟。

喙。一般来说，可以根据喙的形状确定一只鸟来自哪个科。喙是长是短？是粗是细？是弯的还是直的？有什么特别之处吗？交嘴雀（交嘴雀属，学名为 *Loxia* spp.）的喙是扭曲的，便于撬开松果，取食里面的种子。在喂鸟器旁，你很可能看不到这类鸟，因为它们更喜欢待在针叶林里。森莺（森莺科）的喙短而细，而麻雀的喙短而粗。森莺主要以昆虫为食，而麻雀的喙则有利于撬开种子坚硬的外壳。美洲旋木雀那弯曲的喙是从树皮缝隙间挑出幼虫的利器。

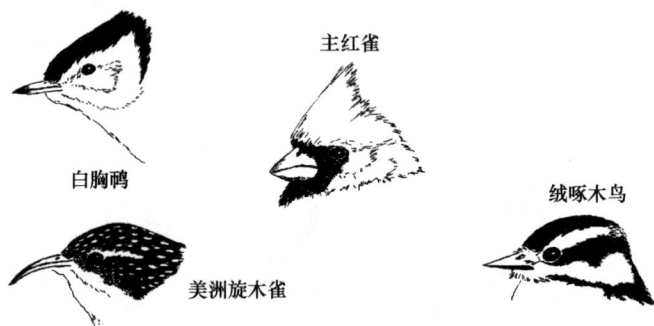

主红雀

白胸䴓

绒啄木鸟

美洲旋木雀

同一个科的鸟通常具有相似的喙

尾巴。鸟的尾巴是什么形状的呢？是什么颜色的？有什么图案？是长如嘲鸫（嘲鸫科）还是短如麻雀？是分叉的、有缺口的、圆形的、尖的还是方形的呢？平时是如何放置的（观察其剪影）？是下垂还是像鹪鹩（鹪鹩属，学名为 *Troglodytes* spp.）那样翘起来呢？（它们在春日里歌唱时，尾巴是下垂着的。）

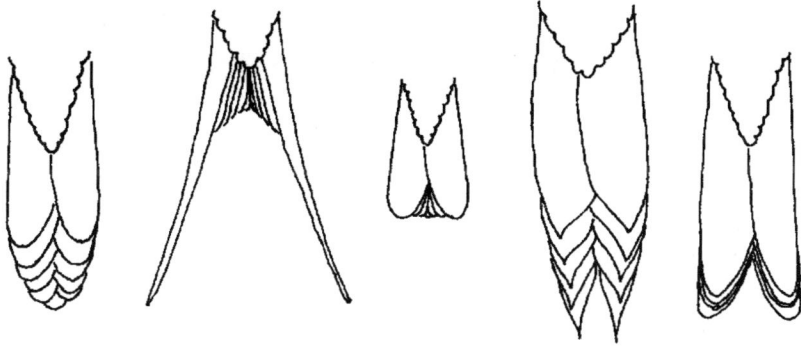

圆形的	分叉的	方形的	尖的	有缺口的
（冠蓝鸦）	（家燕）	（鸦类）	（北扑翅䴕）	（松金翅雀）

鸟尾的形状由尾羽的相对长短决定，这对于在野外识别鸟类很有帮助

头部。鸟的头部是什么颜色？是纯色的还是有图案？它的眼部是否像卡罗苇鹪鹩那样具有条纹？还是像毛茸茸的美洲凤头山雀那样具有眼环？这种鸟有主红雀那样的冠羽吗？有高山山雀那样的小帽子——黑冠羽吗？

眼纹	眼环	冠羽	黑冠羽
（卡罗苇鹪鹩）	（美洲凤头山雀）	（主红雀）	（高山山雀）

几种鸟的头部特征

翅膀。寻找比翅膀的颜色更浅的翅纹和翅斑。翅纹和翅斑的边缘一般是深色的，使得它们更加突出。红翅黑鹂（*Agelaius phoeniceus*）飞行时，我们看得到它们的翅膀上边缘为黄色的红色斑块。

脚。拜访喂鸟器的鸟中有树栖鸟类（如雀形目）和啄木鸟吗？下图展示了这两类鸟不同的脚。脚的结构是如何帮助鸟进食的？观察在喂鸟器前进食的鸟和贴在树干上取食板油的啄木鸟，看看它们的脚有何不同。

大部分啄木鸟的脚为两个脚趾向前，两个脚趾向后，这有助于它们在啄木头时固定在树上

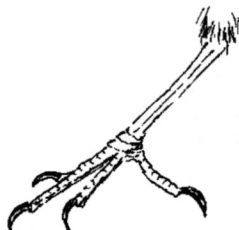

雀形目的鸟只有一个脚趾向后，这有助于它们在歇息时抓稳树枝

飞行模式。通常你还没来得及仔细观察，鸟就已经从喂鸟器前飞走了，但你仍然可以在它消失之前获得一些信息。它是如何飞行的？它的飞行方式像过山车吗？它会扑打翅膀，然后滑翔吗？它是按直线飞行的吗？如果答案是肯定的，那么这可能是一只哀鸽。它扑打翅膀的频率是否比其他鸟更低呢？如果是，也许你看到了一只缓慢飞行的嘲鸫。当鸟飞走时，你可能会听到一声鸣叫，这表明那应该是一只哀鸽。丘鹬（丘鹬属，学名为 *Scolopax* spp.）在起飞时也会鸣叫，但是你几乎不会在喂鸟器旁看到这类来自潮湿林地和沼泽的鸟。

梅花雀的飞行模式

大多数鸣禽通过扑打翅膀提升飞行高度，然后收拢翅膀进行滑翔

有的鸟只会在飞行时显示出额外的颜色和图案。岩灰色的灰蓝灯草鹀在飞行时会露出尾巴外侧的白色羽毛，唧鹀（唧鹀属，学名为 *Pipilo* spp.）在飞行

时会露出尾巴上的白色斑点和鲜艳的黄色条纹。

开始观鸟吧！ 有的鸟是大家比较熟悉的。当这些鸟拜访你的喂鸟器时，仔细观察它们，列出它们的关键特征。在进行这一练习时，你其实已经在实践识别鸟类的方法和标准了，要多加练习。学习识别鸟类需要实践以及更多的耐心。

鸟最早在一天中的什么时候出现在喂鸟器旁？它们什么时候不再光顾？它们的取食规律是怎样的？取食的高峰和低谷分别出现在什么时候？每天都是一样的吗？天气对它们的取食活动有何影响？

一天中最早出现的都是同一种鸟吗？在我的喂鸟器旁，主红雀总是清晨最早出现的，也是傍晚最晚离开的。你的喂鸟器情况如何？

探索活动

更多地了解你喜爱的鸟类。 很多观鸟者会对一种或一类鸟非常着迷，并对其进行广泛的研究。在拜访你的喂鸟器的鸟类中，你是否特别喜欢某一种，想要知道更多关于它的故事呢？认真观察这种鸟的行为，并将其记录在野外观察笔记本上，以此作为你对它的研究的开始。

这种鸟在一天中的什么时候到喂鸟器中觅食呢？它是单独进食还是和同类一起进食呢？这种鸟是只与同类一起进食还是会与其他种类的鸟一起进食呢？它是在喂鸟器旁吃掉种子还是将种子带走再吃呢？如果在喂鸟器旁吃掉种子，它是如何打开种子的呢？你还观察到了它的哪些行为？在进行观察时，你也许能回答以上问题中的一部分，将这些都记录在野外观察笔记本上。

另一种更深入地了解你喜爱的鸟类的方式是阅读有关图书。有很多关于某种或某类鸟的优质图书，你可以在本地图书馆中找一找。当地鸟类保护机构的工作人员和观鸟组织的成员都能为你提供帮助。坚持完成你的小研究，写一个关于鸟的故事吧，将你的所见所闻与大家分享。一些本地报纸非常欢迎这类由读者撰写的关于本地鸟类的故事。和朋友一起完成类似的研究也很有意义。以下是一些你可能感兴趣、想要探究的鸟类行为。

1. 鸸类。固定在树干上的板油会吸引鸸类，请你仔细观察这种小型鸟类的有趣行为。观察它们如何从树干上爬下来，记录下你的观察结果。它们的尾巴放在了哪里？它们用尾巴作为支撑了吗？它们是如何用脚来防止自己摔到地上的呢？（见本章注解1。）

2. 啄木鸟。板油对啄木鸟同样极具吸引力。长嘴啄木鸟和绒啄木鸟（*Picoides pubescens*）时常光顾我的板油蛋糕。你需要一本专业的观鸟指南来区分这两种非常相似的啄木鸟。哪种的喙更长？当取食树上的板油或者从树皮中啄虫子吃时，它们的尾巴是怎样的？它们的脚与树栖鸟类的脚有何不同？这种形态有什么优势？（见本章注解2。）

3. 北美金翅雀。你可能会观察到，在你的冬日喂鸟器旁的北美金翅雀并没有换上春天的鲜柠檬黄色。查阅野外观鸟指南来确定这只北美金翅雀的性别。如果它是雄性，它什么时候换羽变成亮黄色呢？北美金翅雀是喜欢独自觅食还是成群结队地觅食呢？（见本章注解3。）

了解椋鸟的觅食特点。椋鸟的故事会教给我们如何适应环境，生存下去。20世纪初，这种鸟被人们从欧洲带到美国，并在这片新的土地上扎根定居。在冬季，椋鸟全身的羽毛上点缀着白色斑点，让它们很容易识别。这些斑点其实是椋鸟的羽毛尖。

椋鸟成群觅食，鸟群的规模从10只到上百只不等。找找这些成群结队的椋鸟，看看每群大概有多少只。你找到的椋鸟群中椋鸟的平均数量是多少只？成群觅食有一些优势。成群觅食的鸟类可支配的进食时间更多，用于躲避天敌的时间更少。研究人员发现，一只单独觅食的椋鸟会花50%的时间觅食，而另外50%的时间则用来防备天敌。当5只椋鸟组队觅食时，每只椋鸟可以花70%的时间觅食。当10只椋鸟组队时，每只椋鸟的觅食时间则高达90%。

白胸鸸

绒啄木鸟

北美金翅雀

鸟在树上的姿态

观察一群觅食的椋鸟。它们并非杂乱无章地散落在田野里，而是按一定秩序活动。你可能会注意到所谓的跳跃式觅食方式。当鸟群后方的椋鸟觅完食后，它们就会低飞过鸟群，来到鸟群前方。在整个觅食过程中，鸟群都按这种滚动模式进行活动。

傍晚时分，趁着冬日的暗淡光线仍未消失，椋鸟会离开觅食地，聚集成更大的鸟群。这一庞大的鸟群汇聚的地方称为集结地。你所在的社区中有这种集结地吗？它可能在树上、电线上或屋顶上。你能找到多少个集结地呢？有时在集结的鸟群飞往栖息地的途中，会有落单的小型鸟群加入。你见过这种在空中搭便车的鸟群吗？

如果你想学习一些估算飞行中的鸟群规模的方法，可以参考斯蒂芬·克雷斯所著的《奥杜邦协会观鸟手册》。

寻找栖息的鸟类。栖息是使鸟类免受捕食者侵袭并在寒冷的冬夜保持温度的另一种生存策略。栖息地可能很大，能容纳成千上万只甚至更多的鸟，尤其是南方的冬季栖息地。椋鸟、红翅黑鹂、拟八哥（*Quiscalus quiscula*）和褐头牛鹂（*Molothrus ater*）占据了这些鸟群的98%，而其他黑鹂和旅鸫也会混入其中。

如果你发现了鸟类栖息地，则不要靠得太近，因为一个确保安全的栖息地关乎着鸟类在冬季的生死存亡。

科学家发现暗眼灯草鹀倾向于每晚都在相同的地方栖息。它们的栖息地通常位于浓密的针叶树间，你可以追踪光顾喂鸟器的暗眼灯草鹀，看看它们到哪儿去了，找到它们的栖息地。跟着它们，但要保持一定的距离。夜晚栖息前，它们的白色羽毛在树影间闪现。暗眼灯草鹀会在5公顷的范围内觅食，不过鸟群中的鸟并不总是一起觅食。

昼短夜长。对于鸟类来说，它们必须找到足够的食物来维持生命，度过漫长而寒冷的冬季黑夜。冬季的夜晚有多长呢？你所在地区冬季的平均昼夜长度分别是多少？在当地报纸的天气预报板块上可以找到相关信息。鸟类是如何解决冬季短日照带来的能量供应不足的问题的呢？（见本章注解4。）

了解鸟类的取食适应性。鸟类演化出了不同的策略来获取食物。仔细观察鸟类的喙，也许你会对这些策略的多样性有一定了解。梅花雀（梅花雀科）、蜡嘴雀、麻雀和鹀类（鹀属，学名为 *Emberiza* spp.）的喙短而粗，是打开种子的强力工具。交嘴雀和同科（燕雀科）其他成员的喙演化出了特殊的结构，可以撬开松果，挑出里面的种子。乌鸦[1]和鸦科的其他一些成员的喙则几乎适合吃任何东西，它们也确实如此。鹀类的喙使其食谱较广，它们的食物包括在树皮下休眠的昆虫，也包括各类种子。

啄木鸟用另一种方式获取食物，它们的喙又长又结实，像凿子一般，非常适合在树皮上挖洞，寻找树皮下的昆虫。长嘴啄木鸟、绒啄木鸟、红头啄木鸟（*Melanerpes erythrocephalus*）和红腹啄木鸟（*Melanerpes carolinus*）都是常见的啄木鸟，你也许能在后院中看到它们。

当鸟类拜访你家后院时，你可以观察这些适合取食不同食物的喙。在野外观察笔记本上，将你观察到的鸟喙画下来。当然，拍照也是一种很好的记录方式。

寻找鸟巢。在冬天，你有很大的可能性发现被遗弃的鸟巢，因为它们不再被浓密的枝叶遮挡。冬天的鸟巢通常是空的，不过也有可能被绿叶覆盖着，这可能是老鼠或者其他疲惫的旅行者暂时歇脚的庇护所。请不要打扰它们。

警告：将鸟巢拆开，将它们从乔木上或灌丛中取下来，从任何你发现它们的地方拿走，这些做法都是不对的。不过，你可以拍照或者画画，将鸟巢记录在野外观察笔记本上。也可以写下你想到的任何问题，这样你就可以在以后慢慢研究它们了。

鸟巢对于鸟与家对于人类来说并不完全相同。鸟巢于鸟是产卵和孵化之处，也是雏鸟尝试飞行的跳板。当雏鸟学会飞行时，它们的家庭也就解散了，各自远走高飞，多数鸟类不会再回到原来的鸟巢中。在同一个繁殖季节，有的鸟会抚育多窝雏鸟，它们会为每窝雏鸟搭建一个新巢。

在自家附近的树林和灌丛中找找鸟巢吧。沿着田野的边缘散步，在灌丛中、地面上和林间空地上寻找鸟巢。疑似鸟巢的黑色团状物可能出现在一棵树

---

[1] 大部分乌鸦属于鸦属，鸦属中还有一部分称为渡鸦。——译者注

上的不同高度。每当找到一个鸟巢时，就在野外观察笔记本上记录下它的位置。它在树上吗？在多高的位置呢？它在树杈上吗？是靠近树枝末端还是靠近树干？同一棵树上有几个鸟巢？记录得详细一些，把树林和灌丛的相关信息也记录下来，以便你再次找到这些鸟巢。

旅鸫的巢是杯状的，里面垫有柔软的干草，通常筑在灌丛中、树杈上或岩壁上

做一个图表，展示你家附近的鸟巢的分布。邀请你的好朋友在他家附近观察和记录鸟巢的分布，比较你们的图表，看看有什么异同。

主红雀的巢筑在浓密的灌丛或荆棘间，由小枝、藤蔓、干草和茎秆松散地缠绕而成，里面铺有细软的青草

麻雀的巢呈规整的杯状，主要由草组成，通常筑在低矮的灌丛中或地上

　　在北美地区，大约 77% 的鸟类会筑开放式巢穴，它们的大小和形状各异。其他鸟类则在洞穴或带屋顶的巢穴里抚育后代。冠蓝鸦通常在针叶树上筑巢，它的巢穴是个大块头，但隐藏得很好，距离地面 3 ～ 7.5 米。它的巢穴由带刺的小枝、树皮、苔藓、绳子和叶子等筑成。旅鸫用杂草、茎秆、布条、绳子和泥巴等来筑巢。旅鸫和冠蓝鸦喜欢在人类居所附近筑巢，所以你可以在邻居的院子中或者路边找到它们。橙腹拟鹂（*Icterus galbula*）用植物纤维、毛发和纱线等，在高高的树上建造它的袋状巢穴，通常离地面 7.5 ～ 9 米。玫胸斑翅雀（*Pheucticus ludovicianus*）喜欢在潮湿的落叶灌丛中和郊区的乔木上筑巢，在距离地面 1.8 ～ 7.5 米的地方，用小枝筑起脆弱的巢穴。红眼莺雀（*Vireo olivaceus*）的巢穴很精致，由树皮、干草、藤蔓和纸等筑成，外部还装饰有地衣，悬挂在距离地面 1.5 ～ 3 米的幼树树杈上。棕林鸫将草、树皮、苔藓、纸和泥巴等混在一起筑巢，它喜欢在公园或花园中把巢穴筑在落叶树上离地面 3 米高的地方。棕林鸫也越来越适应与人类一起生活。

金翅雀的巢由柔软的材料
筑成，以灰色或白色为主

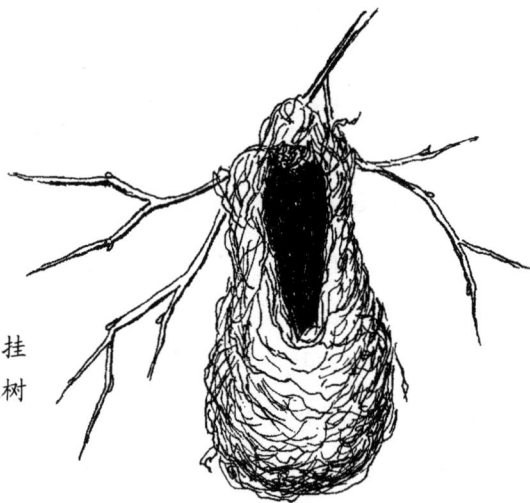

橙腹拟鹂的巢穴呈袋状，悬挂
在榆树、槭树、柳树或苹果树
的树枝上

因为将鸟巢从鸟类筑巢的地方取下的行为是被禁止的，所以你可能没有太多机会近距离观察鸟巢。不过，博物馆、自然中心和其他自然教育机构可能收藏了一些鸟巢，供人们参观。比较你发现的鸟巢和参观的鸟巢，看看它们有何异同。

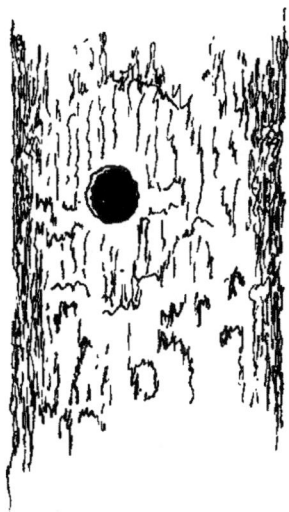

高山山雀、啄木鸟、凤头山雀、鸭类和美洲旋木雀都会在死树上挖洞筑巢

如果条件允许的话，多拍照记录，将这些照片放在你的野外观察笔记本中。你也可以专门为鸟类准备新的笔记本。

相关资源 [1]

1．创立于 2005 年的鸟网是中国最具影响力的、以野生鸟类摄影为主的生态门户网站，有各种野生鸟类以及其他野生动植物图片 7000 多万张，其中鸟类图片涵盖了中国的 1445 种鸟 [2]，以及全世界上万种鸟的 2/3。

2．微信小程序《懂鸟》可以用于识别鸟类图片，而且提供了搜索鸟种的详细介绍。

3．全国各地的观鸟组织（例如北京观鸟会、上海野鸟会、深圳市观鸟协会、成都观鸟会和昆明市朱雀鸟类研究所等）都会不定期举办鸟类论坛、徒步观鸟活动和鸟类救助活动等。

---

　　[1]　为了便于读者阅读，这里补充了中国的相关资源。——译者注
　　[2]　据 2021 年出版的《中国鸟类观察手册》，中国有野外记录的鸟类数量为 1491 种。——译者注

本章注解

1. 鸭类会沿着树干盘旋，在树皮的缝隙间寻找昆虫。仔细观察这类鸟的脚趾，你就会发现它们是如何保持平衡的。鸭类和啄木鸟不同，它们不用短而平的尾巴将自己撑在树干上，而是紧贴着树干，喙端顶着树干，仅用脚支撑着。它们的脚趾和其他树栖鸟类的类似——三个脚趾在前，还有一个在后；不同的是，你用双筒望远镜也难以看到它们的后趾有一个长长的爪子，可以紧紧地钩住树皮。

鸭类的喙并不是用来咬开它们喜欢的橡子的，它们会将橡子拖到树皮的缝隙间，通过一连串猛啄打开橡子。

在喂鸟器旁，你能看到它们抓住葵花子飞走。它们要么将葵花子囤起来作为储粮，要么啄开马上饱餐一顿。

白胸鸭会经常光顾你的喂鸟器，它们的"亲戚"红胸鸭更喜欢针叶林和松子。如果你住在它们的冬季觅食区，将喂鸟器设置在针叶林附近，也许能看到它们来访。

2. 和树栖鸟类一样，多数啄木鸟的每只脚有四个脚趾，但是并不适合栖息和游泳。它们的两个脚趾朝前，两个脚趾朝后。这是一种理想的结构，方便啄木鸟挂在树干上。但也有例外，美洲三趾啄木鸟（*Picoides dorsalis*）只有一个脚趾朝后，却依然能稳稳地挂在树上。啄木鸟啄树皮时，会将尾巴抵在树干上，作为额外的支撑，这能防止它们变成一个"空中跷跷板"。啄木鸟特殊的头骨结构可以防止它们用结实的喙敲击树干时损伤自己的头部。它们的长舌头能够伸到树干上的洞穴中，寻找其他鸟类藏起来的坚果和种子。啄木鸟通常不会对树木造成伤害。实际上，它们能够吃掉很多害虫，有利于树木健康生长。

3. 北美金翅雀在求偶季节会重新长出华丽的羽毛。羽毛的季节性变化有时比求偶仪式还重要。鸟类的生活离不开羽毛，已经磨损的羽毛可能会给它们的生活带来不便，因此需要定期更换已经磨损的羽毛。北美金翅雀是典型的树栖鸟类，它们会缓慢而有序地换羽。这种鸟不会一次性将所有的飞羽褪去，所以在换羽时仍能飞行，而鸭子会将所有的飞羽一次性褪去。

北美金翅雀喜欢群居，所以你可以期待它们在喂鸟器旁和其他鸟一起进食。

4．雉类、松鸡、梅花雀和蜡嘴雀等鸟类可以边吃边睡。白天，它们取食种子，将其存储在一个发育良好的储藏袋——嗉囊中。（嗉囊为鸟类食管后段暂时储存食物的膨大部分。）到了夜间，嗉囊中的种子才被慢慢消化，为沉睡中的鸟类提供充足的能量，并保证它们在次日清晨外出觅食。其他不存储种子的鸟类会在夜间降低新陈代谢速度。减少活动也是一种高效的节能策略。

很多鸟都会从喂鸟器中获取种子，并将其囤积起来。冠蓝鸦是最著名的囤积者之一，它们会在喂鸟器旁饱餐一顿，再带着战利品飞走，将其藏好，然后回来吃更多的种子。红头啄木鸟将大量坚果和种子藏在树干的裂缝间或者栅栏的柱子中。鸦类也囤积食物，不过它们会将食物藏在树皮之下。北美星鸦（*Nucifraga columbiana*）是一种栖息于美国西海岸的鸟，它们和栖息于东海岸的"亲戚"冠蓝鸦一样，也会将坚果和种子藏起来，等到需要时再取出，而且它们总能找到这些食物。

第九章　哺乳动物

蠢蠢欲动

哺乳动物在冬季面临着重重困难：食物紧缺，寒风凛冽，雪花纷飞，温度降低至零摄氏度以下。人类面对恶劣的冬季天气时，可以在家里取暖，调高暖气的温度，或者往炉子里多加些柴火。我们寻找起食物来也没有那么困难，只需要走上一小段路就能到厨房，即便在储藏室空了的时候也可以开车到附近的商店进行补给。这些容易获取的营养物质维持着我们的生命。在寒冷的 2 月，我们也能在超市中买到新鲜水果和蔬菜，它们来自遥远的温暖地区。

生活在野外的哺乳动物可就没有这么多先进技术了。在冰天雪地之间，它们要么活着，要么死去。它们必须依赖演化，演化出适应冬季的策略，否则只有死路一条。其中的例外是美洲黑熊（*Ursus americanus*），它们生性害羞，喜欢隐居，冬季存活率很高，只有 1% 或 2% 的美洲黑熊无法迎来下一个春天。多年来，美洲黑熊如何度过冬季一直是科学家研究的热点。这些研究表明，美洲黑熊演化出了复杂的策略来应对寒冬。

在很长一段时间里，人们认为美洲黑熊睡在舒适的洞穴里，整个冬季都在冬眠，直到春季才逐渐苏醒过来，但事实并非如此。近年来，科学家才开始修正一些长期以来关于冬眠的错误认知。

冬眠是北美黑熊保存能量的一种策略，使得它们在冬季维持较低的新陈代谢速度。然而，北美黑熊的冬眠并非长时间、不间断的沉睡，而是由睡眠间期和清醒间期组成。在严冬里，睡眠间期比较长，但在冬初和冬末，睡眠间期会缩短。

为了完成这一新陈代谢的转变，北美黑熊必须在自己已经足够庞大的身躯上再增加大量脂肪。从仲夏到深秋，北美黑熊疯狂地进食。据科学家的估算，它们在每天 20 小时的进食中，能摄入 8 万焦耳热量。这些热量来自橡子、榛子、山毛榉坚果，以及富含碳水化合物的蓝莓、樱桃和一些植物的根茎。假如它们喜欢的这些食物供应不足，它们就会吃掉能找到的任何食物。北美黑熊是杂食动物，它们也吃肉，其中包括被撞死和受伤的鹿。在囤积期结束时，一头北美黑熊的脂肪会增厚 13 厘米，其光滑的黑色皮毛的隔热效果也会提升一倍多。

北美黑熊进入睡眠间期后，它们的新陈代谢速度会减缓，体温、心率和呼吸频率都会降低。在新技术的帮助下，科学家现在已经了解到，北美黑熊的体温并没有我们此前想象的那么低。它们冬眠时的体温大约是 31 摄氏度，它们需要将体温提高至 37.8 摄氏度才会苏醒。这一相对较高的冬眠体温使得北美黑熊在不过多消耗能量储备的同时能够充分保持警惕，避免受到狼（*Canis lupus*）和其他危险因素的袭击。在整个冬眠季节，北美黑熊的体重会下降约 20%，它们每天会消耗掉大约 1.7 万焦耳热量。（见本章注解 1。）

和北美黑熊浅睡眠的冬眠不同，地松鼠[1]等一些小型动物在冬眠时处于深睡眠状态。这些小小的冬眠者会比北美黑熊更大幅度地降低自己的新陈代谢速度，以平安度过冬天。冬眠时，地松鼠的体温会从 36.7 摄氏度降低至 1.1 摄氏度，心率也大幅度下降，从每分钟 350 次降至 2 次。不过它们中的一些（例如花栗鼠）必须每隔几天就提高体温，醒来进食，补充能量。与北美黑熊疯狂进食囤积脂肪不同，它们在冬季从秋季收集、储藏的坚果和种子中获取营养。在冬季，土拨鼠的新陈代谢也几乎停止，这种动物的心率降至每分钟不到 12 次，体温从夏季最高时的 40 摄氏度降低至 2.8 摄氏度。

北美黑熊不会年复一年地留在同一个地方，也不会选择宽敞的洞穴冬眠。它们冬眠的洞穴相对较小，深约 2.1 米，高约 0.6 米，洞口刚好允许一只吃得饱饱的北美黑熊挤进去。令人惊讶的一点是，北美黑熊的洞穴通常处于开放的低洼之处。它们在洞穴中铺上松树和云杉的树枝、腐朽的木头、雪松和其他

---

[1] 地松鼠是指松鼠科中的一类生活在地面而非树上的中型松鼠。在英语语境中，大型地松鼠又称为 marmot（即旱獭），而小型地松鼠又称为 chipmunk（即花栗鼠）。——译者注

树的树皮、大块的苔藓和落叶作为睡垫。它们也会选择岩石的裂缝或树洞作为冬眠地点，被连根拔起的树木留下的地洞也是北美黑熊过冬的好地方，而且下垂的树根还能防风。这种地洞比一般的熊窝略大。有时，北美黑熊只是就地躺下，让雪将其盖住，或者躺在灌丛中，事先并没有认真挑选地点。

按照人类的标准，熊窝并不暖和，而新陈代谢速度较低的北美黑熊无法改变这一现实。在一些熊窝里，温度只比土壤温度高几摄氏度。不过，北美黑熊御寒主要依靠它们那厚实的皮毛的隔热性能。

收到体内生物钟的信号时，北美黑熊就会进入洞穴，开始冬眠。昼长和天气状况都会影响其生物钟的节律，但最关键的因素是食物供给。目前，人们尚不清楚究竟是什么触发了北美黑熊冬眠的警报，但可以确定的是，下大雪时北美黑熊已经进入洞穴了。

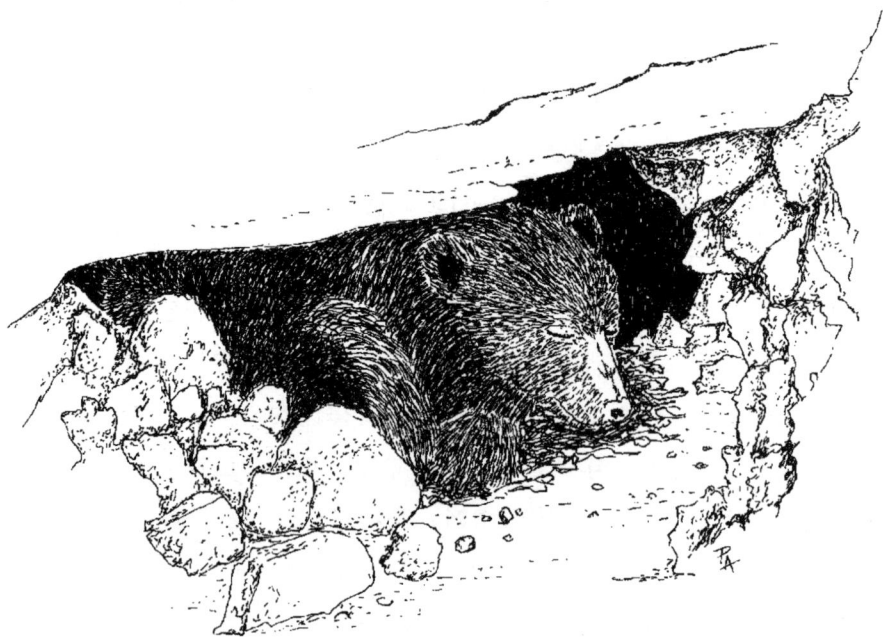

一头北美黑熊藏在岩石裂缝中

北美黑熊通常独自冬眠，不过洞穴稀缺时则另当别论。如果母熊在冬眠期间产下幼崽，下一个冬天它会和幼崽一起住在同一个洞穴里。

北美黑熊的交配时间从 5 月持续到 7 月，虽然胚胎的发育只需要大概 3 个月的时间，不过直到来年 1 月或 2 月，幼崽才会出生。卵子受精和幼崽出生的时间差让科学家困惑已久，不过目前这个谜团已经被解开了。

北美黑熊的卵子受精并进行一些细胞分裂后，发育就停止了。微小的囊胚（或者说细胞团）会一直悬浮在母熊的子宫中。秋天，经过发育的囊胚（这时应该称为胚胎）会植入子宫壁，在那里生长，直到发育完全，幼崽出生。科学家将这种发育中断现象称为胚胎延迟着床，这对母熊和幼崽来说都是一种生存优势。

如果没有胚胎延迟着床现象，幼崽将在秋季出生，这对它们来说非常危险，因为那时母熊也在为自己的生存而奋战。出于本能，它很清楚自己需要增加足够的脂肪来度过严冬，而产崽只能放在次要地位。一只母熊每两年能产下 1 ～ 5 只幼崽。母熊对北美黑熊这一物种来说非常重要，这种交配—生育循环机制保护着它们。

刚出生时，幼崽的体重只有230 ～ 340克，它们的眼睛暂时还看不到东西。它们本能地依偎在母熊身边，身体跟随着它的呼吸起伏。处于哺乳期的母熊会为幼崽提供母乳，其中脂肪的含量约为25%（人类母乳中脂肪的含量仅为4%）。在产崽过程中，母熊好像还在睡眠一般。

白昼渐长，春天快来了，母熊和它的幼崽准备离开洞穴了。在接下来的几个月中，幼崽不再那么依赖母熊和它提供的母乳了。到 6 个月大时，幼崽就断奶了，而且有必要的话，它们能够照顾自己。通常，在结束了秋天的疯狂进食后，母熊和幼崽会一起待在洞穴里过冬。幼崽和母熊在一起待两年这种现象很正常，这种长期的亲密关系增加了幼崽的生存概率，它们学会了觅食，寻找合适的洞穴，以及躲避包括人类在内的危险因素。

随着科学研究的深入，我们对北美黑熊有了更多的了解。一些研究结果对人类也极具启发性。尽管北美黑熊躺着的时间很长，但是它们不会像人类长期躺着那样发生钙流失，导致骨质疏松。北美黑熊不会患胆结石，因为它们会产生一种阻止胆结石形成的化学物质。此外，尽管北美黑熊的脂肪和胆固醇水平很高，但是它们不会像人类那样受到心血管疾病的困扰。

随着人口的持续增长，住房开发和娱乐设施建设侵占了野生动物的栖息地，人与动物之间的冲突不可避免。不过，野生动物学家认为，只要精心规划，我们可以与这些害羞的、喜欢隐居的北美黑熊和谐相处。

哺乳动物的冬日世界

工具和器材	科学技能
基础工具	观察
相机	比较
画板	推理
卷尺	分类
野外指南	

自然观察

在美国缅因州的高速公路上看到欧亚驼鹿，在蒙大拿州看到马鹿（*Cervus canadensis*），甚至在农村地区看到几只吃草的鹿，都非常令人兴奋。这些都是比较罕见的经历，因为大多数野生哺乳动物会小心翼翼地避开人类。即使在夏天，河狸（河狸属，学名为*Castor* spp.）、北美浣熊、臭鼬（臭鼬科）、水獭（水獭亚科）和负鼠（负鼠科）等小型哺乳动物也很少见，除非它们撞到汽车。冬天，这些哺乳动物更难被观察到。

在冬季最难熬的时候，许多哺乳动物躲在巢穴里。那些外出觅食的哺乳动物会选择昏暗的黎明前或黄昏时分，因为只有这样，暗淡的光线和它们皮毛的保护色才能将它们隐藏好，只有最敏锐的眼睛才能看到它们。

虽然我们通常看不到这些动物，但是可以通过它们留在雪地里的痕迹来追寻它们。动物的爪和蹄都会在积雪上留下印痕，称为脚印。（见本章注解 2。）通常脚印是成串的。其他痕迹还包括粪便、断枝上的咬痕和树皮上的抓痕等。这些痕迹告诉我们，即便在冬季，附近也有很多生性胆怯的哺乳动物在活动。在接下来的活动中，你将有机会窥探这些动物的私生活。

脚印。在哺乳动物的演化史上，有两种基本类型的脚，其中一种是白尾鹿、欧亚驼鹿、牛、猪和山羊等动物的偶蹄，偶蹄留下的脚印反映了它们的每只脚有两个长度相当的细长脚趾。如果积雪足够深，你会看到鹿的悬趾留下的痕迹，悬趾位于鹿腿上比较高的位置，比狗的悬趾高。鹿跑起来的时候，悬趾也会露出来。其他一些哺乳动物的脚更加复杂，具有脚趾、脚背和脚跟。

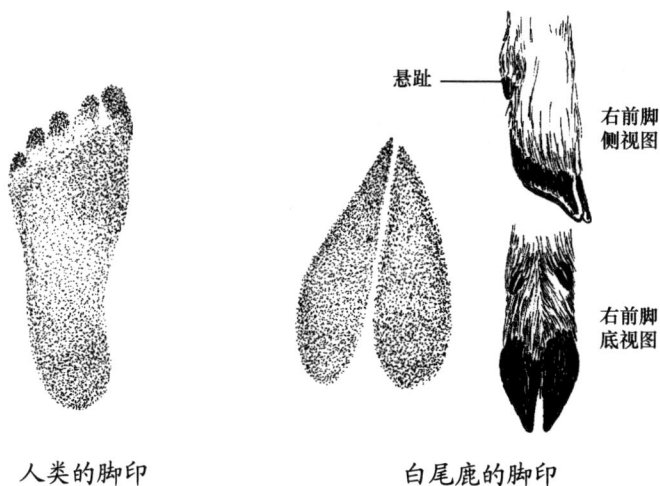

悬趾　　　　右前脚
　　　　　　侧视图

　　　　　　右前脚
　　　　　　底视图

人类的脚印　　　　白尾鹿的脚印

哺乳动物在雪地上行走时会留下一串脚印，这些脚印为我们提供了一些信息：动物行走的方向如何，它可能有哪些活动，它是独自走过还是与同类结伴而行。有时，我们还能从脚印看出路过的动物是否啃食过某种植物，是否在树皮上留下抓痕。

　　在附近寻找动物的脚印之前，先找一只比较温顺的狗，检查它的前脚和后脚。脚底的垫子是狗跳跃和落地时的减震器，也能在狗奔跑时提供摩擦力。摸一摸，看看它们的质感如何。狗的前脚上有几个垫子？它们的形状是一样的吗？描述它们的形状。狗的脚趾和垫子有什么关系？它们的爪子超出垫子的顶端了吗？把你的指甲与狗的趾甲进行比较，看看二者有什么不同。分别比较狗的前后脚的爪子以及前后腿，了解它们有什么相同点和不同点。把你的观察结果记录在野外观察笔记本上。

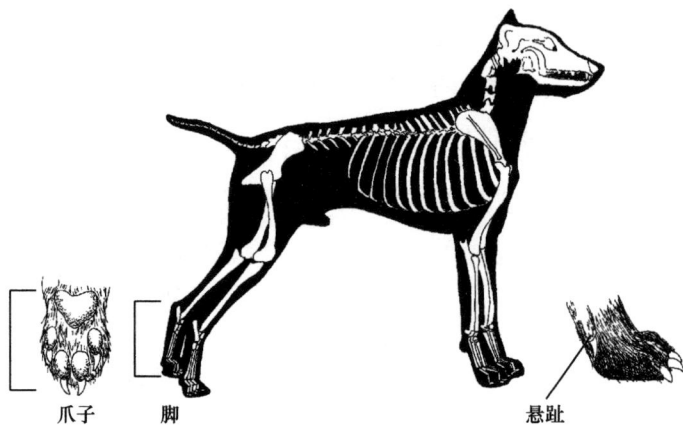

爪子　　脚　　　　　　　　　　　　悬趾

狗在走路时用的是四根脚趾

　　狗和其他犬科哺乳动物，如狼、郊狼（*Canis latrans*）和狐狸（狐属，学名为 *Vulpes* spp.）等，用脚趾走路。这些动物留下的痕迹通常有 4 个脚趾印。每只前脚上的第五根脚趾（即悬趾）位于前腿内侧约 2.5 厘米或更高的位置，相当于人类的拇指（或拇趾）。与我们的拇指（或拇趾）不同，悬趾几乎没什么实际用处，除了一些野生犬科动物用悬趾来抓捕大型猎物。当动物快速奔跑时，悬趾也有可能留下痕迹。

　　犬科动物的脚印有相似的特征，前脚和后脚都有四个爪子，而且每个爪子后面各有一个垫子。此外，脚印的长度超过其宽度。刚下雪时，在附近走一走，找一找它们的脚印。当你发现一组脚印时，推测大概有多少只犬科动物路过此处，它们沿着什么方向走。你发现了多少组不同的脚印？测量每组脚印的长度和宽度。本地犬科动物脚印大小的范围是多少呢？

家犬的脚印，尤其是较大的前脚印整体上呈圆形，4 根脚趾从不同方向向外伸展

　　另一种我们熟悉的哺乳动物是家猫（*Felis catus*）。虽然体形小得多，但是家猫（以下简称猫）和短尾猫（*Lynx rufus*）、孟加拉虎（*Panthera tigris*）、狮子（*Panthera leo*）和豹（*Panthera pardus*）来自同一哺乳动物家族——猫科。如果你没有养猫，问问你的朋友能否检查他的猫的脚。观察猫的脚和垫子，与你先前观察过的狗的脚进行比较，看看它们有什么相同和不同之处。你能在猫的脚印里找到悬趾的痕迹吗？为什么？（见本章注解 3。）猫也是用脚趾走路的吗？它的脚印大致是什么形状呢？和狗的脚印有什么不同？猫在雪地里留下的脚印和短尾猫及其他大型猫科动物的脚印非常相似，只是更小。圆形的无爪脚印是猫科动物留下的痕迹。

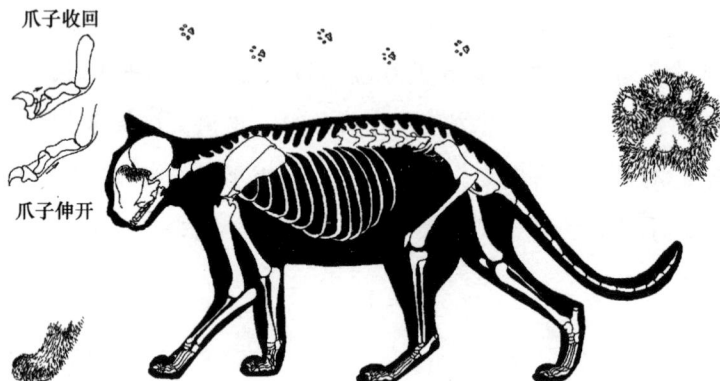

爪子收回

爪子伸开

所有猫的脚印中都有 4 根脚趾的痕迹，整体呈圆形，没有爪子印。大而突出的颧骨、朝前的眼窝和较短的口鼻使猫的脸看起来又圆又平

下面的表格将帮助你了解动物脚印的关键特征。脚印的长度和宽度也可以帮助你判断留下脚印的是哪种动物。不同的指南可能会介绍不同的测量方法，所以以本书作为参考时，请你确保按照本书中提供的方法进行测量。

动物的脚印

动物的种类	脚印	描述
鹿		两个稍大的脚趾形成了心形的偶蹄印。悬趾在偶蹄上方。在积雪较深的地方，偶蹄形成一串印记。脚印长 3.8 ～ 8.9 厘米，宽 3.5 ～ 7.3 厘米
狗		每个脚印中有 4 个脚趾印，爪子通常会留下痕迹。脚印的长度大于宽度，大小因品种而异
猫		脚印呈圆形，有 4 个脚趾印，没有显示爪子，大小因品种而异。猫通常走着走着就飞奔起来，但不怎么小跑
东部棉尾兔		前后脚的 4 个脚趾印通常不太明显。前脚印大致呈椭圆形，长约 2.5 厘米。后脚印长约 7.6 厘米。东部棉尾兔喜欢跳跃，轨迹呈之字形

续表

动物的种类	脚印	描述
东美松鼠		后脚有5个脚趾，前脚有4个脚趾。当整个后脚都留下脚印时，脚印宽约2.5厘米，长5.7～6.3厘米。这是一种昼行性动物，脚印看起来和东部棉尾兔的类似，不过东美松鼠的两个前脚印通常平齐
臭鼬		包括5个细长的脚垫印，有爪印，但是通常不显示小脚趾。前脚印（包括爪子和脚跟）长4.8厘米，宽5.6厘米。后脚印展示了整个脚的形态，有点像人类的脚印，很精致
北美浣熊		有5根长长的、手指般的脚趾。前脚印长5～7.6厘米，宽4.8～6.4厘米；后脚印长约6厘米，宽约9.5厘米。脚印显示出脚趾间距较大
负鼠	（未按比例）	前脚有5根长长的、手指般的脚趾。前脚印长3.8～5.4厘米，宽4.5～6厘米；后脚印长4.5～7厘米，宽4.5～7.3厘米。后脚上有拇指状的附属物，用于抓取食物等

　　测量脚印时，你需要测量多个脚印。雪后，受到周围环境的影响，脚印的外观可能会有所变化。在刚积雪的雪地里发现的脚印与那些在已经开始融化的雪地里发现的脚印看起来会有很大的差异。在积雪上留下自己的脚印，等到第二天再去看看，你就能发现这一点了。它们发生了什么变化呢？

　　坚持观察你在附近发现的动物脚印和活动轨迹，将观察结果记录在野外观察笔记本上，包括日期、时刻、天气状况、插图、动物种类和有关描述。

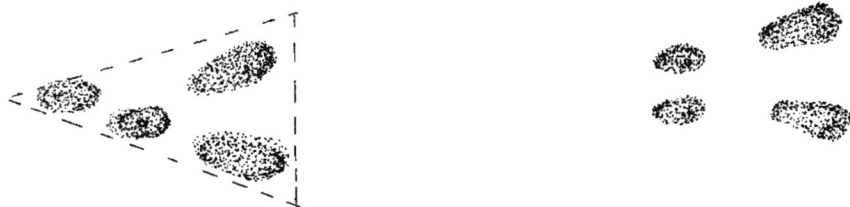

左侧为棉尾兔家族中常见的三角形轨迹，右侧为松鼠的脚印，两个前脚印平齐

脚印记录表

日期	时刻	天气状况	插图	动物种类	描述

其他痕迹。除了脚印，动物还会在冬季留下别的痕迹，表明它们的存在。当你花更多时间和精力去探索冬日世界时，其他痕迹就会更清晰地出现在你的眼前，其中包括动物的粪便、啃食的证据以及一些雪中小道。以下介绍一些常见动物以及它们在冬天可能留下的痕迹。

白尾鹿。因为白尾鹿的上颌没有门齿（切齿），因此被它们咀嚼过的小枝看起来粗糙且参差不齐。兔子则具有门齿，能在小枝上留下整齐的 45 度切面。在你的膝盖以上、腰部以下的高度寻找白尾鹿啃食植物的痕迹吧，不过这一高度范围会随着积雪的深度而变化。白尾鹿也会用下门齿剐蹭树皮，你可以在铁杉、盐麸木、柳树、金缕梅（金缕梅属，学名为 *Hamamelis* spp.）、欧亚花楸（*Sorbus aucuparia*）、唐棣（唐棣属，学名为 *Amelanchier* spp.）、桤木、樱桃树和苹果树上找找白尾鹿牙齿的剐痕。

头骨

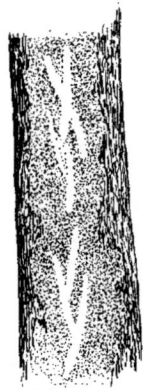
剐痕

白尾鹿缺少上门齿，因此它们啃食草木后会留下粗糙的、撕裂状的或方形的切口。它们会从下往上剐取树皮作为食物，因此树皮上也会有剐痕

白尾鹿

　　白尾鹿会在铁杉、松树和云杉林下寻找遮风挡雪的庇护所。这些区域称为鹿场。鹿场的范围也许很大，能容纳数百甚至上千只白尾鹿。通常，鹿群活动范围北部的鹿场较大，而南部的鹿场则小得多。鹿道是有积雪覆盖的小路，通往白尾鹿觅食或休息的地方。积雪可以帮助白尾鹿移动。

在冬季，白尾鹿的粪便很好识别。它们呈圆柱形，大小通常在 2.5 厘米以下，一端较尖

　　赤狐（*Vulpes vulpes*）。赤狐广泛分布于北美地区，这种谨慎的生物比我们想象的更加喜欢居住在人类附近。它们常常出现在城市边缘和农村地区。脚印和粪便是它们留下的两种痕迹。赤狐的皮毛通常是红色的，尾巴尖是白色

的。赤狐的体色也有可能是黑色或者银色，不过尾巴尖的白色始终是确认它们身份的线索。

赤狐行走时会留下一串又直又窄的脚印，后脚印会覆盖在前脚印上

赤狐栖息在开阔的田野、山脉及丘陵朝南的斜坡上，它们开辟的一系列通道标志着它们频繁使用这一区域。在雪地里，它们的通道通常呈直线，不像不知饥饿的家狗走出来的路线蜿蜒曲折。在田野上、林间和郊区人家的后院中找找赤狐。对赤狐来说，最重要的是食物，它们的食物包括小型哺乳动物、昆虫和腐肉等。

你会发现赤狐的粪便中满是田鼠[1]、花栗鼠和松鼠等的毛。你还可能发现碎骨（长 5 ～ 10 厘米，直径约为 3.8 厘米）。相对于长度，碎骨的直径更有助于我们辨识赤狐的身份，因为碎骨的长度可能会有较大变化。赤狐的粪便具有麝香味，也可以作为确认其身份的线索。

---

[1] 小型啮齿动物，尾巴长而多毛，头部略圆，具有不同形状的磨牙，与旅鼠及仓鼠共同构成了田鼠亚科。——译者注

狗的粪便（大小因品种而异）　　　　　　　**赤狐的粪便**

在冬季和春季，赤狐的粪便主要由动物的毛组成，通常有尖尾

东部棉尾兔。两颗上门齿中的一颗位于另一颗后面，加上下门齿，使得东部棉尾兔的啃食效率很高。小枝上平整的45度切口代表东部棉尾兔在那儿吃过东西。东部棉尾兔在盐麸木、槭树、苹果树、黑莓和橡树上觅食。它们喜欢藏身于农田、牧场、树篱和茂密的灌丛中。这种兔子不挖洞，遇到危险时可能会跳进被遗弃的臭鼬和土拨鼠的洞穴中。

它们的粪便较小（直径仅为1.3厘米），为浅棕色的扁平颗粒，类似木屑。因为东部棉尾兔每次只排一粒粪便，所以假如你在某个地方发现一小堆粪便，则说明它在那儿逗留过。

东部棉尾兔

秋冬两季，东部棉尾兔会啃食果树的皮，散落的粪便颗粒标志着它曾在此觅食

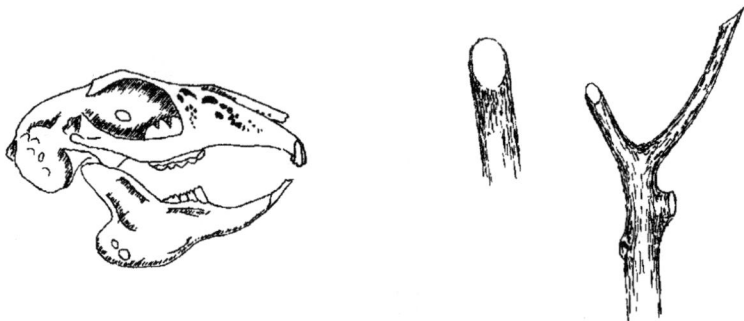

东部棉尾兔的上、下门齿都很锋利，啃食树枝时通常形成平整的45度切口

　　东美松鼠。东美松鼠通常会选择废弃的干燥树洞作为自己过冬的巢穴。找找这类巢穴，尤其是在橡树和水青冈上。它们的巢穴里还会铺着干草、苔藓和树叶。它们的夏季巢穴则是树杈上的一大堆松散的叶子。东美松鼠常在冬季巢穴中产第二胎，你可以在光秃秃的落叶树上找一找。

东美松鼠喜欢橡子和其他大型坚果。虽然每个秋天它们都会埋下很多坚果，但实际上它们并非为冬季储存坚果。尽管东美松鼠常常忘了自己把坚果藏在了哪里，但凭借敏锐的嗅觉，它们能够找到埋藏的坚果。被遗忘的坚果会生根发芽，长成大树。因此，东美松鼠在公园和森林中种下了很多树，包括黑胡桃（*Juglans nigra*）、壮核桃（*Juglans cinerea*）、水青冈、橡树和山核桃等。东美松鼠的种群数量与它们的活动范围内产生的坚果数量成正比。

东美松鼠活动的迹象——被啃食过的松塔、橡子和山核桃，以及它们的粪便

东美松鼠

东美松鼠的粪便呈光滑的椭球形。东美松鼠时常在喂鸟器旁出现，你也可以在那儿找到它们的粪便。

臭鼬。你能在郊区发现鼬科成员的活动迹象。在农村地区，它们常常在房屋附近和垃圾堆旁留下痕迹。臭鼬在冬眠时处于浅睡眠状态，保持较低的新陈代谢速度，而气温回升后，它们的新陈代谢速度可以迅速恢复到正常水平。气温上升和降雪减少是臭鼬恢复周期性活动的关键因素。在早春时节，交配的欲望是臭鼬重新活跃的另一个因素。天黑后，你会发现它们在附近闲逛，寻找食物。鼬科的其他成员包括渔貂（*Pekania pennanti*）、鼬（鼬属，学名为 *Mustela* spp.）、水獭、美洲水鼬（*Neovison vison*）、美洲獾（*Taxidea taxus*）和貂（貂属，学名为 *Martes* spp.）等。

臭鼬

鼬科成员的前脚和后脚都有 5 根脚趾。你经常可以在天气恶劣的日子里看到臭鼬进出地洞时留下的一串串精致的脚印。

臭鼬喜欢在树的缝隙间或建筑物下筑巢，但是它们最喜欢的还是其他动物遗弃的巢穴。臭鼬特别喜欢土拨鼠的巢穴。枯萎的叶子和干草散落在洞口，那极有可能是臭鼬活动的痕迹。

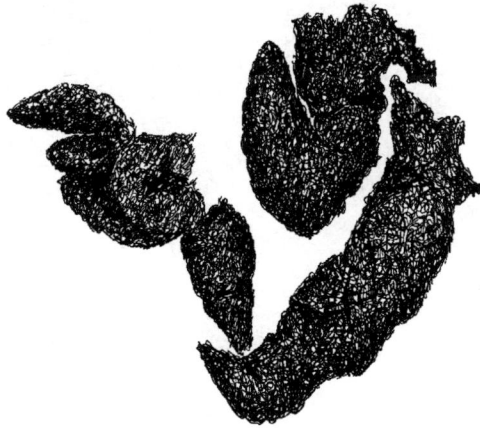

臭鼬的粪便通常是黑色的，可能比你认为的要大，直径可以达到 2 厘米及以上

臭鼬是杂食动物，但是它们的粪便几乎是由昆虫的遗体组成的。如果一只臭鼬主要以浆果和小动物为食，那么它的粪便中将含有种子和动物的毛。它们的粪便是黑色的，通常散落在觅食地，不过也有可能在它们游荡的地方被发现。

北美浣熊。在寒冷的月份里，北美浣熊保持着大部分正常的身体机能，在睡眠和清醒之间变换状态。在极端寒冷的天气里，它们几乎不活动。冬季开始，温度低于零下 1 摄氏度时，它们很少外出冒险。不过，随着冬天的深入，即使温度降至零下几摄氏度，它们也会在夜间外出觅食。冬末时节，北美浣熊会花更多的时间离开巢穴，寻找食物，但不幸的是，它们常常被路上的车辆撞死。

北美浣熊喜欢生活在湿地周围，如草本沼泽、木本沼泽和小溪附近。不过，它们的自然栖息地遭到破坏，变成人类居住地时，这种顽强的生物也能很好地适应城市和郊区生活。它们常在美洲椴、槭树、一球悬铃木、橡树和北美枫香等硬木树上的洞中寻求庇护。北美浣熊的适应能力较强，因此我们在废弃的木制鸭箱、闲置的土拨鼠洞穴、下水道和教堂尖塔等地方也能发现它们自由自在地生活着。它们甚至会和其他动物一起住在谷仓、车库或棚屋里。

北美浣熊

北美浣熊的前脚呈圆形，有 5 根较长的脚趾，常被比作人手的缩影。后脚也有 5 根脚趾，脚趾比前脚的更长一些。

北美浣熊通常沿着活动路线排便，它们的粪便散落在远离洞穴的树根周围、石墙顶上或靠近地面的树杈上。粪便的外观不尽相同，通常两端扁平。因为北美浣熊为杂食动物，你可能会在它们的粪便中找到种子、昆虫、动物的毛，甚至垃圾堆里的食物残渣也会混入其中。在某些地区，蛔虫会寄生在北美浣熊的肠道中，所以你发现它们的粪便时，最好不要触碰。

北美浣熊的粪便较大，表面粗糙，两端扁平

北美负鼠（*Didelphis virginiana*）。北美负鼠是最容易被我们误解的夜行性哺乳动物之一，可惜的是大部分人见过的北美负鼠都是被车撞死的。北美负鼠遍布美国和加拿大南部。即便生活在我们的后院中，这些害羞的小家伙也总能避开人类。它们的脸长而尖，鼻子是粉色的，小眼睛亮晶晶，皮毛呈暗淡的灰白色，通常带一层黄色。它们还有一条覆盖着鳞片的无毛尾巴。

北美负鼠是生活在北美林间的最安静的动物，但是当受到惊吓或威胁时，它们会低声吼叫，并发出嘶嘶声。它们甚至会露出50颗尖牙，忍受疼痛咬伤自己的下巴来恐吓敌人。但是与乌龟的保护性外壳、豪猪的长矛状棘刺和臭鼬令人厌恶的气味相比，北美负鼠的这种防御措施不堪一击。它们也跑不过狐狸、狼和短尾猫等捕食者。不过，北美负鼠具有一些非常有效的生存技能。

北美负鼠

北美负鼠是攀爬好手，每只后脚都有一根对生的脚趾（即拇趾），这使得它们能够抓紧东西。不过，它们不能将拇趾垫压在其他脚趾上，所以它们无法拿起种子这类小东西。北美负鼠还有一条非常灵活的尾巴，这使得它们能够敏

捷地在林间穿梭。一旦感到不安全，北美负鼠就会躲进树洞，直到危险彻底
消失。

北美负鼠还有另一种躲避危险的巧妙策略，它们会装死。它们侧躺在地上
一动不动，眼睛半睁，嘴巴张开，伸出舌头。肛门释放出一种绿色液体，闻起
来它们像真的死了一般。有必要的话，北美负鼠可以装死好几小时，即使被
戳、咬、踢，或者捡起来又摔到地上，它们也会一动不动。科学家目前还不确
定，为什么北美负鼠选择这种装死策略来躲避捕食者，以及它们装死时究竟发
生了什么。针对北美负鼠脑电波的研究表明，北美负鼠并不像人们过去认为的
那样催眠自己进入昏迷或麻痹状态。

北美负鼠的前脚和后脚各有 5 个脚趾，当它们将重量放在脚趾上，脚趾就
会伸展开来。和很多哺乳动物类似，它们走路时，后脚会落在前脚印上。不过
它们的后脚印比较特别，有一根对生的拇趾。

虽然北美负鼠擅长在树洞和其他自然环境中生存，但是它们也会将人类的
地下室、车库、谷仓、棚屋和门廊作为庇护所。舒适而安全的庇护所对它们尤
为重要，因为它们需要花费大量精力和时间进行繁殖。

北美负鼠的粪便不常被发现，有人认为这是因为它们的消化能力较强，所以它们
的粪便很少是固体，因此很快就会被分解掉

在附近寻找这些动物的踪迹吧。这也许很有趣，不过要想快速入门，你可
能需要一位有经验的观察者来带领。希望你能够珍惜机会，去探索积雪中各种
动物的神秘踪迹。

本章注解

1．据沃克在《世界上的哺乳动物》中的记载，雌性北美黑熊的体重为 80 ～ 130 千克，而雄性北美黑熊的体重为 100 ～ 250 千克。在进入洞穴过冬之前，它们的体重达到最大。

2．通过研究脚印，你能发现附近的很多哺乳动物。不过需要注意的是，在潮湿的沙地上或泥浆中发现的脚印可能与书中的标准插图相差甚远。刚落雪的松软雪地里的脚印也与较长时间的积雪上的脚印不同。

3．猫是一种悄无声息的跟踪者，这一点在它们猎捕听觉异常灵敏的啮齿动物时非常有用。它们悄无声息的秘诀在于猫爪的结构。如果仔细检查一只比较友好的猫，你会发现它的每只前脚都有 5 根脚趾，而每只后脚都有 4 根脚趾。每根脚趾都由 3 块骨头组成，类似人类的手指。每个脚趾的顶端都有一个爪子。当猫放松时，有一层皮肤覆盖着爪子。这使得猫在收回爪子时能够保持安静。

你可以让猫伸出爪子。首先将猫的脚垫放在你的食指的第一和第二关节处，然后用拇指轻轻按压，观察它的爪子和第一关节的伸展。猫可以通过肌肉、肌腱和韧带的相互配合，收回或伸展爪子。

趾甲在光滑的地板上发出咔哒声的是狗。对猫和狗的爪子进行比较，你就知道为什么狗当不了悄无声息的好猎手了。

第四章

本章以桦木科桦木属物种为中心而展开。桦木属包含约 65 个种及亚种，广泛分布于北半球的高山、苔原和沼泽等不同生境。我国分布有 20 余个种，分布区域较广，较为常见的 5 个种为亮叶桦（*Betula luminifera*）、白桦（*Betula platyphylla*）、红桦（*Betula albosinensis*）、糙皮桦（*Betula utilis*）和坚桦（*Betula chinensis*）。

1. 亮叶桦分布于云南、四川、贵州、广西、广东、湖南、湖北、福建、江西、浙江、江苏、安徽、陕西、甘肃等地，高度可达 20 米。树皮为暗黄灰色，坚密、平滑，有横向突起及沟壑。大枝为红褐色，覆蜡质白粉；小枝为黄褐色，密被淡黄色短柔毛。芽鳞无毛，边缘被短纤毛。亮叶桦生长在山谷、山坡、溪沟和山麓等处，喜阳。

亮叶桦木材质地优良，可用在枪托制造、航空、建筑、家具加工等方面。树皮富含油脂，可制取桦焦油，也含单宁，用于制取黑色染料。此外，树皮、枝、叶、芽还可提取芳香油。

---

[1] 为了便于读者阅读，附录中补充了中国的有关情况。——译者注

2. 白桦广泛分布于东北、华北、河南、陕西、宁夏、甘肃、青海、四川、云南以及西藏东南部，具有很强的适应性，喜欢湿润的土壤，为次生林的开拓树种之一。白桦可高达 27 米。树皮为灰白色，呈纸质，易层状剥落。大枝为暗褐色，小枝为暗灰色。

白桦作为我国北方森林中较为常见的树种，其木材可作为一般建筑材料，也可用于制作器具。树皮除了可提取桦焦油，还与很多渔猎民族的生活紧密相关，形成了独特的桦树皮文化。中国的东北地区是中国桦树皮文化的核心地带。历史上生活在东北地区的少数民族，如突厥、契丹、室韦、鲜卑、女真、蒙古、满等均拥有桦树皮文化。桦树皮具有诸多优点，如防水、隔热、透气、防腐、柔软、光滑，纹理细腻，而且各层纹理、色泽都不相同。人们用白桦的树皮制作的碗、盆、水桶、箱、篓、帽盒、针线盒等器具达几十种，这些器具轻便、易携带且不易破碎。白桦枝叶扶疏，树干修直，姿态优美，洁白雅致。白桦易栽培，也可作为庭院树种。

3. 红桦分布于云南、四川东部、湖北西部、河南、河北、山西、陕西、甘肃、青海等地，可高达 30 米。红桦的纸质树皮为橙红色，具光泽，覆白粉，也会呈薄层状剥落。幼树皮的橙红色更为明显，老龄树的皮外侧可能呈暗褐色，但剥开后树皮内侧是橙红色。红桦的大枝为红褐色，小枝为紫红色。红桦在冬季的落叶阔叶林间尤其引人注目，剥落的树皮在阳光的照耀下闪烁着金赤色的光泽。

红桦喜欢背风向阳、湿润的山地生境。它的木材为红色或淡橙红色，质地坚硬，结构细密，花纹美观，但比较脆，可用于制作器具和胶合板。树皮可用于制作帽子和包装材料。

4. 糙皮桦分布于西藏、云南、四川西部、陕西、甘肃、青海、河南、河北、山西等地，可高达 33 米。糙皮桦的树皮一般为红褐色，较为黯淡，有层状剥落。老龄树的皮呈灰褐色。大枝为红褐色，无毛；小枝为褐色，密被短柔毛。

糙皮桦耐高寒、阴湿，抗风能力强，能够适应喜马拉雅山脉高海拔地区寒冷、多风雨的环境。木材坚韧，断面有光泽，供建筑用。在喜马拉雅山脉，人们还用这类树皮造纸和制作屋顶。

5. 坚桦分布于我国黑龙江、辽宁、河北、山西、山东、河南、陕西、甘肃等地，一般高 2～5 米。树皮为黑灰色，纵裂或不开裂；大枝为灰褐色或灰色，无毛；小枝密被长柔毛。坚桦大多生长在山坡、山脊及沟谷等处，耐干旱，耐寒冷。

坚桦木质坚重，入水即沉，为北方较坚硬的木材之一。由于性能稳定，不易开裂，坚桦可用于制作车轴、车轮及杵槌。坚桦的另一个名字"杵榆"可能更为人们熟知。因为数量较少，木材珍贵，坚桦享有"南紫檀，北杵榆"之誉。

第五章

第五章以北美圆柏开篇，引入松柏类植物。在此，我就北美圆柏所在的刺柏属以及落叶松属、松属、云杉属、冷杉属、铁杉属分别选取一些有代表性的、能在中国观测到的树种进行介绍。

1. 柏科的刺柏属树种为常绿乔木或灌木，叶全为刺叶，或全为鳞叶，或二者兼有。刺叶者三叶轮生，鳞叶者交叉对生。球果需 2～3 年成熟；种鳞三枚，肉质，合生，熟时不张开；种子无翅。刺柏属约有 60 个种，我国产 20 个种，包括刺柏（*Juniperus formosana*）、杜松（*Juniperus rigid*）、圆柏（*Juniperus chinensis*）、垂枝香柏（*Juniperus pingii*）和昆明柏（*Juniperus gaussenii*）等。

其中，刺柏为我国特有树种，广布于台湾中央山脉、江苏、安徽、浙江、福建、江西、湖北、湖南、陕西、甘肃、青海、西藏、四川、贵州、云南等地，高达 12 米。树皮为褐色，纵裂成长条脱落；树枝斜展或直展；树冠呈塔形或圆柱形；小枝下垂，为三棱形。球果近球形或宽卵圆形，长 6～10 毫米，直径为 6～9 毫米，成熟后为淡红褐色，被白粉。

刺柏性喜冷凉气候，耐寒，耐旱，对土壤的要求不严，在酸性土壤中、干燥的岩缝间和沙砾地上均可生长。边材为淡黄色，心材为红褐色，纹理笔直、均匀，结构致密，有香气，耐水浸泡，可作为船底、桥柱、桩木、工艺品、文具及家具等用材。刺柏具有优美的树形，郁郁葱葱，在长江流域的各大城市多作为庭院树栽培。

2. 松科的落叶松属约有 15 个树种，我国产 9 个种。落叶松属树种均为落叶乔木，叶在长枝上呈螺旋状排列，在短枝上簇生，呈针状窄条形，扁平。球果直立，当年成熟。落叶松属树种的分布范围都较为狭窄，在我国的黑龙江、河北、山西等地可见落叶松（*Larix gmelinii*），在阿尔泰山可见新疆落叶松（*Larix sibirica*），在云南、四川和西藏等的局部地区可见红杉（*Larix potaninii*）。

落叶松为高大乔木，可高达 35 米。幼树的皮为深褐色，裂成鳞片状块片；老树的皮为灰色、暗灰色或灰褐色，纵裂成鳞片状剥离，剥落后内皮呈紫红色。树枝斜展或近乎平展，树冠呈卵状圆锥形。一年生长树枝较细，为淡黄褐色。

落叶松为我国东北林区的重要树种，喜阳，对水分的要求较高，能适应各种不同的环境（如山麓、沼泽、草甸、土壤湿润且富含腐殖质的阴坡、干燥的阳坡、湿润的河谷及山顶等）。落叶松常与白桦、黑桦、山杨、樟子松、红皮云杉、鱼鳞云杉等针叶树、阔叶树组成以落叶松为主的混交林。落叶松的木材略重，硬度适中，易裂。边材为淡黄色，心材为黄褐色至红褐色，纹理直，结构细密，有树脂，耐久用，可作为房屋建筑、土木工程、电线杆、舟车、细木加工及木纤维工业原料等用材。

3. 松科的松属树种为常绿乔木或灌木，叶为针状，几根为一束，生于极度退化的短枝顶端。球果下垂，翌年成熟。松属约有 120 个种，中国有 20 余个种，北方常见的有油松（*Pinus tabuliformis*）和白皮松（*Pinus bungeana*），南方常见的有马尾松（*Pinus massoniana*）和华山松（*Pinus armandii*）。

白皮松分布于山西、河南、陕西、甘肃、四川、湖北、辽宁、河北、山东、江苏等地，可高达 30 米，有明显的主干，或从基部分成数根树干。树枝较细，斜展，形成宽塔形至伞形树冠。幼树的皮光滑，呈灰绿色，长大后呈不规则的薄块片脱落，露出淡黄绿色的新皮。老树的皮呈淡褐灰色或灰白色，裂成不规则的鳞状块片脱落，脱落后近乎光滑，露出粉白色的内皮，白褐相间，呈斑鳞状。一年生枝为灰绿色。

白皮松喜阳，耐瘠薄土壤及较干冷的气候，偏好气候温凉、土层深厚、肥润的钙质土和黄土生境。心材为黄褐色，边材为黄白色或黄褐色，质地脆弱，纹理直，有光泽，花纹美丽，可作为房屋建筑、家具、文具等用材。种子可食。树姿优美，树皮为白色或褐白相间，极为美观，因此白皮松为优良的园林树种。

马尾松广泛分布于江苏、安徽、浙江、福建、台湾、广东、广西、江西、河南、湖北、陕西、湖南、四川、贵州、云南等地，可高达 45 米。树皮为红褐色，下部为灰褐色，裂成不规则的鳞状块片。枝平展或斜展；树冠为宽塔形或伞形；枝条每年生长一轮至两轮，呈淡黄褐色；针叶通常为两根一束。

马尾松喜光，不耐庇荫，喜欢温暖湿润的气候，在干旱、瘠薄的红壤、石砾土及沙质土中也能生成，甚至生长在岩缝中，因此马尾松为荒山恢复森林的先锋树种。马尾松常与栎类、山槐、黄檀相伴而生。木材为淡黄褐色，纹理直，结构粗且有弹性，但不耐腐，可作为建筑、枕木、矿柱、家具及木纤维工业（人造丝浆及造纸）原料等用材。

4. 松科的云杉属树种多为常绿乔木，叶呈螺旋状排列，为四棱状条形。球果下垂，呈圆柱形或卵状圆柱形，当年成熟。云杉属约有 37 个种，中国分布有约 17 个种，常见的有青扦（*Picea wilsonii*）和云杉（*Picea asperata*）。

云杉为我国特有树种，自然分布于陕西西南、甘肃东部、四川岷江流域和金川流域，可高达 45 米。树皮为淡灰褐色，裂成不规则的鳞片或稍厚的块片脱落；小枝一年生时为淡褐黄色或淡红褐色，二年和三年生时为灰褐色。

云杉为浅根性树种，稍耐阴，能耐干燥及寒冷，在凉润、土层深厚、排水良好的微酸性土地上生长良好，常常与紫果云杉、岷江冷杉和紫果冷杉混生。云杉木材为黄白色，较轻软，纹理直，结构细，有弹性，可作为建筑、飞机、枕木、电线杆、舟车、器具、家具及木纤维工业原料等用材。

5. 松科的冷杉属树种为常绿乔木，叶子呈螺旋状排列，辐射伸展，或基部扭转排成两列，呈条形；球果直立，当年成熟。冷杉属约有 54 个种，中国约有 23 个种，但分布范围都比较狭窄。例如，巴山冷杉（*Abies fargesii*）分布于河南、湖北、四川、陕西和甘肃局部地区；臭冷杉（*Abies nephrolepis*）分布于黑龙江、吉林、河北和山西；百山祖冷杉（*Abies beshanzuensis*）分布于浙江庆元；川滇冷杉（*Abies forrestii*）分布于云南西北部、四川西南部和西藏东部。

巴山冷杉为我国特有树种，可高达 40 米，树皮粗糙，为暗灰色或暗灰褐色，块状开裂。一年生枝为红褐色或稍带紫色，微有凹槽。球果为柱状矩圆形或圆柱形，长 5～8 厘米，直径为 3～4 厘米，成熟时呈淡紫色、紫黑色或红褐色。木材轻软，可作为一般建筑、家具及木纤维工业原材料用材。树皮可提取冷杉胶。

6. 松科的铁杉属树种多为常绿乔木，叶子排成二列，呈条形。球果斜生或下垂，呈卵球形或圆柱形，当年成熟。铁杉属约有 12 个种，中国分布有 5 个种。

铁杉可高达 50 米，树皮为暗深灰色，纵裂，块状脱落；大枝平展，枝梢下垂，树冠呈塔形；一年生枝细，为淡黄色；二年和三年生枝为灰黄色或灰褐色。叶子呈条形，排成两列。铁杉偏好雨量多、云雾多、相对湿度大、气候凉润、土壤呈酸性及排水良好的山区。木材细而均匀，材质坚实，耐水湿，可作为建筑、舟车、家具、器具等用材。

第六章

本章以冬日最容易被忽视的杂草为主，此处延续本书中的内容，按植物的几个科介绍一些在中国常见的冬日杂草。

1. 菊科。

野菊（*Chrysanthemum indicum*）广泛分布于我国的东北、华北、华中、华南及西南各地。野菊的头状花序在茎的顶端排列成疏松的伞房花序，基生叶和植株下部的叶早已脱落，所以你在冬天只能看到茎上部已经枯萎了的、半裂至深裂的羽状叶片。仔细看看，还能看到边缘的浅锯齿。在山坡、草地、灌丛、河边湿地、滨海盐渍地、田野边缘及路旁，你都有可能找到高 25 ～ 100 厘米的野菊。

艾（*Artemisia argyi*）广泛分布于我国，除了极其干旱和高寒的地区。艾的茎有明显的纵棱，基部稍木质化。和野菊一样，艾的基部叶在花期萎谢，所以在冬天只剩下干枯了的羽状深裂叶片，呈锈色，叶柄长 0.2 ～ 0.5 厘米。你可以通过狭窄的、呈尖塔状的圆锥果序辨识艾。虽然枯萎了，但揉碎的艾叶仍有一股我们熟悉的浓烈香气。你可以在荒地上、路边及山坡上看到这种高80 ～ 200 厘米的植物。

款冬（*Tussilago farfara*）的花是菊科典型的舌状花与管状花的组合，外围的黄色舌状花主要吸引传粉者。关于款冬的名字，李时珍解释道："款冬生于草冰之中，则颗冻之，名以此而得。"款冬在我国东北、华北、华东、西北等地区都有分布。在冬末春初，冰雪尚未消融时，你可以去山谷中的湿地或林下找找这抹鲜艳的黄色。

千里光（*Senecio scandens*）与款冬类似，都是冬天开花，但千里光的花比款冬要小一号，而且千里光是攀援状草本植物，茎的基部可能已木质化。千里光的花序也与款冬的不同，是聚集在茎顶的圆锥花序。你可以在灌丛间、溪边或者野外路边找到这种乱糟糟的植物，它可能正在灿烂地盛开，也有可能已经结果。瘦果具冠毛。

珠光香青（*Anaphalis margaritacea*）的下部叶片在夏秋开花时就已经凋落，你在冬天也许还能看到茎的中上部的线性叶。珠光香青分布于我国西南部、西部和中部。冬天，你也许还有机会看到未枯萎的叶片，它们呈灰绿色，覆茸毛。花精致，苞片明显，一层层叠覆在头状花序上，如同一朵朵小型月季。苞片干而不枯，所以即使在冬天，你仍能看到白色苞片。在阳光充足的土坡上、路边和草地上，你都能看到这种高 30～100 厘米的优雅杂草。

2. 十字花科。

荠（*Capsella bursa-pastoris*）是深受人们喜爱的野菜之一，在我国温带地区都能看到。当冬天大部分植物枯萎时，荠逐渐显现出顽强的绿意，它在荒野、田地间紧贴着地面生长。依据莲座状的基生叶及深裂的羽状叶，你便能很好地将荠和其他植物区别开。你也可以揪下一点叶片，揉碎后闻一闻，它那浓郁而清新的香气是多么特别呀！一旦冬天结束，荠就迅速生长。三四月间其他植物正趁着春光萌发时，成片的荠已抽出花葶，开出米白色小花，授粉后就结出心形角果。

3. 唇形科。

益母草（*Leonurus japonicus*）的茎在冬天虽然褪去了青色，但仍呈四棱形，具凹槽，有短毛，摸起来比较粗糙。叶子有 3 个裂片，中间的较长，两边的稍短，具叶柄。干枯的叶子从茎的基部一直到顶部都有。在冬天摇一摇，你也许会看到附着在茎秆上的小坚果从果萼中掉落。益母草适应多种生境，在我国南北方都能看到。去找找这种瘦弱的、高 30～120 厘米的杂草吧。

4. 豆科。

救荒野豌豆（*Vicia sativa*）的茎微斜或者呈攀援状，也具棱，叶子为偶数羽状复叶。在冬天能看到已经干枯了的叶轴顶端的卷须，有时还能看到已经开裂的荚果，里面的果实早已离开去开辟新的疆域，只剩下扭曲的褐色豆荚了。

5. 川续断科。

川续断（*Dipsacus asper*）的咖啡色带刺小球在开阔的草地上、林缘或路边很显眼，而且干枯后很扎手，你不要轻易触碰。叶子在冬天早已不见踪迹，只剩下长长（50～100 厘米）的总花梗支撑着上面已经散播过种子的头状花序。

用小棍子轻轻摇一摇，说不定你还能看到一些漏网之鱼——卵柱状的小瘦果。

6. 伞形科。

窃衣（*Torilis scabra*）的花序、叶子都和野胡萝卜的类似，不过窃衣全株都有贴生的短硬毛，其果实也不例外，和鬼针草一样。在野外，你可能很难注意到这种杂草，但是它的硬毛会牢牢地钩住你的衣服或者动物的皮毛，故名窃衣。你可以在山坡上、林下、路边或者开阔的草地上找到这种高 30～70 厘米的杂草。在野外，你可能会发现另一种和它相似的植物——小窃衣（*Torilis japonica*）。仔细观察，你便会发现窃衣的果序更为分散，而小窃衣的果序更为紧密。

7. 蓼科。

金荞麦（*Fagopyrum dibotrys*）的茎具纵棱，但没有毛，叶片为三角形。金荞麦为多年生草本植物，所以在华南和西南等地的冬天，你仍能看到其绿色的叶片。金荞麦的小瘦果为宽卵形，具尖锐的三棱，成熟之后为黑褐色。在山坡上、灌丛中和路边，你都能看到金荞麦，它们能长到 100 厘米高。

8. 锦葵科。

蜀葵（*Alcea rosea*）自然分布于我国的西南地区，但全国各地都有广泛栽培。它的蒴果为盘状，成熟后会开裂，能裂开成 30 个或更多的小分果，而且每个小分果的外圈都有薄翅，能够借助风力传播。宿存的花萼和苞片弯曲，包裹着果实。这种高达 2 米的植物喜欢阳光充足的生境。

第七章

弹尾纲的昆虫通常称为跳虫，广泛分布于世界各地。全世界目前已知的跳虫约有 8000 种，我国发现并定名的约有 320 种。疣跳虫腹部的弹跳器已退化，它无法跳跃，身体上有许多瘤状突起，故得此名。在朽木、石头下能找到这类体色鲜艳的跳虫。棘跳虫的大部分种类为白色的，生活在腐殖质丰富的潮湿土壤中。等节跳虫因腹部各节长度相当而得名，喜欢阴暗潮湿的环境，通常为灰黑色、黄色，甚至透明。圆跳虫的身体近乎球形，它多见于土壤表面，也喜阴湿。

昆虫是变温动物，随着冬季气温的降低，其体温也会降低。体温低到极限时，它们就无法正常活动，只能躲起来等待暖意重回人间。所以，昆虫越冬更多靠的是顺应自然、适应环境的本事。

我们身边常见的蝗虫、蟋蟀、斑衣蜡蝉（*Lycorma delicatula*）等大多以卵的形式越冬，鳞翅目中的灰蝶家族、蛾类以及鞘翅目中的叶甲也有部分以卵的形式过冬。这些昆虫产卵越冬的场所主要是土壤、枝杈间向阳面的缝隙和枝条髓心处。很多人会认为卵既不能移动又脆弱，其实以卵的形式越冬的昆虫通常会把卵严密地保护起来。例如，东亚飞蝗（*Locusta migratoria*）会精心寻找适宜的土壤，然后用腹部末端坚硬的产卵器接触地面，下弯，将卵产下，同时排出泡沫状的胶液，把卵包裹严实，形成能够抵御水、霜等危害的"保险胶袋"。而斑衣蜡蝉则会分泌一种土灰色物质覆盖在卵块上，起到保温和伪装的双重作用。

以幼虫形式过冬的昆虫多数为抗寒能力更强的老熟幼虫，而非低龄幼虫。鳞翅目中的螟蛾科、木蠹蛾科昆虫的老熟幼虫会钻蛀到树干或根茎中，用碎屑将隧道填满，为自己营造一个温暖的小天地。蛱蝶类的幼虫会在秋末停止进食，爬到地面上，穿过落叶层，在那里一动不动，度过冬季。弄蝶类则会选择一片合适的叶子，用丝线将叶子两侧拉紧，将自己卷在叶筒间越冬。天牛科昆虫在整个幼虫期都在树干内取食并构筑隧道。冬季，老熟幼虫还会用粪便把洞口堵严，防风保暖，又可抵御外界的干扰。我们熟悉的独角仙（*Allomyrina dichotoma*）也以老龄幼虫的形式在富含腐殖质的湿润土壤中越冬。

在完全变态的昆虫中，从幼虫过渡到成虫时的虫体形态称作蛹。蛹的表皮比较坚硬，可以挡风御寒，保护内部器官免受伤害。蛾类的蛹大部分会在土壤中过冬，避免受到侵害。多数凤蝶以蛹的形式越冬，它们的蛹多为土色或黄褐色，藏在岩缝或树枝间。

以成虫形式过冬的昆虫有坚硬的体壁，能耐低温。它们会大量进食，储存足够的营养。蚊子会钻到菜窖、杂物或墙角等阴暗避风的角落里躲藏起来。悬铃木方翅网蝽（*Corythucha ciliata*）的成虫在悬铃木的树皮裂缝内越冬。蝼蛄会以成虫形式在地下深处越冬。孔雀蛱蝶（*Aglais io*）、君主斑蝶（*Danaus plexippus*）等会聚集在一起，蜷缩起来，紧紧收拢翅膀，让自身的活动和消耗降到最低水平。只在无风且太阳高照的时候，它们才会展开翅膀活动，汲取更多能量。

虫瘿源于有机体受到刺激后的局部增生，一般为囊状。苏轼曾在《答李端叔书》中写道："木有瘿，石有晕，犀有通，以取妍于人，皆物之病也。"虫瘿因其与本体格格不入的膨大而扭曲的造型以及艳丽的颜色而被大多数人认为是植物病态的表现。其实可以换个角度来想，虫瘿为造瘿昆虫提供了充足的营养物质和生存所需的安全环境，因此虫瘿也就没有那么邪恶了。一般情况下，生有虫瘿的叶片或枝条仍可生长，不会枯萎脱落，寄主植物也不会因此死亡。

不过造瘿也并非昆虫的专利。其实，病毒、真菌、线虫、螨虫等都会导致瘿的形成，但最为常见、种类最多的还是虫瘿，蚜虫、瘿蜂、叶蜂、瘿蚋、果实蝇（*Bactrocera* spp.）、蓟马、网蝽、卷叶蛾、透翅蛾、木虱、介壳虫、天牛以及象鼻虫（*Elaeidobius kamerunicus*）等都能造瘿。

在中国，我们所熟悉的五倍子就是角倍蚜（*Malaphis chinensis*）和倍蛋蚜（*Melaphis paitan*）在盐麸木上形成的瘿。在南方城市绿化中多用的香樟树上也经常能看到樟木虱（*Trioza camphorae*）的"育儿房"。榆四脉绵蚜（*Tetraneura ulmi*）会导致榆树上出现红色袋状虫瘿。蔷薇上的虫瘿多数为球形，带红刺，像海胆，基本上是由蔷薇瘿蜂族的昆虫所致的。有的植物名字与虫瘿相关，例如蚊母树叶子上的淡紫红色小突起曾被古人误认为是蚊子所致的，因此被赋名为蚊母树，其实里面住的可能是蚊母瘿蚜（*Neothoracaphis hangzhouensis*）的幼虫。在牛膝上节的位置经常出现膨大的、由某种螟蛾造成的虫瘿，从白绿色到淡紫色，形状如同肿大的牛膝关节。陶弘景在《本草经集注》中曾说："其茎有节似牛膝，故以为名也……其茎有节，茎紫节大者为雄，青细者为雌，以雄为胜。"

魔高一尺，道高一丈。一些寄生蜂，如姬小蜂（*Euderus set*）会快速敲打触角，循着气味寻找虫瘿，在虫瘿早期的软嫩外壳上钻蛀小孔，把卵注入造瘿昆虫身体里。姬小蜂的幼虫孵化后会小心翼翼地在造瘿昆虫体内取食，但不会杀死寄主。待造瘿昆虫羽化时，它们就立即分泌毒素将其杀死，然后吃光造瘿昆虫体内的营养物质，顺着它咬破的洞口爬出来。

第八章

1. 鸟类的迁徙。鸟类迁徙通常是一年两次，即春季由越冬地迁往营巢地，秋季由营巢地迁往越冬地。迁徙的距离有近有远，最远的可能要数迁徙约 1.8 万千米的北极燕鸥。迁徙时，鸟类的飞行高度多为几百米，不过少数鸟类可以飞越珠穆朗玛峰。

虽然有悠久的渊源（有一种观点认为鸟类的迁徙可以追溯至其祖先——恐龙的迁徙行为），但其实在末次冰期结束，大陆性的冰盖融化消失时，一些鸟类的迁徙行为才得以稳定。今天我们所熟知的全球性鸟类迁徙路线有 9 条，包括：东亚—澳大利亚路线（跨越印度洋、北冰洋和太平洋，连接东亚和澳大利亚大陆）、中亚—南亚路线（纵穿整个亚洲大陆）、西亚—东非路线（跨越印度洋，连接西亚和东非）、地中海 / 黑海—非洲路线（连接东欧和西非）、东大西洋路线（连接南北美洲的整个东部地区）、美洲—大西洋路线（连接南北美洲）、美洲—太平洋路线（贯穿整个南北美洲太平洋沿岸）、美洲—密西西比路线（贯穿南北美洲中西部）和泛太平洋路线。

中国地域广阔，东西纵横，涉及多条全球性鸟类迁徙路线（比如东亚—澳大利亚路线、中亚—南亚路线和西亚—东非路线），其中的一些还是重要环节。

我国东部，尤其是沿海地区所处的东亚—澳大利亚路线是候鸟物种数量最多的迁徙路线，同时也是候鸟特有种和受胁物种数量最多的迁徙路线。

例如，全球15种鹤中的5种，即白鹤（*Leucogeranus leucogeranus*，国家一级保护动物，IUCN [1] 极危）、白枕鹤（*Antigone vipio*，国家二级保护动物，IUCN 易危）、丹顶鹤（*Grus japonensis*，国家一级保护动物，IUCN 濒危）、灰鹤（*Grus grus*，国家二级保护动物）和白头鹤（*Grus monacha*，国家一级保护动物，IUCN 易危），就常见于东亚—澳大利亚路线上。其中，白枕鹤的主要繁殖地为黑龙江、吉林等以及更靠北的地区，冬天它们会迁徙到江苏、安徽、江西等地的湿地越冬。入秋后，丹顶鹤会从东北的繁殖地迁徙到南方越冬，飞行时会成群排成人字形。在我国江苏省盐城自然保护区，越冬的丹顶鹤最多的一年达600余只，那里是世界上已知丹顶鹤数量最多的越冬栖息地。灰鹤比较集中的越冬地为山西南部、贵州草海、湖南洞庭湖、江西鄱阳湖和云南个旧等地。

在东亚—澳大利亚路线上迁徙的雁鸭类也较多，有一些仅见于这条迁徙路线，如中国家鹅的祖先鸿雁（*Anser cygnoides*）和鸳鸯（*Aix galericulata*）。鸳鸯会在9月末至10月初离开繁殖地（西伯利亚东南部、朝鲜半岛、日本和中国东部等地）向南方飞去，迁徙时常结成10只左右的群体。到了翌年3月末，北方的积雪尚未完全融化时，它们飞越平原和高山，陆续迁回繁殖地，寻找配偶繁殖后代。东亚—澳大利亚路线上还有一些比较珍稀的雁鸭类，如青头潜鸭（*Aythya baeri*）、中华秋沙鸭（*Mergus squamatus*）、勺嘴鹬（*Calidris pygmaea*）、大滨鹬（*Calidris tenuirostris*）和中华凤头燕鸥（*Thalasseus bernsteini*）等。因为过度狩猎和生境恶化，青头潜鸭的全球数量只剩下400只左右，被列为国家一级保护动物、IUCN 极危物种。中华秋沙鸭有"鸟中大熊猫"之称，全球仅存3000只左右。它们在每年10月末从长白山迁往长江以南越冬，翌年3月又迁回繁殖地。目前，勺嘴鹬的全球数量不足500只，

---

[1]　International Union for Conservation of Nature，世界自然保护联盟。——译者注

它们的唯一繁殖地在俄罗斯的远东冻土带，但它们需要飞到 1 万千米外的泰国和缅甸等热带海滩过冬。近年，我国的雷州半岛和广西部分沿海地区也监测到有勺嘴鹬在那里越冬。有"神话之鸟"称号的中华凤头燕鸥在 1937 年就销声匿迹，直到 2000 年才重回人们的视野，目前全球数量不足 100 只。目前已知中华凤头燕鸥的主要繁殖地为台湾、福建、浙江等地的狭窄区域，越冬地在东南亚地区。

我国山东荣成沿海地区是大天鹅（*Cygnus cygnus*）的最大越冬地之一。每年二三月间，山东荣成的大天鹅列队北飞，沿着东亚—澳大利亚路线，飞越高山、峡谷、沙漠和戈壁等恶劣环境，远赴蒙古和西伯利亚进行繁殖。拥有彩虹般绚丽羽色的仙八色鸫（*Pitta nympha*）在每年春季从加里曼丹岛北部出发，飞过辽阔的南海来到我国东南部，在森林中隐秘处的地面上筑起小巢抚育下一代。

此外，飞翔在东亚—澳大利亚路线上的鸟类还有白鹳（*Ciconia ciconia*）、黑鹳（*Ciconia nigra*）、画眉（*Garrulax canorus*）、大杜鹃（*Cuculus canorus*）和普通雨燕（*Apus apus*）等。

在中亚—南亚路线上的迁徙鸟类中，最引人注目的要数黑颈鹤（*Grus nigricollis*）、蓑羽鹤（*Grus virgo*）和红嘴鸥（*Chroicocephalus ridibundus*）了。黑颈鹤是青藏高原的特有鸟类，它们在冬季向南飞行，直到抵达温暖的河谷和高原湖泊，在那里度过冬天。我国的云南省会泽黑颈鹤国家级自然保护区就是黑颈鹤越冬的一个重要场所。蓑羽鹤可能是全球飞得最高、迁徙路程最为艰辛的鸟之一，其迁徙距离长达 2200 ～ 2800 千米，而整个迁徙过程往往在 7 天内就能够完成。每年秋季，繁殖于蒙古高原的蓑羽鹤会成群结队地逆着强风振翅，借助上升气流相继飞越广袤的藏北高原和高耸入云的喜马拉雅山脉，到达位于南亚次大陆北部的越冬地。自 1985 年冬天开始，大群红嘴鸥进入昆明城区水域觅食，自此成为春城冬季一景。在很长的一段时间里，人们都以为红嘴鸥来自西伯利亚。近年通过卫星跟踪，人们发现在滇池越冬的红嘴鸥春季北返时一路向北，飞向宁夏、蒙古高原中南部，以及新疆、中亚地区。

此外，在中亚—南亚路线上迁徙的候鸟还有赤麻鸭（*Tadorna ferruginea*）、黑鸢（*Milvus migrans*）、灰雁（*Anser anser*）、普通鸬鹚（*Phalacrocorax carbo*）、斑头雁（*Anser indicus*）和渔鸥（*Ichthyaetus ichthyaetus*）等。

西亚—东非路线上的候鸟从蒙古进入新疆，飞越青藏高原后进入印度半岛，再飞越印度洋，最后在非洲落脚。西亚—东非路线上的候鸟有黄喉蜂虎（*Merops apiaster*）、红脚隼（*Falco amurensis*）和灰鹤（*Grus grus*）等。

捕蜂高手黄喉蜂虎每年 3 月从非洲中部出发，沿着东非—西亚路线飞行，一两个月后才抵达 7000 千米外的中亚地区。这时黄喉蜂虎会在土质河岸或山坡上合力开凿许多洞巢，热热闹闹地抚育后代。在我国新疆的奎屯湿地、东道海子湿地等都能看到前来繁殖的黄喉蜂虎。

每年春天，红脚隼都要从非洲南部（津巴布韦和南非）踏上征程，乘着季风横跨辽阔的阿拉伯海，抵达印度。短暂会合后，成群的红脚隼穿过东南亚，飞越我国的中部和东部，最终到达华北、内蒙古东部和俄罗斯远东地区，在那里繁殖。红脚隼必须飞行 13000 ～ 16000 千米，它们因此成为猛禽界最伟大的旅行家。

2. 鸟巢。根据鸟巢的营造位置和繁杂程度，大致可以将其分为 5 种：地面巢、水面浮巢、洞巢、编织巢和特殊形式的巢。

普通燕鸥（*Sterna hirundo*）的巢穴比较简陋，它们可能会直接用脚或者肚子在地上弄出一个凹坑作为巢穴。鸿雁和绿头鸭（*Anas platyrhynchos*）更讲究一些，会在凹坑里垫上干草茎、苔藓和羽毛等。更精致的地面巢来自云雀（*Alauda arvensis*）、灰头鹀（*Emberiza spodocephala*）和黄眉柳莺（*Phylloscopus inornatus*）等擅长编织的雀形目鸟类，它们会用草茎、草根、树叶等构筑碗状或球状的巢穴，还会在里面铺上马鬃、兽毛、细草和苔藓等柔软材料。

水面筑巢这项技能归部分游禽所有。须浮鸥（*Chlidonias hybrida*）、白翅骨顶（*Fulica leucoptera*）、水雉（*Hydrophasianus chirurgus*）和多数䴙䴘会利用芦苇、蒲草等水生植物制作底垫，在其上用金鱼藻、眼子菜、轮藻等水生植物材料筑巢。巢穴多为盘状或圆锥状，浮在水面上。小䴙䴘（*Tachybaptus ruficollis*）的巢穴的水下部分还会固定在芦苇或水草上，可以上下浮动和小幅度摆动，不会被风吹远。

洞巢有崖洞、土洞、树洞等形式。有的是天然洞穴，有的是鸟自己挖掘的，还有的则借用别的鸟废弃的巢穴。鸳鸯、戴胜（*Upupa epops*）会利用天然的树洞，在里面铺上木屑、草叶和羽毛等。北红尾鸲（*Phoenicurus auroreus*）和灰椋鸟（*Spodiopsar cineraceus*）等雀形目鸟类也会在树洞中营巢，不过它们会在树洞中放一个由枯草叶、羽毛等构成的精美鸟巢。一些雨燕、岩鸽（*Columba rupestris*）、海鸟和猛禽等将巢穴筑在岩洞里，而普通翠鸟（*Alcedo atthis*）和冠鱼狗（*Megaceryle lugubris*）则在沙堤或泥崖上挖掘隧道式洞穴营巢。啄木鸟堪称凿洞筑巢的鸟类中的劳模。普通䴓（*Sitta europaea*）和黄腹鹟莺（*Abroscopus superciliaris*）等则会借用啄木鸟的巢穴。

为了不让天敌侵害到卵和雏鸟，很多鸟类会将巢穴筑在树上、灌丛中、芦苇丛中等。在高处筑巢，抗风能力是首先要考虑的，于是在这些地方筑巢的鸟类也就学会了编织这门手艺。例如，东方白鹳（*Ciconia boyciana*）的盘状巢穴通常位于树顶的树杈上，由树枝堆积而成，里面垫有枯草、茸毛和苔藓等。斑鸠（*Streptopelia*）和大部分鹭的巢穴与东方白鹳的巢穴类似，结构简单而结实，呈平板状或者碗状。震旦鸦雀（*Calamornis heudei*）和白头鹎（*Pycnonotus sinensis*）的巢穴都呈碗状。震旦鸦雀会用其坚硬的嘴巴撕裂芦苇叶，得到叶片纤维，再将纤维缠绕在几根芦苇上，一圈一圈地绕成碗状巢穴。白头鹎的巢穴常筑在灌丛中和树上，呈深杯状或碗状，由枯草茎、草叶、细枝、芦苇、茅草、树叶、花序、竹叶等材料搭成。

还有一些鸟类筑巢所用的材料比较特别。例如，家燕（*Hirundo rustica*）和金腰燕（*Cecropis daurica*）常常在屋檐、房梁或墙壁等处筑巢，所用材料通常为泥土。我们熟悉的燕窝则由金丝燕属中的部分金丝燕的巢穴加工而成，筑巢材料主要是唾液。除了泥巢、唾液巢外，特殊形式的鸟巢还有长尾缝叶莺

（*Orthotomus sutorius*）的叶巢。它们将一或两片树叶缝制成杯状，用于承托圆形的小巢穴。外层由细草精心编织而成，周围生长的绿叶也被缝贴在鸟巢表面，非常隐蔽。织布鸟的巢穴呈长梨形，悬吊在树梢或灌丛间。这种鸟巢以茅草和棕榈叶等为材料编织而成。

观鸟时要保持安静，不要惊吓野鸟；避免追逐野鸟，要让它们能自在地觅食与休息；不用任何不当的方法驱赶和引诱野鸟；遇到孵卵或育雏的鸟时，应尽快离开，避免亲鸟弃巢。有些鸟类生性害羞，行为隐秘而不易观察，因此不可使用不当方法引诱其现身，如放鸟鸣录音和丢掷石头等行为都是禁止的。

第九章

本章的前一部分详细介绍了美洲黑熊的冬眠习性。现存的熊科一共包括 8 种动物，即棕熊（*Ursus arctos*）、北极熊（*Ursus maritimus*）、懒熊（*Melursus ursinus*）、亚洲黑熊（*Ursus thibetanus*）、美洲黑熊、眼镜熊（*Tremarctos ornatus*）、大熊猫（*Ailuropoda melanoleuca*）和马来熊（*Helarctos malayanus*）。其中，棕熊、北极熊、亚洲黑熊和美洲黑熊具有冬眠习性。和美洲黑熊类似，分布于我国的亚洲黑熊也会在冬季蛰伏，体温仅仅下降 7 ~ 8 摄氏度，心率从每分钟 50 次降低到 10 次左右。从 11 月到翌年 3 月，它们在中空的树干、山洞或树下的巢穴中冬眠。亚洲黑熊的警惕性很高，即使在冬眠的时候也很警觉。一旦在冬眠时被打扰，它们就会寻找新的巢穴继续冬眠。

下面对分布在中国的几种哺乳动物进行简单的介绍。

麋鹿（*Elaphurus davidianus*）可能是我国人民最熟悉的"鹿"之一了。麋鹿的头脸狭长，像马；蹄子宽大，像牛；尾巴细长，像驴；角像鹿。因此，麋鹿俗称"四不像"，是一种特产于我国、极富文化背景和传奇身世的鹿科动物。麋鹿曾广泛分布于东亚地区，后来由于气候变化和人为因素，种群数量不断减少。19 世纪，麋鹿的野外种群已经难寻踪迹，只剩下北京南海子皇家猎苑内的一群。八国联军进入北京后，这最后的几头麋鹿被英国贝福特公爵"带走"，从此在中国消失。19 世纪末，国外麋鹿种群繁殖成功。随着祖国的强盛，1985 年麋鹿终于结束了寄人篱下的侨居生涯，回归故里南海子，从此才延续了这一物种在中国的历史。如今江苏大丰麋鹿国家级自然保护区、湖北石首麋鹿国家级自然保护区的麋鹿种群已经壮大。某一天，我们或许会和这些精灵在湖边湿地频繁相遇。

藏狐（*Vulpes ferrilata*）广泛分布于青藏高原，背部为棕黄色，腹部为白色，体侧为浅灰色，它们最大的特点就是从正面看过去的方形脸部。一只藏狐的家域估计只有 1 ～ 2 平方千米。它们喜欢独居于岩石基部、坡底的洞穴中，主要食物为高原鼠兔和小型啮齿动物（如松田鼠、高山鼠、仓鼠）。它们也吃鸟类、昆虫和浆果等。

中华小熊猫（*Ailurus styani*）分布于我国的横断山脉四川段、云南省的贡山和缅甸北部，主要吃竹子，也吃一些小型哺乳动物、鸟类、卵、花和浆果等。中华小熊猫躯体肥壮，全身呈红褐色，覆粗长毛。它们的脸较圆，吻部较短，脸颊上有白色斑纹。耳大而直立，向前伸，耳廓尖。四肢粗短，为黑褐色。尾巴长，较粗而蓬松，并有 12 条红暗相间的环纹。尾尖为深褐色。前后足均有 5 个脚趾。

竹鼠的名字源于它们对竹子的偏爱。中国的竹鼠主要有 5 种，包括分布于云南南部的小竹鼠（*Cannomys badius*）以及分布于长江以南地区的中华竹鼠（*Rhizomys sinensis*）、银星竹鼠（*Rhizomys pruinosus*）、大竹鼠（*Rhizomys sumatrensis*）和暗褐竹鼠（*Rhizomys vestitus*）。其中，中华竹鼠体形肥圆，尾巴短小无毛，体色为灰黑色。不过随着鼠龄的增长，背毛会慢慢变成棕黄色。而银星竹鼠的背毛中有很多白色针毛，犹如一层白霜，也许这是其名字的由来。

黄鼬（*Mustela sibirica*）即黄鼠狼，在我国分布广泛，能够适应多种生境，如森林、河谷、平原、丘陵等。黄鼬通体为棕黄色，头小颈长，体形细长，四肢短小，尾长而蓬松，是小型夜行性哺乳动物。黄鼬以"偷鸡贼"之名被人们熟知，其实家鸡只占其食谱的一小部分。黄鼬身体柔软，软骨发达，是钻洞捕鼠的好手。它们的粪便为卷曲的长条形。黄鼬在遇到危险时，臭腺会分泌并喷出具有刺激性气味的液体，驱逐敌人，以此自保。它们对巢穴的位置并不挑剔，你可以在树桩、树根、石洞和其他动物废弃的巢穴等处发现它们。

致谢

这种类型的图书非凭一人之力就可以完成。在写作过程中，我咨询了科学和自然史方面的许多专家和学者，他们乐于分享，帮助我从相互矛盾的文献中梳理知识并澄清观点。

在此，我要感谢纽约州立大学奥斯威戈野外观测站的唐·考克斯博士、康涅狄格州格林威治的奥杜邦社会工作中心的环境教育专员特德·吉尔曼、美国自然历史博物馆海登天文馆的阿米·加拉格尔、伍德斯托克的佛蒙特自然科学研究所的杰娜·瓜里诺和内德·斯万贝里、佛蒙特的沃尔科特北方研究所的史蒂文·扬博士，以及马萨诸塞州南罗伊尔斯顿追踪项目的鲍尔·雷泽德斯和博莱特罗伊。

此外，我还要感谢萨莉·阿特沃特和瓦尔·吉廷斯一直以来的耐心和出色的编辑技术，他们不厌其烦地帮助我对手稿进行专业修改。最后，感谢斯塔克波尔出版社的副总编简·德夫林，她发扬了该出版社的优良传统。

推荐书目

第一部分

[1] Berman, Bob. *Secrets of the Night Sky.* New York: William Morrow and Company, 1995.

[2] Cvancars, Alan M. *Exploring Nature in Winter.* New York: Walker and Company, 1992.

[3] Halfpenny, James C., and Roy Douglas Ozanne. *Winter: An Ecological Approach.* Boulder, CO: Johnson Books, 1989.

[4] Jobb, Jamie. *The Night Sky Book. An Everyday Guide to Every Night.* Boston: Little, Brown and Company, 1977.

[5] Marchand, Peter J. *Life in the Cold: An Introduction to Winter Ecology.* Hanover, NH: University Press of New England, 1991.

[6] Pasachoff, Jay M., and Donald H. Menzel. *A Field Guide to the Stars and Planets.* New York: Houghton Mifflin Company, 1992.

[7] Zim, Herbert, and Robert H. Baker. *Stars: A Golden Guide.* New York: Golden Press, 1972.

第二部分

[1] Borror, Donald J., and Richard E. White. *A Field Guide to the Insects.* Boston: Houghton Mifflin, 1970.

[2] Brockman, Frank. *Trees of North America.* New York: Golden Press, 1976.

[3] Brown, Lauren. *Weeds in Winter.* Boston: Houghton Mifflin Company, 1976.

[4] Buff, Sheila. *Birding for Beginners.* New York: Lyons & Burford, Publishers, 1993.

[5] Burt, William H., and Richard P. Grossenheider. *A Field Gide to the Mammals.* Boston: Houghton Mifflin, 1976.

[6] Connor, Jack. *The Complete Birder: A Guide to Better Birding.* Boston: Houghton Mifflin, 1988.

[7] Ehrlich, Paul, David S. Dobkin, and Darryl Wheye. *The Birder's Handbook: A Field Guide to the Natural History of North American Birds.* New York: Simon and Schuster, 1988.

[8] Garland, Trudi H. *Fascinating Fibonaccis: Mystery and Magic in Numbers.* Palo Alto, CA: D. Seymour Publications, 1987.

[9] Halfpenny, James. *A Field Guide to Mammal Tracking in North America.* Boulder, CO: Johnson Books, 1986.

[10] Imes, Rick. *The Practical Entomologist.* New York: Simon and Schuster, 1992.

[11] Kress, Stephen W. *The Audubon Society Handbook for Birders.* New York: Charles Scribner's Sons, 1981.

[12] Martin, Alexander, H. S. Zim, and A. L. Nelson. *American Wildlife and Plants: A Guide to Wildlife and Food Habits.* New York: Dover Publications, 1951.

[13] Murie, Olaus J. *A Field Guide to Animal Tracks.* Boston: Houghton Mifflin, 1974.

[14] Newcomb, Lawrence. *Wildflower Guide.* Boston: Little, Brown and Company, 1987.

[15] Peterson, Roger Tory. *A Field Guide to the Birds.* Boston: Houghton Mifflin, 1980.

[16] Petrides, George. *Eastern Trees.* New York: Houghton Mifflin, 1988.

[17] Rezendes, Paul. *Tracking and the Art of Seeing.* Charlotte, VT: Camden House Publishing, 1992.

[18] Robbins, Chandler S., Bertel Bruun, and Herbert Zim. *A Field Guide to Identification: Birds of North America.* New York: Golden Press, 1983.

[19] Stokes, Donald. *A Guide to Nature in Winter.* New York: Little, Brown and Company, 1976.

[20] ——. *A Guide to Observing Insect Lives.* Boston: Little, Brown and Company, 1983.

[21] Trelease, William. *Winter Botany.* New York: Dover Publications, 1976.

我的第一堂自然探索课 · 第一辑

岩石的故事

[美] 丽贝卡·劳顿（Rebecca Lawton）　[美] 黛安娜·劳顿（Diana Lawton）

[美] 苏珊·潘塔贾（Susan Panttaja）◎ 著

[美] 艾琳·圭迪奇·埃雷特（Irene Guidici Ehret）◎ 绘

孙正凡 ◎ 译　李飞 ◎ 审校

Discover Nature
in the
Rocks

Things to Know and Things to Do

人民邮电出版社

北　京

图书在版编目（CIP）数据

我的第一堂自然探索课. 第一辑. 岩石的故事 /
(美) 丽贝卡·劳顿 (Rebecca Lawton), (美) 黛安娜·
劳顿 (Diana Lawton), (美) 苏珊·潘塔贾
(Susan Panttaja) 著 ; (美) 艾琳·圭迪奇·埃雷特
(Irene Guidici Ehret) 绘 ; 孙正凡译. -- 北京 ： 人
民邮电出版社, 2025. -- ISBN 978-7-115-66387-0

I. N49

中国国家版本馆 CIP 数据核字第 2025M0H121 号

版 权 声 明

Discover Nature in the Rocks ：Things to Know and Things to Do by Rebecca Lawton (Author),
Diana Lawton (Author), Susan Panttaja (Author) and Irene Guidici Ehret (Illustrator)

Copyright©Rowman & Littlefield Publishing Group

Simplified Chinese edition copyright©2025 Posts & Telecom Press

Published by agreement with the Rowman & Littlefield Publishing Group through the Chinese
Connection Agency, a division of Beijing XinGuangCanLan ShuKan Distribution Company Ltd.,
a.k.a Sino-Star.

- ◆ 著　　　[美]丽贝卡·劳顿（Rebecca Lawton）

　　　　　　[美]黛安娜·劳顿（Diana Lawton）

　　　　　　[美]苏珊·潘塔贾（Susan Panttaja）

- 　　绘　　　[美]艾琳·圭迪奇·埃雷特（Irene Guidici Ehret）

- 　　译　　　孙正凡

- 　　责任编辑　刘　朋

- 　　责任印制　陈　犇

- ◆ 人民邮电出版社出版发行　　北京市丰台区成寿寺路 11 号

　　邮编　100164　　电子邮件　315@ptpress.com.cn

　　网址　https://www.ptpress.com.cn

　　文畅阁印刷有限公司印刷

- ◆ 开本：720×960　1/16

　　印张：58.25　　　　　　　　2025 年 10 月第 1 版

　　字数：800 千字　　　　　　　2025 年 10 月河北第 1 次印刷

　　　　著作权合同登记号　图字：01-2022-6596 号

定价：198.00 元（全 4 册）

读者服务热线：(010)81055410　印装质量热线：(010)81055316
反盗版热线：(010)81055315

岩石在我们的身边很常见，我们用它们来建造房屋和桥梁，铺设路面，雕刻石像，冶炼有用的金属材料。岩石更是塑造了千姿百态的地面景观，甚至连地壳也是由岩石构成的。

本书是《我的第一堂自然探索课（第一辑）》中的一册，以生动有趣的文字和精美的插图介绍了与岩石有关的知识，具体内容包括岩石的构成、岩石的形成、隐藏着生命密码的化石、侵蚀作用、地球上的水循环、大陆漂移、火山、地震以及来自太空的陨石等。在本书的指引下，你不仅可以学会如何观察身边的岩石，还能通过具体的实验深入探索岩石的秘密。

走进大自然，体验探索的乐趣。

献给我们的孩子以及他们伟大的好奇心。

前言

　　设想一下你居住在某地，对它完全不了解。比如，你住在一个小镇上，从来没有走到街上去，也没在周围的小山上散过步；或者想象一下，你住在一个大城市里很繁华的地段，对邻居却一无所知；或者你住在农场里，却从来没有去看过田野。但最终你拥有的好奇心可能会占据上风，在好奇心的驱使下，你不得不四处走走看看，去探索，尽你的所能来了解自己的家乡。

　　我们人类一直在探索这个世界。我们在远近各种地方遇到了各种各样的陌生人，观察过各种奇怪的动、植物。我们挖开了土地，寻找化石和珍贵的矿物。我们还爬上了火山，凑近去看看，尽管这很危险。我们收集所能找到的各种岩石样品，我们测量地震在地面上撕开的裂缝。我们翻遍了所有的岩石来探寻地球的秘密：地球有多古老，岩石是怎么形成的，我们在哪里能找到化石。

　　出于好奇心，人们会对我们所居住的地球家园提出各种各样的问题。在本书中，我们将指引读者寻找其中一些问题的答案。研究我们所在的这个星球还是一门相对年轻的学科，有许多奥秘等待你来探索。从这里开始，让你的想象力带着你去探索自然界中的岩石。也许，接下来你就会发现一条或大或小的线索，揭开地球的伟大秘密！

　　我们鼓励这本书的读者充分利用他们的观察能力。因此，本书中包含了许多在室内外进行的活动和实验。每一章开头介绍了有关地球的信息以及人们的各种观点。关于各章的阅读顺序，你可以根据自己的兴趣自行调整。每章正文之后是活动和实验，家长可以同孩子一起在家里或室外进行，教师可以指导学生在教室和实验室里做。

本书中的许多活动适合小朋友来实践，在有成年人帮忙的情况下是安全的。更高阶的读者可以对每个活动提出问题，发挥想象，提出更复杂的做法。

我们希望读者尽可能地扩大阅读和探索的范围。在每章的活动环节，你需要用到必要的工具来观察、收集并记录自己的实验结果。不过，有一样工具不需要任何花费就能获得，而且比任何其他工具都更有用，那就是我们与生俱来的好奇心。

做实验的时候，请注意要安全操作。这些实验已经被证实是安全的，但任何实验都可能会出现意外，作者和出版社无法对你根据书中提供的活动方案进行操作时出现的事故负责。这就需要你具有一般的常识，并且具有较强的安全意识。例如：必要的时候，一定要戴好防护眼镜保护眼睛，戴好手套保护双手；在野外进行探索时，需要两人同行，负责彼此的安全，小朋友则要有成年人陪同；对于过冷和过热的物体要小心处理。祝你玩得既开心又安全！

目录

第一章　矿物：基本单元

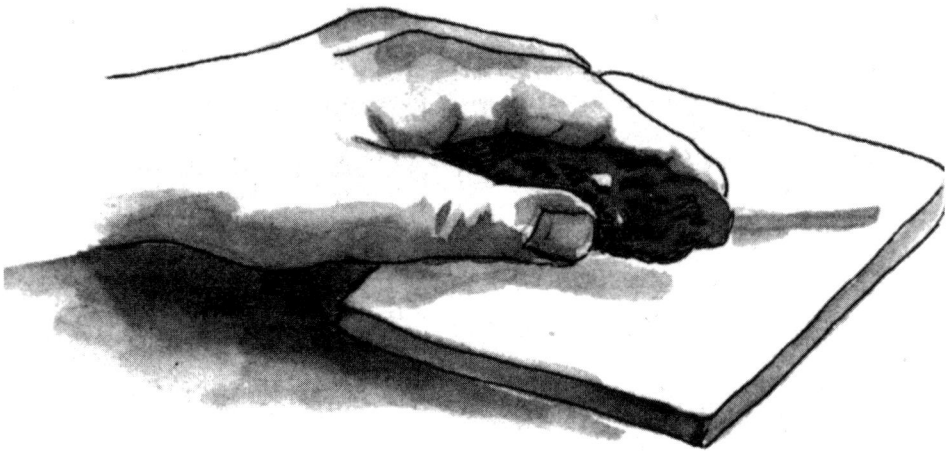

什么是矿物

公元前 5 世纪前后，关于物质成分的流行观念是所有的物质都由 4 种基本成分构成，它们分别是土、气、火和水。不过，古代的一些伟大的思想家（如德谟克里特和亚里士多德）反对这种未经证实的时髦理念。他们把各种物质放入容器里，通过实验观察它们在不同温度下的变化。他们注意到，在不同的温度和压力下，物质的形状和外表会发生变化：首先是固体，再变成液体，然后又变成气体。他们总结后认为，物质是由极其微小的、看不见的粒子构成的，这些微粒在变化的条件下会发生改变和移动。

在古代，人们相信所有的物质都是由土、气、火和水这几种成分构成的

在古希腊人做过这些科学实验之后，又过了上千年，仍然几乎无人接受

物质由看不见的微粒构成的这种理念。但到了 17 世纪，通过用实验验证艾萨克·牛顿爵士、克里斯蒂安·惠更斯、约翰·道尔顿等学者的理论，大多数科学家认可了原子这种基本粒子构成了所有的物质。20 世纪初，人们又发现原子具有原子核，其周围围绕着被称为电子的亚原子粒子。

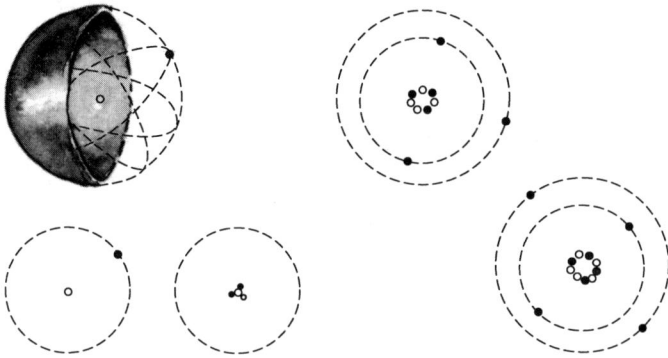

每个原子都有一个原子核，核内是质子和中子，核外围绕着一个或多个电子。最简单的原子是氢原子，核内只有一个质子，外面围绕着一个电子。对于具有更复杂的结构的物质，其原子核外有更多绕转的电子

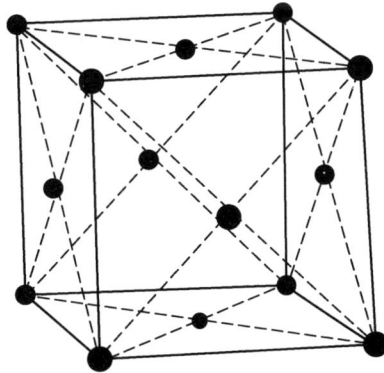

铜具有等轴（立方）结构，铜原子有序地排列在立方晶格的各个位置。许多立方晶格聚集起来成为矿物。每个立方晶格的每个顶点、棱和面上都有一个铜原子。立方晶格的每个顶点上还可以有额外的小平面，使总面数达到 14 个，而不是 6 个

碎片
（切削器）

圆石
（打击器）

骨质矛头

有斜刃的长矛头

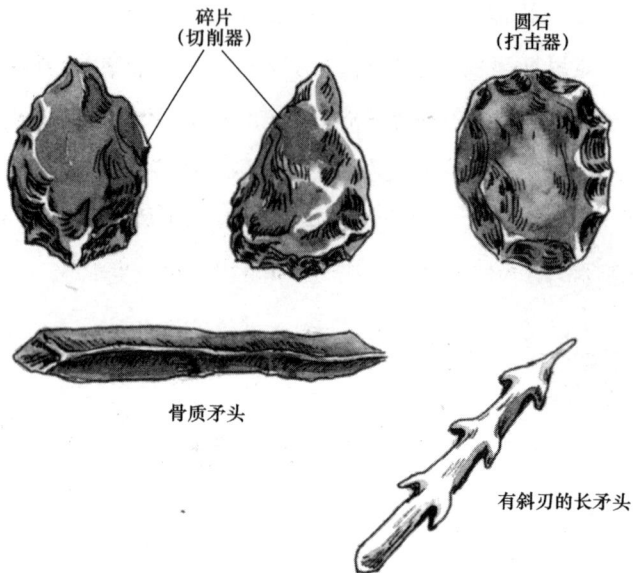

在发现自然存在的金属并用于制造工具之前，人们用石头和骨头制作工具。石器时代的工具制造者从石头上砸下碎片，用尖锐的边缘进行切削，用磨过的骨尖制作尖利的矛头

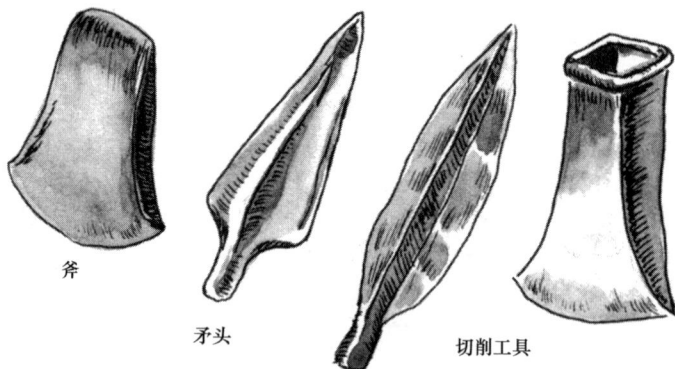

斧

矛头

切削工具

青铜普遍应用于公元前3000—前1185年（青铜时代），青铜是铜和锡的混合物。公元前1185年前后，当先民发现如何用铁制造工具和武器的时候，青铜逐渐失宠，铁器时代开始[1]

[1] 一般认为，在世界范围内，青铜时代大约始于公元前4000年，至公元初年结束，而铁器时代始于公元前13世纪前后。——译者注

矿物是自然存在的非生命的固态物质，其原子排列成有序结构时称为晶体。晶体可能由一种原子构成，也可能由包含不止一种原子的分子构成。天然金属金、铜、银就是由单原子粒子构成的矿物。金（俗称黄金）中只有金原子，铜里面只有铜原子。黄铁矿（愚人金）是一种由分子构成的矿物，看起来像黄金。它的立方晶格中既有铁元素，也有硫元素。它可以根据矿物名称为黄铁矿，也可以根据其化学组成（分子）称为二硫化亚铁。食盐是钠原子和氯原子相互吸引构成的，它的化学名称为氯化钠，矿物名为岩盐。

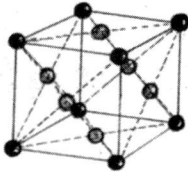

黄铁矿内部的结构，铁原子和硫原子按立方结构排列

通常发现的黄铁矿是立方体，表面平整，但带有条纹。由于金黄的颜色和金属光泽，黄铁矿有时被误认为是黄金。但黄金很少以立方体形式出现，虽然其内部的晶体结构是立方体

不一样的是，人们找到的黄金一般是没有固定形状的块状，其上镶嵌着石英

淘金者经过很大的努力才了解黄金和黄铁矿的区别

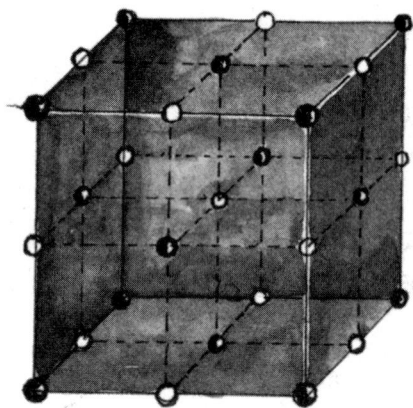

在岩盐晶体中，钠原子和氯原子在行列中交替出现。这张图显示的是立方晶格内原子核的位置。实际上，原子核周围绕转的电子的分布范围很大，原子足以相互接触。岩盐是第一种用 X 射线进行研究和理解的矿物。通过用 X 射线照射晶体，可以知道它的内部结构

矿物特征描述

乍看起来，许多矿物很相似，比如黄铁矿和黄金。透明的石英晶体是世界上储量最丰富的矿物之一，可能跟方解石的一种透明晶体很相似。方解石的储量也很丰富。不过，有些基于晶体的外观和触感的快速检验方法可以把相似的矿物区分开。下述的每一条性质对于在野外或实验室里描述矿物都是相当重要的。

晶系
形态
解理
断口
硬度
相对密度
颜色
条痕
透明度
光泽

晶系。在地球上已经发现的矿物约有 4000 种。虽然它们的外形多样，看似难以计数，但其构型实际上可归为 6 个基本类型（即晶系）[1]。矿物从溶液中结晶，或者说生长起来，从中央的核心向外生长。矿物的核心即其分子构型。比如，在石英中，原子形成六边形结构，彼此连接，按这样的结构长成更大的横截面为六边形的晶体。因此，石英属于六方晶系。我们在岩石中经常可以找到大块的六方晶体。下面是常见的几种晶系。为了方便表示，图中画出了坐标线。

立方（等轴）晶系有 6 个面，但这种晶系中也有 8 个或 12 个面的晶体

四方晶系看上去很像立方体，但在某个方向上更长一些

---

[1] 晶系实际上有 7 个，书中未介绍三方晶系。——译者注

正交晶系（又称斜方晶系）像是古典的棱柱，三条棱相互垂直，在某个方向上略扁，看上去像被压缩过，其他方面与立方晶系接近

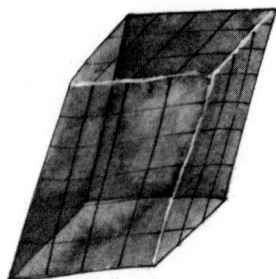

单斜晶系比其他晶系更普遍，其中两条棱与第三条棱呈斜角相交

三斜晶系是不对称的，三条棱的长度各不相等，且各个面与各条棱上均无直角

六方晶系在一个方向上很长，在较短的两个方向所在的平面上形成六边形

　　形态。矿物有固定的结晶特性，小的晶体连接起来形成针状、叶片状、棱柱状、无定形的大块、肾形（类似肾脏的形状，成组出现）或枝蔓状（类似羽毛，有分叉）。绿柱石可以形成蓝绿色的翡翠和海蓝宝石，它的特性是在岩石中长成巨大的棱柱，如下面的左图所示。元素矿物自然银极少发育成大块晶体，而是长成束状的枝蔓结晶，如下面的右图所示。

绿柱石这种矿物可以形成蓝绿色的翡翠和海蓝宝石，呈棱柱状

自然银多形成束状的枝蔓结晶

解理。当矿物破碎时，经常沿着较弱的层面分开，这种层面称为解理面，如下图所示。解理面可能位于原子组成的层面之间，也可能位于化学键较弱的层面之间。

方解石沿着较弱的层面解理，形成漂亮的小块

断口。有的矿物受到猛烈击打时，并不是干脆地断裂，甚至不沿着解理面断裂，而是碎成表面粗糙的小块。相应的断裂面称为断口。断口也有多种，如参差状、贝壳状（弧形）、锯齿状（交错）和梯状等。有时，一种矿物同时具有多种碎裂形式，某些边缘是解理面，无解理面的边缘出现断口。但有些矿物只会破碎，留下贝壳状或锯齿状的边缘。矿物蛋白石经常填满各种岩石的裂缝或空洞。蛋白石的无定形结构中含有 10% 的水，由于它没有很完善的晶体结

构，破碎时形成贝壳状断口，如下图所示。

蛋白石上的贝壳状断口

硬度。矿物的硬度是对其刻划难易程度的度量。软的矿物用你的指甲就能划动，而较硬的矿物甚至用钢制刀刃都划不动。19世纪初，德国科学家莫斯制定了比较岩石硬度的级别。莫氏硬度表把硬度1分配给容易刻划的软矿物滑石（这种成分曾用在多数痱子粉中），最难以刻划的矿物金刚石的硬度为10。其他一些矿物的硬度被标记为2~9，在莫氏硬度表中位于滑石和金刚石之间。较硬的矿物能够划动较软的矿物。硬度为1~5的矿物（如滑石、石膏、方解石、萤石和赤铁矿等）可以用钢制刀刃划动，钢制刀刃本身的硬度为5.5。硬度为6~10的矿物（如正长石、石英、黄玉、刚玉和金刚石等）不能被钢制刀刃划动。硬度测试在野外容易操作，因为这不需要特殊设备，甚至美国的分币（硬度为3.5）也可以用来测试矿物相对是硬还是软。

相对密度。矿物的相对密度是其质量与等体积的水的质量的比值。石英的相对密度为2.65，也就是说等体积的石英的质量是水的两倍半多一点。两种相对密度较大的矿物是沉甸甸的天然金（19.3）和铂（24.45）。有些物质的相对密度特别低，如海泡石（1.9~2.1）、铅笔芯的主要成分石墨（2.21~2.26），以及经常可以在山洞中和喷泉边找到的硫（2~2.1）。

颜色。在区分矿物时，颜色并不是很可靠。一方面，同一种矿物可能呈现许多不同的颜色。石英可能是清澈透明的，也可能呈玫瑰红、黄色、白色、紫色或褐色。刚玉可能是清澈透明的，也可能呈绿色、黄色或紫色。另一方面，不同的矿物可能呈现同一颜色。黄金和黄铁矿都呈金黄色。绿松石是一种在珠宝制作中经常用到的淡蓝色、天蓝色、绿色或蓝绿色矿石，它容易与另一种硅孔雀石混淆。指认矿物时需要注意颜色，但不能依赖颜色。

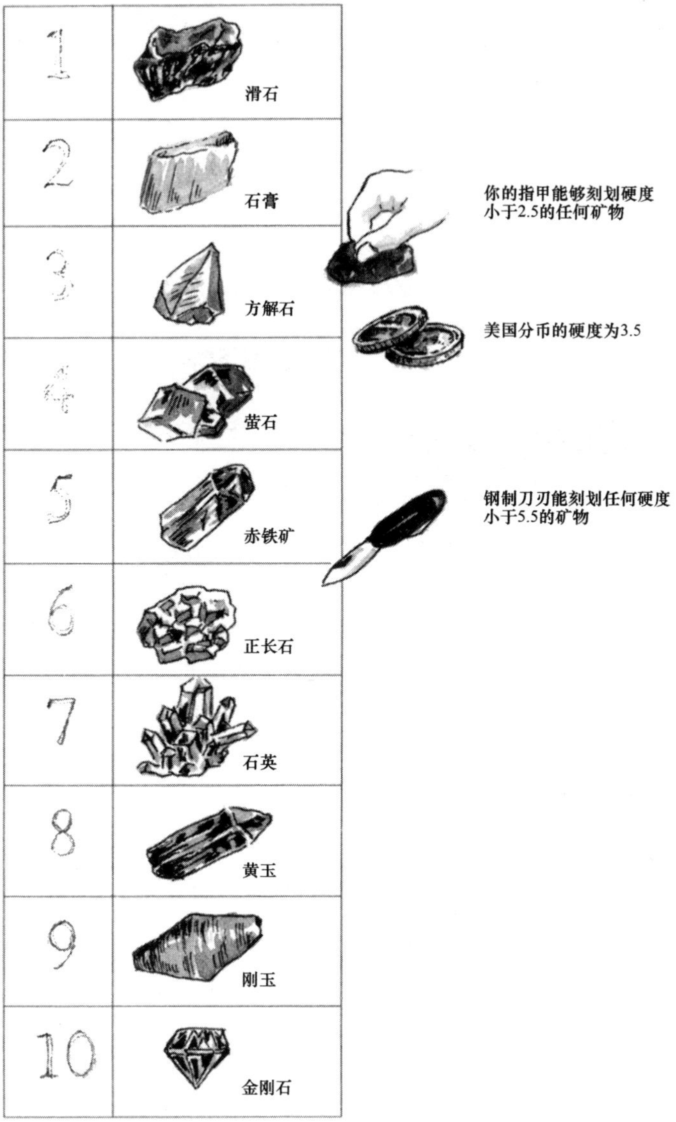

1	滑石
2	石膏
3	方解石
4	萤石
5	赤铁矿
6	正长石
7	石英
8	黄玉
9	刚玉
10	金刚石

你的指甲能够刻划硬度小于2.5的任何矿物

美国分币的硬度为3.5

钢制刀刃能刻划任何硬度小于5.5的矿物

莫氏硬度表中所列的各种矿物可用来与其他矿物和岩石比较得出其硬度

条痕。有些矿物在陶瓷表面上擦过时留下的带颜色的污迹称为矿物条痕。在指认矿物时，比起外表的颜色，条痕是更好的依据。因为对于某种矿物来说，无论其外表是什么颜色，条痕总是一样的。所以，条痕的颜色可能与矿物外表颜色的差别很大。金黄色的黄铁矿会留下黑绿色的条痕。血红色的红宝石的条痕是纯白色的。石英可能是无色的、白色的、灰色的、黑色的、黄色的、橙色的、红色的、粉红色的、紫色的、褐色的或绿色的，留下的却是无色条痕。

条痕是指认矿物的可靠依据。矿物在陶瓷表面上擦过时会留下具有特征颜色的条痕。对于某种矿物，无论其外表色彩如何，条痕总是呈现同样的特定颜色

透明度。晶体的透明度可描述为透明的、半透明的或不透明的。透明的矿物（如岩盐、石英和金刚石等）允许光线通过，透过它们看东西就像透过窗户一样。半透明的矿物也允许光线通过，但透过它们看不清东西。许多宝石，如海蓝宝石、红宝石、石榴石、紫水晶、刚玉、黄玉、翡翠等都是半透明的。不透明的矿物有金、银、铜等，即使我们将它们削得很薄，也无法透过它们看东西。

光泽。光泽指的是矿物表面对光的反射，常见的有珠光、阴暗光泽、油脂光泽、丝绢光泽和玻璃光泽（玻璃质）等。许多宝石，如红宝石、刚玉、绿柱石、紫水晶、翡翠、黄玉等都有玻璃光泽，所以它们璀璨夺目。常见的矿物石膏可用于制作灰浆和水泥，可能有玻璃光泽、丝绢光泽或阴暗光泽。

常见矿物

有些矿物（如金、银、铜等）并不常见，但具有重要的经济价值而为人所知。与之相反，其他一些更为常见的矿物却不为人知。下面列出了12种常见矿物，你可以通过矿物手册进一步认识它们。

石英。作为最常见的矿物之一，石英在几乎所有类型的岩石中都能找到。它是由硅和氧组成的，其化学名称是二氧化硅，也叫硅石。石英一般作为半宝石存在，或者作为微晶体沉积在岩石中，我们切开岩石后可以看到光亮的矿脉。石英一般是透明的或白色的，是独特的六方晶体，顶端有金字塔尖结构，很容易辨认。石英晶体上常出现像黄铁矿那样的条纹（平行的线状沟槽），表面一般会破损。石英并不是特别致密，但它相当坚硬（硬度为7）。如果一块矿物是清澈透明的或白色的六方晶体，外形完整，又不能用钢制刀刃刻划，那么它一般是石英。

长石。要了解长石，首先要知道它几乎到处都有，出现在大多数类型的岩石中。它的来源丰富，化学成分变化不一，这取决于分子结构中钾、钠、钙的比例，还有硅和铝。最常见的钾长石是正长石，钠长石中只含有一点点钙。随着钠含量的减少和钙含量的增加，长石依次变为奥长石、中长石、拉长石、培长石，最后变为含有大量钙而仅含一点点钠的钙长石。钾、钠含量丰富的长石也叫作碱性长石。长石的颜色通常明亮，但也可能是暗色甚至蓝色。它们的硬度为6~6.5，属于三斜晶系或单斜晶系，在两个方向上有着完全或明显的解理，在第三个方向上是参差状断口或贝壳状断口。长石类矿物很醒目，因为它们是许多岩石的主要成分。

闪石。在岩石中发现的闪石晶体一般是长长的棱柱状晶体，硬度为5～6。它们的颜色是黑色、白色或灰色。闪石有许多不同的类型，可分为角闪石、直闪石、蓝闪石、铁闪石等，它们的化学组成的差异很大，存在于不同类型的岩石中。闪石在两个方向上完全解理，形成带条纹的棱柱状或纤维状晶体，具有玻璃光泽或丝绢光泽。

辉石。和闪石类似，辉石也有许多不同的类型，包括透辉石、单斜辉石、紫苏辉石等，它们的分子组成各异。辉石通常是黑色的，但像闪石一样，也可能是白色的或灰色的。你需要一本很好的矿物手册，花点心思才能了解辉石，但它们很常见，是多种岩石里的重要矿物。辉石在两个方向上有良好的解理，硬度为3.2~7，具有参差状断口。辉石一般是半透明或不透明的。

黄铁矿。黄铁矿也叫作愚人金，因为它的金黄色外表类似自然金。它在各类岩石中都能找到，通常是零散分布的较小的立方晶体。在黑暗中，黄铁矿与金属撞击时会发出闪光。晶体表面常有条纹，即平行的沟槽或划痕。它的形态多变，但最为人熟知的是表面带纹路（沟槽）的立方晶体。

岩盐。它经加工后就是普通的食盐，在盐湖或礁湖中由于水分蒸发而形成。岩盐可溶于冷水，大块晶体摸起来有油脂感，投入火中时会使火焰变为黄色。岩盐很软（硬度为2），你用指甲（硬度为2.5）就可以轻轻刻划。它的相对密度也小（2.1~2.2），所以它的手感很轻。岩盐有完全的立方解理，可以显示立方晶体结构和立方解理面。它的断口呈参差状或贝壳状，这与它的立方特征形成鲜明对比。

方解石。大多数石灰石和大理石是由方解石构成的。方解石在许多岩石中都有，是白色、无色、灰色、红色、褐色或黑色的晶体。它一般存在于岩石的裂缝或空洞中，是透明的或半透明的，质地较软（硬度为3）。与较硬的石英（硬度为7）相比，方解石明显不同，可以用美国分币（硬度为3.5）和钢制刀刃（硬度为5.5）刻划。方解石完全解理，晶体表面往往有解理面。它可以用来制作水泥、建筑外表面、大理石雕像以及其他装饰性雕塑。

石膏。它的质地软（硬度为2），晶体外表光亮。水分蒸发时，石膏会沉淀，所以我们可以在温泉边缘找到石膏，石膏也分布于黏土层中。它的颜色多变，有无色、白色、灰色、绿色、黄色、褐色和红色等。石膏的条痕是白色的。它可形成蔷薇形的辐射团簇，称为石膏玫瑰，也能形成透明的金刚石状晶体，或以板状的纤维晶体束形式出现。你用指甲就可以刻划石膏，它可以用于制造灰泥和建筑物墙面。

云母。云母沿着平行于晶体基底的方向完全解理。它形成的大块岩石可以层层剥离，就像书页一样。云母的条痕一般是无色的，它本身的颜色是无色、白色、灰色、红褐色或绿色，有时还有金属光泽。云母是典型的软矿物，硬度为2~4，大多数情况下用钢制刀刃（硬度为5.5）能够刻划。

岩石是矿物的集合体，左图表现的是一面巨大的花岗岩峭壁。靠近来看，可以发现它是由各种晶体交错构成的，其中的矿物有石英、云母和长石

磁铁矿。这是一种常见的黑色矿物，由铁元素和氧元素构成，高度磁化，能够吸引铁屑，转动罗盘磁针。它是不透明的，可能具有金属光泽或阴暗光泽。磁铁矿会留下黑色条痕。它是立方（等轴）晶系，其中八面晶体和十二面晶体较为常见。用钢制刀刃（硬度为5.5）可能无法刻划磁铁矿样品，其硬度为5.5~6.5。磁铁矿无解理。

赤铁矿。这是由铁元素和氧元素构成的另一种矿物，颜色变化范围为血红色至铁黑色，但其条痕总是红色的。它具有多种形态，可能具有光泽。当有热液流过岩石的时候，赤铁矿在这些地方常会取代其他矿物。与磁铁矿一样，赤铁矿也无解理。它具有参差状断口或近似贝壳状的断口。赤铁矿和磁铁矿都是重要的铁矿石。

方铅矿。这是一种十分常见的矿物，形成于地壳裂缝中热液向上渗透至地表处。方铅矿也叫作硫化铅，是由铅元素和硫元素组成的化合物，是一种重要的铅矿。它很软（硬度为2.5），但很致密（相对密度为7.58）。它是立方（等轴）晶系，完全解理，能形成漂亮的、完整的立方体。方铅矿具有明亮的金属光泽。

所有的物质都是由原子或分子构成的。在矿物中，原子或分子形成晶体结构，这是构成所有岩石的基本单元。岩石只是在各种温度和压力条件下形成的矿物的集合体。

做一做

观察晶体生长
你需要的器材

量杯

热水

汤匙

铅笔

细线

岩盐

笔记本

玩具商店会出售可供观察晶体生长的"晶体花园"，但我们不需要成套设备也可以观察晶体生长。你需要的只是少量岩盐，在超市里它一般放在普通食盐的旁边。

往量杯里装上热水，加入岩盐并搅拌，直到岩盐完全溶解。把细线系在铅笔上，再把铅笔架在量杯上，使细线的一头垂在岩盐溶液里。把岩盐溶液放在有阳光的地方。在接下来的几天或几个星期里，注意观察岩盐溶液和细线的变化。

把你的观察结果记录在笔记本上，描述岩盐溶液里随着晶体生长而发生的变化。

说明: 由于溶液的温度、压力和浓度的变化，随机的原子分布变得有序，晶体就从溶液中生长出来了。在本实验中，随着水分蒸发，钠原子和氯原子周围的水越来越少，所以溶液的浓度不断增大，水中的盐分越来越高，无法都留在溶液中，因此盐分沉淀并结晶。缓慢蒸发会使原子分组形成几个大块晶体，快速蒸发能围绕许多结晶中心形成一群小晶体。

发现矿物解理

你需要的器材

纸巾

棉布条

手持式放大镜

笔记本

这个简单的活动将说明矿物的解理是怎么产生的。

从纯棉 T 恤或床单上沿着容易撕开的方向撕下一条 15~20 厘米宽的布条，再把它剪成正方形。这样的话，这块布的两边是剪出来的，另外两边是撕出来的。用手持式放大镜检查这块布，你能看出其中纱线的排列方式吗？在你的笔记本上把图样画下来，注意草图中线条结构与布的边缘的位置关系。

尝试撕开布，先从此前撕开的那一边开始，然后从剪开的那一边撕，注意观察哪个方向更容易撕开。思考一下这个撕扯练习的结果，想想撕开其他布会怎样。如果把你的裤子或 T 恤撕一个洞，那会是什么样子？布的撕裂发生在一个方向上、两个方向上，还是任意方向上？

接下来，检查一下纸巾。用手持式放大镜仔细观察纸巾上制造时产生的图样，然后在你的笔记本上记下观察结果。尝试撕开纸巾，首先从有齿孔的那一边开始，然后撕开光边，看看在哪个方向上比较容易撕开。注意你的感觉和听到的声音。写下你撕布和纸巾时注意到的相似之处和差异。

说明： 矿物容易沿着解理面断裂，而且断面是光滑的，但在其他方向上并不容易断裂。这些解理面一般位于原子层之间，这里的化学键最弱，最容易断开。任何织物，比如这次撕扯练习中用到的棉布都有经线和纬线。经线是一根根又长又结实的线，沿着布料的长度方向排列，而纬线是由芯线或纱制成的，与经线交错排列。撕断经线比撕断纬线更加困难。所以，沿着平行于经线的长度方向撕棉布与矿物沿着解理面破裂一样。与此类似，纸巾也有一个容易撕开的方向。材料结构中较弱的化学键是最容易被撕开的，而较强的化学键不易受损。

你会惊奇地发现有些岩石结构具有很明显的图案（称为构型），这与矿物的解理面很类似。

折叠晶体模型

你需要的器材

薄硬纸板

晶体图样（如需要，可放大）

复写纸

透明胶带

15 厘米长的透明塑料尺

量角器

笔记本

在这个实验中，你可以亲手折叠晶体模型，其中包括 6 种晶系。

通过复写纸，把晶体图样复制到薄硬纸板上，可以根据需要添加条纹或记号，然后把复制的图样剪下来。按所绘制的线折叠薄硬纸板，再用胶带加固其边缘。你现在就有 6 个模型了，每一个代表一种晶系。

把每个晶系模型的形状绘制到你的笔记本上。如果你希望创造任何一种形状的变体，则可以尝试加入新特征。你可以效仿大自然创造每种晶系的新变化，这 6 种晶系分别是立方（等轴）晶系、四方晶系、正交晶系、单斜晶系、三斜晶系和六方晶系。

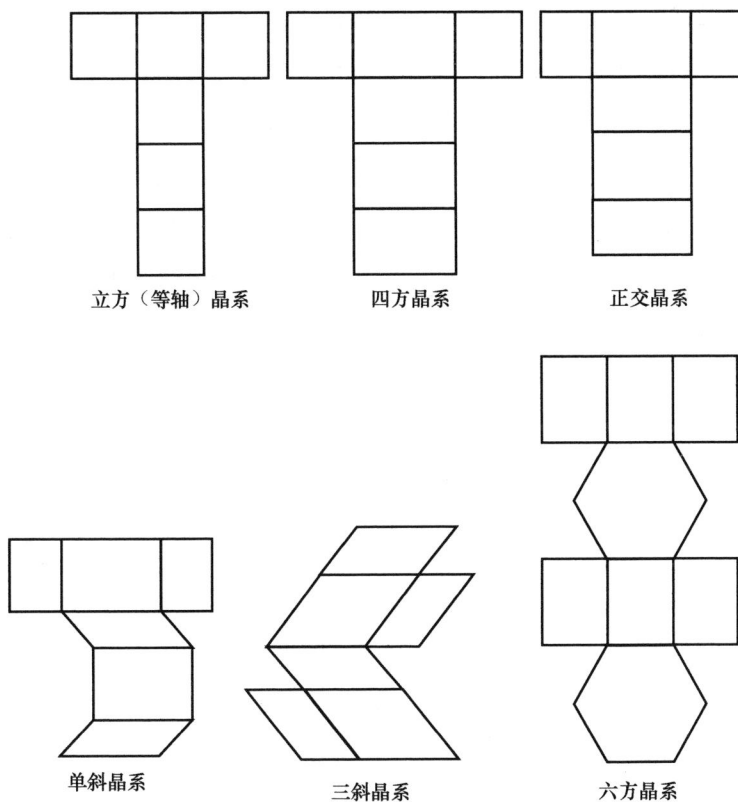

折叠 6 种基本晶系的模型

接下来，把你的量角器放在一个平面（课桌或餐桌）上，让直边离你最近。把塑料尺放在量角器上，让它的一边与量角器的中心点（在直边上）和 90 度刻度（在布满刻度的半圆上）对齐。现在塑料尺与量角器的直边所夹的角为

90 度。让立方（等轴）晶系模型的一条棱紧贴着塑料尺，另一条棱紧贴着量角器的直边。因为这两条棱与塑料尺和量角器的直边都对齐了，所以你测量出来的立方（等轴）晶系的角度是 90 度。

用同样的方法测量其他晶系模型。它们都有 90 度角吗？你必须将塑料尺对准量角器上的其他刻度吗？确定每种晶系的角度，并在笔记本上记下来。

说明：亲手制作模型有助于理解 6 种晶系。要记住这些基本形状只是成千上万种不同矿物形态的基本单元。这项练习告诉我们立方（等轴）晶系的拐角都是直角，所有的棱长都相等。四方晶系也只有直角和两种不同的棱长，正交晶系仅有直角和 3 种不同的棱长。单斜晶系的形状就像四方晶系被推得倾斜了一点，它有 8 个角是直角。向一侧推单斜晶系模型，使它不再具有直角，这时你就得到了三斜晶系模型，它没有直角，相关棱长也不相等。而六方晶系在竖直方向上有 6 个面，每个面的竖直方向与顶和底之间的夹角都是直角，而顶和底上的角都是 120 度。

可以吃的晶体

你需要的器材

小块软糖

牙签

笔记本

这个实验显示的是各类晶系内部的原子结构。

怎样使用这些器材制作一个立方体？尝试一下吧。拿 8 块软糖和 12 根牙签做一个立方（等轴）晶系模型，再拿 8 块软糖和 12 根牙签做一个四方晶系模型。这两种模型中的牙签长度都是一样的吗？需要把其中一些牙签截短一点吗？

在吃掉这些软糖之前，把这两个模型描绘在你的笔记本上。用软糖和牙签，你能制作一个正交晶系模型吗？六方晶系模型呢？

说明： 硬纸板模型展示了每种晶系的面和角，而软糖模型可以表明原子是如何通过化学键构成有序结构的。在所有的矿物中，这类结构都会按一定规则重复出现，一再循环，直到矿物长大成特征形态。

亲自收集晶体是了解它们的最好方法。阅读第二章中的"做一做"部分，你可以了解怎么制作一套岩石样本。同样的技巧可以用来收集矿物，制作一套矿物样本。一定要留意，应遵循指导收集来自私人或政府部门的样品，并采取安全措施，使用正确的工具。

想一想

珍贵的矿物。 宝石或珠宝是珍贵的或比较珍贵的晶体经过切割和打磨制成的装饰品。珍贵的宝石价值不菲；比较珍贵的宝石的商业价值略低于珍品，但也被人们所重视。一直以来，人们都很重视宝石级的晶体。在中国古代，有人相信碧玉（宝石级的硬玉或软玉）能够使人长生不老，他们用玉石和黄金做成特殊的衣服给死者陪葬。直到 18 世纪，一般的西方人还认为蓝宝石能够治愈精神错乱，磨成粉的黑玉（一种致密发亮的黑炭）能够减轻牙痛，黄玉能够缓解哮喘。如今一些人佩戴石英晶体挂坠，认为有助于康复或接收宇宙的能量。一些人戴着琥珀珠链，想治愈甲状腺肿。还有人相信蛋白石会带来不幸。矿物能够治愈我们的身体吗？它们会带来好运或不幸吗？你见过用某种石头或矿物改变某人命运的事例吗？

矿物的名称。 爱德华·艾比在他的著作《大漠独居》中写道："准确的名字是多么可爱，如玉髓、红玉髓、绿玉髓、碧玉和玛瑙，缟玛瑙和缠丝玛瑙，隐晶石英，石英岩，燧石，黑硅石和肉红玉髓，金绿玉、锂辉石、石榴石、锆石和孔雀石，黑曜石、绿松石、方解石、长石、角闪石、镁铝榴石、电气石、斑岩、长石砂岩、金红石。稀有金属——锂、钴、铍、汞、砷、钼、钛、钡。"

这些岩石和矿物的名称本身或许并不重要，但它们传达着使人快乐的信息。矿物一般用第一次发现它们的科学家的姓名或发现地点来命名，有些名称还有其他含义。随着对岩石的不断探索，你既能欣赏到矿物的名称之美，也能领会到它们传达的信息。看看下面这些名称：硅孔雀石、块铜矾、拉长石、菱锰矿、硬锰矿、滑石、朱砂、碲金矿、自然铋、针铁矿、刚玉、铬铁矿、尖晶石、天青石。

读一读

Charles Chesterman. *The Audubon Society Field Guide to North American Rocks and Minerals*. New York: Alfred A. Knopf, 1978.

《奥杜邦学会北美洲岩石和矿物野外指南》是一本优秀的指导书，其中既有各类岩石和矿物的彩图，也有完整的文字描述。（注：奥杜邦是美国鸟类学家、画家、博物学家。）

Charles Chesterman. *The Audubon Society Pocket Guide: Familiar Rocks and Minerals*. New York: Alfred A. Knopf, 1988.

《奥杜邦学会指南口袋本：常见岩石和矿物》是由上一本书缩写而成的口袋本。

Elsie Hanauer. *Rocks and Minerals of the Western United States*. New York: A. S. Barnes and Company, 1976.

《美国西部岩石和矿物》是一本非常实用的指南，书中给出了地质图和在美国西部各州寻找岩石和矿物的线索。

Chris Pellant. *Rocks and Minerals*. New York: Dorling Kindersley, 1992.

《岩石与矿物》一书给出了各种矿物美丽的彩图和有趣的描述。

Jean Stangl. *Crystal and Crystal Gardens You Can Grow*. New York: Franklin Watts, 1990.

《自己培育晶体和晶体花园》是一本关于培育晶体的实验指南，有清晰的照片和线条图示。

Herbert S. Zim and Paul R. Shaffer. *Rocks and Minerals: A Guide to Familiar Minerals, Gems, Ores, and Rocks*. NewYork: Golden Press, 1957.

《岩石和矿物：常见矿物、宝石、矿石、岩石指南》是一本经典图书，适合在旅行或野外探险时携带。

看一看

Crystals: They're Habit Forming. Children's Television Workshop, 1991.

《晶体的结晶形态》这部影片介绍了如何做晶体生长实验。

Gold in Modern Technology. United States Bureau of Mines, 1987.

《现代技术中的黄金》探索了金矿与我们的日常生活和现代工业技术的关系。

Prosperity is a State of Mines. California Mining Industry, 1985.

《矿业州的繁荣》展示了我们日常用到的一些矿物，并探讨了相关的矿产保护和环境保护话题。

第二章　岩石：地球碎块

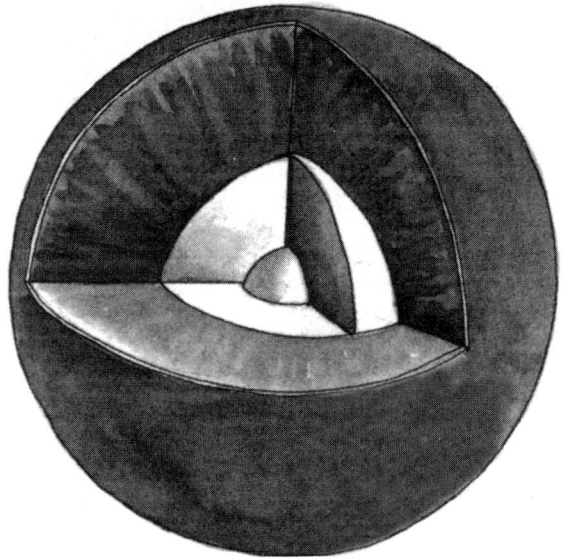

地球表面的每一块岩石都是地壳的一部分，地壳是包围整个地球的岩石层。地壳厚度为 5 ～ 70 千米不等，就像热气腾腾的苹果派上覆盖着的酥油面皮。地壳之下是地幔，厚度大约为 3000 千米。这里的岩石层很热，以至于它能渗透和流动。地球中心是炽热的铁镍地核。一些科学家曾把地球比作一个盛满沸汤的球，上面覆盖着一层薄薄的浮沫。实际上，虽然沸汤这种描述很生动，但地球内部呈半熔融状态，而不是真正的液体，地壳也并不像池塘中的泡沫那样能够随意移动。

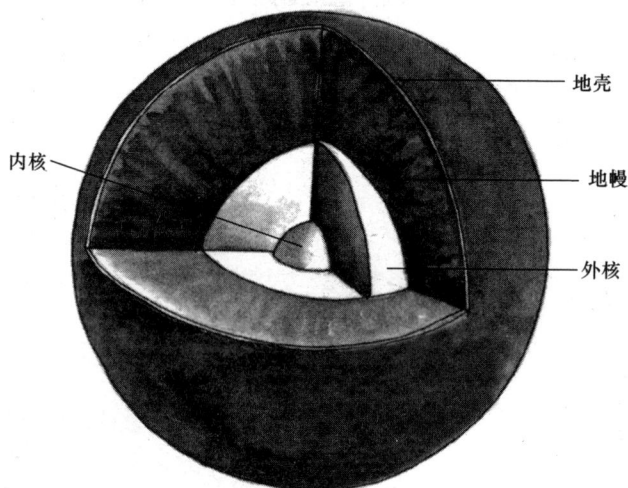

地球的剖面图，显示了它的 4 个圈层。外层即地壳，在海洋之下厚约 5 千米，在世界上最高的山峰之下厚度约为 70 千米。地壳之下是地幔，厚度约为 3000 千米，是缓慢流动的半熔融状岩石。地球中心是地核，由外核和内核组成。由于巨大的压力，虽然内核的温度很高（4000 多摄氏度），但仍是一个固态球体

变化中的岩石

虽然岩石看起来既坚硬又稳定，实际上它们在不停地变化和移动。它

们会变形，在压力之下甚至会发生完全折叠。它们所在的地壳板块位于地幔之上，板块也在不停地移动。今天的地球表面由数十个板块组成，不过板块也会随着时间流逝而破裂或者融合，所以在过去的不同时期，板块数目有时候多，有时候少。科学家普遍认为组成板块的物质是从洋脊涌出来的。洋脊是地球的缝隙，地幔热物质从这些地方被向上推入地壳。一旦露头，热物质就会冷却、沉降，并像传送带一样从洋脊向两侧移动。下面的地幔物质被热量驱动，总是在流动，推着地壳从洋脊开始运动。地核是这一切的热源，温度为4000多摄氏度。热量从地核辐射出来，推动周围的地幔物质运动。

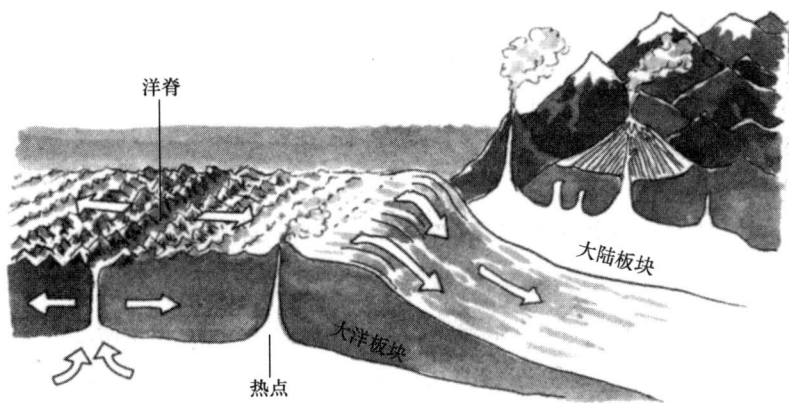

产生洋脊的板块是大洋板块。当较重的大洋板块遇到较轻的大陆板块时，大洋板块就俯冲到大陆板块之下了

板块的产生与消亡

地壳物质从洋脊涌出，推动以前较老的地壳向两侧运动。离洋脊的距离越远，地壳越古老。虽然几亿年来地壳物质都是这样产生的，但它并没有淹没

地球表面，地球也没有变大，因为地壳物质一直在循环。地壳物质在地球表面存在一定的时间（比如几亿年）之后，就会在地壳传送带的另一端俯冲下去，回到地球内部。

为了更形象地描述板块的产生与消亡，想象一下你就在地幔物质冒出来的一条洋脊上。洋脊贯穿全球，也叫作破裂带，看上去就像棒球上的缝合线。大西洋中脊就是一条著名且活跃的破裂带，它包括一系列较小的洋脊，总计约60000千米，从北向南穿越大西洋的中线，最北端位于冰岛以北。大西洋中脊涌出的物质以每年几厘米的速度上升。随着炽热的新岩石遇到海水，大量的水蒸气散发到空气中。岩石在冰冷的大西洋中迅速冷却，变成了坚硬的大洋地壳，并缓慢地向东西两个方向移动。在洋脊的某些地方，海底火山已经露出了水面。这类火山的喷发是形成冰岛的原因，火山在这里历经数千万年终于升到了海面之上。

想象一下，沿着地壳传送带向东西方向看去，在大西洋中脊几千千米外就是欧洲和北美洲大陆。随着时间流逝，海床被不断地向外推移，地壳的伸展使这两块大陆不断远离。不过，在接近其他破裂带的大陆海岸，大陆并不远离。引人注目的是比较致密的大洋板块以某种角度插入大陆板块之下，形成海沟。大洋板块逐渐下沉到炽热的地幔中，在地心热量的作用下再次熔融。熔融的岩浆将直接上涌进入上面的地壳，或者留在地幔中，缓缓地流淌，等待再度循环。

这种加热和推动作用会影响大陆地壳，部分地壳可能会折叠、熔融，或者沿着某些断层破裂。受影响的岩石展示了板块动力作用的线索。

岩石的类型

在地球上发现的岩石有三类：火成岩、沉积岩和变质岩。这是按照它们形成的不同地质过程进行分类的。

1. 火成岩。 顾名思义，这类岩石"来源于火"[1]。大多数火成岩是在地球深处火热的熔岩中结晶形成的大块矿物。已经发现的火成岩既包括形成于地下的深成岩，其英文名"plutonic rocks"以希腊神话中地狱之神普鲁托（pluto）的名字命名；也包括在地上形成的火山岩，"volcanic rock"（火山岩）的词源来自罗马神话中的"Vulcan"（火神伏尔甘）。在裂谷和传送带系统中，许多地方的岩浆冷却时会结晶形成大块矿物，即火成岩。大洋中脊中的岩浆涌出时突然遇到冰冷的海水，会出现从液态到固态的转变。这种转变也可能出现在炽热的岩浆从通道中上升进入高处较冷的地壳的时候。在大陆板块内，高温岩浆从通道中进入火山，火山爆发时将岩浆喷入空中，也会形成火成岩。

火成岩的颜色和外表取决于它是由什么矿物从岩浆中结晶而形成的，以及晶体生长到多大。如果岩浆中富含二氧化硅，则倾向于生成浅色矿物（如石英、碱性长石、白云母等），从而形成浅色火成岩。这些岩石含有大量的钾、钠和铝元素，这些元素被包含在钾长石、钠长石、斜长石、中长石等长石矿物以及白云母中。二氧化硅含量较少的岩石可能富含深色的铁镁矿物（矿物中含有大量的铁和镁元素），比如角闪石、辉石、黑云母、磁铁矿和橄榄石，但其中没有二氧化硅构成的石英。二氧化硅含量很少的岩石还可能是钙含量丰富的长石（如拉长石），而不是碱性长石。如果岩浆在地面之下慢慢冷却，矿物颗粒有较多的时间和较大的空间长大，就会形成花岗岩和辉长岩。如果岩浆急速冷却（一般是遇到海水，或者以熔岩形式由火山直接喷发到空中），矿物颗粒往往比较小，甚至是微观的，比如玄武岩和流纹岩。这种冷却过程可能非常快，没有矿物结晶，从而形成火山玻璃和黑曜石。一些常见的火成岩描述如下，你也可以查阅本章末尾所列的图书，进一步了解某些火成岩。

---

[1]　"igneous rock"（火成岩），词源来自拉丁文"ignis"（火焰）。——译者注

花岗岩[1]。花岗岩是粉红色或灰色的深成岩，具有中等或大型矿物颗粒。它富含二氧化硅以及钾和钠元素，因此富含石英和碱性长石，含有少量的云母和角闪石。在山区，花岗岩多形成圆顶、峭壁、尖顶或城堡等形状。"花岗岩"这个名字也作为多种浅色岩石（黑色矿物体积小于或等于1/3）的统称，包括由石英、长石和云母构成的岩石。

花岗岩形成于地下，呈粉红色或灰色，具有中等或大型矿物颗粒

有大块花岗岩存在的地区经过侵蚀之后会形成圆顶、峭壁、尖顶或城堡等形状。美国加利福尼亚州约塞米蒂国家公园中的半圆丘就是由花岗岩形成的

辉长岩。辉长岩是在地下形成的又一类岩石。它的颗粒粗糙，晶体很大，我们不需要借助手持式放大镜和显微镜就能轻易看到。辉长岩是在地球深处缓慢结晶形成的，所以晶体有足够的时间长大。与花岗岩相比，它由颜色更深的矿物组成，主要（基本）矿物是钙含量丰富的斜长石、辉石、闪石和橄榄石。

辉长岩是另一种形成于地下的岩石，由暗色矿物组成，我们不需要手持式放大镜和显微镜就能够观察到很大的矿物颗粒

---

[1] "granite"（花岗岩）的词源来自拉丁文"granum"（颗粒），因为花岗岩具有矿物颗粒。"花岗岩"这个中文名称是由明治初期的日本学者翻译而来的，因为它有美丽的斑纹，且质地坚硬。——译者注

玄武岩[1]。玄武岩是另一类常见的火成岩，其外表与花岗岩和辉长岩的差别甚大。它是由与辉长岩成分相似的岩浆喷发后结晶形成的。与辉长岩类似，它的颜色为黑色，由常见矿物长石、辉石、磷灰石和磁铁矿组成。不过，玄武岩的晶体很小，颗粒精细，我们用手持式放大镜都难以看清。

玄武岩是一种常见的火成岩，通常是由很厚的熔岩流冷却固化后形成的岩层，会破裂形成在竖直方向上连续的柱形。美国加利福尼亚州的魔鬼柱国家保护区中有许多玄武岩柱，许多曾经有过火山活动的地区也有玄武岩柱

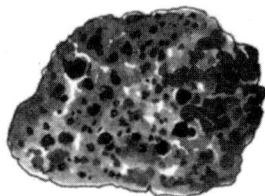

玄武岩样品中可能有数不清的小洞，这是在熔岩冷却时原本被困住的气体逃逸而形成的

流纹岩。流纹岩也是一种火山岩，它的颜色浅，类似花岗岩。流纹岩是由成分与花岗岩类似的岩浆涌出地表后形成的。由于在地上快速冷却，它的颗粒精细。有时，流纹岩会与砂岩等颗粒精细的沉积岩混淆。在流纹岩中能找到流动的痕迹，比如矿物颗粒被拉平伸展成条纹（即流线）。在熔岩依然炽热并流动时，晶体被拉长。

---

[1] "basalt"（玄武岩）的词源是拉丁文"basaltes"（非常坚硬的石头）。1546年，矿物学之父阿格里科拉首次用这个词描述德国萨克森的一种黑色岩石。"玄武岩"这个中文名称来自日文，因日本人在兵库县的玄武洞中发现黑色橄榄玄武岩而得名（玄武一词也有"黑色"的意思）。——译者注

流纹岩是一种颗粒精细的火山岩。在辨识它时，要检验熔岩在依然炽热时流动而形成的流线

2. 沉积岩。从名称来看，沉积岩是由移动的矿物颗粒"沉降积累"而形成的。这些矿物颗粒由水、风携带移动，然后在河流、湖泊、池塘、海洋、沙丘、三角洲等处沉降。随着时间流逝，这些颗粒黏结在一起，形成各种大小的沉积岩。小的用显微镜都观察不到，大的比房屋还大，其中还可能含有卵石、砂砾、贝壳碎片、淤泥、泥沙或黏土等。这些沉积物可能来源于火山喷发，或者来自深成岩和更古老的沉积岩的碎片。沉积岩也是最有可能包含化石的岩石，化石是动植物的遗体随着沉积物一起被掩埋保存下来而形成的。

在第四章中，我们将继续研究沉积岩，它的一些常见类型如下。

砂岩。砂岩一般由直径不大于 2 毫米的圆形颗粒组成，这些颗粒由更精细的沉积胶结物黏合在一起。砂岩的颜色和硬度的差别很大，取决于胶结物的类型和数量，以及颗粒的类型和颜色。石英通常是砂岩中的主要矿物。在西方的一些老建筑物的墙壁上可以找到大块的砂岩。

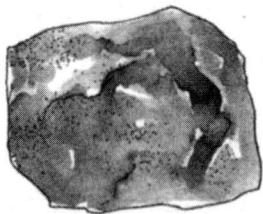

砂岩由砂粒[1]构成，一般由沉积胶结物连接在一起。砂岩可能软，也可能硬，与胶结物的成分有关

厚厚的砂岩层可能风化成各种颜色和形状的地貌，特别是在岩层暴露相当充分的干旱地区。比如，可以在非洲和美国西南地区的沙漠中见到砂岩地貌

---

[1] 根据术语在线，粒级为 0.063 ~ 2 毫米的沉积物称为砂。在本书中，多采用"砂""砂粒"等说法，同时也采用"沙子""泥沙"等习惯说法。——译者注

页岩。页岩也称泥岩，它的颗粒比砂岩更精细。淤泥和黏土的微小颗粒被挤压成薄而坚硬的岩层，从而形成页岩。页岩的颜色有的为浅灰色，有的为深灰色，与沉降物的成分有关。用钢制刀刃能够轻松地刻划页岩。沿着页岩的水平方向，能轻易地将其分开，就像矿物沿着解理面破裂一样。某些页岩（如油页岩）含有类似黑炭的物质，在某些条件下可以蒸馏出石油。

页岩由淤泥和黏土的微小颗粒组成，被挤压成又薄又硬的岩层。
页岩容易沿着解理面分开

砾岩。砾岩是颗粒粗糙的沉积岩，其中的圆形颗粒大小不一，从直径为 2～64 毫米的卵石到直径超过 3 米的巨石都有。这些颗粒一般被称为基质的更精细的物质包围。这些颗粒和基质的混合物被富含硅石和方解石的胶结物连接在一起。砾岩的颜色和硬度变化范围很大，与其中的岩石颗粒的类型有关。砾岩中可能含有矿物或火成岩、沉积岩和变质岩的碎片。与砂岩一样，砾岩的硬度与胶结物是一样的。

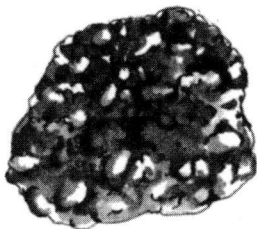

砾岩的圆形颗粒的大小变化很大，它们被称为基质的更小的颗粒连接在一起

石灰岩。石灰岩是一种致密的、颗粒精细的岩石，一般为白色或浅灰色，也可能是深灰色或黑色。构成大多数石灰岩的颗粒如此精细，以至于它们只能用显微镜来观察。这些颗粒可能是微型化石、细小的贝壳碎片或方解石的晶体碎片等。石灰岩一般以层状出现，称为矿床，厚度为几厘米到几十米。碾碎的石灰岩是制造水泥、砂浆以及一些混凝土的重要原料。

石灰岩的颗粒如此精细，以至于我们只有在显微镜下才能看清楚

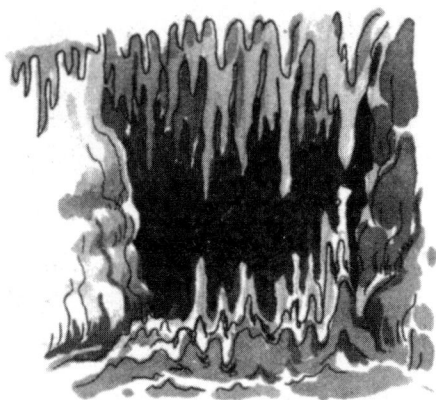

有的石灰岩在地下通道或洞穴中交织成网状。这里滴下的水在洞顶上沉积成钟乳石，在地面上形成石笋

石灰岩一般没有显著的结构花样，除非其中包含化石。这里展示的是贝壳灰岩

煤岩。煤岩是一种致密的、有时具有玻璃光泽的沉积岩，由腐朽后被挤压的生物质转变而来。它的结构差异很大，与原始生物质的腐朽程度和被挤压

程度有关。泥炭是植物遗体部分分解后形成的海绵状多孔产物。褐煤有明显的木纹结构。烟煤更坚硬，一般以薄层形式存在，我们用手持式放大镜可以看到其中的一些植物化石。无烟煤是一种高级的乌黑的大块煤炭，其断口呈贝壳状。宝石级的无烟煤称为黑玉。煤层一般以薄层形式夹在其他沉积岩中间。

煤岩的形成

植被	大量的植被（尚未分解）	大量植被生长在排水性不好的地区，如沼泽或地势较低的森林
泥炭	一些根系和其他部分尚可见	腐朽的植被被压紧形成泥炭。泥炭可以切成块，晒干后用作燃料
褐煤	易碎的褐色物质，一些植物残片尚可见	褐煤是泥炭经进一步挤压后形成的，大部分水分已排出
烟煤	质地坚硬，但易碎，很脏，有像木炭一样的粉末	在更大的压力下可以形成烟煤，它比褐煤更坚硬、更黑，也更干燥
无烟煤	最坚硬的煤岩，摸起来手感光滑，燃烧时产生的热量最多，烟最少	被压埋的植被在很大的压力下形成无烟煤，它的碳含量高达96%，质地坚硬。无烟煤有黑色光泽

注：煤岩是植物死亡后经掩埋和挤压而形成的。逐步增加的掩埋压力使煤岩提高了碳含量，具有更大的燃烧价值。

3. 变质岩。 第三类岩石是变质岩，是由其他岩石转变而来的。在高压、高温或化学作用下，火成岩、沉积岩和较老的变质岩可以转变成（新的）变质岩。在某些情况下，这种转变的可能性很小，比如一层页岩只有在上覆沉积物的重力恰到好处时才能变为石板；在另一些情况下，这种转变发生的可能性较大，比如火成岩中的花岗岩在热量和压力的作用下部分再熔融，形成带条纹的变质岩（叫作片麻岩）。当岩石经历变质作用时，其中的矿物会改变形态和化学组成，它们的排列方式各异，可能被挤压出奇异的图案。下面介绍变质岩形成过程中的三种重要作用。

第一种是热变质作用。地壳的温度在接近地表处最低。热量从地核中散发出来，地壳之下的岩石保持熔融状态。地幔或上升的岩浆会加热地壳中的岩石，使部分岩石再熔融。在某些地方，温度足以使矿物内的分子重组，形成新的变质矿物。这类矿物容易在热变质地带找到，其名单相当长，有常见的，也有罕见的，其中包括黑云母、白云母、金云母、钠长石、正长石、绿泥石、角闪石、磁铁矿和石英等。由于热变质作用而形成的岩石包括石灰岩变成的大理石、页岩变成的角页岩（一种变质岩，呈黑色，质地致密，具有阴暗光泽，容易产生贝壳状断口），以及石英含量丰富的砂岩变成的变质石英岩。

地壳中容易出现变质岩的地方位于火山之下、地壳板块再熔融的俯冲区深处，以及地壳深处靠近地幔的地方。

第二种是压力变质作用。地壳板块在地表运动，如果受到上升的新物质的推动，它们在一些地方就会发生碰撞并相互挤压。这些地方的碰撞和挤压会产生巨大的压力。有时板块之间的压力会突然释放，从而形成地震。在有些情况下，板块挤压引起大量地壳物质堆积，形成壮观的山脉，如阿尔卑斯－喜马拉雅山系在亚洲的部分。两大地壳板块相互挤压，任何一个板块都不能俯冲到另一个之下进入沟槽，于是相互碰撞的两大板块只能向上隆起，形成了珠穆朗玛峰等高峰。喜马拉雅山的地壳物质比其他任何地方都要厚。这些地方的压力巨大，岩石发生扭曲、折叠，并且碎裂。

随着两个携带大量物质的板块发生碰撞，地壳中出现褶皱并堆积，形成山脉。喜马拉雅山中地壳物质的堆积厚度已经达到 70 千米，这里是地球上最厚的地壳

高压也会使矿物中的分子移动，类似热变质作用所导致的结果。由于压力作用而形成的矿物很多，包括黑云母、白云母、金云母、钠长石、中长石、微斜长石、奥长石、正长石、方解石、绿泥石、刚玉、蓝晶石、磁铁矿和石英等。

第三种是水变质作用。岩石能够由于超热水（300 ～ 500 摄氏度）的作用而变质，其中所含的矿物更丰富。这类矿物会遭受温度极高的水的作用，热量源自结晶过程中的岩浆。这种超热流体与周围的岩石发生作用，带来某些矿物，从而改变岩石的结构或矿物的成分。这类变质作用称为热液变质作用。黑云母、方解石、绿泥石、方铅矿、赤铁矿、磁铁矿、黄铁矿、石英和电气石等都是热液变质岩中常见的矿物。金、银、铜等天然元素由于热液的作用而沉积在空洞和裂缝中，因而它们的形成多与热液变质岩有关。

下面介绍几种重要的变质岩。关于更多图片和解释，请参考相关的图书（见本章后面的"读一读"部分）。

板岩。这是一种致密的薄片状岩石，容易沿着平行面破裂成薄片。它是页岩在热量和压力的联合作用下变质而形成的。板岩薄片中可能含有闪亮的云母碎片，也散见较大的石榴石等晶体。石榴石是一种坚硬的立方晶体，通常呈深红色到紫色，富含铝元素和二氧化硅。板岩可用于制作石板，曾经广泛用于制作教室里的黑板。

板岩是由页岩变质而形成的，容易沿着平行面破裂成薄片。在薄片的表面可能会出现闪亮的云母碎片

片岩。这种岩石的颗粒比较粗糙，有明显的平行矿物线条。片岩可能是沉积岩、火山岩或其他变质岩在热量和压力的联合作用下形成的。它曾经历过多高的温度，可由其中的特定矿物来判断。这类矿物叫作指示矿物。绿泥石是一种扁平矿物，在变质温度为 150 ～ 250 摄氏度的片岩中可以找到。石榴石在变质温度为 250 ～ 450 摄氏度的片岩中可以找到。蓝晶石是一种叶片状的蓝色矿物，在变质温度为 450 ～ 700 摄氏度的片岩中可以找到。在搜寻片岩时，注意银白色的新剖面以及较老的褐色或黄色剖面上矿物形成的波浪线和折叠线。

片岩的颗粒比较粗糙，所含矿物有着与众不同的平行排列方式。片岩是由于热变质作用和压力变质作用而形成的

片麻岩。这种岩石的条纹比片岩更显著。片麻岩的颗粒也比较粗糙，有明显的矿物线条，这些线条与其层次一样显著。片麻岩中含有窄条的石英和长石，间或有较暗的矿物（如云母和角闪石等）。片麻岩是在巨大的压力和高温下形成的，含有和片岩相同的指示矿物。可以形成片麻岩的岩石一般是深成岩（如花岗岩和辉长岩等）、沉积岩（如页岩、砂岩和砾岩等）以及低品质的变质岩（如板岩、片岩和大理石等）。

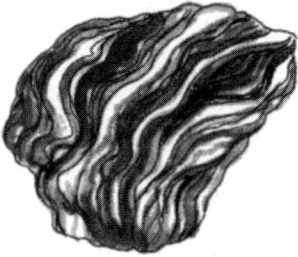

片麻岩中岩层的褶皱明显，显示了矿物的颗粒。片麻岩形成于地壳深处

大理石。大理石的质地有软有硬，颗粒大小为精细到中等，典型的组成成分是方解石和白云石。纯大理石是白色的，但散布的其他矿物会使它呈现各种颜色，如灰色、黑色、绿色、红色、黄色或棕色等。大理石是含石灰石或白云石的岩层被附近的炽热岩浆加热而形成的，或者在热量和压力的联合作用下变质而形成的。这种岩石一般用作雕塑和建筑材料。

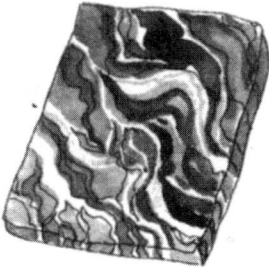

纯大理石只包含方解石或白云石，通常是纯白色的。其他矿物的存在会使它显示不同的颜色，出现斑点或脉状图案（称为大理石花纹）

大理石的硬度为3，容易用钢制刀刃刻划。雕刻家常把大理石雕刻成艺术品和其他装饰品

变质石英岩。这种岩石是由石英含量丰富的砂岩变质而形成的。在热量和压力的作用下，较软的砂岩中的石英胶结物重新结晶，之前的石英颗粒轮廓线已经不可探知。变质石英岩粗糙且坚硬，具有参差状或贝壳状断口。它的颜色

有粉色、褐色，以及浅灰色到深灰色。

变质石英岩是由石英含量丰富的砂岩变成的，硬度约为 7，断口呈参差状，有时呈贝壳状

做一做

辨认岩石

你需要的器材

手持式放大镜

铜币

小型折叠刀

野外地质手册

笔记本

可以根据多种性质描述在野外、家里或实验室里见到的岩石。

外出旅行时，你随处都可以辨认岩石。海滩、山丘、开阔地带等地方都有岩石，城市里的有些建筑物也是用花岗岩、砂岩、石英变质岩或大理石建成的。仔细观察你身边的岩石，看看它们的侧立面是否有层次，再刻划一下它们，感受一下硬度。这些岩石中有没有卵石或者砂粒？化石和贝壳呢？如果有，那么它是什么类型的岩石？你看到的可能是片岩或者片麻岩。咨询你的野外向导，或者把草图画下来，以后根据草图进行辨认。

试着用你的指甲刻划岩石，能刻划得动吗？如果能，你发现的可能是砂岩或一种叫白垩的很软的石灰岩。第一章里矿物的莫氏硬度表也适用于描述岩石。铜币能够刻划某些石灰岩，小型折叠刀能够刻划页岩和更硬的大理石。在你的笔记本上记下岩石的硬度。

你发现还有什么岩石？它们有什么样的颜色和纹理？哪些是在建筑物上发现的？有些建筑物是用混凝土建成的，看起来很像岩石，你能发现它们其实不是岩石吗？

说明： 每次研究岩石，你都会得到更多信息。对于大自然的任何部分，你越熟悉它们，学到的也就越多。

采集一套岩石样品

你需要的器材

地图

指南针

凿岩锤

笔记本

背包

纸袋

空的鸡蛋包装纸盒

用于书写说明文字的白纸

白色修正液

永久性的记号笔

棉絮

在野外旅行时，你可以收集发现的岩石样品。

在属于私人或政府的土地上，未经主人或管理员首肯，不要采集那里的东西。在用凿岩锤凿石头、攀爬或行走时，要采取基本的安全措施，穿戴质地良好的长筒靴、护目镜（或墨镜）会很有帮助。用地图和指南针确定你所在的位置。

选择样品时，尽量选择那些未经风化的岩石。挑选或用凿岩锤取下样品时要注意，样品要大得足以表明其标志性特征，但又要小得足以放在你的背包里。在你的笔记本上记下你在哪里采集这份样品，它属于什么岩石类型，质地和硬度如何，这个地方的地貌特征如何。然后用纸袋包好样品，并在纸袋上做好清晰的标记。给岩石样品制定一个编号，并在纸袋和笔记本上记下这个编号。

把样品带回家之后，根据笔记本上的信息对岩石进行分类整理。在每份样品上涂一点白色修正液，等修正液干了之后，根据笔记本上的记录在此处写下该样品的编号。在空的鸡蛋包装纸盒盖子内侧写下说明，把样品放在相应的鸡蛋架上。

你可能会收集好几套岩石样品，如一套深成岩样品、一套火山岩样品、一套颗粒精细的沉积岩样品，诸如此类。保存样品时，把小块棉絮跟样品放在一起，用胶带加固纸盒。这样，想要研究你的收藏时，你很容易拿到样品。

说明：如果你收集到一份岩石样品而不能确定它是什么岩石，则不要担心，因为你的笔记本上的记录以及日后对样品的观察会告诉你很多信息。要记住，观察本身比岩石的名字更加重要！

可以吃的"岩石"

你需要的器材

各种糖果、饼干和糕点

餐盘

笔记本

笔

野外地质手册

最好和朋友们一起做这个实验。

把每一种糖果、饼干和糕点分别放在一个单独的餐盘里。比如，你可能有布朗尼蛋糕、巧克力薄饼干、麦乳精糖球、太妃糖、大米花球、牛奶巧克力棒、花生酱杯，将每种分别放在一个餐盘里。就像描述岩石一样，描述一下每一种糖果、饼干和糕点：它是否分层，它有没有贝壳状断口，颗粒有多大，是硬还是软。如果你邀请了朋友来帮你做这个实验，给他们笔和纸，请他们记录下他们对这些糖果、饼干和糕点的印象。根据野外地质手册，把这些糖果、饼干和糕点与真实的岩石类型对应起来。

你的结论有可能是这样的：太妃糖有像黑曜石一样的贝壳状断口；巧克力薄饼干的精细颗粒当中有分散的大颗粒，就像石榴石片岩；大米花球是由大颗粒黏结而成的，就像砾岩。

你做这个实验时可以有很多选择，拿出你的创意来，然后吃掉这些"岩石"。

说明： 在辨认岩石的时候，我们所有的感官都会被调动起来。油页岩有黑色的有机质组成的层次，它看起来油腻，闻起来也油腻。砂岩里的沉积物颗粒比泥岩（页岩）里的精细颗粒要粗糙得多。用牙齿和舌尖感受一下泥岩。除了视觉之外，也要学会用味觉、触觉和嗅觉来辨认岩石。

烤一块"砾岩"

你需要的器材

大米花球

大米泡芙

小麦泡芙

蛋糕烤盘

大的平底锅

搅拌碗和勺子

野外岩石辨认手册

在这个实验中，你可以亲手烤一块"砾岩"，所需的原料为大米花球、小麦泡芙、大米泡芙各三分之一。把这些原料放进蛋糕烤盘里，烘烤后再冷却，注意观察颗粒的大小、形状和颜色。然后尝尝你的样品，你可能会发现一些值得注意的现象。

说明：砾岩是一种沉积岩，由各种大小不一的岩石颗粒黏合而成。你调和出来的混合物颗粒有各种不同的大小，类似砾岩中的颗粒。

通常岩石颗粒的黏合非常缓慢，是个漫长的过程。在这个实验中，成团过程只用了几小时，而不是很多年。

角砾岩这类岩石与砾岩的区别仅仅在于其中的颗粒是有棱角的，而不是圆的。如果用坚果碎片和干水果片代替大米泡芙和小麦泡芙，那么你就会得到类似角砾岩的模型，其中的颗粒是有棱角的。

想一想

地质年代。1788 年，在苏格兰的贝里克郡，一位名叫詹姆斯·赫顿的乡村绅士、物理学家站在西卡岬角，这是靠近大海的一块突出的山地。在这个海角上，倾斜的砂岩层上堆叠着水平的砂岩层，这让赫顿着迷了好一段时间。虽然他不知道是什么力量抬起了这块陆地，但他推断那些古老的砂岩要比年轻的砂岩更早就位。二者再次被抬升，被侵蚀力量剥蚀。在年轻的岩石沉积之前，古老的岩石已经被风和水侵蚀了很多年，后来风和海浪又侵蚀了那些年轻的岩石。

赫顿假设这些岩石正在经历一种循环，这种循环是连续的。他的思想是均变学说的基础，这个学说认为今天在起作用的同一种力在整个地质历史上一直发挥着作用。赫顿认为地球的循环"找不到开始，也无望结束"。

他的学说打开了通往现代地质学研究的大门。地质学家今天检验古老的岩石，知道它们大部分是逐渐形成的，与今天各种环境下岩石的形成遵循同一种模式。不过，根据均变学说，地质学家也知道地球其实非常古老。以现代方法估计，赫顿观察的倾斜砂岩的年龄约为 4.5 亿年，水平砂岩的年龄约为 3.7 亿年。它们的沉积过程花费了很长时间：沉积物的沉降用了很长时间，它们的固化和黏结也用了很长时间。

随着对于岩石的不断研究，我们日常的时间观念也得以拓展。了解地质年代最好的方法也许是想象地球的历史是在一年之内发生的。如果把 46 亿年压缩为 12 个月，那么现存最古老的岩石形成于 3 月中旬，最原始的生命——古代的海洋生物出现在 5 月。好几个月之后，动植物在 11 月末出现。恐龙直到 12 月中旬才统治地球，并在圣诞节后的第二天消失。最早的人类出现在 12 月 31 日的晚上，最近的冰期仅仅在午夜前才结束。唐·艾彻在《地质年代》一书中说："罗马统治了西方世界 5 秒，从 23：59：45 到 23：59：50。哥伦布在午夜前 3 秒发现了美洲。现代地质学随着詹姆斯·赫顿的著作而诞生的时间离这意义重大的一年结束大约只有 1 秒。"

对于如此巨大的时间跨度的沉思，让我们对地质学的学习产生了一分敬畏。

地球上现存最古老的岩石迟至3月中旬才出现

最原始的生命——古代海洋生物出现在5月

到11月末，动植物出现

恐龙在12月中旬主宰地球，
但在12月26日灭绝

早期人类出现于
12月31日的晚上

仅仅在午夜前，最近一次冰期才结束

日期　12月31日

时间　23：59：45

日期　12月31日

时间　23：59：50

罗马统治西方世界5秒

日期　12月31日

时间　23：59：57

日期　12月31日

时间　23：59：59

哥伦布发现美洲

现代地质学诞生

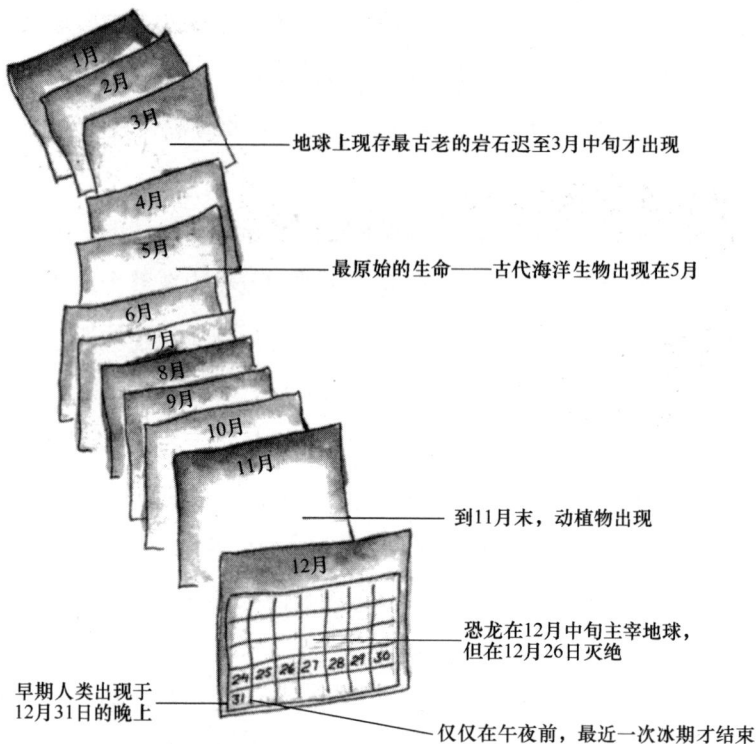

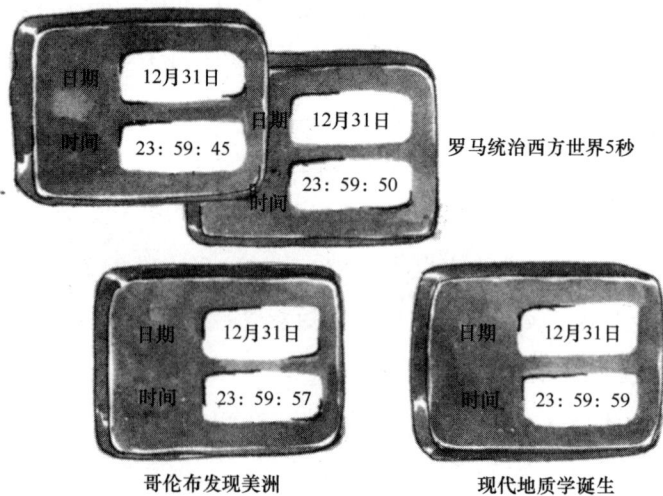

被压缩在一天之内的地球历史

岩石的循环。正如詹姆斯·赫顿所观察到的，今天我们看到的地质过程在过去一直出现，在将来也会一直出现。时间和岩石都在循环。地壳岩石进入沟槽再熔融，再次形成新的地壳，而且岩石也在经历风化、压实、变质、上冲、侵入、喷出的过程。虽然这一过程缓慢，但它确实是一个无尽的过程。根据岩石所在的位置，想想它在这个循环中所处的阶段。它在经历风化吗？是否很快就会以碎片的形式被搬运成沉积物？它是在地球深处历经百万年的变质过程后最近才露出地表的吗？我们站在熟悉的地面上，我们的位置在地壳上，我们在岩石循环过程中又处于什么地位呢？

风化作用使岩石破碎并把颗粒带走，颗粒沉降为沉积物

随着时间流逝，各层沉积物被压实，形成沉积岩

沉积岩或火成岩受到高温和压力的作用时就形成变质岩

进一步受热，变质岩熔融，成为岩浆

由于火山活动，岩浆被迫上升

地下深处的岩浆形成深成岩。深成岩可能由于风化作用而露出地表

火山物质喷发并在地表冷却，形成火山岩

岩石的循环

读一读

D. C. Eicher. *Geologic Time*. Englewood Cliffs, NJ: Prentice Hall, 1976.
《地质时间》这本书讲述了在极大的时间跨度上发生的地质现象。

Steve Parker. *Rock and Minerals*. New York: Dorling Kindersley, 1993.

《岩石和矿物》这本书包含各类岩石的彩色图片，信息量大。

Brian J. Skinner. *The Dynamic Earth*: *An Introduction to Physical Geology*. New York: Wiley, 1992.

《动态地球：物理地质学概论》这本书中的图表和照片都非常值得推荐。

看一看

The Voyage of Lee. United States Geological Survey, 1985.

《"李将军号"的航行》这部影片讲述了美国地质考察船"李将军号"从太平洋底采集岩石的过程。

第三章　火山：熔岩成山

地壳板块碰撞和挤压能够造就像喜马拉雅山这样壮观的山脉，但还有一些我们熟知的高山（如火山），其形成方式完全不同。夏威夷的基拉韦亚山、阿拉斯加的卡特迈山以及华盛顿州的雷尼尔山就是火山喷发形成的。岩石熔化为炽热的岩浆，岩浆上涌到地表喷发出来，形成了这些高耸的大山。

火山喷发的类型

每一次火山喷发都是不一样的。世界上有多少座火山就有多少种喷发形式，而且同一座火山的每一次喷发也有所不同。地质学家总结出了 6 种常见的火山喷发类型：夏威夷式、斯特龙博利式、武尔卡诺式、维苏威式、普林尼式和培雷式。这主要是依据多年前典型的火山喷发命名的。火山喷发的具体形式与温度和岩浆成分有关。岩浆中的二氧化硅越多，岩浆就越浓稠，黏滞性越大（发黏，不易流动）。

夏威夷式喷发表现为熔岩[1]较软，安静地外溢，很容易流淌到山下。多年以来，夏威夷岛上的冒纳罗亚火山经常喷发。它是全世界最活跃的火山之一，熔岩经常流向 40 千米外的港口小城希洛。在 1935 年的一次喷发中，这座火山喷出大量岩浆，熔岩聚焦在火山口。如果熔岩直接流到山下，将会威胁希洛的安全。所以，地质学家请求美国空军对火山口进行轰炸。10 架轰炸机各携带 270 千克炸药分两次从山峰侧面进行轰炸，熔岩冲出火山口边缘，从远离希洛的位置倾泻而下。

---

[1] 一般来说，岩浆指的是地下熔融或半熔融的岩石，喷出地表之后就叫作熔岩。——译者注

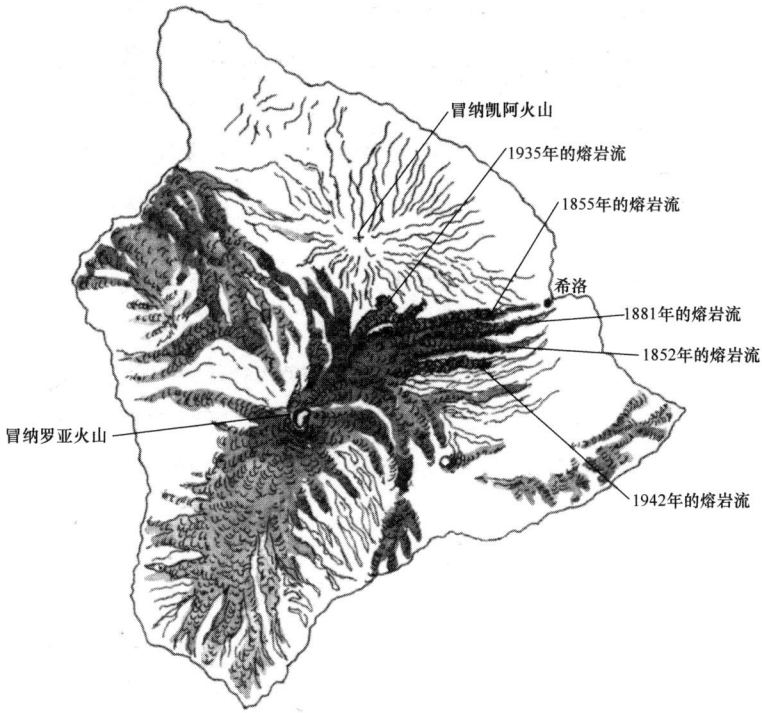

冒纳凯阿火山
1935年的熔岩流
1855年的熔岩流
希洛
1881年的熔岩流
1852年的熔岩流
冒纳罗亚火山
1942年的熔岩流

夏威夷岛上的冒纳罗亚火山曾多次喷发，熔岩的流动性好，一般会流向港口小城希洛

　　在有些夏威夷式喷发中，岩浆喷泉能冲到空中。岩浆表面在风力作用下凝固，形成金色线条。这种线条称为"佩莱的秀发"，佩莱是夏威夷语中的火之女神。

岩浆被喷到空中后，经风一吹，表面会出现金色线条

斯特龙博利式喷发要比夏威夷式喷发更加猛烈，声音也更响亮。这种喷发类型得名于斯特龙博利火山，它位于远离意大利海岸的一座岛上。许多世纪以来，斯特龙博利火山几乎一直在喷发，将夜空都照亮了。它吸引了整船整船的游客。持续的喷发把岩浆碎块喷到低空，形成闪亮的抛物线。岩浆不停地翻滚，落进火山口或者掉在布满火山灰的斜坡上，然后一路翻滚下去。

在武尔卡诺式喷发中，岩浆更加浓稠，大块的岩浆被抛起的高度比斯特龙博利式喷发高一些，火山的某些部分可能会被摧毁。这类喷发以武尔卡诺火山命名，它是远离西西里岛海岸的一座火山，位于斯特龙博利火山西南。武尔卡诺（Vulcanian）这个名字来自罗马神话中的火神伏尔甘（Vulcan）。在武尔卡诺式喷发中，红彤彤的岩浆能飞出一两千米，夹着细尘的气流高达数千米，边上升边滚动，形成多节的像花椰菜一样的云团。

维苏威式喷发甚至具有爆炸性，一般会摧毁锥形山体的很大一部分。这类喷发会在好几小时里喷出大量火山灰和岩浆，就像意大利的维苏威火山大喷发那样。在维苏威式喷发中，岩浆是从火山口飞出来的，而不像斯特龙博利式和武尔卡诺式那样喷出的是岩浆碎块。公元79年以前，维苏威火山一直是不活跃的，没有喷发记录。公元79年8月24日早上，一朵巨大的蘑菇云直冲几千米高空，火山灰和浮岩落在周围的田野和民居上。喷发持续了一整夜，喷发的亮光和落下的火山灰点燃的大火照亮了夜空。然而最大规模的爆炸尚未到来，那些没有从这一地区疏散的人面临着生命危险。

第二天，天空未再亮起，因为大量的火山灰飘浮在空中，遮蔽了太阳。很快，一次猛烈的气体喷发掀掉了山顶，灰尘持续降落了几小时，上百平方千米内的乡村被掩埋，庞贝古城被火山灰完全掩埋。在山的另一边较远处的赫库兰尼姆的情况更糟，由于维苏威火山上空降下的暴雨，火山灰和浮岩变成泥石流将赫库兰尼姆覆盖。

　　普林尼式喷发得名于小普林尼[1]，他目击了维苏威火山喷发。普林尼式喷发暴烈强劲，就像维苏威火山最后阶段的爆发，火山的大部分会被掀掉或坍塌。爪哇和苏门答腊之间的拉卡塔岛（旧称喀拉喀托岛）上的一座火山在 19 世纪曾经喷发，其猛烈程度甚至超过了维苏威火山。拉卡塔岛是位于繁忙的海上航线上的众多岛屿之一，它不适合居住，少有人登陆，安静而美丽。航海记录表明这座火山保持平静的时间已超过 200 年。

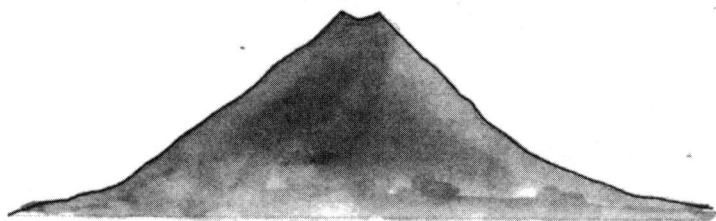

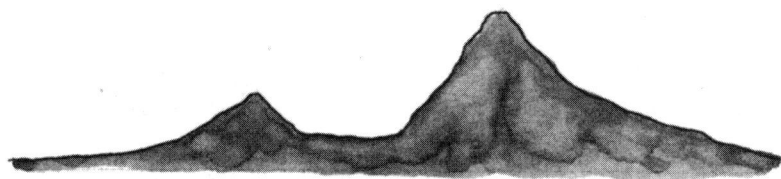

在公元 79 年的火山喷发中，维苏威火山的形态发生了巨大的改变。喷发之前，山体呈锥形且对称，喷发时大部分坍塌或被掀掉，喷发后留下的部分变成了不对称的碟状

[1] 小普林尼是罗马帝国贵族、作家，他是老普林尼的外甥和养子，所以继承了普林尼的姓氏。老普林尼在罗马帝国历任要职，还是一位百科全书式的作家，著有《自然史》。公元 79 年，维苏威火山爆发，老普林尼前往救灾并了解火山喷发情况，因吸入火山喷出的含硫气体而中毒身亡。小普林尼当时只有 17 岁，在船上目击了火山喷发。——译者注

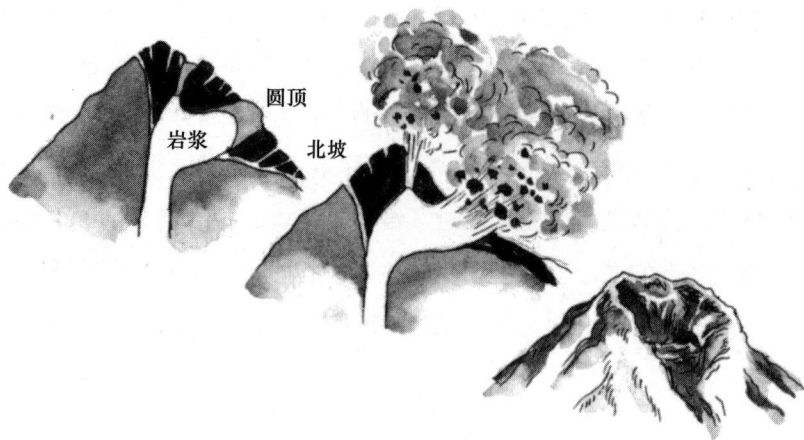

圆顶

岩浆　　北坡

位于美国华盛顿州的圣海伦斯火山于 1980 年 5 月 18 日喷发，造成数十人死亡，周围的地貌被剧烈改变。这次喷发的类型是维苏威式。在喷发之前，该山的北坡明显胀大。喷发的那一天，北坡碎裂，山顶失去了约 4 立方千米的物质，海拔从超过 2900 米变为不到 2500 米

1883 年 5 月，经历过大约 10 年逐渐增强的地震之后，拉卡塔岛上的火山复活了，蒸汽和火山灰喷发了好几周，灰尘像暴雨一般落在了 500 千米外的村镇上。这次喷发持续了 3 个月，在岛群中形成了几个锥顶。近岸的居民已经学会了和地震一起生活。8 月 26—27 日，猛烈的爆炸震动了整个世界。大喷发惊醒了 3000 千米外沉睡的人们，枪炮一般的爆裂声传播到了 5000 千米之外，这是在不借助任何特殊设备就能传播和被听到的最远的声音。被称作海啸的巨浪席卷了邻近的海岸，毁灭了约 300 座城镇和 36000 人。海上的船只能在黑暗中挣扎，甲板被火山灰覆盖。能见度很低，以至于没人知道拉卡塔岛上正在发生什么。

经过 100 天的普林尼式喷发以及最后 4 天猛烈到只能被叫作喀拉喀托式爆炸的大喷发之后，这座火山经过最后一次喘息，然后复归于平静。在这次高强度的喷发中，多座已知岛屿的某些部分（包括半座拉卡塔岛）都已消失。自此之后，地球上再未出现过如此猛烈的喷发。

　　培雷式喷发与维苏威式喷发、普林尼式喷发和喀拉喀托式喷发大不相同，它会用炽热的气体流摧毁火山，从而喷发出由固体碎片组成的炽热的发光灿云。这种发光的火山云也叫火云，第一次记录是 1902 年在加勒比的马提尼克岛上发生的圣皮埃尔灾难。那一年，港口城市圣皮埃尔附近的培雷火山发生了一系列小规模的喷溅和爆炸，一些火山灰和岩浆被喷入空中。这座火山之前也喷发过，但已经平静了 50 年。随着火山活动强度的增大，圣皮埃尔的居民越发恐慌，大多数人决定疏散，但还有一些人留下来，他们期望火山再度恢复平静。

　　5 月 8 日，火山咆哮着失去了控制，火云冲天而起，迅速冲向圣皮埃尔。非常黏稠的岩浆堵塞了培雷火山，迫使富含气体的岩浆只能从火山的一侧猛烈地喷涌而出。火云的移动速度超过 180 千米 / 时，携带的极端炽热的气体吞噬了圣皮埃尔，引起全城大火。除两人之外，留在城中的市民全部遇难。

火山通道喷出的火云携带着炽热的气体急速冲下山坡

　　实际发生的火山喷发并不是单一类型。例如，一次喷发中的某个阶段可能是夏威夷式，后一阶段可能是武尔卡诺式。火山下面深处的岩石类型部分决定了它将如何喷发。夏威夷的火山内部主要是硅含量低的玄武岩，岩浆稀薄，流动性强。由于温度太高，岩浆才喷薄而出。越炽热的岩浆越容易流淌，甚至比蜂蜜和糖浆流淌得还快。玄武岩在约 1000 摄氏度时熔化，其他岩石的熔化温度更低。花岗岩在 500 摄氏度时熔化，质地黏稠，其中的气体因巨大的压强而得以释放。在培雷火山内部，堵住火山口的黏稠岩浆就是某种矿物成分接近花岗岩的岩石。

有时，两种岩浆可能同样黏稠，但其中一种里面困住了更多的气体。如果气体在释放之前积累了足够的压力，那么即使玄武岩浆也会猛烈地喷发。

板块碰撞

在火山里能找到什么类型的岩石，取决于它位于地球板块的什么位置。阿尔卑斯 – 喜马拉雅山系极其漫长，但那里没有火山，这是因为在大陆板块碰撞抬升的地方不会形成火山。大洋板块俯冲进大陆板块之下的地方经常会形成火山。在那里，重而较薄的大洋板块俯冲到大陆板块之下，发生滑动，大洋板块吸收地幔释放的热量而熔化。构成大洋板块的黑色岩石是玄武岩，它们熔化后上升到地表附近，和来自大陆板块的岩石融为一体，最终会形成何种岩浆取决于有多少大陆板块熔化。如果有足够的大陆板块（即花岗岩）熔化，火山内部的岩浆在成分上就更接近花岗岩。

有些岩浆上升到中途就会缓慢冷却而形成巨大的岩基[1]。如果岩浆上升至地表，就会伴随着火山灰喷发出来。加利福尼亚的内华达山是太平洋板块俯冲到北美洲板块之下而形成的，那里一度有许多活火山，在深处的山体中心形成了花岗岩和其他岩石构成的巨大岩基。随着时间推移，火山不再活跃，并在后来的抬升过程中逐渐被侵蚀剥离。不过，岩基中的大多数花岗岩仍存在，在约塞米蒂谷和赫奇赫奇等地可见。这类山脉的分布范围远不止加利福尼亚州中

---

[1] "batholith"（岩基）的词源来自希腊语，意思是"地下深处的石头"。——译者注

部，而是更大链条（如墨西哥的谢拉马德雷山，横跨加利福尼亚州北部、俄勒冈州和华盛顿州的喀斯喀特山，以及阿留申群岛上的那些山脉）的一部分。其中，有些地方的火山依然活跃。

岩浆上升到中途就慢慢冷却而形成岩基。我们在约塞米蒂谷中看到的这些地貌就是岩浆在地球深处慢慢冷却而形成的巨大岩基，它们在数百万年的时间里逐渐被抬升，上面覆盖的火山岩已经被侵蚀剥离

火山的形成

因为火山通常在大洋板块和大陆板块的连接处形成，而板块连接处通常是大陆边缘，所以火山一般靠近海洋。世界上的大部分火山围绕太平洋形成环太平洋火山带，这是多个大陆板块和太平洋板块连接而形成的一条非常明显的环线。

那些不在板块边缘的火山，比如接近大洋板块中心的夏威夷火山群，一般被认为是由热点形成的。所谓的热点是地核深处的热量穿过地幔而形成的。这些热量"烧穿"太平洋下的地壳形成通道，熔融的岩浆上升，在板块表面形成火山。这些热点的位置不会移动，但板块本身在热点之上移动，所以一个热点就能形成考艾岛、瓦胡岛、莫洛凯岛、毛伊岛和夏威夷岛这个岛链。夏威夷热点如今位于夏威夷岛下方深处，形成了冒纳罗亚火山和基拉韦亚火山。当热点穿过大洋板块上升时，在洋底只有玄武岩地壳可以熔化。所以，这里的火山喷发方式自然都是夏威夷式，喷出的是炽热且流动性好的玄武岩浆。人们在大陆板块下也发现了热点。怀俄明州著名的黄石国家公园中喷泉的形成就缘于类似夏威夷热点的上升岩浆。

还有一些大洋中心的火山是在新的大洋板块产生之处形成的，比如北美洲和欧洲之间的大西洋中脊上的火山。新的地壳物质从地幔中溢出，向东西方向远离大西洋中脊运动。大洋地壳的运动非常缓慢，一个人在有生之年难以察觉。但在这里会形成被称为裂隙的岩浆裂口，玄武岩浆由此冲出大洋地壳。在数百万年的时间里，沿着大西洋中脊形成了巨大的海底山脉。在有些地方，巨大的山脉会露出海面形成岛屿。

火山的形状

火山的喷发类型随着岩石的成分而变化，因此火山的形状也多变。在夏威夷式喷发中，稀薄、炽热的玄武岩浆形成了坡度平缓的盾状火山，它们是由成千上万的熔岩流叠加而形成的。很多年之后，盾状火山的高度将非常可观。夏威夷的冒纳凯阿火山从海底升起了 10203 米。多变的喷发方式使火山灰层和熔岩层交叠而形成复合火山，即经典的火山锥。如果喷发主要是爆炸性的，喷出的物质是由火成岩碎屑组成的火山灰，结果就会形成火山灰锥或火山渣锥。在火山通道附近，松散的物质堆积成锥形。火山口是漏斗形的空洞，岩浆由此喷发出来；由于坍塌或喷发，火山口可能扩大成破火山口。非常黏稠的熔岩会形成陡峭的锥形。

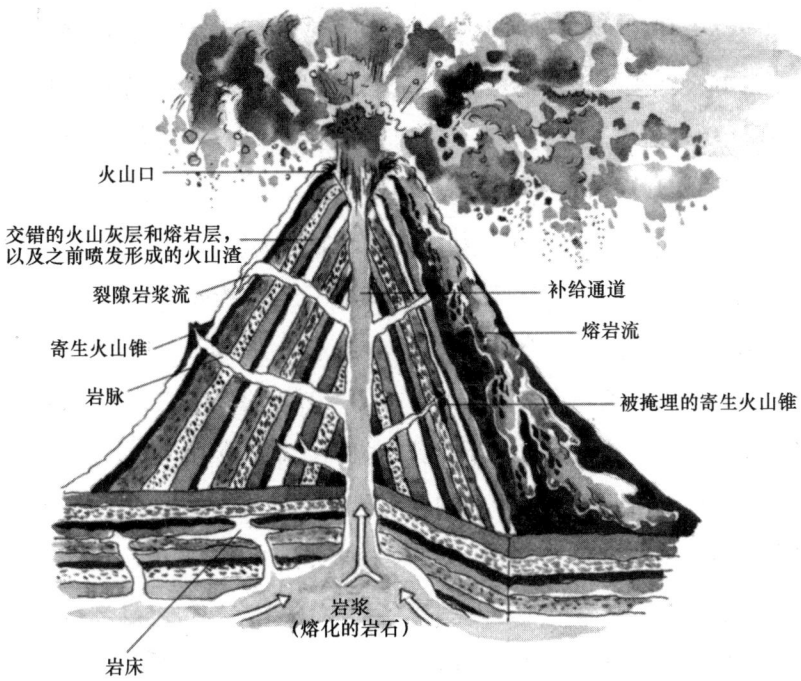

火山口

交错的火山灰层和熔岩层，
以及之前喷发形成的火山渣

裂隙岩浆流

寄生火山锥

岩脉

补给通道

熔岩流

被掩埋的寄生火山锥

岩浆
（熔化的岩石）

岩床

由于岩石类型不同，火山形状的变化很大。典型的锥形火山称为复合火山，由火山灰层和熔岩层交叠而成。火山内部有补给通道和岩脉，岩浆从那里流出

做一做

制造化学火山

你需要的器材

容积为 750 毫升的细颈瓶

一堆土

一勺洗洁精

一杯红色食用色素

一杯食醋

一大杯温水

两勺小苏打（碳酸氢钠）

这个实验最好在室外进行，用于探索火山中的气体如何上升并从顶部的狭小出口喷出。

把细颈瓶放在地上，在它的周围堆上土，使土堆顶部与瓶口齐平，从而尽量让细颈瓶直立在地上。土堆的形状可以做成你喜欢的火山样子，如锥形或盾形。如果你去不了室外，就在水槽里做。

把洗洁精倒进细颈瓶里，加几滴红色食用色素，再加入食醋，然后倒入温水，使水面接近瓶口。再迅速加入两勺混了一点水的小苏打，然后观察"火山"喷发。

说明：食用小苏打是碱，食醋是酸，它们在一起发生反应，释放二氧化碳气体，从而把混合物从细颈瓶里挤出来。加入洗洁精能产生更多的泡沫，用来模拟气体含量丰富的多泡熔岩；红色食用色素使"火山"看起来呈火红色。

烤火山馅饼

你需要的器材

烤箱

面团

果酱

勺子

小刀

圆饼干成型刀（饼干模具）

擀面杖

防烫手套

松饼托盘

上一个实验没有涉及热量这个因素，而烤火山馅饼能展示热量是怎么驱动火山喷发的。

把烤箱预热到375度。用擀面杖把面团擀成面皮，再用圆饼干成型刀切出圆形面皮，其大小要与松饼托盘的格子一致。在托盘的每个格子里放一块面皮，在上面再放一勺果酱，然后盖上另一块面皮。把面皮的边缘压实，封住果酱，然后用小刀在每个果酱馅饼的中央戳一个小洞。

把馅饼放进预热过的烤箱中，注意烤10分钟、20分钟和30分钟的变化。连续烤40分钟，或直到果酱从馅饼中涌出来。把馅饼从烤箱中拿出来，仔细观察。托盘的各个格子里的果酱（"岩浆"）的表现如何？等馅饼凉了再吃哦！

说明： 在加热过程中，馅饼内的压力增大，果酱最终从小洞中涌出来。火山的状况与此类似，其内部充满了炽热的岩浆，压力不断增大，直到从出口喷涌而出。在上一个实验中，我们看到了岩浆内的气体压力增大的后果。在真实的火山中，热量和气体压力的联合作用造成了火山喷发。

玻璃裂缝

你需要的器材

炉子

玻璃球

护目镜

煎锅

冰水罐

金属钳子

防烫手套

通过在炉子上加热玻璃球，你可以看到裂缝是怎么产生的。

在炉子上用小火加热煎锅，然后把玻璃球放在煎锅中，提高温度，并不时用金属钳子滚动玻璃球。拿金属钳子和煎锅时一定要戴防烫手套，并且一定要戴好护目镜。观察加热对玻璃球的影响。

接下来，用金属钳子把玻璃球放到冰水罐中，观察快速冷却时玻璃球的变化，看看变化发生在玻璃球内部或表面。

说明： 如果固体的韧性不好，就像玻璃那样，它在膨胀时就会产生裂缝。火山下面的岩浆通常会加热附近的岩石，使其裂开或破碎，最终岩浆会填补这些裂缝。

拓印火山岩

你需要的器材

手持式放大镜

笔记本

已剥掉包装纸的蜡笔

若干张薄纸片

城墙、民居和办公楼等建筑上常会用到本地的岩石。玄武岩等火成岩质地致密，是很好的建筑材料。在你所居住的城镇中的建筑上找一找火成岩。

如果你发现了可能是用火成岩建成的墙壁，就停下来检查一下。用手持式放大镜贴近它进行观察，你能看到各种颜色的流纹带吗？在这些岩石里，你有没有看到其他种类的岩石杂质？你看到了什么颜色？在你的笔记本上将其描述出来。

墙壁的建筑者使用了直接来自本地的岩石吗？岩石上有能证明它们被劈开的平面吗？把岩石的形状描绘下来。在这些平面上看到晶体了吗？用手持式放大镜靠近看，并把观察结果记录在笔记本上。有哪些表面被打磨过？在旧办公楼所用的岩石上，打磨痕迹尤其常见。这些表面摸起来与未经打磨的表面有何不同？

把一张薄纸片铺在未经打磨的岩石上，用蜡笔的侧面轻轻拓印。这种拓印能很好地复制岩石纹理，包括颗粒、气泡和空洞。你可能想把这张拓片粘在笔记本上。收集各种岩石的拓片——它们可以做成美丽的拼贴画。

说明：为了使外表整齐，建筑者经常沿着薄弱面把岩石劈开。对于火成岩来说，这样的薄弱面可能沿着流纹带的方向分布。这类流纹带是熔岩在流动时对矿物进行拉伸而造成的。在岩石被劈开的薄弱面上，有时能见到石英等矿物晶体。

不同的颜色来自岩石中不同的矿物。虽然风化过程中矿物的颜色也会改变，但这仍是观察和记录的重点。

参观火山

你需要的器材

手持式放大镜

笔记本

休眠火山附近有许多东西值得观察，有时我们在国家公园和森林中可以找到这类火山。

出发之前，寻找你即将前去调查的山脉的有关资料（从家里、学校或图书馆寻求帮助），调查该山脉中是否有活火山。在火山分布的区域内，寻找生命的迹象。如果你没有很快找到生命的迹象，就仔细观察岩石，寻找苔藓或其他很小的植物。思考一下生命是如何在这些岩石上开始生活的，接下来会发生什么。

检查登山过程中路上的岩石，看看其颜色的深浅如何，其中的矿物颗粒是大还是小。从地下突然喷出来的岩浆凝固后通常具有精细的颗粒。

在旅途中研究你所见到的山峰的形状。它们是圆的、尖的还是锥形的？

说明：火山喷发一般会毁掉周围的生命，地面被熔岩覆盖，空气中充满有毒气体。虽然最终各类物种会返回这里，但可能要花数百年甚至数千年时间。火山存在的线索包括锥形山以及外露的颗粒精细的岩石。

研究火山风景时，你还需要知道另外一些事实。

火山：有的只是孤零零的一座山，呈锥形；到海岸线的距离多在 1000 千米以内，通常位于海岛上。

火山岩：有时充满了气泡；由颗粒精细的矿物组成；可能有玻璃光泽（如果是黑曜石），也可能会浮在水面上（如果是浮岩）。

当你尝试分辨常见的火山岩类型时，记住寻找以下特征。

玄武岩：在夏威夷式喷发中常见；通常充满由被困住的气体形成的气孔；颗粒精细；由于熔岩缓慢流动或停止流动而形成丝状或块状纹理；呈黑色或暗绿色，包含大量铁、镁元素含量丰富的辉石；只包含少量石英，因为岩浆中几乎不含硅。

安山岩：在大洋板块和大陆板块交界处的火山中常见；颗粒精细；由于熔岩流黏稠而具有整体的块状纹理；通常呈灰色、绿色或红色，分化后呈黑色或红棕色；含有一定量的石英。

流纹岩：颜色浅；通常有流线型或带状纹理（它们是由于炽热的矿物颗粒在熔岩流动的方向上受到拉伸而形成的）；由缓慢流动的、黏稠的熔岩结晶而形成；与花岗岩的化学成分相同，富含硅元素，含有大量石英。

观察浮岩怎么浮起来

你需要的器材

干海绵

澡盆

浮岩是一种很轻的火山岩，其中含有的空气很多，能够浮在水面上。浮岩中的空气为什么能使它浮起来？做完下面这个简单的实验，你就知道了。

在洗澡或游泳时，带上一块干海绵。注意，海绵会浮起来，特别是在干燥的时候，但有点湿也行。湿海绵中的水去哪里了？如果海绵越来越湿，浸透了水，那么它还能浮起来吗？

说明： 浮岩中空气所占的体积比固体物质的体积还要大。浮岩能像海绵一样浮在水面上，因为水只能进入一些气孔中，而不能进入大部分气孔中。其他火山岩在水中不能浮起来，因为其内部的气孔太少，大部分成分是岩石而不是空气。

你也可以用岩石商店出售的岩石来做这个实验。

绘制火山地图

你需要的器材

详细的世界地图

一包小圆贴

笔记本

许多火山沿着太平洋围成一个大圈（称为火山带）。在世界地图上找到这些火山，标明火山带离大陆边缘有多近。

在世界地图上找到下列火山，每座火山用一个小圆贴进行标识。如果不允许在地图上做标记，那么在地图上找到这些火山，然后在你的笔记本上画出它们的大致位置。你知道其他火山的名字吗？如果知道的话，也把它们找出来。

新西兰的塔拉韦拉火山	阿拉斯加的希沙尔丁火山
印度尼西亚马都拉岛上的乌拉文火山	阿拉斯加的卡特迈火山
印度尼西亚的喀拉喀托山	华盛顿州的雷尼尔火山
印度尼西亚的锡纳朋火山	华盛顿州的圣海伦斯火山
菲律宾的塔阿尔火山	华盛顿州的亚当斯山
菲律宾的马荣火山	加利福尼亚州的沙斯塔火山
日本的富士山	加利福尼亚州的拉森山
堪察加半岛上的别济米安纳火山	墨西哥的帕里库廷火山
夏威夷的冒纳罗亚火山	哥斯达黎加的伊拉苏火山
夏威夷的基拉韦亚火山	厄瓜多尔的科托帕希火山
冰岛的苏特塞火山	秘鲁的马丘比丘火山
冰岛的海克拉火山	阿根廷的阿祖尔火山
加那利群岛上的拉帕尔马火山	马提尼克岛上的培雷火山
	佛得角群岛上的福戈火山

说明：这些火山只是全球 500 多座活火山中的一部分。火山带上分布着许多火山，一座火山要被认定为活火山的话，它必须在有记载的历史中至少喷发过一次。美国有约 50 座活火山，它们分别位于阿拉斯加、加利福尼亚州、夏威夷、俄勒冈州和华盛顿州等。

汽水喷喷喷
你需要的器材

一罐汽水

用罐装汽水做实验既容易操作，又能很好地说明火山活动。

把汽水罐使劲摇一会儿，然后拿着汽水罐，让它离你的身体尽量远一些，然后迅速拉开拉环，观察汽水罐喷出了什么。

使劲摇晃汽水罐，增大罐中气体的压力，这类似岩浆在火山内部上升，气体随温度升高而膨胀。

二氧化碳被困在汽水罐中，就像气体被困在将要喷发的火山中一样

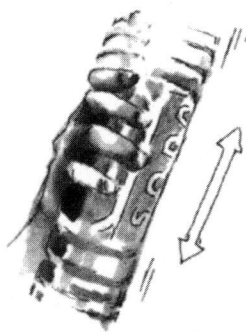

使劲摇晃汽水罐，增大罐中气体的压力，这类似岩浆在火山内部上升，气体随温度升高而膨胀

当你拉开拉环时，气体就被释放出来了。这好比维苏威式喷发，气体喷得又高又远

充满气体的泡沫沿着汽水罐外壁流下，有点像炽热的火云携带着气体冲下山坡

说明：岩浆的黏稠度决定了火山喷发的剧烈程度，岩浆中的气体也起到了同样的作用。两种同样的岩浆内困住的气体多少不同，喷发状况就不一样。在汽水罐中，二氧化碳被困住，无法膨胀，正如尚未喷发的火山中困住的气体一样。

你觉得热汽水比冷汽水喷发得更厉害吗？不同类型的汽水的喷发状况一样吗？

想一想

迪奥尼西奥的农田。1943 年 2 月 20 日，墨西哥农民迪奥尼西奥·普利多正在自家的农田里耕作，这时大地突然在他的脚下隆隆作响。地面隆起并迅速裂开，喷出蒸汽和火焰，浓重的硫黄味从地下传来。迪奥尼西奥跑到附近的小镇帕里库廷求救。第二天一早，当他想回到农田里时，农田已经不复存在了。那里矗立着 9 米高的由火山灰和石头构成的锥体；到了中午，锥体已经升高到 45 米；一个星期后，又长高到 135 米。

迪奥尼西奥的农田里发生了什么？人们很快就明白了，有一座火山正在活动。你会像帕里库廷的人们那样撤离 2000 米吗？你认为接下来会发生什么？你能否猜到整个小镇都将被熔岩掩埋，火山在一年后将升高到 450 米？

圣海伦斯山上的哈利·杜鲁门。1980 年 5 月 18 日，当华盛顿州的圣海伦斯山喷发时，有数十人丧生。许多人被警告过，要注意火山造成的危险，其中一个还是附近观察基地的地质学家。一位丧生的老人哈利·杜鲁门生前居住在圣海伦斯山脚下斯皮里特湖边的看护小屋里。杜鲁门先生虽然收到了火山可能喷发的警告，但他觉得不能离开自己居住多年的家。他说："我就是这座山的一部分，这座山也是我的一部分。"

很多年来，对于观光客来说，位于雄伟的圣海伦斯山脚下的斯皮里特湖是一个宁静的、广受好评的度假景点

1980 年 5 月 18 日，一场猛烈的喷发掀掉了该山的北坡，引发了大规模山崩

面积超过 600 平方千米的森林被这次喷发摧毁，斯皮里特湖及其周围的住宅和小屋都被掩埋在 60 米深的淤泥和碎屑之下

如果你得知家园即将被毁灭，会有何感想？你是离开还是留下？

玻璃工具。早期的文明曾用黑曜石（即颗粒精细的火山玻璃）制成锋利的工具和武器。黑曜石是黑色的，其中含有微小的黑色矿物颗粒，其化学成分类似流纹岩和花岗岩。黑曜石是在流纹岩的熔岩流外围形成的，那里的熔岩冷却得太快，所以不能形成晶体。

黑曜石具有贝壳状断口，边缘参差不齐，但很锋利。早期的工具制造者利用这种断口，从大块岩石上凿下薄片，制成锋利的斧子、匕首、刀和箭头等，然后将其绑在木棍、箭杆或手柄上。

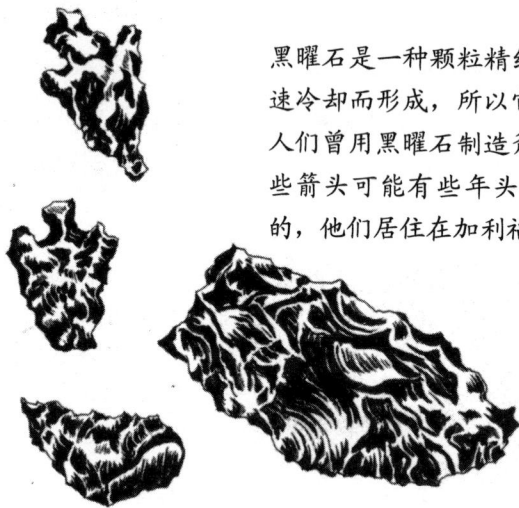

黑曜石是一种颗粒精细的火山玻璃，由流纹岩的熔岩流快速冷却而形成，所以它不能形成可见的晶体。史前时期的人们曾用黑曜石制造斧子、匕首、刀和箭头等。图中的这些箭头可能有些年头了，是由印第安人从黑曜石上凿下的，他们居住在加利福尼亚州的克莱尔湖附近

火山泥石流。地质学家把由火山碎屑和水构成的泥石流称为火山泥石流（lahar，这个词源自日语）。1985 年 11 月 13 日哥伦比亚的鲁伊斯火山喷发时，造成严重破坏的就是火山泥石流，而不是火山熔岩。鲁伊斯火山位于安第斯山中，是环太平洋火山带的一部分。安第斯山的火山活动是由纳斯卡板块的大洋地壳俯冲到南美洲大陆地壳之下引起的。

这次火山活动的规模相对较小，但也有足够的岩浆上升并喷发，融化了火山上大型冰帽的 10%。融水与喷发出来的火山灰和岩石形成了包含液体和碎屑的大型火山泥石流。在火山喷发之前，鲁伊斯火山附近的居民本来有足够的预警时间。1984 年末，这里的地震就很常见了。1985 年，小规模喷发越来越频繁。火山震动始于 11 月 10 日，持续了 3 天。11 月 12 日，人们闻到浓烈的硫

黄味，这是火山即将喷发的信号。11 月 13 日下午 3 点，位于河谷下游 50 千米处的阿尔梅罗镇的官员建议应该疏散居民，但阿尔梅罗广播电台要求居民保持冷静。大多数人按照广播的要求做了。晚上 11 点 15 分，人们都已入睡，这时火山泥石流袭击了小镇。火山泥石流沿着拉古尼亚河谷冲过来，高度达 40 米，速度为 40 千米 / 时。火山泥石流掩埋了整个小镇。镇上居民有 23000 人，仅约 3000 人逃生。

如果人们早先听从预警，惨痛的生命损失本来是可以避免的。居住在安第斯山中的人以及生活在其他火山环境中的人应如何避免这样的悲剧？日本的工程师已经在火山泥石流通道上建立了拦截大坝，以减缓泥石流冲向人口密集区域的速度。你觉得还应该采取哪些措施呢？

读一读

"Crucibles of Creation: Volcanoes", *National Geographic* 182, no 6: 5-14 (1992).

《造物主的坩埚：火山》这篇文章用彩色和黑白照片展示了几座著名的火山喷发时的壮观情景。

William Pene Du Bois, *The Twenty-one Balloons*. New York: The Viking Press, 1947.

《二十一只气球》是一部出色的儿童小说，描写了 1883 年喀拉喀托火山喷发之前岛上的生活。

Peter Francis. *Volcanoes*. Middlesex, England: Penguin Books, 1976.

《火山》这本书的文笔非常流畅，描述了经典的火山喷发类型、过程和火山岩。

Robert I. Tilling. *Volcanoes*. Washington, DC: U.S. Government Printing Office, 1982.

《火山》是美国地质调查所编写的一本关于火山的小册子，是一本经典出版物，其中包括许多具有历史价值的黑白照片。

看一看

Eruption at Sea. Ka'io Production, 1990.

《海上火山喷发》用近距离长镜头展示夏威夷式喷发，解释了岩浆通道和盾形火山的成因。

Inside Hawaiian Volcanoes. Smithsonian Institution-United States Geological Survey, 1989.

《深入夏威夷火山群》这部影片用动画、图表和胶片镜头全面讲述了夏威夷的火山故事。

Volcanoes: Too Hot to Handle. Children's Television Workshop, 1991.

在《火山：炽热难耐》这个节目中，孩子们游览了一座喷发类型为夏威夷式的火山以及圣海伦斯山。

第四章　沉积岩：碎石重组

在地球表面的岩石中，沉积岩占据了 75% 的比例。与其他两种类型的岩石（火成岩和变质岩）相比，这么大的比例似乎很不均衡，但你应该能想到火成和变质过程都发生在地下深处。与之相反，沉积岩颗粒的搬运过程总是发生在地表，侵蚀过程（使岩石破碎成颗粒的物理和化学过程）也是如此。坚硬的岩石不断受到损伤，其碎片被搬运到其他地方。疾风如刀子一般切割下峭壁上的石头，并把尘埃碎屑卷走。雨水冲起砂和淤泥，把它们带到沟渠和河流中去。大河沿着河谷流向下游，把挟带的碎石和砂抛进湖泊或冲进大海。湖泥、河砾石、深海砂以及门廊上的灰尘都是由别处搬运并沉降、积累起来的。

沉积颗粒的搬运模式（风力、水力或重力）在原发地区比在沉积地区具有更高的能量。风刮起砂，但当它失去能量平息下来后就把砂抛下了。大石块可以在重力作用下从陡峭的山坡上滚下来，但在山坡下的平地上，大石块失去动量而停下来。卵石可能是被冰川或溪水从山上带下来的，但当冰川停止运动或溪水消退时，卵石也就暴露出来了。在这些搬运模式中，由于能量衰减，颗粒在沉积处沉降下来，它们要么一层接一层地聚集起来变成沉积岩，要么再次被洪水期的流水或继续运动的冰川等搬运到别处。

沉积的规律

有两条重要的地质学沉积定律可以帮助我们理解沉积岩。这两条定律是由丹麦医生尼尔斯·斯滕森于 1669 年提出来的，他的名字也可以写成尼古劳斯·斯泰诺，当时他在意大利研究化石。虽然这两条定律曾在几百年里都没有被地质学家普遍接受，但现在它们被认为是地质学的重要基础。

第一条是地层原始水平律，它指出沉积物是在水平层面上沉积下来的。这种水平层面也叫作岩床，它们平行或接近平行于地面。如果我们看到沉积岩相对于地面呈一定的倾斜角度，就可以假设它们自沉积被强力压缩以来又受到了干扰，这才变得倾斜。某些沉积岩（特别是砂岩）可能具有相对于整体岩床倾斜一定角度的内层。这种倾斜的层理称为交错层理，是沙丘表面的沙子向下运动而造成的，特别是在沙漠和海滩上。虽然交错层理并不平行于地面，但这样的岩层很常见。

　　第二条是地层层序律，它说明了较新的沉积层是在较老的沉积层之上沉积而成的。根据这条定理，在任何沉积层序列中，下面的沉积层都比上面的沉积层古老。了解层序对于理解在任何环境中什么岩石更年轻是至关重要的。但例外总是存在，当岩床被造山运动或其他强大的力量剧烈折叠之后，较老的沉积物可能位于较新的沉积物之上。在特殊环境中，较新的沉积物会在较老的沉积物之下累积起来（见本章后面的"想一想"部分）。不过，谨慎且明智地应用这条定律，对研究沉积岩非常有帮助。

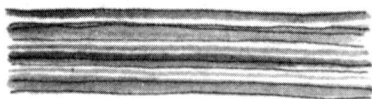

地层原始水平律指出，沉积层平行或接近平行于地面

砂岩中的交错层理与平行于地面的岩床层理形成一定的夹角

地层层序律指出，较新的沉积物是在较老的沉积物之上累积而成的。在本图中，底层可能是沉重的石灰岩，它可能是最古老的。顶层是粗糙的砂岩，可能比下面的几层要年轻。自下而上，各层按时间顺序排列

沉积层的累积遵循地层原始水平律

地壳运动在沉积层两端施加压力，导致沉积层弯曲

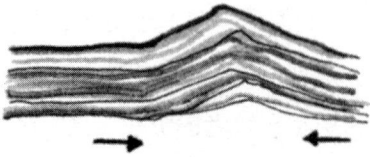

压力增大，沉积层出现更陡的轮廓线

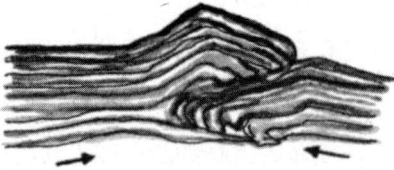

进一步增加的压力使沉积层被抬起、弯曲，并且破裂。有些较老的沉积层覆盖在较新的沉积层之上

符合这两条定律的例子都可以在美国的科罗拉多大峡谷中找到，那里是地球上最壮观的地质景观之一。地质学家已经在这个大峡谷中对沉积层和化石进行了非常广泛的研究，弄清了它们的年龄和层理。层理因切削和侵蚀而暴露在外，我们可以清晰地看到年轻的沉积岩位于年老的沉积岩之上。在大峡谷中的几个地方，水平的沉积层叠加在倾斜的沉积层之上，后者在年轻的岩石沉积之前被地壳运动产生的压力从原始的水平位置推举起来。随着对科罗拉多大峡谷等地的沉积层的进一步研究，地质学家发现这两条定律不仅是正确的，而且总是非常有用。

在科罗拉多大峡谷中，可以清楚地看到年轻的沉积岩叠加在年老的岩石之上。在本图中，谷底的前寒武纪页岩（年龄为 12 亿～ 17 亿年）的上面直接叠加了寒武纪的塔辟砂岩[1]（年龄约为 5.5 亿年）。塔辟砂岩之上是越来越年轻的沉积岩，年龄为 5 亿～ 2.5 亿年

---

[1] Tapeats Sandstone，尚无正式译名，这里是音译而来的。——译者注

在科罗拉多大峡谷底部，沉积岩从形成到后来变质为页岩经历了漫长的时间。这些岩石的最初沉积物是水平沉积而成的，然后被侵蚀并抬升。后来整个区域下沉，海水淹没了蚀变岩石，更多的沉积物累积在此。因此，后来的沉积物水平覆盖在古老、倾斜的岩石上

沉积岩的命名

　　沉积岩是以组成它的颗粒进行命名的。颗粒分为三类：碎屑沉积物、化学沉积物以及生物沉积物。由于这些物质的形式多样，因此沉积岩的外表和组成的差异很大。

　　碎屑沉积物。碎屑沉积岩是由那些古老的岩石碎片构成的。这些碎片称为碎屑，这个词的英文"clast"来源于希腊语"klastos"，意为"破碎的"。碎屑可能大如房屋，也可能小如黏土的亚微观组分。碎屑的大小可用于定义并命名沉积岩，如下表所示。如果岩石中包含的大多是大型碎屑，如漂石、卵石和砾石，那么这种岩石就是砾岩或角砾岩；如果其中大部分是砂，那么这种岩石就是砂岩；如果其中大部分是黏土颗粒，那么这种岩石就是泥岩或页岩。

　　确定岩石中的碎屑尺寸以后，再描述碎屑的细节。它们是圆的还是带棱角的？它们只有一种尺寸还是大小不一，也就是说碎屑能否归为同一尺寸范围？

碎屑在岩层中的排列是有序的还是杂乱无章的？碎屑的成分是什么？

岩石碎屑的大小与名称

颗粒		直径大小／毫米	岩石名称
砾石等	漂石	>256	砾岩或角砾岩
	卵石	[64, 256]	
	砾石	[2, 64)	
砂		[1/16, 2)	砂岩
粉砂		[1/256, 1/16)	粉砂岩
黏土		<1/256	泥岩或页岩

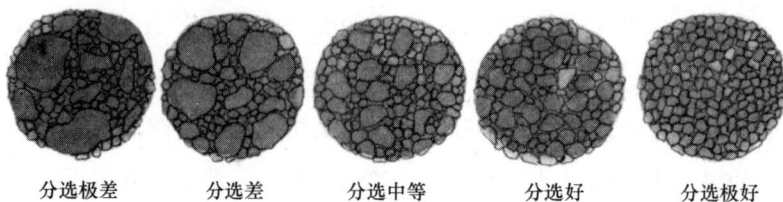

分选极差　　分选差　　分选中等　　分选好　　分选极好

分选极好的沉积物包含的碎屑几乎是同等大小的，分选不够很好的沉积物包含的碎屑大小不一

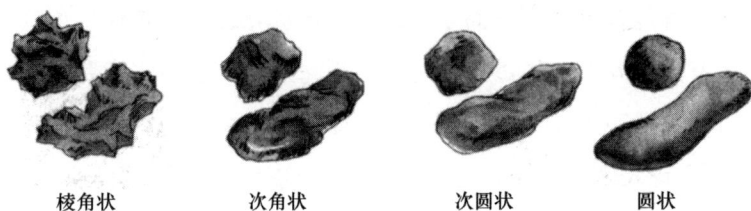

| 棱角状 | 次角状 | 次圆状 | 圆状 |

碎屑的形状取决于它们有多少锋利的边缘已经被侵蚀和磨蚀

化学沉积物。化学沉积岩中没有碎屑，其中的物质是由其他地方输运而来的，但并不是由搬运各种碎屑的侵蚀力量来完成的。这些物质是以溶液中溶解的化学成分的形式输运而来的。当溶液中的化学成分过饱和时，它们就以化学沉积物的形式沉淀下来。比如，在含盐度高的海洋或湖泊中，随着水分的蒸发，盐分在水中的浓度越来越高，继而结晶形成岩盐和石膏等矿物。

溶液中发生化学反应时也会形成沉积物。在海洋中，某些微生物会引起周围的物质发生化学反应，产生方解石等矿物沉积。在家中，杂质含量高的水中的杂质会在热水管中沉积形成方解石。在温泉的边缘，遇冷的泉水也会沉积形成方解石和蛋白石，从而在地表形成一层白色或多彩的外壳。美国黄石国家公园中的温泉矿物沉积就是极好的例子。

美国黄石国家公园中的这些漂亮的水塘是由温泉中的矿物沉积而成的

生物沉积物。生物沉积岩中的成分大多是动植物死去之后累积并保存下来的残骸。生物沉积岩分为两类：生物碎屑岩和有机生物岩。

生物碎屑岩包含曾经活着的生物体碎屑和贝壳、骨骼碎片。这些碎屑和碎片通常是在海洋和湖泊中经过漫长时间沉积起来的。在湖床和海床上累积的生物沉积物可能包括富含方解石的碎屑（比如珊瑚碎片）和富含硅的碎屑（比如海绵碎片）。无论是哪种情况，这些生物碎屑形成的沉积岩都是生物碎屑岩。

有机生物岩含有由碳和氢元素构成的有机物。当这些有机物被困在沉积物中无法完全分解时，只能部分发生衰变，转变成生物燃料，如煤炭、石油和天然气。包含大量这类生物燃料的岩石称为有机沉积岩。

沉积环境

虽然所有沉积物的最终沉积地点都是海床，地球上的大多数沉积岩也是在海床上发现的，但沉积物可能首先是在其他环境中沉积下来的，起作用的是风力、水力、冰川等的搬运机制。

河流。河流是陆地上搬运沉积物的主要途径。火成岩、变质岩和沉积岩等物质由溪流从陡峭的山坡上冲下，被带往更远的下游。沉积物将会沉积在哪里取决于河流的能量——河流中的水量和河水流动的速度。高能河流的水量充沛，河水流动又快，它们携带的碎屑比低能河流多。随着河流的能量衰减（比如从洪水转为正常水流），较大的碎屑就会沉积下来。随着河流的能量进一步衰减，更小的碎屑也会沉积下来。

河流通常会把大大小小的碎屑沉积在河水所经过的不同地方。在上游地区，有许多充满活力的支流，河道纵横，漂石和卵石会堆积在河道中间的小岛上。在下游地区，河流可能蜿蜒曲折，形成河曲，河水流动速度变慢，砂砾在弯曲处沉积。在地势平缓的地方，可能出现更缓慢的水流和水塘，甚至很精细的颗粒（如粉砂和黏土）也会沉积下来。

因此，河流沉积物可能是颗粒粗糙的砾石，也可能是颗粒精细的砂、粉砂和黏土。通常河流中沉积下来的沉积岩既包括颗粒精细（小尺寸）的碎屑，也包括颗粒粗糙（大尺寸）的碎屑。各种不同尺寸的碎屑倾向于分层累积——颗粒精细的沉积层在颗粒粗糙的沉积层之上。在河曲和河道变化显著的河岸上都可以看到这种分选良好的沉积层，砾石、砂、粉砂和黏土的沉积层次有序。在古老的河床上，可以找到砂岩、页岩、砾岩等几种岩石。

河流可能起源于融化的冰川，开始是一系列充满活力的溪流，它们从陡峭的山坡上奔流而下。上游河道中的水流迅猛，携带有大块的碎屑。河流下游的地势较为平缓，水流速度变慢，会持续沉积出较小的碎屑。平缓的河流蜿蜒曲折，形成河曲。当河流入海时，颗粒更为精细的碎屑（砂、粉砂和黏土）在扇形的三角洲上沉积下来，沿着海岸形成沙滩

湖泊。沉积物可以通过河流、风或冰川进入湖泊。湖泊中的沉积物要么沿着湖岸分布，要么沉积在湖底。如果沉积物是由中等流速或平缓的水流带到湖岸上的，那么就会形成沙滩或淤泥；如果沉积物是由大浪搬运到湖岸上的，那么它们就是砾石。湖底的沉积物颗粒极为精细，它们是由非常缓慢的水流带来的，这样的水流只能搬运最细小、最轻的沉积物。湖底的沉积物分选良好，形成薄层。在季节分明的地区，可能会形成深浅颜色交替的层次，这与沉积时的条件有关。冬季，当湖面结冰时，只有未结冰的湖水中最精细的沉积物才能沉积下来，形成由淤泥和粉砂构成的深色沉积层。夏季，河流带来的砂等粗糙的颗粒物猛增，在湖底形成浅色的沉积层。湖泊中沉积而成的岩石具有黑白条纹（即年层）。在古老的湖床上也能找到页岩。

这块岩石表现出了年层，其中深色沉积层是在冬季形成的，
浅色沉积层是在夏季形成的

冰川。沉积物可能是由冰川带到山下的。这些物质会聚集在冰层边缘，或者被冰川融水冲到山坡下，甚至在更远处累积起来。冰川沉积岩通常由分选较差的碎屑组成，少有层次。冰碛是常见的冰川沉积物，是在冰川之下直接黏合在地上的岩石碎片的随机混合物。从黏土到漂石，冰碛中的颗粒物有各种大小。冰川残渣也会以冰碛的形式沉淀下来，它们是随着冰川携带的沉积物累积而形成的。冰碛可能成堆出现在冰川的下面、侧面或尽头。

侧碛，由前进的冰川在其侧面留下的残渣沉积而成

冰舌

终碛，由逐渐后退的冰川留下的残渣沉积而成，呈月牙形

冰碛的形成

风。 颗粒物可能会被强风移动，特别是在沙漠和海岸等地带。在那些环境中，植被稀疏，不足以起到防风作用，也不能把土壤和沉积物固定在地表。因此，颗粒物会被风吹起，带到更适合沉积的地区，在那里沉积下来，最终形成的是风成沉积岩[1]，通常是很厚的砂岩岩床，分选良好，只包含又小又轻的精细颗粒。

风成沉积物一般会形成沙丘状。沙丘就是由砂堆成的小山，迎风面的坡度平缓，背风面陡峭。沙丘中的单颗砂粒表面具有精细的蚀损斑或者磨砂面，就像海滩上的玻璃碎片被砂长期摩擦出来的表面一样。科学家认为磨砂面的形成有各种原因，其中包括露水的溶解以及与其他砂粒的碰撞和摩擦。地质学家可以通过以下三个特征证认风成沉积物：沙丘的形状、磨砂颗粒以及沉积层的交

---

[1]　"aeolian"（风成的）这个单词的词根来自希腊神话里的风神埃俄罗斯（Aeolus）。——译者注

错层理。

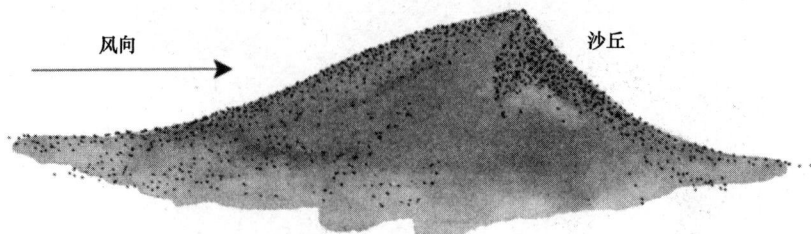

沙丘的特征

海洋。随着河流奔流入海，沉积物会在河口外的海滩上沉积下来，或者随洋流沿海岸移动，或者被进一步带往深海，最终沉降在海床上。每种类型的沉积物运动都会在岩床上形成独特的地形，因为每种环境中都有不同的力在起作用。沉积物在河口沉积形成三角洲[1]，因为河道在此分散成许多小的水道并大致呈三角形展开，河水减速，其携带的物质在此沉积。颗粒更加精细的黏土质粉砂在水道之间形成小岛，所以岩石记录中的三角洲沉积物是粉砂混合物，甚至有更精细的砂质黏土被带进大海，使三角洲的范围进一步扩大。

沉积物能够随洋流沿着海岸运动，这种平行于海岸的强大水流称为沿岸流。由此形成的海滩沉积物可能包含砂以及来自河口或附近的悬崖的较为粗糙的碎屑。砂平行于海岸运动，沉降在长长的海岸边，延展成沙滩。越粗糙的物质的沉降地点离其来源越近，其来源可能是河口或岩石悬崖。海浪在沙滩上来回冲击砂和岩石颗粒，逐渐把它们磨圆。

颗粒最精细的沉积物被河水携带着越过河口和三角洲，远离海岸，沉降在海床上。它们主要沉降在大陆架上，大陆架是大陆被海水淹没而形成的水下平原。绝大多数海洋沉积物沉积在大陆架上。在过去的 7000 万～ 1 亿年中，大陆架上累积了 14 千米厚的沉积物，形成泥岩。这是在地球上大量存在的一种岩石类型。

---

　　[1]　"delta"（三角洲）这个单词来自希腊字母"Δ"（读"德尔塔"）。——译者注

大陆架之外就是深海。到达大陆架的沉积物只有 10% 会被带入深海，而沉积在深海底部的沉积物更少，因为沉积物很少能到达海底，大部分会溶解在压力巨大的冰冷海水中。

变成岩石

沉积物要经过化学、物理和生物过程才能变成岩石。这些过程不像变质作用那样剧烈，它们是一起发生的，被称为"成岩作用"[1]。成岩作用包括沉积物受到的压紧、胶结和化学变化等作用。

压紧过程发生在沉积物堆积之后，上面的沉积物会压迫下面的沉积物。胶结作用发生时，矿化水在沉积物颗粒之间循环并把它们黏结在一起。化学变化是指把沉积物中稳定性不太好的矿物转变成更加稳定的矿物，比如构成珊瑚骨骼的文石经过长时间的化学作用之后会变成方解石。化学变化在有氧和无氧环境中都会出现。累积的沉积物中有氧气存在时，生物遗骸被分解为二氧化碳和水；没有氧气时，分解是不完全的，生物残骸会被分解成碳，形成煤炭、石油或天然气。

通过这些以及其他过程，沉积物就变成了沉积岩。形成的沉积岩再度面临侵蚀和输运，变成碎屑，重新进入岩石大循环。

做一做

模拟沉积层

你需要的器材

带盖的玻璃瓶

---

[1] "diagenesis"（成岩作用）这个单词来自希腊语"dia"（经过）和"gignesthai"（诞生）。——译者注

蚕豆（四分之一杯）

黄豆（四分之一杯）

大米（四分之一杯）

米酥、麦片或其他磨碎的谷物（四分之一杯）

自来水

时钟、手表或其他计时器

笔记本

你可以使用厨房和杂货店里的材料制作一个沉积层模型。

把所有的材料一次性放进玻璃瓶里（瓶子必须足够大，能盛下所有材料和水，而且瓶盖下还留有 5 厘米的空间）。往瓶子里加水，直到所有材料都浸没在水里。把瓶盖拧好，晃动瓶子。

把瓶子放在平整的桌面上，不要去动它，观察瓶子内的各种材料发生了什么变化。记录你观察 1 分钟后的变化。继续观察 15 分钟，每隔 3 分钟记录一次观察结果。注意各种颗粒花了多长时间沉降下来，哪一种先沉降下来，沉降之后是什么样子，各层之间颗粒的大小是如何变化的。对沉积层的数量与你准备的材料的种数进行比较。

说明：重（密度高）的颗粒在水中的沉降比轻（密度低）的颗粒要容易。如果静水中混合有重的颗粒和轻的颗粒，重的颗粒会先沉降下来，形成底层，它上面是轻的颗粒构成的沉降层。各种颗粒沉降需要的时间不同，我们称它们具有不同的沉降速度。这种从下向上形成从重到轻的层次称为分选。

在野外，无论何时观察各种不同大小的颗粒的沉积层时，都可以联系瓶子里的沉积层。你可以想象湖泊和江河里的沉积层是按同样的方式沉积而成的。对瓶子里干燥后的沉积层进行观察，有助于理解过去发生的地质事件。

挖掘土层

你需要的器材

铲子

手持式放大镜

卷尺

笔记本

找个地方挖个坑，你就会对地层有一定的了解。

在你家的花园或院子里挖一个大得足以展示你脚下的地层的坑。要把坑挖在安全的地方，以免你工作的时候有人或宠物掉进去。在挖坑的过程中，注意观察土壤硬度随深度的变化，并且用卷尺测量坑的深度和宽度。

把土壤的颜色和质地的变化记录在你的笔记本上。注意观察坑沿及其他各处的土层，看看它们的厚度如何，土壤是湿的还是干的，其中是否有碎石，何时会遇到挖不动的厚厚的岩层。使用手持式放大镜，靠近观察各个土层的样本。

说明： 虽然我们通常认为花园里只有泥土，实际上它更准确的名字叫作土壤。土壤是土质比较疏松的上层，很容易挖掘或耕种，能长出植物。土壤是底层岩石风化的产物。形成土壤的岩石已经分解得相当彻底，足以让植物扎根，从中吸取水分，并从土壤所包含的矿物中吸收养分。

上层 15 ～ 20 厘米的黑色土层是表层土，富含腐殖质——动植物遗体分解后形成的黑色物质。世界上某些地方的表层土厚达 2 米。表层土之下是致密而贫瘠的下层土，它的颜色较浅，没有多少有机质。下层土之下是它的母体材料，也就是土壤的来源——岩石（可能是破碎的岩石，也可能是岩床）。这也是在任何地方随机挖坑时终究会碰到的地层。

收集砂

你需要的器材

塑封袋

可以做标记的贴纸

手持式放大镜

磁铁

岩石图册

笔记本

靠近观察海岸、河边、湖边或运动场上的砂，你可以分析这些砂分别来自哪种岩石。

从各种海滩上收集少量砂。记得要把你的样品装在塑封袋中，彼此分开。在袋子上记下样品收集的日期和地点。使用手持式放大镜，仔细观察每一种样品，用颜色、圆度和颗粒大小等术语来描述它们，猜猜这些砂分别来自哪种岩石。

说明： 海滩上的砂的颜色取决于其母体岩石。美国大部分海滩上的砂是灰色的，是由花岗岩分解的细小颗粒。佛罗里达州的一些海滩上有大片白砂，它们是珊瑚破碎后形成的微小颗粒。夏威夷有火山岩颗粒形成的黑色和绿色沙滩。还有一些黑色沙滩是由微小的含铁颗粒形成的，而不是由火山岩颗粒形成的，你可以用磁铁来区分它们。含铁颗粒很容易被磁铁吸附，而其他矿物则不会。你在砂里也可能观察到别的颜色，比如淡褐色（如花岗岩或石英颗粒等）、黄色（如石英颗粒等）、金色（如云母颗粒等）、红色（如石榴石颗粒等）和粉色（如长石颗粒等）。

从运动场上收集来的砂一般是淡灰色的，由花岗岩分解而来。它们一般很干净，而且用筛子筛过，所以大小均匀，分选性很好。

测量沿岸流

你需要的器材

一块手表

至少 30 米长的卷尺

一袋橙子

做标记用的三面旗子或三根桩子

一个笔记本

这个实验的内容是测量平行于海岸的洋流，需要在海边旅行时进行。

在海边选好一个地点，开始做实验。起点应该选择靠近水面而海浪无法触及的地方。在选好的起点插上第一面旗子或第一根桩子，然后沿着平行于海岸的方向在起点两侧各量出 30 米距离，在这两个地方也做好标志。

在起点处往海里扔两个橙子（可能需要朋友帮忙，或者你间隔很短的时间扔出两个橙子，因为这两个橙子应该几乎同时落水）。一个橙子应该落在浪花飞溅的碎浪带，另一个橙子应该落在碎浪带之外，离碎浪带越远越好。

从橙子落水时开始用手表计时。当它们越过某一侧的终点时，停止计时，记录它们各用了多长时间到达终点。还要记录橙子漂流的方向，看看哪一个橙子漂流得更远。你可以用橙子移动的距离除以所用时间来计算承载它们的洋流的速度，即速度 = 距离 / 时间。假如一个橙子在 50 秒里移动了 30 米，那么洋流速度就是 0.6 米 / 秒。你可以多次重复这个实验来收集需要的数据。比如，做 5 次实验，每次都计算洋流速度。记录洋流的方向和速度，看看洋流的方向有什么不同，哪里的洋流速度最快（是碎浪带还是远处的开阔区域）。

说明：沿岸流通常平行于海岸流动。洋流是波浪以一定角度冲击海岸而产生的。沿岸流在碎浪带最强，在开阔区域较弱。沉积物被沿岸流搬运，形成的海岸沉积物的特征能反映洋流的方向。

想一想

寻找珊瑚礁沉积物。礁石是贴近水体表面的一系列岩石。因为礁石很少露出水面，它们会对船只航行造成威胁。在海洋中，礁石起到了海浪缓冲器的作用，能够在破坏性的海浪冲击海岸之前击碎它们。澳大利亚的大堡礁、伯利兹堡礁和环礁以及牙买加的珊瑚礁展示了礁石是如何生长起来的。

现代礁石是在海底平原边缘温暖的浅水中生长起来的。大多数礁石是竖直向上生长的珊瑚礁，珊瑚的石灰质骨骼结构可以保护生活在其中的微型软体生物。鱼类、海绵、蚌、藤壶、蠕虫、海蜗牛等海洋生物会钻进珊瑚中，破坏珊瑚的骨骼结构，在其表面寻找食物，或吞下珊瑚碎片。破损的珊瑚碎片沉降在周围的空间里。珊瑚内部的软体生物死亡之后，珊瑚骨骼仍能保持直立，不过海浪最终会将它们推倒，小颗粒的沉积物会将它们掩埋。通过这些活着的和死亡的珊瑚、珊瑚碎片和其他沉积物的累积，礁石得以生长。

地质学家已经在世界各地的石灰岩里发现了巨型化石礁，其中包含各种类型的沉积物和生物遗体，它们的形态各异。化石礁的内部有很多孔洞，孔洞中一般填充有小颗粒沉积物。

与其他沉积岩不同的是，化石礁上覆盖的沉积层里含有的石油和天然气多得出奇，因此地质学家为了了解石油的形成而详细地研究过礁石沉积层。北美洲产油丰富的礁石沉积层位于美国的科罗拉多州、得克萨斯州和犹他州，以及加拿大的艾伯塔省。在西班牙东南部和意大利阿尔卑斯山的矮坡下也有大型礁石沉积层。

了解沉积相。我们经常只在竖直方向上描述沉积岩，逐层观察它们的变化，但沉积岩在水平方向上也有变化。在同一岩层内，沉积物可能从砾岩变成砂岩，然后是页岩、石灰岩。每种岩石都是在特定环境下沉积而成的，但在水平距离上环境条件发生了变化。同一岩层可能包含多种海洋沉积物。砂岩是在海岸附近沉积而成的，页岩沉积处离海岸较远，钙质软泥是在海底平原上形成的。在水平方向上，同一种沉积物叫作沉积相，即年龄相同的某种沉积岩类型。沉积相的变化是由特定时间里沉积环境的变化引起的。

科罗拉多大峡谷是研究层内沉积相变化的绝佳地点，因为许多连续层的暴露面都很长。科罗拉多大峡谷地质图上有许多锯齿状的长线条，从一张图连接到另一张图。每条彩色线条都代表一层岩床，在地质图上各部分有统一的名称。不过实际上，虽然同一岩层的名字没有变，但我们在同一岩层中沿着水平线追索几千米就能看到外表特征的变化。一种叫作光明天使页岩的岩石单元在科罗拉多大峡谷中的大多数地方可以见到，峡谷西端米德湖附近的这种岩石包含的石灰岩和白云岩比东端小科罗拉多河附近的岩石里包含的石灰岩和白云岩更多。上层覆盖的岩石单元是莫夫石灰岩，西端的莫夫石灰岩包含的几乎都是其他类型的石灰岩和白云岩，而在东端都是砂岩和页岩。这些沉积物是由古代内陆海的水体沉降而形成的，沉积相的变化代表海洋里的环境不同：石灰岩和白云岩形成于离岸浅海，砂岩和页岩形成于海岸附近。

虽然科罗拉多大峡谷内的沉积相复杂且数量庞大，但它们已经被详细研究和描述 100 多年了。我们在书店里能找到关于科罗拉多大峡谷地质学的经典著作。

挑战地层层序律。强烈的造山运动或其他地壳运动会造成岩层被强力折叠，在这种条件下比较古老的沉积岩会位于年轻岩层的上方，原本有序的岩层被打乱，时序也就混乱了。在某些极少见的情况下，即使岩层没有折叠，比较古老的岩层也会出现在年轻岩层的上方。如果石灰岩洞穴被江河湖泊淹没在水下，砂石和泥土就会填充其中，这种沉积物填埋过程会一直持续到它们被整体压紧压实。几百万年后，当上层覆盖的物质被剥蚀之后，我们会发现石灰岩洞穴覆盖在管状的砂岩沉积物之上。发现这些沉积岩的人可能并不知道它们的年代，但通过正确的推理，依然能够发现沉积层序，然后就可以估算沉积物的相对年龄。

在变动的河床上也能找到这样的例子。假设高悬的河岸是由坚硬的砂岩层组成的，河流中沉积有泥沙。如果河流持续把沉积物搬运并沉积到海洋中，较古老的砂岩也会被搬运并沉积到海洋中，覆盖在下方的泥沙层之上。最终沉积物被压紧，岩层就被保存为古老的砂岩（来自高悬的河岸）并位于年轻的粉砂岩（来自泥沙沉积）之上。

读一读

James Gilluly, Aaron C.Waters, and A. O. Woodford. *Principles of Geology.* San Francisco: W. H. Freeman and Company, 1975.

《地质学原理》是一本经典教材，对沉积和其他地质过程的描述清晰，插图很出色。

Luna B. Leopold. *A View of the River.* Cambridge, MA: Harvard University Press, 1994.

《河流大观》这本书的内容是对世界上许多大河的观察，并讲述了它们如何承担沉积物输送者的角色。

Luna B. Leopold. "The Rapids and Pools—Grand Canyon." In *The Colorado River Region and John Wesley Powell.* United States Geological Survey Professional Paper 669-C,131-145. Washington, D. C.: U.S. Government Printing Office, 1969.

《激流和池塘——科罗拉多大峡谷》，见《科罗拉多流域和探险家约翰·韦斯利·鲍威尔》，对科罗拉多河的动力学特性做了经典描述。

Edwin D. McKee. "Stratified Rocks of the Grand Canyon." In *The Colorado River Region and John Wesley Powell.* United States Geological Survey Professional Paper 669-B,23-58. Washington, D. C.: U.S. Government Printing Office, 1969.

《科罗拉多大峡谷成层岩》，见《科罗拉多流域和探险家约翰·韦斯利·鲍威尔》，广泛研究了科罗拉多大峡谷的岩石。这篇文章是权威之作。

John Wesley Powell. *The Exploration of the Colorado River and Its Canyons.* New York: Dover Publications, 1961.

《科罗拉多河及大峡谷探险》是探险家约翰·韦斯利·鲍威尔两次泛舟穿越科罗拉多大峡谷的记录，他命名了这个大峡谷中的许多沉积岩。

看一看

The Faces of Yellowstone. Dave Drum Associates, 1983.

《变幻万千的黄石公园》这部影片展现了黄石国家公园的许多著名景点，讲述了许多温泉矿物沉积物。

How Do You Know? Collect the Data. Children's Television Workshop, 1991.

《你怎么知道？数据为证》这部影片仔细研究了珊瑚礁和鹦鹉鱼。

The Making of a Continent: *The Great River.* Discovery Channel Signature Series. Discovery Channel, 1996.

《大陆的形成：大河》是探索频道的知名系列纪录片，研究了人类对密西西比河堤岸的控制所引起的沉积物变化和三角洲变迁。

The Mississippi Delta. American Association of Petroleum Geologists-United States Geological Survey, 1985.

《密西西比三角洲》这段视频展示了河流系统的许多方面，包括支流、河谷和三角洲。

1923 Surveying Expedition of the Colorado Riverin Arizona. United States Geological Survey, 1973.

《1923 年科罗拉多河亚利桑那段勘探考察报告》这部纪录片中有 1923 年对科罗拉多河及大峡谷进行调查的电影镜头。

Rapids of the Colorado River, Grand Canyon, Arizona. Open File Report 86-503. United States Geological Survey, 1986.

《科罗拉多河的激流、大峡谷和亚利桑那》是美国地质调查所于 1986 年出版的公开档案报告。

第五章　化石：远古生命

数千年来，人们研究石头中的脚印、骨头和贝壳，却以为它们来自神话和民间传说。古老的猛犸象的牙曾经被叫作独角兽的犄角；某些磨损的牙齿被叫作蟾蜍石，人们相信它们来自濒死的蟾蜍，能够治疗某些病症；卷嘴蛎（一种牡蛎）的弧形厚外壳被称为恶魔的趾甲；海洋生物的圆形贝壳一度被认为是盘绕起来的蛇，被女巫变成了石头。这些猜测后来被证明全错了，人们唯一猜对的是那些东西确实是古代生物的残骸。

被掩埋的生物

任何成为化石的动植物都必然在河湖池沼等环境中被砂、淤泥、泥淖或其他沉积物所掩埋。尽管地面上的绝大多数生物死后一般还没来得及被掩埋就被分解了，但总有一些在腐烂之前被很快掩埋起来。掩埋最容易在水下发生，那里的水流迅速带来沉积物将死去的生物覆盖。陆地上的生物可能被风吹来的砂、火山灰、河泥或天然焦油等覆盖。如果生物死后被迅速掩埋，它们的硬质部分（如骨骼、外壳、牙齿、树枝等）可能被密闭的沉积物保存起来。

生物遗体能通过几种方式保存下来。如果掩埋速度足够快，或者所处的环境又热又干燥，生物遗体的结构和化学成分能够近乎完整地保存下来。当雨水渗入骨骼或木质部的细孔内时，原来的物质会被滤走，更坚硬的矿物填充进来，因此坚硬的部分可能会被石化。化石也可能这样形成：生物体被掩埋之后完全分解，在岩石内部留下一个空模子，如果这个模子后来被渗进来的雨水携带的矿物质填满，就形成了铸型化石。

猛犸象牙一度被认为是独角兽的犄角，侏罗纪的一种牡蛎壳被说成恶魔的趾甲

菊石化石，就像这块侏罗纪的马蹄菊石化石，曾被认为是被魔法变成了石头的盘蛇。工匠有时会在菊石化石上雕刻出一个蛇头以"完成"想象

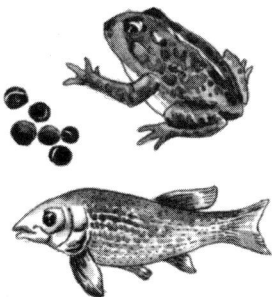

蟾蜍石曾被认为是蟾蜍咳出来的，实际上是侏罗纪体重巨大的鳞齿鱼强有力的切齿

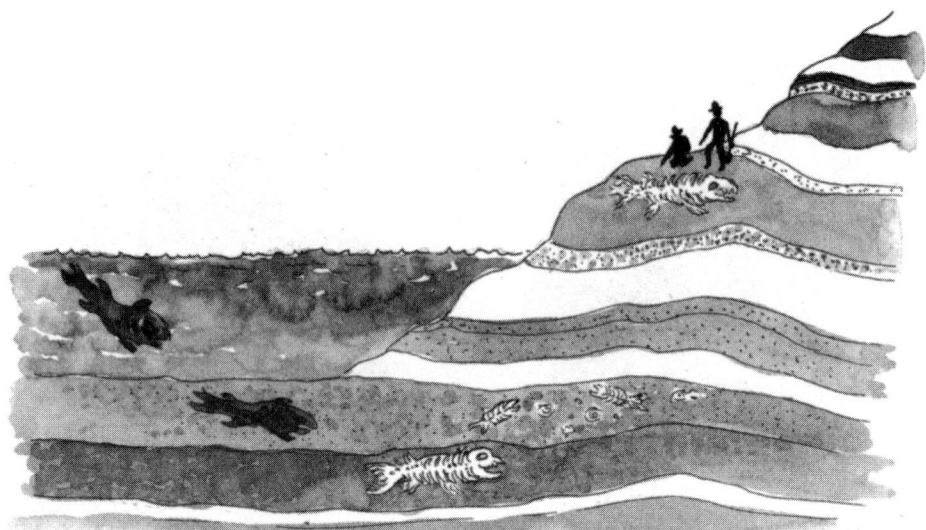

一条鱼死亡后沉降到海床上，很快就被洋流带来的淤泥覆盖。它的身体被分解了，只留下硬骨。硬骨的各个部分逐渐被淤泥里渗入的更坚硬的矿物取代。更多的淤泥把骨架化石掩埋得更深。过了几百万年，地表发生变化，海洋退却，岩石露出地面。几百万年的侵蚀作用剥去了岩石，使化石靠近地表，容易被人们找到和挖掘

生物体也可能仅仅留下它们的踪迹。遗迹化石是保存下来的标志或痕迹，比如远古动物的足迹、动物尾巴拖拽时留下的凹痕、蠕虫挖的洞穴、保存下来的卵和壳、某些动物的排泄物等。有些遗迹可能是人类活动留下的，比如古代的石器等人工制品。有时，它们会与动物化石一起被发现。

被称为内含物的化石是指已硬化的树脂（即琥珀）中的物体。琥珀来自远古时期的常绿植物，内含物可能是昆虫、蜘蛛、小型蜥蜴或小片的植物体，它们保留了完美的细节。

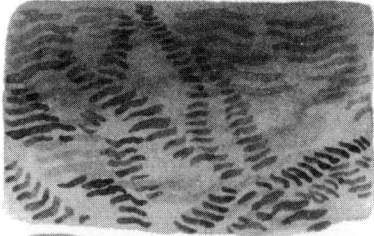

在海浪作用下，沙滩上形成的涟漪状蠕虫踪迹

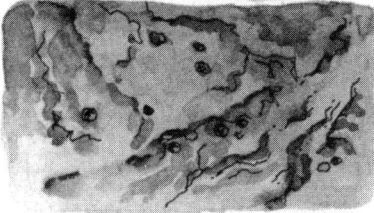

蠕虫在泥滩上翻起淤泥形成的洞穴

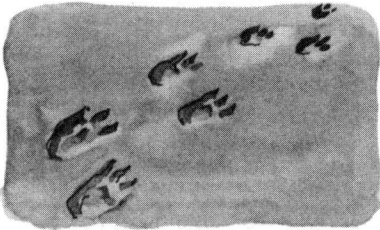

恐龙的足迹

正在形成的恐龙足迹和尾迹

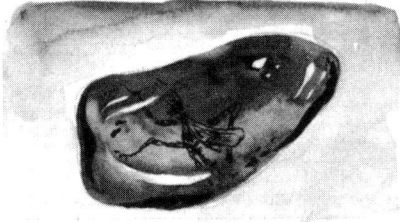

生物的软体部分形成化石的一种方式：昆虫被封在琥珀中，琥珀是由数百万年前古树的树脂形成的

化石记录中石化的动植物残体很常见，但其他类型的化石也很重要。遗迹化石就是动物留下的痕迹，包括洞穴、足迹、卵、壳以及排泄物等

早期的发现

　　化石研究的历史漫长且多变。虽然对化石的猜测可以追溯到 2000 多年前好奇的古希腊人，但现代古生物学（研究古代生命的学科）直到 18 世纪才诞生。1667 年，尼古劳斯·斯泰诺（第四章提到的一位丹麦医生）开始着迷于研究被称为舌石的尖利小石头，它们是在地中海中的马耳他岛上被发现的。斯泰诺用他的解剖学知识推断出这些舌石是古代鲨鱼的牙齿。他提出马耳他岛一度位于海底，包含鲨鱼牙齿的岩石是海水中的物质在漫长的时间里沉积而形成的。因此，他成为已知的第一位证明化石来自逝去已久的古代生物（这也是古生物学研究的基本原则）的科学家。在经过多次地质学考察和观测之后，斯泰诺还提出了斯泰诺定律——地层原始水平律和地层层序律。这两条定律对于我们理解岩石层序至关重要。

　　斯泰诺之后的科学家进一步的考察促进了古生物学的发展。英国的土地测量员威廉·史密斯在 19 世纪初为一项煤矿工程检查岩层时，注意到在英格兰范围内同样的化石群总是出现在类似的岩石中。他阐明了化石与包含化石的岩石单元的关系，认为无论它们在世界上的什么地方被发现，包含类似化石的岩石必然具有同样的年龄。

英国地质学先驱威廉·史密斯认识到岩层可以由它们包含的化石来辨认

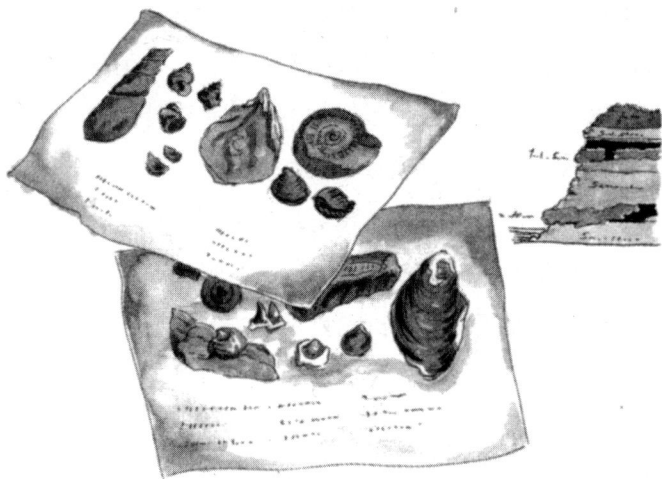

作为土地测量员，史密斯在他的日志中绘制了第一份有用的地质图，记录了在英格兰观察到的化石和岩层

斯泰诺、史密斯以及其他同样重要的科学家指出了化石必定与包含化石的岩石具有大致相同的年龄，因此年轻的岩石与古老的岩石相比，前者包含年轻的化石。除非岩石被翻转或随地壳折叠发生弯曲，年轻的岩层与化石一定位于较为古老的岩层之上。

最古老的化石

已知收集到的最古老的化石是水藻化石，可以追溯到 35 亿年前。科学家认为阳光温暖了地球上最初的海洋，为海水中形成具有复杂化学结构的长链蛋白质创造了理想条件。随着时间推移，这些简单的生命形式发生了变化，即演化成更复杂的形式——单细胞的、类似细菌的水藻。它们死亡后沉入水底，在海床上大片堆积。它们形成化石之后变成了巨大的石灰岩和叠层石的岩床，蓝绿藻层叠而成的小丘看起来好像用岩石做成的甘蓝。人们在加拿大燧石带发现了大面积的叠层石，它们是形成于 20 亿年前的海洋沉积岩。

我们这个星球的大气层中最初没有氧气，形成叠层石的那些蓝绿藻不需要氧气就可以存活，但随着它们吸收来自太阳的能量，在消化食物的过程中会以废物的形式排出氧气。经过成千上万年数不清的水藻持续地制造氧气，地球大气层的成分发生了变化。15 亿年前，更大、更复杂的动物演化出来，在有氧环境中兴旺繁荣。有保存良好的证据表明，澳大利亚埃迪卡拉山沉积岩中的化石来自 6.7 亿年前的软体海洋生物，如水母、海鳃（形态类似蕨类）以及节肢动物（今天的螃蟹、龙虾和昆虫的祖先）。

在澳大利亚西部的鲨鱼湾的海滩上发现的叠层石，其大小如同脚凳

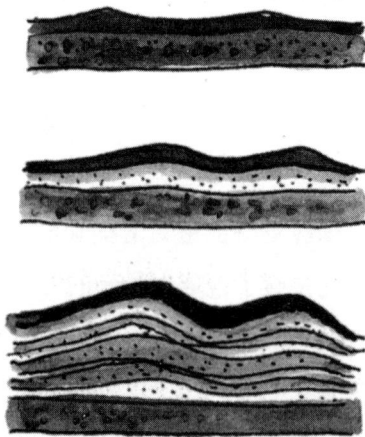

叠层石的形成过程：水藻在淤泥中生长；又一层淤泥被冲刷过来，覆盖在水藻上，其上又长出新的水藻；更多的泥层交替累积，形成大块堆积物

硬壳和脊椎

远古海洋中最初的生物没有脊椎、牙齿和其他容易保存并形成化石的部分，但在 5.42 亿年前情况发生了变化，硬壳生物开始出现。从那时起，沉积的岩石中包含丰富的化石，因为有更多坚硬的部分能够保存下来。动物演化出硬壳可能缘于环境的改变——可能是海水的酸度发生了变化。海洋生物繁盛起来，有腕足动物（类似蚌蛤的动物）、笔石（类似蠕虫的枝状群体动物）、三叶虫（具有外骨骼和腿关节）、珊瑚、水母、海绵以及海葵等。一些原始的鱼类也演化出了脊椎。形成于约 5 亿年前的化石证明早期鱼类头部已经有骨板包覆，侧面有成排的鱼鳞，但没有鱼鳍和下颌。

软体动物继续存在，为适应海洋环境的变化而继续演化。虽然这些软体的幸存者在化石中留下的记录很少，但人们在加拿大发现了一种形成于 5.3 亿年前的重要的化石沉积层——伯吉斯页岩，为人们研究生活在这段远古时期的软体动物提供了各种形态的样本。在颗粒精细的页岩中，这些生物体保存下来了令人惊奇的细节，它们应该是由洋流冲积到附近的环礁湖中沉积而形成化石的。

在 3.5 亿年前，大气层中自地球形成以来逐渐累积的氧气已经足够丰富，形成了包围整个地球的臭氧层，这与今天的情况已经很相似。由于臭氧层阻挡了来自太阳的紫外辐射，因此生物能够脱离水体生活。经过几百万年时间，生命继续在海洋中繁衍，一些苔藓状的海洋植物被冲上陆地并扎根，成为第一批在海岸上生活的生物。最早在 3.95 亿年前，两栖动物从鱼类中演化出来，它们长出了肺，能够脱离水体短期存活。在苏格兰和美国（纽约州、宾夕法尼亚州和弗吉尼亚州西部）广泛分布的、已有 3.8 亿年历史的老红砂岩沉积层中包含总鳍鱼化石，这类生物兼有鱼类和两栖类的特征，如鳞片以及硬骨支撑的瓣状鱼鳍（后来演化为足）。

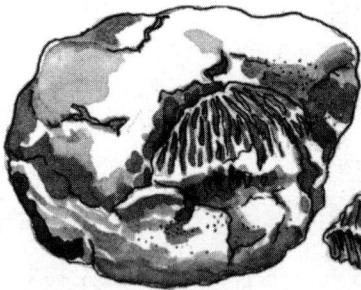

石灰岩中包裹的宾夕法尼亚亚纪的腕足动物
化石（海豆芽）

类似的腕足动物化石因
侵蚀作用从石灰岩中脱
离出来

海百合的一段茎的化石，它在存活的时候
（宾夕法尼亚亚纪）生长在海床上

大灭绝

在距今 3.5 亿年至 2.5 亿年间，由木贼类、蕨类和针叶树组成的森林分布在所有的陆地上。比起具有原始肺的两栖动物，爬行动物分布于更深入内陆的广大地域。通过演化出能游泳和飞翔的物种，爬行动物还主宰了海洋和天空。3 亿年前在河流、沼泽、湖泊和海洋中沉积下来的岩石富含各类化石，如古老的爬行动物、鱼类、木本植物、软体动物（贝类）、珊瑚、木贼、蜗牛、蜈蚣、马陆和蟑螂等。

但是，2.52 亿年前的化石记录在演化线上出现了大断裂，超过 90% 的动植物物种灭绝，其规模之大甚至超过了 1.6 亿年之后的恐龙大灭绝。许多科学家相信 2.52 亿年前的大灭绝是一次全球性生命危机，这是由浅海的逐渐干涸造成的。海洋面积的缩减压缩了动植物的生存空间，半数水母、海绵、软体动物、蠕虫和鱼类灭绝，仅有约 26% 的爬行动物的主要种群存活下来。三叶虫没能活下来，角状珊瑚和许多腕足动物也不存在了。整体来说，每 100 个物种中仅有 5 个存活下来。今天我们星球上所有的生命都是由那次大灭绝中的少数幸存者演化而来的，以新的形式填补了空缺的生态位。

有些海洋爬行动物由于海洋退缩而再次爬上陆地，因而幸存下来。这些新的陆地爬行动物看起来有点像现代的鳄鱼，有着强壮的后肢。它们还有着与众不同的关节，从而最终能够直立行走。它们就是远古的恐龙。

恐龙

1822 年，英国的化石采集者玛丽·安·曼特尔在一条正在修整的道路旁搜寻时发现了一块骨骼化石，它看起来像巨大的石质牙齿。她在附近进一步搜寻和发掘出了相关的骨骼，这些骨骼组合起来像是爬行动物蜥蜴，只是足足大了 5 倍。研究曼特尔的发现的科学家将其命名为"鬣蜥"[1]，看来它在地球上已经不复存在了。接下来的几年里，在全球的化石搜寻中出现了另一些已经灭绝的大型爬行动物，它们与现代爬行动物有着很大的区别。这些已灭绝的爬行动物显然是用后肢行走的，而现代爬行动物是用八字形姿势爬行的。在这些化石证据的基础上，科学家发现有必要命名一个新的动物类别。1842 年，在伦敦自然历史博物馆工作的解剖学家理查德·欧文提议把这些远古爬行动物命名为"恐蜥"，意思是"恐怖的蜥蜴"，中文译为"恐龙"。

业余化石采集者玛丽·安·曼特尔在一条正在修整的道路旁的岩石中发现了恐龙化石

---

[1] "Iguanodon"（鬣蜥）的本义是"蜥蜴牙齿"，后来翻译为"禽龙"。——译者注

恐龙曾统治地球 1.6 亿年，种类繁多。化石证据显示它们的形态各异。有些恐龙的脖子很长，能够像长颈鹿一样啃食树顶的叶子；有些是肉食者，能高速奔跑和捕食。另外，还有拥有翅膀、可能会飞翔的翼龙[1]。全世界已经发现了几百种恐龙，有些古生物学家认为随着时间的推移，还会发现几千种。

虽然恐龙家族在适应环境方面取得了极大成功，但在约 6600 万年前，它们从化石记录中消失了。一些科学家认为环境逐渐变化带来了又一次大灭绝，另一些科学家提出的理论认为彗星撞击地球或遍布全世界的火山爆发等全球性灾难导致了恐龙整体消失，还有些科学家认为出现了某些致命疾病，这些疾病由漫游的恐龙从一个大陆带到了另一个大陆。无论是什么原因，恐龙的灭绝导致其他物种得以繁盛。

恐龙行走的姿势相对于其他四足动物有所改进。鳄鱼在需要时能够抬起头和身体快速爬行，但恐龙的腿如同立柱，直接撑起了身体，这一点像马。因此，恐龙在奔跑和支撑自身重量方面要比鳄鱼更为有效

恐龙之后

当恐龙统治地球时，陆地环境温和、湿润，其他动植物同样兴旺。植物演化得很快，出现了蕨类、银杏、针叶树、苏铁等。恐龙时代晚期，开花植物发

---

[1] 翼龙是一类已灭绝的爬行动物，与恐龙生活在同一时期。——译者注

展起来，从而为恐龙和其他陆生生物提供了快速生长和演化的食物来源。在海洋中，菊石、牡蛎和鳃足动物演化出来，种类繁多。大型食肉动物蛇颈龙、鱼龙这些不属于恐龙的、会游泳的爬行动物统治了海洋。带翅膀的爬行动物翼龙占据了天空，逐渐演化到如同今天的小飞机那般大小。在距今 2 亿年至 6600 万年间，鳄鱼、乌龟、蜥蜴等爬行动物的分布也非常广泛，在岩石中留下了丰富的化石。

恐龙时代出现了第一批鸟类，这是在德国索伦霍芬的石灰岩中发现的。这种年龄为 1.4 亿年的石灰岩颗粒精细，保存下来的化石细节令人印象深刻，其中有小龙虾、水母、翼龙、昆虫和恐龙等。在索伦霍芬的石灰岩中，有世界上已知最古老的羽毛化石，它们属于如乌鸦大小的始祖鸟。始祖鸟还有牙齿和带爪子的翅膀，这是爬行动物的特征。

在恐龙统治时期，有一类陆生动物保持着小体形，它们通过夜间捕食昆虫、躲避大型爬行动物而存活下来。当恐龙和大型爬行动物在 6600 万年前消失之后，这些适应能力良好的小型生物——哺乳动物生存了下来，另外还有小型爬行动物（鳄鱼、蛇、蜥蜴和乌龟等）、两栖动物、硬骨鱼类和鸟类存活下来。在接下来的 6000 万年中出现了多种多样的现代生命形式，如早期的啮齿动物、灵长类（猿和猴）、不会飞的大型鸟类、开花植物、鱼类，以及蛤蜊和海蜗牛。

年龄为 5000 万年的化石使我们能够见到恐龙灭绝之后生存并发展起来的生命形式。保存下来的马的牙齿和足骨化石证明早期的马是一种矮小的五趾动物，经过几百万年时间，其体形逐渐变大，演化出了现代马便于迅速行动的坚硬蹄子。早期的藤壶、海胆、海蜗牛和鲸类的化石证明它们的壳和骨骼随时间发生了变化。比如，海胆有各种形状，古鲸逐渐长出了牙齿。早期树种的化石表明，随着开花的草类扩张，它们取代了许多地区的森林，树木越来越少。在这些新出现的草地上漫游的动物的化石证明出现了成群的食草动物，比如猪、骆驼、犀牛、羚羊和马等。2500 万年前的猿类化石常见于欧洲和非洲的岩石中，而类人的灵长类化石可以追溯到距今 2000 万年至 1000 万年间。

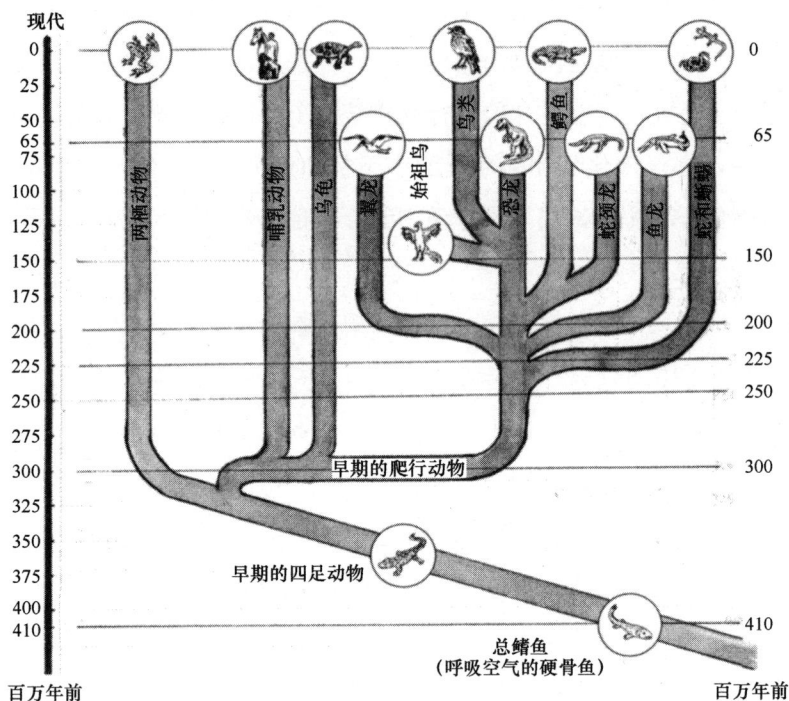

部分化石的形成时间

人类化石记录

仅仅在 100 多年前，我们才知道存在人类化石。直到 19 世纪 80 年代，仅在非洲和亚洲发现了少数几种人类化石。今天的人类学家的工作地点遍布全世界。随着搜寻强度的加大，人们发现的人类化石越来越多，而且每一次发现都对人类演化提出了新的问题。

人类演化研究最大的麻烦是信息不完整，因为总体来说化石是罕见的，仅仅提供了一些信息碎片。最古老的类人骨骼化石是 20 世纪 70 年代初在非洲的埃塞俄比亚找到的。工作人员在一次发掘中找到了至少 14 个早期个体，科学家称之为"第一家族"。其中，一位 400 万年前的女性被科学家称为露西，她的骨骼化石证明她可以直立行走，手和脚都与人类的相似，脚印也很像人类的，但脑容量只有我们的 1/4。

科学家已经找到足够的证据表明露西所属的支系在 100 多万年前已经灭绝。人类化石是多年之后才出现的，被称为"人"（*Homo*）的这一幸存物种具有更大的脑容量，与我们的脑容量差不多。"直立人"（*Homo erectus*）是我们的直系祖先，能够直立行走，在茂盛的草原上搜寻可以猎捕的动物。他们能够用胳膊将猎物带回家供族群食用，也会改进工具，割下兽皮制作衣服。他们的食物充足，主要猎捕当时的大型野兽，如猛犸象、剑齿虎、巨狼和树懒等。他们随着这些动物的迁移而分布到各大洲。他们的智慧以及因直立行走而产生的身体上的变化使这一支系逐渐演化为"智人"（*Homo sapiens*），也就是生存至今的人类。

做一做

寻找化石

你需要的器材

手持式放大镜

笔记本

凿石锤（可选）

遮阳帽

多层衣服

户外运动鞋或靴子

便携式化石指南

指南针

地图

搜寻化石所需要的只不过是合适的野外装备和舒适的着装。

首先确认你感兴趣的领域，确定你想去哪里。你想去看硬壳生物、恐龙或蕨类植物的化石吗？你对某一特定地质时间（比如猛犸象等大型哺乳动物生存的时间或三叶虫遍布海洋的时间）感兴趣吗？查看你的便携式化石指南，寻找你感兴趣的化石形成的时代，看看它们通常可以在哪些类型的岩石中找到。还要到你所在地的图书馆、博物馆和书店中去查找。把你通过上述途径找到的信息与你所在地区的地图进行对比，如果你在出发之前已经对生物化石了如指掌，也许在你家附近就能找到它们。

如果你决定在私人拥有的土地上搜寻化石，则必须以电话或写信的方式从土地所有者那里获得许可。如果那片土地是公共的，而你计划做的事情不只是观察、测绘和拍照，那么你也需要从管理机构那里获得许可。

到了化石产地，寻找环状的贝壳、树枝状的植物化石、圆柱状的长贝壳、细微的脚印遗迹和动物洞穴遗迹。把你的发现记录在笔记本上，对岩石也要像对其中的化石一样加以密切关注。

说明：已证明包含远古生物化石的岩石也可能包含更多从未被发现的东西，你也许是唯一发现它们的人。查尔斯·沃尔科特是伯吉斯页岩中著名的软体生物群的发现者，他只是偶然发现了它们。他之前在附近的地方花了几个星期的时间收集三叶虫化石。在从工作地点出来的小路上，他碰巧看到了这些页岩，其中竟然富含从未被发现的化石。

要记住，发现的化石线索仅仅是线索而已。对于在工作现场看到的一切，要保持开放的头脑，认真观察、记录，还要多思考。

建立地质时间模型

你需要的器材

很长的纸张

```
┌─────────────────────────────────────────────────┐
│                                                   │
│                   地质参考书                      │
│                 笔（彩笔更好）                    │
│                     尺子                          │
│                                                   │
└─────────────────────────────────────────────────┘
```

　　绘制一幅地质时间表，能够帮助你掌握数百万年甚至数十亿年的时间概念。

　　在一张很长的纸张底部画一条 1.5 米长的水平线，这样的纸张可以从卷轴上找到，或者用打印纸拼接而成。在水平线的两端用垂直的记号做好标识。左端标记为前寒武纪（早期生命出现的时代，距今 46 亿年至约 5.42 亿年），右端标记为新生代（现代生物出现的时代）。把这条线水平分成一系列 2.5 厘米长的线段。在最初几十亿年（地球上存在生命的时间的十分之九）里，地球生命几乎没有留下化石，所以你可以把前寒武纪压缩到 3 条线段之内，用剩余的 57 条线段表示接下来的 5.42 亿年。在时间线的相应位置标记古生代（远古生命出现的时代）和中生代。在时间线上写下化石的名称和年代。接下来，在表上标记各纪的时间间隔，"纪"是"代"之下的年代划分单元（注意前寒武纪并未细分为纪）。为清楚起见，可以使用不同颜色的笔。

　　下面给出了部分地质时间[1]，供参考。

地质年表

代	纪	时间范围
古生代	寒武纪	距今约 5.42 亿年至约 4.95 亿年
	奥陶纪	距今约 4.95 亿年至约 4.44 亿年
	志留纪	距今约 4.44 亿年至约 4.20 亿年
	泥盆纪	距今约 4.20 亿年至约 3.59 亿年
	石炭纪	距今约 3.59 亿年至约 2.99 亿年
	二叠纪	距今约 2.99 亿年至约 2.52 亿年
中生代	三叠纪	距今约 2.52 亿年至约 2.01 亿年
	侏罗纪	距今约 2.01 亿年至约 1.45 亿年
	白垩纪	距今约 1.45 亿年至约 6600 万年
新生代	古近纪	距今约 6600 万年至约 2300 万年
	新近纪	距今约 2300 万年至约 258 万年
	第四纪	距今约 258 万年前至今

---

　　[1]　根据《辞海》对相关数据进行了修正。——译者注

现在把本章谈到的化石填到相应的位置上，写上"叠层石""三叶虫""腕足动物""大型爬行动物""最早的两栖动物""恐龙"和"最早的人类"。查阅你的地质参考书，寻找更多的信息。

说明： 找到重要化石的形成时间，可以帮你理解地质学家是如何定义"代""纪"等跨度极大的地质时间的。由于前寒武纪的化石稀少，这段时间并不是基于化石证据进行划分的。不过，科学家根据 5.42 亿年前左右演化出的许多硬壳、硬体生物划分了其他代。

代、纪的名称与当时的生命有关。中生代的意思为"中间生命生活的时代"。侏罗纪的名称来自瑞士的侏罗山，地质学家在那里发现了那时的化石。宾夕法尼亚亚纪、密西西比亚纪的名称也是如此，不过它们只在美国通用[1]。想了解更多信息，可参考你的地质参考书。

骨骼的移动

你需要的器材

牙签

笔记本

骨骼化石不一定像你想象的那样停留在动物死亡的位置，这个实验将告诉你为什么。

在室外找一块平整、通风、无遮挡的地面，把五六根牙签摆成规则的形状，然后把这个形状描绘在你的笔记本上，注明日期、天气和风向等。如果你养了宠物，它们去玩牙签时也最好别管。动物的偶然介入也是这个实验的一部分。不要再摆弄牙签，但要经常去查看一下，并记下时间和天气变化。如果牙

---

[1] 在国际上，它们分别称为早石炭世和晚石炭世，归为一纪。另外，第三纪也已经取消，被划分为古近纪和新近纪。——译者注

签的位置发生了变化，就在你的笔记本上画下草图，并注明是什么因素导致它们变化的。几天后，画一张最后的图样。检查一下，分析图样与盛行风及其他环境因素的关系。

说明：生物体的死亡时间与掩埋时间之间发生的事情会影响其化石的样子。在这个实验中，牙签代表骨骼化石，它们可能会被食腐动物搬走、在河底滚动、被洋流打散、被洪水冲走，或者在掩埋之前分解。经过如此这般变化，骨骼通常会变成几个小群。如果牙签是真实的化石，它们接下来可能会被吹来的砂或风带来的沉积物掩埋起来。

寻找足迹化石

你需要的器材

手持式放大镜

笔记本

双筒望远镜

动物足迹为我们了解它们怎么变成足迹化石提供了线索。

当你外出徒步旅行时，无论是到森林、公园、海滩还是到你家附近的开阔地带，记得寻找动物和它们的足迹。在看到动物时，你可以在周围探察它们的足迹，或者检查水坑和池塘的边缘。当发现一些动物足迹时，把它们描绘下来，再根据手册辨认它们。这些足迹能告诉你什么故事？足迹产生时泥土的状况如何？泥土还是那么湿润吗？你认为这些动物是在多久以前来喝水的？有多少种动物来过？这些足迹最终将会变成化石吗？

说明：要想变成足迹化石，足迹必须在沉积物中产生并保持原来的形状。泥土、砂、淤泥应该适度湿润。如果沉积物是干燥的，它们可能不够软而留不下足迹，或者会被风吹走。足迹必须在消失之前被迅速掩埋，这样才能变成化石。大部分足迹化石可能是在水源附近或水中形成的，沉积物迅速涌入把它们掩埋起来。

足迹能够告诉我们动物的习性，比如它们去哪里觅食，在哪里睡觉，是否成群出行。慢行的动物留下的足迹完整，从脚跟到脚趾都很清晰。在奔跑的动物留下的足迹中，通常脚趾比脚跟要深。足迹之间的间隔，即动物的步长，对于估计动物在留下足迹时的移动速度很重要。科学家已经能够通过测量某些恐龙的足迹估算它们的步长和移动速度。蜥脚类恐龙（如腕龙）行动起来像大象，最高速度为 26 千米 / 时。三角龙行动起来更像犀牛，速度为 32 千米 / 时。如鸵鸟大小的三趾恐龙小跑时的速度为 18 千米 / 时，急奔时的速度可达 40 千米 / 时。

制作足迹铸模和铸型

你需要的器材

熟石膏

水

用于搅拌的塑料容器

干净的牛奶箱

胶带

大勺子

小型折叠刀

洗洁精

在岩石中可以找到两种足迹化石——铸模化石和铸型化石，你可以用熟石膏把它们复制下来。

找到一种动物足迹，用于制作铸模。根据熟石膏包装袋上的指示，在塑料容器中搅拌熟石膏。用勺子舀一些熟石膏并将其涂在足迹上，厚约 2.5 厘米。让熟石膏凝固几小时，直到它变硬。你可以从地面上移走它，带到室内过夜，使其进一步硬化，这样你就得到了一份足迹铸模。

把铸模刷干净，用小型折叠刀去掉多余的熟石膏，将其修整成牛奶盒大小然后把铸模放在牛奶盒（将盒子切开，高约 10 厘米）里，使带足迹的一面朝上。在铸模上涂上一层厚厚的洗洁精，让洗洁精渗到铸模的各侧面中。

接下来，再搅拌一份熟石膏，把它涂到铸模上面，让它干燥一天一夜。然后打开牛奶盒，看看发生了什么。你应该很容易把这两部分熟石膏分开，其中一部分是铸模，另一部分是铸型。

说明： 动物留下的足迹有时表现为铸型，即其中填充了泥沙，并最终硬化为岩石。在这个实验中，原始填充物硬化为铸模。将得到的铸模放在牛奶盒中，再覆盖上熟石膏，得到的就是铸型，它与原始足迹应该非常接近。

想一想

凶猛的捕食机器。 里克·巴斯在他的《狂野之心》一书中记载了美国林务局雇员在怀俄明州寻找并清点灰熊的情况。其中一位雇员名叫韦恩·詹金斯，他除第一年之外，再也没有见到一头灰熊。

詹金斯在这里工作了 17 年，只见过一头灰熊。确切地说，那是在 17 年前，也就是他干这份工作的第一年。当时那头母熊正在远处的一条小溪旁晒着早晨的阳光……用一只爪子翻开草地上的那些巨石。那些石头连三四个强壮的男人也未必能移动……詹金斯和他的 80 岁的父亲注视着这头母熊沿着小溪活动，最后进了树林。那片草地在事后看来就像被采过矿：巨石散落在各处，有些干脆被推进了小溪里。詹金斯说他当时在 100 米开外，躲在高高的树上，看到阳光照在灰熊的长爪子上，整个人都被吓呆了。

灰熊是庞大、凶猛的动物，它们跑动的速度约为 50 千米 / 时。暴龙

（*Tyrannosaurus rex*）是地质史上最庞大、最凶猛的食肉动物，长大后像大楼一样高，牙齿就像我们的前臂一样长。它能以 80 千米 / 时的速度追逐猎物。想象一下，要是与暴龙生活在同一时代，你得离它多远才不会感到害怕？

自然选择。19 世纪 50 年代，一位名叫查尔斯 • 达尔文的科学家写了一本名为《物种起源》的著作。这本书是最先描述动植物在漫长的时间里如何进行演化的著作之一。达尔文指出，最适合生存的物种生育的后代要比生存下来的多得多。比如，一只雌性青蛙会产下几千枚卵，但由于环境因素，比如食物匮乏、寒冷、干旱等，仅有几十只青蛙得以存活。只有那些最强壮的后代才能在艰苦的环境中活下来，这种现象被达尔文称为适者生存。由于适者生存，生存下来的个体能够产生后代，后代也变得更强壮，而且能适应环境。达尔文曾漫游世界搜集材料，经过多年研究，才提出了这些观念。他的生存和演化理论被称为自然选择，如今被广泛接受。

现代科学家认为地球上的所有生命都是由原初海洋中的蛋白质演化而来的。这些原初生命形式在演化过程中逐渐变化，以适应环境条件的变化。达尔文通过观察南美洲加拉帕戈斯群岛上物种关系密切的 13 种地雀的特征，找到了适应性变化的证据。他的理论指出，环境在保存原有生命形式的同时也会产生新的生命形式，从而产生地球上种类繁多的物种。下面比较了 6 种地雀的喙。

小地雀食用小而软的种子

鹀形树雀用特化的长喙啄下仙人掌的刺，以此作为探测工具来寻找木头中的虫子

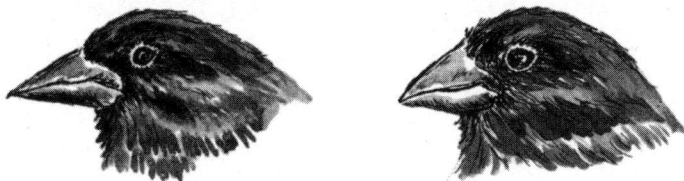

仙人掌地雀和大仙人掌地雀的喙尖利，适合食用仙人掌的果实和花朵

勇地雀的喙较为粗短，既能食用小而软的种子，也能食用一些较大而坚硬的种子

大地雀的喙更大更坚硬，能够啄开最坚硬的种子

是温血还是冷血？ 多年以来，科学家一直认为恐龙是冷血爬行动物，它们的体温随着周围环境温度的变化而变化。目前人们认为，至少有一些种类的恐龙是温血的，它们通过进食摄取能量，从而保持体温恒定。温血动物（比如人类）需要大量食物。我们依靠心脏把温暖的血液输送到全身各处，使我们的身体保持较高而稳定的温度。霸王龙有着巨大的胸腔，容纳得下一颗强壮的心脏。它们还有强壮的腿骨和肌肉，能够快速猎捕生存所需的大量猎物。

三角龙跑起来如凶猛的野牛，它们用长着三只角的头部打败猎物。三角龙成群生活，会随着季节变化而长途迁徙。一些古生物学家认为会迁徙的恐龙必须是温血动物，从而能够在长途跋涉时保持体能充沛，就像驯鹿在冬季迁徙到有食物的地方一样。

比起大规模的食草类群体，任何大型温血掠食者的群体成员都较少。比如，在非洲大草原上，狮子的数量要比羚羊少得多。在恐龙骨骼化石的发掘地，一般 1%～3% 的化石是霸王龙等食肉恐龙的化石，97%～99% 的化石是剑龙和梁龙等食草恐龙的化石。类似的证据强烈地倾向于认为恐龙中存在一些温血种类，不过对此还存在激烈的争论，目前尚无定论。

读一读

Michael Benton. *The Story of Life on Earth*: *Tracing Its Origins and Development Through Time*. New York: Warwich Press, 1986.

《地球生命的故事：追溯起源和发展》是一本关于漫长地质史中生命演化的图书，图片精美，叙事完整。

Ray Bradbury. *Dinosaur Tales*. New York: Bantam Books, 1983.

《恐龙故事》是科幻作家雷·布拉德伯里关于恐龙的科幻故事的插图版合集。

Stephen J. Gould. *Wonderful Life*: *The Burgess Shale and the Nature of History*. New York: W. W. Norton and Company, 1989.

《奇妙的生命：布尔吉斯页岩中的生命故事》是进化论学者古尔德的名作，它用一个迷人的故事解释了寒武纪布尔吉斯页岩中的奇异化石，书中的插图非常值得一看。

John R. Horner, and Don Lessem. *Digging up Tyrannosaurus rex*. New York: Crown Publishers, 1992.

《发掘霸王龙》讲述的是如何发现和发掘一具近乎完整的霸王龙化石的故事。

Alan Moorhead. *Darwin and the Beagle*. New York: Harper & Row, 1969.

《达尔文和"小猎犬号"》讲述的是达尔文在 19 世纪 30 年代在南美洲进行科学探险的经历，内容非常迷人。

Olaus J. Murie. *A Field Guide to Animal Tracks*. Boston: Houghton Mifflin Company, 1954.

《动物足迹野外指南》是一本经典的指南，基本上可以用来搜寻任何动物的足迹。

Steve Parker and Raymond L. Bernor, eds. *The Practical Paleontologist*. New York: Simon and Schuster-Fireside, 1990.

《古生物学家实践手册》是一本非常有趣和具体详细的化石搜寻指南。

Jay E. Ransom. *Fossils in America: Their Nature, Orgin, Identification, and Classification, and a Range Guide to Collecting Sites,* 1964. New York: Harper & Row, 1964.

《美国化石：它们的性质、起源、辨识、分类以及化石搜寻地点指南》依次列出美国各州的化石埋藏地点，对于希望收集化石的读者很有帮助。

Frank H. T. Rhodes, Herbert S. Zim, and Paul R. Shaffer. *Fossils: A Guide to Prehistoric Life*. New York: Golden Press, 1962.

《化石：史前生命指南》是一本介绍在野外搜寻化石的口袋本指南，它既小巧又容易理解。

Sara Stein. *The Evolution Book*. New York: Workman Publishing, 1986.

《演化之书》对地球历史上突出的演化事件的描述非常清楚，还有可以动手尝试的活动。

Paul D. Taylor. *Fossil*. New York: Alfred A. Knopf, 1990.

《化石》中有从细菌、水藻到鸟类和猛犸象的各类化石的彩色照片。

看一看

The Dinosaurs! PBS Home Videos, 1992.

《恐龙！》的第 1 集为"怪兽出现"，第 2 集为"起死回生"，第 3 集为"怪兽真相"，第 4 集为"恐龙之死"。片中有关于恐龙的事实和理论，还有对著名考古学家的采访，以及挖掘化石的影像记录。

Lost Worlds, Vanished Lives. David Attenborough, 1989.

《失落的世界，消失的生命》的第 1 集为"岩石中的魔法"，第 2 集为"起死回生"，第 3 集为"恐龙"，第 4 集为"难得一见"。本片通过展现在全世界挖掘各类化石的镜头很好地描述了考古学的历史。

Mammoths of the Ice Age, NOVA series. WGBH Educational Foundation, 1995.

《冰河世纪的猛犸象》谈到了这些长毛的猛犸象灭绝的原因、居住地、迁徙、生活习性等，相关理论获得了化石证据的支持。

第六章　侵蚀：摧毁岩石

　　地质学不只介绍沉积和沉积岩，许多地质过程与侵蚀有关，通过物理或化学过程使岩石破碎，将其搬运至别处，从而塑造不同的地貌。在大多数环境和地区，岩石既在产生，也在被摧毁。举例来说，海岸上有沉积区域（比如河流在入海口附近抛下沉积物），也有侵蚀区域，水流把砂砾从海滩上搬运到海中，或者连绵不绝的海浪击碎岸边的岩石峭壁。有时沉积作用主导环境变化，有时侵蚀作用主导环境变化。在侵蚀作用主导的区域，物质的流失超过沉积，岩石被粉碎并搬运至他处，但这些损失没有被其他物质的补充所平衡。随着时间的流逝，地形以这种方式变得平坦起来，甚至世界上最高的山脉也会被削平。

　　在某种环境中出现的侵蚀类型取决于起作用的自然力。在河流环境中，水流可能会切削周围的岩石，产生的碎片被带至下游。在沙漠环境中，没有什么植被来保护沉积物免受大风的侵蚀，风力侵蚀当然成为主导因素。某些环境中存在多种侵蚀方式，但侵蚀岩石的过程可总结为块体崩塌、水流侵蚀、风化作用、冰川活动和风力作用。

块体崩塌

　　滑坡以及松动的岩石和土壤以其他方式沿山坡下行的现象称为块体崩塌。这种运动不是由冰、风和水引起的，虽然这些因素也起作用，有助于块体崩塌中的岩石搬运。其实，块体崩塌的主要驱动力是重力，它使物质从山坡上滑下的方式主要有两种：滑坡和沉积物流。

　　滑坡。山坡上的岩石或土壤突然崩塌、下落或滑动的现象称为滑坡。滑坡之前可能没有预兆，也可能有预兆，比如山坡破裂或膨胀。在所有的滑坡中，物质都是从高处被重力搬运到低处。

　　发生崩塌时，岩石或土壤从斜坡的顶端开始碎裂，沿着斜面下滑，形成大片的移位碎块。崩塌经常发生在暴雨时节或地震等突然震动之后，这时候碎块更容易脱落和移动。

顾名思义，下落就是物质从山上自由落下。岩石和碎屑（混有沉积物和植物材料）松动，从高处下落，掉到下边的地面上。

与以上情况不同，滑动是指岩石和碎屑直接沿着陡坡向下运动。滑动一般发生在高山的陡坡上，物质运动的距离取决于陡坡的长度。

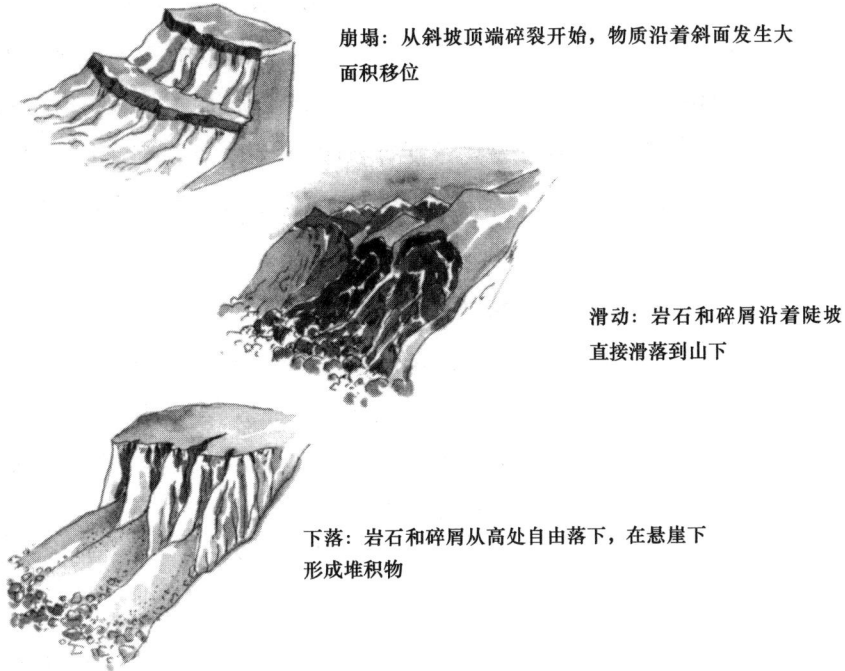

崩塌：从斜坡顶端碎裂开始，物质沿着斜面发生大面积移位

滑动：岩石和碎屑沿着陡坡直接滑落到山下

下落：岩石和碎屑从高处自由落下，在悬崖下形成堆积物

三种滑坡类型

沉积物流。沉积物中含有足够的水分之后，就能像水一样在溪流中流淌。当沉积物或碎屑流动起来，而不是下落、滑动和崩塌的时候，这些物质的运动就叫作沉积物流。沉积物流可能是浆状流，即含有水分的沉积物冲下山坡；也可能是颗粒流，即沉积物、空气和水的混合物向山下流动。

在浆状流中，沉积物和水的混合物非常致密，其中可能携带（包含）大块岩石，就连体积太大而无法携带的巨石也会随浆状流一起滚动。土壤、岩石、碎屑等可能一同流动，形成未分选的混合物，一起冲到山下。浆状流在湿润环境下的火山活动中很常见。旧的火山碎屑层可能受到新的火山活动造成的冰雪快速融化的影响而发生移动。含有淤泥的浆状流称为泥石流。泥石流是最危险的自然现象之一，曾经造成人类历史上最惨烈的自然灾害。公元 79 年维苏威火山喷发时，泥石流吞没古罗马城市赫库兰尼姆，落下的火山灰几乎同时把庞贝城完全覆盖。最具毁灭性的泥石流之一发生在 1985 年，安第斯山的泥石流摧毁了哥伦比亚的阿尔梅罗市。华盛顿州的圣海伦斯火山在多年的火山活动中造成了多次泥石流，以 1980 年 5 月最多。当时泥石流从此山的东西两侧以 25 千米 / 时的平均速度冲下，最高速度达到 145 千米 / 时。当时有些参观者想在安全距离上观看圣海伦斯火山喷发，结果被泥石流困住并掩埋。

泥石流是沉积物和水的混合物，很容易流到山下

与含水量达到饱和状态的浆状流不同，颗粒流含有大量的空气，或者含有大小和形状分布极其广泛的各种颗粒，水分很容易从中脱离。岩屑崩落和土流是典型的颗粒流。

岩屑崩落是最为人们所熟悉的颗粒流类型。在此过程中，物质下落，与地面碰撞后破碎，并继续沿着斜面下滑。在欧洲的阿尔卑斯山和南美洲的安第斯山等地，人口聚集区散布在各处的高山峡谷中，岩屑崩落对人们的生命安全形成巨大威胁。一次著名的岩屑崩落发生在 1717 年，在法国和意大利边界处的勃朗峰下，崩落的岩石和冰雪压住了两个村庄和全部居民。崩落物在 4 分钟内移动了 7 千米，居民根本没有时间逃生。

颗粒流也会表现为土流。土流在山脚下很常见，状如长舌，形成圆形凸起（称为趾）。土流一般是一段时间的暴雨过后，山坡整片下滑造成的。湿润的黏土或砂经过摇晃（比如地震）会形成一种特殊类型的土流。这种摇晃会导致土壤液化，在此过程中沉积物会变得如同流体一般。

土流是颗粒流的一种，其特征是形成台阶式的斜坡

水流侵蚀

在地表，水是输送沉积物的重要参与者，甚至在汇成河流之前，从天而降的雨滴敲打着地面，也会使土壤颗粒改变位置。雨滴汇合在一起漫过大地，向着河流前进，最终流入海洋。在河流中，沉积物成为水流载荷（河流挟带的颗粒）的一部分，比如河床底沙、悬移质或溶解质等。

大颗粒的沉积物在水下的河床上移动，它们滑动或滚动的速度比河水要慢得多。这些颗粒就是河床底沙。有时河水的能量（由水流速度和水量决定）大到能够把河床底沙从底部翻起。这样，它们就会离开河床，被河水裹挟着流向下游。水流迅速，河水能量大时，河床底沙移动得较快，但即使在河水消退和平静流淌的时期，作为河床底沙的沉积物也依然在河床上移动。

更细小的颗粒也会随河水一起移动，它们称为悬移质。河水中大量的沉积物以悬移质的形式被河流搬运。许多河流的颜色就来自它们挟带的沉积物类型，它们甚至因此而得名。中国的黄河挟带大量的黄色泥沙，这些泥沙来自其流域内的土地。美国亚利桑那州的科罗拉多河（名字来自西班牙语中的"红色"）上游涨水时，因为雨水和风的侵蚀，河水会挟带红色的岩石碎屑，所以会变成砖红色。

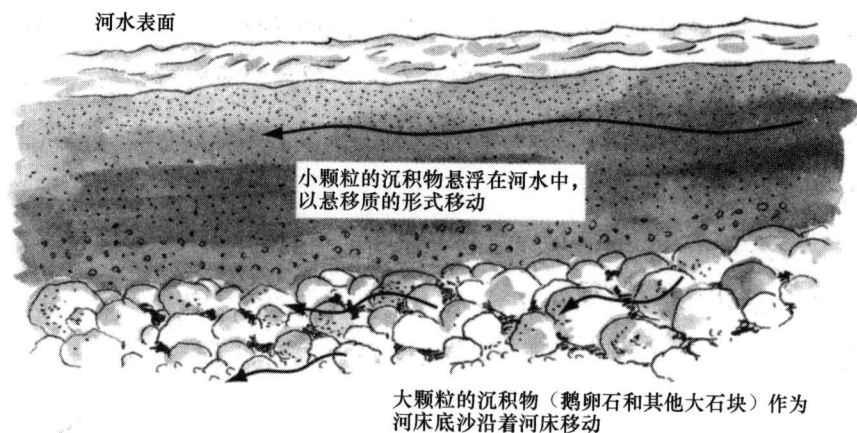

河水表面

小颗粒的沉积物悬浮在河水中，以悬移质的形式移动

大颗粒的沉积物（鹅卵石和其他大石块）作为河床底沙沿着河床移动

河流中沉积物的分布

即使清澈的河水也挟带有侵蚀而来的物质，这些溶解在水中的化学物质来自周围的岩石等。碳酸盐、硫酸盐、氯化物等都能溶解在水中，因此它们存在于大多数河流中。

最终，淡水河流侵蚀土地而得到的颗粒和溶解的化学物质随河水流进大海，成为海洋中的沉积物。

风化作用

任何暴露在地球大气中的岩石都会受到风化作用，也就是通过化学或机械过程而破碎和改变。在化学风化中，岩石经过在分子结构上发生的化学反应而分解。在机械风化中，岩石通过物理作用解体，破碎成小颗粒。

化学风化。在地球内部形成的火成岩和变质岩露出地表暴露在大气中之后会发生变化，而大部分变化是通过水的作用而发生的。大气降水和土壤渗透都能够挟带其他化学物质，主要是二氧化碳，其分子由一个碳原子和两个氧原子构成。二氧化碳溶解到水中能够形成碳酸，这是一种含有氢离子的弱酸。碳酸在岩石的缝隙和断口处与岩石发生作用，从而改变岩石中矿物的化学成分。碳酸和矿物之间会发生化学反应，交换原子。比如，花岗岩一般富含石英、云母和长石。在风化过程中，花岗岩中的钠、钾离子与碳酸里的氢离子进行交换。大部分石英保持不变，但长石和云母会被风化成黏土。类似地，玄武岩里的矿物也会由于其中的钠、钙、镁离子与碳酸中的氢离子进行交换而被风化成黏土。

水并不是唯一导致岩石发生化学风化的因素，氧气也会参与化学反应，它通过被称为氧化作用的过程与所接触的矿物发生反应。铁是许多矿物中的常见元素，经过氧化作用会改变存在形式和颜色。获得过多的氧原子之后，铁会变成黏土矿物针铁矿，而后针铁矿还会发生变化，通常是其矿物结构失去水分子而变成赤铁矿，这是一种重要的铁矿石。赤铁矿呈红褐色，在某些沙漠地区很常见。

化学风化作用的证据一般表现为未经风化的岩核之外包覆着一层已风化的外壳，它们看起来就像石头颜色的无籽西瓜。当野外的巨石碎裂成两半之后，我们就会看到风化的外壳。

机械风化。岩石也会由于物理作用而发生变化。随着上层的沉积物被剥蚀，大块的火成岩暴露出来，压力不复存在，它们就会破碎。这种由于压力释放而破碎的部分称为节理，一般以平直或弯曲的层状结构出现在岩石的暴露部分。其他机械风化过程会扩大节理。水可能使它们发生移动，并沉降出盐的晶体，盐又会使岩石节理进一步扩大。水也可能被冻结成冰，发生膨胀，促使节理中的缝隙变大。植物的根系可能会侵入这些缝隙，进一步把它们撑大。

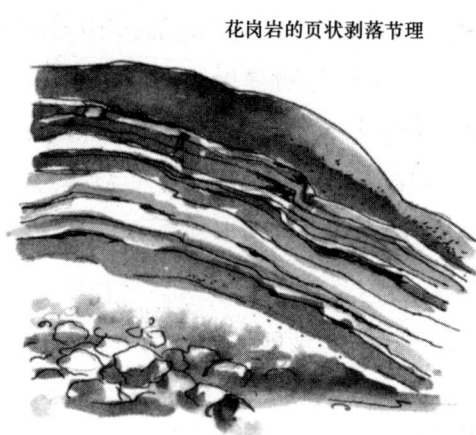

岩石节理　　　　　　　　　　花岗岩的页状剥落节理

岩石的两种节理。在砂岩悬崖上，竖直和水平方向上的节理交错形成一种节理系统。这类以不止一种节理样式破碎的岩石特别容易被风化。外露的花岗岩体通常沿着曲面释放压力，形成页状，称为页状剥落节理

冰川活动

冰川是由于多年降雪的累积而形成的。在地球两极和高山地区，冬季的降雪量大于温暖季节的融雪量，这些积雪一般会逐渐变厚，形成重结晶的冰层。积雪重结晶成冰是在压力（也就是积雪的重量）下实现的，就像沉积物在压力下经历成岩作用，变质为坚硬的岩石。随着雪的累积和硬化，冰川就形成了永久性的冰体。随着冰雪的累积，地球引力对成长中的冰川的牵引力也越来

大，牵引着冰川从中心向外移动，流下高山，进入峡谷，或者在略微倾斜的开阔地带上铺展开来。

冰川可以分为三类：山谷冰川、山麓冰川和大陆冰川[1]。山谷冰川也叫作阿尔卑斯型冰川或高山冰川，指的是那些在山谷中形成的冰川。它们沿着古老的山谷向下运动，山谷可能会被冰川占据。山谷冰川的面积可能从几百平方米到几十平方千米不等，短的只有几百米，长的足有几十千米。山谷冰川在高山上常见，比如阿尔卑斯山、喜马拉雅山、落基山、内华达山和喀斯喀特山中都有大量冰川分布。

两条或更多的山谷冰川从高山谷地中移动下来，在下面的平地上汇集而成的冰川称为山麓冰川。这样形成的山麓冰川是宽阔的圆形冰体。最为著名的山麓冰川之一是阿拉斯加亚库塔特湾的马拉斯皮纳冰川，它是由附近的圣伊莱亚斯山中的几条山谷冰川汇集而成的，覆盖面积达 3800 平方千米。

大陆冰川又叫冰盖，从中心向外延伸，直到覆盖一片大陆的很大一部分。大陆冰川一般非常厚，大陆的最高点和最低点均被覆盖。世界上最大的冰盖位于南极洲，最大厚度为 4776 米，面积约为 1340 平方千米。格陵兰岛的冰盖也相当大，有些地方的厚度达到了 3200 米，面积约为 180 万平方千米。在 200 万年前的更新世冰期，大陆冰川覆盖了北美洲、欧洲和亚洲北部的大片地区。由于大量的水都结成了冰，海平面下降了 100 米。

当冰川在陆地上推进时，它会刮擦、蚀刻沿途遇到的岩石。冰川会把风化的岩石和土壤刮起带走，移动速度为每天几厘米到几米。冰川底部就是它一路上带来的岩石和其他沉积物。由于巨大的重量以及挟带的岩石的刮擦，冰川在所经过的地面上留下了沟槽和刮痕。沟槽的大小取决于冰川挟带的岩石的大小。石块越大，形成的沟槽越深越宽。较小的石块留下的漫长且平行的刮痕称为冰川擦痕。精细的砂粒和黏土就像砂纸一样打磨下面的岩石，使它们具有光滑的表面。这样，沿着冰川流动的方向刻划出的平行线是冰川的特征。地质学家能够通过研究冰川地貌重建古代冰川的运动情况。

---

[1] 此处与现行分类方法略有不同。——译者注

岩石表面的冰川剐痕。漂砾的类型与下面的基岩不一样，
前者是冰川消退时遗留下来的

假以时日，山谷冰川在高山上蚀刻出了壮观的陆地景观——冰斗、冰斗湖、角峰、冰川谷和峡湾等。冰斗的形成过程是这样的：位于雪线之上的雪堤的融水渗透到下面的岩石中，然后重新结冰膨胀，把岩石碎片排挤出去，逐渐形成空洞。随着时间的推移，一次又一次的融雪和结冰使冰斗逐渐变大。冰斗中充满了积雪，而且它们位于雪线之上，其中的内容物能保存多年。最终，冰斗可能会承载山谷冰川，进一步加剧侵蚀并使冰川扩大。有些冰斗会在下坡方向的边缘形成小而深的湖泊，称为冰斗湖。如果冰斗从多个方向蚀刻山体，山体四周就可能被削去足够多的岩石，形成尖尖的山峰。这种山峰称为角峰。阿尔卑斯山中最美丽的马特峰就是这样形成的一座角峰。

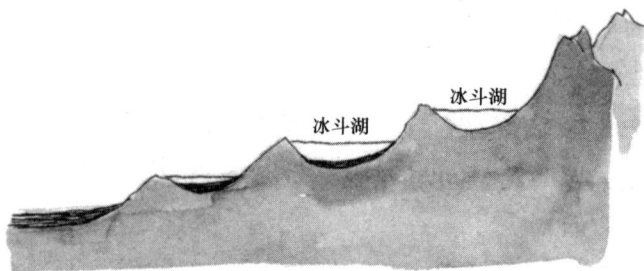

冰斗湖

冰斗湖

冰斗湖是由冰雪融水充满碗形的冰斗而形成的。多个冰斗湖沿着山坡逐阶下降，形成冰阶。冰斗湖中充满了沉积物，升温干涸之后逐渐变为草地

冰斗呈圆形，位于雪线以上，是由于反复融雪和结冰而形成的。图中的冰斗是冰阶最上面的两级

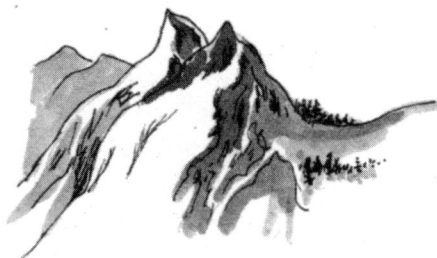

角峰是由于冰川蚀刻山峰周围的岩石而形成的

当山谷冰川消退之后，留下的深谷又深又圆，而不是像河流蚀刻出的 V 形山谷。如果这些深谷接近海平面，其中充满海水，就会形成峡湾。

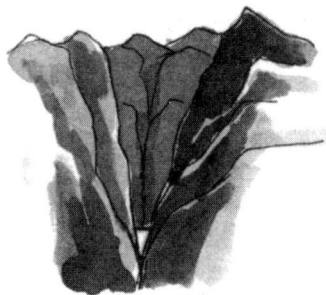

河流蚀刻出 V 形峡谷，这是随着流水的切削，峡谷两侧的物质不断被侵蚀的结果

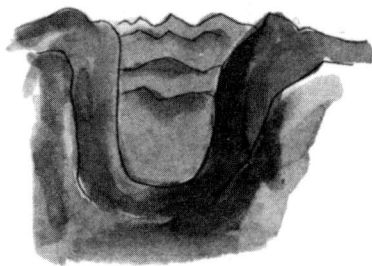

冰川蚀刻出来的是宽阔的 U 形峡谷，两侧的峭壁几乎笔直

峡湾是充满海水的冰川峡谷。它们的 U 形轮廓被淹没，
所以仅有陡峭的侧壁伸出海面可见

冰盖也可能会完全抹掉一大片区域的主要地面特征。由于冰盖巨大的厚度和面积，山峰和峡谷都会被抹平。随着冰盖的扩展，它会削平下面的一切。在更新世，这样的冰川侵蚀塑造了今天美国中部和加拿大广袤的平坦草原。

风力作用

风力作用也是一种重要的侵蚀方式，主要出现在沙漠地区，那里几乎没有植被来稳定或固定土壤和岩石。沙漠地区指的是降水量小于蒸发量的地区，也就是说这些地区下的雨不足以补充地面蒸发掉的水分。在湿润环境下，地面上覆盖的植被通常能保护土壤，风很少能有效地移动土壤。但是，在沙漠和其他裸露环境下，多数地形显然是由风力塑造的，地面上到处都是光秃秃的，十分荒凉，风力侵蚀剥夺了一切。

　　风成沉积物的运动有点类似水流沉积物的运动。一些颗粒会滚动，其他颗粒会被带离地面。颗粒在风中运动的路径既取决于它们的大小，也取决于风速。速度为 16 千米 / 时的风刚刚能够滚动砂粒大小的颗粒，更大的风速会加剧地面的气流紊乱（即湍流），导致砂粒以短距离跳跃的方式前进。跳跃搬运是砂粒覆盖地区中沉积物最主要的运动方式。

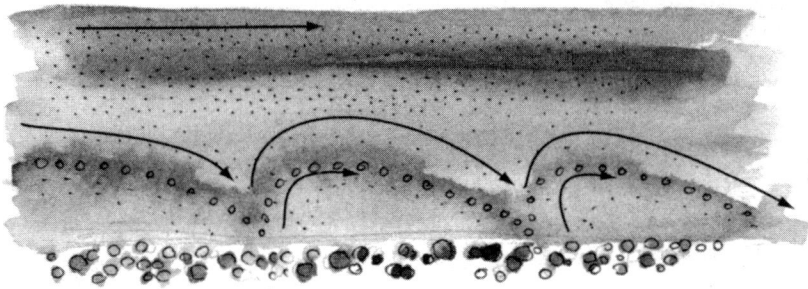

精细的泥土颗粒被风吹离地面；较重的砂粒跳跃着前进，称为跳跃搬运；被风吹动的更大的砾石沿着地面滚动

　　砂粒和其他沉积物在环境中运动时留下了侵蚀特征。岩石被风驱动的颗粒磨蚀，磨蚀之后留下的或被风驱动的砂粒塑造的岩石称为风棱石[1]。风棱石遍布强风区域的地面，比如南极洲的维多利亚峡谷这个荒凉的地区常年饱受来自南极洲东部冰盖的强风的侵蚀。风力侵蚀形成的其他地表特征包括沙漠砾石覆盖层和风蚀盆地。沙漠砾石覆盖层是风吹掉了砾石（卵石）之间的砂粒之后，在沙漠地表留下的一层卵石覆盖层。风蚀盆地是沉积物受到风力搬运之后留下的沟槽形地底。在北美洲的大平原上，从加拿大到美国得克萨斯州，风蚀盆地

---

　　[1]　"ventifact"（风棱石）这个单词来自拉丁语中的"ventus"（风）和"factus"（制作），也就是"风成"的意思。——译者注

很常见。这些盆地一般不过 2.4 千米长，约 1 米深。在湿润的年份，它们会形成湖泊。埃及西部的利比亚沙漠中有一个巨大的风蚀盆地，称为盖塔拉洼地，宽约 100 千米，长约 270 千米，最低点位于海平面之下 133 米。在那种环境中，风很强劲且持续不断，沉积物特别容易被侵蚀。可侵蚀性和侵蚀力这两个因素决定了环境中会有多少物质被搬运走。

风棱石，由风力打磨而成

沙漠砾石覆盖层，风力形成的砾石和卵石地面，是风带走了其中较小的砂粒之后留下的

风蚀盆地是沟槽形的洼地，由风力侵蚀而成。有的风蚀盆地太大了，人们站在盆地里很难看清它们的结构

风力侵蚀形成的地貌

做一做

流水

你需要的器材

大玻璃瓶

砂

卵石

水

勺子

笔记本

用砂粒、卵石以及一个大玻璃瓶，你就能建立一个模型来观察河流中水流的侵蚀效应。

在大玻璃瓶底部铺上一层砂和卵石（也可以用水族箱里的造景石或者弹子来代替），加水到瓶子高度的四分之三。让沉积物沉淀几分钟。当沉积物在瓶子底部形成层次之后，用勺子搅动水。注意，不要用勺子直接碰到沉积物，目的是仅仅让水流来移动沉积物。一开始搅动得慢一点，观察发生了什么现象，然后快速搅动。拿走勺子，仔细观察，在你的笔记本上记下并画出发生的现象。随着水流速度变慢，沉积物又发生了什么现象？是轻的物质还是重的物质先从水流中沉积下来？卵石的情况怎么样？你能够总结出水流是怎么影响松散的物质的吗？

说明：当水在河床或松散的沉积物表面快速流过时，沉积物就会以与大玻璃瓶里发生的现象类似的方式移动。通过水流侵蚀作用，较轻的颗粒会悬浮在水里并被带走，这个过程和你在瓶子里观察到的是一样的。如果水流速度很快，冲击有力，更大的颗粒甚至也会受到影响。在水流速度变慢之处，水流丢下沉积物，沉积物重新沉降下来，沉积层表面就会发生变化，沉积物重新排布。

你也可以在野外观察河水的侵蚀效应，下一个实验就是这样的。

观察河流挟带的泥沙

你需要的器材

室外衣物

徒步和泛舟所需的装备

笔记本

沿着河边散步，或者在河上乘坐筏子或小船，是生活中最愉快的活动了，也是研究河流挟带泥沙情况的极佳方式。

一开始，你可以沿着自家附近的小河散步。如果脱下鞋子站在水里，你可以用脚感受河床。在水底，你可以感觉到什么？河床是由基岩、卵石还是由泥沙构成的？你可以注意到不同成分的分布有所不同。如果是这样，请你画下小河的形状和长度，注明河底是如何变化的。

河水挟带有沉积物吗？河床上的石头是零散分布还是成堆出现的？它们相对于支流、深潭以及主河道是如何分布的？画一幅河流的水流分布图，总结沉积物是如何被从一个地方搬运到另一个地方的，经历了怎样的侵蚀和沉积过程。

如果你能够在河上乘坐筏子或小船，则可以注意到河水在何处会形成湍流、深潭和旋涡。你看到岩石、沉积物和冲刷区域了吗？它们在整条河流上是怎么分布的？湍流是在宽处、窄处还是在浅处形成的？在这三种地方都会形成吗？如果是这样，各处有何不同？往水下看，记下水是清澈还是饱含泥沙。如果你能看到河床底沙，则描绘它们相对于河岸的分布情况，以及它们相对于支流、谷地的分布情况。

说明：如果你已记下并画下观察结果，则会发现沉积物进入河流的模式与它们在大小河流中沉降的关联。从支流和谷地侵蚀而来的岩石和碎屑进入主河道之后通常会扩散开，或者部分被水流阻挡，形成岩底的河流通道，称为急流。河水中悬浮的细颗粒泥沙会在水流缓慢处覆盖在河底上。被侵蚀的区域包括形成深潭的岩石冲刷盆地、河曲外的凹岸、沙洲边缘等，水流的改变带走了这些地方的沉积物。你画下来的哪些地方看起来像是侵蚀形成的？

模拟风和冰的侵蚀作用

你需要的器材

深色和浅色纸张

小玻璃瓶

速冻容器

手套

笔记本

利用几种岩石样品，你就可以模拟风和冰对岩石的侵蚀作用。

收集几种岩石样品，每种样品都要有两份。在纸的上方摩擦两块同样的岩石样品。如果岩石是浅色的，就在深色纸的上方进行摩擦；如果岩石是深色的，就在浅色纸的上方进行摩擦。然后把岩石放在纸上，和掉下的颗粒放在一起。岩石颗粒和岩石本身的颜色相同吗？摩擦岩石的时候出现划痕了吗？按同样的程序处理所有的岩石样品，在你的笔记本上记下观察结果，其中包括岩石被摩擦后的样子，以及岩石和岩石颗粒的比较。哪种岩石在摩擦时产生的颗粒最多？哪种划痕最多？接下来，在小玻璃瓶内灌满水，把瓶盖盖紧，然后放进速冻容器（用锡箔密封良好的碗或平底锅都行）内。让瓶子和速冻容器在冰箱中冷冻一夜。第二天把它们拿出来，注意观察水和玻璃发生的变化。

一定要戴好手套保护双手，因为容器中可能有东西会破裂。

说明：当风把砂吹到岩石上的时候，它会侵蚀岩石，就像你摩擦岩石样品一样。当岩石中的水结冰时，就会发生你在这个实验中看到的情况。风和冰这两种侵蚀介质都具有改变地貌的强大力量。想想你在野外的什么地方看到过这样的侵蚀，在岩石样品中观察类似的效应。

想一想

我们在地面上看到的土壤一般称为尘土，其中包含各种岩石被侵蚀后形成的碎屑。从表层高度风化的物质到深处风化程度较轻的物质，土壤学家称这种连续变化的土壤类型为土层。土壤有两种发育途径：一种是基岩岩床在本地被侵蚀形成岩石碎屑，另一种是从其他起源地搬运碎屑。

在第一种情况下，风化从地表开始，逐渐向下深入岩床，有的会深入数米。在第二种情况下，物质在被搬运到它们所在的土壤剖面之前就已经被风化，也就是说物质是从山区基岩上被水流携带而来的，然后在山谷或泛滥平原上累积起来。在任何一种情况下，从地表向下，土壤剖面都被分为 A、B、C、D 四个土层。其中，A 层是表层，有的富含有机质；接下来是 B 层，不太肥沃，但仍富含矿物；C 层是从土壤到未风化的基岩的过渡层；D 层是未风化的基岩。你可以在悬崖或挖有深坑的路基上看到土壤剖面的层次。如果你在自家花园里挖得足够深，也会发现这些土层（见第四章中的"做一做"部分）。

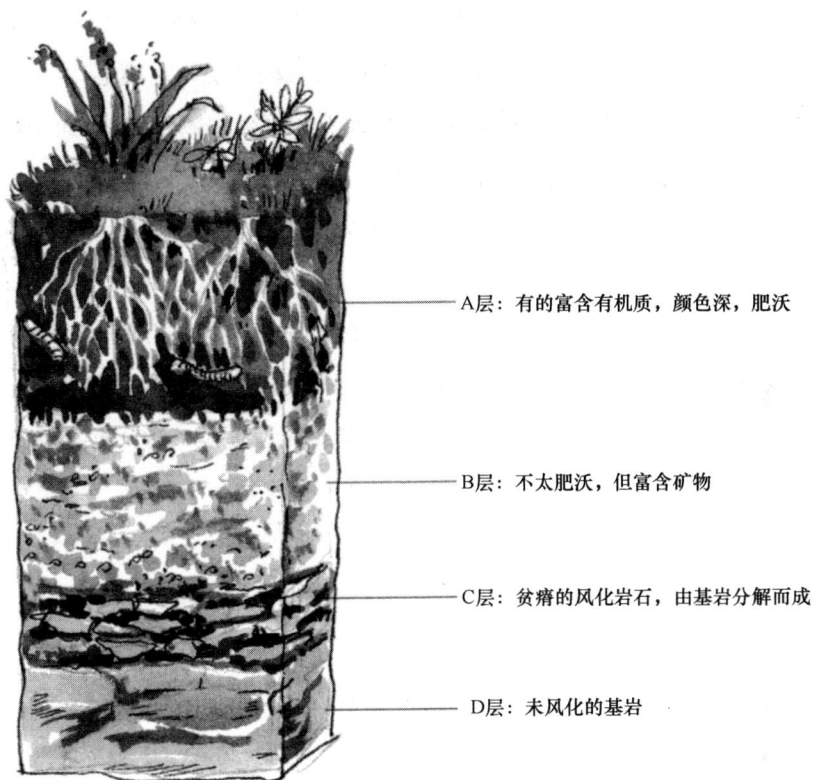

- A层：有的富含有机质，颜色深，肥沃

- B层：不太肥沃，但富含矿物

- C层：贫瘠的风化岩石，由基岩分解而成

- D层：未风化的基岩

土壤剖面中的土层

读一读

Dorothy Carroll. *Rock Weathering*. New York: Plenum Press, 1970.

《岩石风化》是一本关于岩石被侵蚀成土壤的经典指南。

Dougal Dixon. *The Practical Geologist*. New York: Simon and Schuster, 1992.

《地质学家实践手册》包括优秀的活动设计、出色的插图，其中关于侵蚀的一章写得清晰流畅。

C.B. Hunt. *The Geology of Soils*. San Francisco: W. H. Freeman and Company,

1972.

《土壤地质学》一书对土壤及其中含有的元素进行了深入描述。

Ruth Rudner. *Forgotten Pleasures*: *A Guide for the Seasonal Adventurer*. New York: Penguin Books, 1978.

《久违的欢乐：四季探险指南》是一本关于河流的探险指南。在各类户外环境中徒步是很美妙的，科学爱好者可以探索河流的奥秘。

John S. Shelton. *Geology Illustrated*. San Francisco: W. H. Freeman, 1966.

《插图本地质学》包含从空中拍摄的地形照片，以及各种侵蚀环境的地质学解释。

看一看

Debris Flow Dynamics. Open-File Report 84-606. United States Geological Survey, 1984.

《碎屑流动力学》是由美国地质调查所于 1984 年拍摄的。这部影片中有中国和日本的滑坡镜头。

Erosion: *Earth is Change.* Children's Television Workshop, 1991.

《侵蚀：地球正在改变》这部影片研究了飓风、地震、火山、风力侵蚀和水力侵蚀，包括直升机拍摄的科罗拉多大峡谷的侵蚀变化。

Hubbard Glacier—Russell Fiord. United States Geological Survey, 1986.

《哈伯德冰川－拉塞尔峡湾》介绍了阿拉斯加的山脉、冰川和峡湾。

Landslide: The 1979 Abbotsford Disaster. University of Otago, 1984.

《滑坡：1979 年的阿伯茨福德悲剧》讲述的是 1979 年发生在新西兰的一次由市政管线漏水和山脚下的采石场引发的滑坡事故。

第七章 水：往高处走

水的形态

在我们的这个星球形成的过程中，水已经在地球上存在了，地球上水的来源一直保持得相当稳定。地球上的水处在不停的变化之中，形成水循环系统。那些曾经包容了第一代原始生命的远古海洋里的水至今仍在循环。水循环无始无终，从海洋上升到天空，再降落到陆地上，又回到海洋，这是一个关于时间和旅行的闭合循环。在这个循环中，水会经历液态、气态和固态。水以气体（也就是水蒸气）的形式从海洋上升到天空，以冰晶或水滴的形式组成大片云朵，再以雨、雪、冰雹等形式回到地面，在地表或地下流淌，最终回到海洋。

关于我们今天饮用的水，恐龙也曾经在其中游泳。亿万年来，地球上的水一直在水循环系统中流转

出于多种原因，地质学家必须了解水和水循环。地面上的水流将砂、黏土和砾石等沉积为沉积岩。水也有强大的腐蚀作用，塑造和刻划着或软或硬的岩石。在土壤和多孔的岩石中还流淌着地下水。

水是在地球上唯一以三种物态（即固态、液态和气态）自然存在的物质，而一般物质通常以一种或两种物态自然存在。比如，通常发现的自然金都是固体，但在很高的温度（高于 1064.15 摄氏度）下它也会熔化，能以液体形式出现。不过，在地球表面找不到气态的黄金。它的沸点太高了（2856 摄氏度），除地壳之下，在自然状态下不可能达到这一温度。

液态水在 100 摄氏度时沸腾变为水蒸气

从水龙头中放出来的是液态水

在 0 摄氏度及以下，水会结成固态的冰

水的三种物态

水还有许多与众不同的性质。作为液体，它可以溶解许多坚硬的物质。它的沸点和熔点都比具有类似分子结构的物质（比如硒化氢和硫化氢，这是两种有毒的无色气体）的高得多。在凝固时，其他液体会收缩，密度变大，而水会膨胀，密度变小。如果不是这样，冰就不会浮在水面上。冰在水面上形成薄薄的一层，保护更深处的水不会结冰，而不是从水底开始结冰——在那样的水体中不会找到生命。

如果水结冰时密度没有变小，冰就会下沉而不是浮起来，那么在冰上居住的北极熊就会失去它们的浮冰岛，只能另寻他处安家了

水分子

如我们所见，许多物质都是由分子构成的。一个水分子由两个氢原子和一个氧原子构成，很强的共价键把它们束缚在一起。共价键是由于原子共享电子而形成的。这些原子连在一起变得更稳定，不会轻易分开。在水分子中，两种原子彼此连接得很紧，分开它们需要很多能量。

水分子的共价键如此之强，以至于它能够轻易地挤进其他物质的分子中，破坏它们脆弱的化学键。比如，我们将水和岩盐搅拌在一起后，水分子会打开岩盐分子中较弱的化学键，岩盐晶体中的原子（钠和氯）就分开了，因而岩盐晶体就溶解了。水很容易溶解其他化合物，以至于我们几乎找不到没有混合其他原子的纯净水。

水分子也容易与一些固体分子连接在一起。水能与玻璃、黏土以及其他含有氧原子的固体（吸引水中的氢原子，形成氢键）相结合。水杯上形成的水膜就是水分子与固体分子结合的例子。由于水与其他物质结合的能力，它还能克服重力，从而轻松地在毛细管（比如植物的导管）中向上运动，到达很高的位置。

植物的根、茎、叶里的导管是汲取水分的通道，水以水蒸气的
形式从叶面蒸发到空气中

这棵北美巨杉的高度超过90米，每天要从地
下吸收1000升水。这类大树中的毛细作用堪
比喷泉，能把水从地下送到高空

水是固态、液态还是气态，取决于温度。当水被冷却到 0 摄氏度以下时，其中的分子排列成晶体结构，就像中空的金字塔一样，由氢键连接在一起。这种开放的结构决定了水变冷时（温度低于 4 摄氏度）体积会膨胀，结冰时会占据更大的空间。温度越高，水分子越活跃。在冰点之上，氢键断开或移位，水分子的活动越来越自由，所以水变成了流动的液体。温度达到沸点（100 摄氏度）时，水分子之间的连接断裂，从而能够自由飘浮，变成气体，也就是水蒸气。

两个氢原子和一个氧原子连接在一起形成一个水分子

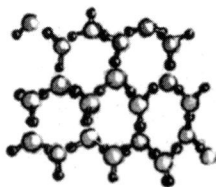

在 0 摄氏度及以下，水分子构成了冰。水分子之间由氢键连接，组成开放的金字塔结构

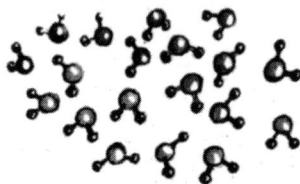

在冰点之上，水分子能够更自由地运动，表现为流动的液体

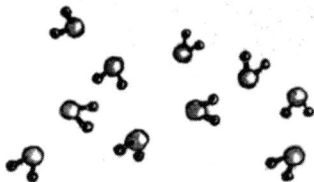

温度达到沸点（100 摄氏度）时，氢键断开，水分子可以像其他气体分子一样自由飘浮，形成水蒸气

水分子与水的三种物态

地表水

　　水降落到地面之后就变成了地表水，具有迅速改变地貌的能力。作为地表径流，水能够渗入土壤，也能冲倒植物。降雨能够引发洪水，从那些通常不太湿润、土质疏松的地方带走沉积物。在植被丰富的湿润地区，土壤被植物的根系固定住。土壤和植被能迅速吸收地表径流，因此水位上升和下降都更慢。但在沙漠地区，植被稀少，土壤暴露在外，强降雨会导致洪水暴发，出现急速的地表径流，干涸的河床被侵蚀而形成沟槽，地貌改变迅速。

　　湖泊、河流和溪流中包含的地表水正在返回海洋的路上。这些水体是最常见的运动水体，也是径流的承载者。不过大部分径流会渗入地下，通过土壤和岩石中的微小空隙的过滤，形成地下水。地球上可利用的淡水资源主要以地下水的形式存在。

凝结： 空气中不能容纳所有蒸发来的水，所以水蒸气会变为液态水

降水： 水滴越来越多，越来越重，无法继续飘浮在空中，从而以雨、雪或冰雹等形式降落到地面上

蒸发： 阳光温暖了水面，使水分子间的氢键断裂，液态水变成水蒸气

径流： 液态水在地面和地下流动，最终又回到海洋中，开始新一轮的循环

水循环

地下水

　　最初科学家认为地下水是在地下的河流和通道中流淌的。古希腊哲学家柏拉图（前 427—前 347）从事教育工作，他认为海水流到地下后进入一条大河（称为冥河）。在冥河流淌的过程中，其中的咸水转变成了淡水，然后回到地面。

　　今天，我们知道地下水确实是在地下流淌，但并不是大河，也不会进入海洋之下的大峡谷。地下水实际上是在砂、土壤中的砾石以及岩石之间流动的。水的流动速度由土壤、岩石颗粒之间的空隙大小决定：如果空隙较小，水流动得就很慢；如果空隙较大，水流动得就快。允许水从中流过的岩石叫作透水岩。地下水在透水岩中的流动迅速，一天可达 10 米。

砾石颗粒之间的空隙较大，水能快速通过

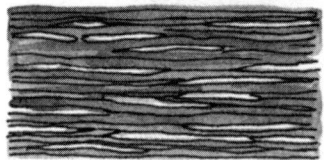

水在页岩中几乎不流动，因为页岩中存水的空隙互不相连

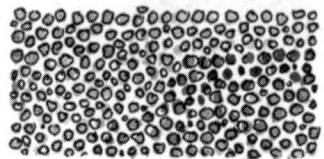

水能在砂中流动，但速度缓慢，因为砂之间的空隙很小

地下水在砾石、砂和页岩中流动的速度不同，因为其中的空隙大小不同，空隙的连接情况也不同

一旦地表水渗入土壤和岩石，它就会向下流到饱和带岩层。这里的透水岩中所有的空隙都已经饱和，被地下水充满。饱和带的顶部称为潜水层，它可能靠近地面，也可能位于地下深处。在潜水层位置较高的地方，地表可能形成湖泊和溪流。潜水层穿过地面或峭壁上的裂缝时，会以泉水的形式流出。

水一直向地下渗透，直到遇到无法进入的岩床。这些不透水的岩石形成屏障，迫使水水平流动，因为水无法继续向下流动。然后，水向着拉力最强的方向流动，比如向着泉眼、通向地面的井或者河床方向流动。

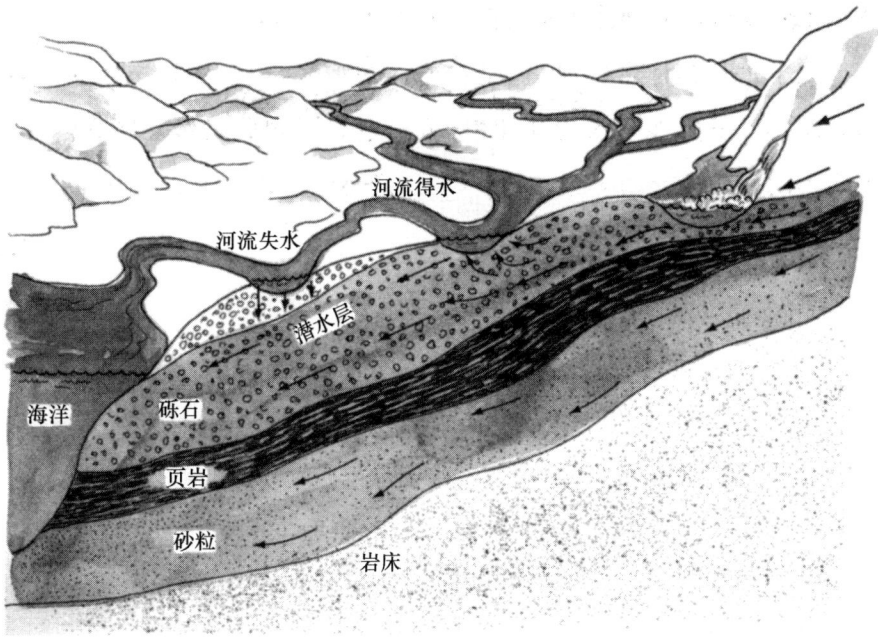

地下水的三种流向：由于水压不同，河流从潜水层获得补给，或者河水渗入潜水层，或者潜水层中的水流进海洋

和其他水一样，地下水也是水循环的一部分。水从海洋来到空中、陆地，再回到海洋中。虽然地下水运动缓慢，但经过岩层之后仍然会回到海洋中，然后再次开始伟大的旅程——蒸发、凝聚、降水、径流。

做一做

观察表面张力

你需要的器材

硬币

滴管（或眼药水瓶）

玻璃杯

水

缝衣针

回形针

洗衣粉

笔记本

在玻璃杯、湖泊和河流中，水的表面都有一层水膜。你可以通过几个简单的实验观察到水膜。

往玻璃杯中装水，直到水与杯口齐平，但不要溢出。轻轻地把一枚一枚回形针放进水里，不要让水溅出来，也不要扰动水面。观察水面，它仍然是水平的吗？什么时候水会溢出来？在你的笔记本上记下观察结果。

现在，把一枚硬币放在桌子上，猜一猜在硬币上滴多少滴水之后水才会溢出来。把你的猜测写在你的笔记本上。用滴管（或眼药水瓶）将水轻轻地滴在硬币上，观察发生的现象。你看到水面形成水膜的证据了吗？在你的笔记本上记录和描绘实验结果。

接下来，让玻璃杯中的水面略低于杯口，小心地将缝衣针放在水面上。在你的笔记本上描绘缝衣针漂浮的情形。要知道缝衣针是用钢制成的，它要比相同体积的水重得多。往玻璃杯里撒上一小撮洗衣粉，看看会发生什么。

　　说明： 水分子之间的吸引力称为内聚力。由于内聚力，水可以形成形状独特的水滴。由于内聚力，水分子连接在一起，会在水面上形成一层水膜，此时水分子之间的作用力称为表面张力。我们随处可以看到表面张力存在的证据：厨房里水龙头上悬挂的水滴不会破碎，昆虫用脚撑在水面上而不会下沉，水滴在叶子或岩石表面聚集。洗衣粉能够扰乱水分子的内聚力，从而破坏表面张力。

　　对于岩石和土壤腐蚀来说，表面张力的存在是一种重要现象。每一个下落的雨滴都被水膜包裹着，它们的力量大到足以逐渐破坏岩石，让岩石慢慢消失。

观察毛细现象

你需要的器材

食用色素

显微镜载玻片

芹菜

玻璃杯

塑料尺

笔记本

用食用色素和芹菜的叶柄[1]就很容易验证毛细作用。

　　在玻璃杯里的水中混合几滴食用色素，再把两块显微镜载玻片紧紧贴在一起，仅把载玻片的一角浸入混合了色素的水中，看看会发生什么情况，发生的速度有多快。接下来，把芹菜的根剪掉，把叶柄放进水杯中。这个实验要持续几天，每天做记录，用塑料尺测量芹菜叶柄的变化，在观察记录中记下日期。

　　说明： 除了内聚力（分子间的吸引力），水还有一种黏附力。在这个实验

---

　　[1]　芹菜的茎短小，可食用的部分主要是巨大的叶柄。——译者注

的第一部分，玻璃杯中的水分子被载玻片中的分子吸引，所以它们接近并沿着两块载玻片之间的缝隙向上移动。这些水分子会吸引后面更多的水分子，这种拉拽作用称为毛细作用。这种作用会一直持续到水柱太高，水分子间的吸引力无法克服水柱的重力为止。这时水分子才停止向上运动。细管中的水比粗管中的水上升得更高，因为细管中的氢键只需要吸引较少的水分子，使其沿着细管上升。

水的毛细作用使其具有了能在狭小的空隙（比如芹菜叶柄中的导管，以及土壤和岩石中相互连通的缝隙）中流动的能力。

储存热量

你需要的器材

咖啡罐

水

土壤

厨用烤箱

温度计

笔记本

水能有效地储存热量，这个实验能证明这一点。

把你的烤箱预热到 65 摄氏度左右。如果你无法使用烤箱，阳光也能帮你加热。在一个咖啡罐中装入土壤，在另一个咖啡罐内装入水，然后把它们放进预热过的烤箱中，或者放在阳光下。静置几小时后，取出它们，并用温度计测量它们的温度。在冷却过程中，用温度计测量温度的变化，在笔记本上记录观察结果。哪一个冷却得快？是土壤还是水？

说明：在吸收热量的过程中，水的温度变化比较慢。如果你的手曾经被炉子上的锅把手烫过，而那时锅里的水还不是很热，那么你已经感受到了水温上升缓慢。

对水来说，反过来的过程也是如此。水冷却时释放的热量要比同样重量的大多数物质多。因此，水温的下降速度慢。

海水中存储的热量能够加热吹向内陆的空气，因此从海上吹来的风比较温暖。大型湖泊也能储存热量。

浮冰

你需要的器材

冰块

玻璃杯

笔记本

固态水（也就是冰）的密度比液态水要小。在这个实验中，你可以观察到水的这种性质。

把冰块放进玻璃杯中，然后添加水，水要尽量满，但不要溢出来。这时，冰会浮在水面上。画下你看到的情形，想象一下这些冰块就是微型海洋中的微型冰山。浮起来的冰块有多少？在水面之上可见的冰块又有多少？

观察冰块融化时发生的变化。水和冰块加起来的体积比玻璃杯的容积大，因此有人认为随着冰块融化成水，水会溢出玻璃杯。会发生这样的情况吗？记下你的观察结果。

说明： 同样重量的冰的体积比水的体积要大 10% 左右，所以冰比水轻，能够浮在水面上。在冻融循环中，水结冰时体积增大是岩石被侵蚀的一种重要机制。认真观察浮冰有助于学习下一章即将讨论的大陆和大洋地壳的均衡原理。

想一想

饮用水。含水层中的水很容易流进井或泉中。在美国，面积超过一半的地表下面都发现了含水层。许多人依靠含水层中的水生活。美国大约有8万个社区供水系统和1200万口水井提供饮用水，很多大城市也将地下水作为饮用水。

含水层中的水的质量很好，上方层叠的岩石和土壤阻挡了大多数污染物，因此地下水是一种重要的自然资源。在干旱时期，含水层的水位下降，有些井会干涸。在一些快速扩张的城市中，越来越多的地下水被从含水层中汲取出来，含水层中的水无法从流动缓慢的地下水中及时得到补充，因此含水层的水位下降得很快，以至于上方的地面发生了沉降。比如，内华达州的拉斯维加斯曾经扩张得太快，地下水的大量使用引起周围峡谷地面的沉降，有些地方的沉降幅度达到了1.5米。

地下水的污染。虽然地下水可以比地表水得到更好的保护，阻止来自污染源的危害，但我们现在知道地下水也能被污染。对地下水的最大威胁之一就是垃圾填埋场。我们一度认为任何东西都能够随便扔进垃圾填埋场，如汽油桶、油漆桶、喷雾剂罐、动物尸体和脏尿布等。现在我们知道，来自这些废弃物的污染物并不会仅仅停留在它们被抛弃的地方，它们也会渗入土壤进入地下水中。因此，各种各样的污染物已经进入含水层，特别是在严重污染的地区及其附近。

一旦地下水不再纯净，我们就很难将污染物处理干净，因为污染物通常黏附在土壤中。水文地质学家（即研究地下水及相关岩石的地质学家）打下钻孔设置测视井来对地下水进行取样，检测污染物。虽然清理被污染的含水层耗资巨大，但那些会导致人和动物出现严重健康问题的污染物必须被除掉。那些在垃圾填埋场中发现的污染物必须被清除，其他污染物也不能进入地下水。

漫长的等待。当雨水渗入土壤并成为地下水时，它可能会多年甚至数千年不再进入活跃的水循环系统，不过它不会永远脱离水循环系统，现在被困在地下深处的数百年前落下的雨水最终也会找到返回的途径。平均来说，一个水分子会在大气层中停留 9 天，在河流中停留 14 天，在湖泊里停留 10 年，在地下水中停留几十年到几百年，在海洋中停留 3000 年。北极冰冠中的一个水分子可能会脱离水循环系统 10000 年。地球上约 2% 的水储存在冰川（包括冰盖）里，形成流动的冰层。

100 万年前，在被称为冰期的较寒冷的时期，地球上有更多的水被储存在冰雪中。冰川覆盖了北美大陆的一半，磨秃了群山，凿出了巨大的湖盆。随着地球上越来越多的水凝固成冰，海平面下降，大陆的面积扩大。英吉利海峡之下的浅层陆地暴露出来，将英格兰与欧洲大陆相连。亚洲和阿拉斯加被一座大陆桥相连。科学家认为这样的寒冷时期以前也出现过，至少还存在两个更早的冰期。

最终，这个星球再次变暖，多数冰川融化，把更多的液态水释放回水循环系统。但是，没有人能确定我们的这个星球是否仍在变暖，是否会导致严重的全球性问题，我们是否将会迎来又一个冰期。

读一读

Boris Arnov. *Water: Experiments to Understand It.* New York: Lothrop, Lee & Shepard Books, 1980.

《水：通过实验来理解》一书通过实验对水的多种行为和性质进行了说明。

Luna Leopold, Kenneth S. Davis, and the editors of Time-Life Books. *Water.* Alexandria, VA: Time-Life Books, 1980.

《水》一书讲述了水在各种状态下的性质和用途，非常出色。

National Geographic Society. *Water: The Power, Promise, and Turmoil of North America's Fresh Water.* Washington, D C: National Geographic Society, 1993.

《水：它的威力、前景和北美淡水危机》带领读者跨越北美地区了解水的使用，特别是滥用。

Marc Reisner. *Cadillac Desert: The American West and Its Disppearing Water.* New York: Viking Penguin, 1987.

《凯迪拉克沙漠：美国西部和消失的水》是一本关于美国西部地下水和地表水资源的必读之书。

看一看

Down the Drain. Children's Television Workshop, 1991.

《冲入下水道》是一部关于水循环的出色而又有趣的影片。

Eureka! TVOntario, 1981.

《我发现啦！》是介绍包括水在内的物质的运动特征的系列动画节目，每集时长为 5 分钟。

Water Cycle: Go with the Flow. Children's Television Workshop, 1991.

《水循环：跟着水流走》这部影片用实验展示了水在循环过程中是如何被净化的。

第八章　大陆：拼图碎片

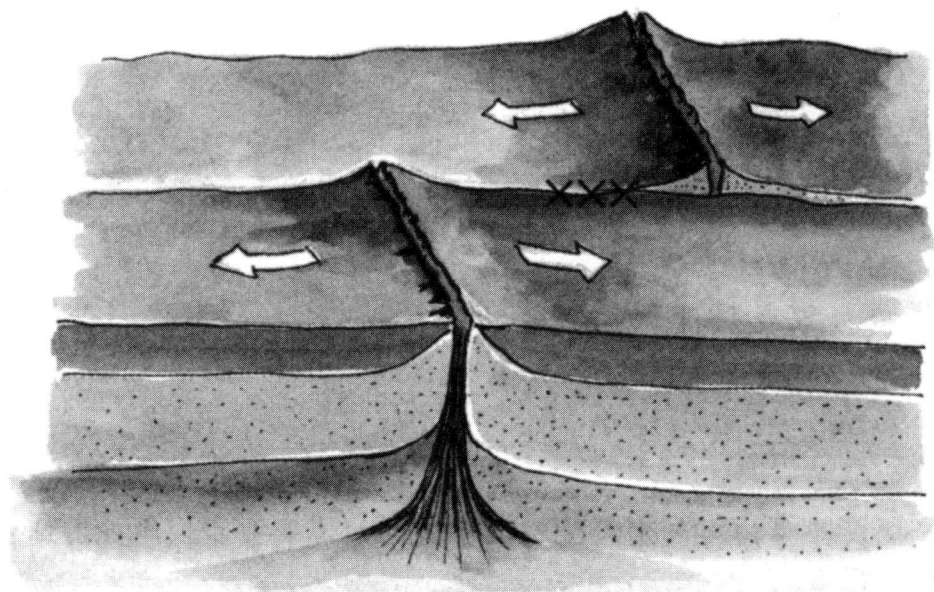

大陆漂移说的提出

现代科学家或多或少都同意地球表面是由若干地壳板块组成的，这些板块镶嵌在呈半熔融状态的上地幔之上。大多数科学家还认为这些板块在运动，自从约 40 亿年前它们开始形成以来一直如此。不过，关于板块和大陆运动的认识取得一致意见是非常近的事情。在 20 世纪 60 年代末期"板块构造学"这个名词加入地质学家的词典之前，关于地球上大陆的产生和过去的形态发生过非常激烈的争论。科学家如何逐渐接受大陆运动这一言之有理的地质学理论，是科学史上最令人着迷的故事之一，也是关于科学思维独立的重要一课。

大陆运动理论最早可以追溯到 1858 年，当时作家安东尼奥·斯奈德－佩利格里尼试图解释为什么同一个动物物种的化石会在相距遥远的不同大陆上出现，提出世界上所有的大陆一度连合成一个单独的超级大陆。现代不同种类的动植物生活在不同的大陆上，没有人料到各个大陆上的许多动植物化石竟然是一样的。安东尼奥注意到，化石的一致性可以用各个大陆类似拼图碎片来解释。他猜想非洲和南美洲一度沿着形状一致的海岸线连合在一起，某些物种发展起来并分布在这块陆地上，后来这两个大洲才分开。这样，他成为已知第一个发表大陆在地球表面存在大规模运动的假说的人。他还提出，《圣经》中记载的挪亚大洪水导致了原始大陆的分裂，这个画蛇添足的想法很不受欢迎，甚至还令他的理论中有价值的方面也一起变得声名狼藉。

1885 年，奥地利地质学家爱德华·聚斯提出一种理论。他认为南半球的大陆一度组成一块更大的陆地，称为冈瓦纳古陆；北半球的大陆也曾经连合成一个更大的整体，称为劳亚古陆。聚斯是基于化石证据得出这些结论的，他注意到在南美洲南部和南非都出土了一种生活在 2.7 亿年前的爬行动物中龙，蕨类植物舌羊齿的化石在印度和澳大利亚等地都有发现。但是，在聚斯所在的时代，流行的理论认为曾经有陆桥连接着这些大陆，后来由于地球变冷收缩，陆桥沉入了大洋之中（"陆桥说"）。聚斯关于大陆曾经紧密相连的观点获得支持的一个重要原因是，人们在海床上搜寻下沉的陆桥，结果一无所获。

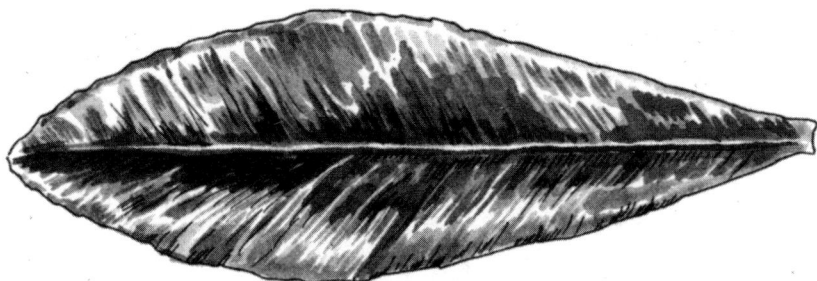

原始蕨类植物舌羊齿的化石在南美洲、非洲、印度和澳大利亚被发现

1908 年，美国地质学家弗兰克·泰勒再次提出，不应该认为存在已下沉的陆桥来连接分离的大陆，大陆必定存在水平方向的运动。他说明了雄伟的山脉会由于大陆之间的缓慢碰撞而形成，甚至指出南美洲和非洲之间当时已知的洋底山脉组成的山系就是大陆之间分裂或分离的区域。泰勒把这条山脉称为大西洋中脊。虽然泰勒走上了正确的道路，也收集了很好的证据，但他的理论仍被同时代的人们忽略或抵制，他们仍然相信大陆的位置不随时间而变化。

1912 年，德国气象学家阿尔弗雷德·魏格纳发表了公开演讲《地质轮廓（大陆与海洋）的生成》，他经过深思熟虑提出了一种新的地质学图景。魏格纳是一位受人尊敬的科学家，但对地质学界来说是个局外人。他观察了与岩石、化石和气候相关的证据，提出诸大陆曾经是唯一的古大陆的一部分。他称这个古大陆为"Pangaea"（联合古陆，意思是"所有的土地"）。虽然当时流行的科学观念仍支持陆桥沉降的想法，但魏格纳追随泰勒提出了大陆由于漂移而分开，并且还在继续漂移，并于 1915 年出版了《海陆的起源》一书，总结他的理论。虽然他的理论在他的有生之年总是受到嘲笑，但他仍坚持，并且忍受了数不清的恶意攻击。幸运的是，他在其他领域（如气象学）的成功挽救了他的名声。1930 年，他在前往格陵兰的科学考察途中去世，人们对他的书面致辞大部分忽略了他的大陆漂移理论。对于他的成功的职业来说，这可能是一种奇怪的遭遇。不过，后来他对地质学的贡献使他身后不朽，他被称为"大陆漂移理论之父"。

1.35 亿年前

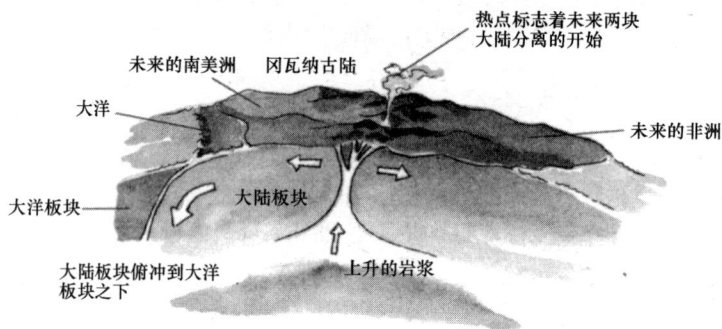

随着岩浆继续上涌，地壳进一步被削弱并破碎，裂谷打开，被分开的地壳产生滑动沉降，形成了中央裂谷。地壳的其他部分被抬升而形成山脉

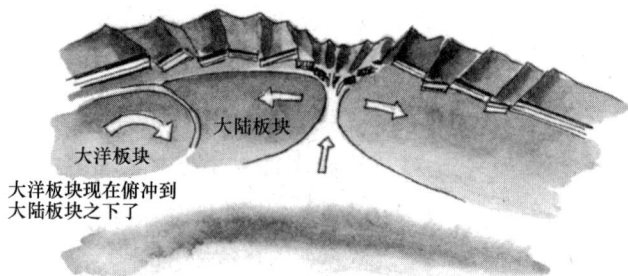

开放的大西洋的海水涌入并填补两个板块之间的裂谷。洋底继续扩张，每年裂谷加宽约 5 厘米

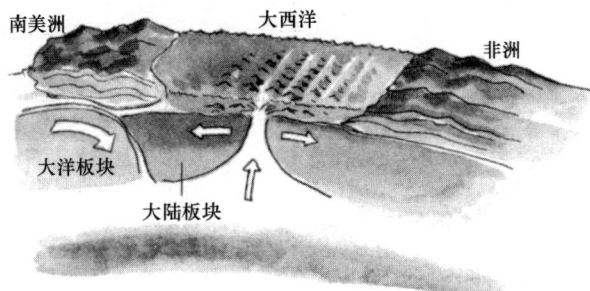

地质学家弗兰克·泰勒提出，南美洲和非洲之间的洋底山系就是两个大陆分开的位置。上图描述了我们今天对这两个大陆分裂的理解

大陆漂移的证据

魏格纳能够坚持他的理论，直面来自其他科学家的强烈反对，部分原因是否定在古大陆之间存在陆桥的证据越来越多。大陆地壳的密度被证明比大洋地壳的密度要小得多，这就使大陆沉入海底的设想不可能实现。较轻的地壳岩石漂浮在密度更大的地幔之上，就像冰山漂浮在海水里。魏格纳认为就像冰山不会沉没而会裂开一样，大陆也会发生同样的情况。

魏格纳还指出了一个事实：山脉在全球范围内并不是均匀分布的。如果全球冷却收缩产生山脉的理论是正确的，那么山脉的分布就应该是均匀的。与之不同的是，漫长而蜿蜒的山系在大陆边缘更常见。魏格纳认为这些山系的形成缘于漂移的大陆之间的碰撞，碰撞时遇到极大的阻力，地壳发生了折叠，但他无法为大陆漂移找到一个有说服力的动力机制。多年之后，全世界的学者协力揭开了这个谜，其中有来自各个领域（如地质年代学、古气候学和古地磁学）的证据。

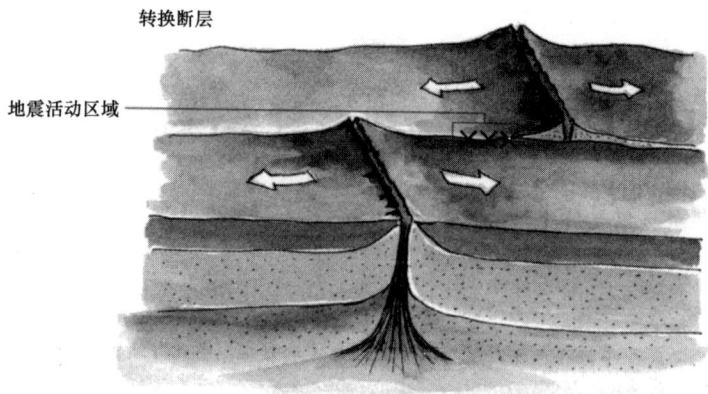

魏格纳没有找到驱动大陆在全球运动的有说服力的机制。直到 1959 年，加拿大地球物理学家约翰·图佐·威尔逊在评论这种缺失的机制时还认为大陆漂移概念是"没有原因，也不实用的理论"。但到了 1965 年，威尔逊本人对沿着大洋中脊的转换断层的解释成为大陆漂移最有说服力的证据之一。如上图所示，转换断层是沿着大洋中脊线的片段偏移所形成的。这种片段之间的断裂走向垂直于主脊，位于主脊的某一侧，范围达数百千米。多年以来，科学家认为这些数百千米长的断裂是侧向断层的延伸，片段是由沿着断层方向的地壳运动造成的。不过，威尔逊注意到，并不是在断裂处的每个地方都会发生地震，而是只在地壳发生相对运动的大片区域才会发生地震

地质年代学。对大陆漂移理论强有力的支持来自南非地质学家亚历山大·杜托伊特，他对非洲和南美洲的岩石都非常熟悉。20 世纪 20 年代，他发现大西洋两侧类似的岩层序列中的动植物化石是一样的。那时的科学家已经明确几千米宽的水带就能够阻止多样而有序的生物群落的扩展。杜托伊特注意到南非的开普山和阿根廷的谢拉山的地质年代（即岩石的时间序列）都是一样的。在此之后，许多科学家在加拿大东部、苏格兰和挪威的山脉中发现了类似的现象。不仅地层的类型和年龄相同，而且两边大陆的沉积次序完全相同。

非洲、南美洲、澳大利亚、亚洲和南极洲的冰川沉积层表明，这 5 块大陆在 2.7 亿年前的古生代晚期都被冰原覆盖。对于沉积层中的冰川条纹和冰碛土的观察表明，如果这些大陆在古生代处于今天的排列位置，那么冰川的运动将

会朝向两极，远离赤道，而且冰原将会覆盖赤道地区的大陆，但这在气候学上是不可能的。由于地球相对于太阳的朝向，这种大规模的冰川在接收很少太阳辐射的两极是可能出现的，但在接收大量太阳辐射的赤道地区是不可能出现的。在南极附近把这些大陆组成一块南方古陆很容易解释两个现象：一是冰川的运动轨迹从冰川中心呈放射状向四周散布，就像今天的大陆冰川一样；二是那时冰川在南极覆盖了一整块古大陆。

古气候学。通过研究各大陆赤道地区与冰川有关的证据，科学家认识到地球气候并不是由于极地原因而发生过剧烈的变化，他们开始相信大陆确实曾经漂移过。其他气候学线索包括在北极附近采集到的岩石序列中有珊瑚礁（温暖浅海的指示物）和煤炭沉积物（沼泽环境的指示物），表示大陆以前并不在这里。北极某些区域的岩石序列中也包含盐的沉积物，表明如今全年冰封的陆地曾经是沙漠。

古地磁学。由于行星自转的发电机效应及其他因素，地球拥有自身的磁场，磁极接近南北极。古地磁学研究地球古代磁场的变化，提供了支持大陆漂移的最强有力的证据之一。地球磁场偶尔也会反转，反转间隔为1600～21000年不等。在铁元素含量丰富的矿物中，分子在结晶时的排列方向会平行于当时的地球磁场方向，从而直接记录下岩石形成时的古地磁信息。地磁仪这种灵敏的磁场记录设备能够读取这些信息，判断地球磁极的位置。

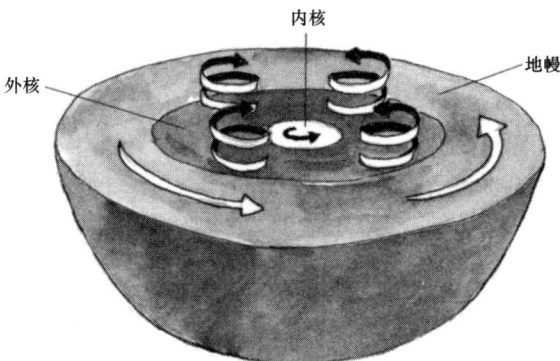

地球自转和热量对流在地核中共同产生了熔融物质的涡旋。非常类似于导线中的电流在导线周围产生磁场，地球内部的涡旋也产生了磁场

20 世纪 60 年代，跨越大西洋反复进行的地磁仪测量显示，洋底的地壳分成许多条带且平行于大洋中脊。这些条带中有许多铁元素含量丰富的矿物，如果某个条带中的矿物磁性的取向为北向，则相邻条带中含铁矿物磁性的取向为南向，这样的条带根据磁性的改变很容易区分。这些总是交错分布的条带中储存着沿大西洋中脊涌上来的玄武岩浆冷却时记录下的地球磁场的信息，随着新的玄武岩浆涌出地壳，旧地壳被推着逐渐远离大洋中脊。当地球磁场的方向颠倒时（原来的北磁极变成了现在的南磁极），新的玄武岩就记录下了颠倒之后的磁场方向，因此洋底地壳的磁性条带为大洋中脊的扩张提供了很好的证据。

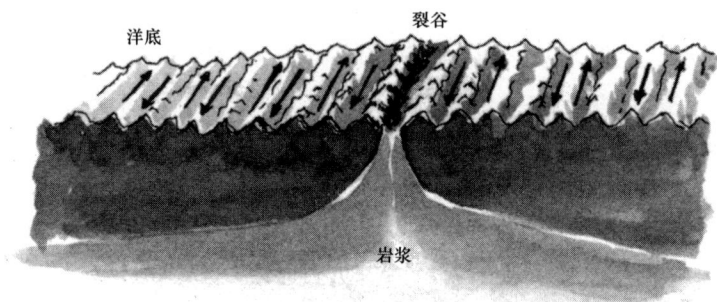

洋底   裂谷

岩浆

远古的地球磁场方向的反转被记录在含铁矿物丰富的大洋地壳中，在大洋中脊两侧形成磁性相反的地壳条带的交错分布

地磁仪也能测量磁场方向相对于水平方向的倾角。20 世纪 50 年代，对英格兰的古老岩石的磁性的研究表明，含铁矿物的磁性取向是向北倾斜 30 度。今天英格兰同一地点的含铁矿物的磁性取向是向北倾斜 65 度。北极位于北纬 90 度，赤道的纬度是 0 度，南极位于南纬 90 度。因此，唯一合乎逻辑的结论是，当时英格兰的位置肯定比今天更靠南。

另一块令人感兴趣的证据碎片是，在印度架设的地磁仪发现了磁性取向为向南倾斜 64 度的岩石，其年龄为 1.5 亿年；也有岩石的磁性取向为向南倾斜 26 度，其年龄为 5000 万年。更为年轻的岩石的年龄为 2500 万年，磁性取向为向北倾斜 17 度。显然，印度曾经位于南半球，在距今 2.5 亿年至 5000 万年间穿过了赤道，到达了今天所在的位置，成为亚洲的一部分。

大陆漂移理论的反对者曾试图消除强有力的古地磁证据，提出以地球磁极本身大幅摆动取而代之，这样在英格兰和印度发现的记录不同地磁信息的岩石就不必离开今天的位置。假如这是正确的，在过去的 100 万年中，北极就得摆动 21000 米，这条曲线路径就得沿着北美洲西部，跨越太平洋和北亚，最终到达北冰洋。北美洲和欧亚大陆的地磁仪读数证明，极移[1]经过每块大陆的方向都是相反的。当科学家通过假设把两块大陆连接起来时，曲线路径重合，从而为远古大陆的存在提供了一份强有力的证据。

历史上的板块运动

今天的科学家认为在魏格纳所说的联合古陆之前至少存在过一块远古大陆。20 世纪 60 年代，在加拿大的阿巴拉契亚山中工作的地质学家注意到存在一种蛇绿岩，它像玄武岩一样是巨大的火成岩，其中的特殊成分和结构表明它们曾经是大洋地壳的一部分，由于板块碰撞而被推到了大陆地壳上。由于加拿大的蛇绿岩是古生代的，地质学家猜测他们正在研究的岩石是在联合古陆出现之前的一次板块碰撞中形成的。通过研究蛇绿岩，加拿大地质学家约翰·图佐·威尔逊提出疑问："大西洋曾经打开、闭合，此后再次打开过吗？"其他地质学家也思考了同样的问题，汇总的证据表明存在下述大陆运动。

前寒武纪大陆。地质学证据表明，在地球历史上，大西洋和其他大洋确实沿着裂谷带打开了不止一次，大陆也曾经大幅度漂移。在地球历史最初的 20 亿年里，地球内部的热流的规模比今天要大 3 倍，地幔物质的流动极端混乱，地表隆起十分剧烈，地壳比今天的更薄，也更不稳定。那时，花岗岩组成的大陆地壳散落成小块的"岩石山"镶嵌在玄武岩构成的大洋地壳之中。

大约 40 亿年前，还只有很少的大陆地壳形成，这时花岗岩地壳的碎片组合

---

[1] 极移是指地球自转轴相对于地球本体的位置变化。——译者注

为较大的个体，其成分为经过改变的花岗岩、经过变质的水成沉积岩以及熔岩流，总称为基岩。这些基岩形成了世界上所有大陆的核心，也叫作克拉通（稳定地块）。那时，克拉通是很小的独立的古大陆，移动得非常快，在地球表面快速穿行，有时还会发生碰撞。距今约 20 亿年前，地壳运动显著，这些花岗岩地壳碎片相互碰撞之后会连合在一起，而不再破碎和四处漂移。20 亿年前的北美洲等大陆成功地在其克拉通边缘累积起了更多的地壳，逐渐壮大。克拉通仍然是形成这些大陆的核心，这时暴露出来的是基岩广阔而低洼的暴露面，称为地盾。加拿大地盾是一个广为人知的地盾，它是组成北美克拉通的 7 块大陆碎片之一。

向上运动的地幔物质导致大洋地壳上的岛屿升起　　　　**在下沉的地幔物质之上形成了大陆地壳**

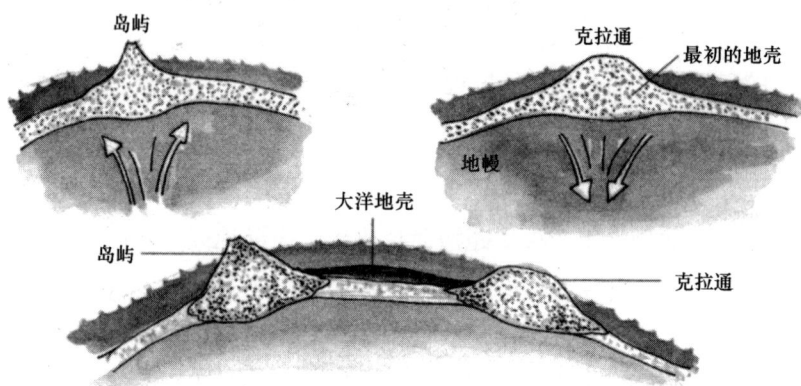

反复熔融导致地壳类型分化为大洋地壳和大陆地壳

约 7.5 亿年前，各大陆已经达到了目前的大小，它们组成了唯一的大陆。这个已知最早的大陆可能位于地球的南极或北极，因为其上出现了大规模的冰川。

古生代大陆。距今 7.5 亿年到 5.5 亿年间，远古大陆破裂了。3.2 亿年前，古陆的碎片重新组成了两块大陆：冈瓦纳古陆和劳亚古陆。劳亚古陆位于北半球，包括今天的北美洲、格陵兰、欧洲和亚洲等多块陆地。南半球的冈瓦纳古陆包括今天的非洲、南美洲、澳大利亚、南极洲和印度次大陆。后来，印度次大陆从中分离，向北漂移至南亚。印度次大陆与亚洲大陆的碰撞迫使地壳抬升，形成了喜马拉雅山。

　　冈瓦纳古陆和劳亚古陆由被称为古特提斯海的巨大海洋分开。到了 2.5 亿前古生代结束时，冈瓦纳古陆和劳亚古陆连合形成超级大陆，叫作联合古陆（或泛大陆），它从地球的一极延伸到另一极。地球的其余部分被巨大的海洋覆盖，这个大洋叫作泛大洋。由于板块运动，古特提斯海逐渐闭合，冈瓦纳古陆和劳亚古陆的挤压导致洋底抬升，其中累积的沉积岩形成了北美洲的沃希托山、阿巴拉契亚山，以及南欧的海西山。它们都被认为是古老的山系，其中都包含蛇绿岩，就像 20 世纪 60 年代在加拿大发现的那些，是猛烈的板块碰撞形成横跨泛大洋的山系的证据。

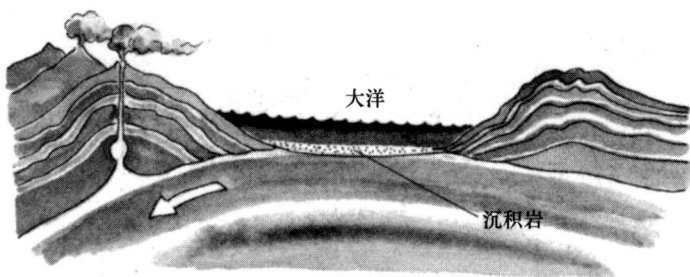

在大陆运动的过程中，随着洋盆逐渐闭合，大洋地壳下降到大陆地壳之下。在占据优势的板块上，岩浆上涌形成火山

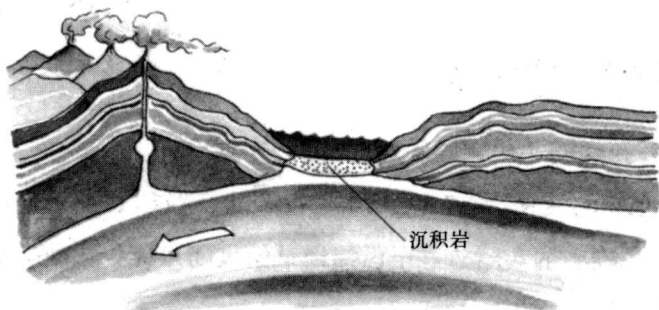

大洋继续变窄，大洋地壳加速下降，同时伴随着的火山和地震活动增强

大洋闭合，大陆板块之间发生碰撞。大洋地壳解体，沉积岩填塞在了两块大陆之间

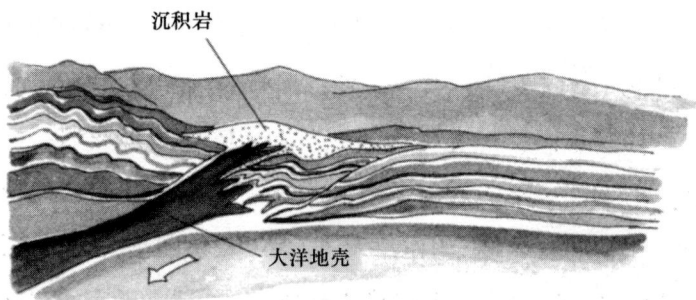

两块大陆合而为一

中生代大陆。2.5亿年前到6600万年前的中生代见证了各大陆分裂并朝今天所在的位置漂移的过程。这一时期活跃的构造活动伴随着大量的火山活动，并沉积出了今天欧洲和北美洲大量的红色沉积岩，比如在科罗拉多高原上发现的那些沉积物。北美洲和南美洲已经分别独立出来，后来伴随着今天大西洋的打开，它们一起离开欧洲和非洲向西移动。到6600万年前白垩纪结束时，北美洲和欧洲仅由通过格陵兰的一座陆桥相连。南美洲和非洲已经被宽度超过1600千米的大洋隔开了，阿拉斯加和亚洲之间的白令海峡变得狭窄。印度板块仍在向北漂移，接近亚洲；非洲同南极洲和澳大利亚也分开了。

新生代大陆。与板块碰撞和运动有关的强烈火山活动一直持续到地质学上的现代时期，即新生代。随着各大陆几乎到达它们今天所在的位置，构造作用继续驱动地势构造，形成了今天我们所见到的地质特征。从墨西哥延伸到加拿大的落基山是在距今 8000 万年到 4000 万年间抬升的，美国西部的盆地和山区也发育出来，一系列南北走向的山脉形成并被山谷隔开。由于加利福尼亚湾和红海的打开，墨西哥半岛和阿拉伯半岛从大陆上分裂出去，形成半岛。南极洲和澳大利亚与南美洲分开，之前这两块大陆由狭窄的陆桥相连，如今也分开了。南极洲向南运动到了南极，在那里形成了厚厚的冰盖，澳大利亚向东北方向移动到了太平洋中。

尽管没有人类目击联合古陆时代的板块运动，甚至连澳大利亚与南极洲的分离也没有人看到，但我们相信今天我们正在观察这些现象——从洋底取出的岩芯中新形成的裂陷岩材料、在大陆边缘发生的地壳活动和火山活动、在地球深处驱动板块运动的压力释放所导致的地震活动。大陆漂移依然是一种理论，但这种理论最符合来自全世界的、不断增加的地质学证据。我们仅有岩石可以研究，证据仍在汇总之中，我们关于地球的知识还有些断层需要填补，但为理解地球历史而进行的研究是地质学研究中的大部分乐趣所在。

做一做

理解地壳均衡说

你需要的器材

25 厘米 ×35 厘米 ×5 厘米的玻璃烤盘

自来水

勺子

泡沫塑料

砂

笔记本

地壳均衡说是地质学上的一个有趣的原理，它指出各种不同大小和密度的板块就像海洋中的冰山一样会在下面的地幔中达到平衡状态。下面的实验将证明地壳均衡说。

在玻璃烤盘里盛上水，在水上放两块不同大小的泡沫塑料，然后在笔记本上描绘它们在一起漂浮的情形。将几勺砂放到其中一块泡沫塑料上，在笔记本上记录发生的变化。接下来把砂从这块泡沫塑料上移动到另一块泡沫塑料上，注意它们在水中的状态如何变化。你在各个步骤中绘制的草图不仅有助于观察，还能够回答有关地壳均衡的问题。

说明：地壳均衡说认为地壳"漂浮"在密度更大的物质上，保持平衡状态。地壳达到均衡状态的部分原因是大陆板块、大洋板块与下面的地幔之间存在密度差。想象一下海洋中的冰山：冰山漂浮在水面上，它的大约 90% 的质量实际上处于水下，大约 10% 的质量处于水面之上，因为冰比海水略轻。与此类似，大陆板块高于大洋板块是因为大陆板块的密度略小。在大陆板块比较厚的地方（比如山区），大陆板块的根部也比较庞大，而且延伸至下面密度较大的物质之中。

在实验开始的时候，两个泡沫塑料"板块"的成分是类似的。你在其中一个上添加了砂，实际上相当于增加了它的高度，扩大了其根部。虽然没有砂的"板块"表面较低，但其根部也没有达到那么低的位置。当你均分砂，使两个"板块"重新达到平衡时，这种情形与地壳板块通过类似的调整达到平衡一样。

如果山区的沉积物由于侵蚀作用而被从山区搬走，沉降在相邻的浅海中，这两个地区就失去了平衡。山区地壳会缓慢上升，而海洋地壳会下沉，这样下面有弹性的地幔会进行调整，以适应新的条件。你用勺子重新分配砂的过程已经证实了这种侵蚀——重新沉降所带来的效应。接下来想一想，如果受到侵蚀之后大陆板块不上升，则会发生什么？如果大陆板块上形成庞大的冰川，它会进行什么样的均衡调整？冰川融化时又会发生什么？

创造对流

你需要的器材

电磁炉

平底锅

食用色素

水

烤箱手套

眼药水瓶

冰块

用打孔器加工的圆形小纸片

地幔驱动板块的热循环模式称为对流，这个过程很容易用水和食用色素来演示。

在平底锅中加入约 2.5 厘米深的水，然后把平底锅的左侧放在电磁炉上，右侧架在另一口锅或木块上。要确保在电磁炉周围留出足够的空间，以防发生火灾。把装有冰块的袋子放在平底锅右侧的外面并贴紧。这样，平底锅就是一半热一半冷，所以你一定要戴上烤箱手套。眼药水瓶用来装食用色素，其中一个为蓝色，另一个为红色。在冷的那一侧的水里滴上 3 滴蓝色色素，在热的那一侧的水里滴上 3 滴红色色素，观察水的颜色会如何变化，水流到达锅边之后会如何运动。小心地把圆形小纸片撒到水面上，观察它们会去哪里，到达锅的边缘后又会怎样运动。

说明： 在这个实验里，水代表地幔，水流代表地幔中由于温差而形成的对流运动。圆形小纸片可以看作地壳板块，也就是较轻的物质，它们漂浮在较重的流动的物质之上。由于地幔中存在对流，地壳板块就在较重的地幔之上被推动了。水流到达锅的边缘时就会向下俯冲，形成循环模式。

想一想

世界上发掘恐龙化石最多的区域之一是跨越中国和蒙古国的大戈壁，其面积达 129.5 万平方千米，大部分是无人居住的干旱地区。20 世纪 20 年代，由罗伊·查普曼·安德鲁斯带领的美国国家自然历史博物馆的探险队来到这里，队伍中的考古学家发掘出了已知的第一批恐龙蛋化石，以及其他此前未知的恐龙和史前哺乳动物的化石。安德鲁斯的这次成功的探险之旅是他最后一次来到这里，因为在此后的很长一段时间里，蒙古国拒绝美国的科考队进入。在安德鲁斯之后，苏联、波兰和蒙古国的考察队也来到这里发掘恐龙化石，但这些科考队根本不可能挖遍这一地区的化石点，因为那里实在太大了，也太不适合旅行。

正因为那里与世隔绝，所以那里仍有大量的恐龙化石富集地，这已经被20 世纪 90 年代初的一些国际考古学家组成的一支探险队证实。这些考古学家发掘出了新的化石类型，首次发现含有肉食恐龙胚胎的恐龙蛋化石，以及此前没有发现过的类似鸟类的恐龙的脆弱骨骼化石。

与世隔绝也影响了生活在那里的恐龙。正如我们已经讨论过的，提出大陆漂移理论的科学家注意到，在相隔遥远距离的不同大陆上发现的化石中有着类似种类的动植物化石。不过，对于那片大戈壁上的恐龙来说，物种的独特性（而不是相似性）才是大陆漂移的线索。由于大陆漂移，这一地区与世界上的其他大陆相隔甚远，那里的恐龙与人们在西方发现的恐龙存在着较大的差异。

读一读

Roy Chapman Andrews. *This Business of Exploring*. New York: G. P. Putnam's Sons, 1935.

《探险那些事》一书提供了关于大戈壁上的恐龙的进一步说明。

Jon Erickson. *Plate Tectonics: Unraveling the Mysteries of the Earth.* New York: Facts on Files, 1992.

《板块构造：揭开地球之谜》一书是"地球变迁"丛书之一，其内容涵盖了板块构造的大多数知识，行文和插图都很清晰。

Russell Miller and the editors of Time-Life Books. *Continents in Collision.* Alexandria, VA: Time-Life Books, 1982.

《碰撞中的大陆》是一本关于大陆漂移历史的图书，插图非常出色。

Michael Novacek. *Dinosaurs of the Flaming Cliffs.* New York: Dobleday, 1996.

《火焰崖的恐龙》是一本戈壁恐龙指南。

看一看

Earthquakes and Moving Continents. E. A. Video, 1991.

《地震和大陆运动》是美国地质调查所特藏图书馆收藏的视频资料，是针对六至八年级学生拍摄的。

Exotic Terrane. United States Geological Survey-United States Forest Service, 1992.

《奇异的景观》介绍了太平洋西北地区的地质史，展示了这部分地壳是如何跨越太平洋与北美大陆连合到一起的。

Geology. E. A. Video, 1991.

《地质学》也是美国地质调查所特藏图书馆收藏的视频资料，其中一个单元是面向四至六年级学生讲解板块构造。

Understanding: Magnetism. Assignment Discovery Series. Discovery Channel, 1996.

《理解地球磁场》属于探索发现系列。来自不同岩层的岩石样品表明地球磁场在过去发生过多次改变，今天的地磁排列已经持续了 70 万年。

第九章　地震：地球断层

1906 年 4 月 18 日，凌晨 5 点刚过，一场大地震把加利福尼亚州旧金山市的居民从酣睡中唤醒。根据官方记录，地面晃动仅仅持续了 67 秒，但就在这么短的时间里许多建筑物倒塌，供水管道被破坏，全城到处都在起火。在地面晃动的时候，建造在岩石上的建筑物的损坏程度比建在泥土地上的要轻一些，但在接下来的几天里，失控的大火又摧毁了那些在地震中幸存下来的建筑物。最后大火熄灭，建筑废墟清理完毕，死亡人数大约为 700，财产损失超过 4 亿美元。150 千米之外的城镇也损毁严重，附近的山上发生了严重的滑坡。

地震发生的原因

在 20 世纪的地震记录中，1906 年的旧金山大地震并不是规模最大和破坏程度最严重的地震，但有一件事使它显得特别重要：后来地质学家在这一地区进行了地质考察，标志着我们开始理解导致地震的自然力量。有史以来，有过许多大地震的记载，学者对地震有过很多描述和解释。但直到 1906 年，我们才认识到地震是由断层（地壳的裂缝）的滑动造成的。这一认识让科学家能够用新的眼光来看待地震：滑动能够测量，地震就能进行定量描述。

我们先了解一下北美海岸的一个主要断层，即圣安德烈斯断裂带。1906 年的地震后，约翰斯·霍普金斯大学的哈利·F. 里德进行研究时发现跨越断层的围墙和道路出现了错位。这个断层被认为代表一种普遍存在的垂直断层，它是由于太平洋板块和北美洲板块相遇而形成的。里德在地震前后进行的研究表明，断层附近的岩石已经断裂并发生错位。根据观测，里德提出了弹性回跳理论。这种理论认为岩石是有弹性的，经过形变或拉伸之后还能够恢复大小和形状。就像被压的弹簧一样，岩石中储存的机械能还可以被释放出来。当断层两侧的岩石受到不同方向的拉伸时，它们由于摩擦而无法运动，能量就会积聚起来。当能量积累到一定程度时，拉伸作用力就能克服摩擦，岩石就在最脆弱的点上破裂了。岩石也因此恢复到本来的平衡状态。就像弹簧一样，弹性回跳会以热量的形式释放能量，于是就发生了地震，产生了地震波。

1906 年旧金山大地震的证据。这道围墙位于加利福尼亚州雷斯角附近，跨越了圣安德烈斯断裂带，它发生了 2.5 米的错位

　　除弹性回跳之外，其他机制在地震中也会起作用。自里德以来开展的研究表明，沿着断层的某些地方，将断层两侧的岩石挤压在一起的力比岩石本身要强大得多。在这种情况下，破裂会发生在断层之外的其他地方。在某些情况下，断层移位发生在地震之后。地质学家一致认为，断层确实存在，断层运动是伴随地震发生的。两大地块相遇，在地表形成接缝（如圣安德烈斯断裂带），沿着这样的断层发生的地震叫作构造地震。这是最大型也是最具毁灭性的地震。

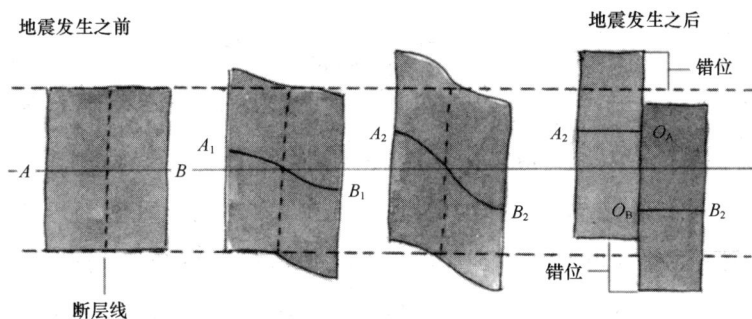

地震发生之前　　　　　　　　　　　　　　　　　地震发生之后

错位

断层线

错位

地震发生之前位于初期断层两侧的岩石

沿着断层线，岩石受到相反方向的拉伸，发生扭曲，但还没有沿着断层线发生滑动

能量在发生形变的岩石内积聚，岩石仍未发生断层运动

能量释放，发生地震，导致岩石沿着断层线滑动。岩石恢复原来的大小和形状，但断层发生错位

断层的产生机制

隔断地壳岩石的断层

随着地块之间相对运动的发生，能量积聚

断层线

断层能量在地壳最脆弱的地方释放，地块回跳至新的位置

地壳的弹性回跳

地震的分布

就像火山一样，地震大多与两个板块相遇有关，倾向于呈明显的带状分布。全球大约 80% 的地震发生在太平洋板块的边缘，形成了环太平洋地震带（从南美洲的智利，沿着北美洲的西侧边缘，向北到阿留申群岛，再向西到日本，向南到菲律宾、印度尼西亚、新西兰和太平洋中的一些岛屿）。大约 15%的地震出现在另一条主要的地震带上，即地中海－跨亚洲地震带，从地中海地区开始，纵贯阿尔卑斯山和喜马拉雅山，包括西班牙、意大利、希腊和印度北部等。剩余 5% 的地震出现在这两条主要的地震带之外的区域。

地震记录

当岩石破裂并弹跳至新位置时，产生的震动会传至地面。震动产生的波有两种基本类型：纵波（压缩波）和横波（剪切波）。它们都是从震源（地震中心）产生的。地震波向外辐射时，其强度随着距离增加而减弱。

纵波也叫 P 波，其速度为 5.5 ～ 13.8 千米 / 秒。在地震中，人们首先感觉到的是纵波，这种震动迅猛。几秒钟之后，略慢一些的横波（也就是 S 波）到达地面，它的速度为 3.5 ～ 7.1 千米 / 秒，使地面和建筑物等像波浪一样摇摆晃动。地震研究机构（比如设立在科罗拉多州戈尔登市的美国国家地震信息中心）使用地震仪记录到达地面的地震波。地震仪由摆锤和记录装置（如由时钟控制的图纸辊筒）组成。摆锤与深埋在岩床上的支架连接，可以自由摆动，能够感受到地震波的运动。地震仪的其余部分都是固定的。当地壳没有移动时，地震仪记录的是一条直线。当地震波来到时，它们就以波浪线的形式被地震仪记录下来。通过比较 P 波和 S 波到达的时间差，地质学家就能测出震中的距离。

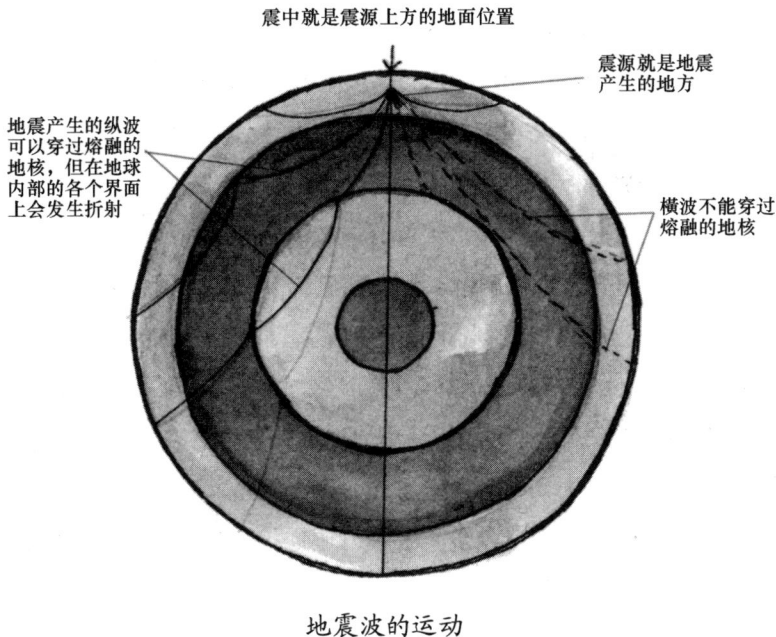

震中就是震源上方的地面位置

震源就是地震产生的地方

地震产生的纵波可以穿过熔融的地核，但在地球内部的各个界面上会发生折射

横波不能穿过熔融的地核

地震波的运动

测量地震

地震的规模可以用两个参数进行测量，那就是震级和烈度。

震级。震级衡量的是一次地震中释放的能量的多少。有时能量释放得迅速而猛烈，大部分断层的滑动只持续几秒；有时能量释放得缓慢而温和，部分断层的蠕变会持续多年，从未产生高强度形变。在地震仪上，地震释放的能量以里氏震级表示，这是 20 世纪三四十年代由加州理工学院的查尔斯·F. 里克特和贝诺·古滕贝格提出的。里氏震级把地震分为 1 ～ 10 级。震级每增加一级，释放的能量就增加 9 倍。7 ～ 8 级（不含 8 级）地震为强震，8 级及以上的地震为大地震。20 世纪发生了 50 多次大地震，比如 1920 年中国宁夏海原地震（震级为 8.5）、1985 年墨西哥近海地震（震级为 8.1）。

1906 年旧金山大地震的震级为 8.3 级，与 1964 年阿拉斯加大地震的震级相近。科学家判断阿拉斯加大地震释放的能量是旧金山大地震的 100 多倍，因此他们怀疑里氏震级接近上限时不够精确。我们现在知道极长的断层破裂时发出的地震波会导致震级饱和，从而出现这样的误差。为了测量这样的地震所释放的能量，研究者提出了用地震矩测量的另一种震级标准。地震矩测量的是整个断层释放出来的能量，而不是部分断层的能量。在地震矩震级中，旧金山大地震为 7.9 级，阿拉斯加大地震为 9.2 级。1996 年，麻省理工学院的安艺敬一教授证明，地震矩震级不仅由断层的破裂长度决定，而且与断层的平均滑动幅度和断层物质的坚固程度有关。所以，旧金山大地震和阿拉斯加大地震之间的地震矩震级差异可能是多种因素共同作用的结果，其中包括两地的岩石和土壤的差异、破裂长度的差异以及断层移动距离的差异。

目前记录到地震矩震级最高的地震是 1960 年的智利大地震，震级为 9.5 级。智利大地震和阿拉斯加大地震都引发了海啸，巨大的海浪涌入内陆，造成了巨大的生命和财产损失。智利大地震发生后，海浪高达 3.5 ～ 9 米，摧毁了好几个城镇，然后又以 700 千米 / 时以上的速度席卷太平洋，摧毁了夏威夷和日本的一些城镇。规模如此巨大的地震只有用地震矩震级才能很好地描述。

烈度。度量地震规模的第二个参数是烈度，即地面晃动所造成的物理损失或地质变化程度。离震中越近的地方的毁坏程度越严重。表示烈度的一种方法是修订过的麦加利烈度等级，其中烈度用罗马数字 I 到 XII 表示。发生烈度为 II 级的地震时，震区内的大部分人感觉不到地面晃动；烈度为 VI 级时，所有人都能感觉到地面晃动；烈度为 X 级的地震会造成严重破坏，包括木制和砖石结构建筑的毁坏、地面开裂，以及附近陡峭山坡的滑坡。

1931 年修订过的麦加利烈度等级

I 级：一般人无感，除非是在非常易感的环境中。不过，可能会有头晕或恶心的感觉。

有时鸟类或其他动物会焦躁不安，树木、建筑物、液体可能会轻微晃动，门可能会缓慢摇摆。

II 级：室内少数人有感，特别是高层建筑物内的人以及敏感和紧张不安的人。

与 I 级类似，鸟类或其他动物可能会不安，树木、建筑物、液体可能会晃动；悬挂的物体会晃动，特别是在它们所悬挂的结构很灵敏的情况下。

III 级：室内多人有感，通常表现为快速震动，一开始人们可能不会认为发生了地震。这种震感类似稍微超载的卡车驶过或者重型卡车从远处驶来，持续时间不定。

高层建筑物的晃动可能比较明显，停放的汽车可能会轻微晃动。

IV 级：室内许多人有感，室外很少人有感。有些人会惊醒，特别是处于轻度睡眠状态的人。除非有过地震经历，一般人不会感到惊慌。这种震感类似重型卡车或超载的卡车经过，也像重物撞击建筑物或室内重物落地。

门窗会咯咯作响，玻璃和陶瓷器皿会叮当作响；墙壁和房梁会咯吱作响，特别是在本等级中较强的地震发生时，悬挂的物体一般会摇摆；开口器皿中的液体会受到轻微扰动；停放的汽车震动显著。

V 级：室内所有人有感，室外大多数人有感。在室外，一般可以判断地震的方位；许多或大多数睡觉的人会惊醒，少数人会感到害怕，还会略显兴奋。一些人会跑到门外。

建筑物整体颤动；有的碗碟和其他玻璃器皿会碰碎；有时窗户玻璃也会破碎，但并不普遍；花瓶和小的不稳定物体多数会翻倒；壁画会撞击墙面或坠落；门和百叶窗会快速开合；摆钟停摆，或者摆动得异常快或异常慢；小的物体会移动，装饰品可能移动得较远；开口容器内的水会有少量溅出；乔木和灌木轻微晃动。

Ⅵ级：室内外所有人都有感；所有睡觉的人都会惊醒；多数人感到害怕，普遍兴奋；有些人会跑到室外。

人行走不稳；乔木和灌木会晃动，晃动幅度为轻微到中等；液体猛烈晃动；教堂和学校里的小钟会被碰响；质量差的建筑物可能会损坏；墙上的石膏会有少量掉落，其他墙面石膏会破裂；多数碗碟和玻璃杯以及少量窗户玻璃会破裂；小摆件、书和壁画会掉落；多数家具会倾倒，重的家具会移位。

Ⅶ级：所有人都会害怕；警报响起，所有人跑到室外。

人们会发现难以站立；开车的人会感觉到震动；乔木和灌木会晃动，晃动幅度为中等到强烈；池塘、湖泊和溪流中形成波浪，水体混浊；砾石或砂质河岸会出现空洞；教堂里的大钟会被碰响；悬挂的物体会抖动；质量良好的建筑物不会有损伤，质量较好的建筑物会出现轻度到中度的损坏，较大的损坏会出现在建造质量差或设计不合理的建筑物，以及土坯房屋、旧墙体（特别是没有砂浆浇筑的）、教堂尖塔等上；石膏和一些墙灰会掉落；多数窗户和一些家具会受到破坏；松动的砖块、瓦片被震落；质量差的烟囱会倒塌；尖塔和高层建筑的飞檐会坠落；砖石会移位；沉重家具会翻倒；混凝土灌溉水渠会受到明显破坏。

Ⅷ级：人们普遍害怕，接近惊慌。

汽车无法正常行驶；树木剧烈晃动，树枝掉落，树干倒伏（特别是棕榈树）；砂和泥土少量翻出；泉水和井水会短暂或（有的）永久改变；旱井重新出水；泉水和井水的温度发生变化；砖结构建筑物轻微损坏，特别是曾经历过地震的；普通的坚固建筑物会受到显著破坏，部分坍塌；木屋会严重损坏，有些会倒塌；板墙会破碎成条状；朽坏的木桩会破碎；一般的墙壁会倒塌，坚固的石墙会破裂并严重损坏；潮湿的地面和陡坡会大面积破裂；烟囱、柱子、纪念碑、高塔会扭曲并倒塌；非常沉重的家具会明显移位或翻倒。

Ⅸ级：人们普遍惊慌。

地面开裂明显；砖结构建筑物会损坏，特别是那些曾经历过地震的；其他砖结构建筑物受到较严重的损坏，有些会大部分坍塌；部分木结构房屋会倾斜，特别是那些曾经历过地震的；其他木结构房屋会完全倒塌、移位；水库严重损坏，地下管道有时会破碎。

X级：人们普遍惊慌。

地面，特别是松软潮湿的地面会裂开好几厘米；平行于沟渠、河岸的裂缝可宽达 1米；河岸和陡峭的海岸可能会发生滑坡；海岸和平地上的泥沙会水平移动；井水的水位发生变化；水会涌上湖泊、河流的堤岸；堤坝损坏严重；质量良好的砖墙出现危险的裂缝；大部分砖结构建筑物及其地基受到损坏；铁轨轻微弯曲；地下埋藏的管道断裂或被翻起；水泥和沥青路面出现宽大的裂缝和波浪状折叠。

XI级：人们普遍惊慌。

地面变化很大，波及的面积很大，具体因地面材质而异；松软潮湿的地面出现宽大的裂缝，泥土翻出，发生滑坡；水夹杂着泥沙大量喷出；海上会掀起大浪；木结构建筑物严重损坏，特别是在地震中心；很远的堤坝也会严重损坏；砖结构建筑物几乎没有直立的；有一定弹性的木桥受到的影响较小；铁轨弯曲严重，有些被翻起；埋在地下的管道完全失去作用。

XII级：人们普遍惊慌。

一切都被损坏，所有的建筑物都被严重破坏或摧毁；地面变化剧烈且多样，出现多种切变裂缝；滑坡、落石和河道崩塌很常见，影响范围大；大块岩石松动，受到扭曲，发生破损；岩层发生断层滑动，水平和竖直方向上的错位都很显著；地面和地下的水道都受到干扰，变化剧烈；湖泊被阻塞，形成新的瀑布；河流改道；地面呈波浪形起伏；有的物体被抛入空中，视线被干扰。

与地震相伴而行

在我们的这个星球上，地震是不可避免的，但通过明智的规划和设计，可以大幅减少伤亡人数和财产损失。科学家建议，在地震多发国家应进行适当的建筑设计，合理选择建筑用地，进行准确的地震预测，从而减少地面晃动所带来的损失。在大地震中，大部分人员伤亡是水泥预制件搭建的建筑物坍塌所造成的。轻型金属结构和木结构建筑物造成的损失要比水泥和砖石结构的建筑物小得多。

软土地面的晃动要比岩床的晃动显著得多，这已经被 1985 年墨西哥近海地震所证实。墨西哥城中建在垃圾填埋场上的建筑物晃动剧烈，含水量饱和的土地甚至出现液化现象。在 1989 年旧金山湾区发生的洛马普列塔地震中，赛普里斯高架桥的坍塌和海湾大桥的损坏也是缘于下层软土的晃动放大了地震效应。在地震多发国家，需要进行特别的工程设计，对地下填充结构的使用进行严格限制，以避免类似悲剧的发生。

地震预测水平仍需提高。地质学家能够判断断层的哪些部分将会断裂，但还不能判断断裂会在何时发生。到目前为止，我们所能做的最好的工作是研制地震预警系统，比如墨西哥城用它来发布地震警报。虽然它并不总是可靠，但警报能够给居民提供约 50 秒时间撤出建筑物。

做一做

游历断层线

你需要的器材

地理指南或地图

交通工具

笔记本

在野外寻找露出地面的断层以及地震造成的破坏。

首先，选择你想去参观的地震多发国家。并不是世界上的所有地方都是地震活跃区，你要确保自己寻找的地面特征物位于地震活跃区。一本优秀的指南会很有帮助。根据指南里的指示去做。在发生地震的区域，寻找断层的运动特征，主要包括侧向错位的地貌特征、堰塞湖、淤泥地、断层斜面、错位的道路和断移河。

说明： 根据断层特征说明，对它们进行研究。你在别处旅行时也会发现这些特征。把它们记录在笔记本上，绘制草图。

堰塞湖是水流被困在断层边的小盆地里而形成的。图中的堰塞湖就靠近断层斜面（即断层线上突然的垂直运动形成的陡壁或悬崖），侵蚀作用已经使斜面的边缘和底部变得比较平缓

河流流经断层，后来由于断层运动而错位

在干旱地区，地下水沿着断层分布，在地表形成掌形淤泥地

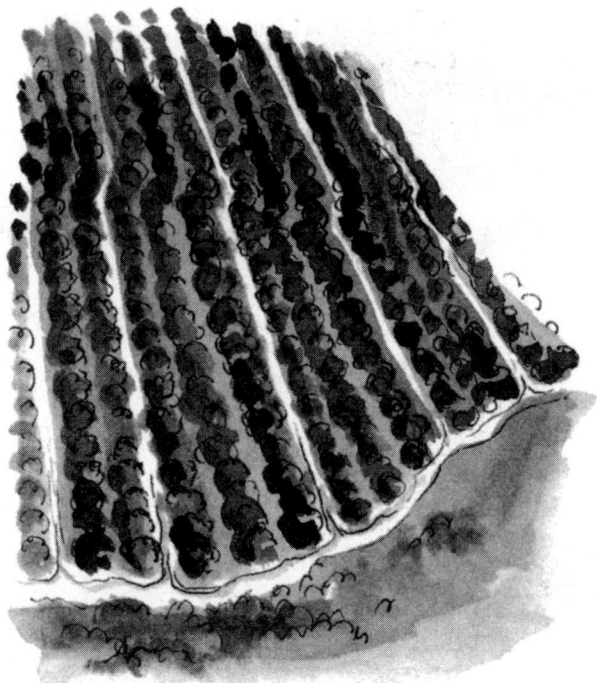

另外一些线性特征是断层运动的绝佳指示物，比如加利福尼亚州帝王谷里的这片柑橘林。这里的错位是在 1940 年 5 月 18 日发生的一次 7.1 级地震之后突然出现的

模拟地震波

你需要的器材

弹簧

毛线

找一位搭档来帮你验证纵波、横波是如何穿过介质的。

在弹簧上每隔 10 圈系上一小段毛线。抓住弹簧的两端，把它放在工作台或桌面上，然后你和搭档分别抓住弹簧的一端开始拉伸，直到你们感到吃力。你突然把自己抓住的一端推向搭档，然后快速把它拉回到原来的位置，注意观察弹簧和在其中运动的波。接下来，你用双手分别使劲抓住弹簧的一端，然后让搭档拨动弹簧。

第一种情况下波的运动方向是什么？第二种情况呢？哪一种波看上去运动得更快？毛线发生了什么现象？重复几次，多观察。

说明： 在第一种情况下，你创造的波是纵波。纵波是由于岩石中的推拉效应产生的，传播速度略大于横波的，后者就是你在第二种情况下创造的波。横波的振动方向与它的传播方向垂直，它在地震中产生摇晃或转动作用。

模拟断层滑动
无需任何器材

这个简单的实验将让你对断层线上的运动有初步的认识。

握紧双拳，再把双拳并拢，将一只手的指关节与另一只手的指关节交错放置。使劲挤压双拳，然后双手上下滑动，指关节彼此交错经过。这样做不仅有点疼痛，而且很难做。在这种情况下，指关节的运动是突然的、显著的。

说明： 假设你的双拳是地壳，这种突然运动就是地震。你努力上下移动双拳所用的力气就类似驱动地壳板块相对运动的能量。你可以改变拳头的方向（拇指向上、向下或向一侧），但依然能说明问题：沿着中央界面的运动在时间上难以预测。

正常断层，分离导致一个地块相对于另一个地块从断层斜面上滑下

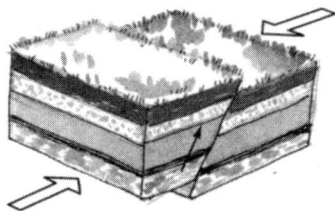

逆向断层，挤压导致一个地块相对于另一个地块向上运动

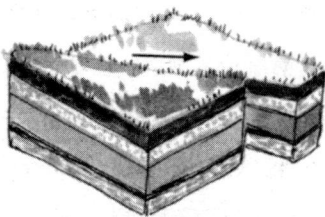

断层侧向运动，地面仍是水平的。在右行断层中，地块沿着断层面向右水平运动

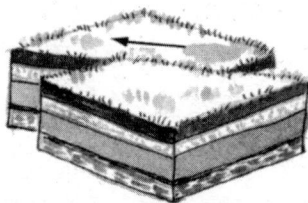

左行断层表现为地块沿着断层面向左水平运动

斜断层，一个地块相对于另一个地块的运动既有沿断层面向下的运动，也有水平方向上的运动

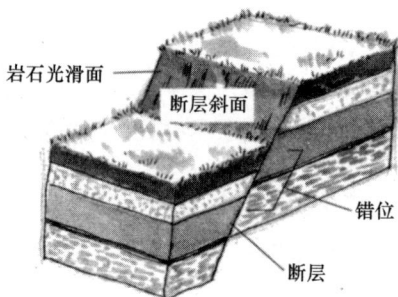

岩石光滑面，即闪亮、倾斜的表面，一般是在断层斜面上形成的

想一想

在干燥的沙地上，沉积物颗粒能够支撑起上面的其他物体的重量。当沉积物颗粒的含水量达到饱和时，水会填满颗粒之间的空隙，沉积物因此变得松软，无法再支撑上面的重物。一旦发生晃动，作用力传递到空隙里的水中，饱和的沉积物就会像液体一样流动起来，这就是液化现象。像砂这样的饱和沉积物会在地震造成的猛烈晃动中发生液化。在1906年的旧金山大地震中，那些填海建成的地区的地下结构未经加固，结果地上的建筑物、公路和铁路都遭受了极其严重的破坏。

在1964年阿拉斯加大地震之后进行的研究中，地质学家沿阿拉斯加铁路发现了有意思的液化证据。在这次地震中，这一地区支撑铁路的湿润土壤发生了液化。河道中的泥沙冲到山下，冲进铁路所在的峡谷中，铁路都被冲弯了；还有一些沉积物从河岸流淌到了河里，把桥梁都压弯了。液化的其他迹象包括安克雷奇悬崖上发生的多处滑坡。海边有许多社区，地面晃动使湿润的砂和土壤变成大片流动的稀泥，它们流淌起来，形成滑坡，冲向大海。75 栋房屋和其中的居民都被掩埋在液化了的沉积物中。

沉积物的液化可能也是导致 1989 年旧金山湾区洛马普列塔地震发生时赛普里斯高架桥和海湾大桥严重损坏的因素。湾区周围还有许多填埋区，其中许多是大型居住区。地质学家已经针对填埋区之上的建筑物发出了警告，说那里的填充物的含水量可能会达到饱和，容易发生液化。对于地震多发国家来说，选择建设工地时了解地下的土质与了解断层的位置一样重要。

读一读

Eleanor H. Ayer. *Earthquake Country: Traveling California's Fault Lines.* Frederick, CO: Renaissance House, 1992.

《地震国度：沿着加利福尼亚断层旅行》一书描述了历史上地震所造成的破坏，提供了关于城市和野外断层特征的说明。

Robert Iacopi. *Earthquake Country: How, Why, and Where Earthquakes Strike in California.* Menlo Park, CA: Lane Publishing Company, 1971.

《地震国度：地震如何、为什么以及在哪里袭击了加利福尼亚州》一书详细介绍了加利福尼亚州的地震和地貌，是一本非常优秀的野外指南。

Charles F. Richter. *Elementary Seismology.* New York: W. H. Freeman and Company, 1958.

《地震学基础》是由里氏震级的共同提出者所撰写的关于地震成因的权威指导书。

Sandra Schulz. *The San Andreas Fault*. Washington DC: United States Government Printing Office, 1989.

《圣安德烈斯断裂带》是美国地质调查所出版的一系列公益出版物中的一本。

Bryce Walker, and the editors of Time-Life Books. *Earthquake*. Alexandria, VA: Time-Life Books, 1982.

《地震》是"行星地球"丛书中的一本，这套书的图片和文字都很棒。

看一看

Alaska Earthquake! Spirit of Survival Series. Discovery Channel, 1996.

《阿拉斯加大地震！》这部影片审视了 1964 年的阿拉斯加大地震和导致 131 人死亡并摧毁阿拉斯加的许多城镇的伴生海啸。

The Alaska Earthquake. United States Geological Survey, 1966.

《阿拉斯加大地震》这部影片拍摄于阿拉斯加大地震之前、之中和之后，用连续镜头表现了海啸、沉积物液化和断层运动。

The Parkfield Earthquake Prediction Experiment: The Emergency Response. Open-File Report 88-504. United States Geological Survey, 1988.

《帕克菲尔德地震预测试验：紧急响应》是一份开放文献。帕克菲尔德是圣安德烈斯断裂带上的一个小镇，这里是在非常时刻进行地震预测和预报试验的地方。

Seismic Waves——Wave Properties. Seismology Lecture Series. University of California-Berkeley, 1989.

《地震波——波的性质》通过水压机箱产生水波来说明地震波的性质。

When the Earth Quakes. National Geographic Television, 1990.

《地震正在发生》这部影片展示 1964 年阿拉斯加大地震和 1989 年旧金山洛马普列塔大地震的连续镜头。

第十章　行星地质学：
　　太空岩石

关于宇宙起源和演化的大爆炸理论认为，宇宙是在某个瞬间产生的。138亿年前的某个时刻，我们的宇宙还是一个很小的胚胎。在接下来的那一刻，它变成了一个炽热的原始系统，其中蕴含的物质开始爆炸并扩张。随着时间的流逝，宇宙不断膨胀，这个系统中的亚原子粒子结合成了氢原子、氦原子及少量的其他轻元素的原子，它们进一步组成了巨大的原子云团。最终，这些物质云由于引力而坍缩成了星系。星系是相互独立的物质的集合，散布在整个宇宙之中。

太阳系的形成

在银河系中，太阳系中的物质由于原初太阳的引力而形成独立的团块。粒子围绕太阳运动，形成了一个像盘子一样的平面。这个盘子特别像土星环，无数被称作星子的粗糙颗粒在椭圆形轨道上围绕初生的太阳运动。星子相互碰撞、连合（吸积），形成了更大的颗粒，最终变成了太阳系中的行星。

随着太阳达到临界质量，它被点燃，吹出的太阳风把较轻的颗粒吹到了太阳系外部。在太阳系内部，留下的星子是由岩石和金属碎屑构成的。在太阳系外部，星子是冷冻的水、二氧化碳、甲烷和氨凝聚成的晶体。今天行星的成分反映了早期太阳风对密度不同的粒子进行筛选的过程。太阳系内侧的行星是类地行星，包括水星、金星、地球和火星，它们是体积较小的岩质行星，有金属内核。外侧的 4 颗行星是巨大的气态行星，包括木星、土星、天王星和海王星，它们是由气体和液体凝聚而成的，中心深处有微小的岩石内核。曾经的第九大行星、如今已被降级为矮行星的冥王星的大部分是冰。

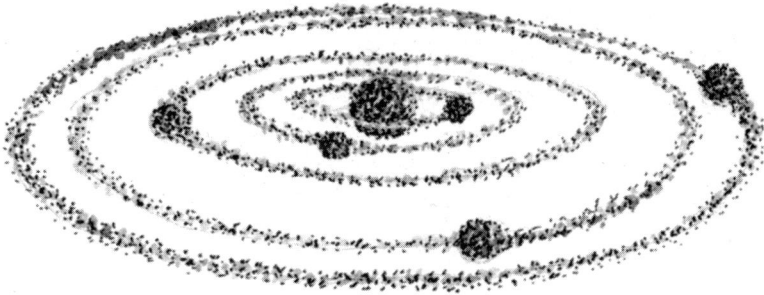

气体和岩石颗粒形成的带状结构在巨大的盘面上围绕初生的太阳转动

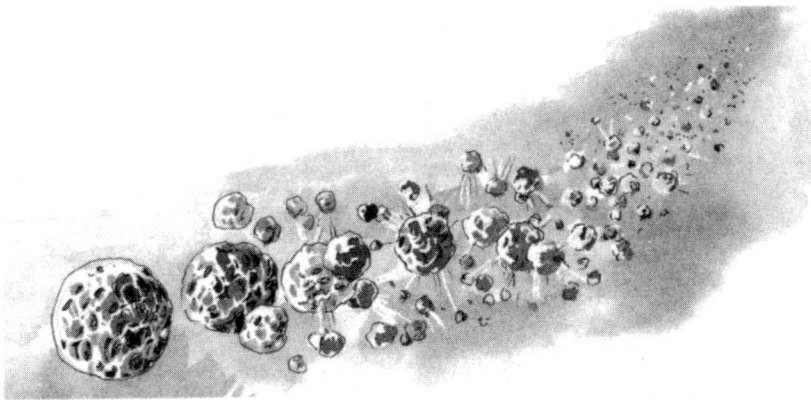

在行星吸积和生长的过程中，尘埃和冰粒结合成了更大的颗粒，叫作星子。星子不断碰撞、碎裂，然后重新连合

　　在火星和木星轨道之间有一条小行星带，它距离太阳 3.3 亿～ 5.4 亿千米，是由小行星构成的一条宽阔的带状结构。目前，科学家认为这些小行星是未能连合成更大的天体的星子，其原因可能是受到了巨行星木星的干扰。

　　小行星带的密度比最初要小一些，其中的小行星彼此碰撞之后，或者连合在一起，或者脱离火星和木星之间的轨道，在太空中漫游。如果它们受到了太阳引力的扰动，这些漫游的小行星就会朝太阳系内侧的行星奔来，最终与其中的一颗相撞。如果它们朝地球奔来，较小的小行星（称为流星体）一般会在地球大气层中燃烧殆尽，形成一条闪亮的线条，称为流星。有些流星体，特别是含铁的那些，会到达地面成为陨石。

　　每天大约有 50 颗李子大小的陨石坠落到地球上，可惜很少被人们目击到，小部分能够被发现（那些耕种大片田地的农场主更容易找到陨石）。比较大的陨石，也就是到达地球的小行星就更为罕见了。不过，在某些情况下，大型陨石撞击曾经显著地改变了地球的地质历史。

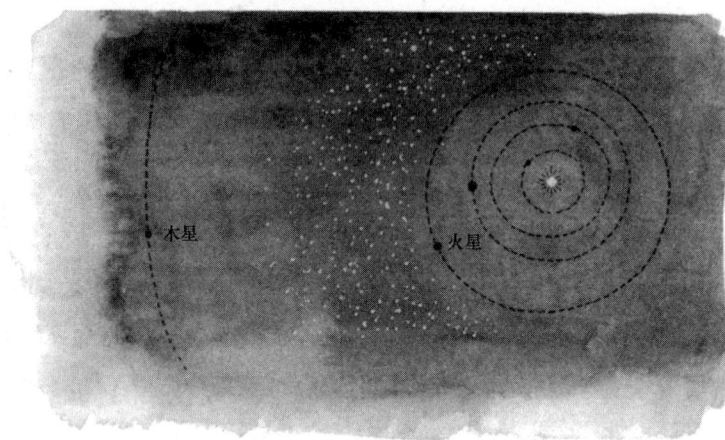

宽阔的小行星带在火星和木星轨道之间围绕太阳运动，人们认为这些小行星是从未充分连合的星子的集合

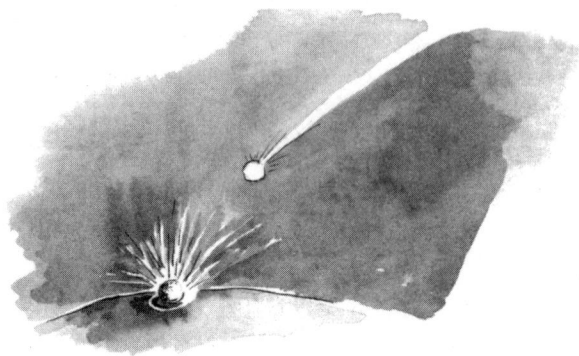

流星就是流星体划过天空时产生的发光线条。如果流星体在大气层中没有烧尽，降落到地面上后就成为了陨石，会在地面上砸出一个陨击坑

美国亚利桑那州温斯洛市附近的大陨击坑也叫巴林杰陨击坑，它是由约 5 万年前的一颗直径为 30 米的金属小行星撞击而产生的，直径约为 1.5 千米，深度为 225 米

陨石

　　科学家相信在地球形成的早期，陨石撞击地球的频率很高，规模也更大。今天陨石在地球历史上的地位较低。随着太阳系中的星子结合成行星，星子的数量已经大为减少，成为小行星的星子就更少了。但在距今 42 亿年至 38 亿年间，小行星带内外的小行星都很多，直径达 80 千米的小行星如同暴雨一般轰击着年轻的地球和新生的月球，后果是灾难性的。陨石击穿了地球和月球的外壳，导致熔融的玄武岩大量喷涌，形成熔岩海，还留下了巨型的陨击坑。月球上既没有板块构造活动，也没有活动强烈的气候系统，表面上的陨击坑的特征依然鲜明。与此相反，地球上的陨击坑几乎都消失了。历经几十亿年之后，大洋地壳上的陨击坑已消失在海沟中，大陆地壳上的陨击坑已经被风和水侵蚀。

　　今天，尽管大型陨石撞击罕见，但天文学家仍在谨慎地监视着那些可能进入火星轨道以内的小行星（以及从海王星轨道之外偶尔造访太阳系内侧的彗星）。任何如此靠近的小行星都叫作近地小行星，其中大小超过 100 米的被认为对地球生命具有威胁。一颗直径约为 60 米的近地小行星于 1908 年在西伯利亚大气层之上爆炸。尽管这颗小行星没有到达地面，它的碎片也没有形成陨击坑，但这次爆炸仍摧毁了方圆 50 千米内的生命。这次爆炸类似核弹爆炸，声音远在欧洲大陆甚至英国都能听见。

直径超过 10 千米的小行星大约每 1 亿年会撞击地球一次。地质学家一直在争论 6600 万年前是否有一颗或多颗类似大小的小行星撞击了地球并导致恐龙和其他大多数生命灭绝。支持这种说法的证据显示当时确实有小行星撞击地球——有 5 个候选的陨击坑形成的时间可追溯到白垩纪 - 古近纪灭绝。在墨西哥的尤卡坦半岛上，有一个直径为 170 千米的陨击坑。地质学家根据在钻探到的石油中发现的岩石样本，已经确认了小行星撞击，也得到了"奋进号"航天飞机拍摄的照片的确认。尤卡坦陨击坑表明撞击地球之前小行星的直径为 10 ～ 20 千米。如此大小的小行星能够在地壳上形成一个直径为 160 千米的大坑，引发剧烈的爆炸，造成全球规模的地震和海啸，升起的大量尘埃云会遮蔽太阳，使全球陷入寒冷的黑夜。

在全球范围内，在白垩纪末和古近纪初，就像尤卡坦陨击坑一样，撞击的证据来自被冲击的石英颗粒（这种石英由于高压冲击波而形成了带条纹的特殊颗粒）、烟煤（可能来自全球规模的森林大火）以及铱元素（这是一种在陨石中的含量丰富而地壳中异常稀少的元素）的沉积。

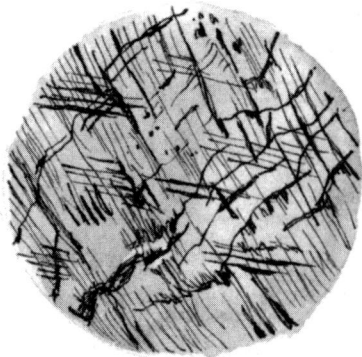

撞击产生的高压冲击波在地壳中传播，使岩石中的石英颗粒产生了特殊的条纹

　　1997 年初，一支国际科学考察队在佛罗里达州附近的海床上进行钻探。这里离尤卡坦陨击坑的距离约为 1600 千米，他们发现了 6600 万年前小行星撞击的进一步证据：在钻取的岩芯中，有一层岩石显示海洋存在健康、繁荣状态，接下来较年轻的四层岩石是确定无疑的支持撞击的证据。第一层是熔化的岩石被抛入空中之后形成的碎石，这可能是撞击所导致的；第二层是小行星本身形成的铁锈色残骸；第三层是灰暗的泥土层，是没有生命存在的"死区"；第四层表明新生命重新暴发，5 ～ 10 厘米厚的岩层中包含保存完好的微小化石。显然，撞击之后"死区"持续了仅仅约 5000 年。在这段时间里，从爆炸中存活下来的微小生物重新占领了海洋。

　　科学家怀疑，类似的小行星撞击还引起了化石记录中的另一次大灭绝，这次大灭绝发生在 2.52 亿年前，半数爬行动物种类消失。

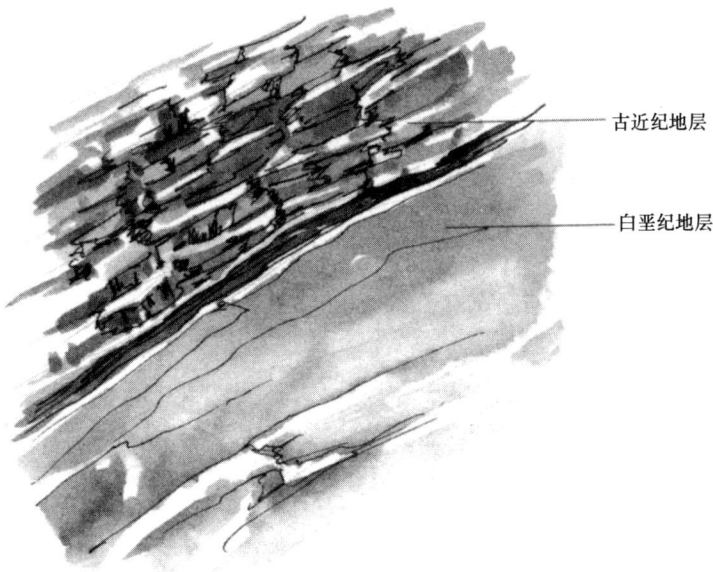

古近纪地层

白垩纪地层

一颗或多颗小行星猛烈撞击地球的证据来自铱元素含量丰富的泥层。在全球范围内，这种现象在白垩纪和古近纪之间的地层中普遍存在

其他撞击

一些科学家认为，发生在 46 亿年前的一次小行星撞击导致了月球的形成。这次撞击十分猛烈，把地壳撕开了一个大洞，从地幔中喷出的物质进入了环绕地球的轨道。就像原初星子聚集成行星一样，这些从地球中解放出来的物质以同样的方式形成了我们的月球。

在 20 世纪六七十年代的"阿波罗"计划中，航天员从月球上收集的岩石也支持这一理论：这些岩石被证明来自地球的上地幔。这些岩石的年龄均小于 32 亿年，表明原初的熔融物质与地球分离之后不久，大型的火山活动必定遍及整个月球，此后再也没有新的岩石形成。

当前关于月球起源最受欢迎的理论与小行星撞击地球有关。这幅图表示小行星撞击之后，地幔被撕开一个大洞，岩浆喷入太空，碎片形成了原初月盘。月球随着收集地球轨道上的碎片而逐渐长大。陨石碎片轰击月球表面，产生了今天我们所见到的这个遍布环形山的卫星

在地球最初的 20 亿年里，在克拉通形成的过程中，加拿大、澳大利亚和非洲的地盾岩石受到了陨石撞击。在疑似撞击地区，周围的一些岩石已经被陨石撞击所产生的高温熔融过。熔融物质包含陨石带来的丰富的铱元素，以及由被称为球粒的小而圆的颗粒构成的岩层。球粒是矿物受热后再次结晶而形成的。

撞击结构

陨击坑并不都容易发现。有的陨击坑太大了，它们的同心圆结构只有从卫星照片上才能发现。世界上已知最大的陨击坑的中心位于捷克西部的布拉格，它的庞大结构是从一张气象卫星照片上发现的。现存的另一个重要的撞击结构是加拿大安大略省的萨德伯里火成岩，它已被地质学证据所确认。这里存在震裂锥（即撞击区域特有的结构），岩石呈锥状碎裂，并且具有条纹图样。萨德伯里的另一个重要特点是这一地区富含镍矿。这里的火成岩被陨石撞击后熔融，陨石中含有镍铁合金。撞击之后，金属与熔融的火成岩分离，在陨击坑中聚集成矿体。

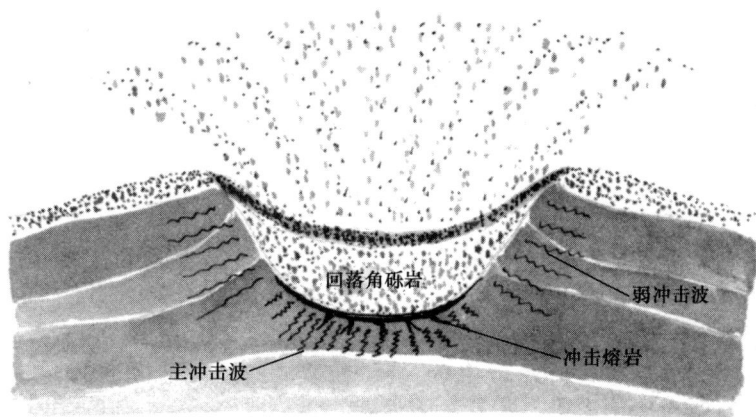

陨击坑具有特殊的地质结构。原来的岩层被撞击产生的冲击波扰动，形成冲击熔岩。从陨击坑中抛出的物质包括地球岩石碎片和陨石碎片，在周围堆积成山脊。回落到陨击坑里的岩石碎片称为回落角砾岩

震裂锥是撞击区域特有的结构，在岩石中呈锥形，具有条纹图样

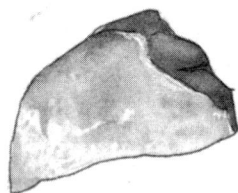

石陨石

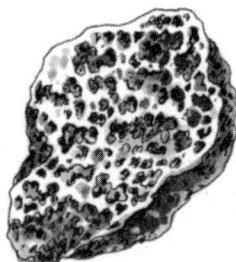

石铁陨石

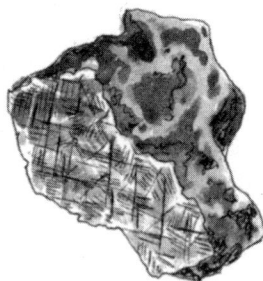

铁陨石

陨石主要分为三类。大多数陨石（占已发现陨石的 93%）均为石陨石，富含硅矿物。石铁陨石较少（2%），既含有硅矿物，也含有镍铁合金。铁陨石（5%）由镍铁合金构成

玻璃陨石是在陨石撞击中产生并被抛到空中的熔融物质形成的玻璃状碎片。在陨击坑周围，有时会发现散落的玻璃陨石

一般来说，地球上已知的陨击坑大小不一，直径从几米到几千米不等。震裂锥和冲击石英可以在陨击坑内的岩石中找到。被撞击后抛出的粗糙碎片在周围堆积成陡峭的岸状山脊，周围的沉积物可能在熔融后成为玻璃球粒岩。

有意思的是，天外飞石的撞击导致了包括地球在内的所有行星的形成，也使我们得以存在[1]。但这些天外来客也可能会终结地球上的生命，正如它们在过去已经导致了大规模的生物灭绝一样。天文学家对小行星会给地球带来多大威胁还没有达成一致意见，一些人正在持续监视小行星。在监视近地小行星时，天文学家力图发现较大的天体会在什么时候进入地球轨道。他们认为，如果一颗大型小行星正朝地球而来，我们只能提前 5～10 年发现它，可能别无选择，只能准备接受撞击。如果可以提前 50～100 年发现它，我们就有机会设计火箭和适当配比的化学炸药来改变这个"末日天体"的轨道。以当前的科技水平而言，使这样的小行星转向完全在我们的能力范围之内。飞往土星的"先驱者号"探测器经过 6 年的旅行之后，仅比预定时间晚了 20 秒。天文学家认为只要时间充足，我们就能够轰击大型小行星，让它们偏离既定轨道，但目前我们所能做的只有监视天空。如有必要，届时我们就能避免又一次灾难性的陨石撞击事件，从而改写地质历史。

做一做

观测流星

你需要的器材

手表

---

[1]　恐龙灭绝可能是小行星撞击地球所导致的，但恐龙的灭绝为哺乳动物的发展提供了空间。——译者注

保暖衣物

椅子

星图

笔记本

通过观测流星，你自己就能够对近地流星体进行测绘。

选一个有流星雨（密集程度为每小时可以看到 30 颗或更多的流星）的晚上，比如 8 月 11 日左右（英仙座流星雨）或 12 月 11 日左右（双子座流星雨）。你可以查看本地新闻里的天文观测预告，了解流星雨的相关信息。若在 12 月进行观测，那么你要穿得暖和一些，面向流星雨的方向坐下（流星雨的方向信息也能够在新闻报道中找到），记下你开始观测的时间。只要看到一颗流星，就在你的笔记本上做一个记号。一小时后，数数有多少个记号。你看到的流星有 30 颗或更多吗？

你还可以在星图上把流星描绘下来，注意观察每颗流星是从哪个星座附近落下的。从最开始看到流星的地方到它燃尽的地方画一条线，用箭头在线上标记出方向（流星前进的方向）。一小时后，看看你记下的流星来自何方。

说明：大多数流星是彗星的碎片，本来是卵石大小的岩石，它们和彗星里的冰混在一起。这些碎片在几十亿年前太阳系形成时凝聚成彗星，然后逐步被释放出来。有些碎片能在与彗星轨道类似的轨道上停留数百年。由于轨道交会，每年总有几天，地球会与这些多年未曾消散的粒子流相遇，形成壮观的流星雨。

流星雨的名称是根据它们看上去来自哪个星座来命名的，你画在星图上的线条和箭头已经指出它们的方向了。你记录的那些流星尾部所指的位置叫作辐射点，辐射点所在的星座就告诉了你流星雨的名称。

制造环形山

你需要的器材

面粉

炒锅

粉末状颜料

大理石球、橡皮球、高尔夫球

钳子

尺子

线

天平

笔记本

在盛有面粉的炒锅里制造属于你的环形山。

在你的笔记本上画出如下表格。

环形山实验记录

球的种类	球的质量	球的直径	"环形山"的深度	"环形山"的直径	备注
高尔夫球					
橡皮球					
大理石球					

在炒锅里铺上一层面粉，其厚度至少为 1.25 厘米。在面粉上面撒上彩色颜料，然后对每个球进行测量和称重，再依次从选定的某个高度将它们扔进面粉里。你可以用一根线来测量扔球的位置与面粉之间的高度差。用钳子把球从"环形山"里拿走。注意观察每座"环形山"的物理特征，在你的表格中记录数据。你可以多次重复这个实验，需要的话，可以更换面粉"地层"。球的大

小是怎么影响"环形山"的尺寸的？

说明：比较大的流星体会产生比较猛烈的撞击，形成较大的环形山。

模拟宇宙膨胀
你需要的器材

气球

可以粘贴的金色小星星

水彩笔

尺子

笔记本

你可以用气球演示大爆炸以后宇宙是怎么膨胀的。

把金色小星星粘贴在气球上。想象这些星星是真实的星系——有些靠得较近，有些离得很远。把这些"星系"成团摆开，各团之间要保持一定的距离。测量某些"星系"之间的距离，在笔记本上记录测量结果，并用水彩笔在气球上给相应的"星系"标上编号。往气球里吹气，不过先别忙着把吹气口系紧，因为你可能要吹好几次。当气球变大时，那些"星系"看起来有什么变化？在气球膨胀之后再测量"星系"之间的距离，注意"星系"本身并没有膨胀，也没有新的星系产生。

说明：我们在地球上看起来好像处于宇宙的中心。不过，实际上宇宙既没有中心也没有边缘，所有的星系都在同时彼此远离，正如膨胀的气球所演示的那样。星系之间的距离越远，彼此远离的速度就越快。

宇宙膨胀开始于 138 亿年前的大爆炸。我们今天可以看到这种仍在持续的膨胀，星系之间的远离是斥力作用的结果。

想一想

珍珠串。彗星和小行星都可能撞击地球和其他行星，但彗星的特征很明显。1950 年，美国天文学家弗雷德·惠普给彗星起了一个外号——"脏雪球"，因为它们是冰和固体颗粒的混合体。当彗星在太阳系的外围运动时，由于恒星引力的扰动，它们被迫离开奥尔特云，进入新的、环绕太阳的漫长轨道。这样，地球上的人们就能看到来自太空深处的奇异来客。在接近太阳时，它们的外围物质融化，成为庞大的尘埃和气体云，彗星因而具有了壮观的外表。

彗星通常是用首先发现它们并向官方天文机构报告的人的姓名来命名的。1996 年引起全世界关注的百武彗星是以日本业余天文学家百武裕司的名字命名的，他爬上山顶坐在群山之间，用双筒望远镜发现了这颗彗星。

当彗星与行星相撞时，会形成环形山。1994 年 7 月，彗星舒梅克－列维 9 号（以地质学家尤金·舒梅克和天文学家卡罗琳·列维的姓氏命名）在撞击木星大气层之前已经破碎，在天空中像珍珠串一样闪耀。在地球上，一个已经得到确认的陨击坑串从伊利诺伊州南部延伸到密苏里州中部的堪萨斯市。这 8 个陨击坑可能就是由像珍珠串一样的彗星碎片造成的。

最近，科学家可能已经在非洲中部的乍得发现了另一串"珍珠"。"奋进号"航天飞机在 1994 年 4 月拍摄的照片提供了这些陨击坑存在的证据。1996 年 4 月，太空成像雷达在乍得北部已知的撞击地点附近又探测到了两个陨击坑。科学家需要从地面上寻找并检验证据才能确认这些印记确实是陨击坑，但最初的发现仍是非常重要的。如果能够得到确认，乍得的"珍珠串"就会成为首次由太空雷达系统发现的陨击坑。

放射性。小行星撞击总是被拿来与核爆炸做强度对比。科学家认为有些撞击可能相当于几百万颗轰炸长崎或广岛的原子弹。1908 年西伯利亚的撞击相当于 800 颗广岛原子弹的威力。6600 万年前的白垩纪－古近纪撞击释放的能量可能超过广岛原子弹威力的 1000 万倍！如果那些小行星撞击的能量比这些核爆炸的能量高出这么多，那么它们导致的效应是我们无法想象的。

不过，小行星撞击和核爆炸有一个重要的差别：后者总是伴随着放射性。小行星撞击不是原子核内部分裂释放辐射的强大反应所导致的。广岛和长崎的居民遭受的可怕痛苦主要来自核辐射。数千万年前的小行星撞击并没有导致物种患上辐射病，它们是由于爆炸太剧烈而灭亡的。

读一读

Arthur Beiser, and the editors of Time-Life Books. *The Earth*. New York: Time-Life Books, 1970.

《地球》介绍了地球上的有关自然现象，插图和文字都很出色。

Terence Dickinson. *From the Big Bang to Planet X: The 50 Most-Asked Questions about the Universe…and Their Answers*. Camden East, Ontario: Camden House, 1993.

《从大爆炸到 X 行星：关于宇宙问得最多的 50 个问题及其答案》讲述了地球在宇宙中的地位，文字浅显而又不失风趣。

Richard Moeschl. *Exploring the Sky: Projects for Beginning Astronomers*. Chicago: Chicago Review Press, 1992.

《探索太空：天文学入门项目》设计了许多有趣的活动，帮助读者理解从地球深处到恒星历史的一切知识。

Popular Science Monthly editorial staff. *Everybody's Guide to Astronomy*. New York: Popular Science, 1934.

《通俗天文学指南》这本书中有一些与行星相关的观测计划和实验项目。

Duncan Steel. *Rogue Asteroids and Doomsday Comets*. New York: John Wiley

& Sons, 1995.

《流浪小行星和末日彗星》这本书讲述的是脱离了运行轨道的小行星和彗星。

看一看

Life on Mars: The Water Connection. United States Geological Survey Open File Report 90-93B. United States Geological Survey, 1990.

《火星生命：关于水的存在》讨论了火星的大气层。

Solar System Roulette: Consequence of Large Impact Events for Life on Earth. United States Geological Survey, 1988.

《太阳系的轮盘赌：大型撞击事件对地球生命的影响》这部影片讲述了大流星体和彗星撞击地球的可能性。

致谢

我们要感谢我们的家人霍华德·埃雷特、史蒂夫·埃雷特、安·潘塔贾、玛丽·伊夫琳·潘塔贾和戴维·坦普尔顿以及劳顿家族的所有人，他们在精神上的大力支持使这本书的出版成为可能。我们还要感谢专业的地质学家玛丽·乔·海斯勒、麦克·马龙、杰伊·莫里斯和麦克·塔拉什基，他们为我们提供了专业的建议。计算机奇才拉里·弗洛伊德帮助我们恢复了丢失的磁盘文件。戴维·福尔和肯特·朱兰在整个出版过程中给予了我们很多支持。马特·麦克麦金和路易斯·蒂尔从一开始就鼓励我们写作。

特别感谢我们的编辑萨莉·阿特沃特的耐心和鼓励。